eXamen.press

T0222940

eXamen.press ist eine Reihe, die Theorie und Praxis aus allen Bereichen der Informatik für die Hochschulausbildung vermittelt.

Heinz Wörn
Uwe Brinkschulte

Echtzeitsysteme

Grundlagen, Funktionsweisen, Anwendungen

Mit 440 Abbildungen und 32 Tabellen

 Springer

Heinz Wörn
woern@ira.uka.de

Uwe Brinkschulte
brinks@ira.uka.de

Universität Karlsruhe
Fakultät für Informatik
Institut für Prozessrechentechnik,
Automation und Robotik
Engler-Bunte-Ring 8
76131 Karlsruhe

Bibliografische Information der Deutschen Bibliothek
Die Deutsche Bibliothek verzeichnet diese Publikation in der Deutschen National-
bibliografie; detaillierte bibliografische Daten sind im Internet über
http://dnb.ddb.de abrufbar.

ISSN 1614-5216
ISBN-10   3-540-20588-8 Springer Berlin Heidelberg New York
ISBN-13   978-3-540-20588-3 Springer Berlin Heidelberg New York

Springer ist ein Unternehmen von Springer Science+Business Media
springer.de

© Springer-Verlag Berlin Heidelberg 2005
Printed in Germany

Satz: Druckfertige Daten der Autoren
Herstellung: LE-TeX Jelonek, Schmidt & Vöckler GbR, Leipzig
Umschlaggestaltung: KünkelLopka Werbeagentur, Heidelberg
Gedruckt auf säurefreiem Papier   33/3142/YL - 5 4 3 2 1 0

Für meine Frau Dagmar und unsere Kinder Antje, Jeanine, Ina und Mirko
Heinz Wörn

Für meine Frau Angelika und unsere Tochter Melanie
Uwe Brinkschulte

Vorwort

Zeitkritische Systeme, so genannte Echtzeitsysteme, spielen in einer Vielzahl von Anwendungsbereichen eine bedeutende Rolle. Zu nennen sind hier z.b. die Fabrikautomation, die Robotik, die Medizintechnik, aber auch Bereiche aus dem täglichen Leben wie Kraftfahrzeugtechnik oder Mobilkommunikation. Das vorliegende Buch vermittelt einen Einblick in die Welt solcher Systeme. Von elementaren Grundlagen bis hin zu Zukunftstechnologien und Forschungstrends werden Methoden, Konzepte und Funktionsprinzipien sowie Architekturen, Aufbau und Systeme allgemein erläutert und anhand von Beispielen dargestellt.

Kapitel 1 behandelt allgemeine Definitionen und Grundlagen von Echtzeitsystemen. Ein bedeutendes Anwendungsfeld solcher Systeme, die Automatisierung, wird näher vorgestellt sowie wichtige Grundlagen und Methoden der Steuerungs- und Regelungstechnik behandelt. Kapitel 2 betrachtet die Hardwaregrundlagen von Echtzeitsystemen und erläutert hierfür geeignete digitale Rechnerarchitekturen. In Kapitel 3 werden Hardwareschnittstellen zum Prozess sowie die analoge Signalverarbeitung für Echtzeitsysteme besprochen. Kapitel 4 befasst sich mit echtzeitfähiger Kommunikation und echtzeitfähigen Feldbussen. Kapitel 5 erläutert elementare Programmiertechniken für Echtzeitsysteme, während sich Kapitel 6 ausführlich dem Themenkomplex „Echtzeitbetriebssysteme" und damit verbundene Fragestellungen wie Echtzeitscheduling widmet. Kapitel 7 behandelt verteilte Echtzeitsysteme und führt in die Welt echtzeitfähiger Middleware ein. Die Kapitel 8 bis 10 geben schließlich konkrete Anwendungsbeispiele aus den Bereichen Speicherprogrammierbarer Steuerungen, Werkzeugmaschinensteuerungen und Robotersteuerungen.

Zielgruppe dieses Buchs sind Studierende der Informatik, der Elektrotechnik, des Maschinenbaus, der Physik und des Wirtschaftsingenieurwesens mittleren und höheren Semesters sowie in der Praxis stehende Experten, die mit der Entwicklung, der Planung und dem Einsatz von Echtzeitsystemen befasst sind. Das Buch soll helfen, die Methoden und Architekturen sowie die Leistungsfähigkeit, Grenzen und Probleme solcher Systeme verstehen und beurteilen zu können. Darüber hinaus gibt das Buch einen Einblick in den Stand der Technik und Forschung und ermöglicht es, zukünftige Entwicklungen im Voraus zu erkennen.

Bei der Erstellung des Manuskripts haben uns viele Personen unterstützt. Stellvertretend danken wir unseren Mitarbeiterinnen und Mitarbeitern Nina Maizik, Dr. Igor Tchouchenkov, Dirk Osswald, Andreas Schmid sowie Mathias Pacher.

Ein weiterer Dank geht an Frau Angelika Brinkschulte für das sorgfältige Korrekturlesen und die vielen stilistischen Verbesserungen. Ergänzungen und Korrekturen finden sich auf der Homepage des Buchs (siehe nächste Seite), die auch über die Homepages der Autoren zu erreichen sind.

Für Ergänzungen, Anregungen und Korrekturen der Leserinnen und Leser sind wir immer dankbar. Zu erreichen sind wir unter woern@ira.uka.de und brinks@ira.uka.de.

Karlsruhe, Februar 2005   Heinz Wörn und Uwe Brinkschulte

Buch-Homepage:
   http://wwwipr.ira.uka.de/buchezs/index.htm

Homepages der Autoren:
   http://wwwipr.ira.uka.de/~woern
   http://ipr.ira.uka.de/perso/brinks/brinks.html

Inhaltsverzeichnis

Kapitel 1	**Grundlagen für Echtzeitsysteme in der Automatisierung**		**1**
	1.1	Einführung	1
		1.1.1 Echtzeitdatenverarbeitung	1
		1.1.2 Ziele und Grundprinzip der Automatisierung von technischen Prozessen	2
		1.1.3 Anwendungsbeispiele zur Automatisierung von technischen Prozessen	4
		1.1.4 Prozessmodell	9
		1.1.5 Steuerung und Regelung	11
	1.2	Methoden zur Modellierung und zum Entwurf von diskreten Steuerungen	16
		1.2.1 Petri-Netze	16
		1.2.2 Automaten	25
		1.2.3 Zusammenhang zwischen Petri-Netzen und Automaten	31
	1.3	Methoden für Modellierung und Entwurf zeitkontinuierlicher Regelungen	33
		1.3.1 Aufgabenstellung in der Regelungstechnik	33
		1.3.2 Beschreibungsverfahren für zeitkontinuierliche Systeme	34
		1.3.3 Streckenidentifikation	54
		1.3.4 Entwurf von zeitkontinuierlichen Regelungen	59
		1.3.5 PID-Regler	73
		1.3.6 Vorsteuerung und Störgrößenaufschaltung	80
		1.3.7 Mehrschleifige Regelung	82
		1.3.8 Zustandsregler und modellbasierte Regler	84
		1.3.9 Adaptive Regler	86
	1.4	Methoden für Modellierung und Entwurf zeitdiskreter Regelungen	89
		1.4.1 Zeitdiskreter Regelkreis	89
		1.4.2 Das Abtasttheorem	91
		1.4.3 Beschreibung linearer zeitdiskreter Systeme im Zeitbereich	92
		1.4.4 Beschreibung linearer zeitdiskreter Systeme im Bildbereich	93
		1.4.5 Die zeitdiskrete Ersatzregelstrecke	98

1.4.6   Der digitale PID-Regler   100
1.4.7   Pole und Nullstellen der Übertragungsfunktion,
         Stabilität   103
1.4.8   Stabilität mit dem Schur-Cohn-Kriterium   103
1.4.9   Digitale Filter   105
1.5   Methoden für Modellierung und Entwurf von
       Regelungen mit Matlab   108
1.5.1   Systemanalyse und Reglerentwurf im
         zeitkontinuierlichen Fall   109
1.5.2   Systemanalyse und Reglerentwurf im
         zeitdiskreten Fall   118
1.5.3   Systemanalyse und Reglerentwurf mit
         Simulink   127
Literatur   129

Kapitel 2   **Rechnerarchitekturen für Echtzeitsysteme**   **131**
2.1   Allgemeines zur Architektur von Mikrorechnersystemen   131
2.1.1   Aufbau und Konzepte   133
2.1.2   Unterbrechungsbehandlung   137
2.1.3   Speicherhierarchien, Pipelining und
         Parallelverarbeitung   145
2.1.4   Echtzeitfähigkeit   152
2.2   Mikrocontroller   155
2.2.1   Abgrenzung zu Mikroprozessoren   155
2.2.2   Prozessorkern   157
2.2.3   Speicher   158
2.2.4   Zähler und Zeitgeber   161
2.2.5   Watchdogs   162
2.2.6   Serielle und parallele Ein-/Ausgabekanäle   163
2.2.7   Echtzeitkanäle   164
2.2.8   AD-/DA-Wandler   166
2.2.9   Unterbrechungen   167
2.2.10   DMA   168
2.2.11   Ruhebetrieb   168
2.2.12   Erweiterungsbus   169
2.3   Signalprozessoren   169
2.4   Parallelbusse   172
2.4.1   Grundkonzepte   173
2.4.2   Echtzeitaspekte   182
2.4.3   Der PCI-Bus   183
2.4.4   Der VME-Bus   190
2.5   Schnittstellen   198
2.5.1   Klassifizierung von Schnittstellen   200
2.5.2   Beispiele   204
2.6   Rechner in der Automatisierung   207
Literatur   212

Kapitel 3   Hardwareschnittstelle zwischen Echtzeitsystem und
Prozess   **215**
3.1   Einführung   215
3.2   Der Transistor   217
    3.2.1   Der Transistor als Verstärker   217
    3.2.2   Der Transistor als Schalter   218
3.3   Operationsverstärker   220
    3.3.1   Definition und Eigenschaften des
        Operationsverstärkers   220
    3.3.2   Realisierung mathematischer Funktionen mit
        Operationsverstärkern   222
    3.3.3   Weitere Operationsverstärkerschaltungen   228
3.4   Datenwandler zur Ein- und Ausgabe von
    Analogsignalen   232
    3.4.1   Parameterdefinitionen für Datenwandler   233
    3.4.2   Digital zu Analog (D/A) - Wandler   234
    3.4.3   Analog zu Digital (A/D) - Wandler   236
    3.4.4   Analogmessdatenerfassung   243
3.5   Eingabe/Ausgabe von Schaltsignalen   245
    3.5.1   Pegel-/Leistungsanpassung durch Relaistreiber
        mit gemeinsamer Spannungsversorgung   245
    3.5.2   Pegel-/Leistungsanpassung durch Relaistreiber
        mit separater Spannungsversorgung   247
    3.5.3   Pegelumsetzung auf 24 Volt   248
3.6   Serielle Schnittstellen   249
    3.6.1   RS-232 Schnittstelle   249
    3.6.2   RS-422-Schnittstelle   252
    3.6.3   RS-485-Schnittstelle   253

Kapitel 4   Echtzeitkommunikation   **255**
4.1   Einführung   255
4.2   Grundlagen für die Echtzeitkommunikation   257
    4.2.1   Kommunikationsmodell   257
    4.2.2   Topologien von Echtzeit-
        Kommunikationssystemen   260
    4.2.3   Zugriffsverfahren auf Echtzeit-
        Kommunikationssysteme   263
    4.2.4   Signalkodierung, Signaldarstellung   266
4.3   Ethernet für die Kommunikation zwischen Leitebene
    und Steuerungsebene   267
4.4   Feldbusse für die Kommunikation zwischen
    Steuerungs- und Prozessebene   272
    4.4.1   Allgemeines   272
    4.4.2   PROFIBUS   274
    4.4.3   CAN-Bus   278
    4.4.4   CAN-Bus - höhere Protokolle   283

4.4.5   INTERBUS   290
4.4.6   ASI-Bus   293
4.4.7   Sicherheitsbus   296
4.4.8   Industrial Ethernet mit Echtzeit   301
4.4.9   ETHERNET Powerlink   303
4.4.10   EtherCAT   306
4.4.11   PROFInet   308
4.4.12   SERCOS III   310
4.4.13   Vergleich der Eigenschaften von Echtzeit-
         Ethernetsystemen   312
Literatur   314

Kapitel 5   Echtzeitprogrammierung   317
5.1   Problemstellung und Anforderungen   317
       5.1.1   Rechtzeitigkeit   318
       5.1.2   Gleichzeitigkeit   322
       5.1.3   Verfügbarkeit   324
5.2   Verfahren   325
       5.2.1   Synchrone Programmierung   326
       5.2.2   Asynchrone Programmierung   334
5.3   Ablaufsteuerung   338
       5.3.1   Zyklische Ablaufsteuerung   339
       5.3.2   Zeitgesteuerte Ablaufsteuerung   340
       5.3.3   Unterbrechungsgesteuerte Ablaufsteuerung   340
Literatur   342

Kapitel 6   Echtzeitbetriebssysteme   343
6.1   Aufgaben   343
6.2   Schichtenmodelle   344
6.3   Taskverwaltung   349
       6.3.1   Taskmodell   350
       6.3.2   Taskzustände   351
       6.3.3   Zeitparameter   354
       6.3.4   Echtzeitscheduling   356
       6.3.5   Synchronisation und Verklemmungen   378
       6.3.6   Task-Kommunikation   391
       6.3.7   Implementierungsaspekte der Taskverwaltung   394
6.4   Speicherverwaltung   395
       6.4.1   Modelle   396
       6.4.2   Lineare Adressbildung   397
       6.4.3   Streuende Adressbildung   405
6.5   Ein-/Ausgabeverwaltung   410
       6.5.1   Grundlagen   410
       6.5.2   Synchronisationsmechanismen   413
       6.5.3   Unterbrechungsbehandlung   419
6.6   Klassifizierung von Echtzeitbetriebssystemen   420

	6.6.1	Auswahlkriterien	421
	6.6.2	Überblick industrieller Echtzeitbetriebssysteme	424
6.7	Beispiele		425
	6.7.1	QNX	425
	6.7.2	POSIX.4	429
	6.7.3	RTLinux	433
	6.7.4	VxWorks	437
Literatur			442

Kapitel 7   Echtzeitmiddleware   443

7.1	Grundkonzepte	443
7.2	Middleware für Echtzeitsysteme	445
7.3	RT-CORBA	447
7.4	OSA+	453
Literatur		465

Kapitel 8   Echtzeitsystem Speicherprogrammierbare Steuerung   467

8.1	Einführung	467
8.2	Grundprinzip der SPS	467
8.3	Hardware und Softwarearchitekturen der SPS	469
8.4	SPS-Programmierung	476
Literatur		486

Kapitel 9   Echtzeitsystem Werkzeugmaschinensteuerung   487

9.1	Einführung	487
9.2	Struktur und Informationsfluss innerhalb einer NC	492
9.3	Bewegungsführung	499
9.4	Kaskadenregelung für eine Maschinenachse	505

Kapitel 10   Echtzeitsystem Robotersteuerung   511

10.1	Einführung	511
10.2	Informationsfluss und Bewegungssteuerung einer RC	512
10.3	Softwarearchitektur und Echtzeitverhalten der RC	517
10.4	Sensorgestützte Roboter	533
	10.4.1 Sensorstandardschnittstelle	535

Indexverzeichnis   541

Kapitel 1 Grundlagen für Echtzeitsysteme in der Automatisierung

1.1 Einführung

1.1.1 Echtzeitdatenverarbeitung

Viele technische Prozesse und technische Systeme werden unter harten Zeitbedingungen von sogenannten Echtzeitsystemen geleitet, gesteuert und geregelt.

Bei Nicht-Echtzeitsystemen kommt es ausschließlich auf die Korrektheit der Datenverarbeitung und der Ergebnisse an. Beispiele für Nicht-Echtzeitsysteme sind Systeme ohne Zeitbedingungen für betriebswirtschaftliche Kalkulationen, für mathematische Berechnungen, usw.

Bei Echtzeitsystemen ist neben der Korrektheit der Ergebnisse genauso wichtig, dass Zeitbedingungen erfüllt werden. Gemäß DIN 44300 wird unter Echtzeitbetrieb bzw. Realzeitbetrieb der Betrieb eines Rechnersystems verstanden, bei dem Programme zur Verarbeitung anfallender Daten ständig betriebsbereit sind, derart, dass die Verarbeitungsergebnisse innerhalb einer vorgegebenen Zeitspanne verfügbar sind. Die anfallenden Daten oder Ereignisse können je nach Anwendungsfall nach einer zufälligen zeitlichen Verteilung oder zu bestimmten Zeitpunkten auftreten.

An ein Echtzeitsystem stellt man im Allgemeinen Anforderungen nach Rechtzeitigkeit, Gleichzeitigkeit und zeitgerechter Reaktion auf spontane Ereignisse.

Rechtzeitigkeit fordert, dass das Ergebnis für den zu steuernden Prozess rechtzeitig vorliegen muss. Zum Beispiel müssen Zykluszeiten und Abtastzeitpunkte genau eingehalten werden.

Gleichzeitigkeit bedeutet, dass viele Aufgaben parallel, jede mit ihren eigenen Zeitanforderungen bearbeitet werden müssen. Eine Robotersteuerung muss z.B. parallel das Anwenderprogramm interpretieren, die Führungsgrößen erzeugen, bis zu zwanzig und mehr Achsen regeln, Abläufe überwachen, usw.

Spontane Reaktion auf Ereignisse heißt, dass das Echtzeitsystem auf zufällig auftretende interne Ereignisse oder externe Ereignisse aus dem Prozess innerhalb einer definierten Zeit reagieren muss.

Ein Echtzeitsystem besteht aus Hardware- und Softwarekomponenten. Diese Komponenten erfassen und verarbeiten interne und externe Daten und Ereignisse. Die Ergebnisse der Informationsverarbeitung müssen zeitrichtig an den Prozess, an andere Systeme bzw. an den Nutzer weitergegeben werden. Dabei arbeitet das Echtzeitsystem asynchron bzw. zyklisch nach einer vorgegebenen Strategie.

Man unterscheidet im Wesentlichen externe und interne Ereignisse, welche asynchron oder zyklisch auftreten können. Externe Ereignisse sind z.B. der Zeittakt eines externen Gebers bzw. einer Uhr, eine Anforderung eines Sensors, eines Peripheriegerätes oder eines Nutzers (Mensch-Maschine-Schnittstelle). Interne Ereignisse sind z.B. ein Alarm aufgrund des Statuswechsels einer Hardwarekomponente (Hardwareinterrupt) oder einer Softwarekomponente (Softwareinterrupt).

Bei der Steuerung und Regelung von technischen Prozessen (Automatisierung) treten die härtesten Echtzeitbedingungen auf. Rechnergestützte Steuerungs- und Regelungssysteme sind meistens um eine Größenordnung komplexer als Nicht-Echtzeitsysteme. Im Weiteren sollen Echtzeitsysteme in der Automatisierung betrachtet werden. Die meisten der behandelten Methoden, Architekturen und Systeme können auch auf andere Gebiete übertragen werden.

1.1.2 Ziele und Grundprinzip der Automatisierung von technischen Prozessen

Die Automatisierungstechnik hat die Aufgabe, technische Prozesse mit Automatisierungseinrichtungen zu steuern und zu überwachen. Beispiele sind digitale Fotoapparate, Spül- und Waschmaschinen, Klimaregelungen, Fahrerassistenzgeräte zur Unfallvermeidung usw. Häufig sind zum Steuern von Prozessen Anlagen und Maschinen notwendig, z.B. Roboter oder Werkzeugmaschinen. Diese werden über **Prozesssteuerungen (Automatisierungseinrichtungen)** gesteuert und überwacht. Wichtige Aufgabe der Prozesssteuerung ist es, den Prozess bzw. die Anlagen so zu steuern, dass ein größtmöglicher autonomer Ablauf gewährleistet ist. Dabei sollen die notwendigen Funktions- und Sicherheitsanforderungen erfüllt werden. Zukünftig will man darüber hinaus erreichen, dass das automatisierte System Optimalitätskriterien erfüllt und nach Zielvorgaben handeln und selbstständig Entscheidungen treffen kann. Automatisierungseinrichtungen ersetzen den Menschen im operativen Prozess und entlasten ihn von schwer körperlicher und psychisch belastender Arbeit. Viele Prozesse können nur durch Automatisierung gesteuert und überwacht werden, da sie vom Menschen wegen hohen Komplexitäts-, Genauigkeits- und Echtzeitanforderungen nicht mehr beherrscht werden. Durch Automatisierung wird generell die Zuverlässigkeit, Sicherheit und Präzision eines Prozesses oder einer Anlage erhöht bei gleichzeitiger Senkung der Produktionskosten. Der Mensch hat die Aufgabe, aus übergeordneter Sicht den Prozess strategisch zu lenken und zu leiten.

Steuern bedeutet, gemäß einem vorgegebenen Ziel oder gemäß vorgegebenen Algorithmen auf den Prozess und den Ablauf über Steuerglieder und Stellglieder einzuwirken und diesen zu verändern. Steuern umfasst in allgemeiner Bedeutung das Beeinflussen der Abläufe des Prozesses und der Abläufe von Anlagen sowie das Regeln von Prozessgrößen auf vorgegebene Werte.

Überwachen bedeutet, die wichtigen Zustände des Prozesses und der Anlage über Sensoren zu erfassen und dem Nutzer geeignet bereitzustellen. Geeignete Sicherheitsalgorithmen müssen kritische Prozesszustände in der Regel automatisch auswerten und in Echtzeit auf den Prozess einwirken bzw. notfalls die Anlage abschalten.

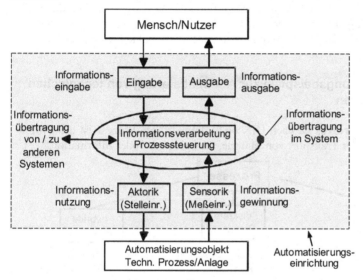

Abb. 1.1. Grundprinzip der Automatisierung

Abb. 1.1 zeigt das Grundprinzip der Automatisierung. Ein automatisiertes System besteht aus dem zu automatisierenden Prozess (mit der dazugehörigen Anlage) und der Automatisierungseinrichtung. Diese hat die Aufgabe, den technischen Prozess oder die Anlage zu steuern und zu überwachen. Die Automatisierungseinrichtung erfasst über Sensoren die Zustandsdaten und die Prozesssignale (Istwerte) des Prozesses.

Sie erzeugt nach einer vom Nutzer der Anlage vorgegebenen Strategie Stellbefehle und **Führungsgrößen** zum Beeinflussen des Prozesses (der Anlage). Die Strategie ist z.B. in einem Fertigungsprogramm und den in der Automatisierungseinrichtung implementierten Algorithmen zum Steuern und Regeln unter Berücksichtigung der aktuellen Istwerte verwirklicht. Die Stellbefehle und Führungsgrößen wirken über Aktoren wie Ventile, Pumpen, Motoren direkt auf den Prozess.

Die Automatisierungseinrichtung hat eine Schnittstelle zum Nutzer (MMI = Mensch-Maschine-Interface). Über Ausgabeelemente wie Bildschirme, Anzeigen, Akustik, Kraftkopplungen oder Erweiterte Realitätssysteme werden die Prozess- und Anlagenzustände **(Istwerte und Sollwerte)** dem Nutzer möglichst intuitiv dargestellt und visualisiert. Über Eingabeelemente hat der Nutzer die Möglichkeit, die Applikationsprogramme der Prozesssteuerung zu erstellen und online auf den Prozess einzuwirken und Abläufe zu verändern. Eingabeelemente sind z.B. Tastatur, 2D- und 6D-Maus, 3D- und 6D-Joystick, haptisches Eingabegerät, usw. Damit realisiert die Automatisierungseinrichtung eine sogenannte interaktive Schnittstelle zum Nutzer mit Echtzeitanforderungen (Antwortzeiten, Deadlines) im 100 ms bis Sekundenbereich.

Ein wichtiges Konzept der Automatisierung sind die automatisch ablaufenden **Rückkopplungen** zwischen der Automatisierungseinrichtung und dem Prozess. Die Stellgrößen bzw. die Stellbefehle beeinflussen den Prozess und dessen Zustände. Diese werden über Sensoren erfasst und können zur Berechnung der Stellgrößen herangezogen werden. Bei der Regelung ist die Rückkopplung kontinuierlich aktiv. Bei Steuerungen ist sie nur zu diskreten Zeitpunkten wirksam.

1.1.3   Anwendungsbeispiele zur Automatisierung von technischen Prozessen

Ein **technischer Prozess** ist nach DIN 6620 definiert: ein Prozess ist die Umformung und / oder der Transport von Materie, Energie und / oder Information.

Abb. 1.2. Gliederung von technischen Prozessen

Die Zustandsgrößen technischer Prozesse können mit technischen Mitteln gemessen, gesteuert und / oder geregelt werden. Man kann stetige, diskrete oder hybride Prozesse unterscheiden (s. Abb. 1.2). Häufig werden Prozesse durch Anlagen gesteuert. Diese Anlagen sind dann die Automatisierungsobjekte, die gesteuert werden müssen. Typische Anlagen sind Maschinen, Roboter, Fertigungssysteme, verfahrenstechnische Geräte und Anlagen.

Stetige oder kontinuierliche Prozesse sind Prozesse, bei denen ein stetiger Strom von Materie oder Energie gefördert oder umgewandelt wird (s. Abb. 1.2). Bei vielen verfahrenstechnischen Prozessen müssen Prozessgrößen wie Durchflüsse, Temperaturen, Drücke, Konzentrationen usw. kontinuierlich erfasst, überwacht und auf vorgegebene Werte geregelt werden. Ein Automatisierungssystem kann bis zu mehrere hundert Regelkreise umfassen. Abb. 1.3 zeigt am Beispiel einer Heiz- und Durchflussregelung einen einfachen Teilprozess mit den dazugehörigen Automatisierungseinrichtungen.

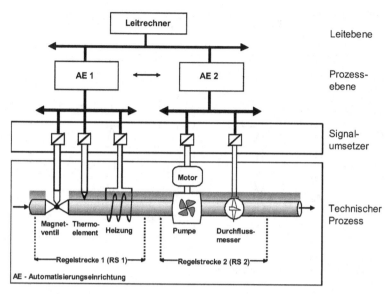

Abb. 1.3. Heiz- und Durchflussregelung

Aufgabe des Automatisierungssystems ist, den Durchfluss (Volumen pro Zeit-einheit) und die Temperatur auf vorgegebene Werte zu regeln. Der technische Prozess ist in zwei **Regelstrecken** unterteilt. Von der Regelstrecke 1 (RS 1) soll die Temperatur **(Regelgröße)** und von der Regelstrecke 2 (RS 2) soll der Durch-fluss (Regelgröße) geregelt werden. Der **Sensor** für die Temperaturerfassung der RS 1 ist ein Thermoelement. Ein erstes **Stellglied (Aktor)** ist ein Magnetventil, das den Flüssigkeitsstrom an- und abschaltet. Ein zweites Stellglied ist ein Heiz-element zum Erwärmen der Flüssigkeit.

Der Sensor in der RS 2 ist ein Durchflussmesser. Das Stellglied ist eine Pumpe mit einem Elektromotor zum Einstellen des Durchflusses. In beiden Automatisie-rungseinrichtungen (AE1, AE2) wird kontinuierlich die Differenz zwischen den gemessenen **Istwerten** (Isttemperatur, Istdurchfluss) und den voreingestellten **Sollwerten** (Solltemperatur, Solldurchfluss) gebildet. In der AE 1 verarbeitet ein Regler diese Temperaturdifferenz mit dem Ziel, sie auf Null zu bringen. Das Aus-gangssignal des Reglers steuert das Stellglied Heizelement, um zu heizen, wenn die Temperatur zu niedrig ist. In der AE2 verarbeitet ein Regler für den Durch-fluss die Durchflussdifferenz und steuert den Motor (die Pumpe) so, dass sich der gewünschte Durchfluss (bei Sollwert = Istwert) ergibt.

Charakteristisch für eine Regelung ist somit die **kontinuierliche Istwerterfas-sung** mit **kontinuierlichem Soll-/Istwertvergleich**. Der Regler hat das Ziel, die Soll-/Istwertdifferenz auf Null zu bringen. Dadurch können Störungen im Prozess ausgeregelt werden.

Die Automatisierung eines komplexeren stetigen Prozesses „Oberflächenbe-handlung von Metallblechen" zeigt Abb. 1.4.

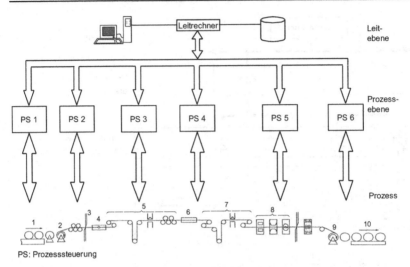

Abb. 1.4. Oberflächenbehandlung von Metallblechen

Metallrollen werden durch einen Hubbalkenförderer (1) angeliefert und in eine Abhaspelanlage (2) eingelegt. Über Förderrollen gelangt das Blech in eine Schopfschere (3) und wird dort abgerichtet, um mit dem vorhergehenden Band verschweißt zu werden (4). Über ein Streck-Richt-Gerüst (5) wird das Band dann in die Beizanlage (6) und von dort in eine Abrichtanlage (7) zum Seitenschneiden und Besäumen (8) geleitet. Anschließend wird das Band wieder zu einer Rolle aufgehaspelt (9) und über ein Fördersystem (10) abtransportiert. Die Steuerung des gesamten Prozesses übernimmt ein hierarchisches Automatisierungssystem. Dabei werden die Teilanlagen von einzelnen Prozesssteuerungen gesteuert. Die Steuerung des Materialtransports und die übergeordnete Koordinierung übernimmt ein Leitrechner mit Prozessleittechnik. Sie stellt die Mensch-Maschine-Schnittstelle zwischen der Anlage und dem Nutzer dar und ermöglicht, dass der Mensch die Anlage führen und überwachen kann.

Diskrete Prozesse, z.B. die Fertigung von Teilen und Produkten, sind durch diskrete Schritte gekennzeichnet und werden durch Steuerungen an diskreten Zeitpunkten gesteuert und überwacht. Ein einfaches Beispiel zeigt das Fräsen einer Nut in eine Platte (s. Abb. 1.5). Der Fräskopf befindet sich in der Ausgangsstellung. Nach Betätigung einer Starttaste soll er im Eilgang bis zum Reduzierpunkt in negativer Z-Richtung gefahren werden. Anschließend soll er mit Vorschubgeschwindigkeit ebenfalls in negativer Z-Richtung bis zur Nut-Tiefe in das Material eindringen. Wenn die Nut-Tiefe erreicht ist, soll der Fräskopf mit Vorschubgeschwindigkeit in X-Richtung fräsen. Sobald das Nut-Ende erreicht ist, soll er schnell (im Eilgang) in Z-Richtung aus dem Material bis zur Hilfsstellung positioniert werden und danach im Eilgang in negativer X-Richtung wieder in die Ausgangsstellung zurückkehren.

Abhängig vom Startsignal und den binären Zuständen (Start, Ausgangsstellung, Reduzierpunkt, Nut-Tiefe, Nut-Ende, Hilfsstellung) wird der entsprechende Motor ein-/ausgeschaltet bzw. auf die Geschwindigkeiten Eilgang und Fräsgeschwindigkeit umgeschaltet. Zur Steuerung dieses Ablaufs müssen nur diskrete Werte (Ja, Nein) dieser Zustände erfasst und überwacht werden. Mit logischen Funktionen müssen dann in Abhängigkeit von diesen binären Zuständen diskrete Stellgrößen durch die Steuerung vorgegeben werden (Eilgang Ein, Vorschub Ein, Motor Aus).

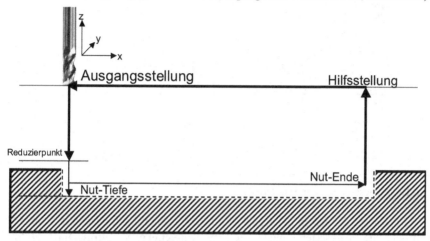

Abb. 1.5. Fräsen einer Nut in eine Platte

Derartige Steuerungsaufgaben sind in ihrer prinzipiellen Struktur der in Abb. 1.3 betrachteten Regelungsaufgabe ähnlich. Bei beiden Aufgaben werden gemessene Prozessgrößen (Istwerte) von der Automatisierungseinrichtung zu Stellgrößen verarbeitet. Im Beispiel gemäß Abb. 1.5 ist der Steuerungsablauf durch das Erfassen obiger Zustände vorgegeben. Für die Ablaufsteuerung werden binäre Prozesszustände rückgekoppelt und in Abhängigkeit von diesen wird der nächste Schritt eingeleitet. Man hat eine **diskrete Steuerung** mit Rückkopplung der binären Prozesszustände über Sensoren.

Bei der Steuerung innerhalb eines Schrittes werden keine Istgrößen des Prozesses, z.B. die exakte Lage oder Geschwindigkeit des Werkzeugs rückgekoppelt. Falls der Motor schneller oder langsamer fahren würde, würde dies eine andere Oberflächenbeschaffenheit der Nut bewirken. Diese würde von der Steuerung nicht erkannt werden.

Von der Wirkung ergibt sich hier ein grundlegender Unterschied zur Regelung. Im Gegensatz zur Regelung kann die Steuerung keine Störgrößen kompensieren.

Viele Fertigungssysteme, die aus mehreren verketteten Maschinen bestehen, sind aus hybriden Prozessen aufgebaut. Abb. 1.6 zeigt als Beispiel einen Fertigungsablauf mit sechs Teilschritten für die Herstellung eines Werkstückes.

Ein einzelner Fertigungsschritt wird durch Werkzeugmaschinen (S1–S4) bzw. durch einen Roboter (S5) durchgeführt. Der gesamte Fertigungsprozess stellt einen diskreten Prozess (Ablauf) dar, der über diskrete Zustände gesteuert wird. Ein einzelner Fertigungsschritt ist dagegen ein kontinuierlicher Prozess.

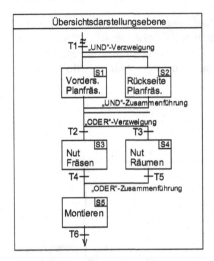

Abb. 1.6. Prozessschritte zur Teilefertigung

Die Prozesse werden in der Regel von Prozesssteuerungen gesteuert. Abb. 1.7 zeigt wichtige Prozesssteuerungen: die **SPS - Speicherprogrammierbare Steuerung**, die **NC - Numerical Control**, die **RC - Robot Control**. Die SPS realisiert in der Regel eine diskrete Steuerung und könnte den in Abb. 1.6 dargestellten Ablauf steuern und die Logikfunktionen T1 – T6 verwirklichen. Eine SPS fragt zyklisch Eingangssignale ab, verknüpft diese mit internen Zuständen und Ausgabesignalen gemäß dem Automatisierungsprogramm und gibt zyklisch Ausgabesignale zum Steuern der Stellglieder aus (s. Kap. 8). Die NC bzw. die RC steuern eine Werkzeugmaschine bzw. einen Roboter (s. Kap. 8 und 9).

Die **Anwenderprogramme (NC-Programm, RC-Programm)** beschreiben die Aufgabenstellung für die Werkzeugmaschine und den Roboter und bestehen aus einzelnen Befehlen zur Steuerung der Maschinen. Hierfür ist ein Echtzeitsystem nötig. Dieses muss die Anweisungen interpretieren und z.B. über die Steuerung und Regelung der Achsen der Maschinen das Werkzeug relativ zum Bauteil so bewegen, dass sich die gewünschte Bearbeitungsoperation ergibt.

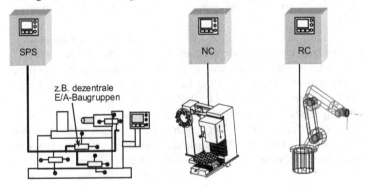

Abb. 1.7. Die Prozesssteuerungen SPS, NC und RC

1.1.4 Prozessmodell

Für die Lösung einer Automatisierungsaufgabe muss ein Prozessmodell vorhanden sein. Das Prozessmodell ist ein mehr oder weniger abstraktes Abbild des realen Prozesses (Analogie). Es soll hinreichend genau das Verhalten des Prozesses unter der Wirkung der Einflussgrößen beschreiben. Eigenschaften des realen Prozesses, welche für die Automatisierungsaufgabe nicht wichtig sind, werden weggelassen.

Das Prozessmodell beschreibt den Ausgang des Systems bei gegebenen Eingangsgrößen. Es berücksichtigt dabei den inneren Zustand und das zeitliche Verhalten des zu beschreibenden Systems. Der Ausgang eines Prozessmodells ist sowohl vom Modellzustand, als auch von den Eingangsgrößen abhängig. In vielen Fällen ist es auch notwendig auftretende Störgrößen zu modellieren. Kleinere Abweichungen zwischen dem realen Prozess und dem Prozessmodell können so ausgeglichen werden.

Grundsätzlich unterscheidet man zwischen kontinuierlichen und diskreten Systemen (s. Abb. 1.8). Sowohl kontinuierliche als auch diskrete Systeme können zeitunabhängig (statisch) sein. Ändert sich neben dem Zustand auch das Prozessmodell mit der Zeit, so spricht man von dynamischen Systemen. Im Gegensatz zu diskreten Systemen sind kontinuierliche Systeme stets stetig.

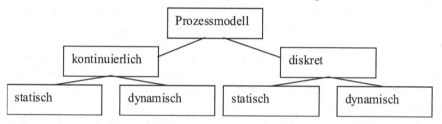

Abb. 1.8. Kontinuierliche und diskrete Prozessmodelle

Für kontinuierliche Prozessmodelle kommen häufig Differenzialgleichungen oder Vektordifferenzialgleichungen (im mehrdimensionalen Fall) zum Einsatz, die auf physikalischen Gesetzen beruhen. Diskrete Systeme hingegen werden oft mit Automaten oder Petri-Netzen beschrieben. Der Weg, der zum jeweiligen Prozessmodell führt, wird als Modellierung bezeichnet und hat eine sehr große Bedeutung für den Entwurf von Automatisierungssystemen. Ist der zu modellierende reale Prozess hinreichend bekannt, so kann das Prozessmodell mathematisch in Form von Gleichungen und einem Zustandsmodell formuliert werden. Liegt jedoch zu wenig Information über den zu modellierenden Prozess vor, so muss eine Identifikation und Approximation des Prozesses durchgeführt werden.

Bei der Identifikation benötigt man zunächst eine Annahme darüber, welche Klasse eines mathematischen Modells dem betrachteten Prozess zugrunde gelegt werden kann (z.B. ein Polynom n-ten Grades, Funktionalgleichungen, ein Differenzialgleichungssystem, ein Neuronales Netz, usw.). Mittels einer Messreihe, die in Paaren jeweils einem Systemeingang einen Systemausgang zuordnet, werden in einem zweiten Schritt die Parameter (im Falle eines Polynoms die Koeffizienten) des mathematischen Modells bestimmt.

Häufig wird zur Identifikation ein rekursives Vorgehen gewählt wie es Abb. 1.9 zeigt. Mit jeder Messung wird die Differenz zwischen realem Prozess und dem Ausgang des Prozessmodells durch die Anpassung (Adaption) der Parameter des Prozessmodells verkleinert. Dieses Vorgehen wird so lange wiederholt, bis das Modell den realen Prozess genau genug approximiert.

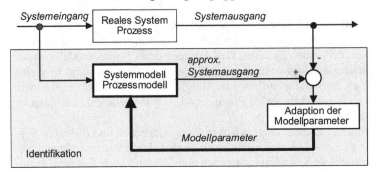

Abb. 1.9. Identifikation des Prozessmodells mit rekursivem Vorgehen

Das vorgestellte Prozessmodell kann nicht nur für die Steuerung eines technischen Systems, sondern auch für die (modellbasierte) Diagnose verwendet werden. Bei der modellbasierten Diagnose werden zur Detektion der Ursache eines Fehlers die einzelnen Parameter des Modells solange variiert, bis sich die Reaktionen von dem realen System und dem Modell des Systems innerhalb eines definierten Toleranzbereichs decken. Die Parameter, die variiert wurden, lassen auf die Ursache der Störung schließen.

Eine gleichermaßen unerwartete Reaktion von Modell und realem System deutet auf einen Bedien- oder Anwenderprogrammierfehler hin. Auf diese Weise lassen sich Bedien- und Programmierfehler von elektrischen oder mechanischen Fehlern unterscheiden. Wird von einem Experten sichergestellt, dass Anwenderprogramm und Bedienungsablauf korrekt sind, lassen sich auch Systemsoftwarefehler finden. Der Ablauf der Diagnose kann durch folgende Teilschritte beschrieben werden (s. Abb. 1.10)

1. Detektion einer Abweichung zwischen Modell und realem System.
2. Variation der Modellparameter (Maschinendaten), bis Modell und Prozess die gleichen Ausgaben liefern.
3. Identifikation der Störung durch Interpretation der Parameteränderung.

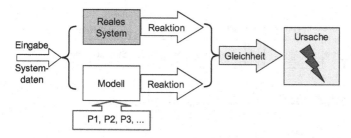

Abb. 1.10. Prinzip der modellbasierten Diagnose

1.1.5 Steuerung und Regelung

Prinzipiell lassen sich Steuerungssysteme mit offener Wirkungskette und Steuerungssysteme mit geschlossener Wirkungskette unterscheiden [Lunze 2003].

In Abb. 1.11 ist die prinzipielle Struktur einer Steuerung mit offener Wirkungskette dargestellt. Nach DIN 19226 ist die **Steuerung** definiert: Die Steuerung ist ein Vorgang in einem abgegrenzten System, bei dem eine oder mehrere Größen als Eingangsgrößen andere Größen als Ausgangsgrößen aufgrund der dem System eigenen Gesetzmäßigkeiten beeinflussen.

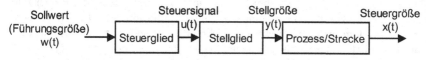

Abb. 1.11. Wirkungskette einer Steuerung

Bei der Steuerung mit offener Wirkungskette ist keine Rückkopplung der Prozessgröße $x(t)$ vorhanden. Das Steuerglied (die Steuerung) berechnet das Steuersignal $u(t)$ ohne Kenntnis des aktuellen Wertes der Ausgangsgröße $x(t)$. Für diese Berechnung muss ein Modell der Strecke bekannt sein, welches die Zusammenhänge zwischen $x(t)$ und $y(t)$ beschreibt. Dann berechnet die Steuerung mit der bekannten Führungsgröße $w(t)$ und den Algorithmen des Prozessmodells den Verlauf des Steuersignals $u(t)$. Dieses erzeugt mit dem Stellglied und den Gesetzmäßigkeiten des realen Prozesses (die dem Prozessmodell entsprechen müssen) das gewünschte $x(t)$. Die Steuerung kann damit nicht auf Störungen im Prozess reagieren und kann eine Störung, welche das Ausgangsignal $x(t)$ verfälscht, nicht korrigieren.

Nach DIN 19226 ist die **Regelung** wie folgt definiert: Die Regelung ist ein technischer Vorgang in einem abgegrenzten System, bei dem eine technische oder physikalische Größe, die sogenannte Regelgröße oder der Istwert, fortlaufend erfasst und durch Vergleich ihres Signals mit dem Signal einer anderen von außen vorgegebenen Größe, der Führungsgröße oder dem Sollwert, im Sinne einer Angleichung an die Führungsgröße beeinflusst wird. Abb. 1.12 zeigt die Wirkungskette einer Regelung.

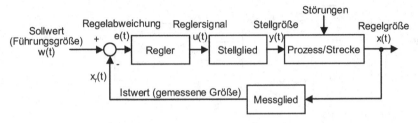

Abb. 1.12. Wirkungskette einer Regelung

Die Automatisierungseinrichtung wirkt bei der Regelung über die Stellgröße *y(t)* auf den Prozess ein, mit dem Ziel, die Regelgröße *x(t)* mit der Führungsgröße *w(t)* in Übereinstimmung zu bringen. Charakteristisch für die Regelung ist die Rückkopplung mit fortlaufender Erfassung der Regelgröße *x(t)* und die kontinuierliche Bildung der Regelabweichung $e(t) = w(t) - x(t)$. In der Regelabweichung *e(t)* drückt sich die Abweichung der Regelgröße von der Führungsgröße und die Abweichung der Regelgröße auf Grund von Störungen im Prozess aus. Der Regler hat erstens die Aufgabe, die Regelgröße der Führungsgröße nachzuführen und zweitens die Aufgabe, die Prozessstörungen auszuregeln (zu korrigieren). Dies bedeutet *e(t)* soll Null sein. Die Strategie, wie dies erreicht werden soll (schnellstmöglich, ohne Überschwingen, exakte Angleichung, usw.) muss der Regler über den Regelalgorithmus verwirklichen.

Das Stellglied ist die gerätetechnische Vorrichtung, über welche der Regler mit *u(t)* auf den Prozess mit *y(t)* im Sinne des obigen Zieles einwirkt. Das Messglied ist ein Messsystem, welches direkt oder indirekt die Regelgröße *x(t)* erfasst. Bei der indirekten Erfassung repräsentiert eine Ersatzgröße die Regelgröße *x(t)*.

Bezüglich Zeitverhalten sind Steuerstrukturen in der offenen Wirkungskette gegenüber denen in der geschlossenen Wirkungskette überlegen. Sie berechnen in der Regel die Stellgröße schneller. Hier muss keine Regelgröße erfasst und keine Regelabweichung gebildet werden. Allerdings muss für eine optimale Steuerstrategie ein Prozessmodell zur Verfügung stehen, das möglichst genau den realen Prozess nachbildet. Außerdem dürfen keine Störungen auf den Prozess einwirken. Bei vielen realen Systemen lassen sich die Prozesse nicht exakt modellieren. Außerdem können Störungen nicht ausgeschlossen werden. Dann müssen Steuerungen mit geschlossener Wirkungskette oder Regelungen eingesetzt werden. Dies soll am Beispiel der Zeitplan- und Ablaufsteuerung verdeutlicht werden.

Der in Abb. 1.13 gezeigte Prozess lässt sich mittels den zwei grundlegenden Steuerungsansätzen mit offener bzw. mit geschlossener Wirkungskette steuern. Die Temperatur im Behälter soll zwischen den beiden Grenzwerten T_{min} und T_{max} gehalten werden. Die im linken Teil der Abbildung gezeigte Zeitplansteuerung aktiviert nach vorgegebenen Zeitintervallen über ein einfaches Prozessmodell (Zeitintervalle) die Heizung, welche die Flüssigkeit im Behälter aufheizt. Werden diese Zeitintervalle geeignet gewählt, so kann dadurch die Temperatur im gewünschten Intervall gehalten werden.

Die Ablaufsteuerung, die im rechten Teil der Abbildung gezeigt ist, aktiviert die Heizung nur bei Unterschreiten der Temperatur T_{min}, und schaltet sie bei Überschreiten der Temperatur T_{max} wieder ab. Hierbei wird die Temperatur durch den Sensor S gemessen. Unter Idealbedingungen zeigen beide Systeme das gleiche Verhalten.

Während die Ablaufsteuerung im geschlossenen Wirkungskreis eingesetzt wird, arbeitet die Zeitplansteuerung in der offenen Wirkungskette. Hierbei fließt die Information ausschließlich in Richtung der Steuerstrecke. Das führt dazu, dass bei geänderten Umweltbedingungen die Zeitplansteuerung versagt: je nach Umgebungstemperatur, thermischen Eigenschaften der Flüssigkeit oder Ablagerungen auf der Heizspirale (Prozessstörungen) verlässt der Temperaturverlauf das Intervall $[T_{min}, T_{max}]$.

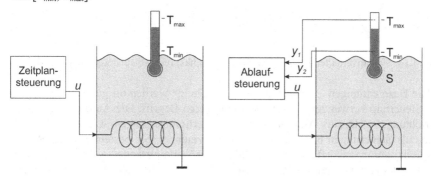

Abb. 1.13. Zeitplan- und Ablaufsteuerung der Temperatur einer Flüssigkeit

Die Ablaufsteuerung unterliegt dieser Einschränkung nicht. Sie kann auf den tatsächlichen Temperaturzustand der Flüssigkeit reagieren. Zur Einhaltung der Grenzwerte ist hier kein exakter Messwert der Temperatur erforderlich, die binären Ausgaben y_1 und y_2, die anzeigen, ob die Grenzwerte über- oder unterschritten sind, reichen aus.

Das Verhalten des so gesteuerten Prozesses ist in Abb. 1.14 gezeigt. Unten sieht man, dass der Verlauf der Stellgröße in etwa derselbe ist. Im Fall der Zeitplansteuerung, links gezeigt, kann jedoch eine leichte Störung, wie etwa Kalkablagerungen an der Heizspirale, dazu führen, dass das Sollwertintervall vollständig verlassen wird. Bei der Ablaufsteuerung ist das Systemverhalten wie gewünscht, da die Heizung in Abhängigkeit der Zustände (T_{min}, T_{max}) der Flüssigkeitstemperatur geschaltet wird, wie im rechten Teil des Diagramms gezeigt.

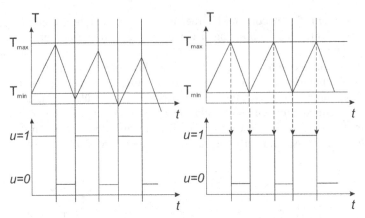

Abb. 1.14. Systemverhalten bei Zeitplansteuerung (links) und Ablaufsteuerung (rechts)

Die Bezeichnungen „Steuerung" und „Regelung" werden oft gemischt verwendet. Steuerung verwendet man als übergeordneten Begriff. Die Automatisierungseinrichtungen, z.B. zum Automatisieren von Fertigungsanlagen, werden in diesem Sinne als Steuerungen bzw. Steuersysteme bezeichnet. Sie bestehen in der Regel aus Teilsystemen mit offener und geschlossener Wirkungskette.

Eine Steuerung in der geschlossenen Wirkungskette bezeichnet man einheitlich als Regelung, wenn kontinuierlich der gemessene Verlauf der Regelgröße erfasst, die Differenz mit dem zum selben Zeitpunkt vorgegebenen Sollwert gebildet und mit einem Regelalgorithmus die Stellgröße bestimmt wird.

Den Begriff der Steuerung verwendet man einheitlich für Automatisierungssysteme, welche die Stellgröße in der offenen Wirkungskette bestimmen und keine Rückkopplungen aufweisen. Weiter wird ein Automatisierungssystem, welches einen ereignisdiskreten Prozess mit z.B. binären Zuständen steuert und die Stellgrößen mit Rückkopplung der Prozesszustände in geschlossener Wirkungskette berechnet, ebenfalls als Steuerung bezeichnet.

Zur Steuerung von realen Prozessen werden wegen der Vor- und Nachteile (s. oben) die Steuerstrukturen mit offener und geschlossener Wirkungskette kombiniert verwendet.

Abb. 1.15 zeigt dies am Beispiel der Bewegungssteuerung eines Roboters. Die Blöcke Interpreter, Interpolator und Transformation bilden eine Steuerung mit offener Wirkungskette zur Erzeugung von Führungsgrößen für die Bahnen der Roboterachsen. Der Interpreter interpretiert mit einem entsprechenden Algorithmus (einem Modell für das Umsetzen der Roboterbefehle) die Befehle des Roboterprogramms. Wenn er z.B. den Fahrbefehl „Fahre entlang einer Geraden zum Punkt P" erkennt, übergibt er die Koordinaten x, y, z an den Interpolator und startet die Interpolation. Daraufhin erzeugt der Interpolator Zwischenpunkte auf der Bahn.

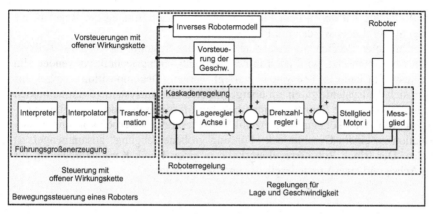

Abb. 1.15. Steuerstrukturen mit offener und geschlossener Wirkungskette am Beispiel der Bewegungssteuerung eines Roboters

Hierzu berücksichtigt er ein Bewegungsmodell für die Roboterachsen, welches ruckbegrenztes Fahren mit vorgegebener Geschwindigkeit entlang von Bahnen im Raum nachbildet. Die Transformation berechnet mit dem Inversen Robotermodell die Führungsgrößen für die Roboterachsen. Über die Lageregelung mit Lagemesssystem wird dann die exakte Lage der Achsen eingestellt. Der Lageregelung ist eine Drehzahlregelung unterlagert. Zur Erhöhung der Geschwindigkeit der Lage und Drehzahlregelung werden zusätzlich Vorsteuerglieder mit offener Wirkungskette verwendet. Ein erstes **Vorsteuerglied** berechnet über ein einfaches Modell den „theoretischen Führungsgrößenverlauf" für die Drehzahl. Dieser wird dann der vom Lageregler berechneten Drehzahlführungsgröße überlagert. Ein zweites, sehr viel komplexeres Vorsteuerglied beinhaltet ein inverses dynamisches Robotermodell. Dieses modelliert die Kinematik und Dynamik des Roboters (Bewegungsgleichungen mit Massen und Trägheitsmomenten) und berechnet die theoretisch in den Robotergelenken auftretenden Momente. Diese Momente werden denen überlagert, die von den Drehzahlreglern berechnet wurden und kompensieren die als Störgrößen wirkenden Koriolismomente. Dadurch reagieren die Achsen des Roboters schneller auf Sollwertänderungen.

Anhand von Abb. 1.15 sollen zwei weitere wichtige Methoden **„Entwerfen mit Blockschaltbildern"** sowie **„Dekomposition und Aggregation"** für den Entwurf von Steuersystemen erläutert werden. Durch Blockschaltbilder wird beschrieben, wie sich ein Gesamtsystem aus Teilsystemen zusammensetzt und wie einzelne Teilsysteme und einzelne Blöcke durch Signale miteinander verkoppelt sind. Die Blöcke sind Ersatzschaltbilder bzw. Übertragungsglieder von dynamischen Systemen mit Ein- und Ausgangsgrößen. Die Blöcke repräsentieren ein Modell bzw. Algorithmen, welche das dynamische Verhalten des Übertragungsgliedes beschreiben. Signale sind durch Pfeile mit eindeutiger Wirkrichtung dargestellt und verkörpern den Signal- und Informationsfluss zwischen den Blöcken und die Beziehung von und zur Umwelt. Die Signalverzweigung wird als Punkt und die Summationsstelle als Kreis gekennzeichnet. Eine Rückkopplung im Sinne

einer Regelung hat neben dem Pfeil ein Minus (-) zur Bildung der Regelabweichung. Steuerglieder werden mit Plus (+) addiert.

Der in vielen Bereichen verwendete Begriff des Systems, das sich aus Teilsystemen zusammensetzt, wird auch in der Automatisierungstechnik verwendet. Ein
Gesamtsystem kann in Teilsysteme zerlegt werden (Dekomposition), umgekehrt
lassen sich Teilsysteme zu einem übergeordneten Gesamtsystem zusammenfassen
(Aggregation). Diese Schritte können beliebig oft hintereinander ausgeführt werden. In Abb. 1.15 können die Einzelblöcke Interpreter, Interpolation und Transformation zu einem Gesamtblock „Führungsgrößenerzeugung" zusammengefasst
werden. Der Block Roboterregelung kann in einen Block Kaskadenregelung für
eine Achse und zwei Vorsteuerglieder unterteilt werden.

1.2   Methoden zur Modellierung und zum Entwurf von diskreten Steuerungen

Für den Entwurf von diskreten Steuerungen für diskrete Prozesse und Abläufe
werden Beschreibungsverfahren benötigt. In diesem Abschnitt werden zwei Methoden zur Modellierung von diskreten Prozessen vorgestellt:

1. Beschreibung von diskreten Prozessen und Abläufen durch Petri-Netze
2. Beschreibung von diskreten Prozessen und Abläufen durch Automaten

Am Ende des Abschnitts werden die Unterschiede sowie die Gemeinsamkeiten
der beiden Methoden erörtert.

1.2.1   Petri-Netze

Die Petri-Netz-Theorie wurde von C.A. Petri 1962 begründet. Petri-Netze sind
Graphen mit zwei verschiedenen Knotentypen, die in den graphischen Darstellungen mittels Balken und Kreisen repräsentiert werden. Es können hierbei nur Kreise mit Balken sowie Balken mit Kreisen verbunden werden. Eine direkte Verbindung zwischen Kreisen untereinander bzw. zwischen Balken untereinander ist
nicht erlaubt. Interpretiert werden die Kreise als Zustände (beispielsweise eines
Fertigungssystems), wohingegen die Balken Aktionen (beispielsweise das Greifen
eines Teiles durch einen Roboter) darstellen.

Die Abb. 1.16 zeigt ein einfaches Petri-Netz, bei dem ein Roboter ein Objekt
greift und mit diesem eine Werkzeugmaschine beschickt. Objekte werden in diesem Petri-Netz durch Marken (Punkte) innerhalb von sogenannten Stellen (kreis-
förmige Knoten) dargestellt. Sobald alle Ressourcen verfügbar sind, wird durch
Schalten einer Transition (balkenförmige Knoten) eine Operation durchgeführt.
Transitionen (Übergänge) sind als Aktionen zu interpretieren und Stellen als Bedingungen der Aktionen.

Im linken oberen Teil der Abb. 1.16 stehen alle Ressourcen, die zur Ausführung einer Aktion benötigt werden, zur Verfügung. An jeder Stelle befindet sich

eine Marke. Die Transition kann geschaltet, das heißt die Operation *Bestücken,* die durch den Roboter ausgeführt wird, kann ausgelöst werden. Nach der Transition erscheint eine Marke am Ausgang. Parallel hierzu wird jeweils eine Eingangsmarke pro Stelle entfernt. Im unteren rechten Teil des Bildes wird durch das Vorhandensein einer Marke am Ausgang angezeigt, dass die Werkzeugmaschine beschickt ist. Nach diesem einfachen Beispiel sollen im Folgenden die wichtigsten Eigenschaften von Petri-Netzen erläutert werden.

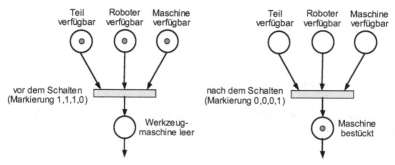

Abb. 1.16. Bestückung einer Werkzeugmaschine mit einem Roboter

Theoretische Grundlagen der Petri-Netze

Ein Petri-Netz ist formal durch ein 5-Tupel $N(S, T, Q, Z, M_0)$ beschrieben, wobei gilt:

1. S ist die Menge der Stellen (Zustände)
2. T ist die Menge der Transitionen (Aktionen)
3. $S \cap T = 0$, d.h. die Mengen der Stellen und Transitionen sind disjunkt
4. $Q \subseteq (S \times T)$ bezeichnet die Quellrelation, d.h. die Verbindungen zwischen Stellen und Transitionen
5. $Z \subseteq (T \times S)$ bezeichnet die Zielrelation, d.h. die Verbindungen zwischen Transitionen und Stellen
6. M_0 repräsentiert die Anfangsmarkierung des Netzes, d.h. es wird jeder Stelle eine initiale Markenmenge zugeordnet.

Ferner gilt:

s_i heißt *Eingangsstelle* von t_j, wenn gilt: $(s_i, t_j) \in Q$

s_i heißt *Ausgangsstelle* von t_j, wenn gilt: $(t_j, s_i) \in Z$

$S_E(t_j)$ bezeichnet die Menge aller Eingangsstellen von t_j

$S_A(t_j)$ bezeichnet die Menge aller Ausgangsstellen von t_j

Wie bereits beschrieben, werden Stellen als Bedingungen und Transitionen als von diesen Bedingungen abhängige Aktionen (Ereignisse) interpretiert. Daher wird oftmals auch von Bedingung/Ereignis-Petri-Netzen gesprochen. Ein Beispiel für ein Petri-Netz, das einen Produktionsprozess beschreibt, ist in Abb. 1.17 dargestellt. Hierbei entspricht die Transition t_2 der Lackierung eines Bauteils (s_2), das danach mittels der Transtion t_5 in das Lager (s_7) transportiert werden kann. Von Zeit zu Zeit wird bei Verfügbarkeit der Prüfmaschine (s_1) das Bauteil (s_2) getestet (t_1) und entweder mit Transition t_3 in das Lager s_5 oder mit Transition t_4 in das Lager s_6 transportiert.

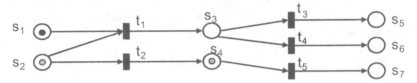

Abb. 1.17. Darstellung eines diskreten Prozesses

Eine Markierung M eines Bedingung/Ereignis-Petri-Netzes N ist eine Abbildung von Stellen auf die Menge {0, 1, 2, 3, ...}:

$$M: S \rightarrow \{0, 1, 2, 3, ...\}$$

Eine Stelle s_i ist *markiert,* falls $M(s_i) \geq 1$; andernfalls ist s_i *nicht markiert.* Eine markierte Stelle wird durch ein oder mehrere Punkte im dazugehörigen Netzgraphen symbolisiert. Ist eine Stelle s_i markiert, so ist die dazugehörige Bedingung $B(s_i)$ wahr, andernfalls ist $B(s_i)$ falsch. Eine Transition ist schaltfähig, sofern sie bezüglich einer Markierung M aktiviert ist. Eine Transition t_j ist *M-aktiviert* (d.h. schaltfähig unter *M),* wenn folgendes gilt:

$$M(s_i) \geq 1 \text{ für alle } s_i \in S_E(t_j)$$

Hiermit ist umgangssprachlich gleichbedeutend, dass sich in allen Eingangsstellen von t_j mindestens eine Marke befindet.

Die Markierungsfunktion ordnet jeder Stelle des Petri-Netzes die korrespondierende Markenanzahl zu. In der graphischen Darstellung werden Quell- und Zielrelation durch gerichtete Kanten dargestellt. Somit lautet die präzise Darstellung des markierten Petri-Netzes aus Abb. 1.17 wie folgt:

PN = (S,T,Q,Z,M) mit
S= { $s_1,s_2,...,s_7$},
T= {$t_1,t_2, ...,t_5$},
Q= { $(s_1,t_1),(s_2,t_1),(s_2,t_2),(s_3,t_3),(s_3,t_4),(s_4,t_5)$ },
Z= ($(t_1,s_3),(t_2,s_4),(t_3,s_5),(t_4,s_6),(t_5,s_7)$ },
$M(s_1)= M(s_2)= M(s_4)= 1$ und
$M(s_3)= M(s_5)=M(s_6)= M(s_7)=0$.

Modellierung des dynamischen Ablaufs

Die Modellierung des dynamischen Ablaufs eines Systems erfolgt in der Petri-Netz-Theorie mit Marken. Die Verteilung von Marken auf die Stellen im Petri-Netz wird *Markierung* genannt. Verschiedene Zustände eines realen Systems werden im Petri-Netz-Modell durch verschiedene Markierungen repräsentiert. Die Veränderung einer Markierung wird durch das *Schalten*, das einer vorgegebenen *Schaltregel* unterliegt, beschrieben. Die Schaltregel lautet wie folgt:

> *Ist eine Transition aktiviert, d.h. sind alle Eingangsstellen dieser Transition mit mindestens einer Marke markiert, so kann die Transition schalten. Das Schalten entfernt aus jeder Eingangsstelle genau eine Marke und fügt in jeder Ausgangsstelle eine Marke hinzu.*

Durch Schalten einer M-aktivierten Transition t_j entsteht eine Folgemarkierung M' gemäß den folgenden Regeln:

$M'(s_i) = M(s_i)-1$, falls $s_i \in S_E(t_j)$

$M'(s_i) = M(s_i)+1$, falls $s_i \in S_A(t_j)$

$M'(s_i) = M(s_i)$ sonst

Man sagt, dass das Schalten einer Transition t das Eintreten des dazugehörigen Ereignisses $E(t)$ bewirkt.

Wenn in einem markierten Petri-Netz nur eine Transition aktiviert ist, so ergibt sich als Ergebnis des Schaltens dieser Transition genau ein markiertes Petri-Netz. Wenn dagegen mehrere Transitionen aktiviert sind, so ist die resultierende Markierung des Petri-Netzes nicht mehr eindeutig bestimmt. Mögliche direkte Folgemarkierungen sind all die Markierungen, die durch einmalige Anwendung der Schaltregel auf jeweils eine der aktivierten Transitionen entstehen. Die Schaltregel gibt keinen Aufschluss darüber, welche Transition schalten soll. In Abb. 1.18 bis Abb. 1.20 sind die verschiedenen direkten Folgemarkierungen des Netzes aus Abb. 1.17 in eine graphische Darstellung des Petri-Netzes eingezeichnet.

Die Markierungen, die man durch mehrmaliges Anwenden der Schaltregeln erhält, nennt man Folgemarkierungen. Obwohl die Anzahl der Stellen und Transitionen sowie die Menge der anfangs gesetzten Marken jeweils endlich ist, können durch wiederholte Anwendung der Schaltregel unter Umständen unendlich viele verschieden markierte Petri-Netze entstehen.

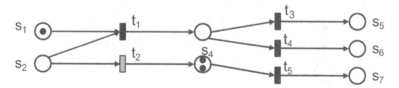

Abb. 1.18. Folgemarkierung nach Schalten der Transition 2

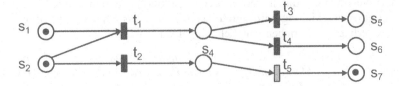

Abb. 1.19. Folgemarkierung nach Schalten der Transition 5

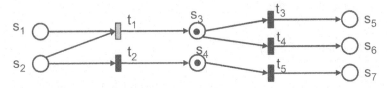

Abb. 1.20. Folgemarkierung nach Schalten der Transition 1

Aufbau komplexerer Netze durch Bausteine

Prinzipiell kann ein komplexeres Netz aus einzelnen Bausteinen aufgebaut werden (Abb. 1.21). Je nach gewünschtem Verhalten des Systems stehen die folgenden Möglichkeiten zur Verfügung:

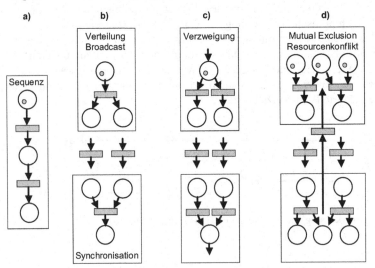

Abb. 1.21 Basisbausteine für Petri-Netze

1. Das **sequentielle Petri-Netz** besteht aus $n+1$ Stellen und n Transitionen. Dieses Modul repräsentiert eine Sequenz von Operationen (Abb. 1.21a).
2. Das **parallele Petri-Netz** besteht aus einer Eingangsstelle, n parallelen Stellen und einer Ausgangsstelle (Abb. 1.21b). Die parallelen Stellen sind von der Eingangsstelle und der Ausgangsstelle durch jeweils eine Transition getrennt. Eine Markierung der Eingangsstelle wird parallel an alle parallele Stellen weitergeleitet. Bei diesem Modul werden parallele Operationen unabhängig voneinander ausgeführt. Die Ausgangsstelle wird erst dann markiert, wenn alle parallelen Operationen abgelaufen sind **(Synchronisation)**.
3. Das **konfliktbehaftete Petri-Netz** besitzt eine Eingangsstelle, n parallele Stellen und eine Ausgangsstelle (Abb. 1.21c). Die n parallelen Stellen sind sowohl von der Eingangsstelle als auch von der Ausgangsstelle durch n parallele Transitionen getrennt. Bei diesem Netzbaustein konkurrieren die einzelnen Operationen. Somit ist der weitere Weg der Marke nicht mehr eindeutig festgelegt, das heißt es ist offen, welche der nachfolgenden, konkurrierenden Operationen als nächste ausgeführt wird. Das modellierte System befindet sich also in einem Zustand, in dem aus der Reihe möglicher Abläufe und Operationen eine Auswahl getroffen werden muss. Diese geschieht hier zufällig.
4. Das **Petri-Netz mit sich gegenseitig ausschließenden Zweigen**. Dieser Netztyp verfügt über zehn Stellen und sieben Transitionen (Abb. 1.21d). Eine ausgezeichnete, mittlere Stelle muss mit einer Marke besetzt sein, damit eine Transition schalten kann. Es kann entweder der rechte oder der linke Zweig geschaltet werden, je nachdem, ob die rechte oder die linke Eingangsstelle markiert ist. Wenn beide Eingangsstellen gleichzeitig markiert sind, wird ein Zweig zufällig ausgewählt (keine Prozess-Warteschlange, sondern Menge wartender Prozesse, s. o.). Sobald der aktivierte Zweig beendet ist, wird die mittlere Ausgangstelle über die mittlere Transition wieder markiert.

Mit diesen vier Basisbausteinen lassen sich komplexe diskrete Prozesse und Abläufe modellieren. So ist es zum Beispiel möglich, mit einem vereinfachten Petri-Netz zu beginnen, das die Arbeitsweise eines Systems grob beschreibt. Danach wird dieses dann schrittweise verfeinert (s. Abb. 1.22).

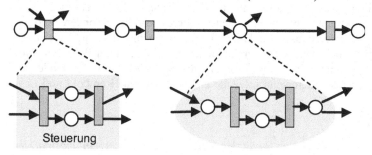

Abb. 1.22. Abstraktion und Detaillierung in Petri-Netzen

Wie bereits erklärt, werden die Systemoperationen bzw. Aktionen durch Transitionen dargestellt. Somit bleibt die Ausführung einer Operation an das Schalten der Transition geknüpft (Abb. 1.23). Jeder Transition wird einer der in Abb. 1.23 dargestellten Zustände (aktiviert, schaltend, inaktiv) zugewiesen. Eine aktivierte Transition startet den Schaltvorgang durch Entfernen der Marken aus den Eingangsstellen und anschließendes Aktivieren der mit dieser Transition logisch verknüpften Operation. Während der Ausführung der Operation wird die Transition im Zustand des Schaltens gehalten. In diesem Fall sind weder ihre Eingangsstellen noch ihre Ausgangsstellen mit Marken versehen. Schließlich werden nach Beendigung der Operation die Ausgangsstellen der Transition markiert und die Transition inaktiviert. Falls mehrere Marken in der Eingangsstelle vorhanden sind, kann das Netz auch vom Zustand *schaltend* in den Zustand *aktiviert* zurückkehren.

Diese Modellierung der Schaltvorgänge in einem Graphen gemäß Abb. 1.23 entspricht einer Darstellung mit endlichen Automaten. Diese Repräsentationsform wird genauer im zweiten Teil dieses Abschnitts dargestellt.

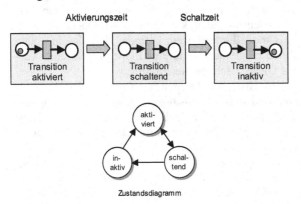

Abb. 1.23. Modellierung der Schaltvorgänge in einem Petri-Netz

Dynamische Netzeigenschaften

Bei der Modellierung von Abläufen, die im Rechner stattfinden, oder bei der Modellierung von diskreten technischen Systemen interessieren insbesondere Anomalien des betrachteten Systems. Eine Anomalie eines Systems ist beispielsweise ein Zustand, der nicht mehr verlassen werden kann (Deadlock). In der Petri-Netz Notation wurden für Anomalien einerseits und für wünschenswerte Zustände des modellierten Systems andererseits folgende Begriffe geprägt [Rembold und Levi 1999]:

a) Lebendigkeit

Ein markiertes Petri-Netz heißt lebendig bezüglich einer Anfangsmarkierung, wenn jede Transition durch endlich viele zulässige Schaltvorgänge aktiviert werden kann.

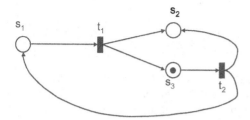

Abb. 1.24. Lebendiges Petri-Netz

Umgangssprachlich bedeutet dies, dass das Netz nur aus Transitionen besteht, die tatsächlich auch benötigt werden. Das markierte Petri-Netz in Abb. 1.24 ist beispielsweise lebendig, da die beiden Transitionen immer nacheinander schalten können.

b) Sicherheit

Ein markiertes Petri-Netz heißt sicher bezüglich einer Anfangsmarkierung, wenn durch keine mehrfache Anwendung der Schaltregel eine Stelle mit einer Anzahl von Marken belegt wird, die eine vorgegebene Höchstzahl übersteigt. Diese Höchstzahl wird Kapazität der Stelle genannt.

Das markierte Petri-Netz in Abb. 1.24 ist nicht sicher, da jede vorgegebene Markenobergrenze n für die Stelle s_2 durch ($\lfloor n/2 \rfloor$+1)-maliges Schalten von t_2 und $\lfloor (n+1)/2 \rfloor$-maliges Schalten von t_1 überschritten wird.

c) Deadlock

Ein markiertes Petri-Netz besitzt einen Deadlock (Systemstillstand), wenn nach endlich vielen zulässigen Schaltvorgängen keine Transition mehr existiert, die aktiviert ist.

Das markierte Petri-Netz in Abb. 1.25 ist deadlockfrei, denn nach jedem Schaltvorgang existiert mindestens eine aktivierte Transition. Es ist jedoch nicht lebendig, weil die Transition t_3 niemals aktiviert sein wird. Das Netz ist sicher bezüglich einer Markierungsobergrenze von 1, da sich nie mehr als eine Markierung auf den Stellen befindet.

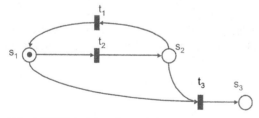

Abb. 1.25. Nicht lebendiges, sicheres und deadlockfreies Petri-Netz

Zeitbehaftete Petri-Netze

In der bisherigen Darstellung der Petri-Netze spielte der Zeitbegriff keine Rolle. Es stellt sich somit die Frage, ob und wie Petri-Netze im Bereich der Echtzeitsysteme eingesetzt werden können.

Es lässt sich feststellen, dass durch Petri-Netze nur Prozessabläufe beschrieben werden können, ohne auf zeitliche Garantien einzugehen. Die Fragestellung der Echtzeit ist daher auf die durch Transitionen angestoßenen Abläufe verlagert.

Für Echtzeitsysteme besteht der Wunsch, auch für Petri-Netze den Zeitbegriff einzuführen, um beispielsweise zu gewissen Zeitpunkten Aktionen auszulösen bzw. um festzulegen, dass eine Aktion eine bestimmte Zeit nach dem Eintritt eines Ereignisses ausgelöst werden soll. Damit können Deadlines bzw. Reaktionszeiten eingehalten und zeitkritische Aktionen ausgelöst werden.

Prinzipiell werden für die Modellierung von zeitbehafteten Petri-Netzen die folgenden Informationen benötigt:

1. Erfassung des Zeitverhaltens der einzelnen Aktionen
2. Festlegung von Zeitvorgaben (z.B. über Hierarchie)
3. Vorgabe einer diskreten Zeit mit einer kleinsten Zeiteinheit τ
4. Zeitintervalle ([min, max]) für die Aktivierungszeit (Start) und Schaltzeit (Dauer) (Abb. 1.26)

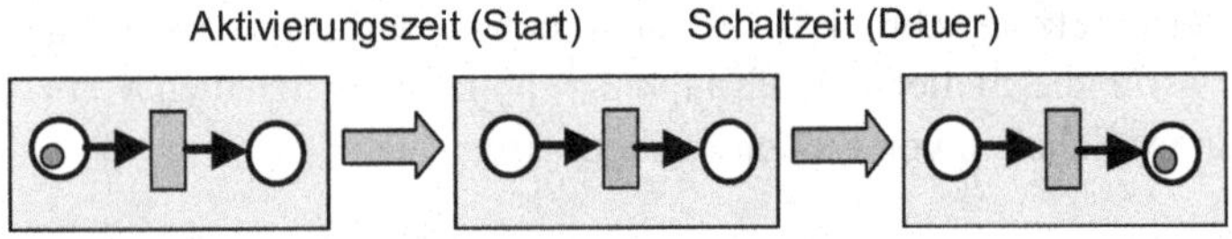

Abb. 1.26. Darstellung der Aktivierungs- und Schaltzeit eines Netzes

Zur Veranschaulichung dient ein kleines Beispiel. Es sollen die folgenden Bedingungen gelten:

1. T1 startet nach einer Zeiteinheit
2. T1 kann 1 bis 2 Zeiteinheiten dauern
3. T2 soll 2 bis 4 Zeiteinheiten nach T1 ausgeführt werden
4. T2 dauert 2 Zeiteinheiten
5. T3 soll maximal 6 Zeiteinheiten nach T2 ausgeführt werden
6. T3 dauert 2 bis 4 Zeiteinheiten

Aus diesen sechs Bedingungen werden die Aktivierungszeiten A [min. relative Startzeit, max. relative Startzeit] und Schaltzeiten S [min. Dauer, max. Dauer] der verschiedenen Prozesse abgeleitet:

1. A(T1)=[1,1]
2. S(T1)=[1,2]
3. A(T2)=[2,4]
4. S(T2)=[2,2]
5. A(T3)=[0,6]
6. S(T3)=[2,4]

Danach lässt sich dann das zeitbehaftete Petri-Netz aus Abb. 1.27 ableiten. Im oberen Teil sind die Schalt- und Aktivierungszeiten für die verschiedenen Prozesse angegeben. Prinzipiell können sich nun verschiedene Abarbeitungsreihenfolgen ergeben. In der Abbildung sind exemplarisch zwei verschiedene Möglichkeiten angegeben.

Durch die Analyse der zeitbehafteten Petri-Netze sowie der zeitlich unterschiedlichen Abarbeitungsreihenfolgen ist es möglich zu überprüfen, ob das technische System vorgegebene Zeitschranken einhalten kann.

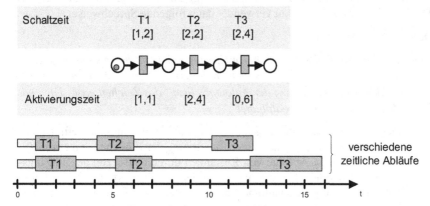

Abb. 1.27. Darstellung eines zeitbehafteten Petri-Netzes

1.2.2   Automaten

Eine zweite Methode zur Beschreibung (Modellierung) von diskreten Prozessen und Abläufen verwendet als Grundlage Automaten. Beispiele alltäglicher Automaten liefern für Bargeld Güter des täglichen Bedarfs (Handykarten, Briefmarken, Getränke, Fahrkarten, Süßigkeiten, Zigaretten usw.). Oft werden auch Automaten zur Steuerung von technischen Prozessen eingesetzt.

Zunächst sollen die prinzipiellen Gemeinsamkeiten dieser verschiedenartigen Automaten herausgearbeitet werden. Es geht insbesondere darum, wie sich die Arbeitsweise (das Verhalten) der Automaten losgelöst von den physikalischen Komponenten eines realen Automaten hinreichend genau beschreiben und modellieren lässt.

Dazu wird als Beispiel ein Handykartenautomat betrachtet, der durch folgende Funktionsweise beschrieben ist:

Beispiel   Handykartenautomat

Nach Einwurf eines Geldstückes vom Betrag x kann der Bediener des Automaten eine von zwei möglichen Handykarten d (D-Netz) oder e (E-Netz) durch Drücken einer der beiden Auswahltasten D oder E herauslassen. Es existiert auch die Möglichkeit, anstatt einer Handykarte den eingeworfenen Geldbetrag

x durch Drücken einer Rückgabetaste R zurückzuerhalten. Wird eine Auswahl-taste betätigt, ohne dass zuvor Geld eingeworfen wurde, so ertönt ein Signal-ton.

Typisch für einen Automaten ist, dass er von außen bedient wird, d.h. er wird mit Eingabedaten versorgt. Die Eingabe oder Bedienung wird in der Umgangs-sprache durch Formulierungen wie „Einwurf eines Geldstückes", „Drücken der Auswahltaste D-Netz", „Drücken der Auswahltaste E-Netz" oder „Drücken der Rückgabetaste" ausgedrückt. Diese Eingabemöglichkeiten sind durch die Zeichen X, D, E und R repräsentiert. Man verwendet dann folgende Sprechweise:

Definition   Eingabe

Es gibt eine endliche Menge E von Eingabezeichen, die aus endlich vielen Zeichen e_i besteht. Bei einer bestimmten Eingabe „wirkt" dann ein Zeichen $e_i \in E$ auf den Automaten, bzw. der Automat „liest" das Zeichen $e_i \in E$. Die end-liche Menge E heißt Eingabealphabet.

Ähnliches gilt für die internen Zustände. Der Handykartenautomat befindet sich stets in einem bestimmten Zustand. Unter Einwirkung der Eingabe kann er die Zu-stände wechseln und eine Abfolge von Zuständen durchlaufen. Bei der umgangs-sprachlichen Beschreibung der Automaten werden die Zustände durch Formulie-rungen der Art „Handykartenautomat bereit" oder „Geldbetrag ausreichend" repräsentiert. Diese Zustände werden hier durch b bzw. a dargestellt. In der Auto-matentheorie wird folgende Sprechweise verwendet:

Definition   Zustand

Es gibt eine endliche Menge S von internen Zuständen. Ein Zustand wird durch s_i repräsentiert. Der Automat befindet sich in einem bestimmten Zustand s_i oder er geht von Zustand s_i in den neuen Zustand s_j über ($s_i, s_j \in S$). Die endli-che Menge S heißt Zustandsmenge.

Die Ausgaben, die der Automat im Laufe seiner Arbeit erzeugt, werden um-gangssprachlich durch „eine von zwei möglichen Handykarten *d* oder *e* herauslas-sen", „ein Signalton ertönt" oder „eingeworfenen Geldbetrag x zurückerhalten" beschrieben. Man schreibt hierfür abkürzend *d, e, s* oder *x*. In der Automatentheo-rie gelten hierfür folgende Konventionen:

Definition   Ausgabe

Es gibt eine Menge Z von Ausgabezeichen, die aus endlich vielen $z_i \in Z$ be-steht. Bei einer bestimmten Ausgabe wird das Zeichen $z_i \in Z$ vom Automaten ausgegeben. Die Menge Z heißt auch Ausgabealphabet.

Mit diesen Konventionen können Automaten noch nicht vollständig beschrie-ben werden. Es ist noch nicht möglich, den dynamischen Ablauf oder das Verhal-ten eines Automaten darzustellen. Zur Repräsentation des Verhaltens wird das Zu-standsdiagramm eingeführt.

Beim Handykartenautomat lassen sich zunächst folgende Mengen unter-scheiden:

Eingabealphabet E={ X, D, E, R } mit der Bedeutung

X = „Geldbetrag X einwerfen"
D = „Auswahltaste D drücken"
E = „Auswahltaste E drücken"
R = „Rückgabeknopf R drücken"

Zustandsmenge S= { a, b } mit der Bedeutung
a = „Geldbetrag ausreichend"
b = „Automat bereit"

Ausgabealphabet Z= { d, e, x, s } mit der Bedeutung
d = „Ausgabe Handykarte D-Netz"
e = „Ausgabe Handykarte E-Netz"
x = „Ausgabe Geldbetrag x"
s = „Signalton ertönt"

Das Zustandsdiagramm (Abb. 1.28) für diesen Automaten ergibt sich, wenn man für jeden Zustand einen Knoten zeichnet. Von jedem Knoten gehen so viele gerichtete Kanten aus, wie es Eingabezeichen gibt. Die Kante endet bei demjeni-gen Knoten, in den der Automat beim Lesen des Zeichens übergeht. Die Kante wird mit diesem Eingabezeichen beschriftet. Durch einen Schrägstrich vom Ein-gabezeichen abgetrennt wird dasjenige Ausgabezeichen spezifiziert, das bei dieser Eingabe und Zustandsänderung ausgegeben wird. In Abb. 1.28 ist zusätzlich eine Vereinfachung vorgenommen worden, welche die Anzahl der Kanten reduziert: Manche Kanten sind mit mehreren Eingabezeichen/Ausgabezeichen beschriftet. Die Kante von Zustand *a* nach Zustand *b* ist zu lesen als:

Ist der Handykartenautomat in Zustand a (Geldbetrag ausreichend), und wird entweder die Auswahltaste D oder E gedrückt, so wird die Handykarte d bzw. e ausgegeben. Wird Taste R gedrückt, so wird das eingeworfene Geld wieder zurückgegeben. Danach geht der Automat in jedem der drei Fälle in den Zustand b (bereit) über.

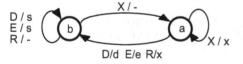

Abb. 1.28. Zustandsdiagramm des Handykartenautomaten

Das Zeichen „-" hinter dem Schrägstrich steht für die leere Ausgabe. Die mit X/- beschriftete Kante von b nach a bedeutet:

Ist der Handykartenautomat im Zustand b (bereit) und wird als nächste Eingabe ein Geldstück X eingeworfen, so geht der Automat in den (internen) Zustand a über. Bei diesem Übergang macht der Automat keine Ausgabe.

Nachdem nun alle Komponenten eines endlichen Automaten eingeführt sind, lässt sich unmittelbar eine exakte Definition angeben:

Definition   Endlicher Automat mit Ausgabe

Ein (endlicher) Automat α *mit Ausgabe* ist ein Sechstupel

$\alpha = (E,A,S,u,o,s_0)$ mit

$E = \{ e_1, e_2,...\}$ eine endliche, nichtleere Menge, das Eingabealphabet

$A = \{ a_1, a_2,...\}$ eine endliche, nichtleere Menge, das Ausgabealphabet

$S = \{ s_0,s_1,s_2,...\}$ eine endliche, nichtleere Menge, die Zustandsmenge

u: $E \times S \to S$: die Zustandsübergangsfunktion

o: $E \times S \to A$: die Ausgabefunktion

$s_0 \in S$: der Anfangszustand

Die Zustandsübergangsfunktion u: $E \times S \to S$ sowie die Ausgabefunktion o: $E \times S \to A$, die auf allen Paaren (e_i,s_j) erklärt sind, ist für $(e_i,s_j) \to s_k$ und $(e_i,s_j) \to a_k$ folgendermaßen zu lesen:

Der Automat befindet sich im Zustand s_j, liest das Eingabezeichen e_i und geht in den Zustand s_k über. Hierbei wird das Zeichen a_k ausgegeben.

Für die Modellierung von diskreten Prozessen verwendet man häufig endliche Automaten ohne Ausgabe. Bei diesen wird auf das Ausgabealphabet sowie die Ausgabefunktion verzichtet, stattdessen werden sogenannte Finalzustände eingeführt:

Definition   Endlicher Automat ohne Ausgabe

Ein (endlicher) Automat α *ohne Ausgabe* ist ein Fünftupel

$\alpha = (E,S,u,s_0,F)$ mit

$E = \{ e_1, e_2,...\}$ eine endliche, nichtleere Menge, das Eingabealphabet

$S = \{ s_0,s_1,s_2,...\}$ eine endliche, nichtleere Menge, die Zustandsmenge

u: $E \times S \to S$: die Zustandsübergangsfunktion

$s_0 \in S$: der Anfangszustand

$F \subseteq S$: die Menge der Endzustände (Finalzustände)

Die Zustandsübergangsfunktion u: $E \times S \to S$, die auf allen Paaren (e_i,s_j) erklärt ist, ist für $(e_i,s_j) \to s_k$ folgendermaßen zu lesen:

Der Automat befindet sich im Zustand s_j, liest das Eingabezeichen e_i und geht in den Zustand s_k über.

Der durch obige Definition festgelegte Automat unterscheidet sich von dem Einführungsbeispiel dadurch, dass er keine Ausgabe produziert. Für Echtzeitsysteme in der Automatisierung ist eine Ausgabe häufig nicht notwendig. Hier werden die Automaten oft verwendet, um Abläufe festzulegen und zu beschreiben sowie um bestimmte Aktionen am System auszulösen, analog zu den Petri-Netzen.

Die Funktionsweise eines endlichen Automaten ohne Ausgabe lässt sich anhand von Abb. 1.29 (Automat für das Planfräsen einer Nut) erläutern. Der Automat liest die Eingabezeichen e_i ein (Start, Reduzierpunkt erreicht, Nut-Tiefe erreicht, Nut-Ende erreicht, Hilfsstellung erreicht, Ausgangszustand erreicht). Er ändert nach jedem eingelesenen Zeichen seinen internen Zustand und löst hiermit die betreffenden Aktionen (Eilgang -z, Vorschub -z, Vorschub +x, Eilgang +z, Eilgang -x) aus.

Eine Erweiterung des Automaten wäre beispielsweise das Anzeigen des Zustandes durch Lampen. Dies würde wieder einem endlichen Automaten mit Ausgabe entsprechen.

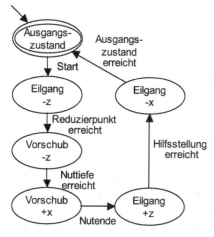

Abb. 1.29. Automat für das Beispiel „Planfräsen einer Nut" (s. Abb. 1.5)

Die bisher vorgestellten Automaten waren meist vollständig definiert. Für jeden Zustand und jede zulässige Eingabe gab es genau einen Folgezustand. In der Automatentheorie gibt es jedoch auch den „nicht vollständig definierten" endlichen Automaten, dessen Zustandsübergangsfunktion u: E×S → S nicht auf der gesamten Menge E×S erklärt ist.

Zustandsmodellierung von diskreten Prozessen

Nach den Einführungsbeispielen in Abb. 1.28 und in Abb. 1.29 kann verallgemeinert festgestellt werden, dass sich Automaten immer dort einsetzen lassen, wo Prozesse und Abläufe durch diskrete Zustände mit Zustandswechsel gekennzeichnet sind. Ein weiteres Beispiel hierfür ist das Prozess-Modell in Betriebssystemen (s. Abschn. 6.3.2). Hier können die einzelnen Prozess-Zustände als Zustände in einem endlichen Automaten definiert werden (Abb. 1.30). Das Prozessmodell besteht aus fünf Zuständen:

1. Zustand „Nicht Existent"
2. Zustand „Passiv"
3. Zustand „Bereit"
4. Zustand „Laufend"
5. Zustand „Suspendiert"

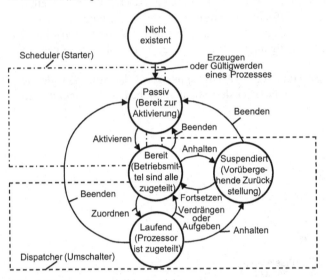

Abb. 1.30. Prozessmodell in Betriebssystemen

Zu Beginn sind die Prozesse im Zustand „Nicht existent" und wechseln dann nach deren Erzeugung in den Zustand „Passiv".

Im Zustand „Passiv" ist der Prozess nicht ablaufbereit. Die Zeitvoraussetzungen sind nicht erfüllt, oder es fehlen die notwendigen Betriebsmittel, um starten zu können. Sobald diese Bedingungen erfüllt sind, wechselt der Prozess in den Zustand „Bereit".

Im Zustand „Bereit" sind alle Betriebmittel zugeteilt. Bekommt der Prozess auch den Prozessor zugeteilt, so wechselt er in den Zustand „Laufend".

Wird einem laufenden Prozess ein Betriebsmittel entzogen, so wird der Prozess suspendiert (Zustand „Suspendiert").

Die anderen eingezeichneten Zustandswechsel sind zur Vervollständigung des Prozessmodells mit angegeben und sind selbsterklärend.

Nichtdeterministische Automaten

Die in den Beispielen angeführten Automaten arbeiteten alle deterministisch, d.h. für jedes Paar (e_i, s_j) gab es genau einen, bzw. im Falle des nichtvollständigen Automaten höchstens einen Folgezustand. Neben den nichtvollständigen Automaten (höchstens ein Folgezustand) gibt es die Möglichkeit, dass für manche Paare (e_i, s_j) der Automat in einen von mehreren möglichen Folgezuständen übergehen kann. In diesem Falle spricht man von einem nichtdeterministischen Automaten. Im Zustandsdiagramm eines solchen Automaten gehen dann von manchen Knoten mehrere Kanten mit identischer Beschriftung ab, die jeweils in verschiedene Folgezustände führen. Ein solcher Übergang repräsentiert eine „ODER"-Auswahl.

An dieser Stelle soll das Prinzip mit einem einfachen Beispiel einer diskreten Ablaufsteuerung (s. Abb. 1.6) erklärt werden. Es soll eine Platte auf der Vorder- und Rückseite plangefräst werden. Danach wird eine Nut gefräst oder geräumt. Zum Schluss soll das Teil montiert werden. In Abb. 1.6 sind diese Operationen durch Kästchen (Aktionen S1–S5) repräsentiert, die mittels „ODER"-Operationen sowie „UND"-Operationen miteinander verbunden werden. Aus dieser Darstellung lässt sich ein endlicher Automat ableiten, da jede „ODER"-Verbindung mit einem Nicht-Determinismus beschrieben werden kann. Die „UND"-Verbindungen werden als eine einfache Abfolge von Zuständen dargestellt. T1–T6 können auf Transitionen abgebildet werden, die bei Aktivierung den nächsten Schritt freigeben.

Ebenso ist es möglich, die Ablaufsteuerung mit einem Petri-Netz zu modellieren. Somit ergibt sich die Vermutung, dass beide Darstellungsformen aufeinander abgebildet werden können. Dies bedeutet, dass man die Abläufe in technischen Systemen durch Petri-Netze und/oder endliche Automaten beschreiben kann. Beide Konzepte können für die Modellierung und den Entwurf von diskreten Echtzeitsystemen verwendet werden.

Als eine Erweiterung des Automatenbegriffs werden in der Informatik auch zeitbehaftete endliche Automaten untersucht. Diese zeigen ein vergleichbares Verhalten zu den bereits eingeführten zeitbehafteten Petri-Netzen.

1.2.3   Zusammenhang zwischen Petri-Netzen und Automaten

Abschließend soll an der Modellierung des Ablaufes aus Abb. 1.6 mittels eines Automaten und eines Petri-Netzes der Zusammenhang der beiden Modellierungsmethoden aufgezeigt werden.

Abb. 1.31 stellt den obigen Prozess als Automaten dar. Wahlfreiheiten stellen sich hierbei immer als nichtdeterministische Zustandsübergänge dar. Dabei kann das selbe Ereignis einen Übergang von einem Zustand in zwei verschiedene Nachfolgezustände bewirken. Die Zustände stellen die verschiedenen Bearbeitungsschritte dar.

Man kann erkennen, dass einige Zustände mehrfach existieren. Dies ist auch der größte Nachteil gegenüber der Modellierung solcher Prozesse mit Petri-Netzen. Normalerweise fallen Modellierungen über Automaten immer größer aus als Modellierungen über Petri-Netze.

Abb. 1.32 zeigt den selben Fertigungsvorgang als Petri-Netz modelliert. Die Fertigungsschritte sind dabei als Transitionen modelliert. Die Wahlfreiheit wird über einfache Verzweigungen an den Stellen realisiert. Man erkennt, dass in diesem Fall keine Duplizierung von Fertigungsschritten notwendig ist. Die Stelle mit den zwei Marken in der Anfangskonfiguration erzwingt, dass zuerst die Vorderseite und dann die Rückseite der Platte bearbeitet werden. Erst nach Beendigung beider Arbeitsschritte werden diese Marken in die nächste Stelle (UND) transportiert. Sowohl das Räumen als auch das Fräsen der Nut kann nur erfolgen, wenn die vorgeschaltete Stelle zwei Marken enthält. Die entsprechenden Transitionen, welche die Verfahren zum Erzeugen der Nut modellieren, reduzieren die Anzahl der Marken wieder auf eins, so dass das Montieren mit einer Marke in der Eingangsstelle aktiviert wird. Das Netz kann abhängig von der Reihenfolge, in der die ersten beiden Bearbeitungsschritte erfolgen sollen, mit zwei unterschiedlichen Konfigurationen gestartet werden. Diese sind in der Graphik angegeben.

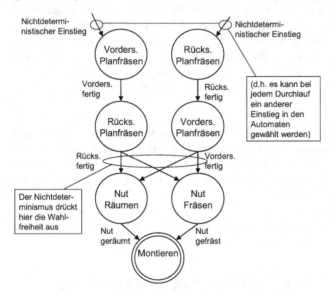

Abb. 1.31. Modellierung des diskreten Produktionsprozesses als Automat

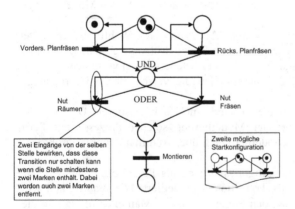

Abb. 1.32. Modellierung der Ablaufsteuerung eines Produktionsprozesses als Petri-Netz

1.3 Methoden für Modellierung und Entwurf zeitkontinuierlicher Regelungen

1.3.1 Aufgabenstellung in der Regelungstechnik

Für den Entwurf und die Beurteilung von Regelsystemen müssen im Allgemeinen drei Aufgabenstellungen, die Analyse, die Synthese und die Adaption von Regelsystemen gelöst werden.

Für die Bearbeitung dieser Aufgaben bildet das dynamische Modell des Prozesses (der Regelstrecke) und der einzelnen Übertragungsglieder die Grundlage. Das dynamische Modell beschreibt, wie das Ausgangssignal eines Systems bzw. eines Übertragungsgliedes vom Eingangssignal abhängt.

Bei der Analyse sind Strecke und Regler bekannt. Es müssen wesentliche Eigenschaften des Systems untersucht werden. Am häufigsten sind dies Stabilität und Regelgüte. Häufig ist die Analyse mit der Parameteroptimierung eines gegebenen Reglers verbunden.

Bei der Synthese ist die Strecke bekannt. Es wird ein Regler gesucht, der die geforderte Stabilität und Regelgüte gewährleisten kann. Man spricht von optimaler Synthese, wenn der konzipierte Regler die geforderte Regelgüte optimal erfüllt.

Wenn von der Strecke kein Modell ermittelt werden kann, muss dieses durch die Identifikation der Strecke, d.h. mit gemessenen Streckengrößen experimentell bestimmt (adaptiert) werden. Dann kann ein Regler entworfen werden.

Das typische Vorgehen für den Entwurf eines Reglers ist:

1. Es werden die Anforderungen an den Regler definiert, insbesondere die Regelgüte wie Stabilität, Schnelligkeit und Genauigkeit.
2. Das Modell der Strecke wird z.B. mit den hier und in Abschn. 1.4 beschriebenen Verfahren ermittelt.
3. Es wird ein Reglertyp ausgewählt, bzw. es wird ein Regler unter Einbeziehung der modellierten Regelstrecke z.B. mit den hier und in Abschn. 1.4 beschriebenen Verfahren entworfen.
4. Die Reglerparameter werden mit dem Modell der Strecke im Rechner über Simulation optimiert.
5. Nachdem die Parameter in der Simulation zufriedenstellend optimiert wurden, wird der Regler realisiert und an der realen Regelstrecke experimentell überprüft und optimiert.

Die Punkte 3, 4 und 5 können iterativ mehrmals wiederholt werden bis ein optimales Regelungsergebnis erreicht ist. Für die Punkte 2, 3 und 4 werden heute Standardsoftwarewerkzeuge wie z.B. Matlab [Bode 1998] eingesetzt (s. Abschn. 1.5).

1.3.2   Beschreibungsverfahren für zeitkontinuierliche Systeme

Im Folgenden werden Verfahren zur Modellierung (Beschreibung) von kontinuierlichen Systemen behandelt. Diese Verfahren bilden auch die Grundlage für die Behandlung von zeitdiskreten Systemen. Man unterscheidet eine Beschreibung im Zeitbereich und eine Beschreibung im Bildbereich. Die Beschreibung im Zeitbereich erfolgt mit Differenzialgleichungen, der Sprungantwort bzw. der Darstellung im Zustandsraum.

Die Beschreibung im Bildbereich erhält man über die Übertragungsfunktion. Diese wird mit Hilfe der Laplace-Transformierten der Zeitfunktionen gewonnen. Durch algebraische Auswertung der Übertragungsfunktion und deren graphischen Darstellung mit Hilfe des Frequenzganges lässt sich das Zeitverhalten eines Systems darstellen und untersuchen. Im folgenden sollen die Verfahren Beschreibung mit Differenzialgleichung, mit Sprungantwort, mit Zustandsraum und mit der Übertragungsfunktion behandelt werden.

1.3.2.1   Systembeschreibung im Zeitbereich

Ein zeitkontinuierliches dynamisches Eingrößensystem mit einer Eingangs- und einer Ausgangsgröße wird durch ein Übertragungsglied nach Abb. 1.33 dargestellt:

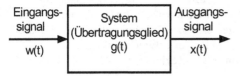

Abb. 1.33. Übertragungsglied mit Eingangssignal w(t) und Ausgangssignal x(t)

Systembeschreibung mit Differenzialgleichungen

Das Systemverhalten des Systems $g(t)$ gemäß Abb. 1.33 mit der Eingangsgröße $w(t)$ und der Ausgangsgröße $x(t)$ wird im allgemeinen durch eine Differenzialgleichung n-ter Ordnung im Zeitbereich beschrieben:

$$F\left(x^{(n)},...x,w^{(m)},...w,t\right)= 0 \tag{1.1}$$

wobei $w = w(t)$: Eingangsvariable,

$\qquad\quad x = x(t)$: Ausgangsvariable,

$$x^{(i)} = \frac{d^i x(t)}{dt^i}, \qquad i = 1,2,...,n;$$

$$w^{(j)} = \frac{d^j w(t)}{dt^j}, \qquad j = 1,2,...,m.$$

Als Ordnung n der Differenzialgleichung (1.1) wird die höchste vorkommende Ableitung bezeichnet.

Ein System gemäß Abb. 1.33 nennt man **linear**, wenn folgendes erfüllt ist [Lunze 2004]:

1. Superpositionsprinzip: Erzeugt ein System beim Eingangssignal $w_1(t)$ das Ausgangssignal $x_1(t)$ und beim Eingangssignal $w_2(t)$ das Ausgangssignal $x_2(t)$, dann erzeugt es beim Eingangssignal $(w_1(t) + w_2(t))$ das Ausgangssignal $(x_1(t) + x_2(t))$.
2. Homogenitätsprinzip: Erzeugt ein System beim Eingangssignal $w(t)$ das Ausgangssignal $x(t)$, dann erzeugt es beim Eingangssignal $k \cdot w(t)$ das Ausgangssignal $k \cdot x(t)$.

Fast alle realen Systeme sind nichtlinear. Eine Untersuchung nichtlinearer Systeme ist äußerst kompliziert und in geschlossener Form in der Regel nur für Sonderfälle möglich [Föllinger 2001]. Für viele praktische Fälle lassen sich nichtlineare Systeme durch lineare Systeme annähern. Damit lassen sich mit linearen Systemen wichtige Systemeigenschaften von nichtlinearen Systemen untersuchen [Reuter und Zacher 2002], [Unger 2004]. Deswegen werden im Weiteren hauptsächlich lineare Systeme betrachtet.

Ein lineares System wird durch die gewöhnliche lineare Differenzialgleichung in folgender Form beschrieben:

$$x^{(n)} + a_1 x^{(n-1)} + ... + a_n x = b_0 w^{(m)} + b_1 w^{(m-1)} + ... + b_m w$$

$$Anfangsbedingungen:$$

$$x(t=0) = x_0, \quad \dot{x}(t=0) = \dot{x}_0, \quad ..., \quad x^{(n)}(t=0) = x_0^{(n)}$$

$$Existenzbedingung\,(Kausalität): \quad m \le n$$

(1.2)

Die Lösung dieser Differenzialgleichung $x(t)$ ergibt sich aus einer homogenen Teillösung $x_h(t)$, welche den Einschwingvorgang beschreibt und einer inhomogenen Teillösung $x_i(t)$, welche den stationären Zustand beschreibt [Braun 1994]:

$$x(t) = x_h(t) + x_i(t) \qquad (1.3)$$

Die homogene Teillösung $x_h(t)$ ist eine Lösung der homogenen Differenzialgleichung

$$x^{(n)} + a_{n-1} x^{(n-1)} + ... + a_1 \dot{x} + a_0 x = 0 \qquad (1.4)$$

Eine Lösung der homogenen linearen Differenzialgleichung (1.4) mit reellen a_i ist folgende komplexwertige Funktion:

$$x_h(t) = C_k e^{\lambda_k t} = C_k e^{(\delta_k + i\omega_k)t} = C_k e^{\delta_k t}(\cos \omega_k t + i \sin \omega_k t) \qquad (1.5)$$

Dabei sind die $\lambda_k = \delta_k + i\omega_k$ – die **Eigenwerte** der Differenzialgleichung (1.4).

Wenn es gelingt, eine analytische Lösung der Differenzialgleichung zu finden, kann man daraus die dynamischen Eigenschaften des Systems ableiten. Eine analytische Lösung ist jedoch nur für lineare Systeme bis zur dritten Ordnung und wenige nichtlineare Systeme auffindbar.

Systembeschreibung mit der Gewichtsfunktion

Eine weitere Beschreibungsmöglichkeit geht nicht von der Differenzialgleichung nach (1.1) aus sondern verwendet die Gewichtfunktion $g(t)$, welche die Antwort des Systems auf den Einheitsimpuls $\delta(t)$ (s. Abb. 1.86) beschreibt. Die Beziehung zwischen allgemeiner Ausgangs- und Eingangsvariable (s. Abb. 1.33) im Zeitbereich wird dann durch das sog. **Faltungsintegral** dargestellt:

$$x(t) = \int_0^t g(t-\tau)w(\tau)d\tau \qquad (1.6)$$

Für die Reihenschaltung zweier Übertragungsglieder mit den Übertragungsfunktionen $r(t)$ und $g(t)$ im Zeitbereich ist weiter (s. Abb. 1.34):

$$x(t) = \int_0^t h(t-\tau) \cdot w(\tau)d\tau, \quad wobei$$

$$h(t) = \int_0^t r(t-\tau) \cdot g(\tau)d\tau \qquad (1.7)$$

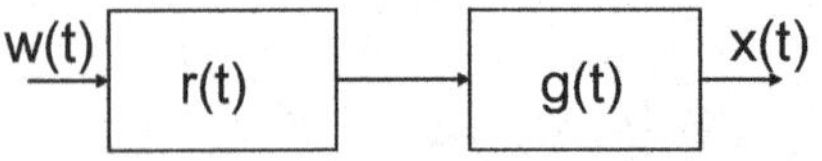

Abb. 1.34. Reihenschaltung von zwei Systemblöcken im Zeitbereich

Die Auswertung dieser Integrale ist kompliziert und nicht immer möglich. Deswegen benutzt man zur Untersuchung des dynamischen Verhaltens bei linearen Systemen häufig die Sprungantwort oder die Übertragungsfunktion im Bildbereich.

Systembeschreibung mit der Sprungantwort

Wenn das Systemmodell unbekannt ist, kann man dynamische Eigenschaften nur experimentell aus dem gemessenen Systemverhalten untersuchen.

Eine sehr wichtige Methode ist das Messen und Untersuchen der **Sprungantwort** $h(t)$ als Reaktion der Ausgangsgröße des Systems auf eine sprungförmige Änderung der Eingangsgröße. Normalerweise wird die Eingangsgröße normiert, so dass ein Sprung von 0 nach 1 auftritt.

Die wichtigsten Kenngrößen der Sprungantwort sind:

- die **Anregelzeit** t_a (rise time:0–100 %) ist der Zeitpunkt, bei dem die Ausgangsgröße $x(t)$ zum ersten mal den Sollwert (hier $x= 1$) erreicht.
- die **Ausregelzeit** (*settling time*) t_s kennzeichnet den Zeitpunkt, ab dem der Absolutbetrag der Abweichung vom stationären Wert $x(\infty)$ kleiner als ε ist. Normalerweise wird $\varepsilon = 0.05$ von $x(\infty)$ angenommen.
- die **Überschwingweite/Überschwinghöhe** (*peak overshoot*) M_P entspricht den maximalen Wert $x(t_p)$ der Sprungantwort relativ zum stationären Wert $x(\infty)$.
- die **bleibende Regeldifferenz** (*system error*) ist $e_\infty = 1 - x(\infty)$.

Aus der Sprungantwort eines Systems können mit obigen Kenngrößen die wesentlichen Parameter des Systemmodells ermittelt werden (s. Abschn. 1.3.3). Das in Abb. 1.35 dargestellte Einschwingverhalten ist typisch für Systeme zweiter Ordnung.

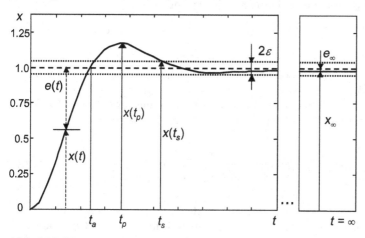

Abb. 1.35. Sprungantwort eines Systems

1.3.2.2   Systembeschreibung im Bildbereich

In der Regelungstechnik wird das dynamische Verhalten von Systemen statt durch Zeitfunktionen häufig durch deren Laplace-Transformierte beschrieben. Damit lassen sich Übertragungsfunktionen von Übertragungsgliedern im Bildbereich bestimmen. Aus den Übertragungsfunktionen von Elementargliedern lässt sich viel einfacher als im Zeitbereich eine Gesamtübertragungsfunktion mit Hilfe einer „Blockschaltbildalgebra" (s. Abb. 1.36 bis Abb. 1.42) konstruieren. Mit Hilfe von algebraischen Untersuchungen der Übertragungsfunktion lässt sich das Zeitverhalten der einzelnen Übertragungsglieder und des Regelkreises beurteilen und entwerfen.

Die Laplace-Transformation einer zeitkontinuierlichen Funktion $f(t)$ ist definiert durch das Laplace-Intregral [Föllinger und Kluwe 2003]:

$$F(s) = L(f(t)) = \int_0^\infty e^{-ts} f(t)dt \tag{1.8}$$

wobei $s = \delta + i\omega$ eine unabhängige komplexe Variable ist.

Die Laplace-Transformation setzt voraus, dass für negative Zeitwerte $t<0$ die entsprechende Zeitfunktion $f(t)$ gleich Null ist. Falls das Laplace-Integral (1.8) für einen Wert von s konvergiert, heißt $F(s)$ die Laplace-Transformierte oder **Bildfunktion** $L\{f(t)\}$. Sie ordnet jeder zeitabhängigen Funktion $f(t)$ eine komplexe Funktion $F(s)$ eindeutig zu. In Tabelle 1.1 sind die wichtigsten Eigenschaften der Laplace-Transformation aufgeführt.

Wenn alle in (1.2) aufgeführten Anfangsbedingungen (für $t = 0+$) Null sind, ist die Laplace-Transformierte der Differenzialgleichung (1.2)

$$\left(s^n + a_1 s^{n-1} + \ldots + a_n\right)X(s) = \left(b_0 s^m + b_1 s^{m-1} + \ldots + b_m\right)W(s) \tag{1.9}$$

Eine lineare Differenzialgleichung wird im Bildbereich als Polynom dargestellt. Dies erleichtert die Analyse solcher Systeme erheblich, wie die weitere Betrachtung zeigen wird.

Laplace-Transformierte können durch eine Umkehrungsformel in den Zeitbereich „rücktransformiert" werden (Laplace-Rücktransformation):

$$f(t) = L^{-1}\{F(s)\} = \frac{1}{2\pi i} \int e^{st} F(s)ds \tag{1.10}$$

Ergebnis der Modellierung eines **linearen Systems** im Bildbereich ist die Übertragungsfunktion. Die komplexe **Übertragungsfunktion** $G(s)$ wird definiert als der Quotient der Laplace-Transformierten der Ausgangsvariable durch die der Eingangsvariable. Aus (1.9) ergibt sich $G(s)$ als Quotient zweier Polynome von s (sog. gebrochene rationale Form):

$$G(s) = \frac{X(s)}{W(s)} = \frac{b_0 s^m + b_1 s^{m-1} + \ldots + b_{m-1}s + b_m}{s^n + a_1 s^{n-1} + \ldots + a_{n-1}s + a_n} \tag{1.11}$$

Beide Polynome können auch mittels ihrer Nullstellen beschrieben werden:

$$G(s) = \frac{b_0 s^m + b_1 s^{m-1} + \ldots + b_{m-1}s + b_m}{s^n + a_1 s^{n-1} + \ldots + a_{n-1}s + a_n} = b_0 \frac{\prod_{i=1}^{m}(s - \mu_i)}{\prod_{j=1}^{n}(s - \lambda_j)} \tag{1.12}$$

Die n Wurzeln λ_j des Nennerpolynoms sind die **Pole** der Übertragungsfunktion. Die m Wurzeln μ_i des Zählerpolynoms sind ihre **Nullstellen**. Das Nennerpolynom heißt **Systempolynom** bzw. **charakteristisches Polynom**. Die Werte der Pole und der Nullstellen der Übertragungsfunktion $G(s)$ bestimmen das dynamische Zeitverhalten des Systems.

Tabelle 1.1. Eigenschaften der Laplace-Transformation

	Eigenschaft	$L\{f(t)\} = F(s)$
1	Linearität	$L\{c_1 f_1(t) + c_2 f_2(t)\} = c_1 F_1(s) + c_2 F_2(s)$
2	Ähnlichkeit	$L\{f(at)\} = \dfrac{1}{a} F\left(\dfrac{s}{a}\right) \quad (a > 0)$
3	Dämpfung	$L\{e^{-at} f(t)\} = F(s + a)$
4	Rechtsverschiebung	$L\{f(t-a)\} = e^{-as} F(s) \quad (a > 0)$
5	Linksverschiebung	$L\{f(t+a)\} = e^{as}\left(F(s) - \displaystyle\int_0^a f(t) e^{-st} dt \right) \quad (a > 0)$
6	Faltung	$L\left\{ \displaystyle\int_0^t f_1(t-\tau) f_2(\tau) d\tau \right\} = F_1(s) \cdot F_2(s)$
7	Differenzierung im Zeitbereich	$L\{\dfrac{d^n f(t)}{dt^n}\} = s^n\left(F(s) - \displaystyle\sum_{j=1}^n f^{(j-1)}(0) s^{-j} \right)$
8	Differenzierung im Bildbereich	$L\{t^n \cdot f(t)\} = (-1)^n \dfrac{d^n F(s)}{ds^n}$
9	Integration	$L\{\displaystyle\int_{-\infty}^t f(\tau) d\tau\} = \dfrac{F(s)}{s} + \dfrac{\displaystyle\int_{-\infty}^0 f(\tau) d\tau}{s}$
10	Grenzwerte	$f(0+) = \lim\limits_{t \to 0} f(t) = \lim\limits_{s \to \infty}\{s \cdot F(s)\}$ Ausgangswert $\quad$ $f(\infty) = \lim\limits_{t \to \infty} f(t) = \lim\limits_{s \to 0}\{s \cdot F(s)\}$ Endwert

Nach der Anwendung der Laplace-Transformation auf das Ein- und Ausgangssignal sowie auf die Übertragungsfunktion im Zeitbereich ergibt sich das folgende einfache Verhältnis zwischen Eingangs- und Ausgangssignal eines Systems (Übertragungsgliedes) im Bildbereich (s. Abb. 1.36):

$$X(s) = G(s) \cdot W(s) \tag{1.13}$$

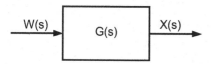

Abb. 1.36. Blockschaltbilddarstellung eines Systems im Bildbereich

Die komplexe Übertragungsfunktion $G(s)$ ist die Laplace-Transformierte der Gewichtsfunktion $g(t)$, welche die Impulsantwort des Systems im Zeitbereich darstellt.

Um aus Blockschaltbildern mit den zugehörigen Übertragungsfunktionen im Bildbereich die Gesamtübertragungsfunktion zu ermitteln, werden folgende sechs Umformungsregeln angewendet:

1) Reihenschaltung von zwei Blöcken im Bildbereich

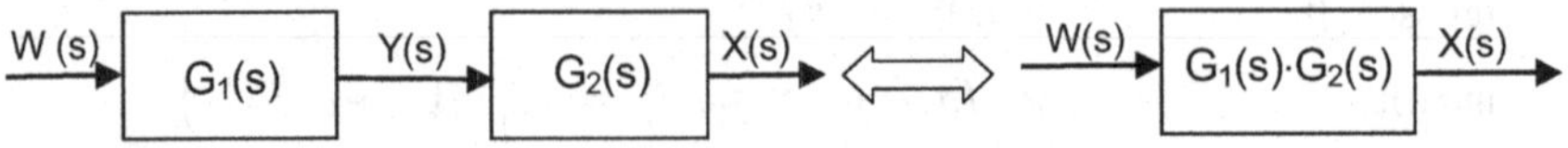

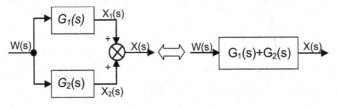

Abb. 1.37. Reihenschaltung von zwei Blöcken im Bildbereich

Aus dem linken Teil der Abb. 1.37 erhält man:

$$\left.\begin{array}{l} X(s) = G_2(s) \cdot Y(s) \\ Y(s) = G_1(s) \cdot W(s) \end{array}\right\} \Rightarrow X(s) = [G_2(s) \cdot G_1(s)] \cdot W(s) \qquad (1.14)$$

2) Parallelschaltung (Addierschaltung) von zwei Blöcken im Bildbereich:

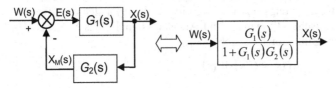

Abb. 1.38. Parallelschaltung von zwei Blöcken

Aus dem linken Teil der Abb. 1.38 erhält man:

$$\left.\begin{array}{l} X_1(s) = G_1(s) \cdot W(s) \\ X_2(s) = G_2(s) \cdot W(s) \end{array}\right\} \Rightarrow X(s) = X_1(s) + X_2(s) = [G_1(s) + G_2(s)] \cdot W(s) \qquad (1.15)$$

3) Rückkopplung (Gegenkopplung) von zwei Blöcken:

Abb. 1.39. Gegenkopplung von zwei Blöcken

Aus dem linken Teil der Abb. 1.39 erhält man wiederum:

$$\left.\begin{array}{l} X = G_1 \cdot E \\ E = W - X_M \\ X_M = G_2 \cdot X \end{array}\right\} \quad \left.\begin{array}{l} X = G_1 \cdot (W - G_2 \cdot X) \\ (1 + G_1 \cdot G_2) \cdot X = G_1 \cdot W \end{array}\right\} \quad \Rightarrow X(s) = \left[\frac{G_1(s)}{1 + G_1(s) \cdot G_2(s)}\right] \cdot W(s) \quad (1.16)$$

4) Rückkopplung (Mitkopplung):

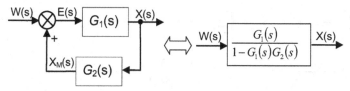

Abb. 1.40. Mitkopplung von zwei Blöcken

Die Herleitung der Gleichungen in Abb. 1.40 erfolgt analog zu 3).

Um aus einer grafischen Darstellung von komplexeren Systemen die Übertragungsfunktion zu ermitteln, ist es oft notwendig, die Blockschaltstruktur mit den Regeln 5) und 6) umzuwandeln.

5) Verschiebung der Summationsstellen:

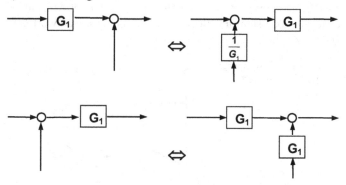

Abb. 1.41. Verschiebung der Summationsstellen

6) Verschiebung der Verzweigungsstellen:

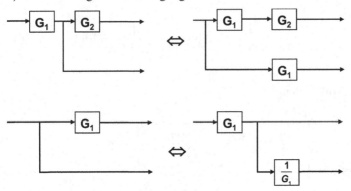

Abb. 1.42. Verschiebung der Verzweigungsstellen

Aus bekannten elementaren Übertragungsgliedern wird versucht, mit den dargestellten Regeln (1) bis (6) komplexere Systeme mit Hilfe von Elementarbausteinen durch Aggregation und Dekomposition (vergl. Abschn. 1.1.5) aufzubauen. Wichtige bei der Analyse und Auslegung von zeitkontinuierlichen Regelkreisen benutzte elementare Übertragungsglieder und Übertragungsfunktionen und ihre grafische Darstellung zeigt die Abb. 1.43.

Bei der graphischen Darstellung mit Blockschaltbildern sind zwei Methoden gebräuchlich. Eine erste Methode stellt im Blockschaltbild die Sprungantwort dar (s. auch Abschn. 1.5), eine zweite die Übertragungsfunktion.

Benennung	Differentialgleichung $y(t) = f(t)$	Übertragungs- funktion F(s)	Sprungantwort	Symbol
P - Glied	$y = K u$	K	K	K
I - Glied	$y = K \int_0^t u(r)dr$	$\dfrac{K}{s}$	Kt	K
D - Glied	$y = K \dot{u}$	$K s$	$K\delta(t)$	K
TZ - Glied $(T_t$ - Glied)	$y(t) = K u (t - T)$	$K e^{-T_t s}$	$K\sigma(t-T_t)$	$K \quad T_t$
VZ$_1$ - Glied $(PT_1$ - Glied)	$T\dot{y} + y = Ku$	$\dfrac{K}{1+Ts}$	$K(1-e^{-t/T})$	$K \quad T$
VD$_1$ - Glied $(DT_1$ - Glied)	$T\dot{y} + y = KT\dot{u}$	$\dfrac{KTs}{1+Ts}$	$Ke^{-t/T}$	$K \quad T$

Abb. 1.43. Häufig genutzte elementare Übertragungsglieder

1.3.2.3   *Systembeschreibung im Frequenzbereich*

Der **Frequenzgang** beschreibt den stationären Systemzustand bei einer sinusförmigen Eingangsgröße. Er liefert Aussagen zur Verstärkung bzw. Dämpfung und zur Phasenverschiebung zwischen Eingangs- und Ausgangssignal. Da jedes periodische Signal mit der Fourier-Zerlegung durch ein sinusförmiges Signal und seine Harmonischen dargestellt werden kann, liefert der Frequenzgang wichtige Aussagen, auch für nichtsinusförmige Systemanregungen (Eingangssignale). Mit Hilfe des Frequenzganges können Regler ausgelegt und das Zeitverhalten und die Stabilität von Regelkreisen bestimmt werden.

Der Frequenzgang lässt sich aus der Übertragungsfunktion mit der Subtition $s = i\omega$ berechnen. Es gilt $G(s) \rightarrow G(i\omega)$.

Eine Erweiterung auf negative Frequenzen ω ist mit Hilfe der Gleichung

$$\overline{G(-i\omega)} = G(i\omega) \tag{1.17}$$

möglich. Den vollständigen Frequenzgang für $\omega \in [-\infty, \infty]$ nennt man Ortskurve. Sie ist symmetrisch zur reellen Achse. Dabei stellt ω die Frequenz (Kreisfrequenz) des Ein- und Ausgangsignals dar.

Für die Frequenzgangberechnungen einzelner Glieder und Gesamtsysteme gelten alle für die allgemeine Übertragungsfunktion aufgestellten Regeln und Umrechnungsformeln (s. Abschn. 1.3.2.2)

Das Verhalten von linearen Übertragungsgliedern bei sinusförmigen Ein- und Ausgangsgrößen lässt sich anschaulich graphisch darstellen. Es wird das Amplitudenverhältnis $|G(i\omega)|$ und die Phasendifferenz $\varphi = arg\ G(i\omega)$ in Abhängigkeit der Frequenz ω dargestellt. Dies nennt man Amplituden- und Phasengang, Bode-Diagramm oder auch Frequenzkennlinie. Um einen großen Frequenzbereich darstellen zu können, wird $log|G(i\omega)|$ über $log(\omega)$ aufgetragen. Weiter ermöglicht $log|G(i\omega)|$, dass sich die multiplizierenden Frequenzgänge hintereinandergeschalteter Übertragungsglieder einfach graphisch addieren lassen.

Bezeichnung	Differenzialgleichung	Frequenzgang	Ortskurve	Bode-Diagramm
Proportional-glied	$y = K\,u$	K	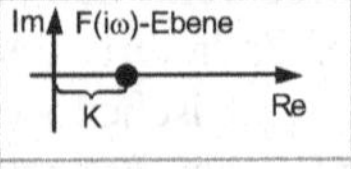	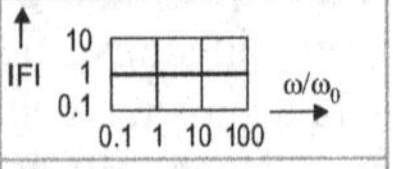
Integral-glied	$\dot{y}T = u$	$\dfrac{1}{i\omega T}$ $T = 1/\omega_0$	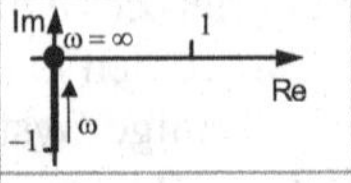	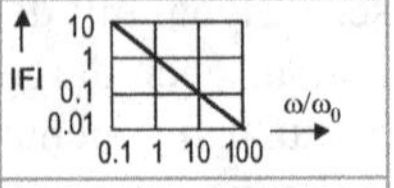
Differential-glied	$y = K\,\dot{u}$	$i\omega T$ $T = 1/\omega_0$	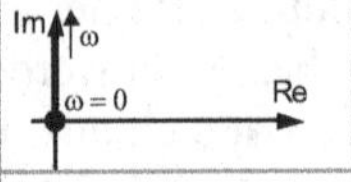	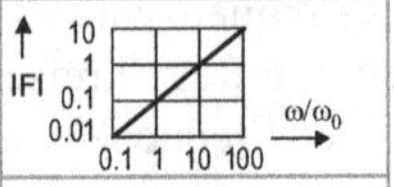
Totzeit-glied	$y = K\,u(t - T_t)$	$Ke^{-i\omega T_t}$	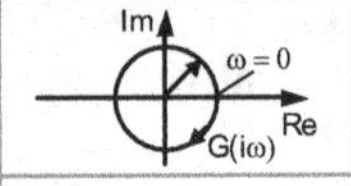	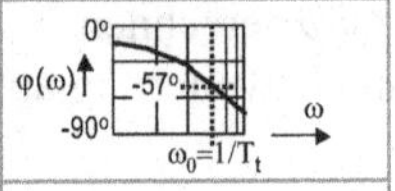
Verzögerungs-glied 1. Ordnung (VZ$_1$-Gl.)	$\dot{y}T + y = u$	$\dfrac{1}{1 + i\omega T}$ $T = 1/\omega_0$	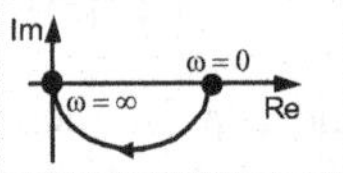	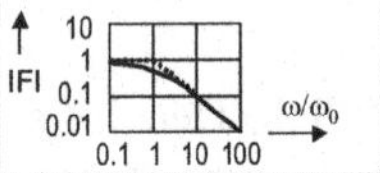
Verzögerungs-glied 2. Ordnung D>1	$\ddot{y}T^2 + 2DT\dot{y} + y = u$	$\dfrac{1}{1 + 2Di\omega T + (i\omega)^2 T^2}$ $T = 1/\omega_0$	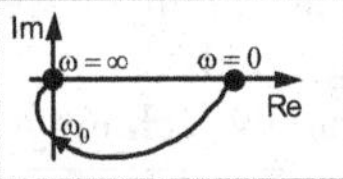	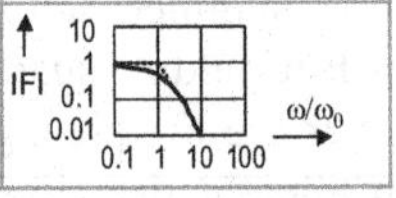

Abb. 1.44. Frequenzgänge von elementaren Übertragungsgliedern

Abb. 1.44 zeigt die Frequenzgänge und deren Darstellungen von elementaren Standardregelkreisgliedern. Die Ortskurve veranschaulicht den Frequenzgang in der komplexen Ebene nach Real- und Imaginärteil und ermöglicht es, für jedes ω das Amplitudenverhältnis und die Phasendifferenz von Ausgangs- zu Eingangsschwingung abzulesen. Allerdings ist mit der Ortskurve das Konstruieren von komplexeren Frequenzgängen aus den Einzelfrequenzgängen der Standardregelkreisglieder nicht einfach möglich. Deswegen benutzt man in der Praxis den Amplituden- und Phasengang bzw. das Bode-Diagramm (s. Abb. 1.44).

Für die Konstruktion von Bode-Diagrammen (Amplituden- und Phasengang) wird der Frequenzgang logarithmisch dargestellt:

$$\big|G(i\omega)\big|_{dB} = 20\log\big|G(i\omega)\big| \tag{1.18}$$

Weiter gelten für Bode-Diagramme folgende Regeln:

1. Zwei Übertragungsglieder in Reihenschaltung ergeben die Übertragungsfunktion

$$G(s) = G_1(s)G_2(s) \tag{1.19}$$

Im Bode-Diagramm erhält man:

$$log|G(i\omega)| = log|G_1(i\omega)| + log|G_2(i\omega)|$$
$$\angle\,G(i\omega) = \angle\,G_1(i\omega) + \angle\,G_2(i\omega) \tag{1.20}$$

Dies erlaubt eine einfache graphische Konstruktion des Gesamtsystems aus mehreren einzelnen Übertragungsgliedern.
Das Bode-Diagramm für

$$H(s) = G(ks) \tag{1.21}$$

ergibt sich aus dem Bode-Diagramm von G(s) durch Translation um das Stück log(k) entlang der Frequenzachse (Frequenztransformation). Es gilt

$$H(i10^{\log k\omega}) = G(i10^{\log k + \log \omega}). \tag{1.22}$$

2. Die Bode-Diagramme zu G(s) und 1/G(s) sind spiegelsymmetrisch. Das Bode-Diagramm zu 1/G(s) entsteht aus dem Bode-Diagramm von G(s) durch eine Spiegelung der Betrags- und Phasenkennlinie an der Frequenzachse, da gilt

$$log \, |1/z| = -log|z| \Rightarrow \angle 1/z = -\angle z. \tag{1.23}$$

Für die grafische Darstellung muss die Übertragungsfunktion in der **Pol-Nullstellenform** aufgestellt werden:

$$G(s) = \frac{b_m \prod\limits_{i=1}^{m} (s - \mu_i)}{\prod\limits_{j=1}^{n} (s - \lambda_j)} \tag{1.24}$$

Die Terme werden in aufsteigender Reihenfolge nach Eckfrequenzen sortiert. Eventuell vorhandene I- und D-Glieder werden an den Anfang der Gleichung (1.24) gestellt. Jedes I-Glied gibt die Anfangsabsenkung (bei $\omega = 0$) des Bode-Diagramms um 20 dB/Dekade an, und jedes D-Glied die entsprechende Anfangssteigung. An den Knickstellen μ_i bekommt die approximierende Gerade eine Steigung von 20 dB/Dekade und an den Knickstellen λ_j die entsprechende Absenkung.

1.3.2.4   Systembeschreibung im Zustandsraum

Systeme können auch im sogenannten **Zustandsraum** modelliert werden. Um aus der Differenzialgleichung (1.1) ein **Zustandsmodell** zu bekommen, müssen neue Variablen so eingeführt werden, dass (1.1) zu einem System von n Differenzialgleichungen erster Ordnung wird [Schulz 2004].
Bei linearen Systemen besteht dieses Modell aus n linearen Differenzialgleichungen 1. Ordnung, die in Vektor-Matrix-Schreibweise folgende Form haben:

$$\dot{\underline{y}}(t) = A\,\underline{y}(t) + B\,\underline{w}(t), \qquad \underline{y}(0+) = \underline{y}_0 \tag{1.25}$$

(1.25) nennt man **Zustandsgleichung**.
Dazu kommt folgende algebraische Gleichung (Ausgangsgleichung):

$$\underline{x}(t) = C\,\underline{y}(t) + D\,\underline{w}(t) \tag{1.26}$$

Bezeichnungen in (1.25), (1.26):

- $\underline{y}(t)$:$[n,1]$ Vektor, **Zustandsvektor**; n: Ordnung des dynamischen Systems;
- $\underline{w}(t)$: $[r,1]$ Vektor, **Eingangsvektor**; r: Anzahl der Eingangsvariablen;
- $\underline{x}(t)$:$[m,1]$ Vektor, **Ausgangsvektor**; m: Anzahl der Ausgangsvariablen;
- **A** : $[n,n]$ Matrix, **Systemmatrix**;
- **B** : $[n,r]$ Matrix, **Steuermatrix (Eingangsmatrix)**; verbindet den Eingangsvektor mit den Zustandsvariablen;
- **C** : $[m,n]$ Matrix, **Beobachtungsmatrix (Ausgangsmatrix)**; verbindet den Zustandsvektor mit dem Ausgangsvektor;
- **D** : $[m,r]$ Matrix, **Durchgangsmatrix**; verbindet den Eingangsvektor mit dem Ausgangsvektor.

Das Zustandsraummodell hat folgende Vorteile gegenüber anderen Darstellungsformen:

- Es ist eine allgemeine Darstellung, die auch die Modellierung von Mehrgrößensystemen (r Eingänge, m Ausgänge) ermöglicht.
- Es ist eine kompakte Vektor-Matrix Darstellung im Zeit- und Bildbereich, die oft eine Lösung wesentlich erleichtert.

Aus der Übertragungsfunktion (1.11) lässt sich direkt das Zustandsgrößenmodell in **Steuerungsnormalform** ableiten:

$$
\begin{pmatrix} \dot{y}_1 \\ \dot{y}_2 \\ \vdots \\ \dot{y}_{n-1} \\ \dot{y}_n \end{pmatrix} = \begin{pmatrix} 0 & 1 & 0 & \dots & 0 \\ 0 & 0 & 1 & \dots & 0 \\ \vdots & \vdots & \vdots & \vdots & \vdots \\ 0 & 0 & 0 & \dots & 1 \\ -a_n & -a_{n-1} & -a_{n-2} & \dots & -a_1 \end{pmatrix} \begin{pmatrix} y_1 \\ y_2 \\ \vdots \\ y_{n-1} \\ y_n \end{pmatrix} + \begin{pmatrix} 0 \\ 0 \\ \vdots \\ 0 \\ 1 \end{pmatrix} w
$$

$$
\underline{x} = \begin{pmatrix} b_m & b_{m-1} & \dots & b_0 & 0 & \dots & 0 \end{pmatrix}\begin{pmatrix} y_1 & y_2 & \dots & y_n \end{pmatrix}^T
$$

(1.27)

Das zu (1.27) entsprechende Blockschaltbild zeigt Abb. 1.45:

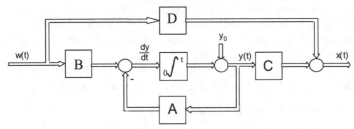

Abb. 1.45. Blockschaltbild des Zustandsmodells nach (1.27)

Kennt man die Matrizen **A, B, C** und **D** eines Zustandsmodells, wird die Übertragungsfunktion des Systems aus Abb. 1.45 berechnet:

$$G(s) = C(sE - A)^{-1} B + D \tag{1.28}$$

Dabei ist E die Einheitsmatrix.

1.3.2.5   Modellierung des Gleichstrommotors im Zeitbereich, Bildbereich und Zustandsraum

Als Beispiel zur Modellierung einer Regelstrecke bzw. eines Prozesses dient ein ankergesteuerter Gleichstrommotor mit einer gekoppelten mechanischen Last (s. Abb. 1.46). Die Regelgröße ist die Ankerspannung u_A. Die Größen in Abb. 1.46 sind:

- $u_A(t)$: Ankerspannung in Volt
- $i_A(t)$: Ankerstrom in Ampere
- $x(t) = \omega(t)$: Winkelgeschwindigkeit der Lastachse in rad/sec.
- L_A: Induktivität des Ankerkreises (H)
- R_A : Ankerkreiswiderstand (Ohm)
- k_M : Gegenspannungskonstante (Vs/rad)

Die Eingangsvariable ist die Ankerspannung $u_A(t)$ und die Ausgangsvariable die Winkelgeschwindigkeit $\omega(t)$ in rad/sec bzw. der Winkel $\theta(t)$ der Lastachse in rad. Der Motor wird von einem konstanten Strom, der ein Magnetfeld erzeugt, erregt und wird über die Ankerspannung gesteuert.

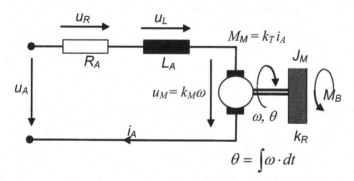

Abb. 1.46. Ersatzschaltbild des Gleichstrommotors mit mechanischer Last

Modellierung des Gleichstrommotors im Zeitbereich

Das Systemmodell (Prozessmodell) wird durch zwei ordentliche Differenzialgleichungen beschrieben. Sie werden im Folgenden hergeleitet.

1. Im Ankerkreis gilt unter Vernachlässigung der Bürstenspannung:

$$u_A = u_L + u_R + u_M \tag{1.29}$$

mit

$$u_L(t) = L_A(di_A/dt), \quad u_R(t) = R_A i_A(t), \quad u_M(t) = k_M \omega(t) \tag{1.30}$$

$u_M(t)$ ist die im Amker (Rotor) induzierte Gegenspannung, welche durch die Drehbewegung des Rotors im Ständermagnetfeld induziert wird.

2. An der Drehachse gilt das Momenten-Gleichgewicht

$$M_B + M_R = M_M \tag{1.31}$$

mit: Trägheitswiderstandsmoment $M_B(t) = J_M(d\omega/dt)$; Reibungswiderstandsmoment $M_R(t) = k_R \omega$; Motordrehmoment $M_M(t) = k_T i_A(t)$; Drehmomentskonstante k_T *(Nm/A); Trägheitsmoment aller rotierenden Massen bezogen auf die Drehachse* J_M (Nms^2); *Reibungskoeffizient bezogen auf die Drehachse* k_R (Nms).

Der Drehwinkel θ (Ausgang) ergibt sich aus der Winkelgeschwindigkeit ω:

$$\theta(t) = \theta(0) + \int_0^t \omega d\tau \tag{1.32}$$

Aus (1.29) - (1.32) erhält man drei Differenzialgleichungen, welche das Modell des Motors im Zeitbereich beschreiben:

$$L_A \frac{di_A}{dt} + R_A i_A = u_A - k_M \omega$$

$$J_M \frac{d\omega}{dt} + k_R \omega = k_T i_A \tag{1.33}$$

$$\frac{d\theta}{dt} = \omega$$

In der Realität existieren Begrenzungen für Spannung, Strom etc. Für die Ankerspannung gilt stets:

$$|u(t)| \leq U_{max} \tag{1.34}$$

Hier werden diese Begrenzungen vernachlässigt.

Modellierung des Gleichstrommotors im Bild- und Frequenzbereich

Nach Laplace-Transformation der Gleichungen (1.33) bei Ausgangswerten $i_A(0+)=0$, $\omega(0+)=0$ und $\theta(0+)=0$ erhält man:

$$I_A(s) = \frac{1}{sL_A + R_A}\left(U_A(s) - k_M\Omega(s)\right)$$

$$\Omega(s) = \frac{1}{J_M s + k_R} k_T I_A(s) \tag{1.35}$$

$$\Theta(s) = \frac{1}{s}\Omega(s)$$

Die Gleichungen (1.35) stellen das Modell des Motors im Bildbereich ($s = \delta + i\omega$) bzw. im Frequenzbereich ($s = i\omega$) dar. Aus den Gleichungen (1.35) kann man ein entsprechendes Blockschaltbild für die Berechnung der Gesamt-übertragungsfunktion ableiten (s. Abb. 1.47):

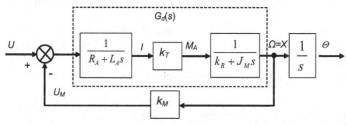

Abb. 1.47. Blockschaltbild des Gleichstrommotors aus elementaren Übertragungsgliedern

Aus dem Blockschaltbild ergibt sich die Übertragungsfunktion $G_{(U)\Omega} = X(s)/U(s)$:

$$G_d(s) = \frac{k_T}{(sL_A + R_A)\cdot(sJ_M + k_R)}$$

$$G_{(U)\Omega}(s) = \frac{\Omega(s)}{U(s)} = \frac{G_d}{1 + G_d k_M} = \frac{k_T}{(sL_A + R_A)\cdot(sJ_M + k_R) + k_T k_M} \tag{1.36}$$

$$= \frac{k_T}{L_A J_M} \cdot \frac{1}{s^2 + s\left(\dfrac{k_R}{J_M} + \dfrac{R_A}{L_A}\right) + \dfrac{R_A k_R + k_T k_M}{L_A J_M}}$$

Dies entspricht der Übertragungsfunktion eines Systems zweiter Ordnung.

Das Blockschaltbild aus Abb. 1.47 kann jetzt zu einem Übertragungsglied zweiter Ordnung zusammengefasst werden (Aggregation) (s. Abb. 1.48).

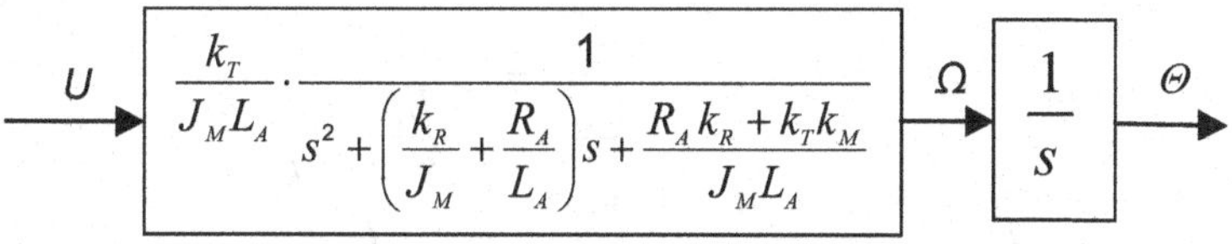

$$U \rightarrow \boxed{\frac{k_T}{J_M L_A} \cdot \frac{1}{s^2 + \left(\dfrac{k_R}{J_M} + \dfrac{R_A}{L_A}\right)s + \dfrac{R_A k_R + k_T k_M}{J_M L_A}}} \xrightarrow{\Omega} \boxed{\frac{1}{s}} \xrightarrow{\Theta}$$

Abb. 1.48. Blockschaltbild zweiter Ordnung für den Gleichstrommotor

Von der Übertragungsfunktion kann man die Differenzialgleichung herleiten, indem man die Variable s als den Operator d/dt interpretiert ($s\omega \leftrightarrow d\omega/dt$, $s^2\omega \leftrightarrow d^2\omega/dt^2$ etc.):

$$\ddot{\omega} + \left(\frac{k_R}{J_M} + \frac{R_A}{L_A}\right)\dot{\omega} + \frac{R_A k_R + k_T k_M}{L_A J_M}\omega = \frac{k_T}{L_A J_M}\cdot u_A \tag{1.37}$$

Als eine für viele praktische Fälle ausreichend genaue Annäherung kann folgende Übertragungsfunktion benutzt werden:

$$G_{(U)\Omega}(s) = \frac{k_T}{J_M R_A s + k_T k_M} = \frac{k_T}{J_M R_A}\cdot\frac{1}{s + \dfrac{k_T k_M}{J_M R_A}} \tag{1.38}$$

(1.38) stellt ein vereinfachtes Motormodell (mit der Regelgröße Spannung) dar, bei dem die Induktivität L_A und die Reibung k_R nicht berücksichtigt werden [Schröder 2001].

Wird als Regelgröße der Ankerstrom $i_A(t)$ verwendet, ergibt sich ein anderes Modell. Am einfachsten kann man es aus dem Blockschaltbild in Abb. 1.47 durch Umwandlungen erhalten, die in Abschn. 1.3.2.2 beschrieben wurden. Man erhält folgendes gleichwertige Blockschaltbild durch Verschieben des Differenzgliedes:

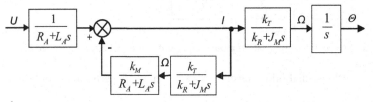

Abb. 1.49. Blockschaltbild eines Gleichstrommotors mit Spannungssteuerung

Unter Berücksichtigung der Umwandlung nach Abb. 1.39 erhält man das Blockschaltbild eines Gleichstrommotors mit Stromsteuerung:

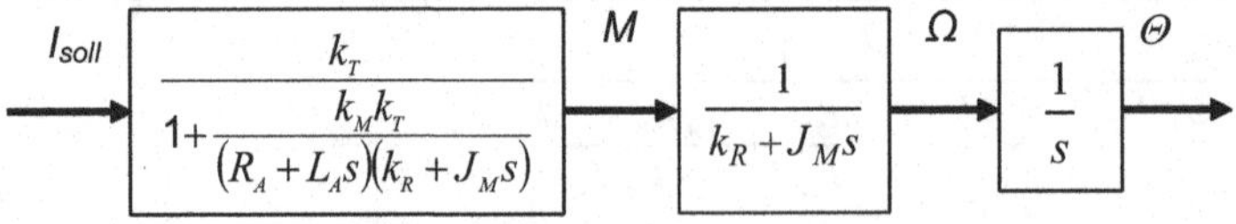

Abb. 1.50. Blockschaltbild eines Gleichstrommotors mit Stromsteuerung

Die Übertragungsfunktion wird somit

$$G_{(I)\Omega}(s) = \frac{k_T}{\left(k_R + J_M s\right) + \dfrac{k_M k_T}{R_A + L_A s}} = \frac{\dfrac{k_T}{J_M}s + \dfrac{k_T R_A}{J_M L_A}}{s^2 + \left(\dfrac{k_R}{J_M} + \dfrac{R_A}{L_A}\right)s + \dfrac{R_A k_R + k_T k_M}{L_A J_M}} \tag{1.39}$$

Daraus kann man folgende Differenzialgleichung erhalten:

$$\ddot{\omega} + \left(\frac{k_R}{J_M} + \frac{R_A}{L_A}\right)\dot{\omega} + \frac{R_A k_R + k_T k_M}{L_A J_M}\omega = \frac{k_T}{J_M}\dot{i}_A + \frac{k_T R_A}{J_M L_A}i_A \qquad (1.40)$$

Können die Induktivität L_A und die Reibung k_R bei der Stromregelung ähnlich wie in (1.38) vernachlässigt werden, erhält man folgende Übertragungsfunktion:

$$G_{(I)\Omega}(s) = \frac{k_T R_A}{J_M R_A s + k_T k_M} = \frac{k_T}{J_M} \cdot \frac{1}{s + \frac{k_T k_M}{J_M R_A}} \qquad (1.41)$$

In der Mehrzahl der Applikationen von Servoantrieben wird der Motor bei so kleinen Geschwindigkeiten betrieben, dass die strombegrenzende Wirkung der induzierten Gegenspannung vernachlässigt werden kann [Meyer 1987]. Weiterhin wird durch den Stromregelkreis die Anregelzeit des Motors verkürzt, so dass für stromgeregelte Servomotoren, die deutlich unterhalb der Maximaldrehzahl betrieben werden, folgendes vereinfachtes Modell verwendet werden kann:

$$G_{(I)\Omega}(s) = \frac{k_T}{J_M s} \qquad (1.42)$$

Der Unterschied zwischen den Verfahren Spannungs- bzw. Stromsteuerung eines Gleichstrommotors wird aus Abb. 1.51 sichtbar:

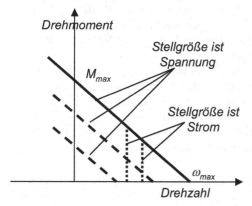

Abb. 1.51. Unterschied zwischen Spannung- und Stromsteuerung

Für einen spannungsgesteuerten Motor hängt das Drehmoment von der Drehzahl linear ab. Bei einer Stromsteuerung liegt diese Abhängigkeit nicht vor, wie in Abb. 1.51 zu sehen ist. Selbstverständlich dürfen dabei maximale Drehzahl und maximales Drehmoment nicht überschritten werden.

Modellierung des Gleichstrommotors im Zustandsraum

Das Zustandsgrößenmodell des spannungsgesteuerten Motors bekommt man durch Umformung der Gleichungen (1.33):

$$\frac{d}{dt}\begin{pmatrix} i_A \\ \omega \\ \theta \end{pmatrix} = \begin{pmatrix} -\dfrac{R_A}{L_A} & -\dfrac{k_M}{L_A} & 0 \\ \dfrac{k_T}{J_M} & -\dfrac{k_R}{J_M} & 0 \\ 0 & 0 & 1 \end{pmatrix} \begin{pmatrix} i_A \\ \omega \\ \theta \end{pmatrix} + \begin{pmatrix} \dfrac{1}{L_A} \\ 0 \\ 0 \end{pmatrix} u_A \tag{1.43}$$

$$\begin{pmatrix} i_A(0) \\ \omega(0) \\ \theta(0) \end{pmatrix} = \begin{pmatrix} i_0 \\ \omega_0 \\ \theta_0 \end{pmatrix} \qquad x(t) = \begin{pmatrix} 0 & 0 & 1 \end{pmatrix} \begin{pmatrix} i_A \\ \omega \\ \theta \end{pmatrix}$$

Drehstrommotor

Zur Zeit werden in der Automatisierungstechnik neben Gleichstrommotoren zunehmend Drehstrommotoren, z.B. Synchronmotoren, eingesetzt, bei denen der Rotor einen Permanentmagneten enthält. Die Drehung des Rotors wird durch ein sich drehendes Magnetfeld verursacht. Dieses Drehfeld wird mit 3 um je 120° im Ständer des Drehstrommotors angebrachten Spulen, die mit 3 um je 120° versetzten Spannungen gespeist werden, erzeugt [Kümmel 1998], [Hofer 1998].Die Drehlage des Rotors wird durch einen Winkelgeber erfasst.Ziel der Regelung des Drehstromsynchronmotors ist, das Drehfeld in der Amplitude (Motormoment) und in der Drehzahl (Motordrehzahl) zu regeln.

Hierzu geht man von einem Vektor des Drehfeldes aus, der mit der Drehfeldfrequenz (Motordrehzahl) und konstanter Amplitude bezogen auf das raumfeste Ständerkoordinatensystem rotiert. Statt durch drei Drehströme (i_a, i_b, i_c), die um 120° elektrisch phasenverschoben sind, lässt sich das identische Drehfeld auch durch zwei um 90° elektrisch phasenverschobene Ersatzströme (i_α, i_β) erzeugen. Diese Umrechnung erfolgt über die sogenannte Clarke-Transformation:

$$i_\alpha = i_a$$
$$i_\beta = \frac{i_a + 2i_b}{\sqrt{3}} \tag{1.44}$$

Um wie bei der Gleichstrommaschine frequenzunabhängige Gleichströme zu erhalten, werden die Wechselströme iα und iβ in ein rotorbezogenes Koordinatensystem transformiert. Dieses rotiert mit der Frequenz des Rotors (Drehfeldes). Der Gesamtstrom im rotorbezogenen Koordinatensystem lässt sich in zwei senkrecht zueinander stehende Gleichströme i_Q und i_D aufteilen. Dabei entspricht die erste Komponente i_Q dem Drehmomentstrom, die zweite Komponente i_D dem Erregerstrom beim Gleichstrommotor.

Der Drehstrommotor kann dann wie der Gleichstrommotor mit denselben Differenzialgleichungen und derselben Übertragungsfunktion (s. (1.33), $i_A = i_Q$) modelliert werden.

Die Gleichströme i_Q und i_D können mit Hilfe der sog. Park-Transformation gemäß Abb. 1.52 gewonnen werden. In Abb. 1.52 ist das (α,β)-Koordinatensystem raumfest (ständerbezogen). Das (D,Q)-Koordinatensystem rotiert mit dem Rotor und ist um den sich periodisch mit der Drehzahl ändernden Rotorwinkel Θ (0 bis 360°) gegenüber dem (α,β)-Koordinatensystem verdreht.

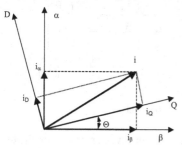

Abb. 1.52. Park-Transformation

Gemäß Abb. 1.52 ergeben sich folgende Beziehungen

$$i_D = i_\alpha \cdot \cos(\theta) + i_\beta \sin(\theta)$$
$$i_Q = i_\alpha \cdot \sin(\theta) + i_\beta \cos(\theta)$$

$$(1.45)$$

wobei i_D = Erregerstrom, i_Q = Drehmomentstrom.

Abb. 1.53 zeigt das Regelkonzept für den Drehstrommotor. Die Führungsgröße für den Erregerstrom gibt man nach einem ersten Modell bis zur Netzfrequenz mit $0{,}3\ I_{Nenn}$ und bei höheren Frequenzen linear mit der Frequenz ansteigend vor. Die Führungsgröße für den Drehmomentstromregler ist wie beim Gleichstrommotor der Reglerausgang des Drehzahlreglers. Dieser erhält seine Führungsgröße vom übergeordneten Lageregler. Damit kann der Drehstrommotor nach dem gleichen Reglerkonzept wie beim Gleichstrommotor geregelt werden.

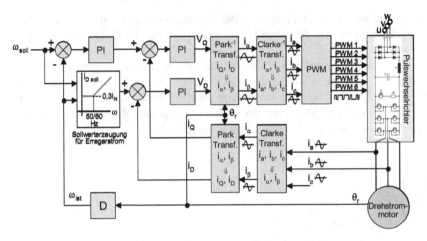

Abb. 1.53. Regelkonzept für den Drehstrommotor als Servoantrieb

Gemäß Abb. 1.53 werden von den drei Drehströmen zwei erfasst. Der dritte kann über die Beziehung $i_a + i_b + i_c = 0$ berechnet werden. Über die inverse Clarke-Transformation werden diese in zwei entsprechende Komponenten i_α und i_β umgerechnet. Mit dem gemessenen Drehwinkelistwert des Rotors werden i_α und i_β in das läuferbezogene (mitrotierende) Koordinatensystem transformiert und ergeben die frequenzunabhängigen Drehmomentstromistwerte i_Q und Erregerstromistwerte i_D (Gleichströme). Aus den Soll- /Istwertdifferenzen (I_{Qsoll} -I_{Qist}, $I_{Dsoll} - I_{Dist}$) werden mit zwei PI-Reglern die Stellsignale V_Q und V_D erzeugt, welche den Strömen i_Q und i_D entsprechen. Diese werden mit der inversen Park-Tranformation in die zwei frequenzabhängigen Größen i_α und i_β transformiert. Die inverse Clarke-Transformation wandelt i_α und i_β in die drei Phasenströme i_a, i_b, i_c um. Mit Pulsweitenmodulation (PWM) und einem Pulswechrichter [Zacher 2000] werden die Ströme mit geeigneter Leistung zum Beaufschlagen der Spulen im Ständer des Motors erzeugt.

1.3.3   Streckenidentifikation

In vielen Fällen sind die genauen physikalischen Zusammenhänge zwischen Ein- und Ausgang der Strecke nicht bekannt und man kann kein mathematisches Modell der Strecke aufstellen. In diesem Fall versucht man für den Reglerentwurf durch Identifikation der Strecke das Modell zu ermitteln. Dabei wird als Grundlage ein näherungsweise passendes parametrisiertes Standardmodell angenommen. Die Parameter werden z.B. im Zeitbereich durch Messen der Sprungantwort, im Frequenzbereich durch Messen des Frequenzganges bestimmt [Unbehauen 2002], [Isermann 1992].

1.3.3.1 Experimentelle Bestimmung der Streckenparameter mit der Sprungantwort

Eine Sprungantwort kann für jede Strecke experimentell gemessen werden. Viele Strecken können mit einem Übertragungsglied 2. Ordnung (PT_2-Glied) approximiert werden [Samal und Becker 2004]. Die normierte Übertragungsfunktion eines PT_2-Gliedes ist:

$$G_n(s) = \frac{1}{\left(\dfrac{s}{\omega_0}\right)^2 + 2\cdot\zeta\cdot\left(\dfrac{s}{\omega_0}\right)+1} = \frac{\omega_0^2}{s^2 + 2\cdot\zeta\cdot\omega_0\cdot s + \omega_0^2} \qquad (1.46)$$

mit

ω_0 : Kennkreisfrequenz (Resonanzfrequenz) des Systems,
ζ :   Dämpfung.
Das Zeitverhalten hängt von den Polen von $G_n(s)$ ab:

$$\lambda_{1,2} = -\zeta\omega_0 \pm \omega_0\sqrt{\zeta^2 - 1} \qquad (1.47)$$

Mögliche Sprungantworten eines PT_2-Gliedes sind für verschiedene ζ in Abb. 1.54 dargestellt.

Dabei sind 3 Fälle möglich:
1. $\zeta < 0$: Das System ist instabil (exponentielles Anwachsen der Sprungantwort).
2. $0 \le \zeta < 1$: Das System schwingt mit der Eigenkreisfrequenz ω_d (s. Abb. 1.54).

$$\omega_d = \omega_0\sqrt{1 - \zeta^2} \qquad (1.48)$$

Bei $\zeta = 0$ sind die Schwingungen ungedämpft.

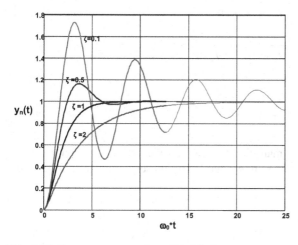

Abb. 1.54. Sprungantworten eines PT_2-Gliedes

Führt man die Bezeichnung

$$d = \zeta\omega_0 \tag{1.49}$$

ein (sog. logarithmische Dämpfung), erhält man für die normierte Ausgangsgröße $X_n(s)$:

$$X_n(s) = \frac{1}{s} + \frac{-s-2d}{(s+d)^2 + \omega_d^2} = \frac{1}{s} - \frac{(s+d) + \dfrac{d}{\omega_d} \cdot \omega_d}{(s+d)^2 + \omega_d^2} \tag{1.50}$$

Nach der Rücktransformation von (1.50) in den Zeitbereich erhält man:

$$x_n(t) = 1 - e^{-d \cdot t}\left\{\cos(\omega_d t) + \frac{d}{\omega_d}\sin(\omega_d t)\right\} \quad t \geq 0 \tag{1.51}$$

3. $1 \leq \zeta$: Es ergibt sich die aperiodische Sprungantwort. Je näher ζ bei 1 ist, desto schneller ist das Einschwingen (s. Abb. 1.54).

Bei dem Grenzfall $\zeta = 1$ erhält man

$$X_n(s) = \frac{\omega_0^2}{s \cdot (s+\omega_0)^2} = \frac{1}{s} - \frac{1}{s+\omega_0} - \frac{\omega_0}{(s+\omega_0)^2} \tag{1.52}$$

$$x_n(t) = 1 - e^{-\omega_0 \cdot t}(1 + \omega_0 t) \quad t \geq 0$$

Für $\zeta > 1$ ergibt sich:

$$X_n(s) = \frac{\dfrac{1}{T_1 T_2}}{s \cdot \left(s + \dfrac{1}{T_1}\right) \cdot \left(s + \dfrac{1}{T_2}\right)} \quad (T_1 > T_2 > 0) \tag{1.53}$$

$$x_n(t) = 1 - \frac{T_1}{T_1 - T_2}e^{-\frac{t}{T_1}} + \frac{T_2}{T_1 - T_2}e^{-\frac{t}{T_2}} \quad t \geq 0$$

wobei gilt:

$$T_{1,2} = \frac{\zeta \pm \sqrt{\zeta^2 - 1}}{\omega_0} \tag{1.54}$$

Mit Hilfe (1.48)–(1.54) kann man die notwendigen Parameter der Übertragungsfunktion bestimmen. Oft genügen ungenaue Werte dieser Parameter als Anhaltspunkte.

Es sei eine nichtnormierte Übertragungsfunktion

$$G(s) = \frac{X(s)}{U(s)} = \frac{K}{1 + \dfrac{2\zeta}{\omega_0} s + \dfrac{1}{\omega_0^2} s^2} \qquad (1.55)$$

mit K als statischer Verstärkung gegeben.

Die Parameter K, ζ, ω_b können nach folgenden Regeln 1) - 4) berechnet werden:

1. Bei einem Dämpfungsgrad $0 < \zeta < 0{,}6$ gilt für die Überschwingweite M_P näherungsweise:

$$M_p \approx 1 - \frac{\zeta}{0.6} \Rightarrow \zeta \approx 0.6(1 - M_p)$$

2. Für die Anstiegszeit (rise time) der Sprungantwort (die Zeit, die benötigt wird, um von $0.1\,x(\infty)$. auf $0.9\,x(\infty)$ zu gelangen) gilt näherungsweise:

$$\omega_b \cdot t_{an} \approx 2.3 \, .$$

Dabei ist ω_b die sog. Bandbreite (die Kreisfrequenz, bei der der Betrag der Übertragungsfunktion um 3 dB abgefallen ist).

3. Die Durchtrittsfrequenz ω_c ist durch $\left| G(i\omega_c) \right|_{dB} = 0$ definiert.

Für PT$_2$-Glieder gilt näherungsweise

$$\omega_b \approx 1.6 \cdot \omega_c \, .$$

4. Falls die Kreisübertragungsfunktion keinen Integrierer enthält, bleibt bei sprungförmiger Veränderung der Führungsgröße eine bleibende Regelabweichung von

$$e_\infty = \frac{1}{1 + K} \quad \Rightarrow \quad K = \frac{1}{e_\infty} - 1 \qquad (1.56)$$

Wenn die Messung stark verrauscht ist oder das System nicht als PT$_2$-Glied approximiert werden kann, kann man die sog. Ausgleichsrechnung benutzen [Isermann 1992]. Eine gegebene Übergangsfunktion $g(t)$ wird dabei durch einfache Übertragungsglieder angenähert. Gesucht werden die Parameter ω_0, ζ und K, die folgendes Gütekriterium minimieren:

$$J = \int_{t_{anf}}^{t_{end}} (h(t) - \hat{h}(t))^2 \, dt \qquad (1.57)$$

$h(t)$ ist dabei die gemessene Übergangsfunktion, und $\hat{h}(t)$ die mit bestimmten Parametern berechnete Übergangsfunktion.

Als Modell werden N in Reihe geschaltete Übertragungsglieder 1. Ordnung gewählt. Damit kann auch eine Totzeit berücksichtigt werden.

$$G(s) = \frac{K}{(1 + T \cdot s)^N} \qquad (1.58)$$

Gesucht werden der Verstärkungsfaktor K, die Verzögerungszeit T und die Ordnungszahl N. Für die Bestimmung dieser Parameter geht man von der Sprungantwort

$$h(t) = K \cdot \left\{ 1 - e^{\frac{t}{T}} \cdot \sum_{n=0}^{N-1} \frac{1}{n!} \left[\frac{t}{T} \right]^n \right\} \qquad (1.59)$$

aus. Zuerst ermittelt man die statische Verstärkung K aus dem Endwert der Sprungantwort: $K = h(\infty)$.

Die Parameter T und N werden dann wie folgt bestimmt:

1. Aus der gemessenen Sprungantwort ermittelt man die Zeitpunkte t_{10}, t_{50} und t_{90}, bei denen die Sprungantwort 10%, 50% und 90% des stationären Endwertes erreicht hat und bildet das Zeitverhältnis $\mu = t_{10} / t_{90}$.
2. Für $i = 1, 2, ...$ berechnet man für $q = 10$, $q = 50$ und $q = 90$ die Zeitpunkte $t_{10,i}$, $t_{50,i}$, $t_{90,i}$ und bildet das Verhältnis $\mu_i = t_{10,i} / t_{90,i}$.
3. N entspricht dem Laufindex i, bei dem die Differenz zwischen μ und μ_i ein Minimum annimmt.
4. Die Verzögerungszeit T bestimmt man als Mittelwert

$$\hat{T} = \frac{1}{3} \cdot \left[\frac{t_{10}}{\tau_{10}^N} + \frac{t_{50}}{\tau_{50}^N} + \frac{t_{90}}{\tau_{90}^N} \right] \qquad (1.60)$$

Dabei gilt

$$1 - e^{-\tau_q} \cdot \sum_{n=0}^{N-1} \frac{1}{n!} \tau_q^n = \frac{q}{100} \qquad (1.61)$$

1.3.3.2   Experimentelle Bestimmung des Frequenzganges

Eine weitere Möglichkeit, das Modell der Regelstrecke (Prozessmodell) zu bestimmen, besteht in der Messung des Frequenzganges der Strecke. Wenn eine Strecke stabil ist, also bei begrenzten Eingangssignalen keine unbegrenzten Ausgangssignale vorkommen, kann ihr Frequenzgang direkt gemessen werden. Man schaltet eine harmonische Eingangsgröße

$$u(t) = u_0 \cos(\omega t) \qquad (1.62)$$

auf das System. Bei stabilen Systemen ergibt sich nach Abklingen des Einschwingvorgangs ein harmonischer Verlauf der Ausgangsgröße $x(t)$

$$x(t) = x_0 \cos(\omega t + \varphi) \tag{1.63}$$

Dann gilt:

$$H(i\omega) = \frac{x_0}{u_0} e^{i\varphi} \tag{1.64}$$

Mit (1.64) kann man den Amplitudengang $|H(i\omega)|$ und den Phasengang $\angle H(i\omega)$ bestimmen.

Manche Regelstrecken sind ohne Regler instabil. Um den Frequenzgang messen zu können, stabilisiert man sie durch einen linearen Regler. Damit erhält man die Standardregelkreisstruktur nach Abb. 1.55:

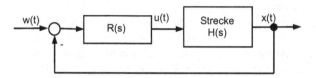

Abb. 1.55. Standardregelkreisstruktur zur Frequenzgangbestimmung einer instabilen Strecke

Nach den Messungen bestimmt man aus dem gemessenen Ergebnis $G(i\omega)$ und dem bekannten $R(i\omega)$ die Größe $H(i\omega)$:

$$G(i\omega) = \frac{R(i\omega)H(i\omega)}{1 + R(i\omega)H(i\omega)} \Rightarrow H(i\omega) = \frac{G(i\omega)}{R(i\omega) - R(i\omega)G(i\omega)} \tag{1.65}$$

Man kann auch direkt die Werte $u(t)$ und $x(t)$ messen und nach (1.64) den Frequenzgang bestimmen.

Danach kann man das experimentelle Bode-Diagramm zeichnen und mit der Gleichung (1.24) und den dazugehörigen Erklärungen bestimmen, wie hoch die Systemordnung ist. Wenn man das Modell in der Form (1.24) hat, können Pole und Nullstellen der Übertragungsfunktion und somit die Übertragungsfunktion selbst bestimmt werden.

1.3.4   Entwurf von zeitkontinuierlichen Regelungen

1.3.4.1   Gütekriterien von Regelungssystemen

Beim Reglerentwurf geht man von der allgemeinen Struktur einer Regelung nach Abb. 1.56 mit den Teilübertragungsfunktionen $R(s)$ und $H(s)$ sowie der gesamten Übertragungsfunktion $G(s)$ aus:

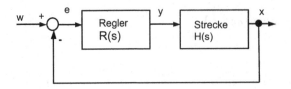

Abb. 1.56. Allgemeine Struktur einer Regelung mit Übertragungsfunktion *G(s)*

$$G(s) = \frac{R(s)H(s)}{1 + R(s)H(s)} \qquad . \qquad (1.66)$$

Es soll ein Regler entworfen werden, der eine gewünschte „Güte" des Regelkreises nach Abb. 1.56 gewährleistet. Der Begriff der „Güte" muss dabei mit erreichbaren Forderungen präzisiert werden.

Bei einem „idealen" Regelkreis sollte jederzeit der Istwert gleich dem Sollwert sein, so dass die Regelabweichung $e \equiv 0$ ist. Weiterhin sollte die Störgröße keinen Einfluss auf die Regelgröße und die Messgröße haben. Theoretisch könnte man dies erreichen, wenn die Verstärkung des Reglers $|R(s)|$ unendlich groß ist. Dann wäre nach (1.66) $G(s) = 1$.

Leider ist dies nicht realisierbar. Man beschränkt sich deswegen auf erreichbare Forderungen:

1. Der Regelkreis soll stabil bleiben und nicht schwingen.
2. Der Regelkreis soll der Führungsgröße unabhängig von äußeren Störungen und von Parameterschwankungen möglichst schnell und genau folgen. Das heißt, er soll ein gutes **Führungsverhalten** aufweisen.

Diese Forderungen führen zu einer Bewertung des Regelsystems mit drei Gütekriterien:

- **Stabilität**
- **Schnelligkeit**
- **Genauigkeit**

Um sie richtig zu verwenden, werden diese Begriffe näher betrachet.

In der Regelungstechnik existieren verschiedene Stabilitätsdefinitionen, die für bestimmte Systeme entwickelt wurden [Lunze 2004], [Horn und Dourdoumas 2004]. Für lineare Systeme verwendet man am häufigsten die sogenannte **E/A-Stabilität** (Eingangs-Ausgangs-Stabilität), oft auch **BIBO-Stabilität** (*Bounded-Input-Bounded-Output*-Stabilität) genannt.

Ein lineares System, s. (1.2), heißt E/A-stabil, wenn für verschwindende Anfangswerte $x^{(i)} = 0$ und ein beliebiges beschränktes Eingangssignal

$$|w(t)| < w_{max} \text{ für alle } t > 0$$

das Ausgangssignal ebenfalls beschränkt bleibt:

$$|x(t)| < x_{max} \text{ für alle } t > 0.$$

Dieser Stabilitätsbegriff charakterisiert das Systemverhalten bei einer Erregung aus der Ruhelage. Ein Übertragungssystem ist somit stabil, wenn zu einer beschränkten Eingangsgröße eine beschränkte Ausgangsgröße gehört.

Praktische Bedeutung hat normalerweise nur die **absolute (asymptotische) Stabilität**:

Ein System ist asymptotisch stabil, wenn seine Ausgangsvariable x(t) mit der Zeit eindeutig nach Null strebt bei einer ebenfalls nach Null strebenden Eingangsvariablen w(t):

$$\lim_{t \to \infty} x(t) = 0 \quad wenn \quad \lim_{t \to \infty} w(t) = 0 \qquad (1.67)$$

Ein asymptotisch stabiles System kehrt nach Abklingen einer Störung mit der Zeit in seine Ruhelage zurück.

Ein lineares System ist nur dann asymptotisch stabil, wenn alle Pole der Übertragungsfunktion (Nullstellen des Nenners der Übertragungsfunktion (1.12)) einen negativen Realteil haben. Um das zu prüfen, existieren bei bekanntem Systemmodell des Regelkreises verschiedene Stabilitätskriterien. Sie sind in zwei Klassen eingeteilt:

1. Algebraische Kriterien (Hurwitzkriterium, Routh-Kriterium, ...)
2. Frequenzgang-basierende Kriterien (Nyquist-Kriterium, Phasenrandkriterium, etc.).

Das Hurwitz-Kriterium ist das am häufigsten verwendete algebraische Stabilitätskriterium [Unbehauen 2002]. Hier prüft man durch Auswerten folgender n x n Matrix die asymptotische Stabilität.

$$H = \left\{ \begin{array}{cccccccc} a_{n-1} & a_{n-3} & a_{n-5} & a_{n-7} & . & . & . & 0 \\ 1 & a_{n-2} & a_{n-4} & a_{n-6} & . & . & . & 0 \\ 0 & a_{n-1} & a_{n-3} & a_{n-5} & . & . & . & 0 \\ 0 & 1 & a_{n-2} & a_{n-4} & . & . & . & 0 \\ 0 & 0 & a_{n-1} & a_{n-3} & . & . & . & . \\ 0 & 0 & 1 & a_{n-2} & . & . & . & . \\ . & . & . & . & . & . & . & . \\ 0 & 0 & 0 & . & . & . & . & a_0 \end{array} \right\} \qquad (1.68)$$

Die Koeffizienten a_i der Matrix sind die Koeffizienten der Differenzialgleichung (1.4). Fehlende Komponenten werden zu Null gesetzt. Diese Matrix wird **Hurwitz-Matrix** genannt.

Nach dem **Hurwitz-Kriterium** ist das System, das mit der Differenzialgleichung (1.4) beschrieben wird, asymptotisch stabil, wenn gilt:

a) alle Koeffizienten $a_i > 0$

b) alle sog. „Hauptabschnittsdeterminanten" der Hurwitz-Matrix sind positiv. Die Hauptabschnittsdeterminanten sind Unterdeterminanten, deren linke obere Ecke mit der linken oberen Ecke von H zusammenfällt.

Eine genauere Beschreibung von Stabilitätskriterien findet man in Büchern über Regelungstechnik [Mann et al. 2003], [Ludyk 1995], [Föllinger 1994].

Als Gütekriterien können auch Antworten des Systems auf bestimmte Führungsgrößen im Zeitbereich dienen. Weil der tatsächliche Verlauf der Führungsgröße $w(t)$ beliebig sein kann, benutzt man für die Festlegung der Spezifikationen im Zeitbereich Standard-Führungsgrößen (Testfunktionen): Sprung-, Rampen- und Parabelfunktionen. Sie entsprechen den ersten drei Termen der Reihenentwicklung von $w(t)$:

$$w(t) = \left(w_0 + w_1 \cdot t + w_2 \cdot \frac{t^2}{2} + ... \right) \cdot \sigma(t)$$

$$W(s) = \frac{W_0}{s} + \frac{W_1}{s^2} + \frac{W_2}{s^3} + ...$$

(1.69)

Für die Spezifikation des **dynamischen Verhaltens** (Stabilität und Schnelligkeit) wird als Standard-Führungsgröße für $w(t)$ der **Einheitssprung** benutzt. Ein gut ausgelegtes Regelsystem reagiert auf eine Sprungfunktion $w(t)=\sigma(t)$ annähernd wie ein System zweiter Ordnung, wie in Abb. 1.35 dargestellt ist.

Ein Regelsystem soll nicht nur stabil im absoluten Sinne sein, sondern auch eine sogenannte „**relative Stabilität**" oder „**Stabilitätsgüte**" aufweisen. Dieser Begriff bedeutet, dass die Sprungantwort relativ schnell auf einen stationären Wert einschwingen soll. Sie sollte weder zu oszillatorisch noch zu träge sein.

Ein Maß der Stabilitätsgüte ist die sogenannte **Überschwingweite**, die wie folgt definiert ist (s. auch Abb. 1.35):

$$M_p = \frac{x(t_p)}{x(\infty)}$$

(1.70)

Aus der Überschwingweite berechnet man das sogenannte **Überschwingen** (overshoot) M_0 das auch in Prozent $\ddot{u}$ angegeben werden kann:

$$M_0 = M_p - 1$$
$$\ddot{u}(\%) = 100 \cdot (M_P - 1) = 100 \cdot M_0$$

(1.71)

Die *Schnelligkeit* der Sprungantwort wird z.B. durch die Ausregelzeit t_s bei definiertem Überschwingen ausgedrückt. Die Ausregelzeit soll möglichst klein sein.

Die *Genauigkeit* und auch die Schnelligkeit werden durch Integralkriterien bewertet. Je genauer und schneller die Regelgröße der Führungsgröße folgt, desto geringer ist der Betrag der Integrale. Am meisten wird das ISE-Kriterium (*integral of squared error*) verwendet

$$Q_1 = \int_0^\infty (1 - x(t))^2 \, dt \qquad (1.72)$$

und das IAE-Kriterium (*integral of absolute error*)

$$Q_2 = \int_0^\infty |1 - x(t)| \, dt \qquad (1.73)$$

Neben diesen anwendungsunabhängigen Standardverfahren werden in der Praxis oft auch anwendungsabhängige Gütekriterien eingesetzt. So werden z.B. Lageregelungen von Maschinen und Robotern beurteilt, indem man sog. „Benchmarkbahnen" wie Geraden, Kreise, 90°-Ecken, Impulszüge usw. vorgibt. Diese Bahnen werden mit unterschiedlichen Geschwindigkeiten abgefahren und dabei die Bewegung des Werkzeugs mit einem Lasermesssystem erfasst und grafisch dargestellt. Durch Vergleich dieser Istbahnen mit den Sollbahnen lässt sich die Genauigkeit (Abweichungen) sowie die Schnelligkeit und die Dynamik (Überschwingen, Bahnverzehrungen) des Regelsystems beurteilen und die Regler entsprechend einstellen.

1.3.4.2 Pol- und Nullstellenvorgabe

Mit der Pol- und Nullstellenvorgabe der Übertragungsfunktion kann das dynamische Verhalten des Regelkreises entworfen werden.

Bei gut ausgelegten Regelsystemen höherer Ordnung, die mehr als zwei Pole/Eigenwerte besitzen, hat die Sprungantwort im Wesentlichen einen Verlauf wie in Abb. 1.35 dargestellt. Für die allgemeine Sprungantwort gilt:

$$x(t) = K_1 \cdot e^{P_1 t} + K_2 \cdot e^{P_2 t} + \ldots + K_n \cdot e^{P_n t} + K_\infty \sigma(t) = \sum_{i=1}^n K_i \, e^{P_i t} + K_\infty \sigma(t) \qquad (1.74)$$

Die Eigenwerte des Regelsystems sind in der linken Halbebene der komplexen s-Ebene verteilt, wie Abb. 1.57 zeigt. Das komplexe Eigenwertpaar $\{P_1, P_2\}$, das näher an der imaginären Achse ω liegt, **dominiert** gegenüber den übrigen Eigenwerten, die viel kleinere Zeitkonstanten haben [Horn und Dourdoumas 2004].

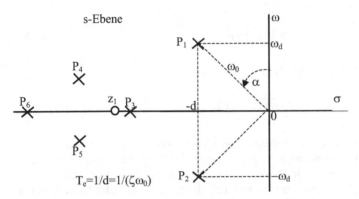

Abb. 1.57. Dominierende und nicht dominierende Pole eines Regelsystems

Die Lagen der dominierenden Pole in der s-Ebene sind Funktionen von ζ und von ω_0:

$$P_{1,2} = -d \pm i \cdot \omega_d = -\zeta\omega_0 \pm i \cdot \omega_0 \cdot \sqrt{1-\zeta^2} = \omega_0 \cdot e^{\pm i \cdot \left(\frac{\pi}{2}+\alpha\right)}$$

$$d = \frac{1}{T_e} = \zeta\omega_0 = \omega_0 \cdot \sin(\alpha); \qquad \omega_d = \omega_0 \cdot \sqrt{1-\zeta^2} = \omega_0 \cdot \cos(\alpha) \qquad (1.75)$$

Die angenäherte Sprungantwort des Regelsystems ist dann

$$\tilde{x}(t) = K_1 \cdot e^{P_1 t} + K_2 \cdot e^{P_2 t} + K_\infty \sigma(t) = K_\infty \sigma(t) + K_1 \cdot e^{(-d+i\omega_d)t} + \overline{K}_1 \cdot e^{(-d-i\omega_d)t} \qquad (1.76)$$

Aus diesen Überlegungen geht hervor, dass die **Spezifikation des dynamischen Verhaltens** eines Regelsystems durch dessen gewünschte Sprungantwort erfolgen kann. Es muss die geforderte Überschwingweite M_P (in diesem Fall die Stabilitätsgüte) und die gewünschte Ausregelzeit t_s (Schnelligkeit) vorgegeben werden. Dann werden die Parameter des approximierten Modells zweiter Ordnung berechnet:

$$\zeta = \sin\left\{\tan^{-1}\left(\frac{1}{\pi}\ln\frac{1}{M_P}\right)\right\}$$

$$\omega_0 \cong \frac{3}{\zeta \cdot t_s} \qquad (1.77)$$

Weiter ergeben sich die Lagen der gewünschten dominierenden Pole nach (1.75). Damit kann ein Regler, der die Dynamikanforderungen (M_P, t_s, ...) an den Regelkreis erfüllen soll, durch geeignete Platzierung der Pole des geschlossenen Regelkreises entworfen werden.

Für die Festlegung der dominierenden Pole können auch Bereiche in der s-Ebene angegeben werden (s. Abb. 1.58): $0{,}5 \leq \zeta \leq 0{,}8$ und $t_{smin} \leq t_s \leq t_{smax}$.

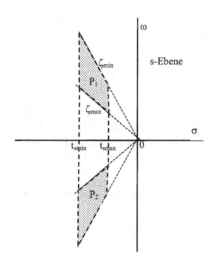

Abb. 1.58. Zulässiger Platzierungsbereich der dominierenden Pole

Für die Spezifikation der Genauigkeit werden als normierte Führungsgrößen neben der Sprungfunktion auch die Rampe- und die Parabelfunktion benutzt:

$$w_m(t) = \frac{t^m}{m!} \quad bei\ t > 0, \quad (= 0\ bei\ t <= 0)$$

$$W_m(s) = \frac{1}{s^{m+1}}$$

(1.78)

($m = 0$ Einheitssprungfunktion, $m = 1$ Einheitsrampe, $m = 2$ Einheitsparabel).

Man betrachtet zunächst die Übertragungsfunktion eines offenen Regelkreises gemäß Abb. 1.59:

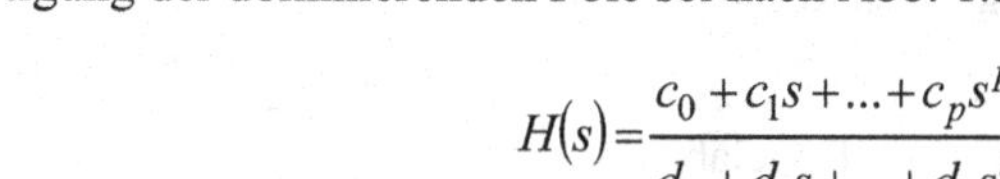

```
w  +   e    ┌─────────┐  y  ┌─────────┐  x
──→○──────→ │ Regler  │ ──→ │ Strecke │ ──→
            │ G_R(s)  │     │  H(s)   │
            └─────────┘     └─────────┘
```

Abb. 1.59. Allgemeine Struktur eines offenen Regelkreises

Die Annäherung der Übertragungsfunktion der Strecke nur mit der Berücksichtigung der dominierenden Pole sei nach Abb. 1.59:

$$H(s) = \frac{c_0 + c_1 s + ... + c_p s^p}{d_0 + d_1 s + ... + d_r s^r}$$

(1.79)

Der Regler habe folgende Übertragungsfunktion:

$$G_R(s) = \frac{f_0 + f_1 s + ... + f_l s^l}{g_0 + g_1 s + ... + g_k s^k}$$

(1.80)

Sind alle Polynome in (1.79) und (1.80) nicht gemeinsam teilbar, wird die Führungsübertragungsfunktion des offenen Regelkreises nach Abb. 1.59 zu:

$$G_0(s) = G_R(s)H(s) = \frac{\left(c_0 + c_1 s + ... + c_p s^p\right)\left(f_0 + f_1 s + ... + f_l s^l\right)}{\left(d_0 + d_1 s + ... + d_r s^r\right)\left(g_0 + g_1 s + ... + g_k s^k\right)} \qquad (1.81)$$

Die Pole der Übertragungsfunktion (1.81) können durch die Reglerparameter bestimmt werden. Die Verbindung zwischen den Koeffizienten der Polynome und den Polen ist nicht einfach, und nicht jeder Regler ist implementierbar. Die Entwurfsmethoden dafür sind z.B. in [Horn und Dourdoumas 2004], [Unbehauen 2000] beschrieben.

Man kann die Übertragungsfunktion des offenen Regelkreises auch wie folgt darstellen:

$$G_0(s) = G_R(s)H(s) = \frac{X(s)}{E(s)} = \frac{K \cdot \left(1 + b_1 s + b_2 s^2 + ... + b_m s^m\right)}{s^N \cdot \left(1 + a_1 s + a_2 s^2 + ... + a_{n-N} s^{n-N}\right)} \qquad (1.82)$$

wobei N die Anzahl der Integrierglieder innerhalb des Regelkreises ist und K die sog. Kreisverstärkung ($K = |G_0(0)|$). Die Übertragungsfunktion der Regelabweichung $e(t)$ bei geschlossenem Regelkreis ist dann

$$G_e(s) = \frac{E(s)}{W(s)} = \frac{1}{1 + G_0(s)} \cong \frac{s^N}{s^N + K} \qquad bei\ s \to 0 \qquad (1.83)$$

Nimmt man als Eingangsgröße die Laplace-Transformierte der allgemeinen Testfunktion (1.78), dann ist die bleibende Regelabweichung

$$e_\infty = \lim_{t \to \infty} e(t) = \lim_{s \to 0}(s \cdot E(s)) = \lim_{s \to 0}(s \cdot G_e(s) \cdot U_m(s)) =$$

$$e_\infty = \lim_{s \to 0}\left(s \cdot \frac{s^N}{s^N + K} \cdot \frac{1}{s^{m+1}}\right) = \lim_{s \to 0}\frac{s^{N-m}}{s^N + K} = \begin{cases} 0 & bei\ N > m \\ \infty & bei\ N < m \\ \lim_{s \to 0}\dfrac{1}{s^N + K} & bei\ N = m \end{cases} \qquad (1.84)$$

Die Ergebnisse werden in Tabelle 1.2 zusammengefasst:

Tabelle 1.2. Bleibende Regelabweichungen von Regelsystemen

Anzahl der Integralglieder:		N = 0	N = 1	N = 2
Testfunktion: w(t)	m	Bleibende Regelabweichung		
Sprung σ(t)	0	1/(1+K)	0	0
Rampe t·σ(t)	1	∞	1/K	0
Parabel t²/2·σ(t)	2	∞	∞	1/K

Man kann aus der Tabelle 1.2 entnehmen, dass bei einer gegebenen Testfunktion der stationäre Regelfehler von der Verstärkung K und von der Anzahl N der

Pole (Anzahl der Integralglieder) des offenen Regelkreises abhängt. Je schneller die Führungsgröße sich verändert, desto schwerer kann das Regelsystem diesem Testsignal folgen. Eine Vergrößerung der Verstärkung K kann den Regelfehler verringern. Andererseits kann auch die Anzahl der Integralglieder um eins erhöht werden (z.B. von $N = 1$ auf $N = 2$), um die Forderung eines möglichst kleinen stationären Regelfehlers bei einer Rampe als Testfunktion zu erfüllen. Dabei muss man beachten, dass die Verbesserung des stationären Verhaltens die Stabilitätsgüte verringert bzw. sogar das System instabil machen kann.

1.3.4.3   Frequenzkennlinienverfahren

Das zweite hier behandelte allgemeine Entwurfsverfahren basiert auf den Frequenzeigenschaften eines Regelkreises. Dabei benötigt man nur eine Frequenzkennlinie der Strecke, die für komplizierte Systeme wesentlich einfacher zu erhalten ist als die Übertragungsfunktion. Um dieses Entwurfsverfahren zu erklären, betrachtet man zuerst folgenden linearen Regelkreis:

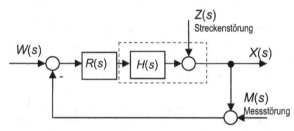

Abb. 1.60. Ein linearer Regelkreis

Da es sich um ein lineares System handelt, berechnet man drei mögliche Übertragungsfunktionen mit dem Superpositionsprinzip:Die Führungsübertragungsfunktion (Führungsfrequenzgang) $G_W(s)$ erhält man als

$$G_W(s) = X(s) / W(s), \text{ wobei } Z(s) = 0 \text{ und } M(s) = 0 \tag{1.85}$$

Die Störübertragungsfunktion $G_Z(s)$ (Störfrequenzgang) berechnet sich zu:

$$G_Z(s) = X(s) / Z(s), \text{ wobei } W(s) = 0 \text{ und } M(s) = 0 \tag{1.86}$$

Die Messübertragungsfunktion $G_M(s)$ ist:

$$G_M(s) = X(s) / M(s), \text{ wobei } W(s) = 0 \text{ und } Z(s) = 0 \tag{1.87}$$

Mit der Übertragungsfunktion $G_0(s)$ des offenen Regelkreises ergibt sich die Kreisverstärkung K zu

$$K = |G_0(s)| = |H(s) R(s)| \tag{1.88}$$

und man erhält folgende in der Tabelle 1.3 dargestellte Übertragungsfunktionen:

Tabelle 1.3. Drei Übertragungsfunktionen eines Regelsystems

	Regelziel	Übertragungs-funktion	Kreisverstärkung
Führungsverhalten	$G_W(s) \approx 1$	$G_W(s) = \dfrac{G_0(s)}{1 + G_0(s)}$	$\lvert G_0(s) \rvert \gg 1$
Störungsempfindlichkeit	$G_Z(s) \approx 0$	$G_Z(s) = \dfrac{1}{1 + G_0(s)}$	$\lvert G_0(s) \rvert \gg 1$
Messrauschunterdrückung	$G_M(s) \approx 0$	$G_M(s) = \dfrac{-G_0(s)}{1 + G_0(s)}$	$\lvert G_0(s) \rvert \ll 1$

Bei einem Standardregelkreis gelten somit – und dies unabhängig vom jeweiligen Regler $R(s)$ – folgende Zusammenhänge:

$$\lvert G_W(s) \rvert + \lvert G_Z(s) \rvert = 1 \qquad (1.89)$$

$$\lvert G_W(s) \rvert = \lvert G_M(s) \rvert \qquad (1.90)$$

Aus (1.90) folgt, dass man nicht gleichzeitig ein gutes Führungsverhalten als auch eine gute Messrauschunterdrückung erreichen kann. Beide Gleichungen ergeben zusammen, dass die Auswirkungen von Strecken- und Messstörungen nicht beliebig unterdrückt werden können. Diese Beziehung wird **Servodilemma** genannt.

Die Lösung des Servodilemmas ist nur dann möglich, wenn die Spektren des Führungssignals $w(t)$ und der Prozessstörung $z(t)$ im Vergleich zum Messrauschen $m(t)$ „niederfrequent" sind. Das trifft in der Praxis oft zu und fordert den folgenden Verlauf für den Frequenzgang:

$$\begin{aligned}
\lvert G_0(i\omega) \rvert &\gg 1 \quad \textit{für } \omega \ll \omega_c \\
\lvert G_0(i\omega_c) \rvert &= 1 \quad \omega_c : \textit{sog."Durchtrittsfrequenz"} \\
\lvert G_0(i\omega) \rvert &\ll 1 \quad \textit{für } \omega \gg \omega_c
\end{aligned} \qquad (1.91)$$

Ein Beispiel eines Bode-Diagramms stellt Abb. 1.61 dar.

Die **Durchtrittsfrequenz** ω_c (*crossover frequency*) ist die Frequenz, für die der Amplitudengang die 0-dB-Linie schneidet:

$$20 \log \lvert G_0(i\omega_c) \rvert = 0 \Rightarrow \lvert G_0(i\omega_c) \rvert = 1 \qquad (1.92)$$

Die **Resonanzfrequenz** ω_r (*resonant frequency*) ist die Frequenz, bei der die Resonanzspitze auftritt.

Für den geschlossenen Regelkreis wird auch die Bandbreite ω_b (*bandwidth*) als die Frequenz definiert, für die der Amplitudengang $\lvert G(i\omega) \rvert$ gegenüber $\lvert G(0) \rvert$ um 3 dB abnimmt. Bei der Durchtrittsfrequenz ω_c nimmt der Amplitudengang des geschlossenen Kreises um ungefähr 6 dB ab. Abb. 1.61 zeigt ein Bode-Diagramm eines offenen Regelkreises:

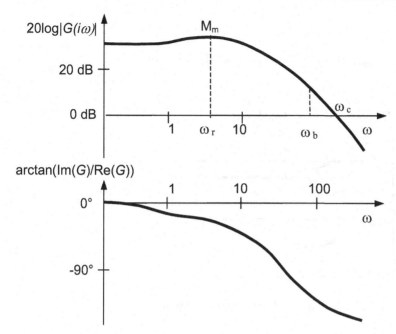

Abb. 1.61. Ein Bode-Diagramm eines offenen Regelkreises

$$20\log\left|G\left(i\omega_c\right)\right| = 20\log\left|\frac{G_0\left(i\omega_c\right)}{1+G_0\left(i\omega_c\right)}\right| \approx -6dB \qquad (1.93)$$

Der Entwurf wird in drei Schritten durchgeführt:

1. Schritt   Das Bode-Diagramm zur Strecke $H(s)$ wird gezeichnet.
2. Schritt   Die gewünschten Eigenschaften des Regelungssystems werden vorgegeben, beispielsweise durch Vorgabe von Bandbreite ω_b und Resonanzüberhöhung M_m.
3. Schritt   Das Bode-Diagramm wird durch gezielte Addition von Kennlinien einfacher Teilsysteme modifiziert, bis ω_b und M_m den Vorgaben entsprechen.

Da man dabei den Amplituden- und Phasengang des offenen Kreises entsprechend „formt", nennt man diese Vorgehensweise (*open*) *loop-shaping*.

Dabei müssen einfache Regeln berücksichtigt werden:

- Resonanzüberhöhung M_m groß $\Rightarrow$ Überschwingweite M_P groß.
- Bandbreite ω_b groß $\Rightarrow$ Ausregelzeit t_s klein.

Es gibt spezielle Korrekturglieder, die das Bode-Diagramm in der gewünschten Richtung ändern. Zwei werden besonders oft verwendet: Lag- und Lead-Glied. Das Lag-Glied hat die Übertragungsfunktion:

$$G_{Klag}(s) = \frac{1 + \dfrac{s}{m\omega_i}}{1 + \dfrac{s}{\omega_i}} \quad mit \quad m > 1 \quad und \quad \omega_i > 0 \tag{1.94}$$

Das Bode-Diagramm des Lag-Gliedes ist:

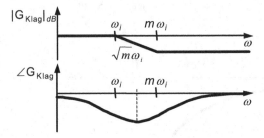

Abb. 1.62. Bode-Diagramm des Lag-Gliedes

Das Lead-Glied hat folgende Übertragungsfunktion:

$$G_{Klead}(s) = \frac{1 + \dfrac{s}{\omega_i}}{1 + \dfrac{s}{m\omega_i}} \quad mit \quad m > 1 \quad und \quad \omega_i > 0 \tag{1.95}$$

Das Bode-Diagramm des Lead-Gliedes ist wegen $G_{Klag}(s) = 1/G_{Klead}(s)$ spiegelsymmetrisch zum Bode-Diagramm des Lag-Gliedes (Abb. 1.62).

Diese Kompensationsglieder haben auch Nebenwirkungen. Werden sowohl ein Lead- als auch ein Lag-Glied eingesetzt, sollte man zur Kompensation der vom Lag-Glied bewirkten Phasenabsenkung das Lead-Glied so entwerfen, dass es die Phase stärker als nötig anhebt (Überkompensation).

Man braucht keine analytische Darstellung der Übertragungsfunktion $H(s)$ der Strecke für dieses Verfahren. Wenn man sie kennt, ist die resultierende Gesamtübertragungsfunktion:

$$G_0(s) = G_{K1}(s)\, G_{K2}(s)... \, G_{Kn}(s)H(s). \tag{1.96}$$

Die Realisierbarkeit und Stabilität lassen sich garantieren, wenn die gewünschte Frequenzkennlinie richtig gewählt wurde. Da dieses Verfahren nicht analytisch ist, hängen die Ergebnisse stark von der Erfahrung des „Entwicklers" ab.

1.3.4.4 Optimale Regelung

Wenn ein genaues Streckenmodell in analytischer Form bekannt ist und ein Gütekriterium analytisch angegeben werden kann und auswertbar ist, kann man Methoden der Optimierung für die Reglereinstellung und den Reglerentwurf benutzen

[Föllinger 1985]. Man betrachtet dabei ein dynamisches System in der Zustandsraumdarstellung

$$\dot{\underline{x}} = f(\underline{x},\underline{u},t) \tag{1.97}$$

mit $\underline{x}^T = (x_1,...,x_n)$: Zustandsvektor,

$\underline{u}^T = (u_1,...,u_m)$: Steuervektor.

Bei bekanntem Anfangspunkt $\underline{x}(t_A) = \underline{x}_A$ und Endpunkt $\underline{x}(t_E) = \underline{x}_E$ ist der optimale Verlauf des Steuervektors $\underline{u}^*(t)$ gesucht, der das Funktional

$$J = \int_{t_A}^{t_E} g(\underline{x},\underline{u},t)dt \tag{1.98}$$

minimiert. $V(\underline{u}, \underline{x})$ repräsentiert die Begrenzungen, die der Steuervektor erfüllen muss.

Zur Lösung des Problems gibt es mehrere Ansätze. Sind keine Begrenzungen zu berücksichtigen, wird häufig die Hamilton-Funktion benutzt:

$$H(\underline{x},\underline{u},\underline{\psi},t) = -g(\underline{x},\underline{u},t) + \underline{\psi}^T f(\underline{x},\underline{u},t) \tag{1.99}$$

Mit (1.99) wird das Gütekriterium (1.98) zu

$$J = \int_{t_A}^{t_E} \underline{\psi}^T \dot{\underline{x}} - H(\underline{x},\underline{u},\underline{\psi},t)dt \tag{1.100}$$

Aus (1.97) erhält man

$$\dot{\underline{x}} = \frac{\partial H}{\partial \underline{\psi}} \tag{1.101}$$

Außerdem gilt:

$$\dot{\underline{\psi}} = -\frac{\partial H}{\partial \underline{x}} \tag{1.102}$$

Die notwendigen Bedingungen für die optimale Steuerung von $\underline{u}(t)$ können dann formuliert werden:

$$\frac{\partial H}{\partial \underline{u}} = 0 \tag{1.103}$$

Das Kriterium gibt nur eine notwendige Bedingung an, d.h. eine Lösung der obigen Gleichungen muss nicht zeitgleich auch die Lösung des Optimierungsproblems sein (die optimale Lösung erfüllt aber immer die Gleichungen (1.103)). Außerdem liefert das Kriterium nur optimale Stellgrößenverläufe. Für reale Systeme braucht man aber die Stellgröße $\underline{u}(\underline{x})$ in Abhängigkeit von den aktuellen Zustandsgrößen.

Eine allgemeine Lösung in der Form $\underline{u}(\underline{x})$ kann man für ein lineares dynamisches System in der Zustandsraumdarstellung finden:

$$\underline{\dot{x}} = A\underline{x}(t) + B\underline{u}(t) \qquad (1.104)$$

A (Systemmatrix) und B (Eingangsmatrix) sind $n \times n$ Matrizen. Wenn man für den stationären Fall (A und B sind keine Funktionen von t) das allgemeine quadratische Gütemaß in Form

$$J = \int_{t_A}^{t_E} \underline{x}^T(t)Q\underline{x}(t) + \underline{u}^T(t)R\underline{u}(t)dt \qquad (1.105)$$

wählt, kann man die optimale Regelung

$$\underline{u} = R^{-1}B^T\underline{\psi} = -R^{-1}B^T P\underline{x} \qquad (1.106)$$

aus der sog. Riccatti-Differenzialgleichung erhalten, die für $\dot{P}(t) = 0$ in eine algebraische Riccati-Gleichung übergeht:

$$PBR^{-1}B^T P - PA - A^T P - Q = 0 \qquad (1.107)$$

Die Gleichung (1.107) ist nichtlinear, und eine analytische Lösung ist normalerweise nur für Systeme mit $n < 4$ möglich. Deswegen muss man im allgemeinen Fall von der numerischen Lösung ausgehen [Unbehauen 2000]. Die Gleichung (1.107) ist nur lösbar, wenn

- das System vollständig steuerbar ist,
- die Matrizen A,Q beobachtbar sind, und
- keine Eigenwerte der Hamilton-Matrix auf der imaginären Achse liegen.

In den meisten realen Fällen müssen bestimmte Begrenzungen in Form von Ungleichungen für die Steuergröße $\underline{u}(t)$ erfüllt sein. Dabei wird lediglich die Bedingung (1.103) durch die Bedingung

$$H(\underline{x}^*, \underline{u}^*, \underline{\psi}^*, t) \geq H(\underline{x}^*, \underline{u}, \underline{\psi}^*, t) \qquad (1.108)$$

ersetzt. Einen solchen Lösungsansatz nennt man Maximumprinzip nach Pontrjagin [Pontrjagin et al. 1964]. Mit Hilfe dieses Prinzips kann man z.B. eine zeitoptimale Regelung mit Gütemaß

$$J = \int_{t_A}^{t_E} 1dt = t_E - t_A \qquad (1.109)$$

und Beschränkungen

$$\underline{u}_{min} \leq \underline{u}(t) \leq \underline{u}_{max} \qquad (1.110)$$

finden.

Die allgemeinste Lösung des Optimierungsproblems kann mit Hilfe des Optimalitätsprinzips von Bellman [Bellman 1957] gefunden werden:
In jedem Punkt auf einer optimalen Trajektorie (Lösung $\underline{x}(t)$ der Differenzialgleichung (1.97)) **ist der verbleibende Teil (Rest) der Trajektorie optimal für das gegebene Optimierungsproblem.**
Daraus folgt, dass die Lösung der Optimierungsaufgabe $\underline{x}(\underline{u})$ auch in der Form $\underline{u}(\underline{x})$ in einem Regelkreis gefunden werden kann.
Die Ermittlung einer optimalen Regelung muss gemäß diesem Prinzip vom Ende aus rückwärts durchgeführt werden. Dadurch wird eine rekursive numerische Lösung erheblich erleichtert.

1.3.5   PID-Regler

In der Praxis wird oft kein neuer Reglertyp entworfen. In der Regel verwendet man einen Standardregler und passt lediglich seine Parameter so an, dass das Regelungssystem den gewünschten Gütekriterien am besten entspricht (s. Abb. 1.56). Am häufigsten wird der sog. **PID-Regler** benutzt, wobei **P** Proportional-, **I** Integral- und **D** Differenzial-Anteil bedeuten.
Wenn die Stellgröße proportional zur Regeldifferenz eingestellt wird, erhält man einen **P-Regler**. Die Übertragungsfunktion eines Regelkreises mit P-Regler lautet:

$$G(s) = \frac{K_P H(s)}{1 + K_P H(s)} \tag{1.111}$$

Für einen P-Regler mit realer Strecke $K_P H(s) > 0$ gilt $|G(s)| < 1$, also $X \neq W$.
Die Stellgröße ist nur dann verschieden von Null, wenn eine endliche Regeldifferenz vorhanden ist. Dies führt bei Regelkreisen, die keinen Integrierer enthalten, zu einer bleibenden Regelabweichung. Um das zu vermeiden, muss der P-Regler um einen integrierenden Anteil erweitert werden. Man erhält dann einen **PI-Regler**. Die Übertragungsfunktion des PI-Reglers mit T_N-Nachstellzeit lautet:

$$R(s) = K_P \left(1 + \frac{1}{T_N s} \right) \tag{1.112}$$

Die Nachstellzeit T_N ist die Zeit, die der I-Anteil benötigt, um bei einer sprungförmigen Eingangsgröße den Ausgang „nachzustellen".
Die Phasenrückdrehung des I-Anteils um 90° zwingt häufig dazu, dass ein kleiner K_P-Wert eingestellt werden muss, um ein zu großes Überschwingen zu vermeiden. Die Regelung reagiert dann relativ langsam. Um diesen Nachteil zu vermeiden, muss die Stellgröße bereits bei einer Änderung der Regeldifferenz angepasst werden. Der PI-Regler wird dazu um einen Term erweitert, der die Ableitung der Regeldifferenz berücksichtigt. Die Übertragungsfunktion dieses **PID-Reglers** lautet:

$$R(s) = K_P\left(1 + \frac{1}{T_N s} + T_V s\right) \qquad (1.113)$$

Ein **PD**-Regler wird verwendet, wenn man eine höhere Verstärkung des offenen Regelkreises und damit eine Verringerung des Regelfehlers (statisch oder dynamisch) benötigt, und eine einfache Erhöhung von K_P zur Instabilität führt. Bei schwach gedämpften Regelstrecken verbessert ein PD-Regler die Stabilität. Die Übertragungsfunktion des PD-Reglers ist:

$$R(s) = K_P\left(1 + T_V s\right) \qquad (1.114)$$

In allgemeinem kann man die Wirkung der Grundtypen **P, I, D** wie folgt beschreiben:

P-Glied:

- Das P-Glied verändert das Stellsignal proportional zur Regeldifferenz. Die P-Reglerstrategie ist: Je größer die Regelabweichung ist, umso größer muss die Stellgröße sein.
- Durch den Verstärkungsfaktor K_P kann die Regelgeschwindigkeit eingestellt werden (je höher, desto schneller).
- Ein hoher Verstärkungsfaktor kann zur Instabilität des Regelkreises (Schwingungen) führen.
- Ein P-Glied allein kann die Regeldifferenz nicht vollständig auf 0 ausregeln.

I-Glied:

- Das I-Glied integriert die Regeldifferenz, so dass bei konstanter Regeldifferenz das Ausgangssignal des Reglers stetig ansteigt. Die I-Reglerstrategie ist: Solange eine Regelabweichung auftritt, muss die Stellgröße verändert werden.
- Bei einem I-Glied wird deshalb die Regeldifferenz immer ausgeregelt.
- I-Glieder führen bei Regelkreisen leicht zu Instabilitäten.

D-Glied:

- Das D-Glied differenziert die Regeldifferenz.
- Durch die Betrachtung der Änderung des Signals wird ein zukünftiger Trend berücksichtigt. Die D-Reglerstrategie ist: Je stärker die Änderung der Regelabweichung ist, desto stärker muss das Stellsignal verändert werden.
- D-Glieder verbessern gewöhnlich die Regelgeschwindigkeit und die dynamische Regelabweichung.
- D-Glieder verstärken besonders hochfrequente (verrauschte) Anteile des Eingangssignals. Dies erhöht die Neigung zu Schwingungen.

Der Entwurf eines PID-Reglers besteht in der Optimierung seiner Koeffizienten K_P, T_N und T_V. Es werden dafür verschiedene Verfahren verwendet [Merz und Jaschek 2004], [Zacher 2000]. Die wichtigsten sollen hier kurz betrachtet werden. Nach einer Reglereinstellung mit einem hier beschriebenen Verfahren ist in der Regel eine weitere Optimierung von Hand notwendig.

Ausgehend von der Übertragungsfunktion einer stabilen Strecke in Produktform mit den Streckenzeitkonstanten T_{S1}–T_{Sn}:

$$H(s) = \frac{K_s}{(1 + T_{S1}s)(1 + T_{S2}s)...(1 + T_{Sn}s)} \qquad (1.115)$$

wird der Regler

$$R(s) = K'_P \frac{(1 + T_{R1}s)(1 + T_{R2}s)}{T_{R1}s} \qquad (1.116)$$

gewählt, wobei $T_{R1} = T_{S1}$ und $T_{R2} = T_{S2}$

Die Übertragungsfunktion des PID-Reglers in Polynomdarstellung ist:

$$R(s) = K_P \frac{T_V T_N s^2 + T_N s + 1}{T_N s} \qquad (1.117)$$

mit dem Polynom

$$T_V T_N s^2 + T_N s + 1 \qquad (1.118)$$

Nach der Ermittlung der Nullstellen (1.118) und nach einigen Umwandlungen ergibt sich für die Zeitkonstanten

$$T_{R1} = \frac{T_N}{2}\left(1 + \sqrt{1 - 4\frac{T_V}{T_N}}\right)$$

$$T_{R2} = \frac{T_N}{2}\left(1 - \sqrt{1 - 4\frac{T_V}{T_N}}\right) \qquad (1.119)$$

Kompensiert werden immer die beiden langsamsten Zeitkonstanten der Strecke. Danach ist in der Regel ein schnelles Übergangsverhalten des Regelkreises sichergestellt. Daher nennt man dieses Verfahren **Kompensationsreglerentwurf**.

Voraussetzung für den Entwurf ist die genaue Kenntnis der langsamsten Streckenzeitkonstanten. Die Reglerverstärkung K_P wird danach so ausgewählt, dass sowohl die Schnelligkeit als auch die Stabilität des Regelkreises gewährleistet werden kann.

Ist für eine Strecke die Übertragungsfunktion in folgender Form bekannt

$$H(s) = \frac{1}{s^n \cdots + a_3 s^3 + a_2 s^2 + a_1 s + a_0} \qquad (1.120)$$

kann man einen PID-Regler nach dem **Betragsoptimum** einstellen. Das Optimum besteht darin, dass der Betrag des Frequenzgangs des geschlossenen Kreises für einen möglichst großen Bereich den Wert Eins annimmt:

$$|G_W(i\omega)| \approx 1 \qquad (1.121)$$

Diese Forderung wird für tiefe Frequenzen näherungsweise erfüllt, wenn z.B. ein PI-Regler die folgende Einstellung aufweist:

$$K_P = \frac{a_1}{2}\frac{a_1^2 - a_0 a_2}{a_1 a_2 - a_0 a_3} - \frac{a_0}{2}, \qquad T_N = \frac{a_1}{a_0} - \frac{a_1 a_2 - a_0 a_3}{a_1^2 - a_0 a_2} \qquad (1.122)$$

Die Berechnung der PID-Reglerparameter erfolgt aus (1.121):

$$r_0 = \frac{1}{D}\det\begin{vmatrix} a_0^2 & -a_0 & 0 \\ -a_1^2 + 2a_0 a_2 & -a_2 & a_1 \\ a_2^2 + 2a_0 a_4 - 2a_1 a_3 & -a_4 & a_3 \end{vmatrix} \qquad r_1 = \frac{1}{D}\det\begin{vmatrix} a_1 & a_0^2 & 0 \\ a_3 & -a_1^2 + 2a_0 a_2 & a_1 \\ a_5 & a_2^2 + 2a_0 a_4 - 2a_1 a_3 & a_3 \end{vmatrix}$$

$$(1.123)$$

$$r_2 = \frac{1}{D}\det\begin{vmatrix} a_1 & -a_0 & a_0^2 \\ a_3 & -a_2 & -a_1^2 + 2a_0 a_2 \\ a_5 & -a_4 & a_2^2 + 2a_0 a_4 - 2a_1 a_3 \end{vmatrix}$$

mit D:

$$D = \det\begin{vmatrix} a_1 & -a_0 & 0 \\ a_3 & -a_2 & a_1 \\ a_5 & -a_4 & a_3 \end{vmatrix} \qquad (1.124)$$

Der Regler hat dann die Form

$$R(s) = \frac{r_0 + r_1 s + r_2 s^2}{2s} \qquad (1.125)$$

Diese Reglerform kann dann in Verstärkung, Nachstellzeit und Vorhaltzeit umgerechnet werden:

$$K_P = \frac{r_1}{2}; \quad T_N = \frac{r_1}{r_0}; \quad T_V = \frac{r_2}{r_1} \qquad (1.126)$$

Gegenüber dem PID-Kompensationsregler weist der nach Betragsoptimum eingestellte Regler bei gleicher Überschwingweite ein schnelleres Regelverhalten auf.

Die **Einstellregeln von Ziegler und Nichols** sind anwendbar, wenn die Strecke ungedämpfte Schwingungen ausführen darf. Die Bestimmung der Reglerparameter erfordert folgenden Schwingversuch des geschlossenen Regelkreises:

1. Der Regler wird als reiner P-Regler mit minimalem K_P eingestellt (ist ein fertiger PID-Regler nicht auf P-Regler umschaltbar, sind T_N auf den größten Wert und T_V auf den kleinsten Wert einzustellen).
2. Die Verstärkung K_P wird erhöht, bis die Regelgröße ungedämpfte Schwingungen ausführt. Dann ist die Stabilitätsgrenze und die kritische Verstärkung K_{Pkr} erreicht.
3. Die Schwingungsdauer T_{kr} bei der kritischen Verstärkung K_{Pkr} des Reglers wird bestimmt.

Die Reglerparameter sind dann gemäß folgender Tabelle einzustellen:

Tabelle 1.4. Einstellregeln nach Ziegler und Nichols

P-Regler	$K_P = 0{,}5\ K_{Pkr}$
PI-Regler	$K_P = 0{,}45\ K_{Pkr}$
	$T_N = 0{,}85\ T_{kr}$
PID-Regler	$K_P = 0{,}6\ K_{Pkr}$
	$T_N = 0{,}5\ T_{kr}$
	$T_v = 0{,}12\ T_{kr}$

Diese Einstellregeln werden hauptsächlich für langsame Strecken (z.B. in der Verfahrenstechnik) verwendet. Die so eingestellten Regelkreise neigen zu einem schnellen Einschwingverhalten mit großer Überschwingweite.

Wenn man nur die Sprungantwort der Strecke kennt, kann man mit Hilfe der sog. Steuerfläche A (s. Abb. 1.63) folgende Summenzeitkonstante berechnen oder abschätzen:

$$T_\Sigma = \frac{A}{K_s} \qquad (1.127)$$

K_S ist hier der Endwert von $h(t)$.

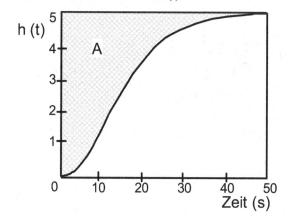

Abb. 1.63. Sprungantwort einer Strecke

Für verfahrenstechnische Strecken werden die folgenden Reglerparameter verwendet:

Tabelle 1.5. T-Summen Einstellregeln

	Normales Führungsverhalten	Schnelles Führungsverhalten
P-Regler	$K_P = 1/K_s$	-
PD-Regler	$K_P = 1/K_s$	-
	$T_V = 0,33\ T_\Sigma$	
PI-Regler	$K_P = 0,5/K_s$	$K_P = 1/K_s$
	$T_N = 0,5\ T_\Sigma$	$T_N = 0,7\ T_\Sigma$
PID-Regler	$K_P = 1/K_s$	$K_P = 2/K_s$
	$T_N = 0,66\ T_\Sigma T_V = 0,167\ T_\Sigma$	$T_N = 0,8\ T_\Sigma T_V = 0,194\ T_\Sigma$

Das **T-Summen Einstellverfahren** ist unempfindlich gegenüber Störungen. Es ergibt sich jedoch für so eingestellte Regelkreise ein sehr langsames Einschwingverhalten [Orlowski 1999].

Die **Einstellregel von Chien, Hrones und Reswick (CHR)** geht ebenfalls von der experimentell aufgenommenen Sprungantwort der Regelstrecke aus, wobei mit Hilfe der Wendetangentenmethode die Verzugs- und Ausgleichszeit bestimmt werden:

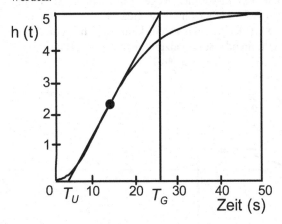

Abb. 1.64. Wendetangentenmethode für die Sprungantwort

Die Verstärkung der Strecke bzw. des Übertragungsbeiwertes ist K_S. Die Einstellregeln sind in Tabelle 1.6 zusammengestellt:

Tabelle 1.6. Einstellregeln von Chien, Hrones und Reswick bei vorgegebenem Führungsverhalten

	Führungsverhalten stark gedämpft	Führungsverhalten 20 % Überschwingen
P-Regler	$K_p = 0{,}3 \dfrac{T_G}{T_U K_S}$	$K_p = 0{,}7 \dfrac{T_G}{T_U K_S}$
PI-Regler	$K_p = 0{,}35 \dfrac{T_G}{T_U K_S}$ $T_N = 1{,}2\, T_G$	$K_p = 0{,}6 \dfrac{T_G}{T_U K_S}$ $T_N = 1{,}0\, T_G$
PID-Regler	$K_p = 0{,}6 \dfrac{T_G}{T_U K_S}$ $T_N = 1{,}0\, T_G$ $T_V = 0{,}5\, T_U$	$K_p = 0{,}95 \dfrac{T_G}{T_U K_S}$ $T_N = 1{,}35\, T_G$ $T_V = 0{,}47\, T_U$

Soll das Störungsverhalten vorgegeben werden, sind andere Einstellungen gemäß Tabelle 1.7 zu wählen:

Tabelle 1.7. Einstellregeln von Chien, Hrones und Reswick bei vorgegebenem Störungsverhalten

	Führungsverhalten stark gedämpft	Führungsverhalten 20 % Überschwingen
P-Regler	$K_p = 0{,}3 \dfrac{T_G}{T_U K_S}$	$K_p = 0{,}7 \dfrac{T_G}{T_U K_S}$
PI-Regler	$K_p = 0{,}6 \dfrac{T_G}{T_U K_S}$ $T_N = T_G$	$K_p = 0{,}7 \dfrac{T_G}{T_U K_S}$ $T_N = 2{,}3\, T_G$
PID-Regler	$K_p = 0{,}95 \dfrac{T_G}{T_U K_S}$ $T_N = 2{,}4\, T_G$ $T_V = 0{,}42\, T_U$	$K_p = 1{,}2 \dfrac{T_G}{T_U K_S}$ $T_N = 2\, T_G$ $T_V = 0{,}42$

Das Verfahren ist leicht handhabbar und deswegen weit verbreitet. Oft ist jedoch das korrekte Anlegen der Wendetangente ziemlich schwierig. Weil die Verzugszeit wegen dieser Unsicherheit nicht eindeutig zu bestimmen ist, können die Reglerverstärkung und die Zeitkonstanten falsch bestimmt werden.

Nicht geeignet ist das Verfahren für schwingfähige Strecken und auch für PT_1-Strecken, da bei ihnen keine Verzugszeit existiert.

1.3.6   Vorsteuerung und Störgrößenaufschaltung

Eine Regelung kann mit einer Steuerung kombiniert werden, um die Vorteile beider Strukturen auszunutzen (s. Abschn. 1.2) [Leonhard 1990], [Geering 2004]. Für die Stellgröße gilt dann:

$$u(t) = u_V(t) + u_R(t), \tag{1.128}$$

wobei

u_V: der in einer offenen Wirkungskette bestimmte Anteil der Stellgröße ist,
u_R: der durch eine Regelung (Steuerung mit geschlossener Wirkungskette) bestimmte Anteil ist.

Wenn die Größe u_V in einer offenen Wirkungskette aus der Führungsgröße w bestimmt wird, spricht man von einer **Vorsteuerung**:

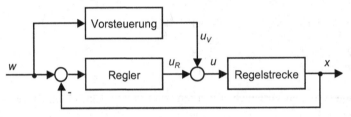

Abb. 1.65. Struktur einer Vorsteuerung

Man will dabei erreichen, dass die Strecke ($G_S(s)$) möglichst schnell und präzise entlang einer vorgegebenen Trajektorie $w(t)$ bzw. zu einem Endwert $w(t_e)$ geführt wird. Dabei wird die Größe u_V mit der Einbeziehung des dynamischen Modells der Strecke ohne Berücksichtigung von Störungen erzeugt. Die der Vorsteuerung ($G_V(s)$) überlagerte Regelung ($G_R(s)$) soll sicherstellen, dass die Regelgröße $x(t)$ möglichst genau der Führungsgröße $w(t)$ trotz der Wirkung von Störungen und des Vorhandenseins von Modellunsicherheiten folgt.

Im Bildbereich ergibt sich die Übertragungsfunktion G_{ges}:

$$G_{ges}(s) = G_S(s) \cdot \frac{G_R(s) + G_V(s)}{1 + G_R(s) \cdot G_S(s)} \tag{1.129}$$

Man benutzt die Vorsteuerung (auch Führungsgrößenbeeinflussung genannt) gewöhnlich in drei Fällen:

1. Es wird ein Standardregler benutzt, dessen Parameter schwer zu ändern sind.
2. Der Führungsgrößenverlauf ist bekannt oder vorhersagbar (z.B. sind bei Robotern und Werkzeugmaschinen die abzufahrenden Bahnen mit den Bahngeschwindigkeiten in den Anwenderprogrammen vorgegeben).
3. Die dynamischen Parameter der Strecke ändern sich und sind bekannt bzw. teilweise bekannt.

Die Größe u_V wird oft durch „Inversion" des Streckenmodells berechnet. Man stellt das Modell, mit dem man gewöhnlich für eine gegebene Eingangsgröße $u(t)$ die Ausgangsgröße $x(t)$ bestimmen kann, so um, dass man umgekehrt aus der vorgegebenen Ausgangsgröße $x_{[0,te]}$ die Stellgröße $u_{[0,te]}$ berechnen kann. Bei der Steuerung von Robotern verwendet man häufig ein inverses Robotermodell (s. Abb. 1.15), welches die in den Robotergelenken auftretenden Momente berechnet. Mit diesen Momenten wird dann der unterlagerte Stromregler (vergl. Abb. 1.67) vorgesteuert. Damit erhält man ein wesentlich dynamischeres und genaueres Robotersystem, da die Regelfehler der übergeordneten Drehzahl- und Lageregelung sehr klein werden.

Der Anteil der Stellgröße, der durch die Vorsteuerung bestimmt wird, ist in praktischen Anwendungen häufig wesentlich größer als der vom Regler bestimmte Teil der Stellgröße. Ohne die Wirkung des Reglers würde das System jedoch nicht mit der erforderlichen Genauigkeit arbeiten.

In Antrieben werden gewöhnlich Geschwindigkeits- und Beschleunigungsvorsteuerung verwendet [Kümmel 1998].

Bei der Geschwindigkeitsvorsteuerung wird die Führungsgröße des Regelkreises - hier der Sollwinkel Θ (s. Abb. 1.66) - durch die Sollgeschwindigkeit für den aktuellen Bahnpunkt beeinflusst mit dem Ziel, zukünftige Bahnabweichungen zu minimieren. Damit kann man bei einer Lageregelung den nächsten Bahnpunkt (Sollwert) abhängig von der Lage und Geschwindigkeit vorhersagen und früher als Sollwert ausgeben. Dies minimiert den Regelfehler, führt zur Verbesserung der dynamischen Genauigkeit und reduziert damit die Bahnabweichung. Berücksichtigt man auch die Sollbeschleunigung, kann damit noch eine präzisere Vorhersage gemacht werden. Bei Maschinen- und Roboterachsen werden solche Vorsteuerungen eingesetzt.

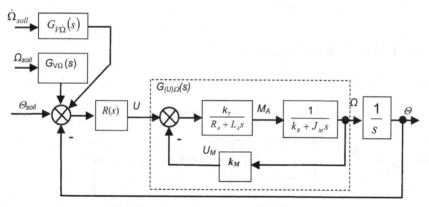

Abb. 1.66. Geschwindigkeits- und Beschleunigungsvorsteuerung in einem Antrieb

Eine Vorsteuerung des Drehmoments durch Störgrößenaufschaltung (oft auch Momentenvorsteuerung genannt) wird durch eine Berücksichtigung des Lastmoments M_L und/oder der Massenträgheiten über Δ_{JM} in Abb. 1.67 verwirklicht (s. oben Punkt 3). Hier lassen sich sehr gute Regelungsergebnisse bzgl. Dynamik (Schnelligkeit) und Genauigkeit erzielen:

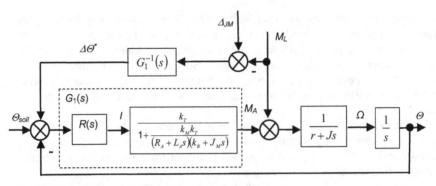

Abb. 1.67. Momentenvorsteuerung in einem Antrieb

Die Vorsteuerungsgröße muss auf den Sollwert (Θ_{soll}) aufgeschaltet (addiert) werden. Für eine richtige Kompensation muss die Wirkung der Übertragungsfunktion G_1 (s. Abb. 1.41) durch ihre Inverse kompensiert werden:

$$G_1(s) = R(s)\frac{k_T}{1+\dfrac{k_M k_T}{(R_A + L_A s)(k_R + J_M s)}} \tag{1.130}$$

Eine prädiktive Vorsteuerung ist auch möglich. Das Führungsverhalten wird dadurch zusätzlich optimiert, weil man dann die „Vorhersage" optimal verwenden kann [Allgöwer und Zheng 2000].

1.3.7   Mehrschleifige Regelung

Man betrachte eine Strecke, die aus mehreren einseitig-gekoppelten Teilsystemen besteht:

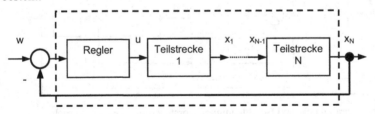

Abb. 1.68. Ein System mit geteilter (kaskadierter) Strecke

Für solche kaskadierte Teilstrecken können zusätzlich „lokale" Regler (Rückführungen lokaler Ausgangsgrößen) z.B. mittels den oben vorgestellten Verfahren entworfen werden. Das Vorgehen ist wie folgt:

1. Schritt   Wahl und Auslegung der inneren Regler, die eine gute Dynamik (Schnelligkeit und Dämpfung) der unterlagerten Regelungen gewährleisten. Die stationäre Genauigkeit ist weniger wichtig.
2. Schritt   Zusammenfassung der inneren Schleifen zu einem Block.
3. Schritt   Wahl und Auslegung des globalen (äußeren) Reglers entsprechend den Anforderungen an die Gesamtregelung.

Der Reglerentwurf vereinfacht sich, wenn die Dynamiken (die typischen Zeitkonstanten) der Teilsysteme sehr verschieden sind – in der Praxis kommt dies häufig vor (z.B. bei Robotern und Maschinenachsen). In der Struktur gemäß Abb. 1.69 wird angenommen, dass die Teilsysteme mit den Übertragungsfunktionen der Teilstrecken $H_1(s)$ und $H_2(s)$ im Vergleich mit $H_3(s)$ eine sehr schnelle Dynamik (kleine Zeitkonstanten) aufweisen.

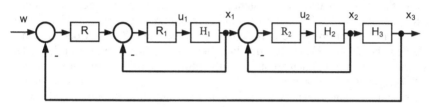

Abb. 1.69. Mehrschleifige Regelung

In Abb. 1.70 wird eine andere Möglichkeit gezeigt, ein mehrschleifiges System zu bilden: Hier unterscheiden sich deutlich die dynamischen Eigenschaften H_1, H_2 und H_3. In der Reihefolge von innen nach außen werden die Regelstrecken immer langsamer, d.h. die Zeitkonstanten der Regelstrecken werden immer größer (Beispiel: $T_{H1} = T$, $T_{H2} = 3T$, $T_{H3} = 10T$).

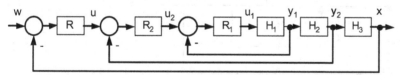

Abb. 1.70. Mehrschleifige Regelung mit Regelkreisen verschiedener Schachtelung

Bei der Bestimmung des globalen äußeren Reglers R dürfen die internen schnellen Teilsysteme oft durch statische (also „∞-schnelle") Systeme approximiert werden, um so den Entwurf zu vereinfachen. Die globale Regelung muss in diesem Fall entsprechend robust sein (Stabilitätsreserve), so dass die vernachlässigte Dynamik den Regelkreis nicht destabilisiert.

Interne Regelkreise nennt man oft unterlagerte Regelkreise, bei verfahrenstechnischen Anwendungen auch Hilfsregelkreise.

Für die Regelungen von Maschinenachsen werden eine Strom- und Geschwindigkeitsregelung in der Regel als untergelagerte Regelkreise eines Lagereglers aufgebaut, wie in Abb. 1.71 zu sehen ist:

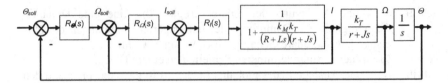

Abb. 1.71. Kaskadenregelung für eine Maschinenachse mit Gleichstrommotor

1.3.8   Zustandsregler und modellbasierte Regler

Zustandsregelungen gehören zu den leistungsfähigsten Verfahren der Regelungstechnik. Für den Entwurf eines Zustandsreglers ist ein möglichst genaues Modell der Regelstrecke die Voraussetzung. Ihre Verbreitung in der industriellen Praxis ist jedoch nicht sehr groß. Die Gründe liegen im Aufwand für die Modellbildung. Außerdem benötigen Zustandsregler komplexere Verfahren zur Ermittlung der Reglerparameter und können nicht mit Hilfe intuitiv plausibler Einstellregeln, wie bei PID-Reglern, optimiert werden.

In einem Zustandsregler wird nicht nur die eigentlich interessierende Ausgangsgröße der Strecke zurückgeführt, sondern sämtliche dynamische Größen der Regelstrecke (**Zustandsgrößen**) [Follinger 1994], [Unbehauen 2000]. Bei Zustandsreglern gibt es keine exakte Trennung zwischen dem Differenzglied und dem eigentlichen Regler, weil die Einwirkung jeder Zustandsgröße individuell ist. Dadurch entsteht ein mehrschleifiger Regelkreis:

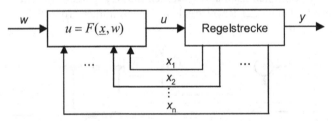

Abb. 1.72. Zustandsregelung

Mit Hilfe der Rückführung aller Systemzustände können alle Pole des Systems beliebig verschoben werden, die Nullstellen bleiben dabei unverändert. Die Übertragungsfunktion eines vollständig rückgekoppelten Systems der Ordnung n wird dann zu

$$G(s) = \frac{b_{n-1}s^{n-1} + \ldots + b_2 s^2 + b_1 s + b_0}{s^n + (a_{n-1} + r_n)s^{n-1} + \ldots + (a_2 + r_3)s^2 + (a_1 + r_2)s + a_0 + r_1} \quad (1.131)$$

Der Entwurf eines solchen Reglers wird in zwei Schritten durchgeführt [Föllinger 1994], [Lunze 2004]:

1. Schritt Die notwendigen Pole werden bestimmt (man muss dabei auf die Realisierbarkeit und auf die vorhandenen Nullstellen der Regelstrecke achten).
2. Schritt Die Rückführungen werden errechnet.

Häufig werden einfachere Regler eingesetzt, die nur einen Teil der Zustandsgrößen verwenden (s. Abb. 1.73).

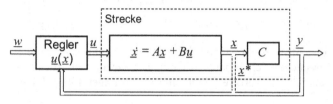

Abb. 1.73. Regelung mit nicht voll beobachtbarer Strecke

Oft sind viele Zustandsgrößen, die für eine effiziente Regelung einer Strecke gebraucht werden, nicht messbar (z.B. Vektor $\underline{x}^*$ in Abb. 1.73). Aus der Ausgangsgröße $\underline{y}$ können alle Komponenten von $\underline{x}^*$ nur selten bestimmt werden. Eine mögliche Lösung besteht darin, das Modell der Strecke in den Regelkreis zu integrieren und diese nicht messbaren Größen über das Modell dem Regler zur Verfügung zu stellen. Eine typische Regelungsstruktur für diesen Fall stellt Abb. 1.74 dar:

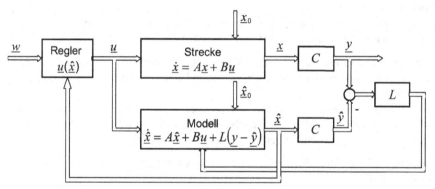

Abb. 1.74. Regelungsstruktur mit Beobachter

Hier wird der Strecke ein mathematisches Modell parallel geschaltet und mit demselben Steuervektor $\underline{u}$ gesteuert. Stimmen Modell und Strecke exakt überein und gilt $\underline{\hat{x}}_0 = \underline{x}_0$, dann ist $\underline{\hat{x}}(t) = \underline{x}(t)$. Die an der Strecke nicht messbaren Zustandsgrößen können am Modell abgegriffen werden. Im Allgemeinen sind jedoch die Anfangsstörungen $\underline{x}_0$ der Strecke nicht bekannt, d.h. $\underline{\hat{x}}(t) \neq \underline{x}(t)$. Deswegen wird die Differenz $\underline{y} - \hat{y}$ gemessen und durch Rückkopplung über eine konstante Rückführmatrix L wird $\underline{\hat{x}}(t)$ an $\underline{x}(t)$ angepasst.

Beim Einsatz von einem **Beobachter** ändern sich die Parameter des Regelkreises. Diese Änderung wird in folgendem „**Separationstheorem**" ausgedrückt:
Die Eigenwerte des über den Beobachter geschlossenen Regelkreises bestehen aus den Eigenwerten des Beobachters

$$\det(sE - A + LC) = 0 \qquad (1.132)$$

und den Eigenwerten des ohne Beobachter geschlossenen Regelkreises

$$\det(sE - A + BR) = 0 \qquad (1.133)$$

Der Entwurf der Beobachter besteht hauptsächlich in der Gewährleistung eines möglichst genaueren Streckenmodells und der richtigen Auswahl der Rückführungsmatrix *L*. Entsprechende Entwurfsverfahren sind in [Föllinger 1994], [Geering 2004] dargestellt.

1.3.9 Adaptive Regler

Wenn das Streckenmodell unbekannt oder zu kompliziert ist oder sich sehr stark während der Regelung ändert, zeigen gewöhnliche Regler mit konstanter Struktur und online nicht änderbaren Parametern unbefriedigende Ergebnisse. Dann sind z.B. **adaptive Regler** zu empfehlen, die ihre Parameter und ggf. auch ihre Struktur an die sich ändernden Streckeneigenschaften anpassen können [Böcker et.al 1986], [Geering 2004].

Die adaptiven Regelsysteme können grundsätzlich in zwei Gruppen unterteilt werden: **parameteradaptive** und **strukturadaptive** Regelsysteme.

- **Parameteradaptive** Regelsysteme sind Systeme, bei denen ein adaptiver Regler seine Parameter der sich ändernden Regelstrecke entsprechend anpasst (adaptiert).
- **Strukturadaptive** Regelsysteme sind Systeme, bei denen entsprechend der sich in der Struktur ändernden Regelstrecke (z.B. Systemordnung) die Struktur des Reglers entsprechend angepasst (adaptiert) wird.

In Abb. 1.75 ist die allgemeine Struktur eines parameteradaptiven Regelsystems dargestellt:

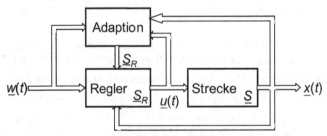

Abb. 1.75. Ein parameteradaptives Regelsystem

Neu bei dieser Regelstruktur im Vergleich zu einer konventionellen Regelstruktur ist der **Adaptionsblock.** Dieser Block kann die Führungsgröße $\underline{w}(t)$, die Reglergröße $\underline{u}(t)$ und die Ausgangsgröße $\underline{x}(t)$ der Strecke als Eingänge erhalten. Den Ausgang des Adaptionsblocks bildet der adaptierte Parametervektor des Reglers $\underline{S}_R$.

Je nach Struktur des Adaptionsblocks unterscheidet man zwei Regelstrukturen: eine **direkte** und eine **indirekte adaptive Regelstruktur**. Bei der indirekten adaptiven Regelstruktur werden die Reglerparameter indirekt über die Streckenparameter $\underline{S}(t)$ bestimmt:

$$\underline{S}_R = F(\underline{S}) \tag{1.134}$$

Die Funktion F beschreibt das Reglerauslegungsverfahren. Ein typisches Beispiel für eine indirekte adaptive Regelstruktur ist das *Self Tuning* (ST)-Verfahren. Dessen Struktur stellt Abb. 1.76 dar. In diesem Fall werden die Streckenparameter $\underline{S}$ zunächst identifiziert. Die Reglerparameter $\underline{S}_R$ werden dann nach (1.134) errechnet. Dabei wird der geschätzte Parametervektor $\hat{\underline{S}}$ als wahrer Prozessparametervektor betrachtet (*certainty equivalence*).

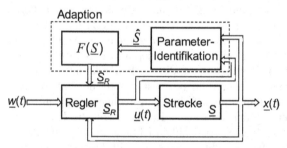

Abb. 1.76. Indirekte adaptive Regelstruktur (Self Tuning)

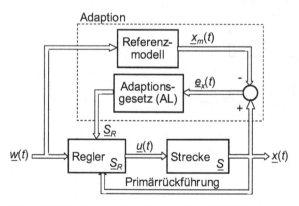

Abb. 1.77. Direkte adaptive Regelstruktur (MRAC)

Bei den **direkten** adaptiven Reglerstrukturen werden die Reglerparameter direkt aufgrund der zur Verfügung gestellten Signale bestimmt. Das typische Beispiel für eine direkte adaptive Reglerstruktur ist das „**Modellvergleichsverfahren**" (**MRAC**: *Model Reference Adaptive Control*). Bei dieser Methode werden die Reglerparameter direkt durch ein **Adaptionsgesetz** (**AL**: *adaptation law*) so verändert, dass das Verhalten der Ausgangsgröße *x(t)* einem **Referenzmodell** angeglichen wird, welches das gewünschte Systemverhalten beschreibt (s. Abb. 1.77.). Voraussetzung ist, dass ein brauchbares Referenzmodell zur Verfügung steht.

Während beim ST-Verfahren die Parameteridentifikation auf möglichst genauen Messungen der Streckenkenngrößen basiert, wird die Parameterbestimmung beim MRAC-Verfahren so durchgeführt, dass der Fehler zwischen dem Prozessausgang und dem Referenzmodellausgang minimiert wird. Beide Strukturen haben eine innere Schleife mit einem Regler (Primärrückführung) und eine äußere Schleife mit einer Adaption (Sekundärrückführung). Die äußere Schleife ist wesentlich langsamer als die innere, wie es beim konventionellen Kaskadenregler der Fall ist. Bei Kaskadenreglern spielen innere Schleifen eine untergeordnete Rolle: sie sollen die Parameter der Teilstrecken so ändern, dass der äußere Regler bessere Ergebnisse erzielen kann. Bei adaptiven Reglern muss die langsamere äußere Schleife die Reglerparameter so ändern, dass bessere Ergebnisse erzielt werden.

Strukturänderungen einer Strecke können sowohl in der Änderung der Ordnung der Differenzialgleichung bestehen als auch in der Änderung der Systemstruktur bzw. der Systemarchitektur. Wenn es möglich ist, die Strukturänderungen festzustellen und die Menge möglicher Strukturen begrenzt ist, besteht der Entwurf eines strukturadaptiven Regelsystems im Entwurf einer entsprechenden Anzahl z.B. parameteradaptiver Regelsysteme (oder klassischer Regler, wenn die Parameter einer Struktur gleich bleiben) und einer Auswahleinrichtung für die einzelnen Reglerstrukturen (s. Abb. 1.78). Ist es nicht möglich, die Strukturvarianten der Strecke im Voraus zu bestimmen und online die Strukturvariationen zu erfassen, muss man lernfähige Regelsysteme einsetzen.

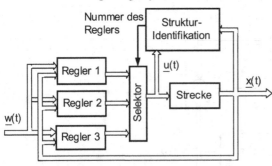

Abb. 1.78. Strukturadaptive Regelung

Man beachte, dass adaptive Algorithmen desto schlechtere Regelqualität gewährleisten, je größer die Anpassungszeit im Vergleich mit dem dynamischen Verhalten des Systems ist.

1.4   Methoden für Modellierung und Entwurf zeitdiskreter Regelungen

Im vorigen Kapitel wurden zeitkontinuierliche Regelungen ausführlich behandelt. Heutige Regelungssysteme benutzen in den allermeisten Fällen jedoch keine analogen Regler mehr, sondern nur noch digitale in Form von Mikroprozessoren und Mikrocontrollern. Dennoch ist es gerechtfertigt, zunächst dem zeitkontinuierlichen Fall breiten Raum zu geben. Zum einen wurden die Methoden für zeitdiskrete Regelungen von den zeitkontinuierlichen abgeleitet und werden daher erst mit deren Kenntnis verständlich. Zum anderen kann bei ausreichender Geschwindigkeit und Leistungsfähigkeit der verwandten Hardware auch ein zeitdiskretes System als ein quasi-kontinuierliches betrachtet werden.

1.4.1   Zeitdiskreter Regelkreis

Für die Regelung im Rechner müssen die Prozesssignale abgetastet und digitalisiert werden. Durch die Abtastung und die Digitalisierung entstehen diskrete Signale, die hinsichtlich ihrer Amplitude und der Zeit diskretisiert sind [Föllinger 1998].

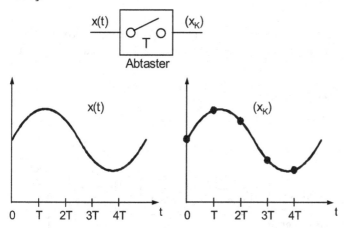

Abb. 1.79. Abtastung

Die Impulshöhen werden dabei entsprechend der Auflösung der verwendeten Analog/Digital-Wandler auf- oder abgerundet. Verwendet man dabei einen hoch auflösenden Analog/Digital-Wandler, so ist das Problem der Signalamplitudenquantisierung in der Regel vernachlässigbar.

Durch die Abtastung, die im Normalfall periodisch erfolgt, wird aus dem kontinuierlichen Signal $x(t)$ ein zeitdiskretes, das durch eine Wertefolge (x_k) repräsentiert wird. Dieses Signaldient als Eingangssignal des im Rechner implementierten

Algorithmus, der die Ausgangsgröße des Reglers, eine Folge von Steuerungswerten (u_k) berechnet.

Sollen die Steuerungswerte (u_k) an den Prozess (Stellglied) ausgegeben werden, so ist es erforderlich sie in ein analoges Signal zu wandeln und für die Dauer einer Abtastperiode zu halten.

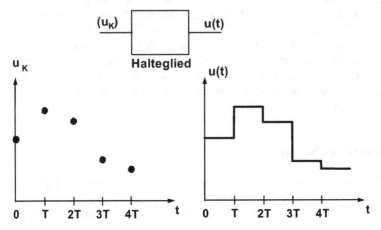

Abb. 1.80. Zeitdiskretes Signal

Das Halteglied erzeugt aus dem diskreten Signal (u_k) ein kontinuierliches Signal $\hat{u}(t)$ in Form einer Treppenfunktion, die an den Prozess (Stellglied) ausgegeben wird.

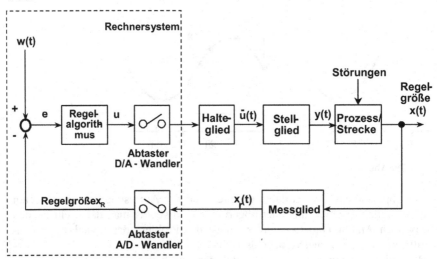

Abb. 1.81. Regelkreis mit Rechner als digitalem Regler

Abb. 1.81 zeigt das Blockschaltbild eines Regelkreises mit einem digitalen, im Rechner realisierten Abtastregler.

Im allgemeinem können in einem Regelungssystem mehrere Abtastperioden vorhanden sein:

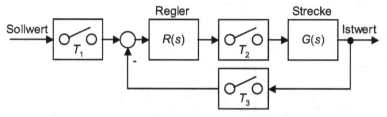

Abb. 1.82. Regelungssystem mit mehreren Abtastperioden

Reale Systeme werden immer so gestaltet, dass $T_1 \geq T_2 \geq T_3$ ist. Weil Änderungen der Stellgröße nur mit $T = T_2$ passieren, werden in der Regelungstechnik digitale Systeme gewöhnlich in folgender Form betrachtet:

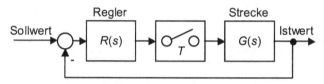

Abb. 1.83. Übliches digitales Regelungssystem

1.4.2   Das Abtasttheorem

Will man aus einem analogen Signal die ganze Information in digitaler Darstellung erfassen, muss das Abtasttheorem nach Nyquist bzw. Shannon berücksichtigt werden. Es sagt folgendes aus:

Sind in einem Signal x(t) die Frequenzen in einem Band von $0 - f_{max}$ vorhanden, so reicht es, das Signal x(t) in zeitlichen Abständen $T_0 = 1/(2 f_{max})$ abzutasten, um aus der Funktion x_N die ursprüngliche Größe x(t) ohne Verlust an Information zurückgewinnen zu können.

Bei zu niedrigen Frequenzen entsteht der Aliasing-Effekt. Abb. 1.84a zeigt eine Sinusfunktion mit 6.6 kHz, bei deren Abtastung mit 10 kHz das Nyquist'sche Theorem nicht eingehalten wurde. Die rekonstruierte Funktion (Abb. 1.84c) hat eine Grundfrequenz von 3.3 kHz. In der Praxis werden beim Abtasten Frequenzen von **5 bis 10** f_{max} verwendet.

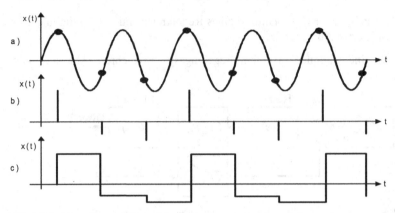

Abb. 1.84. Abtasttheorem-Beispiel

1.4.3   Beschreibung linearer zeitdiskreter Systeme im Zeitbereich

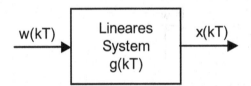

Abb. 1.85. Blockdarstellung eines zeitdiskreten Systems

In Analogie zur Differenzialgleichung (1.2) wird die Abhängigkeit einer diskreten Funktion im allgemeinen durch eine gewöhnliche lineare **Differenzengleichung** n-ter Ordnung im diskreten **Zeitbereich** beschrieben [Litz 2005]. Eine Möglichkeit, eine Differenzengleichung zu erhalten, besteht darin, Differenzialgleichungen zu **diskretisieren** [Isermann 1987].

Eine Differenzengleichung hat die Form

$$x_{k+n} + a_1 x_{k+n-1} + ... + a_{n-1} x_{k+1} + a_n x_k = b_0 w_{k+m} + b_1 w_{k+m-1} + ... + b_{m-1} w_{k+1} + b_m w_k$$

mit den Anfangsbedingungen:

$$x(t=0) = x_0; \quad x(t=T) = x_1; ..., x(t=(n-1)T) = x_{n-1}$$

wobei $w_k = w(kT)$: Eingangsvariable

$\quad\quad\quad x_k = x(kT)$: Ausgangsvariable   (1.135)

$\quad\quad\quad t = t_k = kT \quad (k = 0,1,2,...)$: *Diskrete Zeitwerte*

$\quad\quad\quad T$: *Abtastperiode*

$\quad\quad\quad$ Existenzbedingung (Kausalität) : $m \le n$

Die Existenzbedingung garantiert die Existenz von physikalischen Systemen, die durch dieses Modell beschrieben werden können. Alle physikalischen Systeme sind Kausalsysteme. Wenn man k in Gleichung (1.135) durch $(k\text{-}n)$ ersetzt und $m=n$ annimmt, dann gilt

$$x_k = -a_1 x_{k-1} - \ldots - a_{n-1} x_{k-n+1} - a_n x_{k-n} + b_0 w_k + b_1 w_{k-1} + \ldots + b_{n-1} w_{k-n+1} + b_n w_{k-n} \qquad (1.136)$$

Die iterative Lösung dieser Art von Differenzengleichungen kann direkt durch ein Rechnerprogramm gefunden werden. Mit Hilfe der Z-Transformation kann man geschlossene Lösungen für $x(kT)$ und die Übertragungsfunktion finden.

1.4.4   Beschreibung linearer zeitdiskreter Systeme im Bildbereich

1.4.4.1   Die Z – Transformation

Durch die Abtastung entsteht eine zeitdiskrete Funktion, die an den äquidistanten Abtastzeitpunkten Impulse von kurzer Dauer besitzt. Um eine geeignete mathematische Behandlung der Signale und der beteiligten Übertragungsglieder zu ermöglichen, kann die Impulsfolge durch eine δ-Impulsfolge approximiert werden.

Abb. 1.86. δ -Impuls

Ein δ-Impuls ist folgendermaßen definiert:

$$\int_{-\infty}^{+\infty} \delta(t)\,dt = 1 \qquad (1.137)$$

und besitzt die Fläche

$$\int_{-\infty}^{+\infty} \delta(t)\,dt = 1 \qquad (1.138)$$

Die Z-Transformation ist eine spezielle Art der Laplace-Transformation. Ähnlich wie diese wird sie für die Beschreibung diskreter Systeme verwendet [Föllinger und Kluwe 2003].

Tastet man das Signal $x(t)$ ab, so erhält man als Ausgang des Abtasters eine Impulsfolge

$$x^*(t) = \sum_{k=0}^{\infty} x(kT)\delta(t - kT) \qquad (1.139)$$

Wendet man auf diese Impulsfolge die Laplace-Transformation an, so erhält man:

$$x^*(s) = \sum_{k=0}^{\infty} x_k e^{-kTs} \qquad (1.140)$$

Ersetzt man nun den Ausdruck e^{Ts} durch z, so wird aus der komplexen Funktion $x^*(s)$ eine Potenzreihe in z:

$$x_z(z) = \left[L\{x^*(t)\}\right]_{e^{Ts}=z} = \left[x^*(s)\right]_{e^{Ts}=z} = \sum_{k=0}^{\infty} x_k z^{-k} \qquad (1.141)$$

Tabelle 1.8 zeigt die wichtigsten Eigenschaften der Z-Transformation. In Tabelle 1.9 werden die Laplace- und die Z-Transformierten der jeweiligen zeitkontinuierlichen Funktionen aufgeführt.

Beispiel: Berechnung der Z-Transformierten des Abtastsignals einer abklingenden e-Funktion:

$$x(t) = e^{-at} \qquad t = kT \qquad x(kT) = e^{-akT} \qquad k = 0,1,...,\infty \qquad (1.142)$$

$$X(z) = \sum_{k=0}^{\infty} e^{-akT} z^{-k} = 1 + \left(e^{aT}z\right)^{-1} + \left(e^{aT}z\right)^{-2} + \left(e^{aT}z\right)^{-3} + ... \qquad (1.143)$$

Man erkennt in der Summe der Terme die geometrische Reihe:

$$X(q) = \sum_{k=0}^{\infty} q^k = 1 + q + q^2 + q^3 + ... = \frac{1}{1-q} \qquad (1.144)$$

$$\text{mit} \qquad q = e^{-aT} z^{-1}$$

Damit ergibt sich

$$X(z) = \sum_{k=0}^{\infty} e^{-akT} z^{-k} = \frac{1}{1 - e^{-aT} z^{-1}} = \frac{z}{z - e^{-aT}} \qquad (1.145)$$

Für $a=1/s$ und $T=0,5s$ erhält man

$$X(z) = \frac{z}{z - e^{-0.5}} = \frac{z}{z - 0.6065} \qquad (1.146)$$

Tabelle 1.8. Eigenschaften der Z-Transformation

	Bezeichnung	Eigenschaft
1	Linearität	$Z\{c_1 f_1(kT) + c_2 f_2(kT)\} = c_1 F_1(z) + c_2 F_2(z)$
2	Ähnlichkeit	$Z\{a^{-k} f(kT)\} = F(a \cdot z)$
3	Dämpfung	$Z\{e^{-akT} f(kT)\} = F\left(e^{aT} \cdot z\right)$
4	Rechtsverschiebung	$Z\{f(kT - nT)\} = z^{-n} \cdot Z\{f(kT)\} = z^{-n} \cdot F(z)$
5	Linksverschiebung	$Z\{f(kT + nT)\} = z^n \left(F(z) - \displaystyle\sum_{j=0}^{n-1} f(jT) z^{-j} \right)$
6	Faltung	$Z\{f_1(kT) \otimes f_2(kT)\} = Z\left\{ \displaystyle\sum_{j=0}^{k} f_1(kT - jT) \cdot f_2(jT) \right\} = F_1(z) \cdot F_2(z)$
7	Grenzwerte	$f(0+) = \displaystyle\lim_{k=0} f(kT) = \lim_{z \to \infty} \{F(z)\}$ Ausgangswert $f(\infty) = \displaystyle\lim_{k \to \infty} f(kT) = \lim_{z \to 1} \{(z - 1) \cdot F(z)\}$ Endwert

Tabelle 1.9. Laplace- und Z-Transformierte von analytischen Zeitfunktionen

	$f(t) \equiv f(kT)$	$L\{f(t)\}$	$Z\{f(kT)\}$
1	Impuls $\delta(t)$	1	1
2	Sprungfunktion $\sigma(t)$	$\dfrac{1}{s}$	$\dfrac{z}{z-1}$
3	t	$\dfrac{1}{s^2}$	$\dfrac{T z}{(z-1)^2}$
4	t^2	$\dfrac{2}{s^3}$	$\dfrac{T^2 z \cdot (z+1)}{(z-1)^3}$
5	t^3	$\dfrac{6}{s^4}$	$\dfrac{T^3 z \cdot (z^2 + 4z + 1)}{(z-1)^4}$
6	t^n	$\dfrac{n!}{s^{n+1}}$	$\displaystyle\lim_{a \to 0} \frac{\partial^n}{\partial a^n} \left\{ \frac{z}{z - e^{aT}} \right\}$

7	e^{-at}	$\dfrac{1}{s+a}$	$\dfrac{z}{z-e^{-aT}}$
8	$t \cdot e^{-at}$	$\dfrac{1}{(s+a)^2}$	$\dfrac{T \cdot z \cdot e^{-aT}}{\left(z-e^{-aT}\right)^2}$
9	$t^2 \cdot e^{-at}$	$\dfrac{2}{(s+a)^3}$	$\dfrac{T^2 \cdot z \cdot e^{-aT} \cdot \left(z+e^{-aT}\right)}{\left(z-e^{-aT}\right)^3}$
10	$t^n \cdot e^{+at}$	$\dfrac{n!}{(s-a)^{n+1}}$	$\dfrac{\partial^n}{\partial a^n}\left\{\dfrac{z}{z-e^{aT}}\right\}$
11	$1-e^{-at}$	$\dfrac{a}{s\cdot(s+a)}$	$\dfrac{\left(1-e^{-aT}\right)\cdot z}{(z-1)\cdot\left(z-e^{-aT}\right)}$
12	$e^{-at}-e^{-bt}$	$\dfrac{b-a}{(s+a)(s+b)}$	$\dfrac{\left(e^{-aT}-e^{-bT}\right)\cdot z}{\left(z-e^{-aT}\right)\cdot\left(z-e^{-bT}\right)}$
13	$1-(1+at)e^{-at}$	$\dfrac{a^2}{s\cdot(s+a)^2}$	$\dfrac{z}{z-1}-\dfrac{z}{z-e^{-aT}}-\dfrac{aTz\cdot e^{-aT}}{\left(z-e^{-aT}\right)^2}$
14	$at-1+e^{-at}$	$\dfrac{a^2}{s^2\cdot(s+a)}$	$\dfrac{\left(aT-1+e^{-aT}\right)\cdot z^2+\left(1-e^{-aT}(1+aT)\right)\cdot z}{(z-1)^2\cdot\left(z-e^{-aT}\right)}$
15	$1+\dfrac{be^{-at}-ae^{-bt}}{a-b}$	$\dfrac{ab}{s(s+a)(s+b)}$	$\dfrac{z}{z-1}+\dfrac{z}{a-b}\left(\dfrac{b}{z-e^{-aT}}-\dfrac{a}{z-e^{-bT}}\right)$
16	$\sin(\omega_0 t)$	$\dfrac{\omega_0}{s^2+\omega_0^2}$	$\dfrac{z\cdot\sin\omega_0 T}{z^2-2z\cdot\cos\omega_0 T+1}$
17	$\cos(\omega_0 t)$	$\dfrac{s}{s^2+\omega_0^2}$	$\dfrac{z\cdot(z-\cos\omega_0 T)}{z^2-2z\cdot\cos\omega_0 T+1}$
18	$e^{-at}\cdot\sin(\omega_d t)$	$\dfrac{\omega_d}{(s+a)^2+\omega_d^2}$	$\dfrac{e^{-aT}\cdot z\cdot\sin\omega_d T}{z^2-2z\cdot e^{-aT}\cdot\cos\omega_d T+e^{-2aT}}$
19	$e^{-at}\cdot\cos(\omega_d t)$	$\dfrac{s+a}{(s+a)^2+\omega_d^2}$	$\dfrac{z\cdot\left(z-e^{-aT}\cdot\cos\omega_d T\right)}{z^2-2z\cdot e^{-aT}\cdot\cos\omega_d T+e^{-2aT}}$
20	$a^{t/T}=a^k$	$\dfrac{1}{s-\left(\frac{1}{T}\right)\ln a}$	$\dfrac{z}{z-a}$

1.4.4.2   Die Z-Übertragungsfunktion

Wie schon in Gleichung (1.141) beschrieben, ist die Z-Transformation einer zeit-diskreten Variable $x(kT)$ definiert durch die Formel

$$X(z) = Z\{x(kT)\} = \sum_{k=0}^{\infty} x(kT) \cdot z^{-k} \qquad (1.147)$$

z^{-1} ist die Einheitszeitverzögerungsfunktion des zeitdiskreten Systems. Das heißt, wenn

$$X(z) = z^{-1}W(z)$$

dann ist

$$x(kT) = w\{(k-1)T\} \qquad (1.148)$$

bzw.

$$x_k = w_{k-1}$$

Angenommen, alle in (1.135) aufgeführten Anfangsbedingungen $[x_0, x_1, \ldots\ldots x_{n-1}]$ sind Null, dann ist laut Eigenschaft 5 der Tabelle 1.8 die Z-Transformierte der Dif-ferenzengleichung (1.135)

$$\begin{aligned}
(z^n + a_1 z^{n-1} + \ldots + a_{n-1}z + a_n)X(z) = \\
(b_0 z^m + b_1 z^{m-1} + \ldots + b_{m-1}z + b_m)W(z)
\end{aligned} \qquad (1.149)$$

Die Modellierung eines zeitdiskreten linearen Systems im Bildbereich ermög-licht analog zum zeitkontinuierlichen System (vgl. (1.11)) die Definition der soge-nannten z-Übertragungsfunktion $G(z)$ aus (1.149):

$$G(z) = \frac{X(z)}{W(z)} = \frac{b_0 z^m + b_1 z^{m-1} + \ldots + b_{m-1}z + b_m}{z^n + a_1 z^{n-1} + \ldots + a_{n-1}z + a_n} \qquad (1.150)$$

Wenn $m=n$ ist, ergibt sich

$$G(z) = \frac{X(z)}{W(z)} = \frac{b_0 + b_1 z^{-1} + \ldots + b_{n-1}z^{-(n-1)} + b_n z^{-n}}{1 + a_1 z^{-1} + \ldots + a_{n-1}z^{-(n-1)} + a_n z^{-n}} \qquad (1.151)$$

Das Verhältnis zwischen Ausgangs- und Eingangsvariablen ergibt die Übertra-gungsfunktion und kann auch grafisch als Blockschaltbild dargestellt werden (s. Abb. 1.87). Dabei sind $w(kT)$ und $x(kT)$ zeitdiskrete periodische Impulsfunktionen.

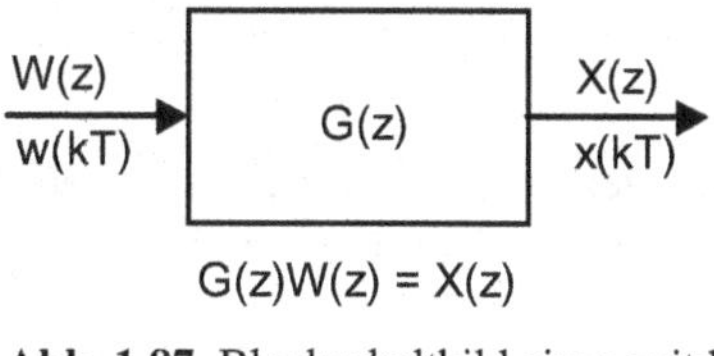

$$G(z)W(z) = X(z)$$

Abb. 1.87. Blockschaltbild eines zeitdiskreten Systems

Das Verhältnis zwischen Ausgangs- und Eingangsvariable im diskreten Zeitbereich kann auch analog zu zeitkontinuierlichen Systemen durch die **Faltungssumme** dargestellt werden (vgl. (1.6) und Eigenschaft 6 in Tabelle 1.8):

$$x(kT) = \sum_{j=0}^{k} g(kT - jT) \cdot w(jT) \qquad (1.152)$$

wobei *g(kT)* die sog. **Gewichtsfunktion** des Systems ist. Sie ist die Antwort des Systems auf einen Einheitsimpuls, d.h.

$$g(kT) = Z^{-1}\{G(z)\} = Z^{-1}\{X(z)\}$$
$$\text{wenn } W(z) \equiv 1, \text{ also } w(kT) = \delta(kT) \qquad (1.153)$$

Nach Eigenschaft 6 aus Tabelle 1.8 ergibt die Anwendung der Laplace-Transformation auf beiden Seiten der Formel (1.152)

$$X(z) = G(z) \cdot W(z) \qquad (1.154)$$

Der Vorteil der Beschreibung zeitdiskreter Systeme durch die Übertragungsfunktion liegt wie bei zeitkontinuierlichen Systemen hauptsächlich in der Möglichkeit ihrer Darstellung und Vereinfachung mittels Blockschaltbildalgebra, wobei die gleichen Regeln wie bei zeitkontinuierlichen Systemen gelten, vgl. Abschn. 1.3.2.2.

1.4.5 Die zeitdiskrete Ersatzregelstrecke

Ein digitales Regelungssystem besteht wie in Abb. 1.81 dargestellt aus einem zeitdiskreten Regler und einer zeitkontinuierlichen Regelstrecke. Dies ist für eine Gesamtbetrachtung von Regler und Regelstrecke ungünstig. Um stattdessen eine einheitliche Beschreibung des Systems zu erhalten, kann man die zeitkontinuierliche Regelstrecke in eine zeitdiskrete Ersatzregelstrecke überführen. Dazu wird die zeitkontinuierliche Regelstrecke $G_S(s)$ zusammen mit dem davorgeschalteten Halteglied und dem nachfolgenden Abtaster betrachtet, s. Abb. 1.88.

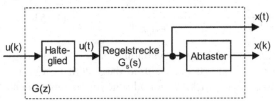

Abb. 1.88. Zeitdiskrete Ersatzregelstrecke *G(z)*

Die Berechnung der Übertragungsfunktion *G(z)* der zeitdiskreten Ersatzregelstrecke aus der zeitkontinuierlichen Regelstrecke mit der Übertragungsfunktion $G_S(s)$ wird in vier Schritten durchgeführt.

1. Schritt   Integration von $G_S(s)$
Dies führt mit Anwendung der Integrationsregel der Laplace-Transformation auf folgende Funktion $G_1(s)$:

$$G_1(s) = \frac{G_S(s)}{s} \qquad (1.155)$$

Da $G_S(s)$ als Übertragungsfunktion die Laplace-Transformierte der Impulsantwort darstellt, erhält man durch die Integration die Sprungantwort im Bildbereich, hier mit $G_1(s)$ bezeichnet. Mit der Sprungantwort anstatt der Impulsantwort zu arbeiten macht deshalb Sinn, da die Antwort des Systems bestehend aus Halteglied und Regelstrecke $G_S(s)$ auf einen Sprung von $u(k)$ dieselbe ist wie die Antwort nur von $G_S(s)$ auf einen Sprung von $u(k)$ – das Halteglied wird transparent und $u(t)$ ist identisch mit $u(kT)$. Bei einem Impuls von $u(k)$ wäre dies nicht der Fall.

2. Schritt   Laplace-Rücktransformation von $G_1(s)$
Damit erhält man die Sprungantwort $g_1(t)$ des Systems im Zeitbereich:

$$g_1(t) = L^{-1}\{G_1(s)\} \qquad (1.156)$$

3. Schritt   Z-Transformation von $g_1(kT)$
In diesem Schritt wird der Abtaster berücksichtigt, indem man $x(t) = g_1(t)$ mit der Periode T abtastet und somit $x(kT) = g_1(kT)$ erhält. Da man jedoch an der Übertragungsfunktion $G(z)$ interessiert ist, transformiert man $g_1(kT)$ mit der Z-Transformation wieder in den Bildbereich:

$$G_1(z) = Z\{g_1(kT)\} \qquad (1.157)$$

4. Schritt   Ermittlung von $G(z)$ aus $G_1(z)$
$G_1(z)$ ist die Z-Transformierte von $x(k)$ bei einem Sprung von $u(k)$ und hängt folgendermaßen mit der Übertragungsfunktion $G(z)$ zusammen:

$$G(z) = \frac{x(z)}{u(z)} = \frac{G_1(z)}{\sigma(z)} \qquad (1.158)$$

Mit der Korrespondenz aus Tabelle 1.9, Zeile 2 ergibt sich

$$G(z) = \frac{z-1}{z} \cdot G_1(z) \qquad (1.159)$$

Damit ist die gesuchte Übertragungsfunktion gefunden und der zeitdiskrete Regelkreis kann gemäß Abb. 1.89 dargestellt werden.

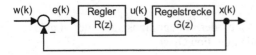

Abb. 1.89. Zeitdiskreter Regelkreis

Beispiel

Gegeben sei die zeitkontinuierliche Regelstrecke

$$G_S(s) = \frac{1}{s(1+s)} \qquad (1.160)$$

Nun werden die oben beschriebenen 4 Schritte angewendet.

1. Schritt   Integration von $G_S(s)$

$$G_1(s) = \frac{G_S(s)}{s} = \frac{1}{s^2(1+s)} \qquad (1.161)$$

2. Schritt   Laplace-Rücktransformation von $G_1(s)$ und
3. Schritt   *Die Z*-Transformation von $g_1(kT)$ ergibt sich aus der Korrespondenz aus Tabelle 1.9, Zeile 14 mit $a=1$ zu

$$G_1(z) = \frac{\left(T-1+e^{-T}\right)\cdot z^2 + \left(1-e^{-T}(1+T)\right)\cdot z}{(z-1)^2 \cdot \left(z-e^{-T}\right)} \qquad (1.162)$$

4. Schritt   Ermittlung von $G(z)$ aus $G_1(z)$

$$
\begin{aligned}
G(z) &= \frac{z-1}{z}\cdot G_1(z) \\[2mm]
&= \frac{\left(T-1+e^{-T}\right)\cdot z+1-e^{-T}(1+T)}{(z-1)\cdot\left(z-e^{-T}\right)}
\end{aligned}
\qquad (1.163)
$$

1.4.6   Der digitale PID-Regler

Die Gleichung eines zeitkontinuierlichen PID-Reglers ist (vgl. Abschn. 1.3.5):

$$u = K_P\left(x_d + \frac{1}{T_N}\int_0^t x_d(\tau)d\tau + T_V\dot{x}_d\right) \qquad (1.164)$$

T_N = Nachstellzeit,
T_V = Vorhaltzeit,
K_P = Übertragungsbeiwert.

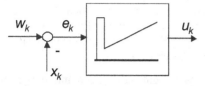

Abb. 1.90. Blockschaltbild des digitalen PID-Reglers mit Soll-Istwert-Vergleich

Die Diskretisierung der einzelnen Anteile in (1.164) erfolgt anhand der Überlegungen in (1.165). Für die Integration stehen dabei mehrere Varianten zur Auswahl. Dazu gehören z.B. die vorauseilende (hier gewählt) und die nacheilende Rechteckregel sowie die Trapezregel.

$$e(t)^{t=k \cdot T} = e(kT) = e_k,$$

$$\int_0^t e(\tau)d\tau \approx T \sum_{v=0}^{k-1} e_v,$$

$$\dot{e}(t) \approx \frac{e_k - e_{k-1}}{T},$$

$$u\ (t)^{t=k \cdot T} = u\ (kT) = u_k,$$

$$k = 0,1,2,\ldots$$

(1.165)

Zusammen genommen bilden der diskretisierte proportionale, der integrierende und der differenzierende Anteil folgende Reglerfunktion:

$$u_k = K_P \left[e_k + \frac{T}{T_N} \sum_{v=0}^{k-1} e_v + \frac{T_V}{T}(e_k - e_{k-1}) \right];$$

$$k = 0,1,2,\ldots$$

(1.166)

Dies ist das diskrete Analogon zum zeitkontinuierlichen PID-Regler. Für eine konkrete Implementierung im Rechner ist ein rekursiver Algorithmus jedoch brauchbarer. Er hat die Form, die in (1.167) dargestellt ist. Das neue u_k im aktuellen Schleifendurchlauf berechnet sich also aus dem u_{k-1} des vorigen Durchlaufs und der Differenz Δu, die hinzuaddiert wird.

$$u_k = u_{k-1} + \Delta u$$

(1.167)

Die Differenz Δu kann man durch einfache Subtraktion aus (1.166) und (1.167) berechnen (s. (1.168)). Wie man sieht, werden für die Berechnung von Δu nicht nur die aktuelle Regelabweichung, sondern auch noch die zwei vorhergehenden benötigt.

$$\Delta u = K_P \left[\left(1 + \frac{T_V}{T}\right) e_k + \left(-1 + \frac{T}{T_N} - 2\frac{T_V}{T}\right) e_{k-1} + \frac{T_V}{T} e_{k-2} \right]$$

(1.168)

Damit erhält man den diskreten PID-Regelalgorithmus, der auf einem Rechner implementiert werden kann. Es ist zu bemerken, dass ein digitaler PID-Regler einen kontinuierlichen annähert, wenn der Abtasttakt T 5 bis 10 mal kleiner ist als die kleinste Zeitkonstante der Regelstrecke (vgl. Abschn 1.4.2).

Für Blockschaltbild-Anwendungen und Stabilitätsuntersuchungen interessiert uns die Z-Transformierte und damit die **Übertragungsfunktion des zeitdiskreten PID-Reglers**. Dazu sollen im Folgenden zunächst die Übertragungsfunktionen der einzelnen Anteile ermittelt werden.

Die Übertragungsfunktion des **P-Anteils** ist

$$R_P(z) = K_P \qquad (1.169)$$

Für den **I-Anteil** mit der vorauseilenden Rechteckintegration gilt die Differenzengleichung (vgl. (1.166))

$$u_k = K_P \frac{T}{T_N} \sum_{v=0}^{k-1} e_v$$

oder rekursiv : $\qquad\qquad\qquad\qquad\qquad\qquad$ (1.170)

$$u_k = u_{k-1} + K_P \frac{T}{T_N} e_{k-1}$$

Damit ergibt sich nach Z-Transformation beider Seiten unter Verwendung von Eigenschaft 4 aus Tabelle 1.8

$$U(z) = z^{-1}U(z) + K_P \frac{T}{T_N} z^{-1} X(z) \qquad (1.171)$$

Nach einigen elementaren Umformungen erhält man damit

$$U(z) = K_P \frac{T}{T_N} \frac{1}{z-1} X(z) \qquad (1.172)$$

und somit für die Übertragungsfunktion

$$R_I(z) = K_P \frac{T}{T_N} \frac{1}{z-1} \qquad (1.173)$$

Die Differenzengleichung des **D-Anteiles** ergibt sich ebenfalls aus (1.166):

$$u_k = K_P \frac{T_V}{T} \left(e_k - e_{k-1} \right) \qquad (1.174)$$

Nach Z-Transformation und Umformungen analog zum I-Anteil erhält man

$$R_D(z) = K_P \frac{T_V}{T} \frac{z-1}{z} \qquad (1.175)$$

Um die Übertragungsfunktion des gesamten PID-Reglers zu ermitteln addiert man die Terme:

$$R_{PID}(z) = R_P(z) + R_I(z) + R_D(z)$$

$$= K_P \frac{\left(1 + \frac{T_V}{T}\right)z^2 + \left(\frac{T}{T_N} - 2\frac{T_V}{T} - 1\right)z + \frac{T_V}{T}}{z^2 - z} \qquad (1.176)$$

1.4.7   Pole und Nullstellen der Übertragungsfunktion, Stabilität

Übertragungsfunktionen können auch als Quotienten von Produkten ihrer Nullstellen und ihrer Pole beschrieben werden:

$$G(z) = \frac{Y(z)}{U(z)} = \frac{b_0 z^m + b_1 z^{m-1} + \ldots + b_{m-1}z + b_m}{z^n + a_1 z^{n-1} + \ldots + a_{n-1}z + a_n} = b_0 \frac{\prod\limits_{i=1}^{m}(z - z_i)}{\prod\limits_{j=1}^{n}(z - p_j)} \qquad (1.177)$$

Die Stabilitätsbedingung des entsprechenden zeitdiskreten Systems kann direkt aus der Definition der komplexen Variablen z hergeleitet werden [Schulz 2004]:

$$z = e^{sT} = e^{(\sigma + i\omega)T} = e^{\sigma T} \cdot e^{i\omega T}$$

$$|z| = |e^{\sigma T}| \cdot |e^{i\omega T}| = |e^{\sigma T}| \cdot 1$$

$$\qquad (1.178)$$

$$\text{Dann gilt}$$

$$|z| < 1 \qquad \text{wenn} \quad \sigma < 0$$

Ein zeitdiskretes System ist dann asymptotisch stabil, wenn die Beträge aller seiner Pole kleiner als 1 sind, d.h. in (1.177) muss gelten:

$$|p_j| = \sqrt{\sigma_j^2 + \omega_j^2} < 1, \qquad j = 1, 2, \ldots, n \qquad (1.179)$$

Während also bei einer zeitkontinuierlichen Übertragungsfunktion $G(s)$ der Stabilitätsbereich der Pole die linke Halbebene der komplexen s-Ebene ist, so ist im zeitdiskreten Fall der entsprechende Stabilitätsbereich in der komplexen z-Ebene das Innere des Einheitskreises.

1.4.8   Stabilität mit dem Schur-Cohn-Kriterium

Mithilfe des modifizierten Schur-Cohn-Kriteriums nach Zypkin und Jury [Föllinger 1998] lässt sich rechnerisch ermitteln, ob die Pole der Übertragungsfunktion

$$G(z) = \frac{Z_0(z)}{P_0(z)} \qquad (1.180)$$

im Einheitskreis liegen oder nicht. Voraussetzung für die Gültigkeit des Kriteriums ist, dass $Z_0(z)$ und $P_0(z)$ keine gemeinsamen Nullstellen besitzen.

Zunächst muss ein „inverses Polynom" eingeführt werden. Ist das Nennerpolynom von der Form

$$P_0(z) = a_0 z^n + a_1 z^{n-1} + \dots + a_{n-1} z + a_n \qquad (1.181)$$

so wird das inverse Polynom definiert zu

$$P_0^{-1}(z) = z^n P_0(z^{-1}) = a_0 + a_1 z + \dots + a_{n-1} z^{n-1} + a_n z^n \qquad (1.182)$$

Wie man leicht sieht, ist

$$\left(P_0^{-1}(z)\right)^{-1} = P_0(z) \qquad (1.183)$$

Ein weiterer Begriff, der für das Kriterium benötigt wird, ist der des „**Restpolynoms**". Man erhält ein Restpolynom $P_i^{-1}(z)$ aus der Polynomdivision von $P_{i-1}^{-1}(z)$ durch $P_{i-1}(z)$:

$$\frac{P_0^{-1}(z)}{P_0(z)} = \alpha_0 + \frac{P_1^{-1}(z)}{P_0(z)} \qquad (1.184)$$

$P_1^{-1}(z)$ ist hier das Restpolynom. Aus der Division ergibt sich, dass seine Ordnung um 1 geringer ist als die des Polynoms $P_0^{-1}(z)$, also $(n-1)$.

Diese Polynomdivision wird nun mit $P_1^{-1}(z)$ fortgesetzt, und man erhält entsprechend weitere Restpolynome:

$$\frac{P_1^{-1}(z)}{P_1(z)} = \alpha_1 + \frac{P_2^{-1}(z)}{P_1(z)}$$

$$\frac{P_2^{-1}(z)}{P_2(z)} = \alpha_2 + \frac{P_3^{-1}(z)}{P_2(z)} \qquad (1.185)$$

$$\vdots$$

$$\frac{P_i^{-1}(z)}{P_i(z)} = \alpha_i + \frac{P_{i+1}^{-1}(z)}{P_i(z)}$$

Notwendige und hinreichende Bedingung für Stabilität des Systems $G(z)$ (d.h. alle Pole liegen im Einheitskreis) ist nun, dass das Nennerpolynom $P_0(z)$ die nachfolgenden Bedingungen 1 und 2 erfüllt und die Koeffizienten α_i die Bedingung 3:

1. $P_0(1) > 0$
2. $P_0(-1) < 0$ für n ungerade
   $P_0(-1) > 0$ für n gerade
3. $|\alpha_i| < 1$ für $i = 0, 1, 2, \dots, n-2$.

Aus der 3. Bedingung ergibt sich demnach, wie oft die Polynomdivision der Gleichungen (1.184) und (1.185) durchgeführt werden muss, nämlich (n-1)-mal.

1.4.9   Digitale Filter

In digitalen Regelsystemen werden oft Filter eingesetzt [Braun 1997]. Der Grund liegt darin, dass Messwerte eines Meßsystems (Istwerte) in der Regel mit Störungen behaftet sind. Solche Störungen können zum Beispiel durch elektrische Maschinen oder wechselstromführende Leitungen verursacht werden. Weiter können Sollwerte hochfrequente Spektralanteile beinhalten. Solche Signale können das Regelsystem zu Schwingungen anregen. Daher werden Sollwerte (Führungsgrößen) und Istwerte gefiltert, z.B. geglättet, um diese Störungen zu beseitigen.

Filter beseitigen selektiv unterschiedliche Frequenzen je nach Filtertyp. Gebräuchliche Filter sind Tiefpassfilter, Bandpassfilter, Hochpassfilter und Bandsperrfilter. In Abb. 1.91 werden typische Frequenzspektren dieser Filter schematisch dargestellt.

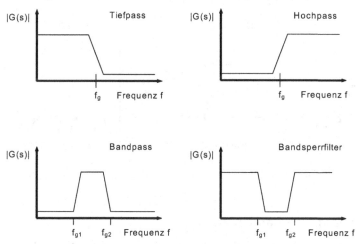

Abb. 1.91. Übersicht Filtertypen

1.4.9.1   Tiefpassfilter

Wie schon aus dem Namen hervorgeht, lässt ein Tiefpassfilter tiefe Frequenzen passieren und filtert hohe Frequenzen aus oder schwächt sie ab. Abb. 1.92 stellt die Wirkung eines Tiefpassfilters auf ein Signal im Zeitbereich dar und gibt einen Analogschaltkreis an, mit dem ein einfacher Tiefpass realisiert werden kann.

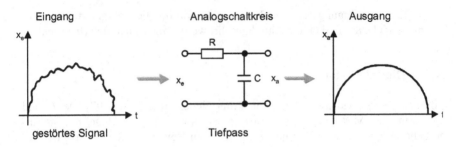

Abb. 1.92. Tiefpassfilter

1.4.9.2 Hochpassfilter

In umgekehrter Weise zum Tiefpassfilter lässt ein Hochpassfilter hohe Frequenzen passieren und filtert tiefe Frequenzen aus oder schwächt sie ab. Abb. 1.93 zeigt die Wirkungsweise am Beispiel eines einfachen Hochpasses.

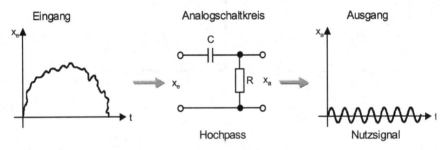

Abb. 1.93. Hochpassfilter

1.4.9.3 Bandpass- und Bandsperrfilter

Ganz analog zu den oben beschriebenen Filtern lässt ein **Bandpassfilter** mittlere Frequenzen passieren und filtert tiefe und hohe Frequenzen aus oder schwächt sie ab.

Ein **Bandsperrfilter** sperrt oder schwächt mittlere Frequenzen und lässt tiefe und hohe Frequenzen passieren.

1.4.9.4 Digitales Tiefpassfilter

Numerische Filter lassen sich aus einer Differenzialgleichung, die das Filter dynamisch beschreibt, herleiten. Dazu wird zunächst die Differenzialgleichung in eine Differenzengleichung umgewandelt. Durch entsprechende Umformung erhält man dann einen rekursiven Filteralgorithmus.

Für das Tiefpassfilter lautet die Differenzialgleichung (vgl. Analogschaltkreis in Abb. 1.92)

$$RC \cdot \dot{x}_a + x_a = x_e, \qquad \frac{dx_a}{dt} = \dot{x}_a$$

$$T \cdot \dot{x}_a + x_a = x_e, \qquad (mit \ T = RC) \tag{1.186}$$

$$T \cdot \frac{\Delta x_a}{\Delta t} + x_a = x_e$$

Mit

$$\Delta x_a = x_{a,k} - x_{a,k-1},$$
$$k = 0,1,2,.. \tag{1.187}$$

eingesetzt in Gleichung (1.186) ergibt sich

$$T \cdot \frac{x_{a,k} - x_{a,k-1}}{T_a} + x_{a,k} = x_{e,k} \tag{1.188}$$

$$mit \quad T_a = Abtastperiode$$

Mit den weiteren Umformungen

$$A = \frac{T}{T_a},$$
$$A x_{a,k} - A x_{a,k-1} + x_{a,k} - x_{a,k-1} + x_{a,k-1} = x_{e,k}, \tag{1.189}$$
$$(1 + A)x_{a,k} = (1 + A)x_{a,k-1} + x_{e,k} - x_{a,k-1}$$

erhält man den gewünschten Filteralgorithmus:

$$x_{a,k} = x_{a,k-1} + \frac{x_{e,k} - x_{a,k-1}}{1 + A} \tag{1.190}$$

1.4.9.5   Digitales Hochpassfilter

Aus dem Analogschaltkreis von Abb. 1.93 kann man die Differenzialgleichung für das Hochpassfilter wie folgt entnehmen:

$$T \cdot \dot{x}_a + x_a = \dot{x}_e \tag{1.191}$$

Mit Umformungen analog zu den Gleichungen (1.187) bis (1.189) ergibt sich der Filteralgorithmus zu

$$x_{a,k} = \frac{T}{T + T_a} x_{a,k-1} + \frac{1}{T + T_a}(x_{e,k} - x_{e,k-1}) \tag{1.192}$$

1.4.9.6   *Digitales Bandpassfilter*

Für das Bandpassfilter, das man sich als Kombination aus Hoch- und Tiefpassfilter vorstellen kann, benötigt man eine Differenzialgleichung zweiter Ordnung:

$$x_a + T_1 \cdot \dot{x}_a + T_2^2 \cdot \ddot{x}_a = x_e \qquad (1.193)$$

Über den schon bekannten Weg der Umwandlung der Differenzialgleichung in eine Differenzengleichung, hier mit der Neuerung einer zweiten Ableitung

$$x_a + T_1 \cdot \frac{\Delta x_a}{\Delta t} + T_2^2 \cdot \frac{\Delta(\frac{\Delta x_a}{\Delta t})}{\Delta t} = x_e,$$

$$x_{a,k} + T_1 \cdot \frac{x_{a,k} - x_{a,k-1}}{T_a} + T_2^2 \cdot \frac{\Delta(\frac{x_{a,k} - x_{a,k-1}}{T_a})}{\Delta t} = x_{e,k},$$

$$x_{a,k} + T_1 \cdot \frac{x_{a,k} - x_{a,k-1}}{T_a} + T_2^2 \cdot \frac{(\frac{x_{a,k} - x_{a,k-1}}{T_a}) - (\frac{x_{a,k-1} - x_{a,k-2}}{T_a})}{T_a} = x_{e,k}, \qquad (1.194)$$

$$x_{a,k} + T_1 \cdot \frac{x_{a,k} - x_{a,k-1}}{T_a} + T_2^2 \cdot \frac{x_{a,k} - 2x_{a,k-1} + x_{a,k-2}}{T_a^2} = x_{e,k}$$

ergibt sich der rekursive Filteralgorithmus zu:

$$x_{a,k} = \frac{1}{(1 + \frac{T_1}{T_a} + \frac{T_2^2}{T_a^2})} \cdot (x_{e,k} + T_1 \cdot \frac{x_{a,k-1}}{T_a} + T_2^2 \cdot \frac{2x_{a,k-1} - x_{a,k-2}}{T_a^2}) \qquad (1.195)$$

$$x_{a,k} = K_0 \cdot \left(x_{e,k} + K_1 \cdot x_{a,k-1} + K_2 \cdot x_{a,k-2} \right)$$

mit

$$K_0 = \frac{1}{(1 + \frac{T_1}{T_a} + \frac{T_2^2}{T_a^2})}, \quad K_1 = \frac{T_1}{T_a} + \frac{2T_2^2}{T_a^2}, \quad K_2 = -\frac{T_2^2}{T_a^2} \qquad (1.196)$$

1.5   Methoden für Modellierung und Entwurf von Regelungen mit Matlab

In diesem Kapitel soll die praktische Anwendung der in den Abschnitten 1.3 und 1.4 vorgestellten Theorie zur Analyse und zum Reglerentwurf kurz behandelt werden. Für eine ausführliche Darstellung dieses Themas wird auf die zahlreich vorhandene weiterführende Literatur verwiesen, z.b. [Lunze 2004, Lutz und Wendt 2003, Reuter und Zacher 2002, Bode 1998, Messner und Tilbury 1999, Haugen 2003, Tewari 2002, Jamshidi 2001].

Die zeitgemäße Modellierung von Systemen und der Reglerentwurf erfolgt mit geeigneten Software-Werkzeugen. Das bei weitem gängigste im Unterbereich der numerischen Mathematik ist zweifellos **Matlab** [Mathworks 2005]. Matlab besitzt zahlreiche Funktionen zur Matrixmanipulation, zur numerischen Lösung von Differenzialgleichungen und zur Signalverarbeitung, um nur einige zu nennen. Zusätzlich gibt es aber auch eine **Toolbox „Control Systems"**, die Funktionen speziell für den Bereich der Regelungstechnik bereitstellt. Die allerwichtigsten davon sollen in diesem Kapitel vorgestellt werden. Schließlich kann man Matlab auch noch um die graphische Benutzeroberfläche **Simulink** erweitern, das die Zusammenstellung von Systemen auf Blockschaltbild-Ebene und deren Simulation auf Knopfdruck erlaubt. Da die Benutzung von Simulink recht intuitiv und die mitgelieferte Einführung ausführlich ist, soll hierauf nur am Schluss kurz eingegangen werden.

1.5.1   Systemanalyse und Reglerentwurf im zeitkontinuierlichen Fall

Es sollen nun einige Funktionen der Matlab Toolbox „Control Systems" zur Systemanalyse und zum Reglerentwurf vorgestellt und diese auf das Beispiel des Gleichstrommotors angewendet werden. Dazu werden Schritt für Schritt die benutzten Matlab-Befehle sowie die erhaltenen Ausgaben gezeigt. Zeilen, die mit einem „>>" beginnen, sind Eingabezeilen, die anderen entsprechend Ausgabezeilen. Eingaben, die mit einem „%" beginnen, sind Kommentare. Endet eine Eingabe mit einem Semikolon, so wird die zugehörige Ausgabe unterdrückt.

Zunächst muss man sinnvolle numerische Werte für die Koeffizienten festlegen, da Matlab nicht symbolisch rechnen kann:

```
>> LA = 10^-4;    % H wie Henry
>> RA = 1;        % Ohm
>> kM = 0.4;      % V*s
>> JM = 2e-2;     % N*m*s^2
>> kR = 0.001;    % N*m*s
>> kT = 0.4;      % N*m/A
```

Nun wollen wir die Übertragungsfunktion $G_S(s)$ unserer Regelstrecke definieren; die Gleichung der Übertragungsfunktion ist aus (1.36) bekannt. Wir benötigen Vektoren für den Zähler (zaehler) und Nenner (nenner), deren Werte die Koeffizienten des jeweiligen Polynoms darstellen, sortiert nach absteigenden Potenzen.

```
>> zaehler = kT;
>> nenner = [(LA*JM) ((kR*LA) + (RA*JM)) (RA*kR +
kT*kM)];
```

Die Übertragungsfunktion erhält man mit dem Befehl tf mit den Argumenten Zähler- und Nennervektor:

```
>> GS = tf(zaehler, nenner)
Transfer function:
                 0.4
-------------------------------
2e-006 s^2 + 0.02 s + 0.161
```

Nun können wir uns z.B. die Sprungantwort der Regelstrecke anschauen. Dazu gibt es den Befehl step. Das Ergebnis ist in Abb. 1.94 dargestellt.

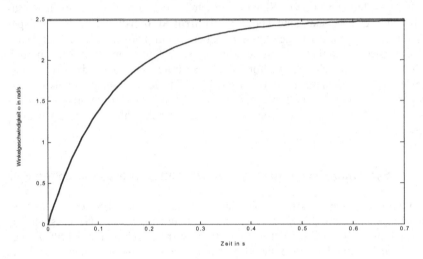

Abb. 1.94. Sprungantwort des Motors

```
>> % Sprungantwort plotten
>> figure(1)
>> step(GS)
>> title('Sprungantwort des Motors     omega(t) in
rad/s');
```

Wie schon aus der Übertragungsfunktion ersichtlich, verhält sich das System näherungsweise wie ein PT$_1$-Glied. Es erreicht den Endwert ohne Überschwingen oder Oszillieren.

Nun wollen wir es mit einem einfachen P-Regler kombinieren und die Regelschleife schließen. Zunächst definieren wir den Regler:

```
>> % Gleichstrommotor in einem Regelkreis mit kp als
P-Regler
>> % Regler
>> KP = 10;
>> RS = tf(KP, 1)

Transfer function:
10
```

Dann schalten wir Regler und Regelstrecke in Reihe. Dazu gibt es den Befehl series:

```
>> % Reihenschaltung von Regler und Strecke
>> GES = series(RS, GS)
```

```
Transfer function:
                4
    ---------------------------
    2e-006 s^2 + 0.02 s + 0.161
```

Nun schließen wir die Regelschleife mit dem Befehl `feedback`. Als Argumente benötigen wir die Übertragungsfunktion des Vorwärtszweiges (GES) und die des Rückwärtszweiges (einfacher Pfad, also „1"). Als drittes Argument kann noch das Vorzeichen des Rückwärtszweiges angegeben werden, „1" für ein positives und „-1" für ein negatives Vorzeichen. Letzteres ist der Standardfall, in welchem man daher das Argument weglassen kann.

```
>> % Führungsübertragungsfunktion
>> GW = feedback(GES,1)
```

```
Transfer function:
                4
    ---------------------------
    2e-006 s^2 + 0.02 s + 4.161
```

Nun haben wir die Führungsübertragungsfunktion ermittelt und können uns ihre Eigenschaften näher ansehen. Neben Einzelfunktionen wie `step` gibt es auch ein interaktives graphisches Werkzeug zur Analyse von linearen zeitinvarianten Systemen, das man mit

```
>> ltiview(GW)
```

aufruft. Die zur Verfügung stehenden Analyseverfahren sind u.a. die Sprungantwort, die Impulsantwort, Bode-Diagramme (Betrag und Phase), die mit der Frequenz bezifferte Ortskurve und ein Diagramm mit den Polen und Nullstellen. Dabei kann man Punkte im Schaubild anklicken, und der konkrete Wert wird angezeigt. Im jeweiligen Schaubild können per Kontextmenü die interessierenden Charakteristika (wie Überschwingweite oder Überqueren der Stabilitätsgrenze) ausgewählt und angezeigt werden. Damit wir einen Vergleich zur Regelstrecke haben, ist in Abb. 1.95 wieder die Sprungantwort abgebildet, dieses Mal aber die des gesamten Regelkreises.

Wir lassen uns die Charakteristika Anstiegszeit (mit den Parametern 10% und 90% des Endwertes), Ausregelzeit (mit dem Parameter 5% Abweichung vom Endwert) und Endwert anzeigen und erkennen, dass wir eine bleibende Regelabweichung von 4% bekommen haben.

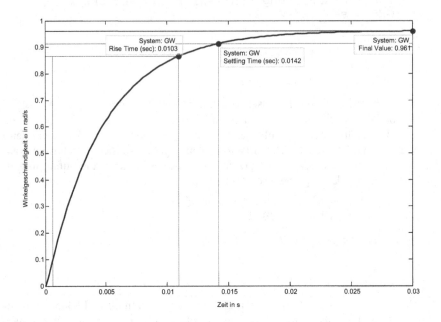

Abb. 1.95. Sprungantwort des Regelungssystems mit P-Regler, $K_P=10$

Aus den vorangegangenen Kapiteln wissen wir, dass wir eine bleibende Regelabweichung mit einem Integral-Regelglied eliminieren können. Also erweitern wir unseren P-Regler zu einem PI-Regler:

```
>> % Gleichstrommotor in einem Regelkreis mit PI-
Regler

>> % Regler
>> KP = 10;
>> TN = 10;
>> zaehler_pi = [(KP*TN) KP];
>> nenner_pi = [TN 0];
>> RS_PI = tf(zaehler_pi, nenner_pi)

Transfer function:
100 s + 10
----------
    10 s
```

Da wir die Gleichungen der P-, I- und D-Regler sowie ihrer Kombinationen schon kannten, konnten wir die Koeffizienten der Übertragungsfunktion gleich hinschreiben. Es wäre aber auch möglich gewesen, die Übertragungsfunktion des I-Reglers für sich zu definieren und dann die des gesamten PI-Reglers mit Hilfe der Funktion `parallel` (analog zu `series`) zu bilden. Die Führungsübertragungsfunktion erhalten wir wie gehabt:

```
>> % Reihenschaltung von Regler und Strecke
>> GES_PI = series(RS_PI, GS);
>> % Führungsübertragungsfunktion
>> GW_PI = feedback(GES_PI,1)

Transfer function:
            40 s + 4
-----------------------------------
2e-005 s^3 + 0.2 s^2 + 41.61 s + 4
```

Die Sprungantwort, siehe Abb. 1.96, ist nicht zufriedenstellend, da der Endwert erst nach einer viel zu langen Zeit erreicht wird. Offensichtlich war der Integral-Regelparameter T_N=10 zu groß gewählt.

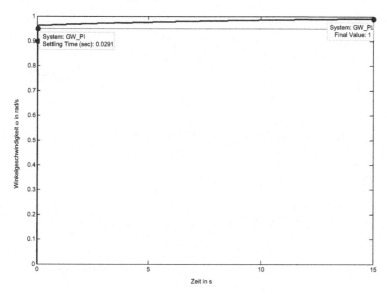

Abb. 1.96. Sprungantwort des Regelungssystems mit PI-Regler, $K_P = 10$, $T_N = 10$

Also starten wir einen neuen Versuch mit T_N=0,1:

```
>> % Regler
>> KP = 10;
>> TN = 0.1;
>> zaehler_pi = [(KP*TN) KP];
>> nenner_pi = [TN 0];
>> RS_PI = tf(zaehler_pi, nenner_pi)

Transfer function:
s + 10
------
0.1 s
```

```
>> % Reihenschaltung von Regler und Strecke
>> GES_PI = series(RS_PI, GS);
>> % Führungsübertragungsfunktion
>> GW_PI = feedback(GES_PI,1)

Transfer function:
              0.4 s + 4
-------------------------------------
2e-007 s^3 + 0.002 s^2 + 0.4161 s + 4
```

Das Ergebnis ist in Abb. 1.97 dargestellt. Nun verläuft die Reaktion des Systems sehr viel zügiger, erreicht den vorgegebenen Endwert „1" und schwingt – wie bisher auch schon – nicht über und oszilliert nicht.

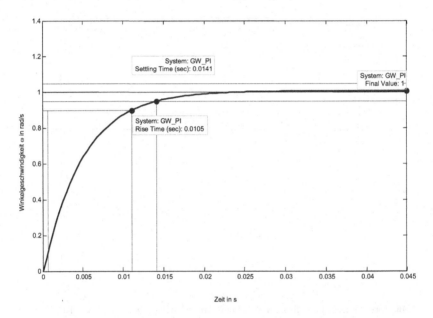

Abb. 1.97. Sprungantwort des Regelungssystems mit PI-Regler, $K_P = 10$, $T_N = 0,1$

Damit könnten wir eigentlich zufrieden sein. Zu Demonstrationszwecken soll aber doch noch eine Version des Regelungssystems mit PID-Regler vorgestellt werden. Regler- und Regelkreisdefinition seien wieder gleich en bloc angegeben:

```
>> % Gleichstrommotor in einem Regelkreis mit PID-
Regler

>> % Regler
>> KP = 10;
>> TN = 0.1;
>> TV = 1;
>> zaehler_pid = [(KP*TN*TV) (KP*TN) KP];
>> nenner_pid = [TN 0];
>> RS_PID = tf(zaehler_pid, nenner_pid)

Transfer function:
s^2 + s + 10
------------
   0.1 s

>> % Reihenschaltung von Regler und Strecke
>> GES_PID = series(RS_PID, GS);
>> % Führungsübertragungsfunktion
>> GW_PID = feedback(GES_PID,1)

Transfer function:
     0.4 s^2 + 0.4 s + 4
-------------------------------------
2e-007 s^3 + 0.402 s^2 + 0.4161 s + 4
```

Durch den zusätzlichen D-Anteil des Reglers lässt sich das Antwortverhalten nochmals erheblich beschleunigen (Abb. 1.98), sodass Matlab schon durchaus an seine Grenzen kommt bedingt durch die endliche Wortlänge des Digitalrechners. Daher hilft in diesem Fall, den abzubildenden Bereich durch Angabe eines Vektors (hier „t") genau zu definieren:

```
>> % Sprungantwort plotten
>> figure(5)
>> t = 0 : 0.0000001 : 0.0001;
>> step(GW_PID, t)
>> title('Sprungantwort des Regelungssystems mit PID-
Regler    omega(t) in rad/s');
```

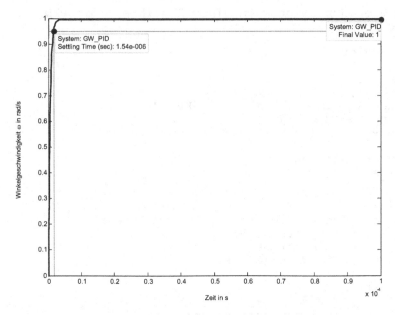

Abb. 1.98. Sprungantwort des Regelungssystems mit PID-Regler, $K_P = 10$, $T_N = 0{,}1$, $T_V = 1$

Nun wollen wir noch ein paar andere Funktionen ausprobieren und uns z.B. ein Bode-Diagramm des gesamten Systems anzeigen lassen:

```
>> % Bode-Diagramm
>> figure(6)
>> bode(GW_PID)
```

Abb. 1.99 gibt das Ergebnis wieder. Wir sehen, dass der Betrag über weite Frequenzbereiche stabil bei 1 bleibt, genauso wie die Phase bei 0° verharrt.

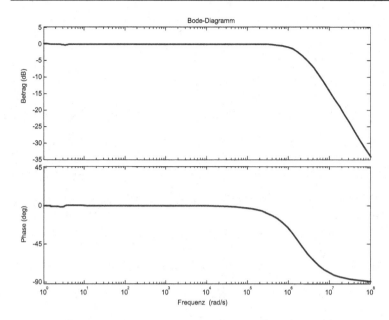

Abb. 1.99. Bode-Diagramm des Regelungssystems mit PID-Regler

Ein weiterer nützlicher Befehl ist `rlocus`, der uns die Wurzelortskurve nach Evans anzeigt. Als Argument wird die Übertragungsfunktion der Regelstrecke angegeben, die dann automatisch in einen Regelkreis mit einem Proportionalglied K als Verstärkungsfaktor im Rückwärtskreis eingebunden wird. Das Schaubild ist dann die mit K bezifferte Ortskurve der Pole des Gesamtsystems. Bei K=0 entsprechen diese Pole den Polen der Regelstrecke selbst, wie man mit `pole` leicht nachprüfen kann. Die Befehlsfolge mit Ausgabe ist:

```
>> % Wurzelortskurve
>> figure(7)
>> rlocus(GS)
>> pole(GS)

ans =
            -9991.99354964302
            -8.05645035698367
```

Das zugehörige Schaubild zeigt Abb. 1.100. Wir sehen die beiden Pole, die sich bei K=0 beide auf der negativen reellen Achse befinden, mit steigendem K sich aufeinander zu bewegen und dann ein konjugiert-komplexes Polpaar bilden. Der besseren Lesbarkeit wegen ist die Kurve des bei -9991 startenden Pols strichpunktiert dargestellt. Ein beliebiger Wert wurde herausgegriffen und dessen Daten angezeigt.

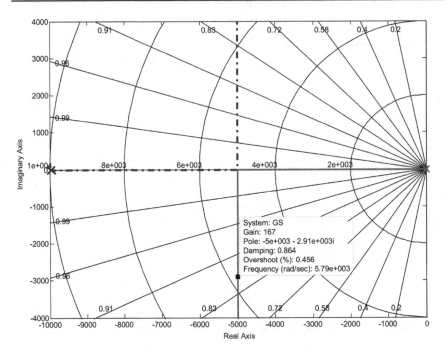

Abb. 1.100. Wurzelortskurve für die Regelstrecke

1.5.2 Systemanalyse und Reglerentwurf im zeitdiskreten Fall

In diesem Abschnitt wollen wir unseren Gleichstrommotor mit einem diskreten Regler als digitales Regelungssystem untersuchen. Um das Gesamtsystem im zeitdiskreten Bereich beschreiben zu können, benötigen wir als erstes die zeitdiskrete Ersatzregelstrecke (vgl. Abschn. 1.4.5) des Gleichstrommotors. Anstatt die im Abschn. 1.4.5 beschriebenen vier Schritte einzeln durchzuführen, verwenden wir den Matlab-Befehl c2d, um die Umwandlung von zeitkontinuierlich in zeitdiskret in einem Schritt zu erledigen. Die benötigten Argumente sind die zeitkontinuierliche Übertragungsfunktion, die Abtastperiode (wir wählen hier T_S=1ms) sowie die Art der Transformation. Für letzteres gibt es 6 verschiedene Möglichkeiten; wir benutzen hier mit 'zoh' das Halteglied nullter Ordnung, das wir auch in Abschn. 1.4 für unsere zeitdiskreten Regelungen verwendet haben. Wenn wir stattdessen z.B. 'tustin' wählten, würde Matlab die Umwandlung mittels der bilinearen Transformation durchführen.

Im Folgenden der Matlab-Code:

```
>> % Konversion in zeitdiskrete Ersatzregelstrecke
>> % Abtastrate
>> Ts = 0.001;
>> % Wir benutzen 'zoh' für zero-order hold
>> GZ = c2d(GS, Ts, 'zoh')

Transfer function:
  0.01795 z + 0.001988
  -----------------------
  z^2 - 0.992 z + 4.54e-005

Sampling time: 0.001
```

Bei zeitdiskreten Übertragungsfunktionen gibt Matlab immer auch die zugehörige Abtastperiode an, die bei der Definition verwendet wurde. Sie muss auch angegeben werden, wenn man die Übertragungsfunktion direkt mittels der Vektoren für die Polynom-Koeffizienten definiert, wie wir dies bei der Definition der Regler-Übertragungsfunktion gleich machen werden. Zuvor schauen wir uns die Sprungantwort der eben ermittelten zeitdiskreten Ersatzregelstrecke in Abb. 1.101 an. Wir erwarten aufgrund der zeitdiskreten Natur einen treppenförmigen Anstieg der Sprungantwort. Da der Anstieg insgesamt jedoch langsam genug verläuft, fällt die Zeitdiskretisierung nicht besonders stark ins Gewicht und ist im Schaubild kaum erkennbar.

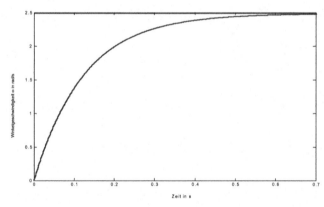

Abb. 1.101. Sprungantwort der diskreten Ersatzregelstrecke, Abtastzeit $T_S = 1$ ms

Als nächstes definieren wir einen einfachen P-Regler, dessen zeitdiskrete Natur durch die Angabe der Abtastperiode definiert wird; ansonsten bleibt alles wie im zeitkontinuierlichen Fall.

```
>> % Diskreter Regelkreis mit P-Regler
>> % Regler
>> KP = 10;
>> RZ = tf(KP, 1, Ts)

Transfer function:
10
```

Anschließend werden Regler und Strecke in Reihe geschaltet und die Führungsübertragungsfunktion des geschlossenen Regelkreises berechnet:

```
>> % Reihenschaltung von Regler und Strecke
>> GESZ = series(RZ, GZ);
>> % Führungsübertragungsfunktion
>> GWZ = feedback(GESZ,1)

Transfer function:
  0.1795 z + 0.01988
  ------------------------
z^2 - 0.8126 z + 0.01992

Sampling time: 0.001
```

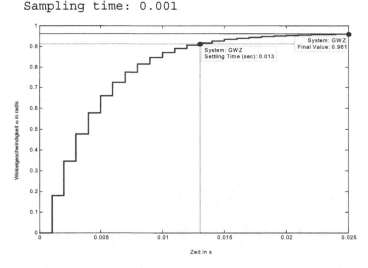

Abb. 1.102. Sprungantwort des digitalen Regelkreises mit P-Regler, $K_P = 10$

Die Sprungantwort ist in Abb. 1.102 dargestellt und zeigt einen deutlich treppenförmigen Verlauf. Ein Blick auf die Zeitachse macht klar, dass der Anstieg 30 mal schneller erfolgt als im vorigen Bild und damit der Größenordnung der Abtastperiode wesentlich näher kommt.

Jetzt haben wir das zeitdiskrete Äquivalent zum zeitkontinuierlichen Fall in Abb. 1.95. Um beide Bilder besser vergleichen zu können, stellen wir sie mit dem Befehl ltiview(GW, GWZ) zusammen in einem Schaubild dar, gezeigt in Abb. 1.103.

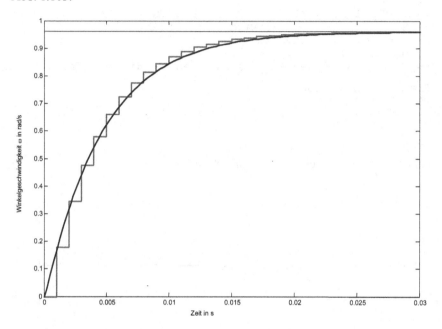

Abb. 1.103. Sprungantworten des kontinuierlichen und des diskreten Regelkreises mit P-Regler im Vergleich, $K_P = 10$

Es wird deutlich, dass die Dynamik beider Varianten praktisch identisch und die Regelgüte des zeitdiskreten Systems mit dem zeitkontinuierlichen vergleichbar ist. Die bleibende Regelabweichung ist bei beiden Fällen vorhanden.

Im Weiteren bauen wir den Regler analog zum vorigen Kapitel zu einem PI-Regler aus, indem wir einen Integralteil hinzufügen. Wie schon beim Parameter K_P belegen wir den Parameter T_N mit dem gleichen Wert wie im zeitkontinuierlichen Fall.

```
>> % Diskreter Regelkreis mit PI-Regler

>> % Regler
>> KP = 10;
>> TN = 0.1;
>> % RZ_PI(z) = KP * ( 1    +    Ts/TN * 1/(z-1) )
>> %                    P-Anteil      I-Anteil
>> zaehler_dis_pi = [KP (KP*((Ts/TN)-1))];
>> nenner_dis_pi = [1 -1];
>> RZ_PI = tf(zaehler_dis_pi, nenner_dis_pi, Ts)

Transfer function:
10 z - 9.9
----------
  z - 1
Sampling time: 0.001
```

Für den gesamten Regelkreis ergibt sich dann:

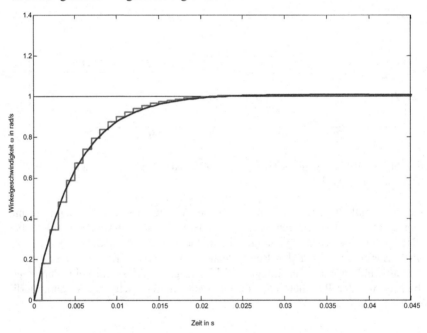

Abb. 1.104. Sprungantworten des kontinuierlichen und des diskreten Regelkreises mit PI-Regler im Vergleich, $K_P = 10$, $T_N = 0,1$

```
>> % Reihenschaltung von Regler und Strecke
>> GESZ_PI = series(RZ_PI, GZ);
>> % Führungsübertragungsfunktion
>> GWZ_PI = feedback(GESZ_PI,1)

Transfer function:
  0.1795 z^2 - 0.1578 z - 0.01968
  ---------------------------------------
z^3 - 1.813 z^2 + 0.8343 z - 0.01972
Sampling time: 0.001
```

Wie gehabt plotten wir die Sprungantwort, wieder im Vergleich zur zeitkontinuierlichen Version (Abb. 1.104). Auch hier gleichen sich die Kurven erstaunlich,
und der gewünschte Sollwert „1" wird erreicht.

Der Vollständigkeit halber erweitern wir unseren PI-Regler zu einem PID-
Regler:

```
>> % Diskreter Regelkreis mit PID-Regler

>> % Regler
>> KP = 10;
>> TN = 0.1;
>> TV = 0.001;
>> % RZ_PID(z) = KP * ( 1 + Ts/TN * 1/(z-1) + TV/Ts * (z-1)/z )
>> %                 P-Anteil    I-Anteil        D-Anteil
>> %
>> %          (1+TV/Ts)*z^2 + ((Ts/TN)- (2*TV/Ts)-1)*z + (TV/Ts)
>> %  = KP * -------------------------------------------------
>> %                        z^2 - z
>> %
>> zaehler_dis_pid = [(KP*(1+TV/Ts)) (KP*((Ts/TN)-(2*TV/Ts)-1))
(KP*TV/Ts)];
>> nenner_dis_pid = [1 -1 0];
>> RZ_PID = tf(zaehler_dis_pid, nenner_dis_pid, Ts)

Transfer function:
20 z^2 - 29.9 z + 10
--------------------
      z^2 - z

Sampling time: 0.001
```

Der aufmerksame Leser wird bemerkt haben, dass für den Parameter T_N nicht
mehr denselben Wert wie im zeitkontinuierlichen Fall besitzt. Der Grund liegt darin, dass hier nur für sehr kleine Werte von T_N noch sinnvolle Ergebnisse zu erhalten sind. Größere Werte erzeugen heftige Schwingungen um den Endwert und
sind unbrauchbar. Die Übertragungsfunktion des gesamten Regelkreises sieht nun
folgendermaßen aus:

```
>> % Reihenschaltung von Regler und Strecke
>> GESZ_PID = series(RZ_PID, GZ);
>> % Führungsübertragungsfunktion
>> GWZ_PID = feedback(GESZ_PID,1)

Transfer function:
  0.3589 z^3 - 0.4969 z^2 + 0.12 z + 0.01988
  -------------------------------------------------
  z^4 - 1.633 z^3 + 0.4952 z^2 + 0.12 z + 0.01988

Sampling time: 0.001
```

Um zu sehen, ob wir mit dem hinzuaddierten D-Anteil überhaupt eine Verbesserung erzielt haben, stellen wir dieses Mal die Sprungantwort von Strecke und zeitdiskreten PI- (durchgängige Kurve) bzw. PID-Regler (strichpunktierte Kurve) zusammen in Abb. 1.105 dar. Wir erkennen, dass sich zwar die anfängliche Flankensteilheit vergrößert hat, wie wir dies erwarten. Die Ausregelzeit ist aber wieder schlechter geworden, sodass sich keine Verbesserung ergibt.

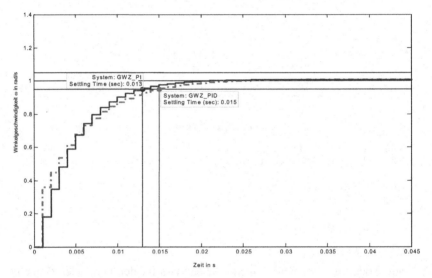

Abb. 1.105. Sprungantworten des diskreten Regelkreises mit PI-Regler und PID-Regler im Vergleich, $K_P = 10$, $T_N = 0,1$, $T_V = 0,001$

Abschließend wollen wir uns kurz noch der Stabilität unserer Regelstrecke widmen. Wir haben beim Hinzufügen des D-Anteils gesehen, dass das System mit dem PID-Regler instabil werden kann. Nun schauen wir uns an, was das Wurzelortskurvenverfahren uns über den Verlauf der Pole der Regelstrecke bei einem Verstärkungsfaktor K sagen kann. Wir erinnern uns, dass im zeitkontinuierlichen Fall bei stabilen Systemen beide Pole stets in der linken Hälfte der s-Ebene lagen und dann das System für alle Werte von K stabil war.

```
>> figure(11)
>> rlocus(GZ)
```

Abb. 1.106 zeigt die Wurzelortskurve für den zeitdiskreten Fall. Hervorgehoben ist der Punkt (-1/0), an dem einer der beiden Pole den Einheitskreis verlässt und das System tatsächlich instabil wird. Dieser Übergang findet bei einem Verstärkungsfaktor K=125 statt. Der andere Pol scheint bei K=0 ebenfalls auf dem Einheitskreis zu liegen, bei höherer Auflösung (oder Verwendung von `pole(GZ)`) stellt man aber fest, dass er sich mit dem Wert „0,992" gerade noch innerhalb des Einheitskreises befindet.

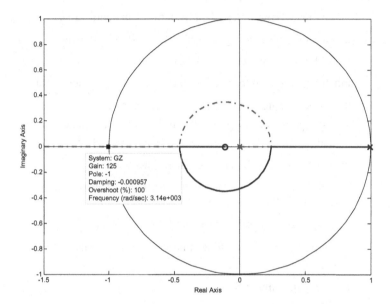

Abb. 1.106. Wurzelortskurve für die diskrete Ersatzregelstrecke

Zusammenfassend sind in Tabelle 1.10 die wichtigsten Matlab-Befehle aufgeführt, die man für Anwendungen im Bereich der Regelungstechnik und Systemanalyse benötigt. Die Tabelle erhebt keinen Anspruch auf Vollständigkeit. Sie soll einen Eindruck von der Mächtigkeit dieses Werkzeugs für regelungstechnische Anwendungen geben.

Tabelle 1.10. Wichtige Matlab-Befehle für Regelungstechnik-Anwendungen

Befehl	Beschreibung
`acker`	berechnet die K Matrix, um die Pole von A-BK zu platzieren, s. `place`
`bode`	zeichnet das Bode-Diagramm, s. auch `margin`, `nyquist`, `nichols`
`c2d`	wandelt ein zeitkontinuierlichen System in ein zeitdiskretes um
`care`	löst zeitkontinuierliche algebraische Riccati-Gleichungen
`ctrb`	erzeugt die Steuerbarkeitsmatrix, s. `obsv`
`d2c`	wandelt ein zeitdiskretes System in ein zeitkontinuierliches um
`dare`	löst zeitdiskrete algebraische Riccati-Gleichungen
`dlqr`	entwirft einen linear-quadratischen Regler (d.h. Minimierung eines quadratischen Gütekriteriums) für zeitdiskrete Syst., s. `lqr`
`dlsim`	simuliert zeitdiskrete lineare Systeme, s. auch `lsim`
`feedback`	bildet eine Regelschleife aus den Übertragungsfunktionen von Vorwärts- und Rückwärtszweig
`help`	hilft. Mit `help <Befehl>` wird `<Befehl>` erläutert.
`impulse`	erzeugt die Impulsantwort eines linearen Systems, s. auch `step`, `lsim`, `dlsim`
`kalman`	entwirft einen Kalman-Schätzer
`lqr`	entwirft einen linear-quadratischen Regler (d.h. Minimierung eines quadratischen Gütekriteriums) für zeitkontinuierliche Systeme, s. `dlqr`
`lsim`	simuliert ein lineares System, s. auch `step`, `impulse`, `dlsim`.
`margin`	gibt Amplitudenrand, Phasenrand und Durchtrittsfrequenzen an, s. auch `bode`
`nichols`	stellt Frequenzkennliniendarstellung nach Nichols dar
`nyquist`	zeichnet die Ortskurve eines linearen Systems in der komplexen Ebene
`obsv`	erzeugt und stellt die Beobachtbarkeitsmatrix dar, s. auch `ctrb`
`parallel`	schaltet zwei lineare Systeme parallel
`place`	berechnet die K Matrix, um die Pole von A-BK zu platzieren, s. `place`
`pzmap`	zeichnet das Pol-Nullstellen-Schaubild eines linearen Systems in der komplexen Ebene

`rlocus`	zeichnet die Wurzelortskurve
`roots`	berechnet die Nullstellen (Wurzeln) eines Polynoms
`series`	schaltet zwei lineare Systeme in Reihe
`sgrid`	erzeugt Gitternetzlinien von konstantem Dämpfungsverhältnis (zeta) and natürlicher Frequenz (Wn) für eine Wurzelortskurve oder ein Pol-Nullstellen-Schaubild, s. auch `zgrid`
`ss`	generiert ein Zustandsraummodell oder konvertiert ein lineares zeitinvariantes (LTI) Modell in den Zustandsraum, s. auch `tf`
`ss2tf`	ermittelt die Übertragungsfunktion eines Systems aus seiner Zustandsraumdarstellung, s. auch `tf2ss`
`ss2zp`	ermittelt die Pole und Nullstellen eines Systems aus seiner Zustandsraumdarstellung, s. auch `zp2ss`
`step`	stellt die Sprungantwort eines linearen Systems dar, s. auch `impulse`, `lsim`, `dlsim`
`tf`	generiert eine Übertragungsfunktion oder konvertiert ein lineares zeitinvariantes (LTI) Modell in eine Übertragungsfunktion, s. auch `ss`
`tf2ss`	ermittelt ein System aus seiner Übertragungsfunktion, s. auch `ss2tf`
`tf2zp`	ermittelt die Pole und Nullstellen eines Systems aus seiner Übertragungsfunktion, s. auch `zp2tf`
`zp2ss`	ermittelt eine Zustandsraumdarstellung eines Systems aus seinen Polen und Nullstellen, s. auch `ss2zp`
`zp2tf`	ermittelt die Übertragungsfunktion eines Systems aus seinen Polen und Nullstellen, s. auch `tf2zp`
`zpk`	erzeugt ein Modell aus den angegebenen Nullstellen, Polen und der Verstärkung

1.5.3   Systemanalyse und Reglerentwurf mit Simulink

In diesem letzten Abschnitt soll in aller Kürze auf die graphische Matlab-Erweiterung Simulink eingegangen werden. Um mit Simulink ein Modell zu erstellen, öffnet man zunächst ein leeres Modellfenster und den Simulink Library Browser. Letzterer enthält zahlreiche Modelleblöcke sortiert nach Themengebieten wie „kontinuierlich", „diskret", „Senken", „Quellen" usw. Diese Blöcke lassen sich dann per Drag-and-Drop ins Modellfenster ziehen und mit wenigen Mausklicks zu einem Gesamtmodell verbinden. Durch Doppelklick auf den jeweiligen Block im Modell öffnet sich ein Dialogfenster, in dem der Benutzer etwaige Parameter spezifizieren kann, also z.B. die Koeffizienten des Zähler- und Nennerpolynoms einer Übertragungsfunktion.

Ausser den vorgegebenen Blöcken kann der Benutzer natürlich auch eigene definieren. Dadurch wird es möglich, eigene Matlab-Funktionen oder M-Files oder gar C- bzw. C++-Code in das Modell zu integrieren. Das Ergebnismodell kann dann mit dem Werkzeug „Real-Time Workshop" in effizienten C-Code für verschiedene Zielsysteme übersetzt werden, der allerdings für zeitkritische und industrielle Anwendungen weiter optimiert werden muss.

Abb. 1.107 zeigt als Beispiel unser digitales Regelsystem bestehend aus PI-Regler und dem Gleichstrommotor als Regelstrecke. Den Gleichstrommotor haben wir mit der zeitkontinuierlichen Übertragungsfunktion angegeben und dann mit dem Modell-Diskretisierer aus der Menüleiste in ein zeitdiskretes Modell konvertiert. Als Eingang haben wir eine Sprungfunktion gewählt, der Ausgang wird an ein Oszilloskop geführt.

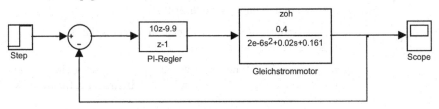

Abb. 1.107. Simulink-Modell des digitalen Regelsystems

Die Simulation wird durch Drücken auf den entsprechenden Symbol-Knopf gestartet. Durch Doppelklick auf das Scope öffnet sich ein Fenster mit einem Schaubild, das die zeitdiskrete Kurve aus Abb. 1.104 zeigt.

Nahezu beliebig komplexe Systeme lassen sich mit Simulink über das Prinzip Dekomposition und Aggregation mittels Blockschaltbilder modellieren und simulieren.

Literatur

Allgöwer F, Zheng AZ (2000) Nonlinear Model Predictive Control: Assessment and Future Directions for Research. Birkhäuser, Basel

Bellman R (1957) Dynamic Programming. Princeton

Bode H (1998) MATLAB in der Regelungstechnik. Teubner, Stuttgart-Leipzig

Böcker J, Hartmann I, Zwanzig C (1986) Nichtlineare und adaptive Regelungssysteme. Springer

Braun M (1994) Differenzialgleichungen und ihre Anwendungen. 3. Aufl, Springer, Berlin

Braun A (1997) Digitale Regelungstechnik. Oldenbourg, München/Wien

Föllinger O (1985) Optimierung dynamischer Systeme. Eine Einführung für Ingenieure. Oldenbourg, München

Föllinger O (1994) Regelungstechnik: Einführung in die Methoden und ihre Anwendungen. 8. Aufl. Hüthig, Heidelberg

Föllinger O (1998) Lineare Abtastsysteme. Oldenbourg, München

Föllinger O (2001) Nichtlineare Regelungen I. Oldenbourg, München

Föllinger O, Kluwe M (2003) Laplace-, Fourier- und z-Transformation. 8. Aufl, Hüthig

Geering HP (2004) Regelungstechnik. 6. Aufl, Springer, Berlin

Haugen F (2003) Tutorial for Control System Toolbox for MATLAB. Homepage: http://techteach.no/publications/control_system_toolbox/

Hofer K (1998) Regelung elektrischer Antriebe. VDE, Berlin

Horn M, Dourdoumas N (2004) Regelungstechnik. PEARSON STUDIUM

Isermann R (1987) Digitale Regelsysteme, Bd 1. 2. Aufl, Springer, Berlin

Isermann R (1992) Identifikation dynamischer Systeme, Bd 1 und 2. 2. Aufl, Springer, Berlin

Jamshidi (2001) Introduction to Intelligent Control Systems Using Artificial Neural Networks and Fuzzy Logic with MATLAB, CRC Press.

Kümmel F (1998) Elektrische Antriebstechnik. VDE, Berlin

Lauber R (1995) Vorlesungsmanuskript Regelungstechnik I, Universität Stuttgart

Leonhard W (1990) Einführung in die Regelungstechnik. 5. Aufl, Vieweg, Braunschweig

Litz L (2005) Grundlagen der Automatisierungstechnik. Oldenbourg

Ludyk G (1995) Theoretische Regelungstechnik. Springer, Berlin

Lunze J (2003) Automatisierungstechnik. Oldenbourg, München

Lunze J (2004) Regelungstechnik I. 4. Aufl, Springer, Berlin

Lutz H, Wendt W (2003) Taschenbuch der Regelungstechnik. 5 Aufl, Harri Deutsch

Mann H, Schiffelgen H, Froriep R (2003) Einführung in die Regelungstechnik. 9. Aufl, HANSER

Matlab® The Language of Technical Computing (2005) The Mathworks, Inc., Homepage: http://www.mathworks.com/

Merz L, Jaschek H (2004) Grundkurs der Regelungstechnik. 14. Aufl, Oldenbourg

Messner W, Tilbury D (1999) Control Tutorials for MATLAB and Simulink: A Web-Based Approach, Prentic Hall.
Homepage: http://www.engin.umich.edu/group/ctm/

Meyer M (1987) Elektrische Antriebstechnik. Band2, Springer, Berlin/Heidelberg/New-York

Orlowski PF (1999) Praktische Regelungstechnik. 5. Aufl, Springer, Berlin

Pontrjagin LS, Boltjanskij VG, Gamkredlidze RV, Miscenko EF (1964) Mathematische Theorie optimaler Prozesse. Oldenbourg, München

Rembold U, Levi P (1999) Einführung in die Informatik für Naturwissenschaftler und Ingenieure, Carl Hanser

Reuter M, Zacher S (2002) Regelungstechnik für Ingenieure. 10. Aufl, Vieweg, Braunschweig

Samal E, Becker W (2004) Grundriss der praktischen Regelungstechnik. 21. Aufl, Oldenbourg

Schröder D (2001) Regelung von Antriebssystemen/Elektrische Antriebe. Springer, Berlin

Schulz G (2004) Regelungstechnik. 2 Aufl, Oldenbourg

Tewari A (2002) Modern Control Design with MATLAB and SIMULINK, John Wiley & Sons.

Unbehauen H (2000) Regelungstechnik II. 8. Aufl, Vieweg, Braunschweig

Unbehauen H (2002) Regelungstechnik I. 12. Aufl, Vieweg, Braunschweig

Unger J (2004) Einführung in die Regelungstechnik. 3. Aufl, Teubner

Zacher S (Hrsg) (2000) Automatisierungstechnik kompakt. Vieweg, Braunschweig/Wiesbaden

Kapitel 2   Rechnerarchitekturen für Echtzeitsysteme

Das Zeitverhalten eines mehrschichtigen Systems hängt von allen seinen Ebenen ab. Das Gesamtsystem ist nur echtzeitfähig, wenn alle Ebenen echtzeitfähig sind. So werden die Echtzeiteigenschaften eines Rechnersystems sowohl von der Software wie auch von der Hardware bestimmt. Ein auf vorhersagbares Zeitverhalten hin entwickeltes Programm wird unvorhersagbar, wenn es auf einem Rechner ausgeführt wird, dessen Befehlsausführungszeiten nicht vorhersagbar sind. Die Rechnerhardware bildet somit die Basis für ein Echtzeitsystem.

In diesem Kapitel werden zunächst die Grundlagen der Hardware heutiger Rechnersysteme eingeführt und auf ihre Echtzeitfähigkeit untersucht. Danach werden häufig in Echtzeitsystemen verwendete Komponenten wie Mikrocontroller und Signalprozessoren vorgestellt. Bussysteme zur Verbindung dieser Komponenten sowie Schnittstellen zur Umwelt sind weitere Schwerpunkte. Ein Überblick über Rechner in der Automation, einem der wichtigsten Anwendungsfelder von Echtzeitsystemen, rundet das Kapitel ab.

2.1   Allgemeines zur Architektur von Mikrorechnersystemen

Zunächst müssen einige Begriffe definiert bzw. präzisiert werden. Ein **Mikroprozessor** ist die Zentraleinheit (CPU, *Central Processing Unit*) eines Datenverarbeitungssystems, die heute meist mit weiteren Komponenten auf einem einzigen Chip untergebracht ist. Er besteht in der Regel aus einem Steuerwerk und einem Rechenwerk, zusammen auch **Prozessorkern** genannt, sowie einer Schnittstelle zur Außenwelt. Je nach Komplexität und Leistungsfähigkeit können weitere Verarbeitungskomponenten wie z.B. Cache-Speicher und virtuelle Speicherverwaltung hinzukommen. Die Aufgabe eines Mikroprozessors ist die Ausführung eines Programms, welches aus einer Abfolge von Befehlen zur Bearbeitung einer Anwendung besteht. Hierzu muss der Mikroprozessor auch alle weiteren Bestandteile der Datenverarbeitungsanlage wie Speicher und Ein-/Ausgabeschnittstellen steuern.

Ein **Mikroprozessorsystem** ist ein technisches System, welches einen Mikroprozessor enthält. Dies muss kein Rechner oder Computer sein, auch eine Kaffeemaschine, die von einem Mikroprozessor gesteuert wird, ist ein Mikroprozessorsystem.

Ein **Mikrorechner** oder **Mikrocomputer** ist ein Rechner oder Computer, dessen Zentraleinheit aus einem oder mehreren Mikroprozessoren besteht. Neben dem oder den Mikroprozessor(en) enthält ein Mikrorechner Speicher, Ein-/Ausgabeschnittstellen sowie ein Verbindungssystem.

Ein **Mikrorechnersystem** oder **Mikrocomputersystem** ist ein Mikrorechner bzw. Mikrocomputer mit an die Ein-/Ausgabeschnittstellen angeschlossenen Peripherie-Geräten, also z.B. Tastatur, Maus, Bildschirm, Drucker oder Ähnliches. Abbildung 2.1 verdeutlicht diese Begriffsdefinitionen.

Ein **Mikrocontroller** stellt im Prinzip einen Mikrorechner auf einem Chip dar. Ziel ist es, eine Steuerungs- oder Kommunikationsaufgabe mit möglichst wenigen Bausteinen zu lösen. Prozessorkern, Speicher und Ein-/Ausgabeschnittstellen eines Mikrocontrollers sind auf die Lösung solcher Aufgaben zugeschnitten. Durch die große Vielfalt möglicher Aufgabenstellungen existiert daher eine Vielzahl verschiedener Mikrocontroller, welche die Zahl verfügbarer Mikroprozessoren um ein Weites übertrifft. Mikrocontroller sind hierbei meist in so genannten **Mikrocontrollerfamilien** organisiert. Die Mitglieder einer Familie besitzen in der Regel den gleichen Prozessorkern, jedoch unterschiedliche Speicher und Ein-/Ausgabeschnittstellen.

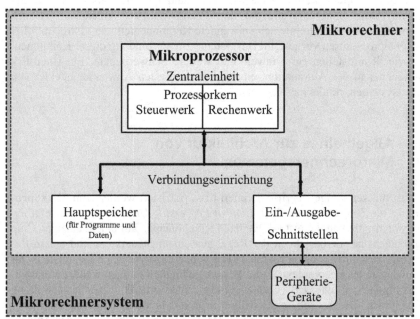

Abb. 2.1. Abgrenzung der Begriffe Mikroprozessor, Mikrorechner und Mikrorechnersystem

Signalprozessoren sind spezielle, für die Verarbeitung analoger Signale optimierte Prozessorarchitekturen. Kernbestandteil eines Signalprozessors ist i.A. eine Hochleistungsarithmetik, die insbesondere sehr schnelle, fortgesetzte Multiplikationen und Additionen ermöglicht. Dadurch können die bei der Signalverarbeitung häufig auftretenden Polynome (z.B. $a_1x_1 + a_2x_2 + a_3x_3 + ...$) sehr effizient berechnet werden. Auch sind sowohl das Steuerwerk wie das Rechenwerk auf möglichst große Parallelität ausgelegt, die in weiten Teilen durch den Anwender gesteuert werden kann. Bei Mikroprozessoren und Mikrocontrollern hingegen wird diese Parallelität durch das Steuerwerk kontrolliert und bleibt dem Anwender daher meist verborgen. Bedingt durch ihre Aufgabe verfügen Signalprozessoren oft auch über spezielle Schnittstellen zum Anschluss von Wandlern zwischen analogen und digitalen Signalen.

Unter der **Architektur** eines Mikrorechnersystems versteht man die äußere Sicht auf dieses System, wie sie sich dem Benutzer, d.h. dem Anwendungsprogrammierer, darstellt. Hierzu gehören der Befehlssatz des Mikroprozessors, die verfügbaren Datentypen, sowie die Register. Den internen Aufbau, d.h. die Implementierung der Architektur, bezeichnet man als **Mikroarchitektur**. So kann die gleiche Architektur durch verschiedene Mikroarchitekturen realisiert werden. Ein Beispiel hierfür ist etwa die PowerPC Architektur [Diefendorff et al. 1994], die durch verschiedene Mikroarchitekturen in den Prozessoren 604, 620, 740 oder 750 implementiert wurde. Die Mikroarchitektur wird im Allgemeinen durch die Architektur verborgen.

2.1.1 Aufbau und Konzepte

Eine der wesentlichen Grundlagen heutiger Mikrorechnersysteme ist das **von-Neumann-Prinzip.** Historisch gesehen wurde das von-Neumann-Prinzip in den vierziger Jahren von Burks, Goldstine und John von Neumann entwickelt [Burks et al. 1946]. Das von-Neumann-Prinzip, oft auch als von-Neumann-Architektur oder als von-Neumann-Rechner bezeichnet, definiert Grundsätze für die Architektur und für die Mikroarchitektur eines Rechners. Zu dem Zeitpunkt, als der Begriff „von-Neumann-Architektur" oder „von-Neumann-Rechner" geprägt wurde, gab es jedoch noch keine so klare Unterscheidung von Architektur und Mikroarchitektur wie heute. Das von-Neumann-Prinzip stellt auch heute noch das Grundprinzip der meisten Mikroprozessoren, Mikrocontroller und Mikrorechner dar. Obwohl der Begriff „von-Neumann-Architektur" unter Informatikern heute allgemein verstanden wird, gibt es keine klare Abgrenzung, ab wann eine Architektur nicht mehr als von-Neumann-Architektur zu betrachten ist [Ungerer 1995].

Die in Abbildung 2.1 verwendete Struktur stellt einen Rechner nach dem von-Neumann-Prinzip dar:
- Die Zentraleinheit übernimmt die Ablaufsteuerung und die Ausführung der Befehle. Sie verarbeitet Daten gemäß eines Programms. Hiezu ist sie in Steuerwerk und Rechenwerk unterteilt. Das Steuerwerk holt die Befehle eines Programms aus dem Speicher, entschlüsselt sie und steuert ihre Ausführung in der verlangten Reihenfolge. Das Rechenwerk (*ALU, Arithmetik Logic Unit*) führt unter Kontrolle des Steuerwerks die arithmetischen und logischen Operationen aus.

- Der Hauptspeicher ist eine linear geordnete Liste von Speicherzellen zur Aufnahme von Programm und Daten. Jede Speicherzelle ist eindeutig durch ihre Nummer, die Adresse, identifizierbar und kann einzeln und wahlfrei angesprochen werden. Den einzelnen Speicherzellen ist hierbei nicht anzusehen, welchen Typ von Information (Befehl, Datum, Datentyp) sie enthält. Dies wird allein durch den Zustand des Steuerwerks bestimmt. Das Ablegen von Programm und Daten in einem gemeinsamen Speicher ist ein wesentliches Merkmal des von-Neumann-Prinzips, auf dem seine große Flexibilität beruht. Alternativen wie etwa die **Harvard-Architektur** trennen Programm- und Datenspeicher.
- Die Ein-/Ausgabeschnittstellen verbinden den Rechner mit der Umwelt. Über diese Schnittstelle sind die Peripheriegeräte angeschlossen, welche die Ein- und Ausgabe von Daten und Programme ermöglichen. Die Ein-/Ausgabeschnittstellen werden wie der Hauptspeicher eindeutig durch Adressen identifiziert.
- Die Verbindungseinrichtung dient der Übertragung von Daten und Befehlen zwischen Prozessor, Hauptspeicher und Ein-/Ausgabeschnittstellen. Dies geschieht im Allgemeinen über Sammelschienen. Eine solche Sammelschiene wird auch **Bus** genannt. Sie besteht meist aus einem **Datenbus** zur Übertragung der Datenwörter, einem **Adressbus** zur Adressierung von Hauptspeicher und Ein-/Ausgabeschnittstellen sowie einem **Steuerbus** zur Übertragung von Steuer- und Statussignalen zwischen der Zentraleinheit und den übrigen Komponenten.

Abbildung 2.2 zeigt den Aufbau eines einfachen Mikroprozessors nach dem von-Neumann-Prinzip. Das Steuerwerk untergliedert sich in weitere Teilkomponenten:

- Das **Befehlsregister** enthält den gerade bearbeiteten Befehl. Befehle gelangen über den externen und internen Datenbus in das Befehlsregister. Je nach Implementierung kann das Befehlsregister ein- oder mehrstufig sein, d.h. nur den aktuellen Befehl oder mehrere aufeinander folgende Befehle in einer Warteschlange enthalten.
- Die **Steuereinheit** ist ein synchrones Schaltwerk, welches von einem zentralen Takt gesteuert wird. Es erzeugt abhängig von dem Befehl im Befehlsregister die zur Ausführung dieses Befehls nötigen Steuersignale in der richtigen zeitlichen Reihenfolge. Es wertet weiterhin die bei der Befehlsbearbeitung entstehenden Statussignale aus. Für die Steuereinheit gibt es verschiedene Implementierungstechniken: eine **festverdrahtete Steuereinheit** besteht aus einfachen logischen Bauelementen (Gattern für logische Operationen, Flipflops zur Speicherung), der Funktionsablauf ist durch die Verdrahtung fest vorgegeben. Dieser Typ von Steuereinheit erreicht die höchste Verarbeitungsgeschwindigkeit. Eine **mikroprogrammierte Steuereinheit** ist dagegen programmgesteuert, d.h. der Funktionsablauf wird nicht durch feste Verdrahtung, sondern durch ein in einem Speicher stehendes **Mikroprogramm** vorgegeben. Dieser Typ von Steuereinheit erreicht eine höhere Flexibilität und Komplexität als eine festverdrahtete Steuereinheit. Eine **hybride Steuereinheit** mischt beide Formen. Einfache Befehle werden festverdrahtet gesteuert, komplexe Befehle durch ein Mikroprogramm. Dies ist die in modernen Mikroprozessoren gängige Technik. Heu-

tige Mikroprozessoren realisieren darüber hinaus die Steuereinheit oft als dynamisches Schaltwerk. Dies bedeutet, die internen Zustandsinformationen werden nicht in Flipflops, sondern in Kondensatoren gespeichert. Im Gegensatz zu Flipflops, die eine Information solange speichern können, wie die Spannungsversorgung anliegt, verlieren Kondensatoren die in ihnen gespeicherte Information im Lauf der Zeit durch Leckströme. Dynamische Schaltwerke erfordern daher eine Mindesttaktfrequenz. Bei einer zu geringen Taktfrequenz geht die alte Zustandsinformation verloren, bevor der neue Zustand eingenommen wird. Das Schaltwerk versagt.

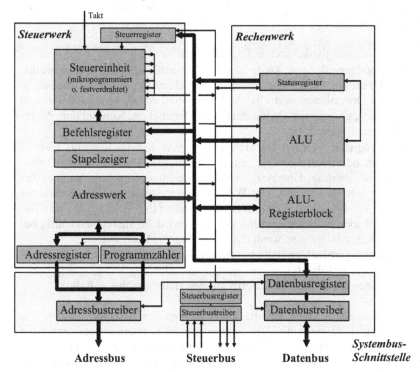

Abb. 2.2. Ein einfacher Mikroprozessor

- Das **Steuerregister** bestimmt die aktuelle Arbeitsweise des Steuer- und Rechenwerks. Hier können z.B. verschiedene numerische Betriebsarten eingestellt werden, Privilegien für die Programmausführung gesetzt und Unterbrechungen (vgl. Abschnitt 2.1.2) freigegeben werden.
- Der **Stapelzeiger** (*Stackpointer*) kennzeichnet den Beginn eines Stapelspeichers im Hauptspeicher. Bei einem Stapelspeicher (*Stack*) können Datenworte immer nur von oben entnommen bzw. oben hinzugefügt werden. Dieser Speichertypus ist für die Bearbeitung von Programmen und Unterprogrammen, für die Variablenverwaltung und Datenübergabe an Unterprogramme, sowie für die Unterbrechungsbehandlung wichtig.

- Das **Adresswerk** berechnet die Hauptspeicheradressen von Daten und Befehlen. Es entlastet das Rechenwerk von einfacher Adressarithmetik wie z.B. das Addieren von Adressen zur Tabellenverarbeitung oder das Skalieren von Byte-, Wort- und Langwortadressen. Am Ausgang des Adresswerks befinden sich zwei Registerelemente, das **Adressregister** und der **Programmzähler**. Das Adressregister nimmt die Datenadressen auf, die vom Adresswerk berechnet wurden. Der Programmzähler enthält die Adresse des nächsten zu bearbeitenden Befehls. Diese ergibt sich in den meisten Fällen durch einfaches Inkrementieren der aktuellen Befehlsadresse. Nur bei Sprungbefehlen, Unterprogrammaufrufen und Unterbrechungen wird die Adresse des nächsten Befehls vom Adresswerk berechnet.

Das Rechenwerk untergliedert sich in folgende Teile:
- Die **ALU** (*Arithmetik Logic Unit*) ist der eigentliche Kern des Rechenwerks. Sie führt die arithmetischen und logischen Berechnungen durch. Verfügbare arithmetische Operationen sind z.B. Addition, Subtraktion, Multiplikation und Division. Gängige logische Operationen sind Disjunktion, Konjunktion, Negation, Schieben, Rotieren, etc.
- Das **Statusregister** speichert die Statusinformation, die das Ergebnis einer arithmetischen oder logischen Operation widerspiegelt. Diese beinhaltet Informationen wie Übertrag, Überlauf, Unterlauf, negatives Ergebnis, gerades Ergebnis, Ergebnis ist null, etc. Die Werte des Statusregisters können direkten Einfluss auf die Programmausführung haben, indem die Ausführung eines Befehls an solch eine Statusinformation gekoppelt wird. So findet man häufig bedingte Sprünge, z.B. springe, wenn das vorige Ergebnis null war.
- Der **ALU-Registerblock** enthält eine Anzahl Register zum Zwischenspeichern von Operanden. Hierdurch wird ein extrem schneller Zugriff auf häufig benötigte Operanden ermöglicht, der Zugriff auf den Hauptspeicher entfällt.

Das interne Bussystem verbindet alle Komponenten des Mikroprozessors. Die Systembusschnittstelle stellt die Verbindung zwischen internem und externem Bussystem dar und verbindet den Mikroprozessor mit seiner Umwelt. Die Aufgabe der Systembusschnittstelle ist zum einen die Geschwindigkeitsanpassung zwischen Mikroprozessor und Umwelt. Hierzu können in den jeweiligen Registern (Datenbusregister, Steuerbusregister, Adressregister, Programmzähler) Werte und Signale kurzfristig zwischengespeichert werden. Eine weitere Aufgabe besteht in der Pegel- und Leistungsanpassung der Signale. Darüber hinaus besteht die Möglichkeit, den Mikroprozessor vom externen Bus abzukoppeln, z.B. in einem Mehrprozessorsystem, wenn ein anderer Mikroprozessor diesen Bus übernehmen möchte. Diese Aufgabe wird von den Adressbus-, Datenbus- und Steuerbustreiber durchgeführt.

2.1.2   Unterbrechungsbehandlung

Ein wichtiges Merkmal für die Echtzeitfähigkeit eines Mikroprozessors oder Mikrocontrollers ist die Behandlung interner und externer Ereignisse. Mögliche interne Ereignisse sind hierbei eine plötzlich auftretende Fehlersituation im Prozessorkern (*Exception*, z.b. bei Antreffen eines illegalen Befehls oder bei einer Division durch 0), oder ein Unterbrechungswunsch des laufenden Programms (*Software Interrupt*), um einen Fehler zu behandeln oder eine Funktion des Betriebssystems aufzurufen. Externe Ereignisse werden durch Unterbrechungswünsche externer Systemkomponenten ausgelöst (*Hardware Interrupt t*), um z.b. das Vorhandensein neuer Daten oder das Verstreichen eines Zeitintervalls anzuzeigen. Auf solche Ereignisse gibt es in der Regel drei typische Reaktionsmöglichkeiten:

- Die gerade durchgeführte Aufgabe wird abgebrochen. Dies geschieht z.b. bei Auftreten eines ernsten Fehlers, welcher die aktuelle Aktivität in Frage stellt. In diesem Fall wird zu einem Fehlerbehandlungsprogramm verzweigt.
- Die gerade durchgeführte Aufgabe wird unterbrochen, es wird zu einer neuen Aufgabe gewechselt. Dies geschieht z.b. bei Auftreten eines Ereignisses, dessen Behandlung wichtiger als die gerade durchgeführte Aufgabe ist. Nach Abarbeitung der neuen Aufgabe wird die Behandlung der unterbrochenen Aufgabe fortgesetzt.
- Die gerade durchgeführte Aufgabe wird nicht unterbrochen. Dies geschieht z.b. bei Auftreten eines Ereignisses, dessen Behandlung weniger wichtig als die gerade durchgeführte Aufgabe ist. Zur neuen Aufgabe wird erst verzweigt, wenn alle wichtigeren Aufgaben erledigt sind.

Diese Aktivitäten werden vom **Unterbrechungswerk** (*Interrupt-Unit*) in der Steuereinheit des Mikroprozessors koordiniert. Die Behandlung einer **Unterbrechung** (*Interrupt*) erfolgt durch ein **Unterbrechungsprogramm** (*Interrupt Service Routine*).

Abbildung 2.3 zeigt den Ablauf einer Unterbrechung. Zunächst wird geprüft, ob die Unterbrechungsanforderung angenommen werden kann, d.h. Unterbrechungen freigeben und keine wichtigeren Tätigkeiten in Ausführung sind. Ist dies der Fall, so wird als erstes der aktuelle Prozessorstatus (Inhalt des Programmzählers sowie der internen Register) auf dem Stapelspeicher gesichert. Danach wird die Startadresse des Unterbrechungsbehandlungsprogramms in den Programmzähler geladen und somit zur Behandlung verzweigt. Nach Ablauf der Unterbrechungsbehandlung wird der alte Prozessorstatus vom Stapelspeicher geholt und so die unterbrochene Tätigkeit wieder aufgenommen. Es bleibt anzumerken, dass eine Unterbrechungsbehandlung ihrerseits durch eine wichtigere Unterbrechungsanforderung wiederum unterbrochen werden kann.

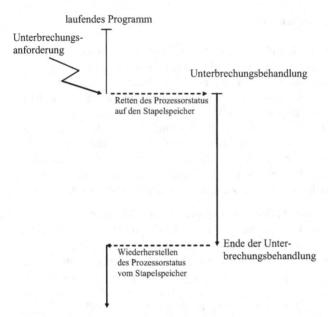

Abb. 2.3. Ablauf einer Unterbrechung

Die Unterbrechungsbehandlung zeichnet sich durch eine Reihe von Eigenschaften aus:

- **Maskierbarkeit**
  Bestimmte Unterbrechungsquellen können kurzfristig gesperrt (maskiert) werden. Ein dort auftretendes Ereignis wird entgegengenommen, aber für die Dauer der Maskierung zurückgestellt.

- **Vektorisierung**
  Zur Erkennung der Quelle einer Unterbrechungsanforderung wird das Prinzip des **Vektor-Interrupts** benutzt. Jeder Unterbrechungsquelle wird eine Kennzahl zugeordnet, der so genannte **Interrupt-Vektor**. Dieser Vektor identifiziert eindeutig die Unterbrechungsquelle, also z.B. eine externe bzw. interne Komponente oder eine bestimmte Fehlersituation. Üblicherweise beträgt die Breite des Interrupt-Vektors ein Byte, die dadurch mögliche Anzahl von maximal $2^8 = 256$ verschiedenen Unterbrechungsquellen ist für die meisten Anwendungen ausreichend. Nach Annahme einer Unterbrechungsanforderung übermittelt die Quelle ihren Vektor. Anhand dieses Vektors kann das Unterbrechungswerk die Startadresse der Behandlungsroutine ermitteln. Dies geschieht über die **Interrupt-Vektortabelle**. Diese Tabelle enthält für jeden Vektor die Startadresse des zugehörigen Unterbrechungsprogramms. Abbildung 2.4 zeigt das Prinzip.
  Bei einer angenommenen Speicheradressbreite von 32 Bit muss das Unterbrechungswerk den Wert des Vektors mit 4 multiplizieren und zur Basisadresse der Interrupt-Vektortabelle im Arbeitsspeicher addieren. Das Ergebnis ist die

Adresse desjenigen Tabelleneintrags, dem die Startadresse des Unterbre-chungsprogramms entnommen werden kann. Die Basisadresse der Vektortabel-le ist je nach Mikroprozessortyp entweder fest vorgegeben oder wird durch ein Register (Vektorbasis-Register) bestimmt. Die Multiplikation mit 4 ist erforder-lich, da jeder Adresseintrag der Vektortabelle bei 32 Bit Speicheradressbreite genau 4 Bytes belegt. Für andere Adressbreiten ist ein entsprechend anderer Skalierungsfaktor erforderlich.

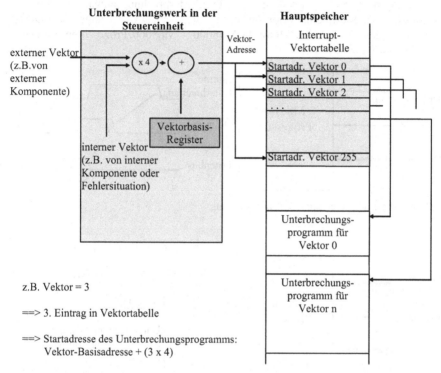

Abb. 2.4. Ermittlung der Startadresse eines Unterbrechungsprogramms aus dem Vektor

- **Priorität**
  Um die unterschiedliche Wichtigkeit der Behandlung verschiedener Ereignisse zu kennzeichnen, können diesen Ereignissen verschiedene Prioritäten zugewie-sen werden. Es wird hierbei im Allgemeinen das *Fixed-Priority-Preemptive Schema* benutzt. Dies bedeutet, die Priorität eines Ereignisses ist fest, sie än-dert sich zur Laufzeit nicht (*Fixed Priority*). Ein Ereignis höherer Priorität un-terbricht ein Ereignis niedrigerer Priorität (*Preemptive*). Gängig sind bis zu 256 Prioritätsebenen.

Abbildung 2.5 zeigt den einfachsten Fall der Auslösung einer externen Unterbre-chung. Der Unterbrechungswunsch der externen Komponente wird dem Mikro-prozessor durch einen Pegelwechsel an einem externen Unterbrechungseingang angezeigt. Der Mikroprozessor bestätigt die Annahme des Unterbrechungswunsches durch Aktivierung eines Quittungssignals (*Interrupt-Acknowledge*). Darauf kann die externe Komponente zur ihrer Identifikation den Vektor auf den Datenbus legen, die Unterbrechungsbehandlung beginnt.

Zur Realisierung von Prioritäten gibt es mehrere Möglichkeiten. Dies kann zum einen im Mikroprozessor geschehen. Jeder Prioritätsebene wird ein eigener Unterbrechungseingang zugewiesen. Um Eingänge zu sparen, kann dies auch kodiert erfolgen, wie in Abbildung 2.6 dargestellt. Der Unterbrechungseingang wird so zu einem Bus erweitert, eine Prioritätsebene durch einen Code angezeigt. Diese Technik findet z.B. bei den Motorola M68000 – M68060 Prozessoren Verwendung [Motorola 2000].

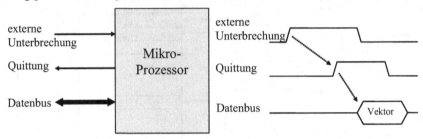

Abb. 2.5. Auslösen einer externen Unterbrechung

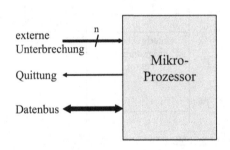

Abb. 2.6. Interne Realisierung von Prioritäten durch einen Unterbrechungsbus

Die Prioritätensteuerung kann aber auch außerhalb des Mikroprozessors erfolgen. Eine einfache, **dezentrale Technik** hierfür ist die **Daisy Chain**. Abbildung 2.7 zeigt das Prinzip. Jede externe Unterbrechungsquelle besitzt einen Eingang und einen Ausgang zur Freigabe von Unterbrechungen (*IEI - Interrupt Enable In, IEO - Interrupt Enable Out*). Über diese Signale werden die Quellen zu einer Kette verknüpft. Der Ausgang einer Quelle wird mit dem Eingang der nächsten Quelle verbunden. Ein Mitglied der Kette darf nur dann eine Unterbrechung auslösen, wenn sein Freigabeeingang (*IEI*) aktiv ist (also z.B. den Wert 1 besitzt). Weiterhin aktiviert ein Mitglied der Kette seinen Freigabeausgang (*IEO*) nur dann, wenn es selbst keine Unterbrechung auslösen möchte. Hierdurch wird die Priorität einer

Unterbrechungsquelle umso höher, je näher sie sich am Anfang der Kette befindet. Die erste Quelle kann immer Unterbrechungen auslösen, da ihr Freigabeeingang immer aktiv ist. Die zweite Quelle kann nur dann eine Unterbrechung auslösen, wenn die erste Quelle keine Unterbrechung auslösen möchte und deshalb ihren Freigabeausgang aktiviert hat. Dies setzt sich für alle weiteren Quellen bis zum Ende der Kette fort.

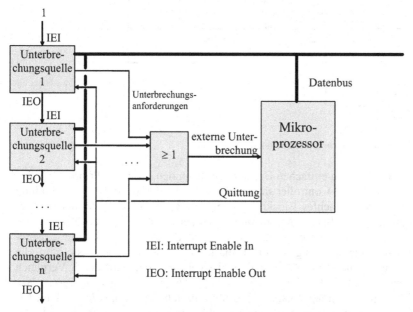

Abb. 2.7. Dezentrale externe Prioritätensteuerung mit Daisy Chain

Der Vorteil der Daisy Chain besteht in ihrem sehr einfachen Aufbau. Es können im Prinzip beliebig viele Elemente teilnehmen. Ein Nachteil ist jedoch die starre Prioritätenvergabe, die einzig durch die Position einer Unterbrechungsquelle in der Kette bestimmt ist. Quellen am Ende der Kette können zudem leicht „ausgehungert" werden. Auch steigt mit zunehmender Länge der Kette der Zeitbedarf zur Annahme einer Unterbrechung, da das Durchschleifen der Freigabesignale Zeit erfordert.

Diese Nachteile lassen sich durch eine **zentrale Prioritätensteuerung** vermeiden. Alle Unterbrechungsanforderungen werden zunächst an diese Steuerung geleitet. Sie ermittelt die Anforderung höchster Priorität und gibt diese durch Aktivierung des externen Unterbrechungseingangs an den Mikrocontroller weiter. Abbildung 2.8 verdeutlicht dies. Die zentrale Prioritätensteuerung ermöglicht eine freie Vergabe von Prioritäten an die Unterbrechungsquellen. Zudem wird der Aufbau der Unterbrechungsquellen einfacher, da die Vektoren zur Identifikation einer Quelle nicht in der Quelle selbst, sondern in der zentralen Prioritätenteuerung gespeichert und verwaltet werden können.

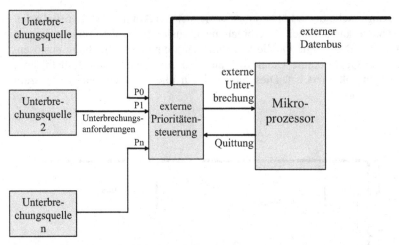

Abb. 2.8. Zentrale externe Prioritätensteuerung

Ein Beispiel für einen einfachen Baustein zur zentralen, externen Prioritätensteuerung ist der Interrupt-Controller 8259 der Fa. Intel [McGivern 1998]. Abbildung 2.9 zeigt ein vereinfachtes Blockdiagramm des Bausteins. Er kann 8 Unterbrechungsquellen verwalten. Unterbrechungsanforderungen werden zunächst im *Interrupt Request Register* entgegengenommen und gespeichert. Ist der entsprechende Unterbrechungseingang nicht maskiert (*Maskenregister*), so wird die Anforderung an die *Prioritätsauswahl* weitergeleitet. Hier wird durch Vergleich mit den sich gerade in Bearbeitung befindenden Unterbrechungen (*In Service Register*) die Unterbrechung höchster Priorität ermittelt. Die *Kontroll-Logik* fordert hierauf ggf. eine neue Unterbrechung beim Mikroprozessor an und steuert die Übermittlung des Vektors über den Datenbus, sobald die Unterbrechung angenommen wurde (*Interrupt Acknowledge*). Die Busschnittstelle dient zur Übertragung und Speicherung der Vektoren, sowie zur weiteren Baustein-Konfiguration. Über eine Kaskadensteuerung können mehrere Interrupt-Controller kaskadiert werden, wenn mehr als 8 Unterbrechungseingänge erforderlich sind. Man beachte, dass im Fall der Kaskadierung nur die Controller in der Blattebene der Kaskade, d.h. diejenigen Controller, welche die Unterbrechungsanforderungen der Quellen entgegennehmen, den Vektor übermitteln dürfen. Sich näher am Mikroprozessor befindende Controller bzw. der Wurzelcontroller dienen nur der Weiterleitung der Unterbrechungsanforderung. Daher kann jedem Controller über den *Kaskade-Eingang* seine Position innerhalb der Kaskade mitgeteilt werden.

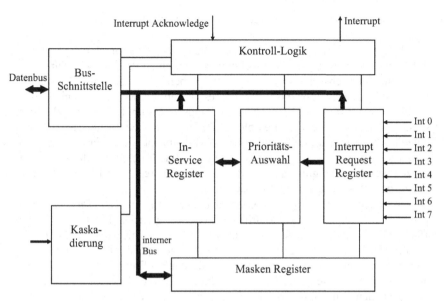

Abb. 2.9. Interrupt-Controller 8259 von Intel

Wie bereits erwähnt werden in den meisten Mikroprozessoren und Mikrocontrollern feste Prioritäten (*Fixed Priority Preemptive*) zur Steuerung der Wichtigkeit von Ereignissen genutzt. Dieses Prinzip birgt jedoch Nachteile. Nicht immer kann hiermit die Einhaltung von Echtzeitbedingungen gewährleistet werden, obwohl dies im Prinzip eigentlich möglich wäre. Abbildung 2.10 gibt ein Beispiel. Hier treten die Ereignisse 1 und 2 gleichzeitig auf. Die Rechenzeit zur Behandlung von Ereignis 1 sei durch den Balken in der ersten Zeile gegeben, die Rechenzeit von Ereignis 2 durch den Balken der zweiten Zeile. Beide Ereignisse kehren periodisch wieder, die Zeitschranken (*Deadlines*) zur Ereignisbehandlung werden durch diese Perioden vorgegeben und sind in der Abbildung mit Deadline 1 und Deadline 2 bezeichnet. Bei festen Prioritäten gibt es nun zwei Möglichkeiten: In Variante 1 bekommt Ereignis 1 die höhere Priorität zugeordnet. Man sieht, dass in diesem Fall die Deadline 2 verpasst wird. In Variante 2 bekommt Ereignis 2 die höhere Priorität. Nun wird Deadline 1 verpasst. Man könnte nun daraus schließen, dass diese Aufgabe unlösbar sei. Dies ist sie jedoch nur mit festen Prioritäten. In Variante 3 werden schließlich dynamische Prioritäten benutzt. Es erhält dasjenige Ereignis die höhere Priorität, welches näher an seiner Deadline ist. Dieses Verfahren nennt man auch *Earliest Deadline First* (EDF). Man sieht, dass nun alle Zeitschranken eingehalten werden. Die Ursache liegt darin, dass dynamische Verfahren wie Earliest Deadline First eine höhere Prozessorauslastung erlauben als statische Verfahren mit festen Prioritäten. Diese Problematik wird in Abschnitt 6.3 genauer betrachtet. Für die Unterbrechungsbehandlung ergeben sich folgende mögliche Kensequenzen:

- Bei konventioneller Unterbrechungsbehandlung mit festen Prioritäten ist der Prozessor ggf. nicht voll auslastbar.
- Als Abhilfe kann man zu einem Trick greifen. Das Unterbrechungsprogramm des Prozessors wird nur als Vehikel benutzt, um einen Prozess oder Thread eines Echtzeitbetriebssystems zu starten (vgl. ebenfalls Abschnitt 6.3), welcher die eigentliche Behandlung des Ereignisses übernimmt. Man ist nun nicht mehr an die festen Prioritäten des Unterbrechungswerks im Prozessor gebunden, sondern kann die wesentlich flexibleren Techniken des Echtzeitbetriebssystems nutzen. Man nennt diese Technik auch AST-Konzept (*Asynchronous Service Thread*) [Digital 1996]. Als Nachteil ergibt sich natürlich eine erhöhte Reaktionszeit auf ein Ereignis, da der Prozess oder Thread durch das Unterbrechungsprogramm erst gestartet werden muss.
- Diesen Nachteil vermeidet das Konzept der *Interrupt-Service-Threads* (IST), wie es beim Komodo-Mikrocontroller Verwendung findet [Brinkschulte et al. 1999]. Hierbei handelt es sich um einen so genannten mehrfädigen Prozessor, der per Hardware in der Lage ist, mehrere Threads quasi gleichzeitig zu bearbeiten. Konsequenterweise werden bei auftretenden Ereignissen keine Unterbrechungsprogramme gestartet, sondern direkt durch die Hardware Threads zur Ereignisbehandlung aktiviert (die *Interrupt-Service-Threads*). Hierdurch entfällt die Verzögerung durch die indirekte Aktivierung, die flexible Priorisierung steht sofort zur Verfügung. Allerdings ist dies nur auf mehrfädigen Prozessoren möglich. Mehr zu diesem Thema findet sich z.B. in [Brinkschulte et al. 1999/2].

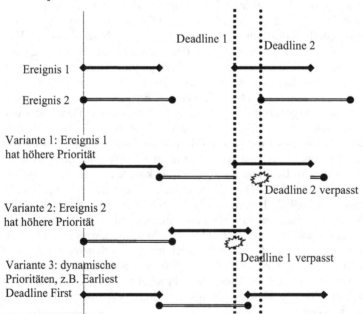

Abb. 2.10. Ereignisbehandlung mit festen und dynamischen Prioritäten

2.1.3   Speicherhierarchien, Pipelining und Parallelverarbeitung

Das von-Neumann-Prinzip erzielt maximale Flexibilität bei minimalem Hardwareaufwand. In der Entstehungszeit dieses Prinzips war es die richtige Idee, da Hardware teuer und wenig leistungsfähig war. In heutiger Zeit ist diese Beschränkung nicht mehr notwendig, zumal das von-Neumann-Prinzip einige Schwachpunkte besitzt. Hier ist zum einen der Engpass der zentralen Verbindungseinrichtung zu nennen, über die alle Daten und Befehle sequentiell transportiert werden. Man nennt diesen Engpass auch den **von-Neumann-Flaschenhals**. Des Weiteren ist auch die Befehlsverarbeitung in der Zentraleinheit bei klassischem von-Neumann-Prinzip rein sequentiell.

Heutige Hardware ist preiswert und leistungsfähig. Die fortschreitende Halbleitertechnologie hat zu einer starken Reduzierung der Fläche eines Transistors geführt. Dies hat drei positive Effekte:

- Die Verlustleistung eines Transistors verringert sich.
- Die Schaltgeschwindigkeit eines Transistors erhöht sich.
- Die Dichte der Transistoren erhöht sich.

Die Erhöhung der Schaltgeschwindigkeit ermöglicht eine Erhöhung der Taktfrequenz. Die Erhöhung der Transistordichte erlaubt es uns, mehr Transistoren auf einem Chip unterzubringen. Die Verringerung der Verlustleistung wird leider durch die höhere Taktfrequenz, die größere Transistoranzahl sowie die Erhöhung der Leckströme bei dichteren Strukturen mehr als kompensiert. Die größere Transistoranzahl gestattet uns aber eine Reihe von Erweiterungen über das klassische von-Neumann-Prinzip hinaus, um die oben genannten Beschränkungen zu überwinden. Zu nennen sind hierbei insbesondere Speicherhierarchien, Pipelining, Parallelverarbeitung und spekulative Programmausführung.

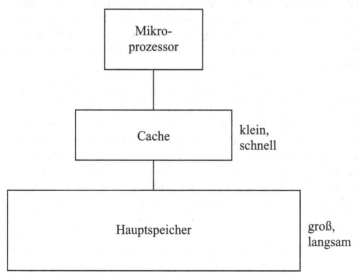

Abb. 2.11. Eine einfache Speicherhierarchie

Speicherhierarchien dienen dazu, den von-Neumann-Flaschenhals zu entschärfen, indem sie den Engpass zwischen Prozessor und Hauptspeicher aufbrechen. Heutige Hauptspeicher-Technologien ermöglichen eine Hauptspeichergröße von einigen Gigabyte bei einer Zugriffszeit von ca. 50 ns. Das heißt, es dauert ca. 50 ns vom Anlegen der Adresse am Adressbus bis zur Bereitstellung der Daten am Datenbus. Ein Mikroprozessor mit einer Taktfrequenz von 2 GHz führt in dieser Zeit 100 Taktzyklen durch, er wird also durch das Warten auf die Daten beim Hauptspeicherzugriff extrem gebremst. Schnellere Speichertechnologien existieren, jedoch ist durch Fläche und Strombedarf die realisierbare Speicherkapazität deutlich geringer. Im Allgemeinen kann man feststellen, dass Geschwindigkeit und Größe bei Speichertechnologien in umgekehrt proportionalem Verhältnis stehen, je kleiner der Speicher, desto schneller der Zugriff. Hier setzen Speicherhierarchien an, Abbildung 2.11 verdeutlicht die Idee. Zwischen den Prozessor und den großen, langsamen Hauptspeicher wird ein kleinerer, schnellerer Speicher geschaltet, ein so genannter **Cache**. Der Name „Cache" kommt aus dem Englischen und bedeutet „Versteck". In der Tat soll ein Cache den langsamen Hauptspeicher verstecken. In den Cache werden Teile des Hauptspeichers kopiert, auf die der Prozessor mit hoher Wahrscheinlichkeit als nächstes zugreifen wird. Welche dies sind, kann man relativ gut vorhersagen, da Programme meist **Lokalitäts-Eigenschaften** besitzen. **Räumliche Lokalität** bedeutet, die als nächstes ausgeführten Befehle befinden sich in der Regel in benachbarten Speicherbereichen zum gerade ausgeführten Befehl. **Zeitliche Lokalität** besagt, dass auf ein einmal zugegriffenes Datum mit hoher Wahrscheinlichkeit später wieder zugegriffen wird. Oft bewegt sich ein Prozessor sehr lange im selben Hauptspeicherbereich, z.B. bei der Ausführung von Schleifen. Wird ein solcher Bereich in den Cache kopiert, so fällt nur beim ersten Zugriff die langsame Zugriffszeit des Hauptspeichers an. Bei jedem weiteren Zugriff kann mit der schnelleren Zugriffszeit des Caches gearbeitet werden, solange sich der Speicherbereich im Cache befindet und nicht von einem anderen Speicherbereich verdrängt wurde. Findet sich ein benötigtes Speicherwort im Cache, so spricht man von einem **Cache-Hit**. Im anderen Fall liegt ein **Cache-Miss** vor.

Bei heutigen Mikroprozessoren werden mehrere Cache-Ebenen benutzt, wie Abbildung 2.12 zeigt. Nahe am Prozessor (auf demselben Chip) befindet sich der **First-Level-Cache**, ein sehr kleiner Cache (einige kBytes), der nahezu so schnell arbeitet wie der Prozessor. Zum parallelen Zugriff auf Programm und Daten wird hier abweichend vom von-Neumann-Prinzip eine Harvard-Architektur mit getrenntem Programm- und Datencache benutzt. Um im Fall eines Cache-Miss im First-Level-Cache nicht auf den langsamen Hauptspeicher zugreifen zu müssen, ist ein **Secondary-Level-Cache** nachgeschaltet. Er ist größer, aber auch langsamer als der First-Level-Cache, jedoch immer noch wesentlich schneller als der Hauptspeicher. Bei heutigen Prozessoren befindet sich der Secondary-Level-Cache ebenfalls entweder auf demselben Chip oder zumindest im selben Gehäuse wie der Mikroprozessor. Ein **Third-Level-Cache** fängt schließlich Cache-Misses des Secondary-Level-Caches ab.

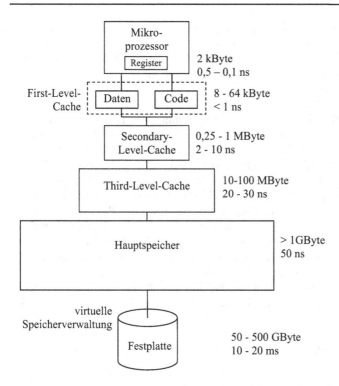

Abb. 2.12. Mehrstufige Speicherhierarchie bei heutigen Mikroprozessoren

Im erweiterten Sinne kann man auch die Register im Rechenwerk des Prozessors zum oberen Ende und die Festplatte zum unteren Ende der Speicherhierarchie rechnen. Die internen Register erlauben den schnellst möglichen Zugriff auf wenige, besonders häufig benötigte Daten. Die Festplatte wird in modernen Mikroprozessoren zur **virtuellen Speicherverwaltung** mit verwendet. Heutige Anwendungen erfordern zunehmend mehr Speicher. Dies liegt zum einen an immer komplexer werdenden Aufgaben, zum anderen aber auch daran, dass immer mehr Anwendungen gleichzeitig auf dem Rechner ausgeführt werden sollen. Daher reicht der physikalisch vorhandene Hauptspeicher oft nicht mehr aus. Abhilfe bringt die virtuelle Speicherverwaltung. Man benutzt die Festplatte, um dem Prozessor virtuell mehr Hauptspeicher zur Verfügung zu stellen, als physikalischer Hauptspeicher vorhanden ist. Hierzu wird der virtuelle Speicher in Blöcke aufgeteilt. Sind alle Blöcke gleich lang, spricht man von **Seiten**. Blöcke variabler Länge heißen hingegen **Segmente**. Beide Varianten finden in heutigen Systemen Verwendung. Im physikalischen Speicher sind nur die gerade benötigten Seiten oder Segmente vorhanden, alle nicht benötigten Seiten bzw. Segmente sind auf die Festplatte ausgelagert. Wird eine Seite oder ein Segment benötigt, das gerade ausgelagert ist, spricht man von einem **Seiten-** oder **Segmentfehler**. In diesem Fall unterbricht der Mikroprozessor seine Tätigkeit und lädt die benötigte Seite oder das benötigte Segment, wobei ggf. eine andere Seite bzw. ein anderes Segment ausgelagert wird. Moderne Mikroprozessoren unterstützen die virtuelle Speicherverwaltung durch eine Memory-Management-Unit, welche den virtuellen und physikalischen Adressraum verwaltet, Adressen umrechnet und das Aus- und Einlagern überwacht. Weitergehende Informationen zur virtuellen Speicherverwaltung finden sich in Abschnitt 6.4.

Pipelining oder Fließbandverarbeitung ist eine Technik, den Durchsatz durch den Prozessor zu erhöhen. Die Bearbeitung eines Befehls im Prozessor kann in mehrere Phasen aufgeteilt werden. Eine mögliche Aufteilung wäre zum Beispiel: 1: Befehl holen, 2. Befehl dekodieren, 3. Operanden holen, 4. Befehl ausführen, 5. Ergebnisse speichern. Diese 5 Phasen können nun sequentiell hintereinander ausgeführt werden, die Ausführung eines Befehls würde somit 5 Taktzyklen benötigen. Es besteht jedoch auch die Möglichkeit, die einzelnen Phasen zeitlich zu überlappen, wie dies in Abbildung 2.13 dargestellt ist. Man erhält eine fünfstufige Befehlspipeline. Mit Takt 1 wird der erste Befehl geholt. In Takt 2 wird der erste Befehl dekodiert, gleichzeitig jedoch bereits der zweite Befehl geholt. In Takt 3 werden die Operanden des ersten Befehls geholt, der zweite Befehl dekodiert und der dritte Befehl geholt. Ab Takt 5 ist die Pipeline gefüllt. Es wird nun mit jedem weiteren Takt die Ausführung eines Befehls beendet. Der Durchsatz beträgt somit ein Befehl pro Taktzyklus (im Gegensatz zu einem Befehl alle fünf Taktzyklen im sequentiellen Fall). Solch ein Prozessor, der jeden Takt einen Befehl beendet, heißt **skalarer Prozessor**.

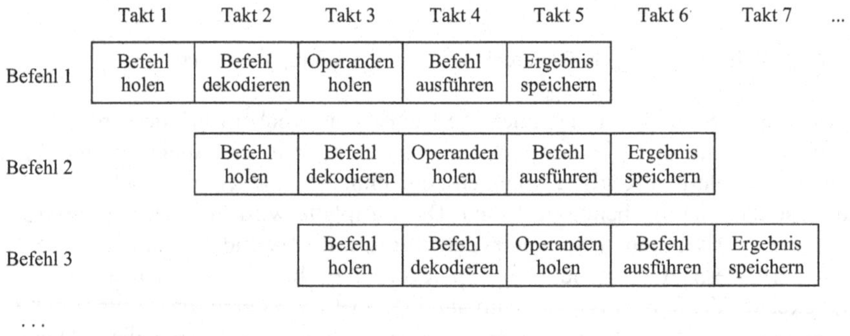

	Takt 1	Takt 2	Takt 3	Takt 4	Takt 5	Takt 6	Takt 7	...
Befehl 1	Befehl holen	Befehl dekodieren	Operanden holen	Befehl ausführen	Ergebnis speichern			
Befehl 2		Befehl holen	Befehl dekodieren	Operanden holen	Befehl ausführen	Ergebnis speichern		
Befehl 3			Befehl holen	Befehl dekodieren	Operanden holen	Befehl ausführen	Ergebnis speichern	
...								

Abb. 2.13. Eine fünfstufige Befehlspipeline

Jedoch gibt es auch **Hemmnisse**, die den Fluss durch die Pipeline stören. Ein solches Hemmnis sind Datenabhängigkeiten. Nehmen wir an, der Befehl 3 in Abbildung 2.13 würde als Eingabe-Operand das Ergebnis von Befehl 2 benötigen. Die Operanden für Befehl 3 werden in Takt 5 geholt, das Ergebnis von Befehl 2 jedoch erst in Takt 6 gespeichert. Es steht also noch nicht zur Verfügung. Abhilfe bringt hier entweder das Einfügen eines Leertaktes zwischen Befehl 2 und 3. Es entsteht eine sog. **Pipeline-Blase** (*Pipeline Bubble*). Eine andere, effizientere Methode ist die direkte Weiterleitung des Ergebnisses auf einem internen Datenpfad innerhalb der ALU. Diese Technik nennt man **Forwarding**.

Ein weiteres Hemmnis stellen Sprungbefehle dar. Wäre Befehl 1 in Abbildung 2.13 ein Sprungbefehl, so würde dessen Zieladresse in Takt 3 geholt. Zu diesem Zeitpunkt befinden sich aber die zwei nachfolgenden Befehle 2 und 3 bereits in der Pipeline, obwohl sie gar nicht zur Ausführung kommen. Noch schlimmer wird der Fall bei bedingten Sprüngen. Dies sind Sprünge, deren Ausführung von einer zuvor berechneten Bedingung abhängen. Würde im obigen Beispiel in Befehl 1 eine Bedingung berechnet, so stünde einem nachfolgenden bedingten Sprungbefehl das Ergebnis erst in Takt 5 zur Verfügung. Es würden somit im Fall einer wahren Bedingung (Sprung wird durchgeführt) drei falsche Befehle geholt. Eine Abhilfe besteht wieder darin, Leertakte nach einem Sprungbefehl einzufügen, bis die Bedingung berechnet ist. Dies führt allerdings zu relativ großen Pipeline-Blasen. Das Problem wird umso gravierender, je länger die Pipeline ist. Um hohe Verarbeitungsgeschwindigkeiten zu erzielen, benutzen moderne Prozessoren sehr lange Pipelines, die des Pentium 4 besitzt beispielsweise 20 Stufen [Stiller 2000].

Eine elegantere Methode dieses Problem zu lösen, ist die **spekulative Programmausführung**. Ist das Ergebnis einer Sprungbedingung nicht rechtzeitig bekannt, so spekuliert der Prozessor einfach. Er sagt vorher, ob der Sprung genommen wird oder nicht und lädt die nächsten Befehle entsprechend. Sobald das wirkliche Ergebnis vorliegt, wird es mit der Spekulation verglichen. War die Spekulation korrekt, wurde Zeit eingespart und Pipeline-Blasen vermieden. Ist die Spekulation allerdings falsch gewesen, müssen alle spekulativ ausgeführten Befehle wieder rückgängig gemacht werden, es wird Zeit verloren. Daher muss das Ergebnis der Spekulation sehr zuverlässig sein. Heutige Verfahren zur **Sprungvorhersage** erlauben Trefferquoten von über 90%, d.h. mehr als 90% der Sprünge werden korrekt vorhergesagt. Grundtechnik aller Vorhersageverfahren ist es, die Vergangenheit der Sprünge zu beobachten und daraus auf die Zukunft zu schließen. Abbildung 2.14 zeigt zwei einfache Vorhersagemechanismen, den Ein-Bit- und den Zwei-Bit-Prädiktor. Beim **Ein-Bit-Prädiktor** wird spekuliert, dass der Sprung sich so verhält wie beim letzten Mal. Wurde der Sprung zuvor genommen, so wird darauf spekuliert, dass er auch diesmal wieder genommen wird. Wurde der Sprung nicht genommen, so geht der Prozessor davon aus, dass der Sprung wieder nicht genommen wird. Die Geschichte eines Sprungs kann somit durch ein Bit repräsentiert werden. Der **Zwei-Bit-Prädiktor** erweitert dieses Schema. Er ändert seine Vorhersage nur, wenn er sich zweimal geirrt hat. Hierzu wir die Anzahl der Zustände gegenüber dem Ein-Bit-Prädiktor verdoppelt, es werden zwei Bit pro Sprung notwendig. Befindet sich der Prädiktor z.B. im Zustand „Strongly Taken", so spekuliert er, dass der Sprung genommen wird. Im Fall des Irrtums geht der Prädiktor in den Zustand „Weakly Taken" über, sagt aber immer noch voraus, dass der Sprung genommen wird. Erst beim zweiten Irrtum wechselt die Vorhersage in „nicht genommen". Heutige Mikroprozessoren benutzen darüber hinaus Prädiktoren, die nicht nur die Geschichte eines Sprungs isoliert, sondern im Verhältnis zu benachbarten Sprüngen betrachten. Diese **Korrelations-Prädiktoren** erreichen bessere Trefferquoten, da das Verhalten eines Sprungbefehls in einem realen Anwendungsprogramm oft davon abhängt, ob ein benachbarter Sprung genommen wurde oder nicht. Allerdings benötigen diese Prädiktoren eine längere Einlernzeit, d.h. zu Beginn sind ihre Vorhersagen oft schlechter als die der einfachen Prädiktoren. Eine Lösung sind **Kombinations-Prädiktoren**, bei denen ein einfacher und ein komplexer Prädiktor zusammenarbeiten. Über die reine Sprungvorhersage hinaus kann auch auf Daten, Adressen und Datenabhängigkeiten spekuliert werden. Weitergehende Informationen über das sehr komplexe Feld der spekulativen Befehlsausführung findet sich z.B. in [Brinkschulte und Ungerer 2002].

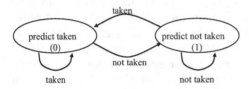

a. Ein-Bit-Präditkor

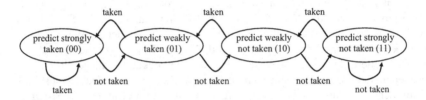

b. Zwei-Bit-Präditkor

Abb. 2.14. Ein- und Zwei-Bit-Prädiktoren zur Sprungvorhersage

Die Technik des Pipelinings stellt bereits eine Form von Parallelität dar, man spricht auch von **zeitlicher Parallelität**. Darüber hinaus wird in modernen Mikroprozessoren auch **räumliche Parallelität** eingesetzt, d.h. es werden Verarbeitungseinheiten vervielfacht. Eine Form von räumlicher Parallelität ist die die **Superskalartechnik**, die heute in vielen Mikroprozessoren Verwendung findet. Ein **superskalarer Prozessor** ist in Erweiterung zum skalaren Prozessor in der Lage, mehr als einen Befehl pro Taktzyklus zu beenden. Hierzu benutzt er eine superskalare Pipeline, die über parallele Ausführungseinheiten, z.B. mehrere ALUs, verfügt. Entscheidend für die Superskalartechnik ist, dass die Auswahl der parallel bearbeiteten Befehle durch den Prozessor getroffen wird. Ein superskalarer Prozessor geht wie ein skalarer Prozessor auch von einem sequentiellen Befehlsstrom aus. Die Ausbeutung von Parallelität erfolgt ausschließlich innerhalb des Prozessors. Hierzu sammelt er die sequentiellen Befehle in einem Puffer, dem Befehlsfenster, siehe Abbildung 2.15. Die Zuordnungseinheit wählt aus diesem Fenster Befehle aus, die parallel verarbeitet werden können. Hierzu müssen insbesondere Datenabhängigkeiten beachtet werden. Zwei Befehle können nur dann parallel ausgeführt werden, wenn der eine nicht das Ergebnis des anderen benötigt. Am Ende sorgt die Rückordnungseinheit dafür, dass die Ergebnisse der teilweise parallel ausgeführten Befehle wieder in der ursprünglichen, sequentiellen Reihenfolge geschrieben werden. Die Superskalartechnik ist somit eine Mikroarchitekturtechnik, sie wird auf der Architekturebene nicht sichtbar. Ein superskalarer Prozessor kann daher ohne weiteres binärkompatibel zu einem skalaren Prozessor sein.

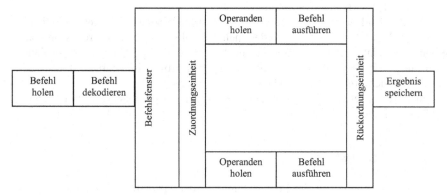

Abb. 2.15. Eine superskalare Pipeline

Alternativ zur Superskalartechnik kann **VLIW** (*Very Large Instruction Word*) verwendet werden. Hier erfolgt die Parallelisierung ausschließlich durch den Compiler, der dem Prozessor die parallel zu verarbeitenden Befehle in einem breiten Befehlswort präsentiert. Dies vereinfacht den Aufbau des Prozessors, da er im Gegensatz zum superskalaren Prozessor keine komplexe Zuordnungseinheit benötigt. Auch kann der Compiler bei der Ausbeutung der Parallelität komplexere, rechenzeit-intensivere Verfahren anwenden als die Hardware der Zuordnungseinheit eines superskalaren Prozessors, die ja mit dem Prozessortakt Schritt halten muss. VLIW stellt eine Architekturtechnik dar, da die Parallelität direkt in das Format der Befehlsworte eingeht und somit von außen sichtbar ist. Dies stellt einen Nachteil dar, da es nicht möglich ist, binärkompatible VLIW Prozessoren mit unterschiedlichem Grad an Parallelität zu bauen. Des Weiteren kann VLIW keine dynamischen Laufzeiteffekte nutzen. Die VLIW Technik findet heute hauptsächlich in Signalprozessoren Verwendung (siehe Abschnitt 2.3).

Eine Mittelstellung zwischen Superskalartechnik und VLIW nimmt **EPIC** (*Explicit Parallel Instruction Computing*) ein. Hier erzeugt der Compiler Hinweise für den Prozessor, die ihm Grenzen parallel ausführbarer Befehlsfolgen mitteilen. Wie viele Befehle innerhalb der Folge wirklich parallel ausgeführt werden, entscheidet der Prozessor. Hierdurch werden binärkompatible Prozessoren unterschiedlicher Parallelität möglich. EPIC wurde von Intel für die Itanium Prozessorfamilie entwickelt [Stiller 2001].

Eine weitere Form der räumlichen Parallelität ist die bereits erwähnte **Mehrfädigkeit** (*Multithreading*, von Intel auch *Hyperthreading* genannt). Die innerhalb eines sequentiellen Befehlsstroms nutzbare Parallelität ist begrenzt. Heutige Programme bestehen jedoch oft aus mehreren parallelen Befehlsfäden (*Threads*). Es liegt nahe, die dadurch vorhandene zusätzliche Parallelität zu nutzen. Ein mehrfädiger Prozessor kann Befehle aus mehreren Fäden gleichzeitig in der Pipeline verarbeiten. Dazu besitzt er mehrere Programmzähler und Registersätze. Kombiniert man einen superskalaren Prozessor mit einem mehrfädigen Prozessor, so erhält man einen **simultan mehrfädigen Prozessor** (*Simultaneous Multithreading*). Dieser Prozessortyp ist in der Lage, mehrere Befehle aus dem gleichen wie auch aus anderen Fäden parallel zu verarbeiten.

Abschließend seien hier noch **Chip-Multiprozessoren** erwähnt. Bei dieser Form der Parallelverarbeitung werden mehrere vollständige Mikroprozessoren auf einen Chip platziert. Diese Prozessoren können einfädig oder ihrerseits wieder mehrfädig sein. Jeder Prozessor kann ein eigenes Programm bearbeiten, das wiederum aus mehreren Fäden bestehen kann.

Für tiefer gehende Informationen sei auch hier auf [Brinkschulte und Ungerer 2002] verwiesen.

2.1.4   Echtzeitfähigkeit

In diesem Abschnitt soll die Echtzeitfähigkeit der zuvor betrachteten Mikroprozessor-Architekturen und –Mikroarchitekturen näher beleuchtet werden. Für Echtzeitanwendungen ist es wichtig, die Ausführungszeit eines Programmstücks möglichst genau zu kennen. Verfahren zur Analyse von Echtzeitsystemen benötigen diese Information (siehe hierzu Kapitel 5 und 6). Da viele Echtzeitsysteme Zeitbedingungen unter allen Umständen einhalten müssen, ist hier insbesondere der schlimmste mögliche Fall, also die höchst mögliche Ausführungszeit, wichtig. Diese Zeit nennt man *Worst-Case Execution Time* (WCET). Da auch die Schwankungen der Ausführungszeit eine Rolle spielen können, ist weiterhin der beste mögliche Fall, die *Best-Case Execution Time* (BCET) interessant. Die WCET gibt uns eine obere Schranke, der Quotient WCET/BCET die mögliche Schwankungsbreite. Je enger BCET und WCET beieinander liegen, desto besser ist ein System für Echtzeitanwendungen geeignet. Eine große Abweichung von BCET und WCET zeigt, dass das System zwar durchaus zu einer hohen Verarbeitungsleistung fähig ist, aber nicht unter allen für Echtzeitsysteme wichtigen Randbedingungen. Man stelle sich ein automatisch gesteuertes Fahrzeug vor, welches zwar in 99% der Fälle rechtzeitig vor einer Ampel zum Stehen kommt, in 1% der Fälle jedoch erst innerhalb der Kreuzung. Dieses Verhalten ist bei einem derart kritischen System nicht zu tolerieren.

Über diesem Hintergrund wollen wir nun die Echtzeiteigenschaften der in den vorigen Abschnitten vorgestellten Mikroprozessor-Konzepte diskutieren. Abbildung 2.16 vergleicht die Echtzeiteigenschaften der einzelnen Mikroarchitekturen an Hand eines einfachen Beispielprogramms. Dieses Assemblerprogramm lädt zunächst einen Wert von der Hauptspeicheradresse 2000 in das interne Register A des Mikroprozessors. Danach wird der Wert des Registers B erhöht. Schließlich werden A und B subtrahiert. Ist das Ergebnis der Subtraktion 0, d.h. die Werte in A und B waren gleich, so führt der Mikroprozessor einen Sprung zur Adresse 10000 durch und führt dort die Befehlsverarbeitung fort.

Programm	Benötigte Anzahl Taktzyklen					
	Keine Pipeline	Einfache Pipeline	Pipeline, Spekulation		Pipeline, Cache, Spekulation	
	Best=Worst	Best=Worst	Best	Worst	Best	Worst
LD A, (2000)	5	1+4	1+4	1+4	1	1+4
INC B	3	1	1	1	1	1
SUB A,B	3	1+1	1+1	1+1	1+1	1+1
JZ 10000	4	1+3	1	7	1	7
Gesamt	15	12	9	15	5	15

Abb. 2.16. Best- und Worst-Case Ausführungszeiten verschiedener Mikroarchitekturen

Betrachten wir zunächst den in Abbildung 2.2 vorgestellten einfachen Mikroprozessor ohne Pipeline, Caches und Parallelverarbeitung. Durch den einfachen Aufbau ist die Ausführungszeit für jeden Befehl konstant und im Voraus bekannt. Die Ausführungszeit eines Programmstücks ist somit durch einfaches Auszählen der benötigten Taktzyklen bestimmbar. WCET und BCET sind identisch. Das Beispielprogramm benötigt in jedem Fall 15 Taktzyklen. Dies sind ideale Bedingungen hinsichtlich der Echtzeitfähigkeit.

Fügen wir nun eine einfache fünfstufige Pipeline wie im vorigen Abschnitt besprochen hinzu. In einem derartigen skalaren Mikroprozessor benötigt jeder Befehl einen Taktzyklus, sofern die Pipeline gefüllt ist. Die genannten Pipeline-Hemmnisse können dies jedoch verzögern. So benötigt z.B. der bedingte Sprungbefehl in dieser Pipeline wie besprochen 1 Takt plus 3 Leertakte, um auf die Auswertung der Bedingung durch den vorigen Befehl zu warten. Auch der Ladebefehl aus dem Hauptspeicher benötigt 4 zusätzliche Leertakte, um die langsame Zugriffszeit auf den Hauptspeicher auszugleichen. Schließlich benötigt der Subtraktionsbefehl ebenfalls einen Leertakt, da eine Datenabhängigkeit zum vorigen Befehl besteht (der Subtraktions-Operand B wird im vorigen Befehl erhöht). Best- und Worst-Case Ausführungszeiten sind immer noch identisch, auch ist die Abarbeitung des Programms mit 12 Taktzyklen schneller geworden als ohne Pipeline. Allerdings wird die Auswertung schwieriger, da die Ausführungszeiten eines Befehls nicht mehr konstant sind. Es müssen Abhängigkeiten berücksichtigt werden. So benötigt der Subtraktionsbefehl im Beispiel nur deshalb zwei Takte (1 Pipelinetakt + 1 Leertakt), weil eine Datenabhängigkeit zum vorigen Befehl besteht. Ohne diese Datenabhängigkeit würde der Befehl einen Takt benötigen.

Die dritte Spalte zeigt die Ausführungszeiten bei Einführen einer Sprungspekulation. Um die Leertakte beim bedingten Sprung zur vermeiden, spekuliert der Prozessor wie im vorigen Abschnitt beschrieben, ob der Sprung durchgeführt wird oder nicht. Ist die Spekulation korrekt, so benötigt der Sprung nur einen Takt. Ist die Spekulation hingegen falsch, so werden durch das rückgängig Machen irrtümlich ausgeführter Befehle sogar mehr Takte als ohne Spekulation fällig, in unserem Beispiel 7 Takte. Dies führt nun zu einem Unterschied in der BCET und

WCET. Im besten Fall benötigt der Prozessor 9 Takte, ist also wieder schneller geworden. Im schlechtesten Fall benötigt er jedoch 15 Takte, ist also langsamer als ohne Spekulation. Durch die hohen Trefferquoten bei der Sprungspekulation ist dies für die durchschnittliche Verarbeitungsleistung unbedeutend, in den meisten Fällen wird der Prozessor die kurze Ausführungszeit benötigen. Für Echtzeitsysteme ist jedoch die WCET entscheidend, vergleiche das obige Beispiel mit dem automatischen Fahrzeug und der Ampel. Aus Sicht eines Echtzeitsystems bringt die Spekulation also sogar eine Verschlechterung, da im schlimmsten Fall mehr Zeit als ohne Spekulation benötigt wird.

Die vierte Spalte in Abbildung 2.16 zeigt schließlich die Ausführungszeiten des Beispiels bei zusätzlicher Einführung eines Datencaches. Dieser bewirkt, dass im Fall eines Cache-Hits der Ladebefehl nun auch in einem Taktzyklus abgewickelt werden kann. Die BCET verbessert sich auf 5 Taktzyklen. Die WCET bleibt jedoch wie vorher bei 15 Taktzyklen, da bei einem Cache-Miss nach wie vor 5 Taktzyklen für den Ladebefehl erforderlich sind.

Moderne Mikroprozessor-Architekturen und -Mikroarchitekturen sind auf die Optimierung der durchschnittlichen Verarbeitungsleistung ausgelegt. Für Echtzeitsysteme ist dies wenig hilfreich oder sogar kontraproduktiv, da sich wie im obigen Beispiel gesehen die WCET sogar verschlechtern kann. Lange Pipelines, umfangreiche Spekulationen und ausgedehnte Speicherhierarchien, wie sie bei heutigen Mikroprozessoren üblich sind, reduzieren die zeitliche Vorhersagbarkeit erheblich. Auch die virtuelle Speicherverwaltung kann Probleme verursachen, wenn eine benötigte Seite nicht im Hauptspeicher vorhanden ist und nachgeladen werden muss. Hierdurch wird die Ausführungszeit deutlich verlängert. Eine Diskussion über Echtzeitaspekte der virtuellen Speicherverwaltung findet sich in Abschnitt 6.4.

Um die WCET für einen Programmabschnitt auf einem Mikroprozessor zu bestimmen, gibt es innerhalb der Echtzeitsysteme ein eigenes Fachgebiet, die Worst-Case Execution Time Analysis (WCETA). Hier versucht man möglichst exakt obere Schranken der Ausführungszeit zu berechnen. Möglicht exakt heißt hierbei, der ermittelte Wert sollte nicht zu weit über dem realen Wert liegen (und er darf natürlich niemals kleiner als der reale Wert sein). Dies ist keine leichte Aufgabe, da die besprochenen Effekte die Analyse moderner Mikroprozessoren erschweren. Es gibt mittlerweile Verfahren, mit denen sich unter gewissen Randbedingungen längere Pipelines und bestimmte Arten von Caches gut vorhersagen lassen. Das Problem besteht allerdings darin, dass das Gebiet der WCETA immer hinter dem Stand der Mikroprozessortechnik her hinkt, da ständig neue Mikroarchitekturvarianten entwickelt werden, für die es noch keine hinreichend guten Analyseverfahren gibt. Als Beispiel sei hier nur auf die mehrfädigen Prozessoren verwiesen. Hier taucht das zusätzliche Problem auf, dass bei simultaner Ausführung mehrerer Fäden (Threads) diese sich gegenseitig die Einträge im Cache überschreiben und so das Zeitverhalten ändern. Cache-Analyse-Techniken der WCETA versagen hier noch völlig. Es würde im Rahmen dieses Buches zu weit führen, hier auf weitere Details einzugehen. Der interessierte Leser sei auf die entsprechende Literatur verwiesen, z.B. [Gustaffson 2000, Ermedahl 2003].

Ein alternativer Ansatz besteht darin, die WCET nicht zu berechnen, sondern die Ausführungszeiten zu messen. Diese Messungen können jedoch immer nur nur einen Anhaltspunkt liefern, da meist nicht sichergestellt werden kann, dass während der Messungen der schlimmste Fall auch aufgetreten ist. Es gibt industrielle Praktiken, bei denen die Ausführungszeiten gemessen und die gemessenen Werte dann verdoppelt oder verdreifacht werden. Aber auch dies ist keine Garantie, eine obere Schranke für die Ausführungszeit gefunden zu haben. Für sicherheitskritische Anwendungen sollte diese Methode daher nicht eingesetzt werden.

2.2   Mikrocontroller

Mikrocontroller sind spezielle Mikrorechner auf einem Chip, die auf spezifische Anwendungsfälle zugeschnitten sind. Meist sind dies Steuerungs- oder Kommunikationsaufgaben, die einmal programmiert und dann für die Lebensdauer des Mikrocontrollers auf diesem ausgeführt werden. Die Anwendungsfelder sind hierbei sehr breit gestreut und reichen vom Haushalt über Kfz-Technik und Medizintechnik bis hin zur Automatisierung. In vielen diesen Anwendungsbereiche müssen Zeitbedingungen eingehalten werden, sei es bei den vielen elektronischen Helfern im Fahrzeug wie etwa ABS und ESP oder bei der Steuerung von Robotern in der Fabrikautomation. Mikrocontroller sind daher wichtige und häufige Bestandteile von Echtzeitsystemen.

Um die Aufgaben optimal erfüllen zu können, sind spezielle Architekturen erforderlich, die aus den bisher betrachteten Mikroprozessorarchitekturen abgeleitet sind. Je nach Aufgabengebiet sind jedoch mehr oder minder starke Spezialisierungen notwendig. Es muss gesagt werden, dass es *den* Mikrocontroller schlechthin nicht gibt. Es existiert ein Vielzahl von anwendungsspezifischen Typen. Selbst innerhalb einer Mikrocontrollerfamilie eines Herstellers existieren meist Unterklassen, die sich in Ihrem Aufbau deutlich unterscheiden. So ist es nicht selten, dass von einem bestimmten Mikrocontroller, z.B. 68HC11, zwanzig und mehr Varianten 68HC11A1 – 68HC11P9 existieren, die jeweils für einen bestimmten Zweck optimiert sind. Im Folgenden werden zunächst die gemeinsamen Eigenschaften aller Mikrocontroller und ihre Unterschiede zu Mikroprozessoren erläutert. Danach werden die wesentlichen Komponenten eines Mikrocontrollers besprochen. Für eine weitergehende Beschreibung von Eigenschaften und Funktionsweisen sei auf entsprechende Literatur verwiesen, z.B. [Brinkschulte und Ungerer 2002].

2.2.1   Abgrenzung zu Mikroprozessoren

Einfach gesagt kann ein Mikrocontroller als ein **Ein-Chip-Mikrorechner mit speziell für Steuerungs- oder Kommunikationsaufgaben zugeschnittener Peripherie** betrachtet werden. Abbildung 2.17 gibt einen Überblick.

Mikrocontroller

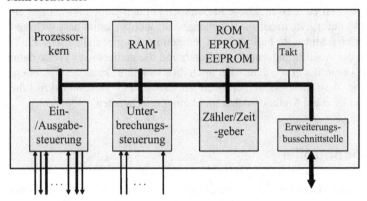

Abb. 2.17. Prinzipieller Aufbau eines Mikrocontrollers

Ziel dieses Aufbaus ist es, mit möglichst wenig externen Bausteinen eine Aufgabe lösen zu können. Im Idealfall genügt dafür der Mikrocontroller selbst, ein Quarzbaustein zur Taktgewinnung, die Stromversorgung sowie ggf. Treiberbausteine und ein Bedienfeld. Alle Komponenten werden mehr oder minder direkt vom Mikrocontroller gesteuert. Je nach Anwendung kommen verschiedene externe Bausteine hinzu. Jedoch steht der kostengünstige Einsatz von Rechen- und Steuerleistung bei Mikrocontrollern immer im Vordergrund.

Abbildung 2.18 stellt die wesentlichen Komponenten eines Mikrocontrollers im Schalenmodell dar. Dieses Modell gibt auch einen Überblick über die Komponentenhierarchie. Der Prozessorkern bildet das Herzstück eines Mikrocontrollers. Darum gruppieren sich die Speichereinheiten. An der äußeren Schale sind die verschiedenen Peripherie-Einheiten sichtbar.

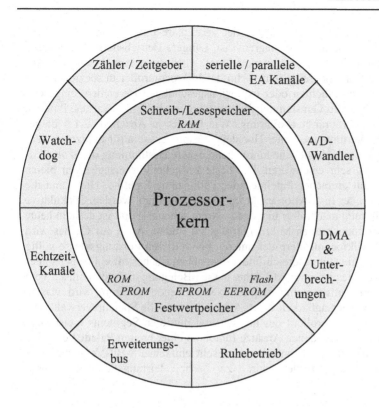

Abb. 2.18. Schalenmodell eines Mikrocontrollers

2.2.2   Prozessorkern

Der Prozessorkern eines Mikrocontrollers unterscheidet sich prinzipiell nicht von dem eines Mikroprozessors. Da beim Einsatz von Mikrocontrollern jedoch häufig die Kosten eine dominierende Rolle spielen und reine Rechenleistung nicht unbedingt das entscheidende Kriterium ist (z.B. zur Steuerung einer Kaffeemaschine), fällt der Prozessorkern eines Mikrocontrollers in der Regel deutlich einfacher aus als der eines Mikroprozessors. Hierbei sind zwei grundlegende Ansätze zu beobachten: einige Hersteller verwenden eigens für den jeweiligen Mikrocontroller entwickelte einfache Prozessorkernarchitekturen, die den im vorigen Kapitel beschriebenen grundlegenden Prozessortechniken folgen. Andere Hersteller benutzen mit geringfügigen Modifikationen die Prozessorkerne älterer Mikroprozessoren aus dem eigenen Haus. Dies schafft Kompatibilität und reduziert die Entwicklungskosten. Für viele Mikrocontroller-Anwendungen ist das Leistungsvermögen dieser Prozessorkerne völlig ausreichend. Die notwendigen Modifikationen betreffen meist den Stromverbrauch und das Echtzeitverhalten. So ist für Mikrocontroller in vielen Anwendungen ein Stromspar-Modus wünschenswert, da insbesondere in mobilen Anwendungen der verfügbare Energievorrat durch eine Batterie oder einen Akkumulator begrenzt ist. Längere Betriebsdauer bei gleicher Batteriekapazität ist hier ein Leistungsmerkmal. Auch die maximal mögliche Abgabe von Wärme kann begrenzt sein, wenn der Mikrocontroller in spezieller Umgebung, z.b. in wasserdichten oder explosionsgeschützten Bereichen, eingesetzt wird. Modifikationen zu Gunsten der Echtzeitfähigkeit betreffen Caches, Pipeline sowie spekulative Programmausführung. Wie bereits in Abschnitt 2.1.4 dargestellt, sind diese Attribute moderner Hochleistungsprozessoren für Echtzeitanwendungen eher hinderlich, da sie eine hinreichend exakte Bestimmung der *Worst Case Execution Time* sehr erschweren. Die beste zeitliche Vorhersagbarkeit bieten Prozessorkerne mit einfacher Pipeline oder völlig ohne Pipeline. Hier kann die Ausführungszeit jeder Instruktion exakt im Voraus bestimmt werden. Spekulative Programmausführung macht dies hingegen extrem schwierig und ist deshalb heute noch bei keinem industriellen Mikrocontroller zu finden. Auch auf Caches wird im Bereich von Mikrocontrollern der unteren bis mittleren Leistungsklasse völlig verzichtet. Im Hochleistungsbereich findet man neben Caches oft ein so genanntes *Scratch-Memory*. Dies ist eine Art Cache, dessen Belegung nicht dynamisch vom Prozessor, sondern statisch vom Compiler bzw. Anwender bestimmt wird, was zu hoher zeitlicher Vorhersagbarkeit führt. Auch eine virtuelle Speicherverwaltungseinheit ist bei Mikrocontrollern des unteren und mittleren Segments meist nicht vorhanden. Diese verschiedenen Ansätze führen zu einer breiten Palette verfügbarer Prozessorkerne für Mikrocontroller, von sehr einfachen 8-Bit-Versionen über 16-Bit-Allround-Mikrocontroller hin zu sehr leistungsfähigen 32-Bit-Architekturen.

2.2.3 Speicher

Der integrierte Speicher ermöglicht das Ablegen von Programmen und Daten im Mikrocontroller-Chip. Gelingt dies vollständig, so erspart man sich die Kosten für externe Speicherkomponenten sowie zugehörige Decodierlogik. Außerdem kann dann auch auf einen Speicher-Erweiterungsbus verzichtet werden, der durch seine Adress-, Daten- und Steuerleitungen wertvolle Gehäuseanschlüsse belegt. Gerade bei Mikrocontrollern sind Gehäuseanschlüsse eine knappe Ressource, da in der Regel die integrierten Peripherie-Einheiten um diese Anschlüsse konkurrieren. Dies führt oft zu Mehrfachbelegungen von Anschlüssen, insbesondere bei preisgünstigen, einfachen Mikrocontrollern mit kleinen Gehäusebauformen und weniger als 100 Anschlüssen. So können die Anschlüsse eines eingesparten Speicher-Erweiterungsbusses durch andere Einheiten des Mikrocontrollers genutzt werden.

Der integrierte Speicher ist aufgeteilt in einen nichtflüchtigen Festwertspeicher und einen flüchtigen Schreiblesespeicher. Größe und Typ dieser Speicher unterscheiden oft verschiedene Untertypen desselben Mikrocontrollers. So verfügt z.B. der Mikrocontroller 68HC11E1 über 512 Bytes Schreiblesespeicher und 512 Bytes Festwertspeicher, während sein Bruder 68HC11E2 bei gleicher CPU 256 Bytes Schreiblesespeicher und 2048 Bytes Festwertspeicher besitzt. Der flüchtige Schreiblesespeicher (*Random Access Memory, RAM*), der seinen Inhalt beim Abschalten der Spannungsversorgung verliert, dient meist als Datenspeicher. Der nichtflüchtige Festwertspeicher, der im normalen Betrieb nur gelesen werden kann und seinen Inhalt beim Abschalten der Spannungsversorgung bewahrt, dient als Programm- und Konstantenspeicher.

Je nach Schreibtechnik sind verschieden Typen von Festwertspeichern zu unterscheiden: ROMs (*Read Only Memory*) können nur vom Chip-Hersteller beim Herstellungsprozess einmalig mit Inhalt gefüllt werden und sind somit nur für den Serieneinsatz geeignet. PROMs (*Programmable Read Only Memory*) können vom Anwender einmalig per Programmiergerät geschrieben werden. EPROMs (*Erasable Programmable Read Only Memory)* können vom Anwender mehrmals per Programmiergerät geschrieben und per UV-Licht wieder gelöscht werden. EEPROMs (*Electrically Erasable Programmable Read Only Memory*) und Flash-RAMs lassen sich elektrisch wieder löschen. Bei EEPROMs kann dies zellenweise geschehen, während Flash-Speicher sich nur im Block löschen lässt. Auch hier können verschiedene Untertypen desselben Mikrocontrollers über verschiedene Festwert-Speichertypen verfügen und sich somit für Prototypen (EPROM, EEPROM, Flash), Kleinserien- (PROM) oder Großserien-Fertigung (ROM) eignen.

Als integrierten Schreiblesespeicher findet man bei Mikrocontrollern vorzugsweise statischen Speicher. Die Zellen dieses Speichertyps bestehen aus Flipflops und können eine Information speichern, solange eine hinreichende Spannungsversorgung anliegt. Kaum Verwendung findet hingegen dynamischer Speicher. Die Zellen dieses Speichertyps sind einfacher aufgebaut, die Information wird in Form von Ladung auf einem Kondensator gespeichert. Da Kondensatoren ihre Ladung durch Leckströme über die Zeit verlieren, benötigt dieser Speichertyp eine ständige, periodische Wiederauffrischung im Abstand von wenigen Millisekunden. Insbesondere im Zusammenhang mit Energiesparmaßnahmen ist diese periodische Auffrischung eher hinderlich. Dynamischen Speicher findet man daher in der Regel nur als externen Speicher bei Hochleistungsmikrocontrollern, wie beispielsweise dem PXA250 von Intel.

Abbildung 2.19 gibt einen Überblick über diese Speicherklassen. Eine interessante Mittelstellung nimmt hierbei das *nonvolatile RAM* ein. Es besteht aus einer Kombination von flüchtigem Schreiblesespeicher und nichtflüchtigem Festwertspeicher. Abbildung 2.20 zeigt den grundsätzlichen Aufbau. Im normalen Betrieb wird eine flüchtige RAM Speichermatrix benutzt, die aus statischen Speicherzellen aufgebaut ist. Beim Abschalten oder bei Ausfall der Spannungsversorgung schreibt eine Kopierlogik den Inhalt der flüchtigen Speichermatrix zeilenweise in die nichtflüchtige Speichermatrix, die in der Regel aus FlashRAM-Zellen aufgebaut ist. Weist die Speichermatrix beispielsweise eine Organisation von 1024 x 1024 Zellen (= 1 MBit) auf, so kann dieser Kopiervorgang in 1024 Taktzyklen erledigt werden. Bei einer Zugriffs- bzw. Taktzykluszeit von 50ns dauert der Kopiervorgang somit ca. 51 µsec. Für diese kurze Zeitdauer kann die Spannungsversorgung durch einen hinreichend großen Stützkondensator aufrechterhalten werden. Beim Wiedereinschalten der Spannungsversorgung wird in umgekehrter Richtung der gesicherte Inhalt wieder in die flüchtige Speichermatrix zurückkopiert.

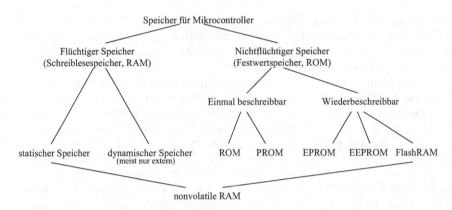

Abb. 2.19. Speicher für Mikrocontroller

Bei Automatisierungsrechnern werden nichtflüchtige Speicher in viel größerem Umfang als bei normalen Desktop-Rechners eingesetzt. Dies hat eine Reihe von Gründen: Sehr oft besitzen solche Rechner, die häufig mit Mikrocontrollern realisiert werden, keine Festplatten. Festplatten benötigen relativ viel Platz und Energie. Außerdem sind sie mechanisch nur begrenzt beanspruchbar. In einer rauen Automatisierungsumgebung können diese Grenzen leicht überschritten werden. Des Weiteren fallen bei Automatisierungsanwendungen Konfigurationsdaten an, die dauerhaft gespeichert werden und auch Stromausfälle überdauern müssen. Das gleiche gilt für den aktuellen Prozesszustand. Nur so ist ein schnelles Wiederanfahren der Anlage nach Abschaltung oder Ausfall möglich.

Die nichtflüchtigen Speicherbausteine werden in Automatisierungsrechnern entweder zum Aufbau eines nichtflüchtigen Arbeitsspeichers oder zur Emulation einer Festplatte benutzt. Verwendung finden hier vorzugsweise EEPROM zur Speicherung von Konfigurationsdaten sowie FlashRAM zur Festplattenemulation. Auch nonvolatile RAM und statische Schreiblesespeicher, deren Stromversorgung durch eine Batterie abgesichert ist (batteriegestütztes RAM), kommen zum Einsatz, insbesondere zur Speicherung von Prozesszuständen.

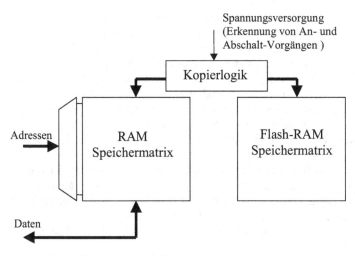

Abb. 2.20. Aufbau von nonvolatile RAM

2.2.4   Zähler und Zeitgeber

Für den Einsatz von Mikrocontroller im Echtzeitbereich stellen Zähler und Zeitgeber wichtige Komponenten dar. Hiermit lassen sich eine Vielzahl von mehr oder minder umfangreichen Aufgaben lösen. Während beispielsweise das einfache Zählen von Ereignissen oder das Messen von Zeiten jeweils nur einen Zähler bzw. einen Zeitgeber erfordern, werden für komplexere Aufgaben wie Pulsweitenmodulationen, Schrittmotorsteuerungen und Frequenz- Drehzahl- oder Periodenmessungen mehrere dieser Einheiten gleichzeitig benötigt. Ein Mikrocontroller verfügt deshalb meist über mehrere Zähler und Zeitgeber.

Abbildung 2.21 zeigt den prinzipiellen Aufbau einer solchen Einheit. Kernbestandteil ist ein Zähler. Zähler besitzen in der Regel eine Breite von 16, 24 oder 32 Bit und können auf- oder abwärts zählen (*Up-/Downcounter*). Ein Zählereignis wird durch einen Spannungswechsel (eine positive oder negative Flanke) an einem externen Zähleingang ausgelöst. Durch einen programmierbaren Vorteiler (1:n) besteht die Möglichkeit, die Frequenz der Zählereignisse in vorgegebenem Maßstab zu reduzieren. Weiterhin kann ein optionaler Freigabe-Eingang den Zählvorgang starten und stoppen. Wird ein Zähler an seinem Zähleingang mit einem bekannten Takt beschaltet, so wird aus ihm ein Zeitgeber. Dieser Takt kann entweder extern zugeführt werden oder aus einer internen Quelle, z.B. dem Prozessortakt, gewonnen werden. Zähler und Zeitgeber können darauf programmiert werden, bei Erreichen eines bestimmten Zählerstandes, etwa der 0, eine Unterbrechung im Prozessorkern oder ein Ausgabesignal auszulösen. Hierdurch kann sehr leicht die Behandlung periodische Ereignisse durch den Mikrocontroller oder die Erzeugung periodischer Ausgabesignale realisiert werden.

Um bei periodischen Operationen den Startwert des Zählers nicht immer wieder vom Prozessorkern des Mikrocontrollers über den internen Bus transportieren zu müssen, verfügen Zähler- und Zeitgebereinheiten meist über ein internes Startwertregister. In dieses Register muss der gewünschte Startwert des Zählers nur einmal vom Prozessorkern geladen werden. Danach kann der Zähler nach dem Nulldurchgang immer wieder automatisch und ohne Zutun des Prozessorkerns mit diesem Wert geladen werden. Das Auslesen des Zählerstandes durch den Prozessorkern erfolgt im Allgemeinen über ein Zählerstandsregister. Dies entkoppelt den laufenden Zähler vom Prozessorkern und vermeidet dynamische Fehler beim Auslesen.

Einige fortschrittliche Mikrocontroller verfügen über einen autonomen Coprozessor zur Zähler- und Zeitgeber-Steuerung. Dieser Coprozessor koordiniert selbsttätig mehrere Zähler und Zeitgeber und erledigt damit komplexe, zusammengesetzte Operationen wie z.B. die bereits oben genannten Frequenz- und Drehzahlmessungen oder Schrittmotorsteuerungen. Er entlastet die CPU des Mikrocontrollers von diesen Standardaufgaben.

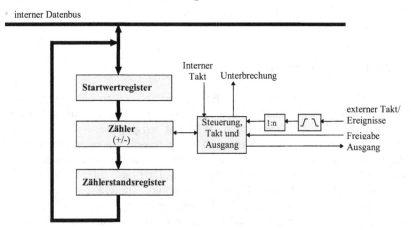

Abb. 2.21. Prinzipieller Aufbau einer Zähler-/Zeitgebereinheit

2.2.5 Watchdogs

„Wachhunde" (*Watchdogs*) sind ebenfalls im Echtzeitbereich gerne eingesetzte Komponenten zur Überwachung der Programmaktivitäten eines Mikrocontrollers. Ihre Aufgabe besteht darin, Programmverklemmungen oder Abstürze zu erkennen und darauf zu reagieren. Hierzu muss das Programm in regelmäßigen Abständen ein ‚Lebenszeichen' an den Watchdog senden, z.B. durch Schreiben oder Lesen eines bestimmten Ein-/Ausgabekanals. Bleibt dieses Lebenszeichen über eine definierte Zeitspanne aus, so geht der Watchdog von einem abnormalen Zustand des Programms aus und leitet eine Gegenmaßnahme ein. Diese besteht im einfachsten Fall aus dem Rücksetzen des Mikrocontrollers und einem damit verbundenen Programm-Neustart. Ein Watchdog ist somit eine sehr spezielle Zeitgeber-Einheit, die einen Alarm auslöst, wenn sie nicht regelmäßig von einem aktiven Programm daran gehindert wird. Die Zeitspanne bis zum Auslösen des Watchdogs ist programmierbar und liegt je nach Anwendung und Mikrocontroller zwischen wenigen Millisekunden und Sekunden.

Abbildung 2.22 zeigt die Grundstruktur einer Watchdog-Einheit. Im Kern besteht sie ebenfalls aus einem Zähler. Dieser wird mit einem Startwert geladen und beginnt dann mit vorgegebenem Referenztakt abwärts zu zählen. Ein Zugriff des Prozessorkerns setzt den Zähler erneut auf den Startwert. Durch Zugriffe in regelmäßigen Abständen kann der Prozessorkern somit verhindern, dass der Zählerstand 0 erreicht wird. Dies sind die „Lebenszeichen", die der Watchdog-Einheit ein einwandfreies Funktionieren des Programmablaufs anzeigen. Bleiben die Zugriffe jedoch länger als

$$T = Startwert \cdot Zykluszeit_{Referenztakt}$$

aus, so nimmt der Zähler den Wert 0 an. Dieser „Nulldurchgang" setzt den Prozessorkern zurück und startet den Programmablauf neu.

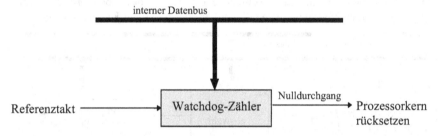

Abb. 2.22. Prinzipieller Aufbau eines Watchdog

Die Nützlichkeit von Watchdogs hat sich z.B. bei der Sojourner Mars Mission der Nasa erwiesen. Hier hat ein Watchdog in der Steuerung des automatischen Sojourner Mars-Fahrzeugs mehrfach eine durch einen verborgenen Softwarefehler ausgelöste Verklemmung beseitigt und damit die Mission vor dem Scheitern bewahrt.

2.2.6   Serielle und parallele Ein-/Ausgabekanäle

Serielle und parallele Ein-/Ausgabekanäle (*IO-Ports*) sind die grundlegenden digitalen Schnittstellen eines Mikrocontrollers (Abbildung 2.23). Über parallele Ausgabekanäle können eine bestimmte Anzahl digitaler Signale gleichzeitig gesetzt oder gelöscht werden, z.B. zum Ein- und Ausschalten von peripheren Komponenten. Parallele Eingabekanäle ermöglichen das gleichzeitige Lesen von digitalen Signalen, z.B. zur Erfassung der Zustände von digitalen Sensoren wie etwa Lichtschranken. Die Richtung der parallelen Kanäle, d.h. Eingabe- oder Ausgaberichtung, ist meist einzelbitweise oder in Bitgruppen programmierbar.

Serielle Ein-/Ausgabekanäle dienen der Kommunikation zwischen Mikrocontroller und Peripherie (oder anderen Mikrocontrollern) unter Verwendung möglichst weniger Leitungen. Die Daten werden hierzu nacheinander (seriell) über eine Leitung geschickt. Je nach Art und Weise der Synchronisation zwischen Sender und Empfänger unterscheidet man synchrone und asynchrone serielle Kanäle. Bei einem asynchronen seriellen Kanal erfolgt die Synchronisation nach jedem übertragenen Zeichen durch spezielle Leitungszustände. Eine separate Taktleitung ist nicht erforderlich, Sender und Empfänger müssen sich lediglich über die Übertragungsgeschwindigkeit eines Zeichens, dessen Länge in Bits und über die speziellen Leitungszustände einig sein. So ist hier eine gleichzeitige bidirektionale Kommunikation mit nur drei Leitungen möglich. Synchrone serielle Kanäle benötigen entweder eine eigene Taktleitung, welche die Übertragungsgeschwindigkeit vorgibt, oder Daten werden in größeren Blöcken übertragen, wobei nur zu Beginn eines jeden Blockes synchronisiert wird. In diesem Fall müssen sowohl Sender wie Empfänger über hochgenaue Taktgeber verfügen, die während der Übertragung eines Blockes um nicht mehr als eine halbe Taktperiode voneinander abweichen dürfen.

Wie beim Speicher können verschiedene Untertypen desselben Mikrocontrollers über eine unterschiedliche Anzahl serieller oder paralleler Kanäle verfügen.

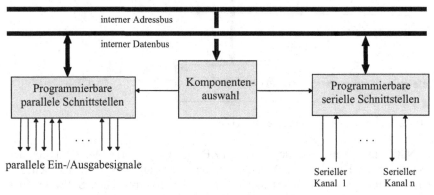

Abb. 2.23. Serielle und parallele Ein-/Ausgabekanäle

2.2.7 Echtzeitkanäle

Echtzeitkanäle (*Real-Time Ports*) sind eine für Echtzeitsysteme nützliche Erweiterung von parallelen Ein-/Ausgabekanälen. Hierbei wird ein paralleler Kanal mit einem Zeitgeber gekoppelt. Bei einem normalen Ein-/Ausgabekanal ist der Zeitpunkt einer Ein- oder Ausgabe durch das Programm bestimmt. Eine Ein- oder Ausgabe erfolgt, wenn der entsprechende Ein-/Ausgabebefehl im Programm ausgeführt wird. Da durch verschiedene Ereignisse die Ausführungszeit eines Programms verzögert werden kann, verzögert sich somit auch die Ein- oder Ausgabe. Bei periodischen Abläufen führt dies zu unregelmäßigem Ein-/Ausgabezeitverhalten, man spricht von einem *Jitter*. Bei Echtzeitkanälen wird der exakte Zeitpunkt der Ein- und Ausgabe nicht vom Programm, sondern von einem Zeitgeber gesteuert. Hierdurch lassen sich Unregelmäßigkeit innerhalb eines gewissen Rahmens beseitigen und Jitter vermeiden.

Abbildung 2.24 gibt ein Beispiel für eine Echtzeit-Ausgabeeinheit. Wesentliches Merkmal dieser Einheit ist ein zusätzliches Pufferregister, das von einem Zeitgeber gesteuert wird. In einem ersten Schritt wird ein auszugebender Wert in das Ausgaberegister übernommen. Dies geschieht wie bei einer normalen Ausgabeeinheit durch einen Befehl des Prozessorkerns. Der Zeitpunkt der Datenübernahme ins Ausgaberegister ist somit rein von der Software bestimmt und kann jitterbehaftet sein. In einem zweiten Schritt wird dieser Wert nun in das zusätzliche Pufferregister übernommen. Der Zeitpunkt dieser Datenübernahme wird von einem programmierbaren Zeitgeber vorgegeben und ist somit nicht mehr von der Software abhängig. Abbildung 2.25 gibt den zeitlichen Ablauf wieder. Ist die Periode der Zeitgeberimpulse richtig gewählt und beträgt die vom Software-Jitter verursachte Abweichung nicht mehr als eine halbe Periode, so ist das resultierende Ausgabesignal (Abbildung 2.25b) völlig jitterfrei.

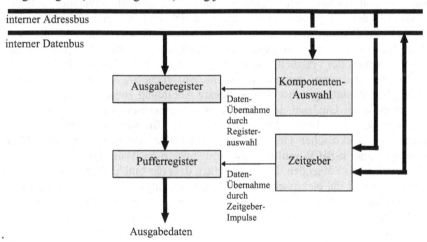

Abb. 2.24. Aufbau einer Echtzeit-Ausgabeeinheit

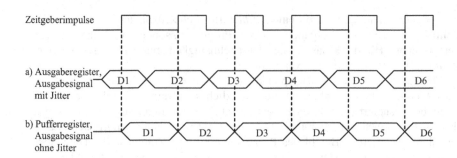

Abb. 2.25. Funktionsweise der Echtzeit-Ausgabeeinheit

2.2.8 AD-/DA-Wandler

Analog/Digital-Wandler (AD-Wandler) und Digital/Analog-Wandler (DA-Wandler) bilden die grundlegenden analogen Schnittstellen eines Mikrocontrollers. AD-Wandler wandeln anliegende elektrische Analog-Signale, z.B. eine von einem Temperatur-Sensor erzeugte der Temperatur proportionale Spannung, in vom Mikrocontroller verarbeitbare digitale Werte um. DA-Wandler überführen in umgekehrter Richtung digitale Werte in entsprechende elektrische Analog-Signale. Die Wandlung selbst ist eine lineare Abbildung zwischen einem binären Wert, meist einer Dualzahl, und einer analogen elektrischen Größe, meist einer Spannung. Besitzt der binäre Wert eine Breite von n Bit, so wird der analoge Wertebereich der elektrischen Größe in 2^n gleich große Abschnitte unterteilt. Man spricht von einer **n-Bit Wandlung** bzw. von einem **n-Bit Wandler**.

Wir wollen im Folgenden davon ausgehen, dass der binäre Wert eine Dualzahl repräsentiert und die elektrische Größe eine Spannung ist. Abbildung 2.26 zeigt die Abbildungsfunktion der Wandlung. Es handelt sich um eine Treppenfunktion, der kleinste Schritt der Dualzahl ist 1, der kleinste Spannungsschritt beträgt:

$$U_{LSB} = (U_{max} - U_{min}) / 2^n$$

U_{max} und U_{min} sind die maximalen bzw. minimalen Spannungen des analogen Wertebereichs. *LSB* steht für *Least Significant Bit*, das niederwertigste Bit der Wandlung. Die Wandlungsfunktion einer Digital/Analog-Wandlung der Dualzahl Z in eine Spannung U lautet somit:

$$U = (Z \cdot U_{LSB}) + U_{min}$$

Umgekehrt ergibt sich die Wandlungsfunktion einer Analog/Digital-Wandlung der Spannung U in die Dualzahl Z zu:

$$Z = (U - U_{min}) / U_{LSB}$$

U_{LSB} definiert somit die theoretische maximale Auflösung der Wandlung. Wählt man beispielsweise $U_{max} = 5$ Volt, $U_{min} = 0$ Volt und $n = 12$ Bit, so erhält man eine maximale Auflösung von 1,221 Millivolt. Die effektive Auflösung wird jedoch durch eine Vielzahl von Fehlermöglichkeiten und Ungenauigkeiten weiter eingeschränkt.

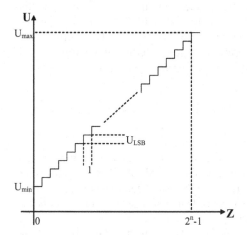

Abb. 2.26. Treppenfunktion zur Wandlung zwischen digitalen und analogen Signalen

Eine weitere wichtige Größe ist die Wandlungszeit, d.h. die Zeit vom Anlegen des Eingangswerts bis zur Verfügbarkeit des Ausgangswerts. Diese Zeit kann je nach eingesetzter Wandlungstechnik im Mikro- bis Millisekundenbereich liegen. Da mit abnehmender Wandlungszeit der Realisierungsaufwand stark ansteigt, sind in Mikrocontrollern meist eher langsame Wandler zu finden. Für eine ausführliche Diskussion verschiedener Wandlungsverfahren und möglicher Fehlerquellen sei auf Abschnitt 3.4 verwiesen.

2.2.9 Unterbrechungen

Unterbrechungen (*Interrupts*) ermöglichen es dem Mikrocontroller, schnell und flexibel auf Ereignisse zu reagieren (vgl. Abschnitt 2.1.2). Ein aufgetretenes Ereignis wird dem Prozessorkern des Mikrocontrollers mittels eines Signals angezeigt. Dieses Signal bewirkt die Unterbrechung des normalen Programmablaufs und den Aufruf eines Unterbrechungsprogramms (*Interrupt Service Routine*). Nach Ablauf des Unterbrechungsprogramms nimmt der Mikrocontroller die normale Programmausführung an der unterbrochenen Stelle wieder auf. Unterbrechungen können sowohl von externen wie internen Ereignissen ausgelöst werden. Interne Unterbrechungsquellen sind in der Regel alle Peripherie-Komponenten des Mikrocontrollers wie Ein-/Ausgabekanäle, DA-Wandler, Zähler und Zeitgeber, Watchdogs etc. So lösen beispielsweise ein Zeitgeber nach einer vorgegeben Zeit oder ein serieller Eingabekanal bei Empfang eines Zeichens ein Unterbrechungs-

signal aus. Das aufgerufene Unterbrechungsprogramm kann dann das Ereignis bearbeiten, also im Beispiel des seriellen Kanals das empfangene Zeichen einlesen.
Auch Fehler (z.B. eine Division durch 0) können eine Unterbrechung erzeugen.
Externe Unterbrechungen werden über spezielle Anschlüsse, die Unterbrechungseingänge (*Interrupt-Eingänge*) des Mikrocontrollers, signalisiert. Ein Spannungswechsel an diesen Eingängen löst eine Unterbrechung aus. Im Allgemeinen existieren mehrere externe und interne Unterbrechungsquellen. Jeder dieser Quellen
kann ein eigenes Unterbrechungsprogramm zugeordnet werden. Die Vergabe von
Prioritäten löst das Problem mehrerer gleichzeitiger Unterbrechungen und regelt,
ob eine Behandlungs-Routine ihrerseits wieder durch ein anderes Ereignis unterbrochen werden darf.

2.2.10 DMA

DMA (*Direct Memory Access*) bezeichnet die Möglichkeit, Daten direkt und ohne
Beteiligung des Prozessorkerns zwischen Peripherie und Speicher zu transportieren. Normalerweise ist der Prozessorkern für jeglichen Datentransport verantwortlich. Bei großem Datendurchsatz, etwa eines Datenstroms von einem schnellen
AD-Wandler, kann dies den Prozessorkern erheblich belasten. Um hohe Datenraten zu gewährleisten, besitzen deshalb viele Mikrocontroller der höheren Leistungsklasse eine DMA-Komponente. Diese Komponente kann selbsttätig ankommende Daten zum Speicher oder ausgehende Daten zur Peripherie übertragen. Der
Prozessorkern muss lediglich die Randbedingungen des Transfers (z.B. Speicheradresse, Peripherieadresse und Anzahl zu übertragender Zeichen) festlegen und
kann dann während des Transfers andere Aufgaben bearbeiten. Das Ende einer
Datenübertragung wird dem Prozessorkern durch ein Unterbrechungs-Signal angezeigt. Je nach Mikrocontroller können eine oder mehrere DMA-Komponenten
zur Verfügung stehen. Bei gleichzeitiger Anforderung entscheiden auch hier, wie
bei Echtzeitsystemen üblich, Prioritäten.

2.2.11 Ruhebetrieb

Mikrocontroller werden oft in Bereichen eingesetzt, in denen die Stromversorgung
aus Batterien und Akkumulatoren erfolgt. Daher ist ein Ruhebetrieb (*Standby-
Modus*) nützlich, in dem der Energieverbrauch des Mikrocontrollers auf ein Minimum reduziert wird. Diese Maßnahme verringert auch die Wärmeabgabe, die
für manche Anwendungen, z.B. in stark isolierter Umgebung, kritisch ist. Im
Standby-Modus sind die Peripherie-Komponenten abgeschaltet und der Schreiblesespeicher wird mit minimaler Energie zur Aufrechterhaltung der gespeicherten
Information versorgt. Weiterhin wird der Standby-Modus oft durch einen speziellen Aufbau des Prozessorkerns unterstützt: Konventionelle Mikroprozessoren besitzen normalerweise dynamische Steuerwerke (vgl. Abschnitt 2.1.1). Diese Steuerwerke benutzen Kondensatoren zur Speicherung der Zustandsinformation.
Kondensatoren verlieren jedoch die gespeicherte Information sehr schnell durch

Selbstentladung. Daher müssen diese Mikroprozessoren mit einer Mindesttaktfrequenz betrieben werden. Mikrocontroller nutzen hingegen oft statische Steuerwerke, bei denen die Zustandsinformation dauerhaft in Flipflops gespeichert wird. Diese Steuerwerke können problemlos bis hin zur Taktfrequenz 0 verlangsamt werden. Da bei modernen CMOS-Prozessoren der Energieverbrauch proportional zur Taktfrequenz ist, lässt sich so der Energiebedarf des Prozessorkerns im Ruhebetrieb nahezu beliebig reduzieren.

2.2.12 Erweiterungsbus

Sind die im Mikrocontroller integrierten Komponenten nicht ausreichend, so ist ein Erweiterungsbus zur Anbindung externer Komponenten erforderlich. Da ein solcher Bus sehr viele Anschlüsse benötigt (z.b. 8-Bit-Daten, 16-Bit-Adressen und 4 Steuersignale = 28 Anschlüsse), werden Daten und Adressen oft nacheinander über die gleichen Leitungen übertragen (z.b. 16 Bit-Daten/Adressen und 4 Steuersignale = 20 Anschlüsse). Diese Betriebsart nennt man *Multiplexbetrieb*. Außerdem muss sich der Erweiterungsbus oft Anschlüsse mit internen Peripheriekomponenten teilen. Ist der Bus im Einsatz, so stehen diese Komponenten nicht mehr zur Verfügung. Daher erlauben viele Mikrocontroller eine Konfiguration des Erweiterungsbusses. Wird nicht der volle Adressraum von einer Anwendung benötigt, so kann die Anzahl der Adressleitungen stufenweise (z.b. von 16 auf 12) reduziert und es können damit Anschlüsse eingespart werden. Die freigewordenen Anschlüsse stehen dann wieder den internen Peripheriekomponenten zur Verfügung.

2.3   Signalprozessoren

Signalprozessoren sind spezielle Mikrorechnerarchitekturen für die Verarbeitung analoger Signale, z.b. im Audio- oder Video-Bereich. Die Anwendungsfelder reichen von digitalen Filtern über Spektralanalysen, Spracherkennung, Sprach- und Bildkompression, Signalaufbereitung bis zur Verschlüsselungstechnik. Signalprozessoren sind daher für eine effiziente Verarbeitung analoger Signale konzipiert. Hierzu besitzen sie eine spezielle, für die Signalverarbeitung optimierte Hochleistungsarithmetik. Darüber hinaus verfügen sie über ein hohes Maß an Parallelität. Diese Parallelität steht weitgehend unter Kontrolle des Programmierers. Dies ist ein Unterschied zu Mikroprozessoren und Mikrocontrollern, bei denen das Steuerwerk die Parallelität kontrolliert. Die wesentlichen Eigenschaften von Signalprozessoren lassen sich wie folgt zusammenfassen:

- konsequente Harvard-Architektur, d.h. Trennung von Daten- und Befehlsspeicher
- hochgradiges Pipelining sowohl zur Befehlsausführung wie für Rechenoperationen

- oft mehrere Datenbusse zum parallelen Transport von Operanden zum Rechenwerk
- Hochleistungsarithmetik, optimiert für aufeinander folgende Multiplikationen und Additionen
- hohe, benutzerkontrollierbare Parallelität
- ggf. spezielle Peripherie zur Signalverarbeitung, z.B. Schnittstellen zur Digital/Analog- oder Analog/Digital-Wandlung

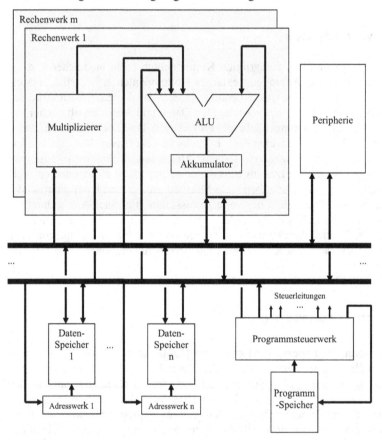

Abb. 2.27. Grundlegender Aufbau eines Signalprozessors

Abbildung 2.27 zeigt den prinzipiellen Aufbau eines Signalprozessors. Zunächst ist die Harvard-Architektur zu erkennen. Es handelt sich hierbei sogar um eine erweiterte Harvard-Architektur mit einem Programmspeicher und mehreren getrennten Datenspeichern. Dies ermöglicht nicht nur eine Parallelität zwischen Code- und Datenzugriff, sondern auch den parallelen Zugriff auf mehrere Operanden, z.B. für arithmetische oder logische Operationen. Jeder Datenspeicher besitzt ein individuelles Adresswerk, um den unabhängigen Zugriff zu ermöglichen. Je nach Leistungsklasse des Signalprozessors können diese Adresswerke unterschiedlich komplex ausfallen, von der einfachen Adresserzeugung bis zur umfangreichen Unterstützung von Tabellenverarbeitung. Um die Daten parallel zu den Verarbeitungseinheiten transportieren zu können, ist eine entsprechende Anzahl von Datenbussen erforderlich.

Das Rechenwerk eines Signalprozessors ist auf die schnelle Ausführung verketteter Multiplikationen und Addition der Form $a_1x_1 + a_2x_2 + a_3x_3 + ...$ ausgerichtet. Diese Operationen treten bei der Signalverarbeitung häufig auf, z.B. bei der Faltung, der Fourier-Transformation, etc. Hierzu verfügt das Rechenwerk zunächst über einen Multiplizierer. Das Ergebnis der Multiplikation wird an eine allgemeine ALU weitergeleitet. Am Ausgang dieser ALU befindet sich ein Akkumulatorregister. Die Berechnung eines Polynoms in obiger Form geschieht also wie folgt: Zunächst werden die ersten beiden Operanden (a_1 und x_1) aus zwei Datenspeichern zum Multiplizierer geführt. Im zweiten Schritt wird das Ergebnis der Multiplikation über die ALU in das Akkumulatorregister abgelegt. Gleichzeitig wird das zweite Operandenpaar (a_2 und x_2) zum Multiplizierer transportiert. Im dritten Schritt wird das Ergebnis der zweiten Multiplikation durch die ALU zu dem im Akkumulatorregister stehenden Ergebnis der ersten Multiplikation hinzuaddiert. Das Ergebnis wird wieder im Akkumulatorregister gespeichert. Gleichzeitig wird das dritte Operandenpaar (a_3 und x_3) zum Multiplizier gebracht. Die Pipeline ist nun gefüllt, in jedem Schritt kann ein weiteres Produkt addiert werden. Die Berechnung eines n-stelligen Polynoms dauert somit n+1 Taktzyklen. Auf Grund ihrer Funktionsweise nennt man eine solche Einheit auch *Multiply-and-Accumulate* (MAC) Unit. Hochleistungs-Signalprozessoren können über mehrere Rechenwerke mit solchen Einheiten verfügen und damit Berechnungen parallel durchführen.

Viele Signalprozessoreigenschaften wie Harvard-Architektur, Pipelining und Parallelverarbeitung findet man auch bei Mikroprozessoren. Ebenso gibt es bereits Mikrocontroller, die über MAC Einheiten verfügen, z.B. TriCore oder TriCore2 [Infineon 2001, 2002]. TriCore2 ist sogar mehrfädig. Allerdings ist die vorhandene Parallelität dem Programmierer meist verborgen. Dies gilt insbesondere für superskalare Prozessoren, bei denen die Architekturebene die Parallelität verdeckt. Wie bereits in Abschnitt 2.1.3 dargelegt, unterscheidet sich ein superskalarer Prozessor in der äußeren Sicht nicht von einem skalaren Prozessor. Bei Signalprozessoren soll die Parallelität hingegen unter der Kontrolle des Programmierers stehen, um eine optimale, problemspezifische Leistung zu ermöglichen. Hierfür bieten sich zwei Techniken an:

- **VLIW** (*Very Large Instruction Word*) ist eine bereits in Abschnitt 2.1.3 angesprochene Variante der Parallelverarbeitung, bei der mehrere Befehle gleichzeitig in einem breiten Befehlswort stehen. Diese Technik lässt sich sehr gut bei Hochleistungs-Signalprozessoren verwenden, um die parallelen Rechenwerke zu steuern. Abbildung 2.28 gibt ein Beispiel, bei dem der Programmierer 8 Befehle gleichzeitig im Befehlswort platzieren kann, wie dies etwa beim TMS320C6000 [Texas Instruments 2004], einem Hochleistungssignalprozessor von Texas Instruments, der Fall ist. So können gleichzeitig verschiedene Rechenwerke beauftragt und Kontrollinstruktionen (z.B. Sprünge) durchgeführt werden.

- **Horizontale Mikroprogrammierung** ist eine Variante benutzerdefinierbarer Parallelität, die vorwiegend bei einfacheren Signalprozessoren Verwendung findet. Diese erlaubt die direkte Kontrolle aller Komponenten wie beispielsweise der ALU, der Multiplizierer oder der Adresswerke auf Mikroarchitekturebene. Abbildung 2.29 zeigt ein Beispiel für ein Befehlswort. Dieses Wort ist in mehrere Felder unterteilt. Jedes Feld kontrolliert genau eine Komponente des Signalprozessors. Das Beispiel ist an die Mikroarchitektur in Bild 2.27 angelehnt. Das erste Feld kontrolliert das Programmsteuerwerk, bestimmt also die nächste durchzuführende Instruktion. Das zweite Feld steuert die ALU, das dritte den Multipliziere. Feld vier wählt die Operanden an den internen Datenbussen aus, die Felder fünf und sechs kontrollieren die Adresswerke. Diese Technik stammt ursprünglich aus der Mikroprogrammierung, daher die Namenswahl. Horizontal besagt, dass alle Komponenten gleichzeitig gesteuert werden können. Auf diese Weise kann der Programmierer eine Reihe paralleler Tätigkeiten auswählen, z.B. den nächsten Befehl holen, Datentransfers über die Datenbusse vornehmen, eine Multiplikation und eine beliebige ALU Operation durchführen sowie neue Datenadressen berechnen.

Befehl 1	Befehl 2	Befehl 3	Befehl 4	Befehl 5	Befehl 6	Befehl 7	Befehl 8

Bit 0   Bit n

Abb. 2.28. Signalprozessor-VLIW-Befehlswort

Programm-Steuerung	ALU-Steuerung	Multiplizierer-Steuerung	Operanden-Auswahl	Adress-Steuerung 1	Adress-Steuerung 2

Bit 0   Bit n

Abb. 2.29. Signalprozessor-Befehlswort in horizontaler Mikroprogrammierung

Signalprozessoren werden daher im Allgemeinen sehr maschinennah programmiert. Es existieren auch Hochsprachencompiler, z.B. für die Programmiersprache C. Zur effizienten Ausnutzung aller Fähigkeiten ist jedoch die Kenntnis der Mikroarchitektur unerlässlich. Dies stellt entweder hohe Anforderungen an die Compiler oder legt eine Hand-Optimierung der Programme nahe.

2.4   Parallelbusse

Als Parallelbus bezeichnet man ein Bussystem, bei dem Daten, Adressen und Steuersignale über parallele Leitungen übertragen werden. So stehen für z.B. 32-Bit Daten 32 elektrische Leitungen zur Verfügung. Diese Eigenschaft unterscheidet Parallelbusse von seriellen Bussen (vgl. z.B. Abschnitt 4.4), bei denen Daten und Adressen seriell über wenige (oft eine einzige) Leitung gesendet werden. Parallelbusse sind das Verbindungsglied zwischen Mikroprozessoren, Speicher und Ein-/Ausgabeeinheiten. Sie verbinden die Einzelkomponenten zu einem System und werden daher auch Systembusse genannt. Systembusse bestimmen in wesentlichen Teilen das Zeitverhalten des Gesamtsystems. Ein noch so leistungsfähiger Mikroprozessor ist nutzlos, wenn ein langsamer Bus ihn bremst. Im Gegensatz zu den oft seriellen Peripheriebussen, bei denen die Kosten im Vordergrund stehen, sind Parallelbusse deshalb auf eine möglichst hohe Übertragungsrate ausgelegt. Hier hilft, dass die zu überbrückenden Entfernungen sehr kurz sind, sie liegen im Allgemeinen unter 50 cm.

Eine möglichst hohe Datenrate ist jedoch nur ein Aspekt, der für ein Echtzeitsystem viel wichtigere Teil ist die zeitliche Vorhersagbarkeit. Um diese zu gewährleisten, sind spezielle Maßnahmen erforderlich. Im Folgenden werden wir zunächst die Grundkonzepte von Systembussen betrachten. Danach werden Echtzeitaspekte beleuchtet. Abgeschlossen wird diese Kapitel durch zwei beispielhafte Parallelbusse, die häufig als Systembus für Echtzeitsysteme eingesetzt werden: den PCI-Bus und den VME-Bus.

2.4.1 Grundkonzepte

Die naheliegenste Realisierung eines Systembusses ist der **prozessorabhängige Bus**. Man benutzt einfach die Busschnittstelle des verwendeten Prozessors als Systembus. Abbildung 2.30 verdeutlicht dies am Beispiel des Intel Pentiums.

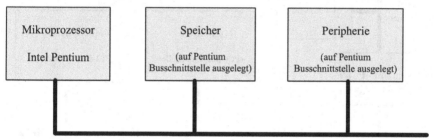

Abb. 2.30. Beispiel eines prozessorabhängigen Systembusses

Alle Komponenten des Systems sind auf die Busschnittstelle des Prozessors ausgelegt. Dies ist eine einfache und kostengünstige Lösung. Des Weiteren ist es die schnellste Realisierung eines Systembusses, da keinerlei zeitraubende Konvertierungen von Bussignalen oder –protokollen anfällt. Nachteilig ist jedoch, dass dieser Bus auf einen Prozessor festgelegt ist. Bei einem Wechsel des Prozessors (z.B. von Pentium auf Pentium IV) ändert sich die Busschnittstelle, alle Komponenten müssten geändert werden. Der prozessorabhängige Bus eignet sich daher am besten als Systembus für dedizierte Geräte und Einplatinen-Systeme, bei denen für die gesamte Lebensdauer derselbe Prozessortyp eingesetzt wird.

Eine andere Lösung ist ein **prozessorunabhängiger Bus** als Systembus, wie dies in Abbildung 2.31 dargestellt ist. Über eine Bus-Brücke (*Bus Bridge*) wird der Bus des Mikroprozessors mit einem allgemeinen Bus verbunden, dessen Busprotokolle und Signalleitungen nicht mehr auf einen speziellen Mikroprozessor zugeschnitten sind. Dies kann z.B. der PCI Bus sein (siehe Abschnitt 2.4.3). Die Bus-Brücke übernimmt hierbei die Signal- und Protokollumsetzung. Der Vorteil dieses Konzepts besteht darin, nun prozessorunabhängige Komponenten an den Bus anschließen zu können. Beim Wechsel des Prozessors können die Komponenten erhalten bleiben, es ist lediglich eine andere Bus-Brücke erforderlich. Der Nachteil besteht in einem durch die Bus-Brücke bedingten höheren Hardwareaufwand. Des Weiteren ist diese Lösung etwas langsamer als der oben vorgestellte prozessorabhängige Bus, da die Umsetzung von Bussignalen und –protokollen Zeit kostet. Diese Technik wird daher vorzugsweise bei modularen Mikrorechnersystemen verwendet, bei denen die einzelnen Komponenten durch Steckkarten realisiert sind und jederzeit leicht ausgetauscht werden können. Beispiel hierfür sind modulare Automatisierungsrechner oder der PC.

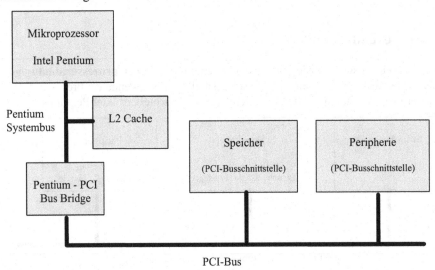

Abb. 2.31. Ein prozessorunabhängiger Systembus

Das Konzept des prozessorunabhängigen Busses lässt sich erweitern. Bei einem zentralen Bus für alle Komponenten können langsame Komponenten den Bus blockieren und damit die Verletzung von Echtzeitbedingungen verursachen. Dieses Problem lässt sich durch **entkoppelte Busse** lösen. Abbildung 2.32 zeigt das Prinzip. Ein **lokaler Bus**, der eng mit dem Mikroprozessor verbunden ist, arbeitet mit maximaler Geschwindigkeit. An diesen lokalen Bus werden alle schnelle Komponenten (z.B. Cache, schneller Speicher, ...) angeschlossen. Über einen FIFO-Speicher (*First In First Out*) ist er mit dem entkoppelten Bus verbunden, der alle langsameren Komponenten bedient. So lässt sich das Problem unterschiedlich schneller Komponenten besser lösen. Parallele Aktivitäten zwischen dem Mikro-prozessor und den schnellen Komponenten am lokalen Bus einerseits und den langsamen Komponenten am entkoppelten Bus andererseits sind möglich. Der Mikroprozessor wird durch langsame Komponenten nicht aufgehalten, er kann Schreiboperationen bis zur Tiefe des FIFO-Speichers mit voller Geschwindigkeit durchführen (*Posted Writes*). Lesezugriffe können ebenfalls verbessert werden, wenn der lokale Bus geschachtelte Busoperationen erlaubt, d.h. zwischen dem Start einer Leseoperation und deren Abschluss auf dem entkoppelten Bus Busope-rationen auf dem lokalen Bus dazwischen geschoben werden können.

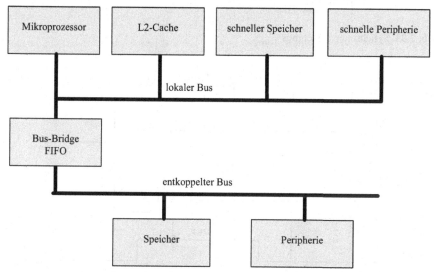

Abb. 2.32. Entkoppelter und lokaler Bus

Ein weiteres wichtiges Merkmal für das Zeitverhalten ist die Synchronisationsart des Systembusses. Hier kann man zwischen synchronen und asynchronen Bussen unterscheiden.

Beim **synchronen Systembus** wird das Zeitverhalten vollständig durch einen zentralen Bustakt gesteuert. Abbildung 2.33 zeigt den grundsätzlichen Ablauf. Mit dem Beginn des ersten Taktes eines jeden Buszyklus wird die Adresse auf den Adressbus gelegt. Mit dem zweiten Takt erfolgt die Datenübertragung, d.h. das Lesen oder Schreiben. Nach zwei Takten ist der Buszyklus abgeschlossen. Der Takt gibt somit einen strengen Zeitrahmen vor, an den sich alle Komponenten am Bus halten müssen. Dies sorgt für determiniertes Zeitverhalten. Sind langsamere Komponenten zu bedienen, sehen synchrone Systembusse die Möglichkeit von **Wartezyklen** (*Wait States*) vor. Kann eine Komponente Daten nicht rechzeitig be-reitstellen oder entgegen nehmen, so verlängert sie durch Aktivierung eines War-tesignals (*Wait*) den Buszyklus um ganzzahlige Vielfache eines Taktzyklus. Das Beispiel in Abbildung 2.34 zeigt eine solche Verlängerung um zwei Taktzyklen. Das Zeitverhalten wird so von den Komponenten mitbestimmt.

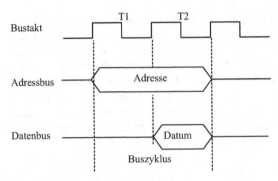

Abb. 2.33. Synchroner Systembus

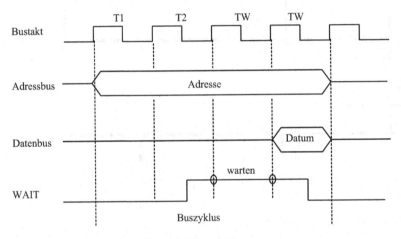

Abb. 2.34. Synchroner Systembus mit Wartezyklen

Das Zeitverhalten **des asynchrone Systembusses** wird nicht vom Takt, sondern von **Handshake-Signalen** bestimmt. Abbildung 2.35 demonstriert das Prinzip. Der Mikroprozessor zeigt das Anlegen der Adresse durch Aktivierung eines Bereitstellungssignals (*Address Strobe*, AS) an. Sobald die angesprochene Komponente die Daten angelegt oder entgegen genommen hat, zeigt sie dies durch Aktivierung eines Quittungssignals (*Data Acknowledge*, DTACK) an. Diese Technik ermöglicht eine feingranularere Anpassung des Zeitverhaltens an den Bedarf der jeweiligen Komponenten. Die Dauer jedes Buszyklusses kann individuell gestaltet werden und ist nicht an ganzzahlige Vielfache von Taktzyklen gebunden. Allerdings ist der Datendurchsatz durch den Zeitbedarf für die Auswertung der Handshake-Signale in der Regel etwas geringer als beim synchronen Systembus. Weiterhin ist das Zeitverhalten noch stärker durch die Komponenten bestimmt.

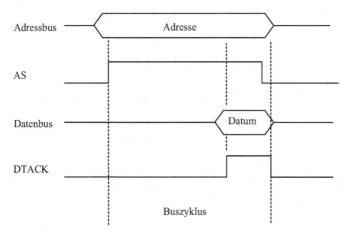

Abb. 2.35. Asynchroner Systembus

Eine weitere Eigenschaft von Systembussen ist die Übertragungsart. Hier unterscheiden wir zwischen **Multiplex-** und **Nicht-Multiplex-Betrieb** (vgl. auch Abschnitt 2.2.12). Im Nicht-Multiplex-Betrieb hat jedes Bussignal eine eigene Busleitung. Bei einem Multiplex-Betrieb teilen sich Bussignale gemeinsame Leitungen. Eine der häufigsten Varianten ist der Daten-/Adressmultiplex, bei dem zur Einsparung von Busleitungen Daten und Adressen über dieselben Leitungen übertragen werden. Ein Unterscheidungssignal zeigt an, was gerade auf den gemeinsamen Leitungen anliegt.

Wir können die wesentlichen Merkmale von Systembussen nun wie folgt zusammenfassen:

- Datenbusbreite
- Adressbusbreite
- Maximale Datentransportbreite
- Bustaktfrequenz
- Maximale Übertragungsrate
- Übertragungsart (Multiplex, kein Multiplex)
- Synchronisationsart (Synchron / Asynchron)

Tabelle 2.1 beschreibt diese Merkmale für einige populäre Busse im Bereich von PCs, Workstations und so genannter *Backplane-Systeme*. Hierunter versteht man Systeme, bei denen alle Komponenten des Rechners auf Steckkarten untergebracht und über eine gemeinsame hintere Busplatine, die *Backplane*, verbunden sind. Solche Systeme stehen im Gegensatz zu *Motherboard-Systemen*, bei denen die wesentlichen Funktionskomponenten auf einem Motherboard untergebracht sind und die vorhandenen Steckkarten nur zur Erweiterung der Motherboard-Funktionalität benutzt werden.

Interessant ist, dass bei einigen Bussen, z.B. beim VME-Bus, die maximale Datentransportbreite größer ist als die Datenbusbreite. Dies ist durch eine spezielle Multiplexart bedingt, bei der sowohl die Daten- wie auch die Adressleitungen gleichzeitig zum Transport eines Datums herangezogen werden (vgl. Abschnitt 2.4.4).

Tabelle 2.1. Merkmale populärer Systembusse

Merkmal	PC -Busse					Workstation-Busse		Backplane-Busse
	ISA-Bus	MCA	EISA-Bus	VL-Bus	PCI-Bus	SBus	MBus	VME-Bus
Adreßbus (Bits)	24	32	32	32	32/64	28	64	32
Datenbus (Bits)	16	32	32	32	32/64	32	64	32
max. Datentransportbreite (Bits)	16	32	32	32/64	32/64	64	64	32/64
Bustaktfrequenz (MHz)	8	10	8.33	40	66	25	40	10
max. Übertragungsrate (MByte/s)	8	20	33	80/160	266/533	200	320	40/80
Synchronisationsart	syn.	asyn.	syn.	syn.	syn.	syn.	syn.	asyn.

Beim Zugriff auf den Systembus können zwei Rollen unterschieden werden, der Zugriff als

- **Master:** Ein Master kontrolliert den Bus und nimmt aktiv Zugriff. Er löst Buszyklen aus und adressiert anderen Komponenten am Bus.
- **Slave:** Ein Slave nimmt reaktiven Zugriff. Er reagiert auf Buszyklen, die ein Master ausgelöst hat. Ein Slave wird adressiert und führt Datentransfers auf Anforderung durch.

Bei einfachen Mikrorechnersystemen gibt es nur einen Master, den Mikroprozessor (Abbildung 2.36). Die Zuteilung des Busses ist einfach. Der Master ‚besitzt' ständig den Bus und führt alle Buszyklen aus.

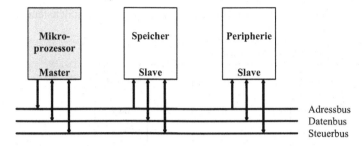

Abb. 2.36. Ein einfaches Mikrorechnersystem mit einem Bus-Master

In komplexeren Mikrorechnersystemen kann es jedoch mehrere Master geben. Da immer nur ein Master gleichzeitig am Bus aktiv sein darf, muss es in solchen Systemen ein Verfahren zur Zuteilung des Systembusses an jeweils einen Master geben. Dies nennt man **Buszuteilung** oder **Bus-Arbitration**. Beispiele für mehrere Master sind Multiprozessorsysteme oder ein System mit Mikroprozessor und einem DMA-Controller zum schnellen Datentransfer zwischen Speicher und Peripherie (vgl. Abschnitt 2.2.10). Da ein DMA-Controller aktiv Datentransfers durchführt, muss er hierfür die Rolle eines Masters am Bus annehmen. In diesem Fall gibt es einen schwergewichtigen Master, den Mikroprozessor, der meistens den Bus besitzt, und einen leichtgewichtigen Master, den DMA-Controller, der seltener am Bus agiert. Die Buszuteilung kann daher durch den Mikroprozessor geschehen, wie dies in Abbildung 2.37 dargestellt ist. Normalerweise besitzt der Mikroprozessor den Bus. Möchte der DMA-Controller den Bus in Besitz nehmen, so fordert er diesen beim Mikroprozessor an (*Bus Request*). Der Mikroprozessor zieht sich nach Abschluss der aktuellen Tätigkeit vom Bus zurück (*Bus Grant*). Der DMA-Controller kann nun aktiv werden.

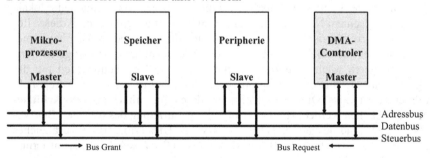

Abb. 2.37. Ein System mit Mikroprozessor und DMA-Controller als Bus-Master

Sind mehrere gleichwertige Master vorhanden, wie beispielsweise bei Systemen mit mehreren Mikroprozessoren, so ist ein **externer Bus-Arbiter** erforderlich, der als Schiedsrichter über die Buszuteilung wacht. Abbildung 2.38 gibt ein Beispiel. Möchte eine Komponente aktiver Bus-Master werden, so fordert sie den Bus beim externen Arbiter an. Der Arbiter bewertet diese Anforderung im Vergleich zu konkurrierenden Anforderungen und teilt entsprechend den Bus zu. Zur Realisierung unterschiedlicher Wichtigkeiten von Buszugriffen kann eine Prioritätensteuerung verwendet werden (vgl. Abschnitt 2.4.2).

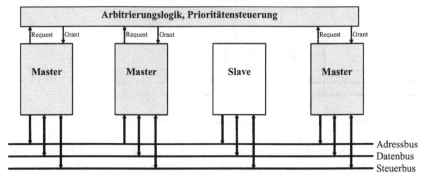

Abb. 2.38. Ein externer Arbiter zur Buszuteilung bei gleichwertigen Mastern

Für einen externen Bus-Arbiter gibt es mehrere Realisierungsformen. Ein **zentraler Bus-Arbiter** ist eine zentrale Komponente am Bus, welche die Buszuteilung übernimmt, siehe Abbildung 2.39. Die Vorteile dieser Lösung bestehen in einem einfachen Systemaufbau und der Möglichkeit zur flexiblen Prioritätensteuerung. Ein Nachteil ist der hohe Leitungsaufwand, da jeder Master zwei Stichleitungen (*Bus-Request* und *Bus-Grant*) zum zentralen Arbiter benötigt, der sich entweder auf dem Motherboard oder einem ausgezeichneten Steckplatz befindet. Abhilfe schafft hier ein **dezentraler Bus-Arbiter**. Jeder Bus-Master erhält einen lokalen Arbiter, die lokalen Arbiter stehen untereinander in Verbindung. Ein einfaches Beispiel hierfür ist eine **Daisy Chain**, wie sie bereits zur Unterbrechungssteuerung in Abschnitt 2.1.2 beschrieben wurde. Abbildung 2.40 zeigt eine Daisy-Chain zur Buszuteilung. Der Leitungsaufwand ist bei dieser Lösung sehr gering, jeder lokale Arbiter ist mit seinem Nachbarn über eine Leitung verbunden. Nachteil dieser Lösung ist die starre Priorisierung, der am weitesten links stehende Master hat immer die höchste, der am weitesten rechts stehende Master immer die niedrigste Priorität. Des Weiteren wächst die zur Zuteilung benötigte Verarbeitungszeit mit der Länge der Daisy Chain, da eine Anforderung im schlimmsten Fall alle Komponenten durchlaufen muss. Dieser Nachteil kann durch eine **überlappende Arbitrierung** ausgeglichen werden. Hierbei erfolgt die Arbitrierung des nächsten Buszyklus bereits während des gerade aktiven Buszyklus. Dies erfordert ein zusätzliches Signal, welches anzeigt, ob der Bus noch belegt ist (*Bus Busy*). Ist die Arbitrierung erfolgt, so beobachtet der neue, designierte Bus-Master dieses Signal und nimmt den Bus erst in Besitz, sobald sich der vorige Master zurückgezogen hat.

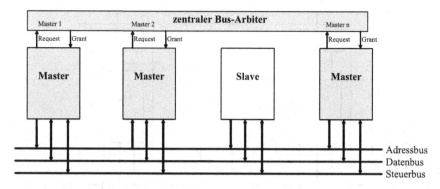

Abb. 2.39. Ein zentraler externer Arbiter

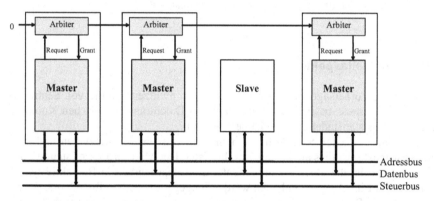

Abb. 2.40. Ein dezentraler externer Arbiter mit Daisy Chain

Neben der relativ starren Daisy Chain existieren weitere dezentrale Verfahren, die eine flexiblere Priorisierung erlauben. So können z.B. die lokalen Arbiter durch einen **Identifikationsbus** verbunden werden (Abbildung 2.41). Jeder lokale Arbiter erhält eine Identifikations-Nummer, die seine Priorität bestimmt. Bei einer Bus-Anforderung geben alle anfordernden Master ihre Nummer auf den Identifikationsbus, wobei die Nummer der höchsten Priorität sich durchsetzt. Dieses Verfahren wird z.B. beim Multibus II benutzt.

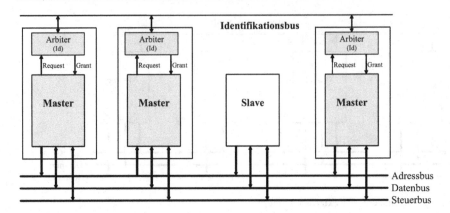

Abb. 2.41. Ein dezentraler externer Arbiter mit Identifikationsbus

2.4.2   Echtzeitaspekte

Die zeitliche Vorhersagbarkeit des Busses ist für Echtzeitsysteme von zentraler Bedeutung. Es muss bestimmbar sein, wann ein Datentransfer zwischen Komponenten am Bus stattfindet und wie lange er dauert.

Bei einem einfachen System mit synchronem Bus ohne Wartezyklen und nur einem Busmaster ist dies am besten gewährleistet. Der Mikroprozessor steuert alle Vorgänge und ist die einzige Komponente, die selbstständig am Bus aktiv wird. Speicher und Ein-/Ausgabeeinheiten werden hingegen niemals selbstständig aktiv. Sie spielen die Rolle von Slaves und reagieren in vorgegebener Zeit auf Anforderungen des Busmasters. Das Zeitverhalten eines solchen Systems ist vollständig deterministisch, die Zugriffszeit auf den Bus und der Datendurchsatz zwischen Komponenten sind konstant.

Dies ist auch bei Auftreten von Wartezyklen gewährleistet, solange die Anzahl der Wartezyklen, die eine Komponente auslöst, bekannt ist. Benötigt z.B. der Zugriff auf den Festwertspeicher immer einen Wartezyklus, der Zugriff auf eine parallele Schnittstelle immer 4 Wartezyklen usw., ist das Zeitverhalten des Busses weiterhin deterministisch. Kommen jedoch Komponenten mit variabler Anzahl von Wartezyklen ins Spiel, sind zusätzliche Maßnahmen erforderlich, um zeitliche Vorhersagbarkeit zu gewährleisten. Es muss die Möglichkeit geben, eine **obere Schranke** für die Anzahl von Wartezyklen zu definieren. Wird diese obere Schranke überschritten, so erklärt der Busmaster den Buszyklus als gescheitert und bricht ihn ab. Hierdurch wird der nachfolgende Buszugriff nicht auf undefinierbare Zeit verzögert, das Zeitverhalten den Busses bleibt vorhersagbar.

Schwieriger wird es, wenn mehrere Busmaster in einem System vorhanden sind, z.B. bei einem Multiprozessorsystem. Hier können alle Mikroprozessoren am Bus aktiv werden. Da dies jedoch nicht gleichzeitig möglich ist, konkurrieren sie um den Bus. Das Echtzeitverhalten des Gesamtsystems wird nun in wesentlichen Teilen durch das Verhalten des Busses im Fall von Zugriffskonflikten bestimmt. In den Mechanismen der Buszuteilung unterscheiden sich echtzeitfähige von nicht-echtzeitfähigen Parallelbussen. Um zeitliche Vorhersagbarkeit bei konkurrierenden Zugriffen mehrerer Master gewährleisten zu können, hat der Bus bzw. die Bus-Arbitration eine Reihe von Anforderungen zu erfüllen:

- Es muss möglich sein, den Mastern unterschiedliche **Prioritäten** zuzuordnen. Wie bei Unterbrechungen können dann Master, die für das Zeitverhalten wichtigere Aufgaben durchführen, von unwichtigeren Mastern unterschieden werden. Bei konkurrierendem Zugriff erhält der Master höherer Priorität den Bus.

- Weiterhin muss die Möglichkeit bestehen, dass ein Master seine Tätigkeit unterbricht und den Bus freigibt, wenn ein Master höherer Priorität den Bus anfordert. Dies nennt man **Preemption**, eine Eigenschaft, die in vielen Bereichen von Echtzeitsystemen eine bedeutende Rolle spielt, vgl. z.b. Kapitel 5 und 6.

- Kritisch sind insbesondere Datentransfers in langen Blöcken. Bei diesen **Blocktransfers**, auch *Bursttransfers* genannt, übernimmt ein Master den Bus für längere Zeit, um eine größere Menge von Daten in einem Block zu übertragen. Dies gewährleistet einen maximalen Datendurchsatz, blockiert aber den Bus für andere Master. Insbesondere könnte ein niederpriorer Master einen höherprioren Master für längere Zeit am Zugriff hindern. Man nennt dies eine **Prioritäteninversion**, die für Echtzeitanwendungen immer ungünstig ist (vgl. Abschnitt 6.3). Es ist daher erforderlich, dass solche langen Blocktransfers unterbrechbar sind.

- Nützlich ist weiterhin die Möglichkeit zur Festlegung einer **maximalen Anzahl von Buszyklen**, für die ein Master in Konkurrenzsituationen den Bus belegen darf. Dies sorgt dafür, dass niederpriore Master nicht völlig ausgehungert werden (*Starvation*) und niemals den Bus erhalten.

- Die Überwachung der Buszuteilungsregeln durch eine entsprechende Instanz, den **Busmonitor**, ist ebenfalls wichtig. Überschreitet z.B. ein Master das ihm zugeteilte Zeitkontingent, so muss der Busmonitor dies feststellen und Gegenmaßnahmen einleiten, etwa das Auslösen eines Busfehlers (*Bus Error*) und den zwangsweisen Entzug des Busses. Die Rolle des Busmonitors kann entweder vom Busarbiter mit übernommen werden oder durch eine getrennte Komponente erfolgen.

Im Folgenden werden wir diese Konzepte bei den betrachteten Beispielbussen wieder finden.

2.4.3   Der PCI-Bus

Der PCI-Bus (*Peripheral Component Interconnect Bus*) ist ein entkoppelter, prozessorunabhängiger Bus, der in einer 32-Bit-Version und einer 64-Bit-Version zur Verfügung steht. Ursprünglich von Intel entwickelt, wird der PCI-Bus heute von der PCI Special Interest Group [2004] weiterentwickelt und gepflegt. Wesentliche Ziele waren Zukunftssicherheit, Benutzerfreundlichkeit und Herstellerunabhängigkeit. Weiterhin sollten die Kosten für die Entwicklung von PCI-Bus-

Komponenten gering gehalten werden. Im Folgenden sind die Eigenschaften des PCI-Busses kurz zusammengefasst. Er ist

- **prozessorunabhängig**. Dies ist eine wesentliche Voraussetzung, um Zukunftssicherheit und Herstellerunabhängigkeit zu gewährleisten.
- **entkoppelt**. Über Bus-Bridges kann der PCI-Bus hierarchisch kaskadiert werden.
- **kommando-orientiert**. Die Bus-Transfers werden über einen Kommando-Bus und nicht über einzelne Signalleitungen klassifiziert.
- **synchron**. Die Taktfrequenz beträgt zwischen 33 und 66 MHz.
- **gemultiplext**. Die Daten und Adressen werden über gemeinsame Leitungen übertragen.
- **per Software konfigurierbar**. Die Adressbereiche der Bus-Komponenten werden durch eine Konfigurations-Software festgelegt.
- je nach Ausbaustufe **32 oder 64 Bit breit**.
- **burst-fähig**. Große Datenmengen können effizient in Blöcken übertragen werden.
- **fehlererkennend**. Verschiedene Fehlerbedingungen können über spezielle Bussignale signalisiert und behandelt werden.
- **multi-master-fähig**. Ein zentraler Arbiter übernimmt die Zuteilung.
- **echtzeitfähig**. Den Bus-Mastern können Prioritäten zugeordnet werden, die Busbelegung durch einen Master ist zeitlich begrenzbar.

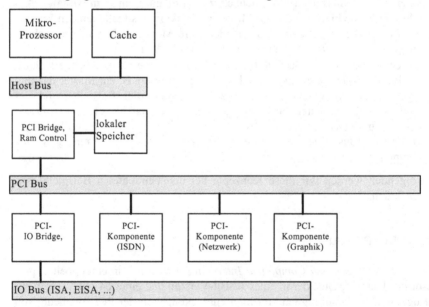

Abb. 2.42. Die grundlegende Architektur des PCI-Busses

Abbildung 2.42 zeigt die grundlegende PCI-Bus-Architektur. Über eine PCI-Bus-Bridge wird der prozessorabhängige Host-Bus vom prozessorunabhängigen PCI-

Bus entkoppelt. Diese Bridge erfüllt oft noch weitere Funktionen, z.b. die Adressierung von schnellem, lokalem Speicher. Der PCI-Bus wäre hierfür zu langsam. An den PCI-Bus können dann die unterschiedlichsten Komponenten angeschlossen werden. Insbesondere kann der PCI-Bus über eine weitere Bridge mit einem IO-Bus (z.b. ISA, EISA) verbunden werden. Interessant ist hierbei, dass eine PCI-Bus-Bridge wie eine normale PCI-Komponente behandelt wird. Dies ermöglicht es, PCI-Bussysteme hierarchisch zu kaskadieren, wie dies in Abbildung 2.43 skizziert ist (zur besseren Übersichtlichkeit sind in diesem Bild die weiteren PCI-Komponenten weggelassen worden). Über verschiedene Bridges können so neben dem primären PCI-Bus sekundäre, tertiäre usw. PCI-Busse aufgebaut werden.

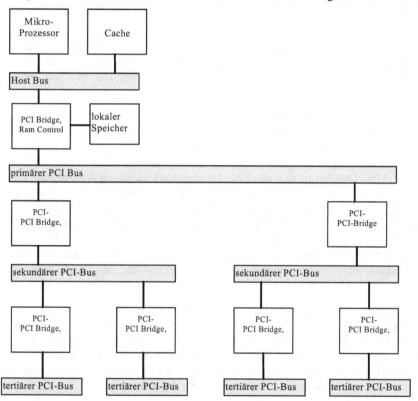

Abb. 2.43. Ein hierarchisch kaskadiertes PCI-Bus-System

Tabelle 2.2. PCI-Bus Glossar

Transaktion	bezeichnet einen allgemeinen Datentransfer über den PCI-Bus, bestehend aus einer Adress- und einer oder mehrerer Datenphasen (1 Taktzyklus pro Phase)
Agent	bezeichnet jeden Busteilnehmer
Initiator	ist ein Agent, der eine Transaktion durchführt und steuert, ein Master
Target	ist ein Agent, der auf eine Transaktion antwortet, ein Slave
Arbiter	ist der zentrale Bus-Arbiter des PCI-Bus
Bridge	ist der Verbindungsbaustein zwischen PCI-Bus und einem weiteren PCI-Bus oder anderem Bussystem

Tabelle 2.2 zeigt ein Glossar der wichtigsten Begriffe des PCI-Busses. Wir wollen im Folgenden die möglichen Datenübertragungsraten am PCI-Bus ermitteln. Hierzu müssen wir die verschiedenen Transferarten betrachten. Der PCI-Bus unterscheidet zwei Transferarten:

- Der **Standardtransfer** überträgt ein einzelnes Datenwort. Da der PCI-Bus Daten und Adressen im Multiplex-Betrieb über gemeinsame Leitungen überträgt, besteht der Standardtransfer aus zwei Phasen: in der ersten Phase wird die Adresse, in der zweiten Phase das Datum übertragen. Jede Phase benötigt einen Taktzyklus. Darüber hinaus muss bei Lesetransfers zwischen Adressphase und Datenphase ein Wartezyklus eingefügt werden, da Adresse und Datum aus unterschiedlichen Quellen stammen. Die Adresse wird vom Initiator geliefert, das Datum vom Target. Der Wartezyklus überbrückt die Umschaltzeit. Bei Schreibtransfers entfällt dieser Wartezyklus, da sowohl Adresse wie auch Datum aus derselben Quelle, dem Initiator, stammen. Abbildung 2.44a verdeutlicht dies. Ein Standardlesezyklus benötigt somit drei Taktzyklen, ein Standardschreibzyklus zwei Taktzyklen.

- Der **Bursttransfer** überträgt Datenblöcke. Hierbei wird zunächst eine Adresse, gefolgt von mehreren Datenwörtern, übertragen. Die Adresse stellt die Startadresse dar, ab der die Datenwörter geschrieben oder gelesen werden. Auch hier muss bei Lesetransfers ein Wartezyklus eingefügt werden, wie in Abbildung 2.44b dargestellt. Ein lesender Bursttransfer von n Worten benötigt somit n+ 2 Taktzyklen, ein schreibender Bursttransfer n + 1 Taktzyklen.

Auf Basis dieser Werte zeigt Tabelle 2.3 die Anzahl der benötigten Taktzyklen für verschiedene Beispieltransfers. Nach der Formel

$$\text{Übertragungsrate} = \text{Anzahl Bytes} / (\text{Taktzykluszeit} * \text{Anzahl Taktzyklen})$$

können hieraus die Datenübertragungsraten berechnet werden. Legt man einen 64-Bit-PCI-Bus (1 Datenwort = 8 Bytes) mit einer Taktfrequenz von 66 MHz (Taktzykluszeit = 15 ns) zugrunde, so erhält man die in Tabelle 2.4 angegebenen Übertragungsraten. Man sieht, dass die maximale Datenübertragungsrate von 533 MBytes/sec (vgl. Tabelle 2.1) nur bei langen Bursttransfers erreicht wird. Bei kürzeren Bursttransfers sind die Werte niedriger und unterscheiden sich für Lesen und Schreiben. Bei Standardtransfers ist die Übertragungsrate natürlich unabhängig von der Anzahl übertragener Daten. Sie beträgt immer 178 MBytes/sec beim Lesen und 267 MBytes/sec beim Schreiben.

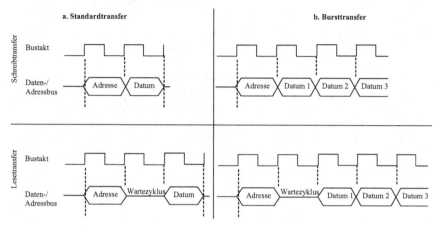

Abb. 2.44. PCI-Bus Transferarten

Tabelle 2.3. Anzahl benötigter Taktzyklen bei verschiedenen PCI-Transfers

Anzahl Taktzyklen	4 Worte	128 Worte	2^{30} Worte
Standard Lesen	12	384	$2^{31} + 2^{30}$
Standard Schreiben	8	256	2^{31}
Burst Lesen	6	130	$2^{30} + 2$
Burst Schreiben	5	129	$2^{30} + 1$

Tabelle 2.4. Resultierende Datenübertragungsraten bei einem 64-Bit 66MHz PCI-Bus

MBytes/sec	4 Worte	128 Worte	2^{30} Worte
Standard Lesen	177,78	177,78	177,78
Standard Schreiben	266,67	266,67	266,67
Burst Lesen	355,56	525,13	533,33
Burst Schreiben	426,67	529,20	533,33

Tabelle 2.5 zeigt schließlich eine Liste der wichtigsten PCI-Bus-Signale und deren Bedeutung. Das Zeichen # hinter dem Signalnamen kennzeichnet ein Signal, dessen aktiver Zustand der 0-Pegel ist (*active low*). Das Richtungsfeld zeigt die Richtung der Signale aus Sicht eines Initiators.

Tabelle 2.5. Die wichtigsten Signale des PCI-Bus

Signal	Richtung	Beschreibung
AD[31:0]	bi	Adress/Datenbus, gemeinsame Leitungen zur Übertragung von Daten und Adressen
C/BE#[3:0]	out	Command/ByteEnable, identifiziert Transfertyp (während der Adressphase) oder gibt Datenbytes frei (während der Datenphase)
PAR	bi	Parität, gerade Parität über AD[31:0] und C/BE#[3:0]
FRAME#	out	Frame, kennzeichnet Start und Länge eines Transfers
TRDY#	in	Target Ready, kennzeichnet die Bereitschaft des Target, den aktuellen Datentransfer abzuschließen
IRDY#	out	Initiator Ready, kennzeichnet die Bereitschaft des Initiators, den aktuellen Datentransfer abzuschließen
STOP#	in	Stop, durch Aktivieren dieses Signals kann ein Target einen vom Initiator gestarteten Datentransfer stoppen
DEVSEL#	in	Device Select, bestätigt die Adressdekodierung durch ein Target
IDSEL	in	Initialization Device Select, selektiert ein Device während der Konfigurationsphase
PERR#	bi	Parity Error, signalisiert das Auftreten eines Paritätsfehlers auf AD[31:0] oder C/BE#[3:0]
SERR#	bi	System-Error, signalisiert das Auftreten eines katastrophalen Fehlers (z.B. Paritätsfehler während der Adressierungsphase)
REQ#	out	Request, Bus-Anforderung an den zentralen Arbiter durch einen Initiator
GNT#	in	Grant, Bus-Gewährung durch den Arbiter
CLK	in	PCI System Takt, 0 .. 66MHz
RST#	in	System Reset, rücksetzen aller PCI-Devices

Das Echtzeitverhalten eines Busses wird zum einen durch die Datenübertragungsraten bestimmt. Ein weiterer wichtiger Aspekt ist die Buszuteilung. Diese wird beim PCI-Bus durch einen zentralen Arbiter übernommen, der sich entweder auf dem Motherboard oder einem ausgezeichneten PCI-Steckplatz befindet. Er ermöglicht anwenderdefinierbare Prioritätsschemata und erlaubt so die für Echtzeitanwendungen bedeutende Unterscheidung von wichtigen und unwichtigeren Buszyklen. Jede PCI-Transaktion muss zunächst eine Buszuteilung beantragen. Dies geschieht durch das Signal REQ#. Sobald der Arbiter den Bus zugeteilt hat, signalisiert er dies dem betroffenen Initiator durch Aktivierung dessen GNT# Signals. Nun kann der Initiator die Transaktion durchführen. Es besteht hierbei auch die Möglichkeit, mehrere Transaktionen hintereinander ohne neue Zuteilung durchzuführen, indem der Initiator das REQ#-Signal aktiv hält (*Back-to-Back Transfers*). Abbildung 2.45 zeigt den Zeitverlauf einer Transaktion mit Buszuteilung und die dabei anfallenden Wartezeiten. Die **Zuteilungslatenz** bezeichnet den Zeitraum von der Busanforderung eines Initiators bis zur Zuteilung. Danach kann der Master den Bus in Besitz nehmen. Die hierbei anfallende Verzögerung heißt **Akquisitionslatenz**. Schließlich können die Daten mit dem Target ausgetauscht werden, die dafür benötigte Zeit wird **Targetlatenz** genannt. Die Targetlatenz wird durch die Datentransferraten des Busses und eventuelle Wartezyklen von Target und Initiator bestimmt. Sind diese bekannt, so ist die Targetlatenz vorhersagbar. Die Akquisitionslatenz ist beim PCI-Bus ebenfalls streng definiert, sie darf nicht mehr als 16 Taktzyklen betragen, anderenfalls verliert der Initiator seine Rechte. Die Zuteilungslatenz hängt von den Prioritäten und dem Verhalten der anderen Master ab. Grundsätzlich gilt: je höher die Priorität, desto kürzer und vor allem vorhersagbarer ist die Zuteilungslatenz. Um darüber hinaus auch bei langen Bursttransfers vorhersagbare Wartezeiten für andere potentielle Initiatoren zu erzielen, gelten einige weitere Zuteilungsregeln:

- Ein Initiator kann zunächst Daten in einem Bursttransfer solange über den Bus übertragen, solange das Target Daten aufnehmen bzw. liefern kann und keine weiterer Anforderung von einem anderen Initiator vorliegt
- Daneben besitzt jeder Initiator einen Latenzzähler (*Latency-Timer*). Dieser zählt die für den laufenden Datentransfer des Initiators verbrauchten Taktzyklen. Sobald eine vorgegebene und für jeden Initiator individuell einstellbare Anzahl Taktzyklen vergangen ist, muss der Initiator den Transfer beenden und den Bus freigeben, wenn ihm die Buszuteilung vom Arbiter entzogen wird (GNT# wird inaktiv). Jeder Initiator besitzt daher einen garantierten Zeitraum für die Durchführung von Bursttransfers. Darüber hinaus muss er bei Bedarf den Bus freigeben
- Weiterhin muss ein Target einen Transfer nach dem aktuellen Datenwort abbrechen (durch Aktivierung des STOP#-Signals), wenn der Zeitbedarf bis zur Bereitstellung des nächsten Datenworts mehr als 8 Taktzyklen beträgt. Dies bewirkt, dass langsame Targets ihre Datenübertragungen für schnelle Targets unterbrechen müssen, Datenübertragungen können geschachtelt werden.

Abb. 2.45. Zeitlicher Ablauf einer PCI-Bus Transaktion mit Buszuteilung

Der PCI-Bus ist als Bussystem in PCs weit verbreitet. Dort wird ein Motherboard-Konzept verwendet, d.h. CPU, Bridges und Arbiter befinden sich fest auf dem Motherboard, welches für Einsteckkarten eine Reihe von PCI-Steckplätzen anbietet. Bei Anwendungen in der Automatisierungstechnik werden hingegen häufiger Backplanesysteme eingesetzt. Alle Komponenten, auch CPU und Arbiter, sind als Steckkarten realisiert und über eine hinten im Gehäuse angebrachte Busplatine verbunden (vgl. Abschnitt 2.4.1). Dies ermöglicht einen robusteren Aufbau als ein Motherboardsystem und kommt daher den Anforderungen der Automatisierung entgegen. Daher existieren auch Backplane-Varianten des PCI-Bus, der **Industri-**

alPCI-Bus [Markt&Technik 1998] und der **CompactPCI-Bus** [PCI Industrial Computers Manufacturers Group 2004]. Bei weitestgehender Beibehaltung von Signalen und Busprotokollen wird hier eine mechanisch belastbarere Bauform angeboten. PC-kompatible Systeme, die nicht in Motherboard-, sondern Backplane-Technik aufgebaut sind, bezeichnet man auch als **Industrie-PCs**. Abbildung 2.46 zeigt ein Beispiel auf CompactPCI-Basis. Der Vorteil des Einsatzes von Industrie-PCs für Automatisierungsanwendungen besteht in der Möglichkeit, die Anwendungssoftware auf einem normalen PC zu entwickeln und dann direkt auf den Automatisierungsrechner zu übertragen.

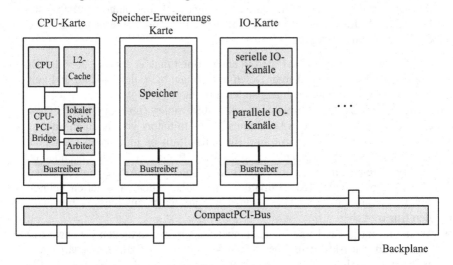

Abb. 2.46. Aufbau eines Industrie-PCs mit CompactPCI-Bus

2.4.4   Der VME-Bus

Der VME-Bus (*Versa Module Europe*) [Peterson 1997] ist aus dem VersaBus hervorgegangen, den Motorola für seine 680XX-Prozessorfamilie definiert hatte. Er kann daher die Nähe zu dieser Prozessorfamilie nicht leugnen, obwohl er im Allgemeinen als prozessorunabhängig angesehen wird. Der VME-Bus war lange Zeit das dominierende Bussystem für Automatisierungsrechner, wird in diesem Bereich jedoch zunehmend durch den PCI-Bus (vorwiegend durch die Variante CompactPCI) verdrängt, da dieser höhere Übertragungsraten ermöglicht. Nichts desto trotz ist der VME-Bus hervorragend für echtzeitfähige Hardware geeignet und durch seine konzeptionellen Unterschiede zum PCI-Bus als weiteres Beispiel für einen echtzeitfähigen Systembus interessant.

Im Folgenden sind die Eigenschaften des VME-Busses kurz zusammengestellt. Er ist

- **prozessorunabhängig.** Die Busprotokolle sind allerdings mit den Protokollen der 680X0-Prozessorfamilie von Motorola verwandt.
- **signal-orientiert.** Die Bus-Transfers werden über Signalleitungen klassifiziert.
- **asynchron.** Die Datentransfers werden von Handshake-Signale bestimmt, der Bustakt hat nur untergeordnete Bedeutung.
- **nicht gemultiplext.** Es existieren getrennte Daten- und Adressbusse. Im erweiterten 64-Bit Burst Modus werden jedoch der 32-Bit-Adressbus und der 32-Bit-Datenbus zu einem 64-Bit-Bus zusammengefasst, der dann gemultiplext für Burst-Transfers benutzt wird.
- ein **32-Bit-Bus** mit **64-Bit Burst** Erweiterungsmodus.
- **burst-fähig.** Bis zu 256 Worte können effizient in Blöcken übertragen werden.
- **fehlererkennend.** Verschiedene Fehlerbedingungen können über spezielle Bussignale signalisiert und behandelt werden.
- **multi-master-fähig.** Ein zentraler Arbiter übernimmt die Zuteilung, hierbei kann auch eine dezentrale Daisy-Chain verwendet werden.
- in der Lage, durch **Adressmodifikation** getrennte Adressräume für verschiedene Anwendungen zur Verfügung zu stellen.
- auf **sieben Ebenen interrupt-fähig.**
- **echtzeitfähig.** Den Bus-Mastern können Prioritäten zugeordnet werden, die Einhaltung von Zeitbedingungen wird überwacht.

Abbildung 2.47 zeigt den grundlegenden Aufbau des VME-Busses. Der Bus selbst besteht aus vier Teilbussen:

- Der **Datentransfer-Bus** dient der Übertragung von Daten zwischen Master und Slave-Komponenten, sowie zur Übermittlung von Interrupt-Vektoren. Er besteht aus einem 32-Bit-Datenbus, einem 32-Bit-Adressbus und einer Reihe von Steuerleitungen. Wesentlich für den asynchronen Datentransfer sind hier die Handshake-Signale AS# (*Address Strobe*), mit dem der Master eine gültigen Adresse auf dem Datenbus anzeigt, und DTACK# (*Data Acknowledge*) zur Quittierung des Datentransfers durch den Slave.
- Der **Datentransfer-Arbitrierungs-Bus** dient zur Buszuteilung. Über vier Bus-Request-Leitungen können Master den Datentransferbus auf bis zu vier verschiedenen Prioritätsebenen anfordern. Weiterhin enthält dieser Teilbus für jede der vier Prioritätsebenen eine Daisy-Chain, welche eine Priorisierung mehrerer Master auf derselben Ebene ermöglicht.
- Der **Prioritäts-Interrupt-Bus** dient der Unterbrechungssteuerung. Er enthält sieben Unterbrechungsleitungen, auf denen Unterbrechungen auf sieben Prioritätsebenen angefordert werden können. Um auch mehrere Unterbrechungsquellen auf derselben Ebene zu erlauben, enthält dieser Bus zusätzlich eine Daisy Chain.
- Der **Utility-Bus** ist eine Sammlung weiterer Signale, z.B. des Taktes, der Reset-Leitung, der Meldung von System- und Spannungsversorgungsfehlern, usw.

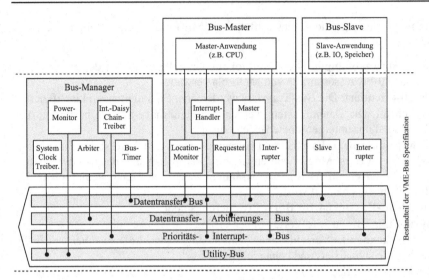

Abb. 2.47. Die grundlegende Architektur des VME-Busses

Neben dem eigentlichen Bus werden von der VME-Spezifikation auch eine Reihe standardisierter Module zur Businteraktion definiert. Wie in Abbildung 2.47 zu sehen, stellen diese Module Grundfunktionalitäten für Einsteckkarten zur Verfügung, die verschiedene Rollen am Bus spielen, z.b. Master, Slave oder Bus-Manager. Tabelle 2.6 zeigt in einem Glossar die wichtigsten Begriffe hierzu sowie deren Bedeutung. Der **Bus-Manager** befindet sich immer im ersten Einsteckplatz eines VME-Bus. Er enthält den Taktgenerator (*System Clock Treiber*), eine Spannungsüberwachung (*Power Monitor*), eine Überwachung der Buszeitbedingungen (*Bus Timer*), den *Arbiter* sowie einen Treiber für die *Interrupt-Daisy Chain*. Für **Slave-Einsteckkarten**, z.B. eine Speicher- oder IO-Karte, sorgt das *Slave-Modul* für die korrekte Handhabung der Bussignale und –protokolle gemäß der Rolle eines Slaves. Soll die Slave-Einsteckkarte in der Lage sein, Unterbrechungen bei einem Master auszulösen, so werden die zugehörigen Busprotokolle durch das *Interrupter-Modul* gehandhabt. Für **Master-Einsteckkarten** gibt es entsprechend ein *Master-Modul*, welches die Protokolle eines Masterzugriffs realisiert. Da ein Bus-Master auch den Bus anfordern muss, enthält er immer auch ein *Requester-Modul*, welches diese Aufgabe erledigt. Dieser Requester wird auch vom *Interrupt-Handler-Modul* benötigt, welches Unterbrechungsanforderungen entgegennimmt. Im Fall einer Unterbrechung muss der Interrupt-Handler den Bus anfordern, um den Interruptvektor von der Unterbrechungsquelle entgegenzunehmen (vgl. Abschnitt 2.1.2). Natürlich kann ein Master auch die Fähigkeit besitzen, selbst Unterbrechungen bei anderen Mastern auszulösen, z.B. zum Datenaustausch in einem Multiprozessorsystem. In diesem Fall besitzt der Master ebenfalls ein Interrupt-Modul. Durch das *Location-Monitor-Modul* kann ein Master bestimmte Adressbereiche überwachen und feststellen, ob z.B. ein anderer Master in einen gemeinsamen Speicherbereich geschrieben und eine Nachricht hinterlegt hat. Ein Beispiel hierfür findet sich am Ende dieses Abschnitts.

Tabelle 2.6. VME-Bus Glossar

Master	Modul, welches Transferzyklen initiieren kann
Slave	Modul, welches von Mastern initiierte Transferzyklen erkennt und ggf. beantwortet (wenn selektiert)
Location Monitor	überwacht den Bus, erkennt die Selektion einstellbarer Adressbereiche und meldet dies mit einem Signal
Interrupter	erzeugt Interrupt-Anforderungen an einen Interrupt-Handler, liefert den Interrupt-Vektor
Interrupt-Handler	beantwortet Interrupt-Anforderungen, erzeugt den Interrupt-Aknowledge-Zyklus, liest den Interrupt-Vektor
Requester	fordert den Bus an
Arbiter	teilt den Bus auf Anforderung zu
Bus Timer	überwacht die Dauer der Datentransfers, erzeugt einen Bus-Fehler bei Zeitüberschreitung
Interrupt-Acknowledge-Daisy-Chain-Treiber	startet während einer Interrupt-Bearbeitung die Interrupt-Daisy-Chain.
System-Clock-Treiber	erzeugt den 16 MHz Utility-Takt (keine Synchronisation, der VME-Bus ist asynchron)
Power Monitor	überwacht die Spannungsversorgung, erzeugt ggf. Fehlersignale

Die Datentransferraten am VME-Bus werden durch die Zeitbedingungen für die Handshake-Signale bestimmt. Abbildung 2.48 zeigt als Beispiel verschiedene Lesezyklen. Entscheidend ist, dass die Zeit zwischen zwei Aktivierungen von DTACK# nicht kürzer als 100 ns werden darf. Bei 32-Bit-Transfers ergibt sich somit eine maximale Datenübertragungsrate von 40 MByte/sec. Der 64-Bit-Bursttransfer, bei dem der 32-Bit-Daten- und -Adressbus gemeinsam zur 64-Bit-Übertragung genutzt werden, erlaubt bis zu 80 MBytes/sec. Der VME-Bus bleibt hier deutlich hinter dem PCI-Bus zurück.

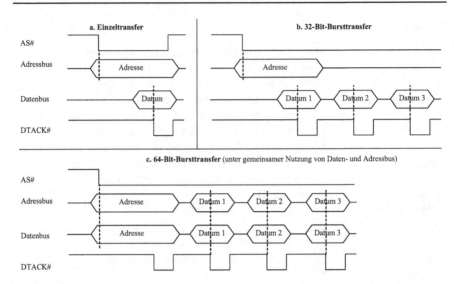

Abb. 2.48. VME-Bus Transferarten

Tabelle 2.7 zeigt eine Liste der wichtigsten VME-Bus-Signale und deren Bedeutung. Das Zeichen # hinter dem Signalnamen kennzeichnet ein Signal, dessen aktiver Zustand der 0-Pegel ist (*active low*). Das Richtungsfeld zeigt die Richtung der Signale aus Sicht eines Masters.

Die Buszuteilung geschieht wie bereits erwähnt durch den zentralen Arbiter im Bus-Manager auf Steckplatz 1. Dieser Arbiter bietet über vier Bus-Request-Leitungen die Möglichkeit, vier verschiedene Prioritätsebenen bei der Busanforderung zu realisieren. Abbildung 2.49 zeigt zwei konkurrierende Anforderungen auf Ebene 1 und 2. Ebene 2 hat hierbei die höhere Priorität. Der Arbiter signalisiert die Zuteilung auf Ebene 1 durch Aktivierung der zugehörigen Daisy-Chain. Diese Daisy-Chain ermöglicht es, auf einer Ebene mehrere Master behandeln zu können. In erster Instanz entscheidet die Ebene über die Priorität, befinden sich mehrere Master auf derselben Ebene, so entscheidet die Daisy-Chain. Hierdurch können mehr als vier Bus-Master am VME-Bus agieren und gemäß den Echtzeit-Anforderungen individuelle Prioritäten erhalten. Das *Bus-Busy-Signal* erlaubt überlappende Arbitrierung (vgl. Abschnitt 2.4.1). Um lange Bursttransfers unterbrechbar zu gestalten, kann der Arbiter einem Master den Bus wieder entziehen. Dies geschieht durch das *Bus-Clear-Signal*.

Der VME-Bus verfügt weiterhin über ein sehr flexibles Unterbrechungssystem, ein für Echtzeit-Anwendungen wichtiges Leistungsmerkmal. Unterbrechungen können auf sieben Prioritätsebenen ausgelöst werden, wobei Ebene 1 die niedrigste und Ebene 7 die höchste Priorität besitzt. Für jede Ebene ist ein Master zuständig, d.h. er nimmt Unterbrechungswünsche auf dieser Ebene entgegen. Es kann auch ein Master mehrere Ebenen bedienen, eine Ebene darf jedoch niemals mehrere Master beherbergen.

Tabelle 2.7. Die wichtigsten Signale des VME-Bus

Signal	Richtung	Beschreibung
A[31:1]	out	Adressbus, bei 64-Bit Bursttransfers werden diese Leitungen im Multiplex auch als Datenleitungen benutzt
AM[5:0]	out	Adressmodifier, klassifizieren die Adresse
AS#	out	Address Strobe, zeigt eine gültige Adresse auf dem Adressbus an
D[31:0]	bi	Datenbus, bei 64-Bit Bursttransfers werden diese Leitungen im Multiplex auch als Adressleitungen benutzt
DS#[1:0]	out	Date Strobe, zeigen Breite und Position des Datentransfers an (zusammen mit LWORD#, A1)
LWORD#	out	Long Word, zeigt Breite und Position des Datentransfers an (zusammen mit DS#[1:0],A1)
DTACK#	in	Data Acknowledge, kennzeichnet die Übernahme von Daten oder das Platzieren von Daten auf dem Datenbus durch den Slave
WRITE#	out	Write, gibt die Richtung des Datentransfers an
IRQ#[7:1]	in	Interrupt Request, melden eine Interrupt-Anforderung durch einen Interrupter, sieben Prioritätsebenen (7 = höchste, 1 = niedrigste)
IACK#	out	Interrupt Acknowledge, bestätigt die Annahme eines Interrupts durch einen Interrupt-Handler, ist mit IACKIN# auf Steckplatz 1 verbunden und wird vom IACK-Daisy-Chain Treiber zum Starten der Daisy-Chain benutzt
IACKIN#, IACKOUT#	in, out	Interrupt Acknowledge Daisy Chain, schaltet den IACK zwischen den Steckkarten weiter
BR#[3:0]	out	Bus Request, meldet eine Bus-Anforderung durch einen Requester
BGIN#[3:0], BGOUT#[3:0]	in. out	Bus Grant Daisy Chain, schaltet einen Bus-Grant weiter (ausgehend vom Arbiter in Steckplatz 1)
BBSY#	out	Bus Busy, zeigt die Belegung des Busses durch einen Master an (überlappende Arbitrierung)
BCLR#	in	Bus Clear, zeigt dem aktuellen Master an, dass ein anderer Master den Bus wünscht

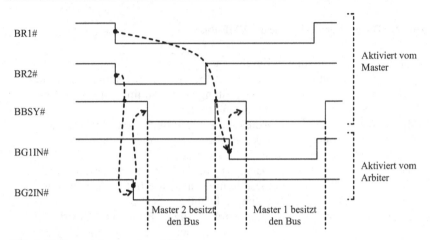

Abb. 2.49. Buszuteilung auf zwei Ebenen

Wie bei der Buszuteilung arbeitet auch das Unterbrechungssystem mit einer zusätzlichen Daisy-Chain, die auf einer Unterbrechungsebene die Behandlung mehrerer Unterbrechungsquellen erlaubt. Im Unterschied zur Buszuteilung, die pro Ebene eine eigene Daisy-Chain aufweist, teilen sich alle sieben Unterbrechungsebenen dieselbe Daisy-Chain. Sobald ein Master eine Unterbrechung auf einer Ebene angenommen hat, aktiviert er das Interrupt-Acknowledge-Signal (IACK#), welches vom Interrupt-Acknowledge-Daisy-Chain-Treiber im Bus-Manager auf Steckplatz 1 entgegen genommen und über die Daisy-Chain geschickt wird. Gleichzeitig kennzeichnet der Master die Unterbrechungsebene durch einen entsprechenden Code (1-7) auf den unteren drei Bits des Adressbusses. Hierdurch kann eine Unterbrechungsquelle die Ebene der aktuell angenommenen Unterbrechung identifizieren (Abbildung 2.50) und ggf. den Interruptvektor auf den Datenbus legen. Eine einzige Daisy-Chain ist somit ausreichend.

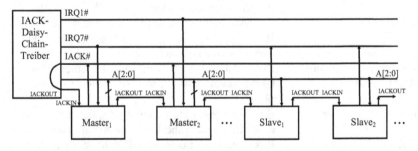

Abb. 2.50. Interrupt-Behandlung auf sieben Ebenen mit einer Daisy-Chain

Das Unterbrechungskonzept kann vorteilhaft für die Synchronisation des Datenaustausches zwischen Prozessoren verwendet werden. Hierfür gibt es zwei Ansätze: globaler Speicher und Zwei-Tor-Speicher. Abbildung 2.51 verdeutlicht den Datenaustausch zwischen drei Prozessoren über einen **globalen Speicher** (feste

Kopplung). Der globale Speicher stellt jedem Prozessor einen festen Speicher-
block zur Verfügung. Will Prozessor A an den Prozessor B eine Nachricht schicken, so trägt er diese Nachricht in das Feld B innerhalb des Blockes A. Nachdem
der Prozessor A seine Nachricht abgelegt hat, schickt er eine Unterbrechung zu
Prozessor B. Dieser liest danach das Feld B im Block A aus und speichert die
Nachricht gegebenenfalls in seinem lokalen Speicher.

Beim **Zwei-Tor-Speicher** Verfahren (lose Kopplung) stellt jeder Prozessor ei-
nen Teil seines lokalen Speichers für den Nachrichtenaustausch zur Verfügung
(Abbildung 2.52). Jeder externe Prozessor erhält einen nur ihm zugeordneten
Speicherbereich. Will Prozessor A eine Nachricht an Prozessor B schicken, so
schreibt er diese Nachricht in den Bereich A dessen Speichers und löst bei B eine
Unterbrechung aus.

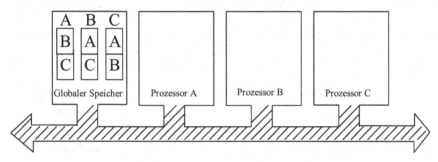

Abb. 2.51. Datenaustausch zwischen VME-Bus Mastern über globalen Speicher

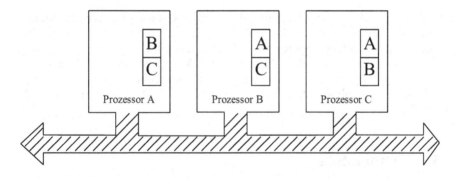

Abb. 2.52. Datenaustausch zwischen VME-Bus Mastern über Zwei-Tor-Speicher

Dieses zuletzt genannte Verfahren hat zwei Vorteile gegenüber dem globalen
Speichereinsatz. Erstens ist es schneller, da die Nachrichten nur einmal und nicht,
wie bei dem globalen Speicher-Konzept, den Bus zweimal passieren müssen.
Zweitens können mehr Teilnehmer direkt kommunizieren. Bei globalem Speicher
können maximal 7 Bus-Master Daten austauschen, da es nur 7 Unterbrechungsebenen gibt und eine Ebene wie bereits erwähnt nur einen Master beherbergen
kann. Das Zwei-Tor-Speicher-Verfahren ermöglicht die Kommunikation von

mehr als 7 Mastern, da keine Unterbrechungen über den VME-Bus benötigt werden. Vielmehr kann der Location Monitor auf jedem Master dazu benutzt werden, eine lokale Unterbrechung direkt am Prozessor des Masters auszulösen, sobald ein anderer Master auf den Zwei-Tor-Speicher zugegriffen hat.

Abbildung 2.53 zeigt ein Beispiel für ein Mehrprozessorsystem einer Robotersteuerung, bei dem 4 Master und 3 Slaves über den VME-Bus verbunden sind und in Echtzeit kommunizieren.

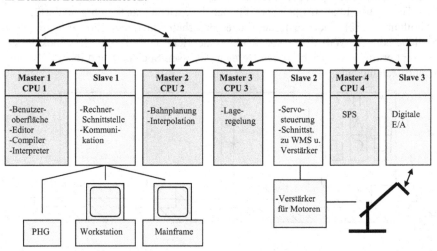

Abb. 2.53. Ein Mehrprozessorsystem für eine Robotersteuerung

Der VME-Bus ist ein reiner Backplane-Bus und unterstützt zwei Einsteckkarten-Formate. Doppel-Europakarten der Größe 160 x 233 mm besitzen zwei Busstecker und verfügen über alle Signale des VME-Busses. Einfach-Europakarten der Größe 160 x 100 mm besitzen nur einen Busstecker und können dadurch nur einen reduzierten Umfang des Busses nutzen. Die wesentlichen Einschränkungen sind die Reduktion der Datenbusbreite von 32 auf 16 Bit und der Adressbusbreite von 32 auf 24 Bit.

2.5   Schnittstellen

Schnittstellen zur Peripherie haben die Aufgabe, ein Mikrorechnersystem mit der Umwelt zu verbinden. Wir haben bereits einige solcher Schnittstellen als Bestandteil von Mikrocontrollern (Abschnitt 2.2) kennen gelernt. Diese Schnittstellen sind gerade bei Echtzeitsystemen äußerst vielfältig und für das Zeitverhalten von Bedeutung. Man nehme als Beispiel die Prozessautomation, bei der eine Vielzahl unterschiedlichster Sensoren und Aktoren gleichzeitig und rechtzeitig behandelt werden müssen. Daher sollen in diesem Abschnitt verschiedene allgemeine Techniken zur Realisierung solcher Schnittstellen genauer betrachtet werden.

Die Verbindung von Mikrorechner und Umwelt wird durch **Schnittstellenbausteine** (*Interface Controller*) hergestellt. Diese Bausteine vermitteln zwischen dem Mikrorechner und seinen Peripheriekomponenten (Sensoren, Aktoren, Geräte) und haben hierzu eine Reihe von Aufgaben zu bewältigen:

- **Pufferung von Ein- und Ausgabedaten**: Da die Arbeitsgeschwindigkeit von Mikrorechner und Peripheriekomponenten in der Regel unterschiedlich ist, müssen Ein- und Ausgabedaten zwischengespeichert werden, um diese Unterschiede auszugleichen. Dies ist Aufgabe der Schnittstellenbausteine.

- **Umsetzung von Daten**: An der Schnittstelle zur Peripherie müssen die unterschiedlichsten Übertragungs- (z.B. seriell, parallel) und Datenformate (z.B. analog, digital) gehandhabt werden. Schnittstellenbausteine müssen diese Formate ineinander umwandeln, um eine Verbindung herzustellen.

- **Erzeugung von Steuer- und Handshake-Signalen**: Um Peripheriekomponenten und Mikrorechner zu synchronisieren, sind Steuer- und Handshake-Signale erforderlich. Mit Hilfe dieser von den Schnittstellenbausteinen erzeugten Signale werden schnelle und langsame Komponenten aneinander angepasst und Datenüberläufe vermieden.

- **Annahme und Erzeugung von Unterbrechungsanforderungen**: Viele Peripheriekomponenten arbeiten unterbrechungsgesteuert. Die Schnittstellenbausteine müssen Unterbrechungswünsche von Peripheriekomponenten entgegennehmen und diese an den Mikrorechner weiterleiten. Hierzu gehören ggf. auch die Erzeugung von Interruptvektoren sowie die Handhabung unterschiedlicher Prioritäten (vgl. Abschnitt 2.1.2).

Abbildung 2.54 skizziert die Rolle der Schnittstellenbausteine. Von Seiten des Mikrorechners werden Schnittstellenbausteine genau wie Speicher gehandhabt. Durch Schreiben und Lesen auf definierte Adressen kann der Mikroprozessor Kommandos, Statusinformationen oder Daten mit einem Schnittstellenbaustein austauschen. Schnittstellenbausteine besitzen hierzu entsprechende Register (Kommandoregister, Steuerregister, Statusregister, Datenregister, ...), die in den Adressraum des Mikroprozessors integriert sind. Diese Integration kann auf zweierlei Arten erfolgen: Die **Speicher-Ein-/Ausgabe** (*Memory Mapped IO*) vereinigt Speicher und Ein-/Ausgabe in einem Adressraum. Schnittstellenbausteine und Speicherzellen müssen sich diesen Adressraum teilen. Das vereinfacht den Aufbau des Mikroprozessors, er kann dieselben Befehle zur Adressierung von Speicher und Schnittstellenbausteinen nutzen. Bei **isolierter Ein-/Ausgabe** (*Isolated IO*) besitzt der Mikroprozessor zwei getrennte Adressräume für Speicher und Ein-/Ausgabe. Der Anschluss von Schnittstellenbausteinen reduziert somit nicht den für Speicher verfügbaren Adressraum. Weiterhin kann der Ein-/Ausgabeadressraum sinnvoller weise kleiner als der Speicheradressraum gehalten werden (es müssen in der Regel deutlich weniger Schnittstellenbausteine wie Speicherzellen angesprochen werden), dies reduziert den Hardwareaufwand der Adressdekodierung. Der Mikroprozessor muss jedoch über separate Befehle zur Ein-/Ausgabe verfügen. Abbildung 2.55 verdeutlicht die beiden Prinzipien.

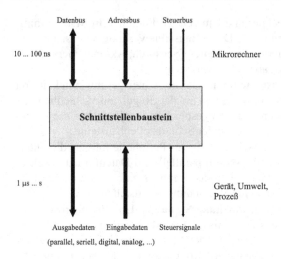

Abb. 2.54. Rolle und Aufgaben von Schnittstellenbausteinen

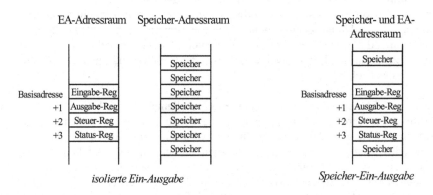

Abb. 2.55. Konzepte der Adressraumintegration von Speicher und Ein-/Ausgabe

2.5.1   Klassifizierung von Schnittstellen

Je nach Aufbau und Komplexität von Schnittstellenbausteinen lassen sich drei Klassen von Schnittstellen unterscheiden: einfache Schnittstellen, komplexe Schnittstellen und intelligente Schnittstellen.

Einfache Schnittstellen bestehen lediglich aus Registern, Puffern oder Toren. Die Daten werden direkt und ohne jede Verarbeitung weitergegeben. Diese Schnittstellen belegen jeweils nur eine einzige Ein-/Ausgabeadresse im Adressraum, über welche die Daten ausgetauscht werden. Abbildung 2.56 zeigt ein Beispiel für eine einfache Eingabe- und eine einfache Ausgabeschnittstelle. Bei der Ausgabeschnittstelle werden die Daten durch ein Schreibsignal (WR) des Mikroprozessors vom internen Datenbus in das Register übernommen und stehen am Ausgang zur Verfügung. Bei der Eingabeschnittstelle öffnet ein Lesesignal (RD) des Mikroprozessors ein Tor, welches die am Eingang anliegenden Daten dem Mikroprozessor über den internen Datenbus zugänglich macht. Die Funktionalität dieser Schnittstellen ist sehr einfach, ihr Zeitverhalten wird direkt durch den Mikroprozessor bestimmt.

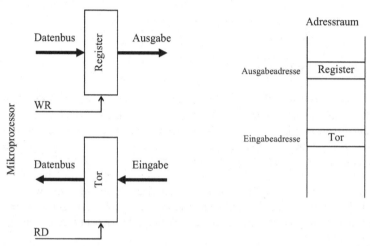

Abb. 2.56. Eine einfache Ein- und Ausgabeschnittstelle

Komplexe Schnittstellen beinhalten programmierbare Schnittstellenbausteine. Sie belegen mehrere Ein-/Ausgabeadressen, über welche die Funktionsweise programmiert und Daten ausgetauscht werden können. Hierzu besitzen sie mehrere interne Register, z.B. ein

- **Eingaberegister** zum Zwischenspeichern von Eingabedaten,
- **Ausgaberegister** zum Zwischenspeichern von Ausgabedaten,
- **Statusregister** zum Zwischenspeichern von Statussignalen,
- **Steuerregister** zum Zwischenspeichern von Steuersignalen,
- **Kontrollregister** zum Festlegen der Betriebsart.

Abbildung 2.57 zeigt eine solche komplexe Schnittstelle. Da diese mehrere Adressen im Adressraum belegt, sind neben Daten sowie Schreib- und Lesesignalen (RD, WR) auch Adressleitungen und ein Freigabesignal (EN) zur Positionierung im Adressraum des Mikroprozessors erforderlich. Ein gutes Beispiel ist etwa eine serielle Schnittstelle, bei der die Betriebsart (Übertragungsrate, Datenformat, Kodierung, ...) eingestellt werden muss und neben dem reinen Datenaustausch viele Steuer- und Statussignale (z.B. Sender bereit, Empfänger bereit, Zeichen empfangen, ...) anfallen. Das Zeitverhalten komplexer Schnittstellen ist immer noch eng an den Mikroprozessor gekoppelt, die angeschlossene Peripheriekomponente kann es jedoch über die Steuer- und Statussignale beeinflussen.

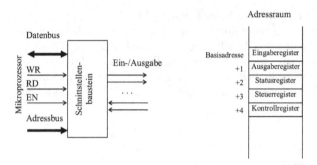

Abb. 2.57. Eine komplexe Schnittstelle

Intelligente Schnittstellen enthalten einen eigenen, frei programmierbaren Prozessor, lokalen Speicher und weitere funktionsspezifische Ein-/Ausgabeelemente. Sie stellen ein eigenständiges kleines Mikrorechnersystem dar, welches an das Gast-Mikrorechnersystem (Host-System) angekoppelt ist und dieses von umfangreichen und komplexen Ein-/Ausgabeaufgaben entlastet. Das macht diese Form der Schnittstelle für Echtzeitsysteme sehr geeignet, da eine echte Parallelverarbeitung stattfindet und das Gastsystem sich anderen (Echtzeit-)Aufgaben widmen kann. Abbildung 2.58 zeigt das grundlegende Konzept. Für die Art der Ankopplung an das Gastsystem gibt es mehrere Möglichkeiten, die sich in ihrem Zeitverhalten unterscheiden.

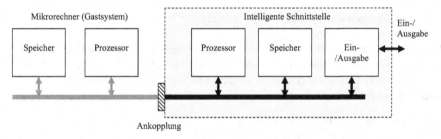

Abb. 2.58. Eine intelligente Schnittstelle

Abbildung 2.59 zeigt die Kopplung über **Ein-/Ausgabe-Register**. Sie werden wie die Register bei einfachen und komplexen Schnittstellen durch Zugriff auf entsprechende Adressen im Adressraum des Mikrorechners bzw. der intelligenten Schnittstelle angesprochen und dienen zum Austausch von Daten, Steuer- und Statusinformationen. Diese einfache Form der Anbindung erlaubt nur eine beschränkte zeitliche Entkopplung, da die eine Seite in der Regel mit der Übergabe eines neuen Wertes warten muss, bis die andere Seite den vorigen Wert abgeholt hat. Ein-/Ausgaberegister sind deshalb im Wesentlichen für die Übergabe kleiner Datenmengen geeignet, die komplexere Verarbeitungsschritte (z.B. von Seiten der intelligenten Schnittstelle) nach sich ziehen. Die zeitliche Entkopplung lässt sich verbessern, wenn die Ein-/Ausgabe-Register durch **FIFOs** ersetzt werden. Dann kann die Kommunikation bis zur FIFO-Tiefe ohne das Warten auf die andere Seite durchgeführt werden.

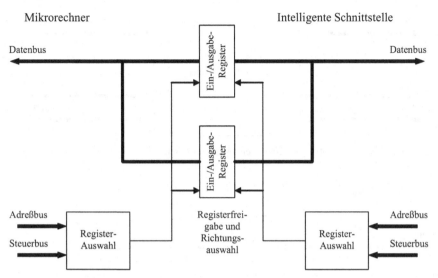

Abb. 2.59. Ankopplung über Ein-/Ausgabe-Register

Eine noch größere zeitliche Entkopplung erhält man durch die Anbindung von Mikrorechner und intelligenter Schnittstelle über einen **gemeinsamen Zwei-Tor-Speicher**, wie dies in Abbildung 2.60 dargestellt ist. Hierbei können große Datenmengen ohne Warten ausgetauscht werden. Diese Form der Anbindung wird oft in Kombination mit der Kopplung über Ein-/Ausgabe-Register verwendet. Während der gemeinsame Speicher zum Datentransfer benutzt wird, findet über die Ein-/Ausgabe-Register die Synchronisation statt. So wird z.B. zunächst ein Datenblock vom Mikrorechner in den gemeinsamen Speicher geschrieben und dann der intelligenten Schnittstelle über ein Ein-/Ausgabe-Register mitgeteilt, dass der Datenblock vorhanden ist. Das Übertragen von Ergebnissen funktioniert in umgekehrter Weise. Anwendungsbeispiele für diese Technik sind etwa Feldbuscontroller (z.B. für den ProfiBus oder CAN-Bus [Bonfig et al. 1995], vgl. Abschnitt 4.4).

Eine weitere Form der Anbindung ist die **direkte Busanbindung**, siehe Abbildung 2.61. Hierbei werden die Busse von Mikrorechner und intelligenter Schnittstelle zeitweilig verbunden. Man erhält somit ein Multi-Master-System, der Prozessor des Mikrorechners oder der Prozessor der intelligenten Schnittstelle kann auf die Komponenten des jeweils anderen Partners zugreifen, der sich für diese Zeit vom Bus zurückzieht. Dies ist die direkteste und schnellste Form der Verbindung, allerdings ohne jegliche zeitliche Entkopplung. Wenn ein Partner Daten überträgt, muss der andere zwangsweise warten, bis die Kopplung aufgehoben ist und der Bus wieder zur Verfügung steht.

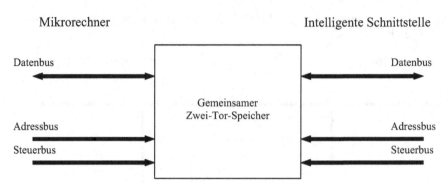

Abb. 2.60. Ankopplung über gemeinsamen Zwei-Tor-Speicher

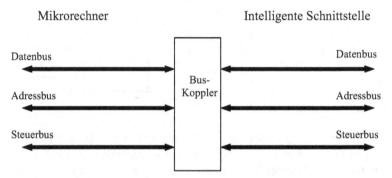

Abb. 2.61. Ankopplung über einen Buskoppler

2.5.2 Beispiele

Im Folgenden seien noch einige Beispiele von Schnittstellen aus einem speziellen Anwendungsbereich vorgestellt.

Abbildung 2.62 zeigt ein mobiles Gerät mit seinen typischen Schnittstellen. **Mobile Geräte** können z.B. **mobile Roboter** oder **autonome Fahrzeuge** sein, die eigenständig einen Weg abfahren und Aufgaben in Echtzeit verrichten. Hierbei ist natürlich zunächst eine Schnittstelle zur Sensorik und Aktorik erforderlich. Die Sensorik kann Kameras und Laserscannern zur Wegerfassung und Kollisionsvermeidung, Transponder zur Landmarkenerkennung, Lichtschranken, usw. umfassen. Schnittstellen zu Kameras, bei denen größere Datenmengen zur Verarbeitung anfallen, lassen sich am besten als intelligente Schnittstellen realisieren. So können Teile der Verarbeitung (z.B. Kantenerkennung) bereits in der Schnittstelle erfolgen, der Fahrzeugrechner kann sich mit anderen Echtzeit-Aufgaben befassen. Die Schnittstelle zu Laserscannern ist meist seriell, da hier geringere Datenmengen übertragen werden, in der Regel der Abstand zum nächsten Hindernis in Abhängigkeit des Abtastwinkels. Bei einem Gesichtsfeld von 180 Grad und einer Winkel-Auflösung von 2 Grad fallen so z.B. 90 Werte pro Abtastung an. Hierfür ist der Typus komplexe Schnittstelle meist ausreichend. Es kann jedoch auch eine intelligente Schnittstelle verwendet werden, die selbsttätig die Abstände auswertet, ein kritisches Hindernis erkennt und dieses Ereignis dem Fahrzeug mitteilt. Transponder werden im Allgemeinen seriell angesprochen, d.h. mit einer komplexen Schnittstelle. Lichtschranken sind hingegen normalerweise mittels einfacher Schnittstellen an den Mikrorechner angekoppelt, da so auf effiziente Weise einfache binäre Informationen (Lichtschranke offen/durchbrochen) in Echtzeit übertragen werden können. Von Seiten der Aktorik ist im Wesentlichen die Motoransteuerung zu nennen, die z.B. über komplexe Schnittstellen erfolgen kann.

Eine Alternative zum individuellen Anschluss von Kamera, Laserscanner, Transponder, Motor etc. ist die Verwendung eines echtzeitfähigen Feldbusses, z.B. des ProfiBus oder des CAN-Bus. Hierdurch können eine Reihe Verbindungsleitungen eingespart und so die Kosten gesenkt werden. Die Verbindung des Fahrzeugrechners mit dem Feldbus erfolgt über eine intelligente Schnittstelle, den Feldbuscontroller. Dieser übernimmt die Handhabung der Feldbusprotokolle inklusive der Fehlerbehandlung. Nähere Informationen zu Feldbussen und Feldbusprotokollen finden sich in Abschnitt 4.4.

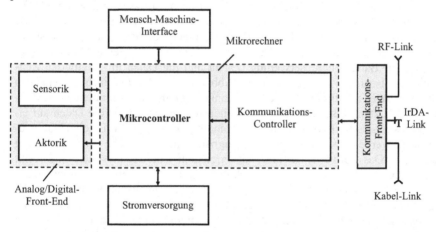

Abb. 2.62. Schnittstellen eines mobilen Geräts

Die Mensch-Maschine-Schnittstelle erlaubt die Interaktion mit dem Benutzer, z.B. zur Wartung des Fahrzeugs. Intelligente Schnittstellen entlasten auch hier den Fahrzeugrechner von Grafikaufgaben und der Steuerung der Bediengeräte (Tastatur, Touchscreen, Pen, ...).

Zur Kommunikation mit einer Leitstelle ist weiterhin eine drahtlose Verbindung notwendig, meist per Funk, in seltenen Fällen per Infrarot, da die Reichweite hier stark begrenzt ist. Während die Infrarotschnittstelle meist wie eine normale serielle Schnittstelle (komplexe Schnittstelle) aufgebaut ist, kommen bei Funk zunehmend intelligente Schnittstellen zum Einsatz, z.B. in Form einer WLAN-Karte (*Wireless Local Area Network*) [Prasad und Munoz 2003]. Wie bei Feldbussen wird die Protokollverwaltung hier von einem Prozessor auf der intelligenten Schnittstelle übernommen, der Fahrzeugrechner kann andere Aufgaben erledigen.

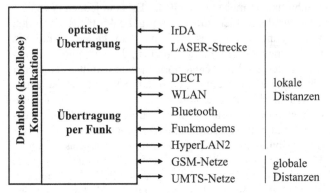

Abb. 2.63. Drahtlose Verbindungstechniken

Eine weitere Klasse mobiler Geräte sind so genannte *Hand-Held-Devices*, also kleine Terminals, PDAs (*Personal Digital Assistant*) oder Mobiltelefone. Hier findet sich vermehrt Infrarot, aber auch Funk (WLAN [Prasad und Munoz 2003], Bluetooth [2002]) oder kabelgestützte Verbindungen, meist auf Basis von USB (*Universal Serial Bus* [2004]) . Die Echtzeitfähigkeit dieser Schnittstellen ist unterschiedlich einzuordnen. USB ist für den Echtzeiteinsatz geeignet, da die Möglichkeit zur Bandbreitenreservierung besteht und die Daten in garantierten Zeitschlitzen übertragen werden können. Abbildung 2.63 gibt einen allgemeinen Überblick über drahtlose Verbindungstechniken. Optische Verbindungen wie Infrarot oder Laser weisen sehr gute Echtzeiteigenschaften auf, da die Daten auf einer kollisionsfreien Punkt-zu-Punkt-Verbindung zwischen zwei Teilnehmern übertragen werden. Es existieren keine Zugriffskonflikte, welche die Übertragung behindern. Das Zeitverhalten bzw. die erreichten Übertragungsraten sind somit fest definiert, sofern die optische Streck nicht gestört ist. Ähnliche Voraussetzungen bieten auch Funkmodems, wenn pro Partnerpaar ein eigener Kanal verwendet wird. Bei Techniken wie WLAN, HyperLAN2 oder Bluetooth kommunizieren hingegen mehr als zwei Partner, die um das Medium konkurrieren. Datenraten und Übertragungszeiten können so nicht immer garantiert werden, das Zeitverhalten ist schwerer vorhersagbar. Dies gilt auch für die globalen GSM-Netze (*Global Standard for Mobile Communications*) . Bessere Bedingungen bieten die neuen UMTS-Netze (*Universal Mobile Telecommunications System*) , bei denen Echtzeitdienste und Echtzeitdatenübertragung angefordert werden können [Castro 2001].

2.6   Rechner in der Automatisierung

Die Automatisierung ist eines der wichtigsten Anwendungsfelder von echtzeitfähigen Rechnerarchitekturen. Hier müssen technische Prozesse beobachtet und basierend auf den Beobachtungen beeinflusst werden. Dieser Vorgang unterliegt strengen, vom technischen Prozess vorgegebenen Zeitbedingungen. So muss z.b. ein Roboter ein auf einem Fließband an ihm vorbeilaufendes Werkstück zum rechten Zeitpunkt greifen oder er wird sein Ziel verfehlen. Ein automatisch gesteuertes Fahrzeug muss bei Erkennung eines Stoppsignals oder eines Hindernisses rechtzeitig halten, anderenfalls droht eine Kollision. Die zu überwachenden technischen Prozesse sind meist komplex, so dass sie sich in mehrere Teilprozesse untergliedern lassen. So sind etwa an einer Fertigungszelle mehrere Roboter und Werkzeugmaschinen beteiligt, die Steuerung eines Roboters selbst erfordert die Steuerung mehrerer Achsen und Gelenke. In einem **zentralen Automatisierungssystem** werden alle Teilprozesse eines technischen Prozesses von einem zentralen Automatisierungsrechner gesteuert, wie dies in Abbildung 2.64 dargestellt ist. Dieser Rechner muss die Echtzeitbedingungen *Rechtzeitigkeit* und *Gleichzeitigkeit* erfüllen, da er für alle Teilprozesse gleichzeitig die erforderlichen Zeitbedingungen einhalten muss.

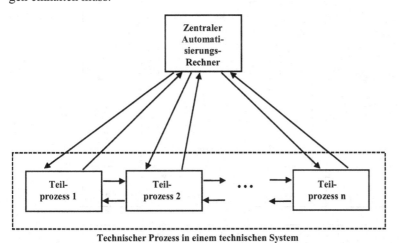

Abb. 2.64. Ein zentrales Automatisierungssystem

Diese Technik wird vorwiegend bei einfacheren Automatisierungsaufgaben eingesetzt, die aus wenigen, einfachen Teilprozessen bestehen. Abbildung 2.65 zeigt, wie ein einfacher Prozess, z.b. ein Haushaltsgerät, mit einem Mikrocontroller automatisiert wird. Der Mikrocontroller beobachtet über Sensoren die Prozessergebnisse, etwa den Wasserstand in einer Waschmaschine. Basierend auf diesen Beobachtungen beeinflusst der Mikrocontroller den Prozess durch Ausgabe von Stellgrößen an Aktoren, im Beispiel der Waschmaschine durch Öffnen und Schließen von Ventilen. Mikrocontroller sind hervorragend für solche Automatisierungsaufgaben geeignet, da sie preisgünstig und, wie in Abschnitt 2.2 gezeigt, bestens für Echtzeitanwendungen gerüstet sind.

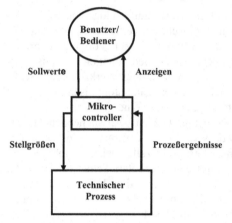

Abb. 2.65. Ein einfaches zentrales Automatisierungssystem mit einem Mikrocontroller

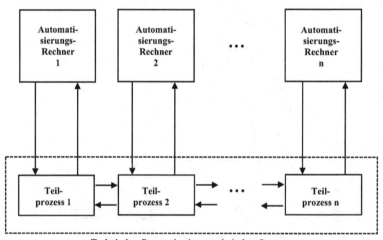

Abb. 2.66. Ein dezentrales Automatisierungssystem

Ist der zu überwachende und steuernde technische Prozess komplexer, bietet es sich an, diese Aufgabe auf mehrere Rechner zu verteilen. Man erhält ein **dezentrales Automatisierungssystem**, siehe Abbildung 2.66. In diesem System ist jeder Rechner nur noch für einen Teilprozess zuständig, den er in Echtzeit behandeln muss. Auch hierfür können Mikrocontroller eingesetzt werden. So kann z.B. in einem Roboter jede Achse durch einen eigenen Mikrocontroller gesteuert werden. Weiterhin müssen die einzelnen Teilprozesse untereinander koordiniert werden. Dazu können die für die Teilprozesse zuständigen Mikrocontroller über einen

Bus verbunden werden. Dieser Bus muss die in Abschnitt 2.4 beschriebenen Eigenschaften echtzeitfähiger Busse (Multimaster-Fähigkeit, Priorisierung, definiertes Zeitverhalten, ...) erfüllen, ein PCI-Bus oder ein VME-Bus wären also geeignet. Abbildung 2.67 zeigt den Aufbau eines solchen Systems. Hier wird zur Koordination und Interaktion mit dem Bediener ein weiterer Mikrocontroller verwendet.

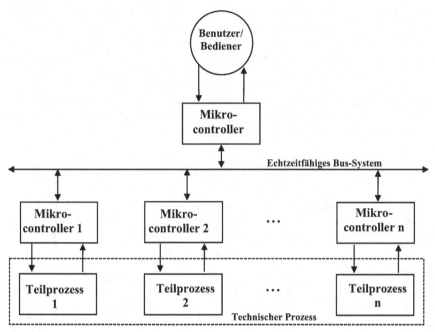

Abb. 2.67. Ein dezentrales Automatisierungssystem mit Mikrocontrollern und Bussystem

Um komplexe Automatisierungsaufgaben besser handhaben und beherrschen zu können, ist es günstig, eine **hierarchische Struktur** einzuführen. Die Automatisierungsaufgabe wird hierzu in mehrere Ebenen unterteilt. Abbildung 2.68 zeigt eine gängige Aufteilung. Die Prozessebene ist die Ebene des zu automatisierenden technischen Prozesses, der mit Sensoren überwacht und durch Aktoren beeinflusst wird. Darüber liegt die Steuerungsebene, in der die Prozesssteuerungen bzw. dezentrale Steuerungsrechner die Teilprozesse lokal steuern. Dies kann z.B. die Steuerung einer Anlage, einer Werkzeugmaschine bzw. eines Roboters mit den entsprechenden Prozesssteuerungen sein (s. Abschnitt 1.1). Auf der Koordinierungsebene fassen Koordinierungsrechner mehrere Steuerungsrechner bzw. Prozesssteuerungen zusammen und stimmen deren Tätigkeiten aufeinander ab. Beim Beispiel eines flexiblen Fertigungssystems mit mehreren Werkzeugmaschinen bzw. mehreren Robotern muss der Koordinierungsrechner den unterlagerten Robotern bzw. Werkzeugmaschinen mit ihren Prozesssteuerungen zeitrichtig die zu einem Fertigungsauftrag gehörenden Fertigungsprogramme liefern und entsprechend den Materialfluss so steuern, dass die zu bearbeitenden Werkstücke zeitrichtig zu den Maschinen transportiert werden. Weiter muss der Koordinierungsrechner die ihm zugeordneten Maschinen und Roboter überwachen und Betriebsdaten abspeichern. Die oberste Ebene bildet die Leitebene, die alle Aktivitäten des gesamten Prozesses zusammenfasst und führt. Beim Beispiel des Fertigungssystems wäre dies die Führung einer gesamten Anlage, die aus mehreren Fertigungszellen mit je mehreren Werkzeugmaschinen und Robotern besteht. Aufgabe des Leitrechners ist es, zeitrichtig den einzelnen untergeordneten Koordinierungsrechnern (Zellrechnern) die Teilfertigungsaufträge zu übermitteln. Weiter muss der Materialfluss so gesteuert werden, dass in den Fertigungszellen alle zur Fertigung notwendigen Teile, Werkzeuge und Vorrichtungen zeitrichtig vorhanden sind. In der umgekehrten Richtung muss der Leitrechner alle Betriebs- und Zustandsdaten des gesamten Fertigungsprozesses zusammenfassen und dem Nutzer in geeigneter Form präsentieren. Damit kann eine übergeordnete Lenkung und Optimierung des Prozesses unter Einbeziehung des Nutzers erreicht werden.

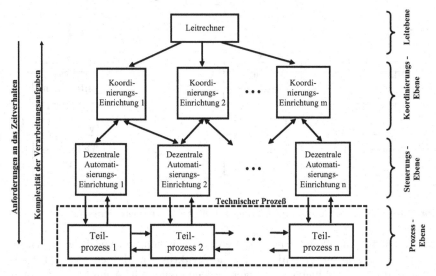

Abb. 2.68. Eine Automatisierungs-Hierarchie

Die Anforderungen an das Zeitverhalten in dieser Hierarchie nehmen zu, je näher man der Ebene des technischen Prozesses kommt. Die Steuerungsrechner und Prozesssteuerungen haben die schärfsten Echtzeitanforderungen, da sie direkt am Prozess eingreifen. Die Anforderungen auf der Koordinierungsebene sind schon geringer und auf der Leitebene spielen Echtzeitanforderungen oft nur noch eine untergeordnete Rolle. Umgekehrt wächst die Komplexität der Verarbeitungsaufgaben mit zunehmender Entfernung vom technischen Prozess. Die Steuerungsrechner und Prozesssteuerungen bearbeiten Aufgaben wie diskrete Steuerungen, Führungsgrößenberechnungen und Regelungen in harter Echtzeit. Der Leitrechner führt Verteil-, Organisations-, Visualisierungs- und Optimieraufgaben durch.

Die Verbindung der einzelnen Rechner dieser Hierarchie kann natürlich eben-falls über Busse erfolgen, wie dies in Abbildung 2.69 gezeigt wird. Ein gemein-sames Netzwerk mit geringen Echtzeitanforderungen verbindet alle Rechner der Steuerungs-, Koordinierungs- und Leitebene (s. Abschnitt 4.3). Hier wird in der Regel Ethernet eingesetzt (s. Abschnitt 4.1 u. 4.3). Die Sensoren und Aktoren sind über entsprechende Anschlussmodule mit den Steuerungsrechnern und Prozess-steuerungen über echtzeitfähige Feldbusse (vgl. Abschnitt 4.4) verbunden. In eini-gen Anwendungen findet man über der Leitebene noch eine Planungsebene, die das Management eines Unternehmens mit den für strategische Entscheidungen notwendigen Informationen versorgt. Da hier große Datenmengen ohne wesentli-che Echtzeitanforderungen übertragen werden müssen, können normale Büro-netzwerke und Wide-Area-Netzwerken (WAN), bis hin zum Internet, verwendet werden.

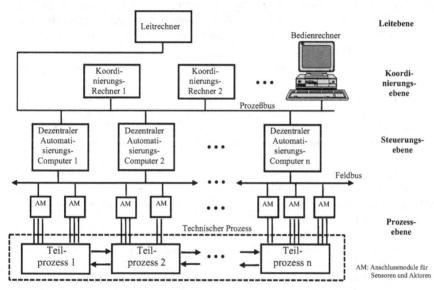

Abb. 2.69. Eine Automatisierungs-Hierarchie mit Bussen

Literatur

Bluetooth (2002) Bluetooth Special Interest Group. www.bluetooth.com

Bonfig K et al. (1995) Feldbus-Systeme, Expert Verlag

Brinkschulte U, Krakowski C, Kreuzinger J et al. (1999) The Komodo Project: Thread-based Event Handling Supported by a Multithreaded Java Microcontroller. 25th Euromicro Conference, Mailand, 4.–7. September, 2:122–128

Brinkschulte U, Krakowski C, Kreuzinger J, Ungerer T (1999/1) A Multithreaded Java Microcontroller for Thread-oriented Real-time Event-Handling. PACT '99, Newport Beach, Ca., Oktober, 34–39

Brinkschulte U, Krakowski C, Kreuzinger J, Ungerer T (1999/2) Interrupt Service Threads – A New Approach to Handle Multiple Hard Real-Time Events on a Multithreaded Microcontroller. IEEE Intern. Real Time Systems Symp. RTSS99 – WIP Sessions, Phoenix, USA

Brinkschulte U, Ungerer T (2002) Mikrocontroller und Mikroprozessoren, Springer Verlag

Burks AW, Goldstine HH, von Neumann J (1946) Preliminary Discussion of the Logical Design of an Electronic Computing Instrument. Report to the U.S. Army Ordnance Department. Nachgedruckt in: Aspray W, Burks A (Hrsg.) (1987) Papers of John von Neumann. The MIT Press, Cambridge, Mass., 97–146

Castro J (2001) The UMTS Network and Radio Access Technology: Air Interface Techniques for Future Mobile Systems, Wiley & Sons

Diefendorff K, Oehler R, Hochsprung R (1994) Evolution of the PowerPC Architecture. IEEE Micro, April, 34–49

Digital Equipment Cooperation (1996) Guide to Decthreads, March

Ermedahl A (2003) A Modular Tool Architecture for Worst-Case Execution Time Analysis, PhD Thesis, June, Uppsala University, Sweden

Gustafsson J (2000) Analyzing Execution-Time of Object-Oriented Programs Using Abstract Interpretation. PhD Thesis, May , Uppsala University, Sweden

Infineon (2001) TriCore 2 Architecture Manual. www.infineon.com

Infineon (2002) Infineon Web Pages. www.infineon.com

Markt&Technik (1998) IndustrialPCI, 3, S.57ff

McGivern J (1998) Interrupt-Driven PC System Design. Annabooks

Motorola (2000) 68k M680X0 Microprocessors. www.motorola.com

PCI Industrial Computers Manufacturers Group (2004) CompactPCI Specifications. www.picmg.org

PCI Special Interest Group (2004) PCI Bus Specifications. www.pcisig.com

Peterson W (1997) VMEBus Handbook, 4. Edition

Prasad R, Munoz L (2003) WLANs and WPANs towards 4G Wireless. Artech House Publishers

Stiller A (2000) Bei Licht betrachtet. Die Architektur des Pentium 4 im Vergleich zu Pentium III und Athlon. c't, Heft 24, 134–141

Stiller A (2001) Architektur für ,echte' Programmierer. IA-64, EPIC und Itanium. c't, Heft 13, 148–153

Texas Instruments (2004) Digital Signal Processor TMS 320C6000. www.ti.com

Ungerer T (1995) Mikroprozessortechnik. Thomson´s Aktuelle Tutorien, Thomson-Verlag

Universal Serial Bus (2004) USB 2.0 Specification. www.usb.org

Kapitel 3 Hardwareschnittstelle zwischen Echtzeitsystem und Prozess

Ein Echtzeitsystem, das die Aufgabe hat, einen Prozess zu steuern und zu regeln, benötigt eine geeignete Hardwareschnittstelle zur Ausgabe und Erfassung von Prozessvariablen. Diese umfassen physikalische Variablen mit einem größeren Wertebereich, wie z.B. Temperatur, Druck, Lage, Winkel, Geschwindigkeit, Strom, Spannung, usw. und auch binäre Zustandsvariablen. Auf der Prozessseite sind diese Variablen durch analoge oder digitale Signale repräsentiert.

3.1 Einführung

Da der Rechner des Echtzeitsystems nur digitalisierte Daten verarbeiten kann, muss die Hardwareschnittstelle die vom Prozess einzugebenden und an den Prozess auszugebenden Daten richtig umformen und bereitstellen (s. Abb. 3.1).

Ein A/D-Wandler wandelt analoge Signale (Prozess-Istwerte) in digitale Worte für die Verarbeitung im Rechner. Ein D/A-Wandler wandelt digitale Variable des Rechners (Sollwerte) in analoge Prozesssignale. Über digitale Eingänge werden binäre Worte oder binäre Zustände (Istwerte) vom Prozess dem Echtzeitsystem bereitgestellt. Über digitale Ausgaben gibt das Echtzeitsystem binäre Worte oder binäre Zustände als Sollwerte an den Prozess.

Häufig ist zwischen Sensor und A/D-Wandler und zwischen D/A-Wandler und Stellglied (s. Abb. 3.1) noch eine analoge Signalverarbeitung und Signalanpassung erforderlich. Beispielsweise wird eine analoge Größe über eine Messschaltung erfasst, gefiltert, verstärkt und so umgeformt, dass sie vom A/D-Wandler der weiteren Informationsverarbeitung bereitgestellt werden kann. Auf der Ausgabeseite (s. Abb. 3.1) wird das D/A-Ausgabesignal des Rechners geeignet umgewandelt und verstärkt, so dass ein Stellantrieb angesteuert werden kann, welcher ein Stellglied am Prozess z.B. so verstellt, dass die erfasste Regelgröße (Istwert) dem vorgegebenen Sollwert schnellstmöglich folgt.

Zur sicheren und robusten Steuerung der digitalen Prozesssignale verwendet man in der Regel auf der Prozessseite einen hohen Spannungspegel von z.B. 24 Volt. Demgegenüber verwenden die Signale auf der Rechnerseite eine Niederspannung von z.B. 3–5 Volt. Entsprechend müssen die Signale in beiden Richtungen angepasst werden.

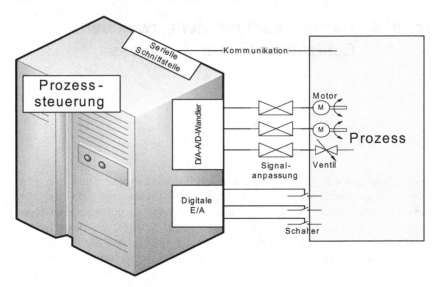

Abb. 3.1. Hardwareschnittstelle zwischen Echtzeitsystem und Prozess: Zentrale Struktur

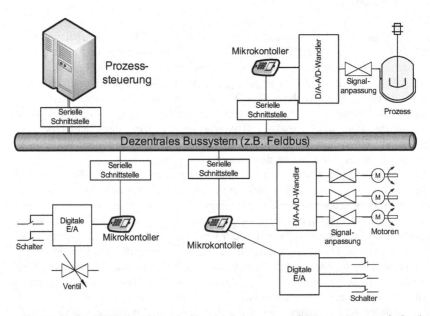

Abb. 3.2. Hardwareschnittstelle zwischen Echtzeitsystem und Prozess: Dezentrale Struktur

Alternativ zur zentralen Systemstruktur, bei der die verschiedenen Schnittstellen zentral im Rechner untergebracht sind (s. Abb. 3.1), setzt sich immer mehr die dezentrale Systemstruktur durch, bei welcher der steuernde Rechner über eine serielle Schnittstelle (z.B. Feldbus) mit der eigentlichen Prozessschnittstelle verbunden ist (s. Abb. 3.2). Damit werden gegenüber der zentralen Lösung Kabelkosten reduziert, und der steuernde Rechner kann entfernt vom Prozess angeordnet werden. Die Hardware-Schnittstelle befindet sich bei der dezentralen Lösung direkt am Prozess und stellt die Signale und Daten über D/A-, A/D- und digitale E/A-Schnittstelle dem Prozess bzw. dem Rechner bereit. Für die Echtzeituntersuchung des Gesamtsystems, z.b. um vorgegebene Zeitbedingungen und Reaktionszeiten einzuhalten, müssen die Signallaufzeiten und Totzeiten sowohl in der Hardwareschnittstelle als auch im Teil der analogen Signalanpassung und -verarbeitung berücksichtigt werden. In den folgenden Abschnitten werden die verschiedenen Komponenten der Hardwareschnittstelle und der analogen Signalanpassung und -verarbeitung beschrieben.

3.2   Der Transistor

Zur Steuerung von Stellgliedern, z.b. von Motoren oder Magnetventilen müssen die analogen Signale des D/A-Wandlers entsprechend verstärkt werden. Dies erfolgt über Transistoren und über Operationsverstärker, welche wiederum zu einem großen Teil aus Transistoren bestehen.

3.2.1   Der Transistor als Verstärker

Der Grundbaustein von allen elektrischen Verstärkern ist der Transistor. Nach Transistorart und -schaltung unterscheidet man zwischen Strom-, Spannungs- und Leistungsverstärkung. Transistoren können als lineare Verstärker oder aber binär (als Schalter) betrieben werden. Der bipolare Transistor besitzt drei Anschlüsse: Basis (B), Kollektor (C) und Emitter (E) (s. Abb. 3.3). In den Beispielen wird ein NPN-Bipolar-Transistor vorausgesetzt. Der Transistor wird mit einer Gleichspannung U_{cc} über einen Kollektorwiderstand R_c versorgt.

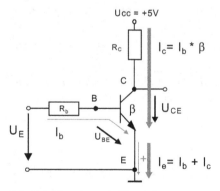

Abb. 3.3. Transistor als Verstärker

Beim Transistor gelten die Beziehungen

$$I_e = I_b + I_c \tag{3.1}$$

und im linearen Bereich

$$I_c = I_b * \beta. \tag{3.2}$$

Hierbei sind I_e der Emitterstrom, I_b der Basisstrom, I_c der Kollektorstrom und β der *Stromverstärkungsfaktor* des Transistors. Im Sättigungszustand, d.h. der Transistor ist voll leitend, fällt am Übergang von Basis zu Emitter die Spannung

$$U_{BE,\,Sat} = 0{,}6 \ V \tag{3.3}$$

ab. Hieraus folgt, dass

$$I_b = (U_E - 0{,}6 \ V) \ / \ R_b \ >0 \tag{3.4}$$

gilt, wenn $U_E{>}0.6$ V ist. Sonst ist $I_b{=}0$. Für die Spannung zwischen Kollektor und Emitter gilt:

$$U_{CE} = (U_{CC} - R_c * I_c). \tag{3.5}$$

Für kleine Abweichungen der Eingangsspannung ΔU_E sind

$$\Delta I_b = \Delta U_E / R_b \tag{3.6}$$

und

$$\Delta I_c = \Delta I_b * \beta. \tag{3.7}$$

Damit ist die Abweichung der Ausgangsspannung

$$\Delta U_A = \Delta U_{CE} = -R_c * \Delta I_c = -R_c * \Delta I_b * \beta = -R_c/R_b * \beta * \Delta U_E. \tag{3.8}$$

Die *Spannungsverstärkung* V_U ist dann

$$V_U = \Delta U_A / \Delta U_E = -R_c/R_b * \beta. \tag{3.9}$$

Da sowohl Strom als auch Spannung verstärkt werden, ergibt sich für die *Leistungsverstärkung*:

$$V_L = V_U * \beta \tag{3.10}$$

Beispiel: $R_c = 100$ Ohm, $R_b = 1$ kOhm und $\beta = 100$ ergibt eine *Spannungsverstärkung* von $V = -10$ und eine *Leistungsverstärkung* von $|V * \beta| = 1000$.

3.2.2   Der Transistor als Schalter

Wird der Transistor als Schalter eingesetzt, wird er nur in den zwei Zuständen „Sättigung" und „Gesperrt" betrieben.

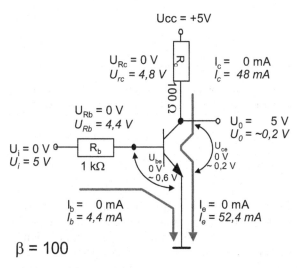

Abb. 3.4. Transistor als Schalter

1. Der Transistor ist gesperrt:
   Ist $U_E < 0.6\ V$, dann ist der Basisstrom $I_b = 0$ und somit nach (3.2) auch der Kollektorstrom $I_c = 0$. Der Transistor befindet sich im gesperrten Zustand und damit ist $U_A = U_{CE} = 5\ V$, d.h.:

   Aus $U_E = 0$ Volt folgt $U_A \approx 5$ Volt (der Transistor ist gesperrt)
2. Der Transistor ist in der Sättigung:
   Wird der Transistor im Gegensatz dazu in der Sättigung betrieben, gilt:
   $I_c \ll I_b * \beta$. Dieser Fall soll anhand folgenden Beispiels erläutert werden. Sei U_E = $5V$ und $R_b = 1$ kOhm und damit $I_b = (5 - 0,6\ )/1000 = 4,4$ mA. Der höchste Kollektorstrom ergibt sich, wenn $U_A = U_{CE,Sat} = 0,2\ V$ ist (Wie auch beim Diodenübergang Basis – Emitter s. (3.3), fällt beim Übergang von Kollektor – Emitter eine Spannung von ~0,2V im Sättigungszustand ab). Damit gilt $I_c = (U_{CC} - U_{CE,Sat})/R_C = (5 - 0,2)/100 = 48$ mA. Wäre der Transistor im linearen Bereich, würde gelten: $\beta * I_b = 100 * 4,4$ mA = 440 mA. Der Transistor ist somit im Sättigungszustand, da $I_c \ll I_b * \beta$, (hier: 48 mA $\ll$ 440 mA). Es gilt daher:

   Aus $U_E = 5$ Volt folgt $U_A = U_{CE} = 0,2\ V \cong 0\ V$ (der Transistor ist gesättigt)

Für den Transistor als Schalter gelten folgende Beziehungen:

U_E	U_A
0 V	5 V
5 V	0 V

Aus logischer Sicht wirkt der Transistor als invertierender Schalter. Wenn 0 Volt die logische „0" und 5 Volt die logische „1" bedeutet, invertiert der Ausgang U_A den Eingang U_E.

3.3   Operationsverstärker

Der Begriff „Operationsverstärker" (OP) wurde 1940 eingeführt. Er bezieht sich auf eine spezielle Art von Verstärkern, mit denen es durch eine geeignete Wahl der externen Beschaltung möglich ist, eine Reihe von mathematischen Funktionen zu realisieren. Sie sind weiterhin essentielle Elemente einiger D/A- und A/D-Wandlerverfahren. Die frühen OPs wurden aus Vakuumröhren hergestellt, welche einen hohen Platz- und Energieverbrauch hatten. Die späteren OPs wurden kleiner und aus diskreten Bauteilen mit Hilfe von Transistoren aufgebaut. Heutige OPs sind monolitisch integrierte Schaltkreise, hoch effizient und günstig. Abb. 3.5. zeigt das Schema eines unbeschalteten Operationsverstärkers.

3.3.1   Definition und Eigenschaften des Operationsverstärkers

Ein OP besteht intern aus einem Differenzverstärker. Er verstärkt also die Differenz U_D der an den beiden Eingänge (+und-) anliegenden Spannungen U_P und U_N.

$$U_D = U_P - U_N \qquad (3.11)$$

Der OP wird über zwei Anschlüsse mit den Spannungen V^+ (positiv) und V^- (negativ) bezogen auf die gemeinsame Masseleitung versorgt. Übliche Werte für die Versorgungsspannungen sind: $V^+ = +12$ Volt, $V^- = -12$ Volt. Die Versorgungsspannungen legen den maximalen und minimalen Ausgangsbereich des OPs fest. Die Ströme und Spannungen der Ein- und Ausgänge werden mit I_P, U_P, I_N, U_N, I_A und U_A bezeichnet (s. Abb. 3.5.).

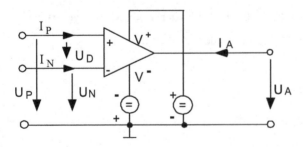

Abb. 3.5. Operationsverstärker

Mit U_A als Ausgangsspannung und Y_D als differenziellem Verstärkungsfaktor gilt mit (3.11)

$$U_A = Y_D * (U_P - U_N) = Y_D * U_D, \tag{3.12}$$

d.h. die Differenz der Eingangsspannung wird durch den OP *linear* verstärkt. In der Praxis ist Y_D abhängig von der Qualität des OP-Verstärkers zwischen 10^4 und 10^7. Die Eingangsströme I_P und I_N und die Ausgangsimpedanz sind sehr klein und können vernachlässigt werden.

Dies bedeutet, dass der Absolutwert der Eingangsspannung UD nur sehr klein sein darf (im µVolt-Bereich), wenn sich die Ausgangsspannung UA im linearen Bereich innerhalb der 12 Volt Grenze bewegen soll. So bewirken ohne weitere Beschaltung schon kleine Differenzen zwischen U_N und U_P eine Vollaussteuerung (+/- 12V) des OP.

Bei der Berechnung von OP-Verstärkerschaltungen geht man normalerweise in erster Näherung von einem idealen OP ohne Verluste aus. Dabei werden folgenden Eigenschaften angenommen:

- Unendliche Verstärkung Y_D und damit $U_D = U_A/Y_D = 0$
- Unendlicher Eingangswiderstand (keine Eingangsverluste: $I_P = I_N = 0$)
- Ausgangswiderstand Null (keine Ausgangsverluste: die Ausgangsspannung U_A ist unabhängig von der am Ausgang angeschlossenen Last).

Obige Annahmen erleichtern, wie später gezeigt wird, die Berechnung der OP-Schaltung. Im Weiteren gelten folgende Annahmen:

- die Gleichtaktverstärkung ist Null, d.h. unabhängig davon, wie groß die Eingangsspannungen U_N und U_P sind, gilt: ist $U_P - U_N = U_D = 0$ ist ebenfalls $U_A = 0$.
- Frequenzunabhängigkeit: Die Bandbreite ist unendlich.
- Drift ist gleich Null: es finden keine Änderungen der Eigenschaften über der Zeit aufgrund von Temperatur, Feuchtigkeit, Stromversorgung, usw. statt.

In Abb. 3.6 sind das Symbol und die Pinbelegung verschiedener Ausführungen eines OP-Verstärkers dargestellt.

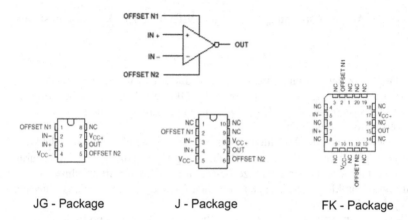

JG - Package   J - Package   FK - Package

Abb. 3.6. Schaltbild und unterschiedliche Bauformen von Operationsverstärkern (OP-Verstärker µA741 von Texas Instruments)

3.3.2   Realisierung mathematischer Funktionen mit Operationsverstärkern

Im Folgenden werden Schaltungen mit OPs vorgestellt, die mathematische Funktionen realisieren. Sie werden z.B. für den Aufbau von analogen PID-Reglern, analogen Filtern und von D/A- und A/D-Wandlern benötigt. Beschrieben wird der nicht-invertierende Spannungsverstärker, der invertierende Spannungsverstärker, der invertierende Addierer, der Subtrahierer, der Integrierer, der Differenzierer, ein analoger PID-Regler und ein Tiefpassfilter.

3.3.2.1   Nicht-invertierender Spannungsverstärker

Beim nicht-invertierenden Spannungsverstärker wird das Eingangssignal auf den positiven Eingang des OP gelegt. Das Ausgangssignal wird auf den negativen Eingang rückgekoppelt. Dies gilt **für alle** im Weiteren betrachteten Schaltungen.

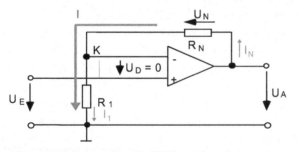

Abb. 3.7. Nicht-invertierende OP-Verstärkerschaltung

Die Eigenschaften der OP-Schaltung aus Abb. 3.7 lassen sich folgendermaßen herleiten. Es ist

$$U_K = U_E. \tag{3.13}$$

Da es sich nach Annahme um einen idealen OP handelt, ist $U_D = 0$. Man spricht hierbei auch von einem virtuellen Kurzschluss. Hieraus ergibt sich

$$I_1 = U_K/R_1 = U_E/R_1 \tag{3.14}$$

und

$$I_N = (U_A - U_E)/R_N. \tag{3.15}$$

Es fließt unter der Annahme des unendlichen Eingangswiderstandes kein Strom in die Eingänge des OPs ($I_P = I_N = 0$) und somit ist

$$I_1 = I_N. \tag{3.16}$$

Durch Einsetzen von (3.14) und (3.15) ergibt sich die Gleichung

$$U_E/R_1 = (U_A - U_E)/R_N \tag{3.17}$$

Die Verstärkung des beschalteten OP ist dann

$$Y = U_A/U_E = (R_1 + R_N)/R_1. \tag{3.18}$$

Die Verstärkung dieser Schaltung muss daher immer größer oder gleich eins sein.

3.3.2.2 *Invertierender Spannungsverstärker*

Im Gegensatz zur nicht-invertierenden Verstärkerschaltung wird in dieser Schaltungsart das Eingangssignal auf den negativen Eingang des OP gelegt. Die Rückkopplung des Ausgangssignals erfolgt auf den negativen Eingang.

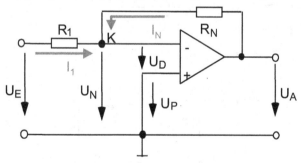

Abb. 3.8. Invertierende OP-Verstärkerschaltung

Es gilt wie auch in der vorangegangen Schaltung auf Grund der angenommenen idealen Eigenschaften des verwendeten OPs, $U_D = 0$. Hieraus ergibt sich

$$U_N = 0. \tag{3.19}$$

Diesen Effekt nennt man auch virtuelle Erde. Er entspricht dem virtuellen Kurz-schluss. Der Begriff virtuelle Erde verdeutlicht den Sachverhalt jedoch besser, da sich der Knotenpunkt K durch die Art der Schaltung auf dem Potential der Erde befindet.

Aufgrund des unendlichen Eingangswiderstandes des OPs fließt kein Strom in die Eingänge. Hieraus lässt sich für die Ströme im Knoten K folgendes ableiten (s. Abb. 3.8):

$$I_1 + I_N = 0. \tag{3.20}$$

Mit $U_N = 0$ gilt

$$I_1 = U_E/R_1 \tag{3.21}$$

und

$$I_N = U_A/R_N. \tag{3.22}$$

Mit (3.20) erhält man

$$U_E/R_1 + U_A/R_N = 0 \tag{3.23}$$

und damit

$$Y = U_A/U_E = -(R_N/R_1). \tag{3.24}$$

Gilt $R_N = R_1$, erhält man eine Spannungsvorzeichenumkehrung ($U_A = -U_E$, $Y=-1$).

3.3.2.3   Invertierender Addierer

Der invertierende Addierer arbeitet nach dem Prinzip der invertierenden Verstär-kerschaltung. Es werden lediglich weitere zusätzliche Eingänge hinzugefügt.

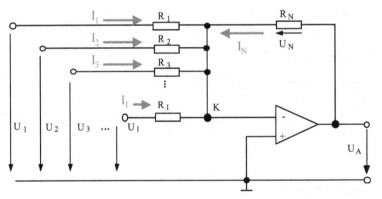

Abb. 3.9. Invertierender Addierer

Aufgrund der Annahme eines idealen OPs gilt auch hier $U_D=0$ und somit kann das Prinzip der virtuellen Erde angewendet werden. Es gilt analog zur invertierenden Verstärkerschaltung im Knotenpunkt K (s. Abb. 3.9)

$$(I_1 + I_2 + I_3 + ... + I_I) + I_N = 0 \tag{3.25}$$

und somit

$$U_1/R_1 + U_2/R_2 + U_3/R_3 + ... + U_I/R_I + U_A/R_N = 0 \tag{3.26}$$

bzw.

$$U_A = - (R_N/R_1 * U_1 + R_N/R_2 * U_2 + R_N/R_3 * U_3 + ... + R_N/R_1 * U_I). \tag{3.27}$$

Mit $Y_x = R_N/R_x$ lässt sich obige Gleichung schreiben als:

$$U_A = - (Y_1 * U_1 + Y_2 * U_2 + Y_3 * U_3 + ... + Y_I * U_I). \tag{3.28}$$

3.3.2.4 Subtrahierer

Beim Subtrahierer werden sowohl eine Eingangsspannung an den positiven als auch an den negativen Eingang des OPs angelegt. Auch hier erfolgt die Rückkopplung über den negativen Eingang.

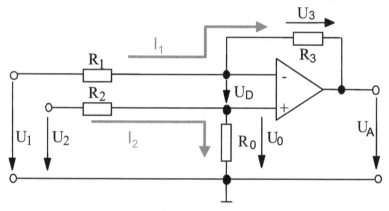

Abb. 3.10. Subtrahierer

Die Erläuterung des Subtrahierers ist etwas aufwändiger. Ausgehend von der bekannten Annahme $U_D = 0$ (virtueller Kurzschluss) und der aus den vorangegangenen Abschnitten bereits bekannten Tatsache, dass aufgrund der hohen Eingangswiderstände kein Strom in die Eingänge des OPs fließt, ergibt sich

$$I_2 = U_0/R_0 = (U_2 - U_0)/R_2 \tag{3.29}$$

und damit dann

$$U_0 = U_2 * R_0/(R_0 + R_2). \tag{3.30}$$

Weiter lässt sich ableiten, dass

$$I_1 = (U_1 - U_0)/R_1 = (U_0 - U_A)/R_3 \tag{3.31}$$

und damit ist

$$U_0 = (U_1 * R_3 + U_A * R_1)/(R_1 + R_3). \tag{3.32}$$

Setzt man (3.30) und (3.32) gleich und löst dann nach U_A auf, so erhält man

$$U_A = (R_1 + R_3)/(R_0 + R_2) * R_0/R_1 * U_2 - R_3/R_1 * U_1. \tag{3.33}$$

Durch Einführung einer Normierung $Y = R_3/R_1 = R_0/R_2$ lässt sich die Gleichung zu

$$U_A = Y * (U_2 - U_1) \tag{3.34}$$

zusammenfassen.

3.3.2.5 Integrierer

Schaltungstechnisch ähnelt der Integrierer einer invertierenden Verstärkerschaltung. In der Rückkopplung ist der Widerstand durch einen Kondensator ersetzt.

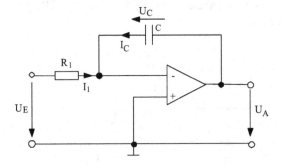

Abb. 3.11. Integrierer

Aufgrund von $U_D = 0$ (virtuelle Erde) gilt

$$U_A = U_C. \tag{3.35}$$

Unter Berücksichtigung der Kapazität C eines Kondensators

$$C = Q/U \tag{3.36}$$

und der Definition der Stromstärke

$$I = dQ/dt, \tag{3.37}$$

ergibt sich

$$I_C = C * dU_C/dt = C * dU_A/dt. \tag{3.38}$$

Wie schon bei der invertierenden Verstärkerschaltung ist

$$I_1 = U_E/R_1. \tag{3.39}$$

Für die beiden Ströme I_1 und I_C gilt

$$I_1 + I_C = 0. \tag{3.40}$$

Daraus lässt sich

$$U_E/R_1 = -C*dU_A/dt \tag{3.41}$$

ableiten. Nach dU_A aufgelöst und nach U_A aufintegriert ergibt:

$$U_A(t) = \frac{-1}{R_1C} \int U_E(t)dt = \frac{-1}{\tau} \int U_E(t)dt. \tag{3.42}$$

Es wird $\tau = R_1*C$ als die Zeitkonstante des Integrierers bezeichnet. Die Laplace-Transformierte für den Integrierer ist daher

$$U_A(s) = \frac{-1}{s\tau}U_E(s) + U_A(t = 0+). \tag{3.43}$$

Ist $U_A(t=0+) = 0V$, dann ist die Übertragungsfunktion des invertierenden Integrierers:

$$G(s) = \frac{U_A(s)}{U_E(s)} = \frac{-1}{s\tau} \tag{3.44}$$

3.3.2.6 Differenzierer

Beim Differenzierer sind Widerstand und Kondensator im Vergleich zum Integrierer vertauscht.

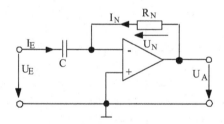

Abb. 3.12. Differenzierer

Analog zum Integrierer gilt aufgrund von $U_D = 0$ (virtuelle Erde)

$$U_N = U_A. \tag{3.45}$$

Entsprechend ist

$$I_E = C*dU_E/dt \tag{3.46}$$

und

$$I_N = U_N/R_N. \tag{3.47}$$

Für die Ströme I_E und I_N gilt ebenfalls analog

$$I_N + I_E = 0 \qquad (3.48)$$

und damit

$$U_A = - R_N C * dU_E/dt. \qquad (3.49)$$

Die Laplace-Transformierte ist damit:

$$G(s) = \frac{U_A(s)}{U_E(s)} = -sCR_N = -s\tau. \qquad (3.50)$$

3.3.3   Weitere Operationsverstärkerschaltungen

3.3.3.1   Analoger PID Regler

Mit dem OP-Verstärker können komplexe Funktionen realisiert werden. In Abb. 3.13 ist die Schaltung eines analogen PID-Reglers dargestellt.

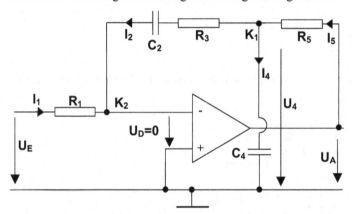

Abb. 3.13. Mit einem OP-Verstärker realisierter analoger PID Regler

Im Folgenden soll die Übertragungsfunktion dieses PID-Reglers berechnet werden. Es gilt:

$$I_5 = \frac{U_A - U_4}{R_5}. \qquad (3.51)$$

Der Strom durch den Kondensator C_4 lässt sich mit Hilfe der Laplace-Transformation als

$$I_4 = sC_4 U_4 \qquad (3.52)$$

darstellen (vgl. Abschn. 3.3.2.2). Im Knotenpunkt K_1 ist

$$I_2 = I_5 - I_4 \,. \tag{3.53}$$

Im Punkt K_2 gilt:

$$I_2 = -I_1 = -\frac{U_E}{R_1}\,. \tag{3.54}$$

Unter Berücksichtigung von $U_D = 0$, lässt sich I_2 auch durch

$$I_2 = \frac{U_4}{R_3 + \dfrac{1}{sC_2}} \tag{3.55}$$

ausdrücken. Ausgehend von (3.53) und unter Berücksichtigung von (3.51) und (3.52) erhält man dann

$$I_2 = \frac{U_4}{R_3 + \dfrac{1}{sC_2}} = \frac{U_A - U_4}{R_5} - sC_4 U_4 \,. \tag{3.56}$$

Durch Ausklammern von U_4 im letzten Term kann (3.56) zu

$$\frac{U_4}{R_3 + \dfrac{1}{sC_2}} + U_4(\frac{1}{R_5} + sC_4) = \frac{U_A}{R_5} \tag{3.57}$$

umgeformt werden. Wird nun wieder U_4 ausgeklammert, ergibt sich unter Berücksichtigung von (3.55):

$$I_2\left(1 + \left(R_3 + \frac{1}{sC_2}\right)\left(\frac{1}{R_5} + sC_4\right)\right) = \frac{U_A}{R_5}\,. \tag{3.58}$$

Mit Hilfe von (3.54) erhält man schließlich für die Übertragungsfunktion des PID-Reglers:

$$G(s) = \frac{U_A}{U_E} = -\left(\frac{R_5\left(1 + \dfrac{C_4}{C_2}\right) + R_3}{R_1} + \frac{1}{sC_2 R_1} + \frac{C_4 R_3 R_5}{R_1}s\right) = -\left(K_P + \frac{K_I}{s} + K_D s\right). \tag{3.59}$$

3.3.3.2 Tiefpassfilter

Das Nyquist-Shannonsche Abtasttheorem besagt, dass ein kontinuierliches Signal mit einer Maximalfrequenz f_{max} mit einer Frequenz größer als $2*f_{max}$ abgetastet

werden muss, damit man aus dem so erhaltenen zeitdiskreten Signal das Ur-
sprungssignal ohne Informationsverlust wieder rekonstruieren kann:

$$f_{abtast} > 2 f_{max}$$ (3.60)

In der Praxis werden oft die in dem kontinuierlichem Signal enthaltenen Frequenzen, die höher als $f_{abtast}/2$ sind (die sogenannte Nyquist-Frequenz), mit einem passenden analogen Tiefpassfilter herausgefiltert, bevor das Signal abgetastet wird.

Filter können auch als aktive Filter mit OP-Verstärkern realisiert werden. Die
meist benutzten Filter sind Butterworth- und Besselfilter. Ein ideales Tiefpassfilter
sollte alle Spektralanteile des Signals mit Frequenzen niedriger als f_g, der **Grenzfrequenz**, durchlassen, während alle Spektralanteile mit Frequenzen höher als f_g
unterdrückt werden sollten. In der Praxis existiert kein Filter mit unendlich steiler
Frequenzkennlinie. Dies bedeutet, dass die Grenzfrequenz des Tiefpassfilters niedriger als die Nyquist-Frequenz gewählt werden muss, damit das zu digitalisierende
Signal keine Information verliert:

$$f_g < \frac{f_{abtast}}{2}.$$ (3.61)

Abb. 3.14 zeigt die Schaltung eines Tiefpassfilters mit Sallen und Key Struktur.

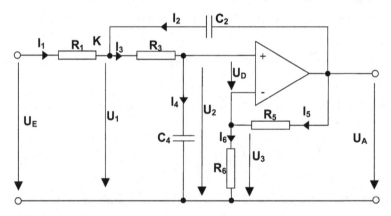

Abb. 3.14. Sallen und Key Tiefpassfilter

Die Übertragungsfunktion lässt sich wie folgt berechnen. Wie auch schon in den
Abschnitten 3.3.2.1 bis 3.3.2.6 kann

$$U_D = 0$$ (3.62)

angenommen werden. Hieraus ergibt sich

$$U_3 = U_2.$$ (3.63)

Des Weiteren ist aufgrund der unendlichen Eingangswiderstände

$$I_6 = I_5. \tag{3.64}$$

Aus (3.64) lässt sich

$$\frac{U_3}{R_6} = \frac{U_A - U_3}{R_5} \tag{3.65}$$

bzw. durch Umformung

$$U_3 = \frac{U_A}{1 + \dfrac{R_5}{R_6}} = U_2 \tag{3.66}$$

ableiten. Definiert man

$$1 + \frac{R_5}{R_6} = K, \tag{3.67}$$

wird (3.66) zu

$$U_2 = \frac{U_A}{K}. \tag{3.68}$$

Ebenfalls gilt für die Ströme I_3 und I_4, da kein Strom in den Eingang des OPs fließt

$$I_4 = I_3. \tag{3.69}$$

Somit gilt

$$sC_4 U_2 = \frac{U_1 - U_2}{R_3} \tag{3.70}$$

und damit

$$U_1 = \left(1 + sC_4 R_3\right) U_2. \tag{3.71}$$

Im Knotenpunkt K ist

$$I_3 = I_1 + I_2 . \tag{3.72}$$

Mit (3.69) ergibt sich

$$sC_4 U_2 = \frac{U_E - U_1}{R_1} + \left(U_A - U_1\right) sC_2. \tag{3.73}$$

Durch Einsetzen von (3.71) in (3.73) erhält man

$$U_2 \left[\left(1 + sC_2 R_1\right)\left(1 + sC_4 R_3\right) + s\left(C_4 - KC_2\right)R_1\right] = U_E. \tag{3.74}$$

Mit (3.68) lässt sich für die Übertragungsfunktion folgendes ableiten:

$$G(s) = \frac{U_A}{U_E} = \frac{K}{s^2 C_2 C_4 R_1 R_3 + s(C_4(R_1 + R_3) - (K-1)C_2 R_1) + 1} \,. \tag{3.75}$$

Die erhaltene Übertragungsfunktion entspricht der eines Tiefpassfilters zweiter Ordnung:

$$G(s) = \frac{K}{\left(\dfrac{s}{\omega_0}\right)^2 + 2\zeta\left(\dfrac{s}{\omega_0}\right) + 1} \,. \tag{3.76}$$

Dabei sind $\omega_0 = 2\pi f_0$ die Kennkreisfrequenz (Resonanzfrequenz), ζ der Dämpfungsfaktor und K die Nullfrequenzverstärkung des Filters ($K \geq 1$). Beispielsweise erhält man eine einfache Realisierung des Filters bei $K=1$, wenn $R_5=0$, R_6=unendlich, $R_1=R_3=R$ sind. Angegeben werden die Frequenz f_0, der Dämpfungsfaktor ζ ($\zeta = 0{,}707$ bei Butterworth Filter, $\zeta = 0{,}866$ bei Bessel Filter) und der Wert R der beiden gleichen Widerstände. Die Berechnungsformeln für C_4 und C_2 sind leicht zu bestimmen und lauten:

$$C_4 = \frac{\zeta}{2\pi f_0 R} \quad \text{und} \quad C_2 = \frac{1}{2\pi f_0 R \zeta} \tag{3.77}$$

Eine mögliche Realisierung ist in Abb. 3.15 dargestellt.

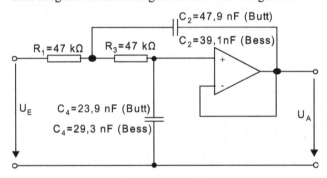

Abb. 3.15. Sallen und Key Tiefpassfilter für Beispiel: R= 47kOhm, f_c=100 Hz

3.4   Datenwandler zur Ein- und Ausgabe von Analogsignalen

Die in der Automatisierungstechnik betrachteten Signale liegen häufig in analoger Form vor. Da der Rechner bzw. die Prozesssteuerung jedoch nur digitale Daten verarbeiten kann, müssen zuerst die Analogsignale (Istwerte und Eingabesignale in Abb. 3.1) in digitale Werte umgewandelt werden. Nach der entsprechenden Datenverarbeitung müssen die vom Rechner berechneten digitalen Werte wieder in Analogsignale (Sollwerte und Ausgabesignale in Abb. 3.1) zur Steuerung bzw. Regelung des Prozesses umgewandelt werden. Zunächst werden die wichtigsten Parameterdefinitionen für Datenwandler vorgestellt und anschließend unterschiedliche D/A- bzw. A/D-Wandlerkonzepte und Vorgehensweisen zur Messdatenerfassung behandelt.

3.4.1 Parameterdefinitionen für Datenwandler

Die Auflösung (resolution) eines Datenwandlers ist der kleinstmögliche durchführbare Umsetzschritt. Die Auflösung des LSB (Least Significant Bit) ist definiert als das Verhältnis zwischen dem analogen Endwert und der größten Zahl, die durch den verwendeten Wandler von n Bit dargestellt werden kann. Für Dualcode gilt:

$$Auflösung(LSB) = \frac{Endwert(volle\ Skala)}{2^n}, \quad n = Anzahl\ der\ Bits\ des\ Wandlers. \tag{3.78}$$

Der Wert der größten Stufe (MSB, Most Significant Bit) für Dualcode ist

$$MSB = \frac{Endwert(volle\ Skala)}{2}. \tag{3.79}$$

Der maximal erreichbare Wert ist

$$U_{end} = Endwert - Auflösung = \left(\frac{2^n - 1}{2^n}\right) Endwert. \tag{3.80}$$

Beispiel: Für einen 12-Bit A/D-Wandler mit einem Endwert von 10 Volt errechnet man

$$LSB = \frac{10}{4096} = 2,44\ mV; \quad MSB = \frac{10}{2} = 5\ V; \quad U_{end} = \frac{4095}{4096}10 = 9,99756\ V\ E$$

Die **ideale Übertragungsfunktion** (Ü-Funktion) eines A/D-Wandlers hat folgende Eigenschaften:

1. Für 0 V Eingabe ist die Ausgabe $0V$.
2. Für die maximale Eingabe ist die Ausgabe ein Maximum.
3. Der Ausgabecode ändert sich proportional mit der Eingabespannung.

Die **absolute Genauigkeit** ist die Abweichung der tatsächlichen Ü-Funktion von der theoretischen Funktion.

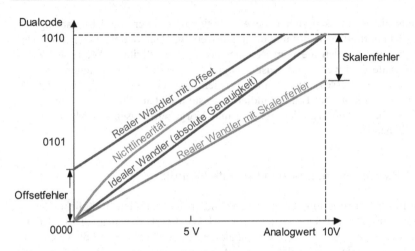

Abb. 3.16. Idealer und realer Wandler

Der **Skalenfaktorfehler** entspricht der Abweichung (in Prozent) der tatsächlich erhaltenen Ü-Funktion von der idealen, beinhaltet keine Offsetfehler und kann durch Abgleich auf Null abgestimmt werden.

Der **Offsetfehler** tritt konsequent über den gesamten Verlauf der Ü-Funktion auf. Er kann in der Regel einfach auf Null abgeglichen werden.

Der **Quantisierungsfehler** beschreibt die Unsicherheit von ± ½LSB bei der Wandlung. Er ist unkorrigierbar.

Die **Nichtlinearität** definiert die maximale Abweichung der tatsächlich erhaltenen Übertragungsfunktion von der bestmöglich approximierten Geraden. Der Fehler entsteht dadurch, dass nicht jede Stufe gleich groß ist. Die Abweichung wird als Bruchteil eines LSB definiert.

Monotonität bedeutet, dass die Übertragungsfunktion kontinuierlich ansteigt, d.h bei kontinuierlich steigenden Eingangswerten ist der Ausgangswert gleich oder größer als der vorangegangene. Monotonität verlangt, dass die differentielle Nichtlinearität unter 1 LSB liegt.

Die **Einstellzeit** ist die Zeit, die ein A/D-Wandler benötigt, um in einem definierten Bereich einzuschwingen.

3.4.2   Digital zu Analog (D/A) - Wandler

D/A-Wandler werden unter anderem in Messsystemen, Regelsystemen, Displaytechniken und auch in A/D-Wandlern verwendet. Der Eingangswert eines D/A-Wandlers ist ein digitaler Wert aus einem Rechnerregister von n Bits. Der Ausgangswert ist ein zum Eingangswert korrespondierender analoger Wert einer Spannung oder eines Stromes.

Ein einfaches Prinzip eines D/A-Wandlers ist in Abb. 3.17 dargestellt. Mit Hilfe eines Wandlerregisters werden selektiv Widerstände am Eingang eines Operationsverstärkers hinzugeschaltet. Die Schaltung entspricht einem invertierenden Addierer (s. Abb. 3.9) mit speziell gewählten Widerstandswerten. Diese werden entsprechend dem Stellenwert der zu schaltenden Dualzahl gewählt. Für ein Register mit n=4 Bits besitzen die Widerstände die Werte R_0, $R_0/2$, $R_0/4$ und $R_0/8$. Enthält das Register z.B. die Dualzahl 9, so sind die Schalter z_0, z_3 geschlossen und die Schalter z_1, z_2 offen. Eine Referenzspannung U_{Ref} (z.B. 10 V) speist alle Widerstände, die über die Schalter am negativen Eingang eines Operationsverstärkers parallel geschaltet sind. Die Ausgangsspannung des OP-Verstärkers ist dann:

$$-U_A = U_{Ref} R_N \left(\frac{1}{R_0} z_0 + \frac{2}{R_0} z_1 + \frac{4}{R_0} z_2 + \frac{8}{R_0} z_3 \right) =$$
$$= U_{Ref} \frac{R_N}{R_0} (z_0 + 2z_1 + 4z_2 + 8z_3) = U_{Ref} \frac{R_N}{R_0} Z, \tag{3.81}$$

wobei Z der Dezimalwert der entsprechenden Dualzahl ist ($0 <= Z <= 15$). Die Auflösung des Wandlers lässt sich einfach durch weitere Widerstände $R_0/16$, $R_0/32$, usw. erhöhen.

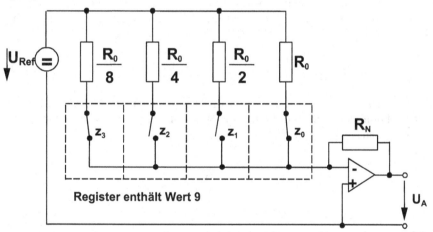

Abb. 3.17. Einfaches Prinzip eines A/D-Wandlers

Die Schaltung aus Abb. 3.17 stellt hohe Anforderungen an die Genauigkeit der Widerstände. In der Praxis setzt man daher eine auf dem **Leiternetzwerkprinzip** aufbauende Schaltung ein (s. Abb. 3.18).

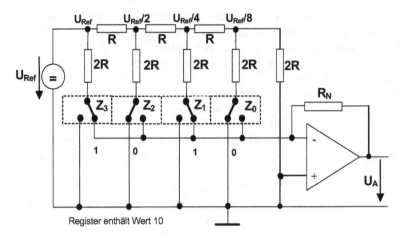

Abb. 3.18. D/A-Wandler mit Leiternetzwerk

Das Leiternetzwerk ist sowohl mit dem Eingang des OP-Verstärkers als auch mit der Masse verbunden. Leiternetzwerke bewirken, dass am Eingang U_{Ref} und sukzessiv in jedem folgenden Knotenpunkt die Hälfte der vorherigen Spannung abfällt (U_{Ref}, $U_{Ref}/2$, $U_{Ref}/4$. ..., s. Abb. 3.18). Für $n = 4$ gilt dann:

$$\frac{U_A}{U_{Ref}} = -\frac{R_N}{2R}\left(z_3 + \frac{1}{2}z_2 + \frac{1}{4}z_1 + \frac{1}{8}z_0\right) = -\frac{R_N}{16R}(8z_3 + 4z_2 + 2z_1 + z_0). \qquad (3.82)$$

Angenommen es sei $R_N = R$ und ein 4-Bit D/A-Wandler gegeben. Die Übertragungsfunktion kann nur 16 diskrete reale Werte annehmen, die den Registerwerten 0 bis 15 entsprechen, nämlich:

$$\left(0, \frac{-1}{16}, \frac{-2}{16}, ..., \frac{-15}{16}\right) \qquad (3.83)$$

3.4.3 Analog zu Digital (A/D) - Wandler

A/D-Wandler werden in der Automatisierungstechnik zum Messen, Steuern und Regeln benutzt. Eine analoge Eingangsspannung wird in eine dazu proportionale binäre Zahl umgewandelt. Bei Echtzeitsystemen spielt die Umsetzgeschwindigkeit und die Auflösung der A/D-Wandler eine wichtige Rolle.

Man unterscheidet vier prinzipiell verschiedene Verfahren der A/D-Umwandlung:

- Wägeverfahren
- Kompensationsverfahren
- Integrationsverfahren
- Parallelverfahren

A/D-Wandler benötigen eine gewisse Zeit, um eine Eingangsspannung in einen digitalen Wert umzusetzen. Daher ist es wichtig, dass während dieser Umsetzzeit die Eingangsspannung konstant bleibt, oder sich nur weniger als ±½LSB ändert. Zu diesem Zweck wird ein Abtast- und Halteglied dem eigentlichen A/D-Wandler vorgeschaltet.

3.4.3.1 Abtast- und Halteglied

In Abb. 3.19 a) wird eine typische Abtast- und Halteschaltung dargestellt. Am Eingang liegt der Messwert U_E an. Durch den Abtastbefehl (Abtasten) wird der Schalttransistor leitend und der Kondensator C wird von einem früheren Wert auf einen neuen aufgeladen. Die Ausgangsspannung schwingt auf den neuen Wert von U_E ein (Einstellzeit bzw. acquisition time). Dann wird der Haltebefehl gegeben (Halten) wobei noch eine Zeitverzögerung (Aperturezeit bzw. aperture time) bis zum Sperren des Transistors (Öffnen des Schalters) zu berücksichtigen ist. Erst ab diesem Zeitpunkt nimmt die Ausgangsspannung U_A wieder einen verhältnismäßig konstanten Wert an. Dann kann ein weiterer Umsetzungsvorgang des A/D-Wandlers gestartet werden, wie Abb. 3.19 b) zeigt.

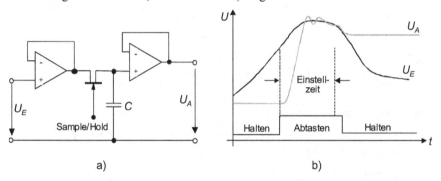

a)   b)

Abb. 3.19. Schaltung a) und Zeitdiagramm b) eines typischen Abtast- und Haltegliedes

3.4.3.2 Wägeverfahren

Wandler nach dem Wägeverfahren bestehen vereinfacht aus folgenden 6 Komponenten (s. Abb. 3.20). Einem **Abtast-Halte-Glied** (s. Abschn. 3.4.3.1), das die Eingangsspannung während der Wandlung konstant hält, einem **Komparator**, der die Eingangsspannung und den mit einem D/A-Wandler schrittweise erzeugten Wert miteinander vergleicht, einer **Steuerlogik**, welche abhängig vom Ergebnis des Komperators ein Bit in einem **Ergebnisregister** setzt und einem **Taktgenerator** zur zeitlichen Koordination der Wandlung.

Die **Steuerlogik** setzt bei Beginn der Wandlung das höchstwertigste Bit des Registers. Dieser Wert wird durch den D/A-Wandler in eine dazu korrespondierende Spannung umgewandelt und mit der Eingangsspannung verglichen. Abhängig vom Ergebnis des Vergleichs bleibt das Bit erhalten oder wird zurückgesetzt ($X=1$

wenn $U_E >= U_Z$ sonst $X=0$). Sukzessive wird der Wägevorgang für jedes weitere niederwertigere Bit vollzogen bis alle Bits einmal betrachtet und auf 0 oder 1 gesetzt sind.

Beispiel: Bei einem 8-Bit-D/A-Wandler ist die Umsetzung wie folgt: Zuerst werden alle Bits des Registers auf Null gesetzt. Dann wird Bit z_7 auf 1 gesetzt. Damit ist U_Z die Hälfte des Aussteuerungsbereiches des Umsetzers. Durch Vergleich dieses Wertes mit der Eingangsspannung U_E ergibt sich der Wert für z_7. Wenn der Ausgang X des Komparators ($U_E>=U_Z$) ergibt, bleibt Bit z_7 auf 1; wenn $U_E<U_Z$ ist, wird z_7 wieder auf Null zurückgesetzt. Analog wird für die Bits z_6 bis z_0 verfahren. Zusammenfassend ergibt sich folgender Ablauf:

```
Initialisierung:
Alle 8 Bits werden auf Null gesetzt.
```

```
Schritt 1:
Setze Bit z7 = 1, Komparatorausgang X wird geprüft:
Wenn X=0 (UZ > UE) dann setze Bit z7 = 0.
```

```
Schritt 2:
Setze Bit z6 = 1, Komparatorausgang X wird geprüft:
Wenn X=0 (UZ > UE) dann setze Bit z6 = 0.
. . . . . . . . . . . . . . . . . . . . . . . . . . . .
```

```
Schritt 8:
Setze Bit z0 = 1, Komparatorausgang X wird geprüft:
Wenn X=0 (UZ > UE) dann setze Bit z0 = 0.
```

Ende des Umsetzungszyklus.

Mit dem Wägeverfahren lassen sich hohe Umsetzraten erreichen. Es ist daher für Echtzeitsysteme geeignet.

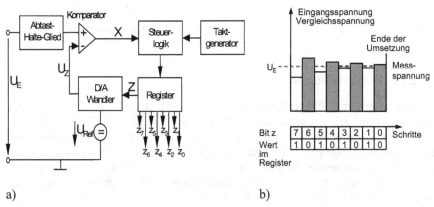

a)   b)

Abb. 3.20. Wägeverfahren: a) Schaltschema; b) Zeitdiagramm

3.4.3.3 *Kompensationsverfahren*

Das Kompensationsverfahren ist ein sehr einfaches Verfahren. Ähnlich zum Wägeverfahren (s. Abschn. 3.4.3.2) wird die Eingangsspannung mit der durch einen D/A-Wandler gewandelten Spannung verglichen. Statt des Registers ist es jedoch ein Zähler, der den zu wandelnden Wert enthält. Das Ergebnis des Komparators steuert dabei die Zählrichtung.

Am Anfang der Umsetzung wird der Zähler auf Null gesetzt. Ist die Vergleichsspannung U_Z kleiner als die Eingangsspannung U_E, wird der Zähler um einen Schritt inkrementiert. Dadurch entsteht ein neuer größerer Wert U_Z für den Vergleich mit U_E. Wenn U_Z größer als U_E ist, dann wird der Zähler um einen Schritt dekrementiert. Damit wird U_Z um ein LSB kleiner.

Dieser Wandler braucht maximal N Schritte bis man das Ergebnis erhält; N ist die größte darstellbare Zahl, bei 8 Bits ist es 255. Die Wandelzeit dieses Verfahrens ist verhältnismäßig hoch und daher nur für sich langsam ändernde Signale geeignet. Zudem dauert eine Wandlung abhängig von der Höhe der Eingangsspannung unterschiedlich lang. Das Wägeverfahren benötigt hingegen nur n Schritte für jeden Umsetzungszyklus (z.B. 8 bei einem 8-Bit-Wandler).

Um auch das Zählverfahren im Durchschnitt zu beschleunigen, wird beim Start nicht bei 0 begonnen, sondern beim aktuellen Wert des Zählers. Letzteres hat den Vorteil, dass bei einer langsamen Änderung des zu wandelnden Eingangssignals, das Ergebnis schneller bestimmt werden kann. Für zeitkritische Signale mit kurzer Reaktionszeit kann das Kompensationsverfahren zu langsam sein.

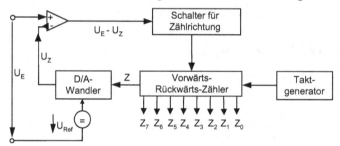

Abb. 3.21. Kompensationsverfahren: Schaltschema

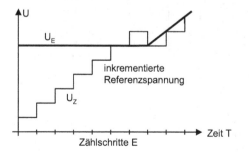

Abb. 3.22. Kompensationsverfahren: Zeitdiagramm

3.4.3.4   Integrationsverfahren

Das Integrationsverfahren funktioniert prinzipiell über den Vergleich der Zeit, die zum Laden und Entladen eines Kondensators benötigt wird (s. Abb. 3.23). Nachdem der Kondensator C entladen wurde, wird zunächst S_1 geschlossen und S_2 geöffnet (Laden). Die Eingangsspannung U_E wird dann während einer festen Zeitspanne $t_1 = n_1 * T$ integriert, wobei T die Periodendauer des Taktgenerators und n_1 eine feste Zahl von Taktimpulsen sind. Die Ausgangsspannung des Integrators ist dann

$$U_I(t_1) = -\frac{1}{RC}\int_0^{t_1} U_E(t)dt = -\frac{1}{RC}\overline{U}_E t_1 = -\frac{1}{RC}\overline{U}_E n_1 T, \qquad (3.84)$$

$\overline{U}_E$ ist die als konstant angenommene Eingangsspannung. Nach Ablauf der Messzeit wird der Schalter S_1 geöffnet und S_2 geschlossen. Damit wird mit einer Referenzspannung U_{Ref} von entgegengesetztem Vorzeichen als U_E der Kondensator C wieder auf Null entladen. Die Ausgangsspannung $U_I(t)$ erreicht nach einer Zeitspanne $t_2 = n_2 * T$ wieder Null. Mit den benötigten Zeiten bzw. Taktschritten gilt:

$$U_I(t_1 + t_2) = U_I(t_1) - \left(-\frac{1}{RC}\int_0^{t_2} U_{Ref}dt\right) = -\frac{1}{RC}\overline{U}_E n_1 T + \frac{1}{RC}U_{Ref}n_2 T = 0. \qquad (3.85)$$

Die gemessene Taktimpulszahl n_2:

$$n_2 = \frac{\overline{U}_E}{U_{Ref}}n_1 \qquad (3.86)$$

liefert dann als Ergebnis der Umsetzung für U_E:

$$U_E = \frac{n_2}{n_1}U_{Ref}. \qquad (3.87)$$

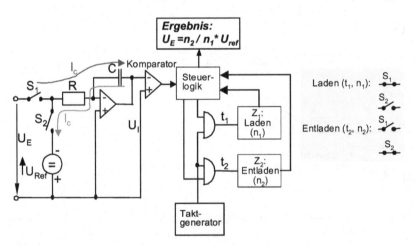

Abb. 3.23. Integrationsverfahren: Schaltschema

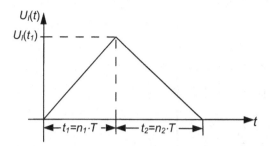

Abb. 3.24. Integrationsverfahren: Zeitdiagramm

Wenn die Taktfrequenz während der Umwandlungszeit konstant ist, lassen sich mit diesem Verfahren Genauigkeiten von 0,01% realisieren. Die maximale Umsetzrate ist jedoch sehr niedrig und daher in der Regel für sich schnell ändernde Signale und Signale, die eine sofortige Reaktion verlangen, nicht geeignet.

3.4.3.5 Parallelverfahren

Bei diesem Verfahren wird die Eingangsspannung gleichzeitig mit 2^n-1 Referenzspannungen über einen Spannungsteiler durch Komparatoren verglichen. Jede Referenzspannung hat den Wert $(1/2 + m)U_{LSB}$ mit $m = 0,1,...,2^n-1$. Der Ausgang der Komparatoren wird durch D-Flipflops gespeichert. Die Ausgänge der Flipflops sind an einen Codierer angeschlossen, welcher die entsprechende binäre Zahl ausgibt.

Dieses ist das schnellste der vorgestellten Verfahren. Es können hiermit Signalfrequenzen im Gigahertz-Bereich verarbeitet werden. Es eignet sich für Echtzeitsysteme mit höchsten Echtzeitanforderungen an Reaktionszeiten (Deadlines) und Synchronität (Jitter). Nachteil ist aber der hohe Aufwand und die hohe Anzahl der Bauelemente. Bei einer Auflösung von n Bits benötigt man 2^n-1 Komparatoren und 2^n-1 Flipflops.

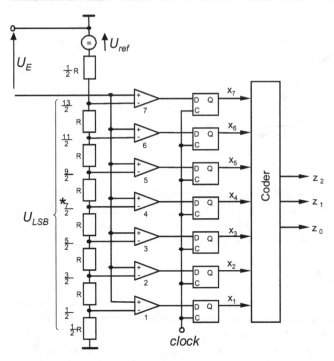

Abb. 3.25. Parallelverfahren [Tietze85]

3.4.3.6   Vergleich der verschiedenen Verfahren

Die Auswahl eines A/D-Wandlertyps hängt von der gewünschten Umsetzgeschwindigkeit und von der benötigten Auflösung ab (s. Abb. 3.26). Die Zählverfahren (Kompensations- bzw. Integrationsverfahren) besitzen eine sehr hohe Genauigkeit. Sie können jedoch nur bei niedrigen Anforderungen an die
Umsetzgeschwindigkeit eingesetzt werden. Mit dem Wägeverfahren lassen sich
mittlere bis hohe Umsetzraten und Genauigkeiten erreichen. Ist eine sehr hohe
Umsetzfrequenz gefordert, kommt das Parallelverfahren in Frage, wobei eine
niedrigere Auflösung und hohe Kosten als Nachteile in Kauf genommen werden
müssen.

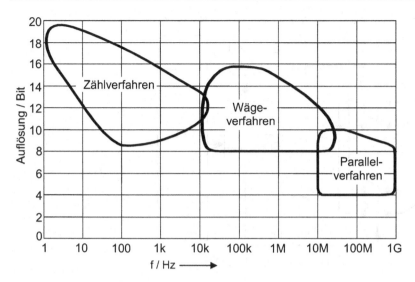

Abb. 3.26. Auflösung gegenüber Umsetzfrequenzen von A/D Umsetzern

3.4.4 Analogmessdatenerfassung

Für die analoge Messdatenerfassung werden Datenerfassungssysteme eingesetzt, welche die Messdaten von verschiedenen analogen Sensoren in geeigneter Weise verarbeiten und in digitale Werte umwandeln. Datenerfassungssysteme sind sehr anwendungsspezifisch. Folgende Kriterien müssen bei der Wahl eines Datenerfassungssystems beachtet werden:

• Geschwindigkeit der Daten-Ein-und-Ausgabe und der Datenaufbereitung
• Bandbreite der Übertragungssignale
• Genauigkeitsanforderungen
• Signalaufbereitung
• Schutz gegen Störungen
• Kosten des Systems

Da nicht alle Anforderungen bei einem System erfüllt werden können, müssen Kompromisse gefunden werden, z.B. zwischen hoher Geschwindigkeit und hoher Genauigkeit, damit das System nicht zu teuer wird.

Abhängig von der Messrate unterscheidet man drei Grundkonfigurationen:

• Datenerfassungssysteme mit niedriger Messrate (Abb. 3.27)
• Datenerfassungssysteme mit mittlerer Messrate (Abb. 3.28)
• Datenerfassungssysteme mit hoher Messrate (Abb. 3.29)

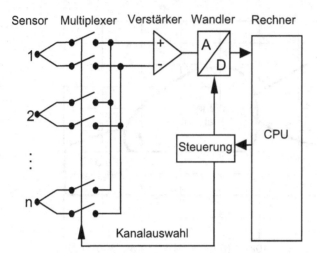

Abb. 3.27. Datenerfassungssystem mit niedriger Messrate

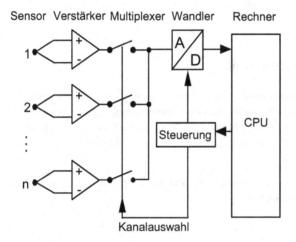

Abb. 3.28. Datenerfassungssystem mit mittlerer Messrate

In den ersten beiden Fällen benutzt man analoge Multiplexer. Ein analoger Multiplexer hat mehrere analoge Eingänge oder Kanäle, die von einer Kanalauswahlsteuerung nacheinander an einen einzigen analogen Ausgang geschaltet werden. Die Steuerung wird vom Prozessor übernommen.

Bei einem Datenerfassungssystem mit niedriger Messrate können Leitungskosten, Verstärker und A/D-Wandler gespart werden, indem man einen Multiplexer, einen Verstärker und einen A/D-Wandler einsetzt. In diesem Fall handelt es sich um einen Low-Level Multiplexer.

Sensor Verstärker Wandler Multiplexer   Rechner

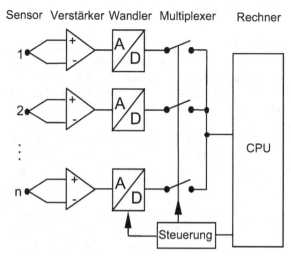

Abb. 3.29. Datenerfassungssystem mit hoher Messrate

Bei Datenerfassungssystemen mit mittlerer Messrate müssen zuerst die schwachen Sensorsignale einzeln am Messort verstärkt werden. Man spricht dann von einem High-Level Multiplexer. Dieser bildet normalerweise eine Baueinheit mit dem A/D-Wandler. Diese ist die meist verwendete Konfiguration.

Wenn es sich um hohe Messraten handelt muss man einen A/D-Wandler pro Messkanal einsetzen. Dann wird ein digitaler Multiplexer nachgeschaltet. Diese Konfiguration ist die teuerste Variante.

3.5   Eingabe/Ausgabe von Schaltsignalen

Bei diskreten Steuerungen müssen binäre Prozesszustände erfasst und anschließend im Automatisierungsprogramm mit internen Zuständen zu neuen binären Ausgabevariablen verarbeitet werden. Zur Steuerung der Stellglieder müssen diese binären Variablen an den Prozess ausgegeben werden, um z.B. über ein Relais, Ventile, Zylinder und Motoren ein- und auszuschalten. Dazu müssen die Signale angepasst bzw. verstärkt werden.

3.5.1   Pegel-/Leistungsanpassung durch Relaistreiber mit gemeinsamer Spannungsversorgung

Die Problematik der Pegel- und Leistungsanpassung besitzen alle Schaltungen, die Ausgangssignale leistungsschwacher Logikbaugruppen (TTL, CMOS, …) zum Steuern und Regeln leistungsstarker Prozessbaugruppen heranziehen wollen. Die Vorgehensweise soll anhand der TTL-Familie erläutert werden, da sie eine der bekanntesten und ältesten Logikfamilien sind. TTL ist die Abkürzung von **Transistor – Transistor – Logik.**

Bei dieser Familie wird das Ausgangssignal mit Hilfe von zwei Transistoren erzeugt. Die verschiedenen TTL-Familien sind nur als monolitisch integrierte Schaltungen erhältlich. Laut Spezifikation liegt die vorgeschriebene Versorgungsspannung bei 5 Volt (minimal 4,75 V, maximal 5,25 V). Eingangsspannungen größer 2 Volt werden als logisch 1 (H) und Eingangsspannungen kleiner 0,8 Volt werden als logisch 0 (L) interpretiert.

Für die korrekte Erkennung sollte die Ausgangsspannung für eine logisch 1 größer 2,4 Volt und für ein logisch 0 niedriger als 0,4 Volt sein. In der Spezifikation sind auch die minimalen und maximalen Werte für Eingangs- und Ausgangsströme geregelt.

Wenn mit integrierten TTL-Schaltungen externe Geräte gesteuert werden sollen, müssen auf Grund der geringen Leistung der TTLs geeignete Treiber zwischengeschaltet werden (z.B. für das Schalten der Magnetspule eines Relais). Abb. 3.30 zeigt die Schaltung eines Treibers mit zwei kaskadierten Leistungstransistoren. Damit lassen sich sehr hohe Stromverstärkungen erreichen. Die TTL-Schaltung, wie auch der Leistungstreiber verwenden in diesem Beispiel dieselbe Stromversorgung. Das Relais realisiert eine galvanische Trennung zwischen rechnerinternem und -externem Stromkreis auf der Prozessseite. Um vor den durch die Spule erzeugten Überspannungen zu schützen, ist eine Diode zur Relaisspule parallel geschaltet. Dieses Problem tritt besonders dann auf, wenn der Emitterstrom I_{e2} des Transistors T_2 beim Sperren des Transistors sehr schnell auf Null gebracht wird.

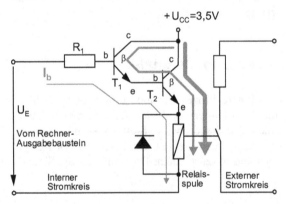

Abb. 3.30. Relaistreiber für TTL Ansteuerung

Die folgenden Berechnungen zeigen, dass die resultierende Stromverstärkung des in Abb. 3.30 gezeigten Relaistreibers ungefähr das Produkt der Stromverstärkung der beiden Transistoren ist. Der Emitterstrom I_{e1} des Transistor T_1 ergibt sich zu

$$I_{e1} = I_{b1} + \beta_1 I_{b1} = I_{b1}(1 + \beta_1) \cong I_{b1}\beta_1 . \tag{3.88}$$

Äquivalent gilt für I_{e2}:

$$I_{e2} \cong I_{b2}\beta_2 \qquad (3.89)$$

Da nun der Emitterstrom von T_1 als Basisstrom von T_2 wirkt, ist

$$I_{b2} = I_{e1} \qquad (3.90)$$

und somit

$$I_{e2} = (I_{b1}\beta_1)\beta_2 . \qquad (3.91)$$

Geht man davon aus, dass die Transistoren identisch sind, gilt

$$I_{b1}\beta^2 , \qquad (3.92)$$

wobei

$$I_{b1} = \frac{(U_E - 1{,}2V)}{R_1} \qquad (3.93)$$

ist.

3.5.2 Pegel-/Leistungsanpassung durch Relaistreiber mit separater Spannungsversorgung

Eine Variante für Relais mit höherem Spannungsbedarf wird in Abb. 3.31 gezeigt. In diesem Fall ist die Schaltung so ausgelegt, dass sie die Relaisspule mit einer viel höheren Versorgungsspannung U (z.B. 24V) betreiben kann.

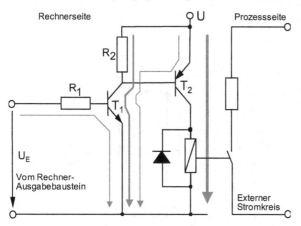

Abb. 3.31. Relaistreiber mit separater Stromversorgung

3.5.3   Pegelumsetzung auf 24 Volt

Der überwiegende Teil industriell eingesetzter Geräte verwendet 24V Gleichspannung zum Ansteuern der Aktoren und zum Erfassen der Signale durch Sensoren.

Um unerwünschte Störeinflüsse auf die Signale durch Rückkopplung vom Prozess größtmöglich auszuschließen, wird in der Regel die Elektronik im Rechner gegenüber dem Prozess durch eine galvanische Trennung entkoppelt.

Zu diesem Zweck werden neben Relais (s. Abb. 3.30 und Abb. 3.31) so genannte Optokoppler eingesetzt. Ein Optokoppler besteht aus einer LED (Lichtemittierende Diode) als Lichtsender und einem Fototransistor als Lichtempfänger. Letzterer wird über die abgegebene Lichtintensität der Diode gesteuert.

Abb. 3.32 und Abb. 3.33 zeigen wie ein mit 24 Volt betriebener Aktor bzw. Sensor durch einen Optokoppler mit einer TTL Schaltung gekoppelt werden kann.

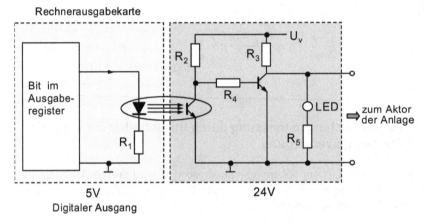

Abb. 3.32. Pegelumsetzung: TTL-24 Volt

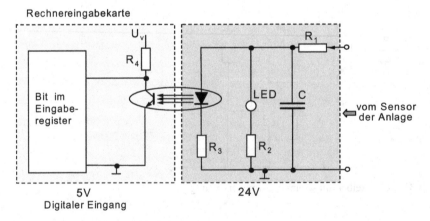

Abb. 3.33. Pegelumsetzung: 24 Volt-TTL

3.6   Serielle Schnittstellen

Im folgenden Abschnitt werden die im industriellen Umfeld zur Realisierung der dezentralen Systemstruktur gemäß Abb. 3.1 eingesetzten seriellen Schnittstellen kurz beschrieben. Fast alle erhältlichen Geräte lassen sich über diese Schnittstellen entweder direkt oder mit geeigneten Schnittstellenwandlern ansteuern. Die übergeordnete Kommunikation wird in Kapitel 4 behandelt.

3.6.1   RS-232 Schnittstelle

Die RS-232 ist die weitverbreiteste serielle Schnittstelle im industriellen Umfeld. Ende der 60er Jahren wurde sie usrprünglich zur Kommunikation zwischen Rechner und Modem entwickelt. Bekannt ist sie auch unter EIA-232 und V24. Die mechanischen Eigenschaften sind in ISO-2110 festgelegt. In der Norm sind 25-polige Stecker definiert, zum Einsatz kommt häufig auch ein 9-poliger Stecker. In vollständiger Ausführung werden 2 Daten-, 6 Steuer- und eine gemeinsame Erdleitung verwendet. Der Full-duplex Betrieb (gleichzeitiges Senden und Empfangen) wird von RS-232 unterstützt. Die Übertragung kann sowohl synchron als auch asynchron sein. Die Senderate hängt von der Leitungskapazität ab. Spezifiziert ist eine Senderate von 20 Kilobits pro Sekunde bei einer maximalen Kabellänge von 17 Meter. Bei kürzeren Abständen kann das 10-fache dieser Senderate erreicht werden. Abb. 3.34 zeigt ein Ersatzschaltbild für Sender und Empfänger:

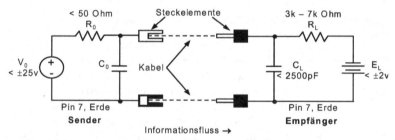

Abb. 3.34. RS-232 Ersatzschaltbild für Sender und Empfänger

Die minimale Beschaltung der RS-232 Schnittstelle besteht aus zwei Signalleitungen und einer gemeinsamen Erdleitung (s. Abb. 3.35).

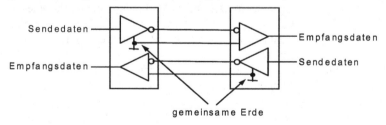

Abb. 3.35. Beispiel für die Sende- und Empfangsleitungen einer RS-232 Schnittstelle

Die Signale sind bipolar. Somit werden zwei Versorgungsspannungen mit entgegen gesetztem Vorzeichen benötigt. Hierbei werden die Spannungen als logisch 1 (Mark) interpretiert, wenn sie zwischen −25 und −3 Volt liegen und als logisch 0 (Space), wenn sie zwischen +3 und +25 Volt liegen. Das Spannungsintervall von -3V bis +3V ist nicht definiert. Die gesendeten Signale dürfen daher keine Werte innerhalb dieses Intervalls annehmen.

Abb. 3.36 zeigt eine Konfiguration aus Rechner und drei angeschlossenen Geräten. In diesem Beispiel müssen drei unterschiedliche RS-232 Ports am Rechner vorhanden sein.

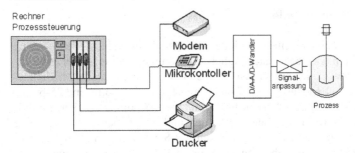

Abb. 3.36. Rechner/Prozesssteuerung mit drei über RS-232 angeschlossenen Geräten

Die Bedeutung und Pinbelegung der wichtigsten Signale bei 25-poligen als auch bei 9-poligen Steckern sind in Tabelle 3.1 zusammengefasst.

Tabelle 3.1. Signale RS 232 geordnet nach Wichtigkeit und Häufigkeit

Signal	25-pol.	9-pol.	Beschreibung
TxD	Pin 2	Pin 3	Sendedaten (Rechner zu Peripheriegerät)
RxD	Pin 3	Pin 2	Empfangsdaten (Peripheriegerät zu Rechner)
GND	Pin 7	Pin 5	Gemeinsame Masseleitung für alle Signale
RTS	Pin 4	Pin 7	„Request to Send" - Rechner signalisiert Bereitschaft, Daten an das Peripheriegerät zu senden
CTS	Pin 5	Pin 8	„Clear to Send" - das Peripheriegerät signalisiert Bereitschaft, Daten entgegennehmen zu können
DSR	Pin 6	Pin 6	„Data Set Ready" - Peripheriegerät verfügbar (eingeschaltet)
DCD	Pin 8	Pin 1	„Data Carrier Detect" - Peripheriegerät (nur Modem) signalisiert: hergestellte Verbindung über Telefonleitung
DTR	Pin 20	Pin 4	„Data Terminal Ready" – Rechner verfügbar (eingeschaltet)
RI	Pin 22	Pin 9	„Ring Indicator" - Peripheriegerät (nur Modem) signalisiert ankommenden Telefonanruf

Asynchrone Datenübertragung

Bei asynchroner Datenübertragung, wie bei der überwiegenden Anzahl der seriellen Übertragungen mit RS-232-, RS-422- und RS-485-Schnittstellen verwendet, werden die einzelnen Bits eines Datenbytes nacheinander über eine Leitung übertragen.

Der Ruhezustand der Übertragungsleitung, der auch mit „Mark" bezeichnet wird, entspricht dem Pegel einer logischen „1".

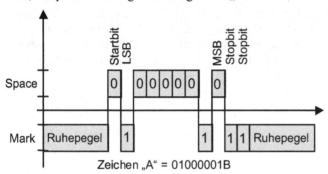

Abb. 3.37. Übertragung des Buchstabens „A"

Die Übertragung eines Bytes beginnt mit einem vorangestellten Startbit, das als logische „0" gesendet wird. Beginnend mit dem niederwertigsten (LSB) Bit werden daraufhin nacheinander 5 bis 8 Datenbits übertragen.

Durch Parametrierung der entsprechenden Schnittstellenbausteine (s. Kap. 2) kann eingestellt werden, dass dem letzten Datenbit ein Paritätsbit folgt, das zur Erkennung von Übertragungsfehlern dient. Das Paritätsbit bewirkt, dass bei gerader („EVEN") Parität immer eine gerade bzw. bei ungerader („ODD") Parität eine ungerade Anzahl von „1"-Bits übertragen wird. Das Ende der Übertragung eines Bytes wird wahlweise durch 1 oder 2 Stopbits gekennzeichnet.

Die Übertragungsgeschwindigkeit beträgt zwischen 50 und 115200 Bits/sek. Die Flusskontrolle, zur Vermeidung von Datenverlusten aufgrund von Pufferüberläufen, wird durch ein Handshake-Verfahren ermöglicht. Dieses lässt sich auf zwei Arten realisieren.

Hardware-Handshake: Um Pufferüberläufe beim Empfänger abfangen zu können, kontrolliert dieser mit Hilfe der CTS- und/oder DSR-Steuerleitung des Senders den Datenfluss. Es gibt hierbei verschiedene Möglichkeiten der Verschaltungen für die verwendeten Peripheriegeräte (Drucker, Modem,...).

Software-Handshake: Der Empfänger sendet zur Steuerung des Datenflusses spezielle Zeichen an den Sender (z.B. XON/XOFF).

3.6.2   RS-422-Schnittstelle

Um auch größere Entfernungen (>12 m) überbrücken und eine höhere Datenrate erreichen zu können, wurde die RS-422 eine auf einem differenziellen Übertragungsprinzip basierende Übertragung der RS-232 entwickelt.

Hauptmerkmal dieser Schnittstelle ist die Möglichkeit, Daten bis zu einer Entfernung von 1200 Meter bei 100 KBit/sec übertragen zu können. Durch die symmetrische Übertragung lassen sich sehr störfeste Verbindungen erreichen. Über kleinere Abstände können Übertragungsraten bis 1 MBit/sec erreicht werden. Die RS-422 benutzt einen differenziellen Treiber und ein Kabel mit 4 Leitungen. Durch die differenzielle Übertragung ist kein gemeinsamer Bezugspunkt notwendig. In Abb. 3.38 ist das schematische Symbol eines differenziellen Treibers dargestellt.

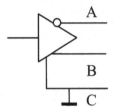

Abb. 3.38. Schema eines differenziellen Treiber der RS-422

Der differenzielle Treiber erzeugt eine Spannung zwischen der A- und B-Leitung im Bereich von 2 bis 6 Volt bzw. -2 bis -6 Volt. Anschluss C wird mit Erde verbunden, wird aber nicht in die eigentliche Signalauswertung miteinbezogen. Die einzelnen Datenbits werden bei der RS-422 im Gegensatz zur RS-232, welche die gemeinsame Erde als Bezugspunkt verwendet, als Spannungsdifferenz zwischen den Signalleitungen A und B übertragen. A oder „-" kennzeichnen meist die invertierende Leitung, die nicht invertierende wird mit „B" oder „+" gekennzeichnet. Differenzspannungen von $A - B < - 0,3V$ werden als MARK bzw. OFF und somit als logisch 1 interpretiert und umgekehrt werden $A - B > 0.3V$ als SPACE bzw. ON und somit mit logisch 0 bewertet. RS-422 Sender stellen unter Last in der Regel Ausgangspegel von ±2V zwischen den beiden differenziellen Leitungspaaren zur Verfügung. RS-422 Empfänger interpretieren eingehende Pegel von ±200mV noch als gültiges Signal.

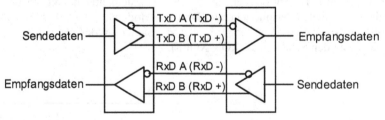

Abb. 3.39. RS-422 Beschaltung

Bis zu zehn RS-422 Empfänger dürfen innerhalb einer Übertragungseinrichtung parallel mit einem Sender verbunden werden. So lassen sich mit einer Schnittstelle mehrere Geräte steuern.

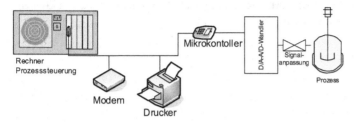

Abb. 3.40. Drei über eine RS-422 Schnittstellenkarte angeschlossene Geräte

3.6.3   RS-485-Schnittstelle

Wie auch die RS-422, ist die RS-485 für die serielle Hochgeschwindigkeits-Datenübertragung über große Entfernungen entwickelt worden. Die RS-485 hat im industriellen Bereich große Verbreitung. Während RS-422 lediglich für den unidirektionalen Anschluss von bis zu 10 Empfängern an einen Sender ausgelegt ist, wurde die RS-485 als bidirektionales Bussystem mit bis zu 32 Teilnehmern konzipiert. D.h. es sind mehrere Geräte über die Busleitungen adressierbar. Um dies zu realisieren, besitzen die Treiberstufen der RS-485 zusätzlich zu den A- und B-Signalleitungen eine „Enable"-Leitung, welche die Verbindung zum Bus regelt. Im Vergleich zu RS-232, bei der eine Schnittstelle pro Gerät vorhanden sein muss, ist somit der Kabelaufwand bei RS-485 zur Ansteuerung mehrerer Geräte gering, da alle Geräte über einen einzigen gemeinsamen Bus mit der Schnittstelle des steuernden Rechners bzw. der Prozesssteuerung verbunden werden können (s. auch Kap. 4).

RS-422 und RS-485 unterscheiden sich in der elektrischen Spezifikation nur wenig. Ein RS-485-Bus kann sowohl als 2-Draht- (Lesen und Schreiben über gleiches Leitungspaar) als auch als 4-Draht-System (Lesen und Schreiben über unterschiedliches Leitungspaar) aufgebaut werden. Beim RS-485-2-Draht-Bus werden die Teilnehmer über eine max. 5 Meter lange Stichleitung angeschlossen. Der Vorteil der 2-Draht-Technik liegt im Wesentlichen in der Multimaster-Fähigkeit, wobei jeder Teilnehmer prinzipiell mit jedem anderen Teilnehmer Daten austauschen kann. Der 2-Draht-Bus ist grundsätzlich nur halbduplexfähig. D.h. da nur ein Übertragungsweg zur Verfügung steht, kann immer nur ein Teilnehmer Daten senden. Erst nach Beendigung der Sendung können z.B. Antworten anderer Teilnehmer erfolgen. Eine bekannte auf der 2-Draht-Technik basierende Anwendung ist der PROFIBUS (s. Kap. 4). Vom DIN-Messbus (DIN 66 348) wird die 4-Draht-Technik verwendet. Häufig werden Master/Slave-Anwendungen realisiert. Der Datenausgang des Masters wird in dieser Betriebsart auf die Dateneingänge aller Slaves verdrahtet. Die Datenausgänge der Slaves sind zusammen auf den Dateneingang des Masters geführt. Ein direkter Datenaustausch zwischen den Slaves ist nicht möglich. Bei den Slaves ist jedoch zusätzlich eine Trennung der Schnittstelle vom Rest der Schaltung (z.B. durch Optokoppler) zwingend vorgeschrieben. Bis zu einer Übertragungsrate von 90 KBit/sec ist eine maximal erlaubte Kabellänge von 1200 Meter spezifiziert. Bis zu einer Kabellänge von 15 Metern können 10 MBit/sec übertragen werden.

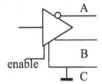

Abb. 3.41. Schema eines differenziellen Treiber der RS-485

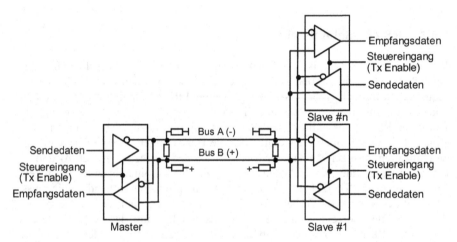

Abb. 3.42. RS-485 Beschaltung

Abb. 3.42 zeigt ein Beispiel für eine 2-Drahtverbindung, d.h. Sende- und Empfangsleitungen sind identisch und werden durch „Tx Enable" geschaltet. Mehrere Master sind in RS-485 Netzen möglich, wie Abb. 3.43 zeigt.

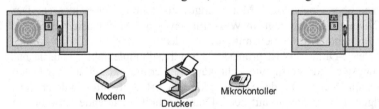

Abb. 3.43. Netzwerk mit RS-485 mit 2 Mastern und 3 Slaves

Kapitel 4   Echtzeitkommunikation

In Kapitel 4 wird das Thema „Echtzeitkommunikation" am Beispiel der Automatisierung behandelt. Automatisierungssysteme sind in der Regel hierarchisch strukturiert (s. Kap. 2). Die Hierarchieebenen, die einzelnen Automatisierungseinrichtungen untereinander und die Automatisierungseinrichtungen zu ihren peripheren Aktoren und Sensoren sind mit Netzwerken miteinander verbunden. In den einzelnen Ebenen und Netzwerken müssen unterschiedliche Echtzeitbedingungen erfüllt werden. Zukünftige Automatisierungssysteme werden immer mehr dezentrale und vernetzte Systemarchitekturen aufweisen.

4.1   Einführung

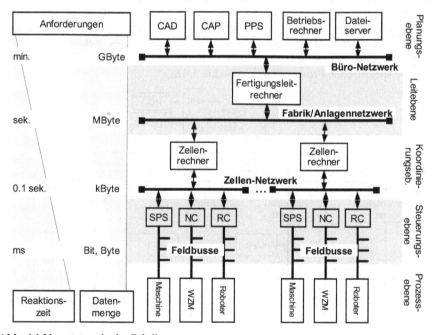

Abb. 4.1. Vernetzung in der Fabrik

Abb. 4.1 zeigt die Vernetzung am Beispiel der Fabrikautomation. Auf oberster Ebene ist der Planungsbereich. Hier wird mit CAD-Systemen das Produkt konzipiert und definiert. Mit PPS- und CAP-Werkzeugen wird die Fertigung des Produktionsprogramms und der Produkte geplant und Unterlagen für die Fertigung der Produkte erstellt. Die Aufträge und die dazugehörigen Unterlagen zur Fertigung werden an den Fertigungsleitrechner übergeben. Von dort werden sie an die Zellenrechner weiter verteilt, welche die Daten wiederum zeitrichtig an die Werkzeugmaschinen und Roboter weitergeben. Diese müssen die übergebenen Maschinenprogramme abarbeiten und die Produkte fertigen und entsprechende Betriebsdaten an die übergeordneten Ebenen liefern. Die einzelnen Ebenen sind mit Netzwerken miteinander verbunden. Für die oberen zwei fabrikinternen Netzwerke hat sich heute Ethernet auf Basis der Internet-Protokolle TCP/UDP/IP durchgesetzt.

Während zwischen der Planungs-, Leit- und Koordinierungsebene vorwiegend größere Datenmengen, wie z.B. Datenblöcke und Dateien transportiert werden müssen, werden auf der untersten Ebene zwischen Steuerungs- und Prozessebene mit hoher Echtzeit Parameter, Bytes und Bits ausgetauscht, welche direkt die Stellglieder und den Prozess steuern. Auf dieser Ebene existieren z. Zt. eine Vielzahl von genormten sog. Feldbussen. In Abschn. 4.4 werden die spezifischen Anforderungen an Feldbussysteme behandelt, sowie wichtige Feldbussysteme vorgestellt. Heute sind die Ausrüster gezwungen, in Abhängigkeit von Werksvorschriften, mehr oder weniger alle Feldbusse für die gleiche Kommunikationsaufgabe anzubieten. Deswegen existiert z. Zt. ein Trend, selbst in diesem hoch echtzeitfähigen Bereich, auf Ethernet basierende Netzwerke mit Echtzeitfähigkeit einzusetzen. Ziel ist ein einheitliches standardisiertes Netzwerk von der Prozess- bis zur Planungsebene in der Fabrik mit für die spezielle Übertragungsaufgabe spezifischen Protokollen (s. Abschn. 4.4).

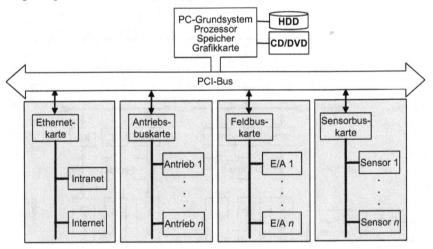

Abb. 4.2. Typische Kommunikationssysteme einer Prozesssteuerung (SPS, NC, RC,..)

Abb. 4.2 zeigt die typischen Kommunikationssysteme einer PC-basierten Prozesssteuerung in der Steuerungsebene. Die informationsverarbeitenden Funktionen einer SPS, NC, RC (s. Kap. 8, 9, 10) wie Visualisierung, Programmierung, Bewegungssteuerung (motion control), Ablaufsteuerung, Überwachung, usw. werden über Softwarefunktionen des PC-Grundsystems realisiert. Für die Kommunikation zwischen Prozesssteuerung und übergeordneter Ebene ist vorwiegend Filetransfer und ein Echtzeitverhalten im 100 ms-Bereich gefordert. Hier bietet sich Ethernet mit TCP/UDP/IP als bevorzugtes Bussystem an. Zur Kommunikation mit vorwiegend binären Sensoren und Aktoren (digitale E/A) sind Feldbusse mit Echtzeitverhalten von 10 ms bis 1 ms gefordert. Komplexe Sensoren wie visuelle und Kraftmomentensensoren erfordern für den Datenaustausch zur Prozesssteuerung Feldbusse mit Reaktionszeiten von 10 ms bis 1 ms. Die höchsten Echtzeitanforderungen stellt die Kommunikation zwischen Prozesssteuerung und den Regelsystemen für Antriebe. Hier müssen mit höchster Zeitkonstanz Istwerte erfasst und Sollwerte ausgegeben werden. Zykluszeiten von bis zu 50 µs und ein Jitter von max. 1 µs ist gefordert (s. Abschn. 4.4.8 und Kap. 9).
Im Folgenden sollen geeignete Netzwerke für die Lösung dieser Kommunikationsaufgaben behandelt werden.

4.2   Grundlagen für die Echtzeitkommunikation

4.2.1   Kommunikationsmodell

Ein besonderes Problem bei der Vernetzung stellt die Vielfalt der möglichen Schnittstellen und Protokolle dar. Dies erforderte in der Vergangenheit bei der Vernetzung der Automatisierungskomponenten einen hohen Aufwand durch Schnittstellenanpassungen. Deswegen wurde ein Kommunikationsreferenzmodell entwickelt und 1983 als ISO/OSI-Referenzmodell in ISO 7498 standardisiert. (ISO = International Standardization Organisation, OSI = Open Systems Interconnection). In diese Referenzarchitektur sollen existierende Protokolle integrierbar sein. Außerdem soll sie als Leitlinie für neue zu entwickelnde Kommunikationssysteme dienen und die Standardisierung offener Kommunikationssysteme ermöglichen.
Die Referenzarchitektur besteht aus einem Siebenschichtenmodell für die Kommunikation offener Systeme (s. Abb. 4.3).
Einzelne Schichten (maximal sieben) existieren dabei sowohl beim Sender als auch beim Empfänger. Jede Schicht übernimmt eine genau abgegrenzte Aufgabe. Zwischen den Schichten sind Schnittstellen vereinbart. Eine Schicht stellt über ihre Schnittstelle (API = Application Programming Interface) der übergeordneten Schicht bestimmte Dienste zur Verfügung [Weidenfeller und Benkner 2002].
Die Kommunikation zwischen zwei über den Kommunikationskanal verbundenen Anwendungen erfolgt in drei Phasen. Zunächst durchläuft die Nachricht beim

Sender die Schichten von oben nach unten. Dabei fügt jede Schicht einen Informationsblock (Header) an den Nachrichtenkopf an. Die Schicht 2 fügt an das Ende der Nachricht einen Informationsblock (Trailer) an. Dann wird die Nachricht vom Sender über den Übertragungskanal zum Empfänger weitergeleitet. Dort durchläuft die Nachricht wiederum die 7 Schichten von unten nach oben, dabei werden die Header und Trailer in den entsprechenden Schichten entfernt.

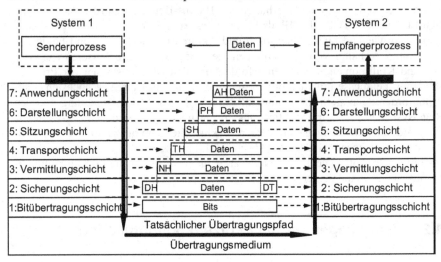

Abb. 4.3. ISO/OSI Referenzmodell der Kommunikation

Die einzelnen Schichten haben dabei u .a. folgende Aufgaben:

Die erste Schicht, die **Bitübertragungsschicht (Physical Layer)**, überträgt die Bits über den Kanal. Ferner legt sie u.a. fest: das Übertragungsmedium (z.B. Kupfer, Lichtwellenleiter-LWL, Luft), das Kabel (Kupferdraht, Twisted Pair-„verdrillte Zweidrahtleitung", LWL), Frequenz- oder Zeitmultiplexbetrieb, die Synchronisation auf der Bitebene, den Signalpegel, die Übertragungsgeschwindigkeit, den Stecker mit Belegung der Pins.

Die zweite Schicht, die **Sicherungsschicht (Data Link Layer)**, erzeugt und überträgt das elementare Telegramm (Basisprotokoll) und sichert die Datenübertragung durch Coderedundanz und Quittungsmechanismen.

Wichtige Punkte sind hierbei die Erzeugung von Datenrahmen für das elementare Telegramm (Frame), die Markierung der Datenrahmen, die Rahmensynchronisation, die fehlererkennende oder die fehlerkorrigierende Codierung, die Wiederholung von Datenrahmen bei Fehlern, die Quittierung der richtigen Übertragung und die Regelung des Zugriffs auf das Übertragungsmedium (MAC: Medium Access Control).

Die dritte Schicht, die **Vermittlungsschicht (Network Layer)**, wählt den Weg vom Ursprungs- zum Bestimmungsort. Hier wird der Verkehr innerhalb des Netzes gelenkt (Routing). Es werden Punkt-zu-Punkt-Kanäle und Rundsendekanäle (Multicast) zur Verfügung gestellt. Erst durch die hier festgelegte, über das Gesamtnetzwerk eindeutige Adressierung der Netzwerkteilnehmer, kann der Transport von Datenpaketen zwischen den Teilnehmern, auch aus unterschiedlichen Teilnetzen, organisiert werden.

Die vierte Schicht, die **Transportschicht (Transport Layer),** überträgt die Daten eines kompletten Kommunikationsauftrags. Sie bereitet die Daten für die Vermittlungsschicht und die Sicherungsschicht auf. Sie zerlegt große Datenpakete, z.B. bei der Übertragung von größeren Dateien (Files), in Telegramme für die zweite Schicht und setzt sie auf der Empfangsseite wieder zum gesamten Datenpaket zusammen. Für die Übertragung des gesamten Datenpakets eines Kommunikationsauftrags muss die Netzverbindung auf- und wieder abgebaut werden. Es können auch große Datenmengen, evtl. über mehrere Netzverbindungen, übertragen werden.

Die fünfte Schicht, die **Sitzungsschicht (Session Layer)** synchronisiert den Ablauf beim Nachrichtenaustausch zwischen zwei Terminals bzw. zwischen zwei Benutzern. Dabei werden symbolische Adressen in reale Adressen der jeweiligen Transportverbindung umgesetzt. Ferner werden die Richtungen beider Kommunikationsteilnehmer gesteuert, sowie Synchronisations- und Wiederanlaufpunkte bei langen Übertragungen eingebaut.

Die sechste Schicht, die **Darstellungsschicht (Presentation Layer),** wandelt Datenstrukturen um. Dies ist notwendig zur Konvertierung von Zeichensätzen und verschiedenen Zahlendarstellungen, zur Reduzierung der zu übertragenden Datenmenge durch Datenkompression sowie zur Verschlüsselung mittels Kryptographie für Vertraulichkeit (Schutz vor unberechtigtem Zugriff anderer) und Authentizität (Sicherheit über die Echtheit des Absenders).

Die siebte Schicht, die **Anwendungsschicht (Application Layer),** stellt domänenabhängige Dienste für den Endanwender bereit. Beispiele für solche Dienste sind Dateiübertragung und Verzeichnisverwaltung (Löschen, Umbenennen usw.), Nachrichtenübertragungsdienste (z.B. elektronische Post) sowie Dienste für den jeweiligen spezifischen Anwendungsbereich. Für die Fabrikautomation müssen z.B. Dienste für das Übertragen von NC-, RC-, SPS-Programmen, Betriebsdaten und von digitalen Ein-/Ausgängen vorhanden sein. Andere wichtige Funktionen sind z.B. Starten und Stoppen von Maschinen und das Übertragen von Alarmen. Solche Funktionen müssen dem Endanwender innerhalb eines API zur Verfügung gestellt werden. Damit kann eine Übertragung von Daten unabhängig von den verwendeten Protokollen und der verwendeten Hardware in standardisierter Weise programmiert und durchgeführt werden.

Für den Aufbau von Kommunikationssystemen lassen sich für die Automatisierung im Wesentlichen zwei Teilnehmertypen mit unterschiedlichen Funktionen unterscheiden.

1. Der **Master-Teilnehmer** kann selbständig senden und empfangen und außerdem selbständig auf das Netzwerk zugreifen. Für den von ihm initiierten Datentransfer übernimmt der Master die komplette Steuerung der Kommunikation. Typische Master sind die Prozesssteuerungen SPS, RC bzw. NC.
2. Der **Slave-Teilnehmer** kann nur senden und empfangen, wenn er von einem Master dazu aufgefordert wird. Er kann nicht selbständig auf das Netzwerk

zugreifen, und er kann nicht das Netzwerk steuern und verwalten. Typische Slaves sind z.B. digitale E-/A-Module bzw. Regeleinheiten für Antriebe.

4.2.2   Topologien von Echtzeit-Kommunikationssystemen

Für die räumliche Anordnung und Verdrahtung der einzelnen Teilnehmer eines Kommunikationssystems lassen sich die in Abb. 4.4 dargestellten physikalischen Netztopologien unterscheiden (Stern-, Ring-, Bus-, Linien-, Baumtopologie).

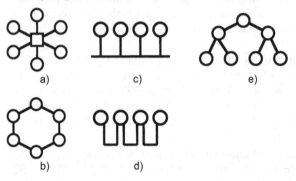

a)   c)   e)

b)   d)

Abb. 4.4. Netztopologien von Kommunikationssystemen

Die **Sterntopologie** (a) ist die älteste Netzwerkstruktur. An einer Zentralstation, welche die Masterfunktion realisiert, sind sternförmig über Punkt-zu-Punkt-Verbindungen die Teilnehmer als Slaves angeschlossen. Dies erzeugt einen hohen Verkabelungsaufwand. Die gesamte Kommunikation zwischen den Teilnehmern erfolgt über den Master. Dies führt zu einer hohen Auslastung des Masters und bei dessen Ausfall zum Ausfall des gesamten Kommunikationssystems. Bei Ausfall einer sternförmigen Punkt-zu-Punkt-Verbindung ist nur die Kommunikation von und zu diesem Teilnehmer gestört. Sternförmige Verbindungen ermöglichen sehr kurze Antwortzeiten, da jeder Teilnehmer sofort über seine Punkt-zu-Punkt-Leitung z.B. einen Alarm oder Daten an den Master übertragen kann. Allerdings muss der Master sehr leistungsfähig sein und die Alarme und Daten aller Teilnehmer innerhalb kurzer Zeit (Echtzeit) verarbeiten.

Bei der **Ringtopologie** (b) wird das Kabel als „Ring" ausgehend vom Master von einem Teilnehmer zum nächsten (Vorgänger-Teilnehmer zum Nachfolger-Teilnehmer) und wieder zurück zum Master geführt. Die Verbindungen zwischen den Teilnehmern sind Punkt-zu-Punkt-Verbindungen; entsprechend werden die Nachrichten von einem Teilnehmer zum nächsten gesandt bis ein adressierter Empfänger die Nachricht aufnimmt und verarbeitet. Von Vorteil ist der geringe Kabelaufwand. Falls eine Verbindung zwischen den Teilnehmern ausfällt, fällt das gesamte Kommunikationssystem aus. Dies kann z.B. durch einen zweiten redundanten Ring verbessert werden. Die Ringtopologie hat gegenüber der Stern-Topologie deutlich größere Antwortzeiten, da Alarme oder Datenübertragungen, die in den Teilnehmern entstehen, nicht spontan zum Master übertragen werden können. Hier muss über eine definierte Strategie, z.B. über **Polling** (s. Abschn. 4.2.3), ein Übertragungswunsch eines Teilnehmers abgefragt werden. Dadurch verlängert sich die Zeit bis der Master den Übertragungswunsch eines Teilnehmers erkannt hat und darauf reagieren kann.

Bei der **Bustopologie** (c) sind alle Teilnehmer über ein gemeinsames Übertragungsmedium (Bus) miteinander verbunden. Das bedeutet, dass eine Nachricht, die ein Teilnehmer auf den Bus sendet, von jedem am Bus angeschlossenen Teilnehmer parallel empfangen werden kann. Jeder Teilnehmer dekodiert die in der Nachricht enthaltene Teilnehmeradresse. Der Teilnehmer, der seine eigene Adresse erkannt hat, übernimmt und verarbeitet die Nachricht. Das Übertragungsmedium (Bus) ist offen, d.h. kein Ring, und es muss an den beiden Endpunkten mit geeigneten Abschlusswiderständen abgeschlossen werden. Bei längeren Bussen müssen Repeater eingesetzt werden.

Eine Variante der Bustopologie ist die **Linientopologie** (d). Hier werden zwischen den Teilnehmern Punkt-zu-Punkt Verbindungen eingesetzt.

Die **Baumtopologie** (e) ist eine Kombination der Stern- und Bustopologie. Sie ermöglicht den Aufbau von großen und verzweigten Netzwerken. Die einzelnen Teilnehmer werden ausgehend von einer Wurzel (auch Kopfstelle genannt) über Verzweigungen erreicht. Die Wurzel des Baums ist bei der Kommunikation gewöhnlich am stärksten belastet. Teilnehmer im selben Zweig können auch ohne Beteiligung der Wurzel kommunizieren.

Bezüglich Echtzeit gilt bei der Bus-, Linien- und Baumtopologie dasselbe wie bei der Ringtopologie.

Neben der physikalischen Topologie, die ausschließlich den Leitungsverlauf beschreibt, spricht man auch von einer **logischen Topologie**. Diese beschreibt den Nachrichtenverlauf von den höheren Kommunikationsschichten aus gesehen. Z.B. kann auf einem physikalischen Bus ein Token-Protokoll als „Token Ring" ablaufen, so dass nacheinander die Teilnehmer Sendeberechtigung erhalten, wie bei einem Ring. Ethernet mit Twisted Pair realisiert physikalisch eine Stern-, Linien- oder eine Baumstruktur. Hier werden zwischen den Teilnehmern Punkt-zu-Punkt-Verbindungen eingesetzt. Logisch verwirklicht Ethernet mit Twisted Pair einen Bus.

Für den Aufbau von größeren Netzwerken werden verschiedene Geräte eingesetzt. Man unterscheidet Repeater, Hub, Switch, Bridge, Router, Gateway (s. Tabelle 4.1).

Der **Repeater** ist ein Verstärker für die Bussignale mit dem Ziel, die Übertragungsstrecke zu verlängern. Er ist in der Ebene 1 im ISO/OSI-Modell angeordnet und führt keine Informationsverarbeitung am Telegramm durch.

Der **Hub**, auch als Sternverteiler bezeichnet, sendet an einem Port ankommende Daten auf allen anderen Ports weiter. Dabei können Kollisionen auftreten. Wie der Repeater verstärkt er das Signal, führt aber keine Informationsverarbeitung durch. Er kann zwischen unterschiedlichen Übertragungsmedien koppeln. Der Hub ist auf der Bitübertragungsschicht im ISO/OSI-Modell angeordnet.

Tabelle 4.1. Geräte zum Aufbau von Netzwerken

	Koaxial-Kabel, Twisted-Pair, Glasfaser	Repeater	Hub	Switch	Bridge	Router	Gateway
7: Anwendungsschicht							x
6: Darstellungsschicht							x
5: Sitzungsschicht							x
4: Transportschicht				(x)			x
3: Vermittlungsschicht				(x)		x	x
2: Sicherungsschicht				x	x	x	x
1: Bitübertragungsschicht		x	x	x	x	x	x
Übertragungsmedium	x	x	x	x	x	x	x

Ein **Switch** hat wie ein Hub Ports, auf denen Pakete ankommen und weiterge-sendet werden. Wie beim Hub findet eine Verstärkung des Signals statt. Der Switch sendet ein erhaltenes Paket aber nicht wie der Hub über alle Ports weiter. Er sendet es nur über den Port, an dem der Empfänger angeschlossen ist. Somit treten weniger Kollisionen auf. Wenn an jedem Port nur ein Gerät angeschlossen ist, können mehr als zwei Geräte paarweise miteinander kommunizieren, ohne dass eine Kollision entsteht. Wenn an jedem Port mehrere Geräte in einer Linie angeschlossen sind, können gleichzeitig auf jeder Linie je zwei Geräte miteinan-der kommunizieren, ohne dass eine Kollision entsteht (siehe auch Abb. 4.36).

Um herauszufinden, auf welchem Port ein Paket weitergesendet werden muss, liest der Switch die Zieladresse im Header des Pakets. Er bestimmt anhand einer Zuordnungstabelle von MAC-Adressen zu Portnummern auf welchem Port dieser Empfänger des Pakets angeschlossen ist. Zur Adressatenbestimmung betrachten die meisten Switches die MAC-Adresse (Schicht 2). Es gibt aber auch Switches, die IP- oder TCP-Adressen (Schicht 3 bzw. 4) dekodieren.

Switches können Datenpakete auf zwei Arten weiterleiten. Bei der **Store-and-Forward-Methode** liest ein Switch zunächst ein Paket als ganzes ein, bevor er den Adressaten bestimmt und es weitersendet. Bei der **Cut-Through-Methode** wird das Paket bereits analysiert während die einzelnen Bytes empfangen werden. Sobald die Zieladresse im Header gelesen und der entsprechende Port bestimmt wurde, wird der Byte-Strom an den zugeordneten Port gelenkt. Es wird nicht erst das gesamte Paket eingelesen. Dies führt zu einer geringeren Verzögerungszeit und verbessert die Echtzeiteigenschaften (Reaktionszeiten).

Spezielle Switches können Pakete priorisiert weiterleiten. Im VLAN-Tag eines Ethernet-Frames sind drei Bit zur Angabe einer Paketpriorität vorgesehen. Swit-ches können Pakete anhand dieser Priorisierung in unterschiedliche Warteschlan-gen (Priority queuing) einordnen. Pakete aus Warteschlangen mit höherer Priorität werden vorrangig versendet. Dies steigert weiter das Echtzeitverhalten.

Eine **Bridge** wird dazu eingesetzt zwei Subnetze gleichen Typs lastmäßig zu entkoppeln. Pakete aus einem Subnetz werden in das andere Subnetz nur weitergeleitet, wenn dort auch der Empfänger ist. Eine Multiport-Bridge kann man auch als Switch bezeichnen und entsprechend sind Bridges auch auf der Sicherungsschicht im ISO/OSI-Modell anzusiedeln.

Router arbeiten auf der Vermittlungsschicht des ISO/OSI-Modells. Sie werden eingesetzt, um unterschiedliche Netze zu koppeln und sind für die Wegewahl eines Pakets zuständig. Zum Beispiel wird anhand von Tabellen entschieden an welchen weiteren Router Pakete mit einer bestimmten IP-Adresse gesendet werden.

Gateways werden für die Kopplung unterschiedlicher Netze benutzt, wenn eine Anpassung oder Konvertierung auf allen übermittelnden Schichten des ISO/OSI-Modells notwendig ist. Sowohl unterschiedliche Medien, Übertragungsgeschwindigkeiten als auch unterschiedliche Protokolle können überbrückt werden. Zum Beispiel werden Daten gepuffert oder ein Paket eines Netzes in kleinere Pakete eines anderen Netzprotokolls zerlegt.

4.2.3   Zugriffsverfahren auf Echtzeit-Kommunikationssysteme

Die Methode des Zugriffs auf das Kommunikationsmedium beeinflusst die Echtzeitfähigkeit einer Datenübertragung eines Teilnehmers. Im Folgenden sollen die Methoden Polling (zyklisches Abfragen), CSMA/CD (Carrier Sense Multiple Access/ Collision Detection), CSMA/CA (Carrier Sense Multiple Access/ Collision Avoidance), Token-Passing (Sendemarke weitergeben) und TDMA (Time Division Multiple Access) beschrieben und bzgl. Echtzeit diskutiert werden.

Bei **Polling** wird die Buszuteilung (Buszugriff) an die Teilnehmer zentral durch eine Arbitrierungsfunktion gesteuert, die in der Regel im Master lokalisiert ist. Hierzu fragt der Master die anderen Teilnehmer zyklisch ab und teilt, nachdem er ein Gesamtbild der Buszugriffswünsche aller Teilnehmer abgefragt hat, nach einer festgelegten Strategie, z.B. nach festgelegten Prioritäten, den Bus einem Teilnehmer zu. Dann kann dieser Teilnehmer für eine begrenzte Zeit Daten übertragen. Die Pollingstrategie ist relativ einfach implementierbar. Um die Antwortzeiten für einen Teilnehmer zu verringern, kann er in einem Zyklus mehrfach abgefragt werden. Mögliche Übertragungswünsche einzelner Teilnehmer, die selten aber mit hoher Priorität auftreten und mit kurzer Antwortzeit behandelt werden müssen, müssen ständig mit kurzen Zyklen abgefragt werden. Diese „unnötigen Abfragen" senken die Übertragungskapazität und verlängern die Gesamtreaktionszeiten. Ein großer Vorteil von Polling ist, dass eine Worst-Case-Alarmerkennungszeit [das ist die Zeit bis der Master einen Alarm (Übertragungswunsch) erkannt hat] berechnet werden kann. Sie ist das Doppelte der Zykluszeit. Dabei ist die Zykluszeit proportional zur Anzahl der Teilnehmer. Aus diesen Gründen wird Polling heute sehr häufig bei Echtzeitsystemen in der Automatisierung eingesetzt. Bei Prozesssteuerungen (SPS, NC, RC, s. Kap. 9, 10, 11) wird z.B. zyklisch über Feldbusse das Prozessabbild jedes Busteilnehmers eingelesen. Mit diesen Zuständen wird das Automatisierungsprogramm abgearbeitet und entsprechend die Ausgänge berechnet. Dann werden die Ausgänge zum Steuern der Aktoren gesetzt. Dadurch ist eine maximale Reaktionszeit von zwei Zyklen gegeben.

Das Zugriffsverfahren **CSMA/CD** wird bei Ethernet eingesetzt und ermöglicht einen spontanen ereignisgesteuerten Zugriff eines Masters in einem Multimastersystem. Ein Master kann auf den Bus schreibend zugreifen (Senden), wenn der Bus frei ist, d.h. wenn kein anderer Teilnehmer sendet. Dazu hören alle Master den Bus ab. Falls zufällig zwei oder mehr sendewillige Teilnehmer gleichzeitig den Buszustand „Frei" erkennen und zu senden beginnen, stellen sie eine Kollision durch Abhören der Busleitung und Vergleich der abgehörten Bits mit den ausgesendeten Sollbits fest. Die ausgesandten Bits der eigenen Nachricht werden durch Überlagern mit den Bits der anderen sendenden Teilnehmer verfälscht. Nach festgestellter Kollision ziehen sich die Teilnehmer vom Bus zurück und versuchen nach einer individuellen Zufallszeit eine neue Übertragung. Da jeder Teilnehmer individuell den Zeitabstand bis zum erneuten Übertragungsversuch nach einer Zufallsfunktion bestimmt, ist die Wahrscheinlichkeit groß, dass die erneuten Buszugriffe zeitlich nicht zusammenfallen. Großer Vorteil des CSMA/CD-Verfahrens ist, dass Multimasterbetrieb möglich ist und Übertragungszeiten nur für die eigentliche Nachrichtenübertragung gebraucht werden. Die Overhead-Zeiten für das Feststellen des Übertragungswunsches, z.B. durch Polling und durch die Buszuteilung, entfallen, falls die Kollisionen vernachlässigbar sind. Das Antwortzeitverhalten ist nicht exakt vorhersehbar, sobald Kollisionen auftreten. Ab ca. 40 % Busbelastung nehmen die Kollisionen stark zu. Aus diesem Grund ist CSMA/CD nicht für die Netzwerke zwischen Prozesssteuerung zu Sensoren und Aktoren und zu den Regelsystemen der Antriebe geeignet.

Eine spezielle Variante von CSMA/CD stellt **CSMA/CA** dar, die zum Beispiel vom CAN-Bus verwendet wird (s. Abschn. 4.4.3). Im Gegensatz zur Kollisionserkennung werden hier Kollisionen durch eine besondere physikalische Signalübertragung vermieden. Diese auch als ‚verdrahtetes Und' (engl.: „wired and") bezeichnete Technik bewirkt dass eine von einem Teilnehmer auf dem Bus gesendete ‚1' von anderen Teilnehmern mit einer ‚0' überschrieben werden kann. Auch bei CSMA/CA überwachen die Teilnehmer beim Senden den Bus und ziehen sich vom Senden zurück, geben den Bus also frei, wenn eine von ihnen geschriebene ‚1' mit einer ‚0' überschrieben wurde. Wenn zwei Busteilnehmer gleichzeitig zu senden beginnen, wird die gesendete Nachricht des ‚überlegenen' Senders, anders als bei CSMA/CD, durch die Kollision nicht zerstört. Dadurch muss bei einer Kollision nichts wiederholt werden. Dies reduziert die Busbelastung. Weiterhin ist durch diese Technik eine implizite Priorisierung der Nachrichten gegeben. Eine Nachricht, bei der das prioritätsbestimmende „Bitfeld" mehr Nullen' in den führenden Bits hat als „die Konkurrenten", setzt sich beim Buszugriff durch. Dieses Verfahren ist vom Prinzip für Echtzeitsysteme geeignet.

Beim Verfahren **Token-Passing** ist der Buszugriff im Gegensatz zu CSMA/CD deterministisch, d.h. es ist genau definiert, wer als nächster den Bus für die Übertragung benutzen kann. Vorausgesetzt ist ein Multimastersystem. Es zirkuliert ein Token (Sendemarke, z.B. ein 16-Bit-Wort) in einem logischen Ring zwischen den Mastern. Nur derjenige Master, welcher den Token von seinem Vorgänger erhalten hat, darf den Bus, falls er einen Übertragungswunsch hat, ergreifen und für eine vorgegebene Zeit (Token-Haltezeit) senden. Falls kein Übertragungswunsch vorliegt, gibt der Master den Token sofort an den nächsten Master weiter. Wichtiger Vorteil dieses Verfahrens ist die Möglichkeit des Aufbaus von Multimaster-systemen mit Kommunikation direkt zwischen den Mastern und zwischen einem Master und zugehörigen Slaves. Das Reaktions- bzw. Antwortzeitverhalten aufgrund eines Übertragungswunsches eines Teilnehmers ist vorhersagbar.

Ein weiteres deterministisches Zugriffsverfahren ist **TDMA** [Zacher 2000]. Bei diesem Zeitmultiplexverfahren wird der Übertragungskanal jedem der Teilnehmer nacheinander für eine vorher bestimmte kurze Zeitspanne exklusiv zur Verfügung gestellt. In einem Zyklus mit der Zykluszeit T erhält ein Teilnehmer i zu genau vorherbestimmten Zeitpunkten eine sog. Zeitscheibe t_i, in der er auf den Übertragungskanal zugreifen kann. Die Zeitscheiben werden vorab statisch zugeteilt. Hierbei gibt es zwei Möglichkeiten für die Aufteilung von T. Im einfachsten Fall wird die Gesamt-Zykluszeit gleichmäßig auf alle Teilnehmer verteilt werden, bei n Teilnehmern ist also $t_i = T/n$. Bei der zweiten Möglichkeit können die Zeitscheiben für jeden Teilnehmer individuell gewählt werden, wobei natürlich weiterhin

$$\sum_{j=1}^{n} t_j \leq T \text{ gelten muss.}$$

Bei der ersten Möglichkeit wird u.U. Bandbreite verschwendet, wenn einzelne Busteilnehmer ihre Zeitscheibe nicht ausschöpfen, z.b. wenn nichts oder nur wenig zu übertragen ist. Dafür ist die Bestimmung der Startzeit t_{Start_i} der Zeitscheibe relativ zum Zyklusbeginn sehr einfach: $t_{Start\_i} = i \cdot t_i = i \cdot T/n$. Dagegen können bei der zweiten Möglichkeit die Zeitscheiben ‚bedarfsgerecht' verteilt werden. So können „einfachere Teilnehmer" eine kürzere Zeitscheibe beanspruchen, während für „komplexere Teilnehmer" eine entsprechend längere zugeteilt werden kann. Dies steigert die Effizienz der Übertragung. Allerdings hängen nun die Startzeiten t_{Start_i} der Zeitscheiben von allen vorherigen Zeitscheiben des Zyklus ab:

$$t_{Start\_i} = \sum_{j=1}^{i} t_j \text{ . Für beide Möglichkeiten gilt jedoch, dass aufgrund der stati-}$$

schen Zuteilung die Lage jeder Zeitscheibe innerhalb der Zyklen fest ist.

Charakteristisch für TDMA ist die Notwendigkeit der Synchronisierung der Teilnehmer. Jeder Teilnehmer muss wissen, wann ein neuer Zyklus beginnt. Dies wird normalerweise mit einem speziellen Telegramm, dem sog. Synchronisierungstelegramm erreicht, welches zu Beginn eines Zyklus vom Master versendet wird.

Eine spezielle Variante von TDMA ist speziell für Ringtopologien geeignet und wird in Abschn. 4.4.5 genauer erläutert. Bei dieser auch Summenrahmen-Verfahren genannten Variante wird von einem Master ein Telegramm, das Informationen für alle Slaves enthält (der Summenrahmen) schrittweise durch den Ring geschoben. Dabei entnimmt jeder Slave die für ihn bestimmte Information und legt seinerseits Informationen für den Master im Summenrahmen ab. Durch die Ringstruktur landen alle Informationen von den Slaves am Zyklusende beim Master. Auch bei dieser Variante ist die Zuteilung des für jeden Teilnehmer vorgesehenen Platzes im Summenrahmen statisch vorab festgelegt.

TDMA findet nicht nur bei Feldbussen Verwendung, sondern wird z.B. neben anderen Verfahren auch bei der funkbasierten Mobilkommunikation über GSM-

Netze (Handy) oder bei der leitungsbasierten Daten- und Sprachübertragung mit ISDN oder DSL (Telefon, Internet) eingesetzt [wikipedia-TDMA 2005].

Prinzipiell sind alle beschriebenen Verfahren bis auf CSMA/CD für Echtzeitsysteme geeignet.

4.2.4   Signalkodierung, Signaldarstellung

Für binäre Informationen, welche über die diskutierten Kommunikationssysteme übertragen werden müssen, sind verschieden Bit-Darstellungen gebräuchlich, die sich in der Übertragungsbandbreite, der Synchronisierung und im Aufwand unterscheiden (siehe Abb. 4.5).

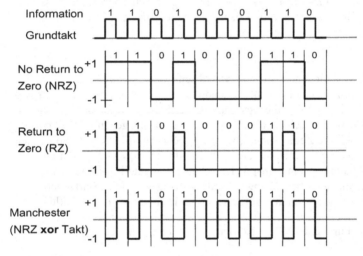

Abb. 4.5. Mögliche digitale Signalkodierungen

Bei NRZ wird die binäre 1 durch den hohen Spannungspegel, die binäre 0 durch den niedrigen Spannungspegel dargestellt. Bei RZ wird die binäre 1 durch den hohen Spannungspegel, die binäre 0 durch den niedrigen Spannungspegel während der ersten halben Bitzeit dargestellt. In der zweiten Hälfte der Bitzeit liegt immer ein niederer Spannungspegel an. Beim Manchester Code wird die binäre 1 durch Wechsel vom niederen zum höheren Spannungspegel, die binäre 0 durch umgekehrten Wechsel in der Mitte der Bitzeit dargestellt.

Aufgrund der häufigen Signalsprünge ist beim RZ- und Manchester Code gegenüber dem NRZ-Signal eine geringere Übertragungsbandbreite erzielbar. Das NRZ- und RZ-Signal benötigt zur Synchronisierung einen zusätzlichen separaten Takt, während der Manchester Code in Abb. 4.5 den Takt im Signal selbst enthält und damit den Empfänger synchronisiert. Aufgrund der nicht notwendigen Taktleitung ist er besonders für längere Übertragungsstrecken geeignet. Er ermöglicht eine einfache Bit- und Wortsynchronisierung.

4.3   Ethernet für die Kommunikation zwischen Leitebene und Steuerungsebene

Zwischen Leitrechner und den Prozesssteuerungen der Maschinen müssen Maschinenprogramme und Betriebsdaten als Filetransfers übertragen werden. Es sind relativ geringe Echtzeitanforderungen, z.B. im 100 ms-Bereich, gegeben. Hier bietet es sich an, den Ethernet-Standard einzusetzen.

Der Ethernetstandard (IEEE 802) verwendet die Bustechnologie, Linien oder Baumtopologie und das Zugriffsverfahren **CSMA/CD** (s. 4.2.2.1). Er besteht aus Protokollen, die den Zugriff auf ein von mehreren Mastern genutztes Übertragungsmedium steuern; einem Standardformat für die zu übertragenden Daten (Ethernet Frame) sowie der Spezifikation des physikalischen Mediums zum Transport der Daten zwischen den Mastern.

Hardwaremäßig besteht Ethernet aus Leitungssegmenten, deren maximale Länge technologieabhängig ist und von 25 m bis einige Kilometer betragen kann [Ermer und Meyer 2004]. Mehrere Leitungssegmente werden über **Repeater** verbunden. Bei Stern-, Linien- oder Baumstruktur mit Twisted-Pair als Übertragungsmedium, welches heute häufig verwendet wird, werden alle Teilnehmer über Punkt-zu-Punkt Verbindungen in einem Netzsegment an einen **Hub** oder **Switch** angeschlossen. Mit **Mediakonvertern** können verschiedene Übertragungsmedien (Koaxialkabel, Glasfaserkabel, Twisted-Pair) in einem Netz verbunden werden. **Router** oder **Bridges** verbinden ein lokales Netzwerk mit Netzwerken mit unterschiedlichen Protokollen auf der Ebene 3 (Router) und der Ebene 2 (Switch) im ISO/OSI-Modell[ELKO 2004]. Abb. 4.6 zeigt eine typische Struktur eines ethernetbasierten lokalen Netzes.

Beim Zugriffsverfahren CSMA/CD können Kollisionen entstehen (s. 4.2.3). Kollisionen werden von der Ethernet-Netzwerkkarte, z.B. durch eine Analyse der Amplitude und der Frequenz der abgehörten Signale, erkannt.

Wurde eine Kollision im Netz erkannt, wird sofort, um Zeit zu sparen, die Übertragung abgebrochen und die beschädigten Pakete gelöscht. Nach einer zufällig gewählten Zeitspanne beginnt die Netzwerkkarte die Übertragung wieder von vorn [Lösch 2004]. Diese Zeitspanne wird durch Aneinanderhängen fixierter Zeitintervalle (Slots) gebildet. Jedes Zeitintervall bei 10 MBit - Ethernet entspricht 51,2 µs. Ein Ethernet-Frame minimaler Länge benötigt exakt diese Zeit, um die zweifache Strecke zwischen den am weitest auseinander liegenden Stationen in einer Kollisionsdomäne zurückzulegen.

Nach N Kollisionen kann die Station die Menge der Slots zwischen 0 und 2^{N-1} wählen. Damit diese Pause begrenzt ist, ist die maximale Anzahl der Slots 1023. Dies entspricht 10 erkannten Kollisionen. Nach 16 Kollisionen meldet die Netzwerkkarte den Fehler an den Rechner und gibt die Übertragung des Ethernet-Frames auf.

Die maximale Übertragungsrate mit Ethernet beträgt z. Zt. bis 10 Gbit/sec. 100 Gbit/sec werden z. Zt. geplant. Die tatsächlich erzielbare Übertragungsrate ist deutlich unterhalb der theoretisch möglichen Übertragungsrate wegen Wartezeiten, Reflektionen usw.

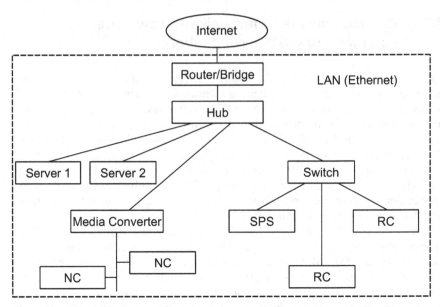

Abb. 4.6 Ethernet-basiertes lokales Netz

Für die Übertragung der Bits wird die Manchester-Kodierung verwendet, da sie den Synchronisationstakt enthält und eine einfache Bit- und Wortsynchronisierung ermöglicht (s. Abb. 4.5).

Der Ethernet-Frame besteht aus Kopfdaten (Header), Nutzdaten und Abschlussdaten (Trailer) (s. Abb. 4.7).

Header					Nutzdaten	Trailer
56 Bit Prä- ambel	8 Bit SFD	48 Bit Ziel- adresse	48 Bit Quell- adresse	16 Bit Typ	46 bis 1500 Bytes Daten	32 Bit FCS

Abb. 4.7. Ethernet-Frame (Ebene 2 im ISO/OSI Modell)

Am Anfang steht die Präambel (Preamble) - eine Folge von 7 Bytes, welche alle die gleiche Bitfolge (10101010) enthalten. Diese ständigen Eins-Null-Folgen ermöglichen dem Empfänger des Ethernet-Frames die Synchronisierung mit dem Sender. Der **Start Frame Delimiter (SFD)** kennzeichnet den Beginn des Adressfeldes und beinhaltet eine fest vorgegebene Bitfolge (10101011).

Das Zieladressfeld und das Quelladressfeld umfasst jeweils 48 Bit. Der Standard IEEE 802.3 weist jedem Netzwerkinterface (Ethernet Netzwerkkarte) eine einzige unverwechselbare 46 Bit globale Adresse (MAC) zu. Jeder Hersteller von Ethernetkarten bekommt dafür einen bestimmten Adressbereich zugewiesen. Das 47.-Bit des Adressfeldes dient zur Unterscheidung von globalen und lokalen Ethernetadressen und damit zur Unterscheidung von normaler Adressierung und einer Gruppenadresse. Die Gruppenadresse bedeutet eine Broadcast Nachricht für eine Gruppe von Teilnehmern. Beim Einsatz von TCP/IP wird die Zieladresse vom Sender aus der **IP-Adresse des Empfängers** mit Hilfe des **Address Resolution Protocol (ARP)** bestimmt.

Das Typfeld gibt die Länge des Datenfelds an. Das Datenfeld muss mindestens 46 Bytes umfassen. Bei kürzeren Nachrichten wird es mit Nullen ausgefüllt. Damit wird gewährleistet, dass der Ethernet-Frame eine Mindestlänge von 64 Byte besitzt. Dies ist für die Kollisionsdetektion notwendig. Die maximale Länge des Datenfeldes beträgt ca. 1500 Bytes. Am Ende steht die **Frame Check Sequence (FCS)** mit CRC-Prüfsumme (Trailer).

Tabelle 4.2 ordnet einige häufig verwendete Protokolle und Standards, die im Zusammenhang mit Ethernet verwendet werden, in das ISO/OSI-Modell ein.

Tabelle 4.2. Normen und Protokolle für Netze

OSI – Schicht	Norm	Protokoll
7 : Anwendung	JTM ISO 8832 FTAM ISO 8571 MHS X.400	HTTP, FTP, SNMP, RPC, SMTP, TELNET, NFS,...
6 : Präsentation	ISO 8823	ASN.1, XDR
5 : Sitzung	ISO 8327	X.225
4 : Transport	ISO 8073, ISO 8602	TCP, UDP, SPX
3 : Vermittlung	ISO 8208, ISO 8473 X.25	IP, IPX, ICMP, ARP, X.25
2 : Sicherung	IEEE802.2 (LLC) IEEE802.3 (MAC)	CSMA/CD, Token Ring, ATM, X.25...
1 : Bitübertragung	ISO 8802 IEEE802.3, IEEE802.4... X.21	Protokollnorm Medium

Die Sicherungsschicht (Data Link Layer) des ISO/OSI-Modells wird in zwei Sub-Ebenen untergliedert. Der Medium Access Control Layer (MAC) regelt den Buszugriff. Entsprechende Protokolle hierfür sind z.B. CSMA/CD, Token-Bus und Token-Ring. Für Ethernet ist CSMA/CD spezifiziert. Das LLC (Logical Link Control) definiert den Ethernet-Frame und bietet höheren Protokollen eine einheitliche Schnittstelle. Die Daten des LLC-Protokolls werden durch die in der MAC-Schicht generierten Daten gekapselt.

Ethernet definiert nur die Bitübertragungsschicht (Hardware) und die Sicherungsschicht des ISO/OSI-Schichtenmodells. Eine komplette und sichere Datenübertragung wird von höheren Protokollschichten Internet Protocol (IP) und Transmission Control Protocol (TCP) gewährleistet.

IP definiert die Vermittlungsschicht. Jede IP-Adresse ist bei der heute noch gebräuchlichen Version 4 des IP-Protokolls 4 Byte = 32 Bit lang. Sie setzt sich aus zwei Teilen zusammen: der **Netzwerk-Kennung (Network-Identifier / Net-**

work-ID) und der **Rechner-Kennung (Host-Identifier / Host-ID)**. Die Network-ID kennzeichnet ein Netz und die Host-ID kennzeichnet die Netzverbindungen eines Teilnehmers in diesem Netz.

Abb. 4.8 zeigt den prinzipiellen Aufbau eines IP-Frame:

Version/ Header Length 1 Byte	Type of Service (TOS) 1 Byte	Total Length 2 Byte	Identifier 2 Byte	Flags / Fragment Offset 2 Byte	Time to Live (TTL) 1 Byte...

...	Protocol 1 Byte	Header Checksum 2 Byte	Source IP Address 4 Byte	Destination IP Address 4 Byte	Options / Padding	Data (in Ethernet bis 1480 Byte)

Abb. 4.8. IP–Frame (Ebene 3 im ISO/OSI Modell)

Für IP-Pakete kann weder das Eintreffen an ihrem Zielpunkt noch die richtige Reihenfolge der Übertragung garantiert werden.

TCP ist ein verbindungsorientiertes Transportprotokoll, das eine gesicherte Verbindung zwischen zwei Teilnehmern (Hosts) ermöglicht. TCP erlaubt durch die Einführung der sog. **Ports** den gleichzeitigen Zugriff verschiedener Anwendungsprogramme auf denselben Rechner. Für die erste Kontaktaufnahme gibt es fest definierte **Service Contact Ports** oder **Well Known Ports**. Beim Verbindungsaufbau wird das **Three Way Handshake** Verfahren verwendet. Die Instanz, die eine Verbindung aufbauen möchte, sendet eine Anfrage. Die Partnerinstanz sendet eine Bestätigung, wenn sie zur Verbindung bereit ist. Daraufhin beantwortet die aufbauwillige Instanz diese Bestätigung mit der zweiten Bestätigung. Nachdem die Partnerinstanz diese Bestätigung erhalten hat, ist die TCP-Verbindung eingerichtet. Der Empfänger teilt dem Sender ein Empfangsfenster mit. Dieses entspricht der Größe des freien Speichers, die der Empfänger im Moment besitzt. Der Sender sendet nur so viele Daten, wie der Empfänger empfangen kann. Dann wartet er neue Empfangsbestätigungen mit neuen Empfangsfenstern ab.

Während die Daten über verschiedene Zwischenstationen ihren Weg zum Ziel finden können, sorgt TCP/IP dafür, dass diese Daten wieder richtig zusammengeführt werden. Die gesendeten Pakete werden dafür fortlaufend nummeriert. Der Empfänger kontrolliert die empfangenen Datenpakete auch anhand der Prüfsumme, sendet Bestätigungen oder fordert jedes beschädigte oder verloren gegangene Datenpaket noch einmal neu an. Sind alle Daten übertragen oder ist der Verbindungsaufbau fehlgeschlagen, sendet einer der Kommunikationspartner ein Paket mit gesetztem **FIN**-Flag. Damit wird die Verbindung beendet. Auch nach einer vorgegebenen Ruhezeit wird die Verbindung abgebaut.

Ein TCP–Frame ist wie folgt aufgebaut (s. Abb. 4.9):

Source Port 2 Byte	Destin. Port 2 Byte	Sequence Number 4 Byte	Acknowled- ge Number 4 Byte	Data Offset/ Control Flags 2 Byte ...

...	Window 2 Byte	Control (CRC) 2 Byte	Urgent Pointer 2 Byte	Options/ Padding 4 Byte	Data bis 64 kByte

Abb. 4.9. TCP–Frame (Ebene 4 im ISO/OSI Modell)

Vor dem Versand wird zusätzlich ein sog. Pseudoheader erstellt, der die Quell- und die Zieladresse an das IP Protokoll übergibt.

Weil TCP und IP praktisch immer gemeinsam benutzt werden, werden sie oft als TCP / IP Protokollfamilie bezeichnet. Sie werden verwendet für:

• Filetransfer (Übertragung von ganzen Programmen oder Dateien)
• Terminalbetrieb über das LAN
• Mail-Service (elektronische Post)

Während TCP verbindungsorientiert ist, ist das Transportprotokoll **User Datagram Protocol (UDP)** verbindungslos. UDP wird z.B. für den Betrieb der Protokolle **Network File System (NFS)** und **Simple Network Management Protocol (SNMP)** benötigt. Ein UDP-Frame hat den folgenden Aufbau (s. Abb. 4.10):

Source Port 2 Byte	Destin. Port 2 Byte	Data Length 2 Byte	CRC 2 Byte	Data

Abb. 4.10. UDP-Frame (auch: Datagramm)

UDP verwendet keine speziellen Sicherheitsvorkehrungen, z.B. keine Quittierungen bei der Datenübertragung. UDP weist gegenüber TCP bessere Echtzeiteigenschaften auf, da die Quittierungen entfallen. In lokalen Netzen kann man gewährleisten, dass keine Daten verloren gehen. Deswegen kann man auf Quittierungen verzichten und UDP teilweise für Echtzeitaufgaben einsetzen.

Der Ethernet Vernetzungsstandard wurde seit seiner Einführung ständig erweitert. Weitere Normen innerhalb der Ethernetspezifikation betreffen das 100Mbps Ethernet (100Base-Tx, 100Base-FX und 100Base-T4) und sind in der IEEE 802.3u spezifiziert. Diese Erweiterung des Ethernet ist unter dem Namen **Fast Ethernet** bekannt geworden. Neueste Entwicklungen erreichen bereits Übertragungsraten bis 10 Gbit/s und sind in 802.3z, 802.3ab (1 Gbit/s) und 802.3ae (10 Gbit/s) spezifiziert. Als Übertragungsmedium bei diesen Hochgeschwindigkeitsnetzen werden Twisted-Pair oder Glasfaserkabel verwendet.

4.4   Feldbusse für die Kommunikation zwischen Steuerungs- und Prozessebene

Die Kommunikation zwischen den Prozesssteuerungen und den Geräten der Prozess- oder Feldebene bzw. mit Sensoren und Aktoren zum Steuern der Prozesse, erfolgt heute über Feldbusse (s. Abb. 4.1).

In Abschn. 4.4 sollen einzelne für die Automatisierungstechnik wichtige Feldbusse dargestellt und bzgl. ihres Echtzeitverhaltens diskutiert werden. Bei Feldbussen sind in der Regel im ISO/OSI-Modell der Kommunikation die Schichten 1 und 2 mit den elementaren Datentelegrammen spezifiziert. Die Schichten 3, 4, 5 und 6 sind normalerweise nicht besetzt. Ein Anwenderprotokoll in der Ebene 7 realisiert die Übertragungsfunktionen für eine Domäne, z.B. Leittechnik, SPS, RC, NC, usw. Dem Anwender werden die entsprechenden Übertragungsfunktionen über ein API (application programming interface) zur Verfügung gestellt. Wichtige Feldbusse, die im Folgenden behandelt werden sollen, sind PROFIBUS, CAN-Bus, INTERBUS, ASI-Bus, Industrial Ethernet und der Sicherheitsbus Safety-BUS p. Weiter werden die auf Ethernet-Technologien basierenden Netzwerke für die Feldebene EHTERNET-Powerlink, EtherCAT, PROFInet und SERCOS III vorgestellt.

4.4.1   Allgemeines

4.4.1.1   Einsatzgebiet

Auf der untersten Ebene muss die Prozesssteuerung mit Feldgeräten bzw. mit Sensoren und Aktoren kommunizieren. Aktoren sind z.B. Magnetventile, Zylinder, Motoren, Anzeigen, Schalter. Sensoren sind z.B. Endschalter, Taster, Lichtschranken, kapazitive, induktive, optische und taktile Sensoren.

Teilweise werden über Feldbusse auch komplexere Automatisierungseinrichtungen, z.B. eine Bewegungs-, Roboter- oder Werkzeugmaschinensteuerung angesteuert. Zeitrichtig wird ein abzufahrendes Programm über eine Programmnummer vorgegeben und gestartet. Je nach Anlage und Prozess müssen viele (bis zu mehrere Tausende), örtlich weit (bis zu einigen Kilometern) verteilte Sensoren und Aktoren mit der Prozesssteuerung verbunden werden, z.B. bei Kraftwerken oder großen Fabrikautomatisierungsanlagen.

Dieser Verkabelungsaufwand bedeutet hohe Kosten durch die Leitungen, die Montage, die Wartung und verringert auch die Sicherheit und Zuverlässigkeit, da mit mehr Komponenten die Fehlerwahrscheinlichkeit durch physikalische Defekte wie Kabelbruch oder Verpolung steigt.

Ebenfalls sinkt die Sicherheit und Zuverlässigkeit, wenn Analogsignale über längere Leitungen übertragen werden, da die Analogübertragung grundsätzlich weniger robust z.B. gegenüber elektromagnetischen Störungen ist.

Aufgrund dieser Nachteile werden in der Automatisierungstechnik selbst für die Verbindung einfachster Geräte spezialisierte digitale serielle Feldbussysteme eingesetzt. Diese reduzieren die genannten Nachteile. Sie verringern den Verkabelungsaufwand, reduzieren Kosten und erhöhen die Sicherheit sowie die Zuverlässigkeit.

4.4.1.2 Anforderungen

Eine wichtige Anforderung an Feldbusse ist die Echtzeitfähigkeit oder auch Rechtzeitigkeit der Kommunikation, also die garantierte Nachrichtenübermittlung zu festen Zeitpunkten mit geringer Schwankung oder innerhalb einer bestimmten, fest vorgegebenen Zeitspanne. Die hierbei einzuhaltenden Zeitbedingungen werden von dem zu steuernden technischen Prozess diktiert. Oft sind Zeiten von wenigen ms bis zu µs gefordert. Bei dezentral organisierten Antriebsreglern ist besonders wichtig, dass in jedem verteilt angeordneten Antrieb mit höchster zyklischer Zeitkonstanz der Sollwert berechnet, der Istwert erfasst und der Regelalgorithmus durchlaufen wird. Zykluszeiten von bis zu 50 µs und ein Jitter kleiner 1 µs sind gefordert.

Weitere Anforderungen ergeben sich aus der Anzahl und Art der zu verbindenden Geräte und deren Umfeld. Da die Geräte in ‚rauen' Industrieumgebungen eingesetzt werden, ergeben sich insbesondere für die Realisierung der ISO/OSI Schicht 1 (Bitübertragungsschicht - Physical Layer) des Feldbusses hohe Anforderungen an die elektromechanische und elektromagnetische Robustheit von Kabeln, Steckern und Signalcodierung. Dies umfasst starke mechanische Belastungen, z.B. durch Vibrationen, extreme klimatische Bedingungen wie Hitze, Kälte, Feuchtigkeit oder UV-Bestrahlung, aber auch starke elektromagnetische Felder wie sie z.B. beim Schweißen oder in der Nähe großer Motoren entstehen.

Die Anzahl, die Art und der Umfang der zu übertragenden Informationen bestimmen die Größe der auf dem Bus zu versendenden Datenpakete. Da im Extremfall nur einzelne Bits an Nutzdaten, z.B. von einem Schalter oder zu einer Lampe (Binäre I/O), übertragen werden müssen, sind die Datenpakete meist nur wenige Bytes lang. Seltener müssen größere Datenmengen übertragen werden, z.B. um Konfigurationsdaten während einer Initialisierungs- oder Installationsphase auf ein Gerät zu laden, oder um protokollierte Daten von einem Gerät auszulesen. Ein weiteres charakteristisches Merkmal von Feldbussen ist die zyklische Übertragung, die etwa 75% der Kommunikation ausmacht, während lediglich 25% der Nachrichten ereignisgesteuert übertragen werden. Diese Merkmale bestimmen die Realisierung der ISO/OSI Schicht 2 (Sicherungsschicht - Data Link Layer). Bei den meisten Feldbussen werden in dieser Schicht geeignete Verfahren zur Übertragungssicherung durch Maßnahmen zur Fehlererkennung oder Fehlerkorrektur, sowie zur automatischen Wiederholung und Quittierung von Nachrichten für stark gestörte Umgebungen realisiert.

Eine weitere wichtige Anforderung an Feldbusse ist die sog. Interoperabilität von Geräten. Damit bezeichnet man die einfache Austauschbarkeit von Geräten unterschiedlicher Hersteller ohne größeren Installations- und Integrationsaufwand. Dies gilt sowohl für die Hard- als auch für die Software. Um Interoperabilität zu gewährleisten, müssen Feldbusgeräte einer verbindlichen Übereinkunft entsprechen. Für die Hardware-Seite ist das durch die Spezifikation der Steckverbindungen, der elektrischen Parameter wie z.B. der max. Stromaufnahme und der Codierung der Übertragung usw. definiert. Auch für die Software müssen Standards existieren, welche die Software-Schnittstelle verschiedener Geräte vereinheitlichen. Ein Beispiel hierfür sind standardisierte Befehle und Parameter welche für alle Geräte unterschiedlicher Hersteller einer bestimmten Geräteklasse, z.B. Lesen und Schreiben von digitalen E/A, analogen E/A usw., gleich sind. Dann kann der Anwender mit diesen Standardbefehlen sein Automatisierungsprogramm unabhängig von den verwendeten einzelnen Geräteherstellern formalisieren, da jeder Busteilnehmer der Geräteklasse diese Befehle „versteht". Einen solchen standardisierten Satz von Befehlen (Codes) für eine bestimmte Geräteklasse (z.B. digitale E/A) bezeichnet man als Geräteprofil. Jeder standardisierte Feldbus hat mehrere solche Geräteprofile festgelegt (digitale E/A, analoge E/A, Wegmesssysteme, Antriebe usw.).

Kommerziell erhältliche Feldbussysteme unterscheiden sich in der Art, wie die oben genannten Anforderungen erfüllt werden. Bei der Auswahl eines geeigneten Feldbussystems für eine konkrete Anwendung spielen Fakten wie die max. Anzahl von Busgeräten, die Übertragungsgeschwindigkeit, die min. Zykluszeit und die max. Buslänge und insbesondere die Verfügbarkeit von geeigneten Feldgeräten für das Anwendungsgebiet, eine entscheidende Rolle.

4.4.2   PROFIBUS

Der PROFIBUS ist ein genormter Feldbus für die Vernetzung von Prozesssteuerungen untereinander und zu einer Leitsteuerung und für die Vernetzung zwischen Prozesssteuerung mit Sensoren und Aktoren. Die Bezeichnung PROFIBUS steht dabei für PROcess FIeld BUS. Dieses Feldbussystem entstand aus einem 1987 gegründeten, in Deutschland von der öffentlichen Hand geförderten Verbundprojekt von Firmen und Instituten. Seit 1995 besteht eine länderübergreifende Dachorganisation (PROFIBUS International) mit weit über 1000 Mitgliedern, die sich um die Weiterentwicklung und Normierung der zugrunde liegenden Technologien kümmert

Es lassen sich mehrere PROFIBUS-Varianten unterscheiden. PROFIBUS-FMS (Fieldbus Message Specification), PROFIBUS-DP (Dezentrale Peripherie) und PROFIBUS-PA (Prozessautomatisierung). Der PROFIBUS verwendet die Bus-Topologie. Die verschiedenen PROFIBUS-Varianten unterscheiden sich in der Schnittstelle die sie ‚nach oben', also zum Anwender/PROFIBUS-Benutzer anbieten, und auch in der Art der physikalischen Datenübertragung. Die FMS und DP Varianten realisieren die ISO/OSI Schicht 1 gleich und benutzen hierfür die NRZ Übertragung mit RS-485 oder mit LWL, während PA die Manchester-Kodierung einsetzt. Dadurch können FMS und DP Geräte prinzipiell im Mischbetrieb am gleichen Bus verwendet werden. Dies muss allerdings schon bei der Projektierung des jeweiligen Bussystems berücksichtigt werden. FMS und DP unterscheiden sich auf der ISO/OSI Schicht 2 in der Definition der Telegramme. Um einen

Mischbetrieb zu ermöglichen sind diese zwar unterscheidbar, sie enthalten aber unterschiedliche Protokollinformationen. Da PROFIBUS-DP inzwischen wesentlich weiter verbreitet ist als PROFIBUS-PA (ca. 90% DP gegenüber 10% für FMS und PA) soll hier nur auf die DP Variante eingegangen werden (Stand: 2002 [Popp 2002]).

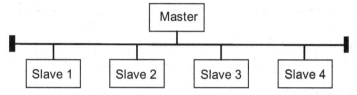

Abb. 4.11. Single-Master PROFIBUS-Netzwerk

Mit PROFIBUS lassen sich sowohl Single- als auch Multimastersysteme realisieren (s. Abb. 4.11 und Abb. 4.12). Master sind z.b. Prozesssteuerungen bzw. Zell- oder Leitsteuerungen. Slaves sind z.b. digitale Ein-/Ausgabemodule oder Frequenzumrichter usw.

Im **Multi-Master** Betrieb wird ein hybrides Buszugriffsverfahren verwendet. Zu jedem beliebigen Zeitpunkt hat nur ein Master die Kontrolle über den Bus. Allerdings kann diese Kontrolle für eine gewisse Zeit an andere Master abgegeben werden. Der Buszugriff der Master wird durch ein Token-Passing-Verfahren geregelt (s. Abb. 4.12), während die Slaves im Master-Slave Verfahren vom jeweils sendeberechtigten Master befehligt und abgefragt werden. Um Alarme bzw. Daten von den Slaves zum zugehörigen Master zu übertragen, fragt der Master diese zyklisch ab. Damit kann z.b. eine SPS (Master 1) nach Tokenerhalt die Zustände aller digitalen Eingänge über den Bus einlesen. Danach gibt sie den Bus wieder frei, indem sie den Token an den nächsten Master weitergibt. Während andere Master Telegramme über den Bus austauschen, berechnet die SPS gemäß ihrem Automatisierungsprogramm neue Ausgaben für die Stellglieder. Nach dem erneuten Tokenerhalt schreibt die SPS diese Ausgaben über den Bus an die Stellglieder. Eine Visualisierungsfunktion lässt sich weiter realisieren, indem z.b. Master 3 nach einem Tokenerhalt die Daten der zu visualisierenden Slaves einliest und entsprechend darstellt.

Im **Single-Master** Betrieb steuert ein Master (z.B. SPS, NC, RC) das gesamte Netzwerk. Der weitaus häufigste Anwendungsfall ist der zyklische Datenaustausch nach dem sog. DP-V0 Protokoll. Der Master versendet an alle Slaves je ein Telegramm, welches z.B. den auszuführenden Befehl sowie die zu setzenden Ausgangswerte beinhaltet. Es handelt sich dabei um ein Telegram vom Typ 2 oder 3 aus Abb. 4.13.

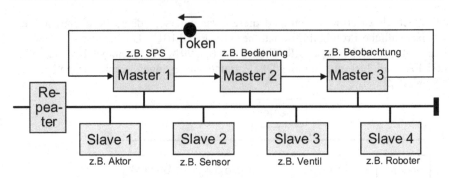

Abb. 4.12. Multi-Master PROFIBUS-Netzwerk

Für die Quell- und Zieladressen des Telegrammkopfes (QA und ZA) sind Werte von 0 bis 126 möglich. Die Adresse 127 ist für Multi- bzw. Broadcasting reserviert. Ist das höchstwertige Bit einer Adresse gesetzt, so wird eine sog. Adresserweiterung vorgenommen. Dabei enthalten die Nutzdaten ein weiteres Adressierungsbyte das zur genaueren Identifikation des sog. Dienstzugriffspunktes (Service Access Point - SAP) herangezogen wird. Durch diesen Mechanismus können unterschiedliche logische Dienste eines Gerätes einfacher angesprochen werden. Je nachdem ob die Quelladresse QA oder die Zieladresse ZA erweitert wird spricht man dabei von einem SSAP (Source Service Access Point) oder einem DSAP (Destination Service Access Point). Einige wenige SAP sind für bestimmte Standarddienste global reserviert, wie z.B. zum Ändern der Stationsadresse während der Konfigurationsphase, oder zum standardisierten Schreiben oder Auslesen von Eingängen, Ausgängen oder Diagnoseinformationen. Jeder Slave besitzt darüber hinaus für den ‚normalen' gerätespezifischen Nutzdatenverkehr einen sog. ‚Default' SAP. Dieser wird automatisch verwendet, wenn die Adresse nicht erweitert wurde.

Der Befehl und die Befehlsparameter wie z.B. zu setzende Ausgangswerte stehen im Datenfeld. Jeder angesprochene Slave sendet bei Verwendung des quittierten SRD Dienstes (**Send** and **Request** **Data** with acknowledge) sofort nach Erhalt des Befehlstelegramms ein Antworttelegramm an den Master zurück. Ein einfacher Slave, z.B. ein reines Ausgabegerät, sendet dabei lediglich ein einzelnes Byte als Quittung zurück (Kurzquittung). Komplexere Geräte quittieren dagegen mit einem Antworttelegramm bei dem neben QA und ZA auch die angesprochenen SSAP und DSAP, sofern vorhanden, vertauscht sind. Das Datenfeld des Antworttelegramms enthält die angeforderten Daten, z.B. die Werte von binären Eingängen.

Neben der quittierten SRD Übertragung gibt es bei PROFIBUS-DP noch die sog. SDN Übertragung (**Send** **Data** with **No** Acknowledge). Diese erfolgt unquittiert. Der oder die Empfänger reagieren also nicht unmittelbar mit einem Antworttelegramm. Die hierbei übertragenen Telegramme unterscheiden sich lediglich in den verwendeten SAPs von den bei SRD übertragenen.

Typ 1:

SB	ZA	QA	FC	PB	EB
8 Bit	8 Bit	8 Bit	8 Bit	8 Bit	8 Bit

Typ 2:

SB	Lä	LäW	SB	ZA	QA	FC	Dat ...	PB	EB
8 Bit	8 Bit	8 Bit	8 Bit	8 Bit	8 Bit	8 Bit	0-1952Bit	8 Bit	8 Bit

Typ 3:

SB	ZA	QA	FC	Dat0 ... Dat7	PB	EB
8 Bit	8 Bit	8 Bit	8 Bit	64 Bit	8 Bit	8 Bit

Typ 4:

SB	ZA	QA
8 Bit	8 Bit	8 Bit

Abk.	Bedeutung
SB	Startbyte
Lä	Länge der Nutzdaten
LäW	Wiederholung der Länge
ZA	Zieladresse
QA	Quelladresse
FC	Funktionscode
Dat	Nutzdatenbytes (bis zu 244 bei Typ 2, 8 bei Typ 3)
PB	Prüfbyte
EB	Endbyte

Abb. 4.13. Telegrammtypen bei PROFIBUS

PROFIBUS-DP-Telegramme können maximal 244 Nutzdatenbytes bei einer Gesamttelegrammlänge von maximal 256 Bytes übertragen. Es werden unterschiedliche Telegrammtypen eingesetzt (s. Abb. 4.13), die anhand des Startbytes SB unterschieden werden. Typ 1 Telegramme werden vom Master verwendet um neue Busteilnehmer, z.B. nach einem Reset, zu suchen. Typ 2 und Typ 3 Telegramme dienen für die ‚normale' Datenübertragung von Soll- und Istwerten. Typ 2 hat eine variable, Typ 3 eine feste Anzahl an Datenbytes. Telegramme vom Typ 4 werden für das Token-Passing zwischen Mastern eingesetzt.

In Tabelle 4.3 sind die wichtigsten Eigenschaften des PROFIBUS zusammengefasst.

Die maximale Buslänge pro Segment ist abhängig von der gewählten Übertragungsrate und umgekehrt. Bei steigender Übertragungsrate sinkt die maximale Buslänge. Bei 93 kbit/sec kann der Bus lediglich noch 1 km lang sein und bei den vollen 12 Mbit/sec sogar nur noch 100 m.

Weiterhin ergibt sich die Anzahl der an einen Bus anschließbaren Stationen aus der Zahl der zur Verfügung stehenden Stationsadressen. Diese liegt durch die Verwendung einer 7-Bit Zahl bei $2^7=128$, wobei allerdings noch 2 Adressen reserviert sind und nicht verwendet werden dürfen. Für ein einzelnes Bussegment (Länge des Busses ohne Repeater) können dennoch lediglich 32 Stationen angeschlossen werden, da die Bustreiberbausteine von PROFIBUS-Geräten in ihren Ausgängen lediglich für 32 zu treibende Eingänge ausgelegt sind (siehe RS-485).

Tabelle 4.3. Eigenschaften des PROFIBUS

Topologie	Linie mit Stichleitungen, abgeschlossen an beiden Enden
Buslänge	max. 1,2 km ohne Repeater, max. 10 km mit Repeater
Übertragungsmedium	zweiadrig, verdrillt, abgeschirmt, seltener: LWL
Anzahl Nutzdatenbytes pro Telegramm	0–244
Anzahl E/A-Stationen	max. 32 ohne Repeater, max. 126 mit Repeater
Bitkodierung	NRZ-Kodierung bei FMS und DP MBP (Manchester Bus Powered) bei PA
Übertragungsrate	9,6 kbit/sec bis 12 Mbit/sec
Übertragungssicherheit	CRC-Check (mit Hamming-Distanz 4)
Buszugriffsverfahren	Polling + Token-Passing zwischen Mastern
Busverwaltung	Multimaster, Monomaster

4.4.3   CAN-Bus

Ursprünglich wurde der CAN-Bus von der Firma Robert Bosch speziell für den Einsatz im Kraftfahrzeug konzipiert, um dort Steuergeräte, Sensoren und Aktoren miteinander zu vernetzen (s. z.B. [Bosch 1991]). Die Abkürzung CAN steht dabei für Controller Area Network. Aufgrund der hohen Stückzahlen in der Automobilindustrie sind CAN-Komponenten sehr preisgünstig. Daher wird der CAN-Bus mittlerweile auch in anderen Bereichen der Automatisierung erfolgreich eingesetzt.

Beim CAN-Bus werden prinzipiell gleichberechtigte Teilnehmer über einen seriellen Bus miteinander verbunden (s. Abb. 4.14). Alle Stationen hängen am gleichen Kommunikationskanal und konkurrieren um den Buszugriff (Shared Medium). Zur ‚gerechten‘ Regelung dieses Zugriffs folgt die Kommunikation einem prioritätsbasierten vorgeschriebenen Protokoll. Dieses CAN-(Basis)-Protokoll ermöglicht eine Vielzahl von Kommunikationsbeziehungen zwischen den Teilnehmern. Da bei CAN jede Station prinzipiell mit jeder anderen kommunizieren kann, sind neben Master-Slave Beziehungen auch Peer-to-Peer, Publisher-Subscriber oder Client-Server Kommunikationsbeziehungen realisierbar.

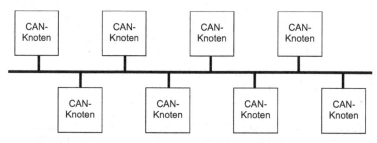

Abb. 4.14. Topologie bei CAN (Linien- bzw. Bustopologie)

Das CAN-Protokoll in der Version 2.0 gemäß der internationalen Norm ISO 11898 definiert lediglich die unteren beiden Schichten eins und zwei des ISO/OSI Referenzmodell. Ein Protokoll für die höheren Schichten, insbesondere die Anwendungsschicht wird nicht vorgeschrieben.

Die Telegramme (Frames) enthalten neben den eigentlichen Nutzdaten als wichtigstes Element einen sog. Identifier. Dieser Identifier spielt eine zentrale Rolle beim Datenaustausch über den CAN-Bus, da er sowohl die Priorität des Telegramms als auch die Interpretation der enthaltenen Nutzdaten festlegt.

Es gibt grundsätzlich zwei Varianten des CAN Protokolls, die sich nicht, oder nur bedingt, gleichzeitig in einem CAN-Netzwerk verwenden lassen. Die Version CAN-2.0a verwendet einen Identifier mit 11 Bit Länge, während CAN-2.0b einen Identifier mit 29 Bit verwendet. Durch den längeren Identifier entsteht bei CAN-2.0b ein größerer Overhead pro CAN-Frame, der die Netto-Übertragungsrate verschlechtert. Dafür stehen aber auch mehr Bits im Identifier zur Verfügung, die eine genauere Identifizierung des Telegramms erlauben und so evtl. zusätzliche Datenbytes überflüssig machen. Das CAN-Basisprotokoll definiert die folgenden vier verschiedenen Telegrammtypen:

- **Data Frame**:   Datenübertragung
- **Remote Frame**:   Sendeaufforderung an anderen Teilnehmer
- **Error Frame**:   Meldung von Fehlern an andere Teilnehmer
- **Overload Frame**:   Signalisieren der aktuellen Nicht-Bereitschaft

Die für die Datenübertragung bedeutsamen Daten- bzw. Remotetelegramme sind bei CAN-2.0a wie folgt aus einzelnen Bits bzw. Bitfeldern aufgebaut:

Startbit (1 Bit)	Identifier (11 Bits)	RTR-Bit (1 Bit)	Kontrollfeld (6 Bits)	Datenfeld (0..8 Bytes) ...

...	CRC-Sequenz (15 Bits)	CRC-Ende (1 Bit)	ACK-BIT (1 Bit)	ACK-Ende (1 Bit)	Endefeld (7 Bits)	Trennfeld (3 Bits)

Abb. 4.15. Aufbau eines CAN-2.0a Data Frame bzw. Remote Frame

Der Aufbau der Daten- bzw. Remotetelegramme bei CAN-2.0b unterscheidet sich durch ein zusätzliches Identifierfeld mit weiteren 18 Bit für den Identifier und dem SRR-Bit sowie dem IDE-Bit.

Startbit (1 Bit)	Identifier (11 Bits)	SRR-Bit (1 Bit)	IDE-Bit (1 Bit)	Identifier (18 Bits)	RTR-Bit (1 Bit)	Kontrollfeld (6 Bits)	Datenfeld (0..8 Bytes) ...

...	CRC-Sequenz (15 Bits)	CRC-Ende (1 Bit)	ACK-BIT (1 Bit)	ACK-Ende (1 Bit)	Endefeld (7 Bits)	Trennfeld (3 Bits)

Abb. 4.16. Aufbau eines CAN-2.0b Data Frame bzw. Remote Frame

Die Synchronisation bei der Übertragung von Frames erfolgt durch das Startbit sowie das CRC-Ende- und das ACK-Ende-Bit. Für die zusätzliche Synchronisation auf Bit-Ebene werden, wenn mehr als 5 gleiche Bit aufeinander folgen, sog. Stuff-Bits (Wechsel des Bit-Zustands) eingefügt, um so den Empfang langer 0 oder 1 Folgen ohne zusätzliche Taktleitung zu ermöglichen.

Bei der physikalischen Übertragung der Bits verwendet CAN den „Non Return to Zero (NRZ)"-Code (siehe Abb. 4.5) mit einer sog. dominanten 0 (niedrige Spannung) und einer rezessiven 1 (hohe Spannung). Das bedeutet, wenn ein Busteilnehmer eine rezessive 1 auf den Bus legt, so kann diese von jedem anderen Busteilnehmer mit einer dominanten 0 überschrieben werden (s. Abb. 4.17).

Die Arbitrierung, also die Regelung des Buszugriffs, wird über das Identifierfeld und das RTR-Bit durchgeführt und nutzt die beschriebenen Eigenschaften der rezessiven/dominanten Übertragung aus. Dazu empfängt jeder Teilnehmer, auch während er selbst sendet, die Daten auf dem Bus. Erkennt ein Teilnehmer beim Senden, dass sich das empfangene Bit von dem von ihm gesendeten unterscheidet, so zieht er sich vom Senden zurück, da das andere Telegramm die höhere Priorität hat. Da die 0 über die 1 dominiert, haben Nachrichten mit kleinerem Identifier eine höhere Priorität (s. Abb. 4.18). Nach dem Senden des RTR-Bits ist der Arbitrierungsprozess abgeschlossen und das Telegramm mit der höchsten Priorität wird übertragen. Die Priorität wird also mit dem Telegramm selbst bestimmt und hängt nicht vom Teilnehmer ab. Durch die Verwendung rezessiver und dominanter Pegel wird somit eine zerstörungsfreie Kollisionserkennung bzw. Kollisionsvermeidung ermöglicht (CSMA/CA) (s. Abschn. 4.2.3).

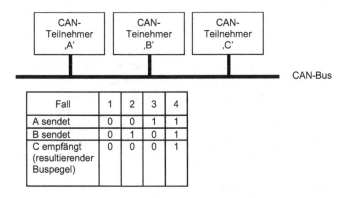

Fall	1	2	3	4
A sendet	0	0	1	1
B sendet	0	1	0	1
C empfängt (resultierender Buspegel)	0	0	0	1

Abb. 4.17. Dominante 0 und rezessive 1 bei der CAN Übertragung

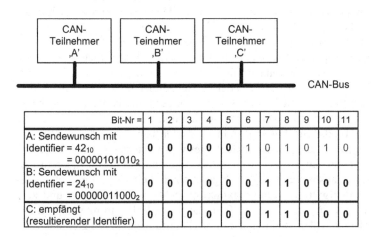

Bit-Nr =	1	2	3	4	5	6	7	8	9	10	11
A: Sendewunsch mit Identifier = 42_{10} = 00000101010_2	0	0	0	0	0	1	0	1	0	1	0
B: Sendewunsch mit Identifier = 24_{10} = 00000011000_2	0	0	0	0	0	0	1	1	0	0	0
C: empfängt (resultierender Identifier)	0	0	0	0	0	0	1	1	0	0	0

Bemerkung: Zum Zeitpunkt t=6 erkennt A die höhere Priorität von B und zieht sich vom Senden zurück, danach sendet **nur** noch B.

Abb. 4.18. Arbitrierung bei CAN

Ein gesetztes RTR-Bit (Remote-Transmission-Request) unterscheidet ein sog. Remote-Telegramm (Sendeaufforderung) von einem Daten-Telegramm. Mit einem Remote-Telegramm können gezielt Daten von einem Teilnehmer angefordert werden.

Im Kontrollfeld ist die Anzahl der zu übertragenden Bytes codiert, sowie ein weiteres Bit für Erweiterungen vorgesehen. Die eigentlichen Nutzdaten folgen dann in den Bytes 0 bis 8 des Datenfeldes. Die CRC-Sequenz (Cyclic Redundancy Check) ermöglicht eine sehr sichere Erkennung von Übertragungsfehlern. Mit einer Hamming-Distanz von 6 können bis zu 5 zufällige Bitfehler erkannt werden.

Das ACK-Bit (Acknowledge) wird vom Sender rezessiv übertragen. Alle Empfänger die den Frame bisher ohne Fehler empfangen haben, übertragen dagegen das ACK-Bit dominant mit Null und bestätigen damit den korrekten Empfang.

Dadurch kann der Sender feststellen, ob irgendein anderer Teilnehmer den gesendeten Frame korrekt empfangen hat. Dadurch existiert bereits auf ISO/OSI Schicht 2 ein einfacher Quittierungsmechanismus. Das Ende-Feld kennzeichnet schließlich das Übertragungsende des Frames. Bevor ein neuer Frame übertragen werden kann muss ein Trennfeld mit (min.) 3 Bit Länge übertragen werden.

Es existieren von mehreren Herstellern Chips, die das CAN-Protokoll bis zur Schicht 2 in Hardware implementiert haben. Darunter sind sog. „stand alone CAN-Controller", welche die Verbindung zwischen einem Mikrocontroller und dem CAN-Bus herstellen. Es gibt aber auch vollständige Mikrocontroller, sog. Ein-Chip-Lösungen, die bereits einen oder sogar mehrere CAN-Controller onboard haben.

Die grundlegenden Eigenschaften von CAN sind in Tabelle 4.4 zusammengefasst. Die maximal erreichbare Buslänge hängt wie schon beim PROFIBUS von der verwendeten Übertragungsgeschwindigkeit ab. Allerdings sind die Einschränkungen beim CAN-Bus noch drastischer, so dass bei der maximalen Übertragungsgeschwindigkeit von 1 Mbit/sec lediglich noch Buslängen von 25 m erreicht werden. Dies resultiert direkt aus der Art der verwendeten bitweisen Arbitrierung.

In der Arbitrierungsphase muss ein Teilnehmer innerhalb der Übertragungszeit für ein einzelnes Bit erkennen können, ob das von ihm übertragene rezessive Bit durch ein dominantes Bit von einem anderen Teilnehmer überschrieben wurde. Das heißt, die Übertragungszeit für ein Bit muss länger sein als die Zeitdauer für die zweimalige Signalausbreitung auf dem Bus (hin und zurück).

Dies bedeutet, dass der Bus kürzer sein muss als der halbe Weg, den das Signal in der Übertragungszeit für 1 Bit zurücklegt. Bei v=1 Mbit/sec ergibt sich die Übertragungszeit für ein Bit zu $T_{Bit}=1/v=10^{-6}$ sec. Bereits für ideale theoretische Bedingungen (Signalausbreitung mit Lichtgeschwindigkeit $c \approx 3 \cdot 10^8$ m/sec, keine Sicherheitsfaktoren) ergibt sich eine maximal erreichbare Distanz (hin und zurück) von $s = c \cdot t = 3 \cdot 10^8$ m/sec $\cdot 10^{-6}$ sec $= 300$ m. Dies würde 150 m maximale Buslänge bedeuten. Unter realen Bedingungen mit Dämpfungen, Störungen und vernünftigen Sicherheitsfaktoren ergeben sich so die angegebenen 25 m.

Die Übertragungssicherheit bei CAN ist sehr hoch, es können bis zu 5 willkürliche Bitfehler erkannt werden. Dadurch kann das Bussystem auch in stark elektromagnetisch gestörten Umgebungen eingesetzt werden, zum Beispiel im Motorraum von Kraftfahrzeugen. Studien gehen z.B. davon aus dass es selbst unter widrigsten Umständen (hohe Übertragungsrate, hohe Busauslastung) im Mittel nur alle 25 Jahre (bei Dauerbetrieb) zu unentdeckten Übertragungsfehlern kommt [ESD 1999]. Diese hohe Sicherheit erkauft man sich allerdings mit einem relativ großen Overhead (15 CRC Bit im Datentelegramm, bei maximal 64 Nutzdatenbits).

Tabelle 4.4. Eigenschaften des CAN-Bus (CAN-Basisprotokoll)

Topologie	Linie mit Stichleitungen, abgeschlossen an beiden Enden
Buslänge	5 km bei 10 kbit/sec 25 m bei 1 Mbit/sec
Übertragungsmedium	zweiadrig, verdrillt, abgeschirmt, seltener: LWL
Anzahl Nutzdatenbytes pro Telegramm	0–8
Anzahl E/A-Stationen	Nur beschränkt durch die Treiberbausteine der CAN-Transceiver, nicht durch das Protokoll. Üblich: 30, mehr mit Repeatern/Spezialtreibern
Bitkodierung	NRZ-Kodierung mit dominanter 0 und rezessiver 1
Übertragungsrate	10 kbit/sec bis 1 Mbit/sec
Übertragungssicherheit	CRC-Check (mit Hamming-Distanz 6)
Buszugriffsverfahren	Polling- oder ereignisgesteuerter Betrieb möglich (CSMA/CA: bitweise, nicht zerstörende Arbitrierung)
Busverwaltung	Multimaster: Alle Teilnehmer sind gleichberechtigt, prioritätsgesteuert über Identifier

4.4.4 CAN-Bus - höhere Protokolle

Das CAN-Basisprotokoll spezifiziert lediglich, wie kleine Datenpakete mit bis zu 8 Byte Nutzinformation von einem CAN-Teilnehmer über das gemeinsame Kommunikationsmedium versendet werden können. Dienste der höheren ISO/OSI Schichten, wie z.B. Datenflusskontrolle, Übertragung größerer Datenpakete, Vergabe von Teilnehmeradressen oder der Aufbau von Kommunikationskanälen, werden jedoch nicht festgelegt.

Insbesondere die Verwendung der für die Priorisierung eines CAN-Telegramms verwendeten Identifier wird in den unteren beiden CAN-Protokoll-Schichten nicht festgelegt. Prinzipiell kann also jeder Busteilnehmer beliebige Identifier verwenden. Das hat sowohl Vor- als auch Nachteile: Die Priorität eines Telegramms ist dadurch z.B. nicht implizit von dem Teilnehmer abhängig, der es sendet oder empfängt. Dies erhöht die Flexibilität. Somit kann jeder Teilnehmer ein Telegramm entsprechend der tatsächlichen, funktions- oder anwendungsbezogenen Dringlichkeit der enthaltenen Daten verschicken. Weiter kann jeder Teilnehmer, und nicht nur ein besonderer ‚Master‘, wichtige Telegramme mit geringer Latenz (Verzögerung) verbreiten. Eine ereignisbasierte Kommunikation wird so stark erleichtert. Andererseits erfordert diese Freiheit aber auch eine gewisse Koordination unter den CAN-Teilnehmern, da aufgrund des in Abschn. 4.4.3 beschriebenen Arbitrierungsprozesses beim CAN-Bus zwei Telegramme mit gleicher Priorität nicht gleichzeitig auf den Bus gelangen dürfen.

Um die Kommunikation zwischen den Komponenten in einem System zu organisieren wird ein sog. ‚höheres' Protokoll (HLP - Higher Layer Protocol) benötigt. Es werden für den auf der Feldebene eingesetzten CAN-Bus nicht alle Dienste benötigt, die in dem allgemeinen ISO/OSI Modell definiert sind. Aus Effizienzgründen verwendet man bei einem Feldbus in der Regel ein einziges HLP, welches genau die für einen Feldbus spezifischen Dienste der Schichten 3 bis 7 bereitstellt.

Ein solches HLP für CAN realisiert dann die folgenden Dienste/Schichten des ISO/OSI Referenzmodells:

- Schicht 3, Vermittlungsschicht: Bereitstellung von Punkt-zu-Punkt und Rundsendekanälen, Festlegung einer eindeutigen Adressierung, Festlegung / Verteilung der Telegramm-Identifier auf die verschiedenen Teilnehmer im Netzwerk
- Schicht 4, Transportschicht: Auf- und Abbau von Netzverbindungen, Zerlegung von Nutzdaten in kleinere Übertragungseinheiten
- Schicht 5, Sitzungsschicht: Synchronisation der Kommunikation zwischen den Kommunikationspartnern
- Schicht 6, Darstellungsschicht: Festlegung von standardisierten aber generischen, d.h. für verschiedene Zwecke einsetzbaren, Datenformaten; Konvertierung von Datenstrukturen und Zahlendarstellungen in ein netzwerkweit einheitliches Format
- Schicht 7, Anwendungsschicht: Bereitstellung von anwendungsspezifischen Diensten zur Steuerung der angeschlossenen Teilnehmer, Erzeugen von Statusreports, Bekanntgabe von Fehlern, Methoden zur Fehlerbehandlung

Es existieren mehrere auf CAN basierende höhere Protokolle. Wichtige Vertreter sind DeviceNet, CANKingdom, SAE-J1939 oder CANopen. Diese verschiedenen HLP unterscheiden sich z.T. erheblich in ihren Eigenschaften. Aufgrund unterschiedlicher zugrunde liegender ‚Kommunikations-Philosophien' kann das eine oder das andere HLP besser für einen konkreten Anwendungsfall geeignet sein.

Aufgrund seiner weiten Verbreitung soll auf CANopen etwas detaillierter eingegangen werden. CANopen ist ein HLP für CAN welches im Rahmen eines Esprit-Projektes der EU begonnen wurde und mittlerweile in der internationalen Anwender- und Herstellervereinigung „CAN in Automation" (CiA) fortgeführt wird ([CiA-CANopen 1999], [Zeltwanger 1997]. Ein Ziel dieses HLP ist es Busteilnehmer von verschiedenen Herstellern einfacher austauschen zu können. Dafür muss der Zugriff auf teilnehmerspezifische Parameter sowie auf die zu übertragenden Prozessdaten standardisiert werden.

CANopen setzt auf dem CAN Basisprotokoll in der Version 2.0a auf, verwendet also einen Identifier mit 11 Bit. Es verwendet ein sog. Gerätemodell, dessen zentrale Komponente das sog. Objektverzeichnis bildet, s. Abb. 4.19. Hier werden sowohl die für die Kommunikation als auch die für die Anwendung relevanten Daten gespeichert. Der Zugriff auf einzelne Objekte im Objektverzeichnis erfolgt numerisch über einen 16-Bit-Index und einen 8-Bit-Subindex. Zum CAN-Bus erfolgt die Verbindung über die Kommunikationsschnittstelle, die das CAN-Protokoll implementiert. Zum Prozess erfolgt die Verbindung über die Prozessschnittstelle und das teilnehmerspezifische Anwendungsprogramm (s. [CiA-CANopen 1999]).

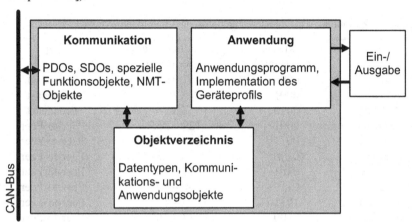

Abb. 4.19. Schematische Darstellung des CANopen Gerätemodells

CANopen hat einen objektorientierten Ansatz, d.h. die zur Verfügung gestellte Funktionalität ist in Form von Objekten beschrieben. Alle Objekte sind im CANopen-Objektverzeichnis eingetragen. Prinzipiell wird zwischen Prozessdatenobjekten (PDO), Servicedatenobjekten (SDO) und einigen Sonderobjekten unterschieden, z.B. Netzwerkmanagement- (NMT), Layermanagement- (LMT) oder Synchronisations (SYNC)-Objekte.

Die Prozessdatenobjekte (PDO) werden für die Übertragung von Prozessdaten in Echtzeit benutzt und erfordern kein Antworttelegramm (unbestätigter Dienst). In einem PDO sind alle 8 Datenbytes eines CAN Telegramms für prozess- bzw. anwendungsspezifische Daten verfügbar.

Servicedatenobjekte (SDO) verwendet man dagegen für den schreibenden oder lesenden Zugriff auf das Objektverzeichnis; es wird ein Antworttelegramm zurückgesendet (bestätigter Dienst). Mit den SDO-Objekten lassen sich Geräte konfigurieren und parametrieren. Dabei stehen nicht alle 8 Datenbytes eines CAN Telegramms für Nutzdaten zur Verfügung, da einige Datenbytes auch für die Identifizierung des anzusprechenden Objektverzeichniseintrages genutzt werden. Mit SDOs können beliebig lange Nachrichten (verteilt auf mehrere Telegramme) übermittelt werden.

In einem einfachen Anwendungsbeispiel für SDOs/PDOs könnte ein Teilnehmer mit einem Analog/Digital-Wandler-Eingang während der Konfigurationsphase durch SDOs so konfiguriert werden dass er alle x Millisekunden selbständig ein PDO mit den aktuellen Eingangsdaten verschickt.

Die Zuordnung von Objekten zu CAN-Identifiern und umgekehrt erfolgt mit Hilfe einer im Teilnehmer kodierten Teilnehmernummer und der in der CANopen-Spezifikation festgelegten Aufteilung. Dabei werden die 7 nieder-wertigen Bits des CAN Identifiers durch die Teilnehmernummer und die 4 höher-wertigen Bits durch einen sog. Funktionscode bestimmt, s. Tabelle 4.5. Die Tabelle zeigt in der Spalte ‚Typ' außerdem noch, ob ein Objekt für alle Teilnehmer gedacht ist (Broadcast) oder nur für speziell dafür konfigurierte (Peer-to-Peer).

Tabelle 4.5. Zuordnung von Objekten, Funktionscodes und Identifiern bei CANopen

Objekt	Funktions-Code (binär)	Resultierender Identifier (dezimal)	Typ
NMT	0000	0	Broadcast
SYNC	0001	128	Broadcast
TIME-STAMP	0010	256	Broadcast
EMERGENCY	0001	129 – 255	Peer-to-Peer
PDO1 (tx)	0011	385 – 511	Peer-to-Peer
PDO1 (rx)	0100	513 – 639	Peer-to-Peer
PDO2 (tx)	0101	641 – 767	Peer-to-Peer
PDO2 (rx)	0110	769 – 895	Peer-to-Peer
SDO (tx)	1011	1409 – 1535	Peer-to-Peer
SDO (rx)	1100	1537 – 1663	Peer-to-Peer
Nodeguard	1110	1793 – 1919	Peer-to-Peer

Die Tabelle zeigt den sog. ‚predefined connection set' von CANopen, also die Standardzuordnung mit 2 PDOs und einem SDO pro Teilnehmer. Diese kann allerdings bei der sog. dynamischen Zuordnung von Identifiern in der Konfigurationsphase modifiziert werden. Für komplexere Busteilnehmer sind zusätzliche PDOs notwendig. Diese können dann auf bisher ungenutzte Identifier gelegt werden. Weiterhin sind für jede Kommunikationsrichtung jeweils unterschiedliche SDOs bzw. PDOs definiert: für das Senden (tx, transmit) und das Empfangen (rx, receive).

Die in den PDOs zu übertragenden Anwendungsdaten sind in CANopen zunächst nicht festgelegt, um Anwendern und Geräteherstellern eine möglichst große Flexibilität zu lassen. Um jedoch einen standardisierten (gleichen) Zugriff auf unterschiedliche Geräte auch von verschiedenen Herstellern zu ermöglichen hat die internationale Nutzervereinigung CAN in Automation (CiA) für CANopen unter Anderem folgende Geräteprofile definiert:

- CANopen-Geräteprofil für Ein-/Ausgabe-Module (CiA DSP-401)
- CANopen-Geräteprofil für Antriebe (CiA DSP-402)
- CANopen-Geräteprofil für Encoder (CiA DSP-406)
- CANopen-Geräteprofil für Mensch-Maschine-Schnittstellen (CiA WD-403),
- CANopen-Geräteprofil für Messwertaufnehmer und Regler (CiA WD-404)
- CANopen-Geräteprofil für IEC-1131-kompatible Steuerungen (CiA WD-405).

Im ‚Normalfall' wird ein Hersteller von CANopen Geräten eines dieser standardisierten Geräteprofile verwenden. Allerdings kann er auch ein eigenes, herstellerspezifisches Geräteprofil erstellen und benutzen. Auch wenn er ein CiA-Geräteprofil verwendet, hat er die Freiheit, zusätzliche nicht in diesem Geräteprofil definierte Funktionen in genau dafür vorgesehene hersteller-spezifische Bereiche des Objektverzeichnisses einzutragen.

Solche Geräteprofile ermöglichen es also einem Anwendungsprogrammierer auf die verschiedenen über den Bus verteilten Geräte (Bus-Teilnehmer) in gleicher Art und Weise zuzugreifen. Dabei können die einzelnen Geräte (z.b. digitale Ein-/Ausgabe-Module) auch von unterschiedlichen Herstellern stammen, solange diese dem gleichen Geräteprofil genügen. Ein gleichartiger Zugriff bedeutet hier, dass sowohl zum Parametrieren, als auch zum eigentlichen Auslesen oder Schreiben gleichartige CANopen Objekte (SDOs bzw. PDOs), also letztendlich CAN-Telegramme, verwendet werden können. Die Objekte bzw. Telegramme unterscheiden sich lediglich in der Adresse des jeweils angesprochenen Gerätes.

Ein einfaches Beispiel soll dies verdeutlichen. Ein CANopen Bussystem bestehe aus 3 Teilnehmern (s. auch Abb. 4.20):

- Ein PC mit CAN-Schnittstelle der den Gesamtprozess steuert und das Anwendungsprogramm enthält. Die CANopen Gerätenummer sei **1**.
- Ein CAN-Teilnehmer mit 8 digitalen Ausgängen nach dem o.g. CANopen Geräteprofil für Ein-/Ausgabe-Module (CiA DSP-401) von Hersteller A. Die CANopen Gerätenummer sei **2**.
- Ein CAN-Teilnehmer mit 8 digitalen Ausgängen nach dem o.g. CANopen Geräteprofil für Ein-/Ausgabe-Module (CiA DSP-401) von Hersteller B. Die CANopen Gerätenummer sei **3**.

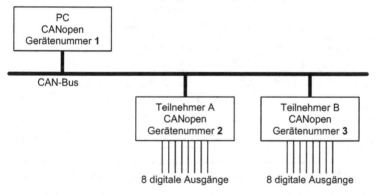

Abb. 4.20. Schematischer Aufbau eines einfachen CANopen Bussystems als Beispiel für den Einsatz von CANopen Geräteprofilen

In der Konfigurationsphase könnte der PC die beiden weiteren Busteilnehmer 2 und 3 noch speziell konfigurieren (z.B. die PDO-Zuordnung ändern o.ä.). Das ist jedoch nicht notwendig, da bereits die Standardeinstellungen, das ‚default mapping', den Zugriff auf die Ausgänge über das PDO1 (rx) ermöglichen. Daher beendet der PC nach dem Einschalten die Konfigurationsphase indem er jedem Teilnehmer ein NMT (Network Management) Objekt mit dem NMT-Code für „Start" (0x01) schickt, so dass der Teilnehmer in die ‚normale' Arbeitsphase übergeht (sog. ‚operational' Zustand). Der Funktionscode für NMT ist 0000_2 nach Tabelle

4.5. Die im Identifier codierte Gerätenummer wird für NMT Objekte nicht verwendet. Zunächst wird also Teilnehmer 2 „gestartet" (s. Abb. 4.21) und danach entsprechend Teilnehmer 3 (s. Abb. 4.22) Die beiden Telegramme unterscheiden sich nur in der im 2. Datenbyte übertragenen Gerätenummer. Die Abb. 4.21 bis Abb. 4.24 stellen das CAN-Telegramm verkürzt mit Identifier, Kontroll- und Datenfeld dar.

CAN-Bezeichnung	Identifier			Kontroll-feld	...
CANopen Bedeutung	Funktions-Code	Gerätenummer (bei NMT nicht verwendet)		Daten-länge	...
Feldlänge	(4 Bit)	(7 Bit)		(4 Bit)	...
Wert	0 0 0 0	0 0 0	0 0 0 0	0x2	...

...	Datenbytes						
...	NMT-Code	Geräte-nummer	-	-	-	-	-
...	(1 Byte)	(1 Byte)	-	-	-	-	-
...	0x01	0x02	-	-	-	-	-

Abb. 4.21. NMT Objekt PC → Teilnehmer 2 (Starten)

CAN-Bezeichnung	Identifier			Kontroll-feld	...
CANopen Bedeutung	Funktions-Code	Gerätenummer (bei NMT nicht verwendet)		Daten-länge	...
Feldlänge	(4 Bit)	(7 Bit)		(4 Bit)	...
Wert	0 0 0 0	0 0 0	0 0 0 0	0x2	...

...	Datenbytes						
...	NMT-Code	Geräte-nummer	-	-	-	-	-
...	(1 Byte)	(1 Byte)	-	-	-	-	-
...	0x01	0x03	-	-	-	-	-

Abb. 4.22. NMT Objekt PC → Teilnehmer 3 (Starten)

Nachdem nun die beiden CANopen Geräte betriebsbereit sind, können die digitalen Ausgänge mit PDOs beschrieben werden. Um z.B. die Ausgänge 0–7 von Teilnehmer 2 alle auf ‚ein' zu setzen, wird ein PDO entsprechend Abb. 4.23 verwendet. Der Funktionscode ist 0100_2, also das PDO1 (rx) aus Tabelle 4.5. Die Bezeichnung rx/tx (Empfänger/Sender) bezieht sich auf den mit dem PDO angesprochenen Busteilnehmer und nicht auf den das PDO aussendenden Teilnehmer. Der Teilnehmer 2 empfängt (rx) einen Sollwert (0xff) für seine digitalen Ausgänge.

CAN-Bezeichnung	Identifier		Kontroll-feld	...
CANopen Bedeutung	Funktions-Code	Gerätenummer	Daten-länge	...
Feldlänge	(4 Bit)	(7 Bit)	(4 Bit)	...
Wert	0 1 0 0	0 0 0 0 0 1 0	0x1	...

...	Datenbytes						
... 8 digitale Ausgänge	-	-	-	-	-	-	-
... (1 Byte)	-	-	-	-	-	-	-
... 0xff	-	-	-	-	-	-	-

Abb. 4.23. PDO PC → Teilnehmer 2 zum Setzen aller 8 Ausgänge auf ‚ein'

Um nun noch bei Teilnehmer 3 die Ausgänge 0–3 auf ‚aus' und 4–7 auf ‚ein' zu setzen, wird ein PDO entsprechend Abb. 4.24 verwendet. Der Funktionscode ist der gleiche wie oben, es ändern sich lediglich die Gerätenummer im Identifier und natürlich der Wert für die zu schreibenden Ausgänge im 1. Datenbyte (0xf0).

CAN-Bezeichnung	Identifier		Kontroll-feld	...
CANopen Bedeutung	Funktions-Code	Gerätenummer	Daten-länge	...
Feldlänge	(4 Bit)	(7 Bit)	(4 Bit)	...
Wert	0 1 0 0	0 0 0 0 0 1 1	0x1	...

...	Datenbytes						
... 8 digitale Ausgänge	-	-	-	-	-	-	-
... (1 Byte)	-	-	-	-	-	-	-
... 0xf0	-	-	-	-	-	-	-

Abb. 4.24. PDO PC → Teilnehmer 3 zum Setzen der Ausgänge

Die Verwendung von CANopen und CANopen Geräteprofilen erleichtert also den Zugriff auf gleichartige Geräte verschiedener Hersteller erheblich, da die Inhalte von zu erzeugenden CANopen Objekten im Geräteprofil festgelegt sind und damit nicht mehr von dem jeweiligen tatsächlich verwendeten Geräteexemplar abhängig sind. Damit kann ein Teilnehmer „A" oder „B" ausgetauscht werden, ohne dass das Programm im PC geändert werden muss.

4.4.5   INTERBUS

Der INTERBUS wurde von der Firma Phönix Contact bereits 1983 speziell zum Erfassen und Ausgeben von binären Daten für den Sensor-Aktor-Bereich entwickelt. Er ist inzwischen international genormt und seine Weiterentwicklung wird seit 1992 von dem internationalen ‚INTERBUS Club' vorangetrieben [INTERBUS Club 2001].

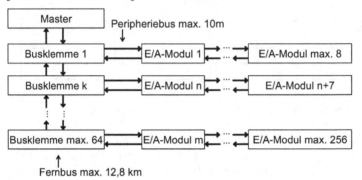

Abb. 4.25. Architektur eines INTERBUS-Netzwerkes

Der INTERBUS ist optimiert auf die Übertragung zyklisch anfallender Prozessdaten. Es wird ein Master verwendet, der das gesamte Bussystem verwaltet. Für die Übertragung der Daten wird eine Ringtopologie in Verbindung mit einem Summenrahmentelegramm eingesetzt (siehe 4.2.3). Dabei entnimmt jeder Teilnehmer die Ausgabedaten an der entsprechenden Stelle und fügt seine Eingabedaten in das Summenrahmentelegramm ein. In Abb. 4.25 ist der Datenstrom eines Zyklus ersichtlich: Die Daten fließen vom Master über Punkt-zu-Punkt-Verbindungen zur Busklemme 1, zum E/A-Modul 1 bis zum E/A-Modul 8 und von dort wieder zurück bis zur Busklemme 1. Von der Busklemme 1 geht der Datenstrom zur nächsten Busklemme und von dort in den entsprechenden Peripheriebus und wieder zurück zur Busklemme. Zum Schluss wird der Datenstrom von der letzten Busklemme über alle Busklemmen hinweg zum Master zurückgeführt.

Der INTERBUS-Ring verwendet vier Leitungen (zwei Sende-, zwei Empfangsleitungen) gemäß RS-485, die normalerweise in einem gemeinsamen Kabel verlegt werden. Dies ermöglicht es, die Ring-Topologie nach außen auch als Baumstruktur auffassen zu können, s. Abb. 4.26. Der Busmaster (in der Regel eine SPS, RC oder NC) steuert die gesamte Kommunikation über den Summenrahmen. Ein INTERBUS-Netzwerk lässt sich mit einem Fernbus mit maximal 12,8 km Länge und bis zu 64 Peripheriebussen mit je 8 Ein-/Ausgabemodulen (Slaves) aufbauen.

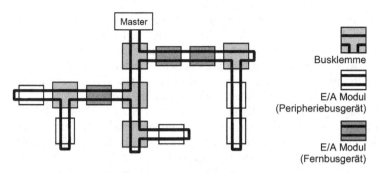

Abb. 4.26. Realisierung einer Baumstruktur mit Hilfe der bei INTERBUS verwendeten Ringstruktur

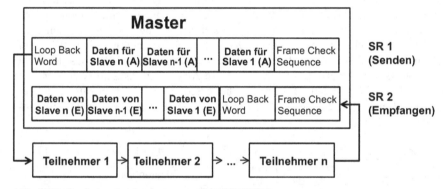

Abb. 4.27. Summenrahmentelegramm des INTERBUS

Abb. 4.27 zeigt den Zyklus der Datenübertragung bei INTERBUS. Im INTERBUS-VLSI-Schaltkreis des Masters wird das Summenrahmentelegramm mit Hilfe eines ersten Schieberegisters SR1 erzeugt. Ein zweites Schieberegister SR2 empfängt das durch alle Teilnehmer transportierte und modifizierte Summenrahmentelegramm. Zunächst schreibt der Master den Datensatz einer Ausgabe in das Schieberegister SR1 (Senden). Der Datensatz besteht aus Synchronisationsdaten und den binären Ausgabedaten für alle Slaves. Beim Senden werden diese Daten im Ring (s. Abb. 4.27) vom Master durch alle E-/A-Module (Teilnehmer) beginnend mit dem E-/A-Modul 1 bis zum E-/A-Modul N und zurück zum Master geführt. Dabei entnimmt jeder Teilnehmer aus dem Summenrahmentelegramm die für ihn bestimmten Ausgabedaten und schreibt an diese Stelle seine Eingabedaten in das Summenrahmentelegramm zurück. Damit stehen am Ende des Zyklus im Empfangsregister des Masters die entsprechenden aktuellen Daten der Eingänge der einzelnen E-/A-Module.

Durch die Verwendung von Punkt-zu-Punkt Verbindungen zwischen den Teilnehmern kann jeder Teilnehmer prinzipiell gleichzeitig senden und empfangen (sog. volle duplex Kommunikation). Die Anzahl der Nutzdatenbits kann zudem für jeden Teilnehmer individuell zwischen 4 und 64 Bit festgelegt werden. Weiterhin macht die implizite Adressierung über die Reihenfolge der Teilnehmer im Ring zusätzlichen Kommunikations-Overhead zur Adressierung einzelner Teilnehmer überflüssig. Diese verschiedenen Maßnahmen machen die Datenübertragung beim INTERBUS sehr effizient. Größter Vorteil ist jedoch, dass die Datenübertragung deterministisch erfolgt, es kann also immer genau vorausberechnet werden, wann welche Daten an bzw. von jedem E-/A-Modul vorliegen.

Die Bit-Übertragung erfolgt auf der untersten Ebene (ISO/OSI Schicht 1) mit Telegrammen nach Abb. 4.28. Hier werden die zu übermittelnden Nutzdaten aus der darüber liegenden Ebene in 8 Bit großen Elementen übertragen. Zusätzlich werden 5 Kopf-Bits übermittelt, die wie z.B. mit dem Flag-Bit die Unterscheidung zwischen Daten- und Status-Telegrammen (letztere sind hier nicht gezeigt) ermöglichen. Der Aufbau der für INTERBUS charakteristischen Summenrahmentelegramme der ISO/OSI Schicht 2 ist in Abb. 4.29 dargestellt. Dabei steht LBW für Loop-Back-Word, eine spezielle Bit-Kombination, welche als eindeutige Markierung dient. Dieses LBW ,zieht' die Ausgabedaten für die einzelnen Geräte ,hinter sich her' (vom Master) und ,schiebt' gleichzeitig die Eingabedaten von den Teilnehmern ,vor sich her' (zum Master). Jeder Teilnehmer schreibt das LBW hinter seinen Ausgabedaten in das Telegramm. Damit wandert das LBW aus der Sicht des Masters vom Kopf des Telegramms beim Aussenden bis zum vorletzten Datenwort beim Empfangen. Die Frame-Check-Sequence (FCS) enthält als letztes Datenwort eine CRC-Sequenz zur Überprüfung der Korrektheit des Telegramms [Langmann 2002].

Bit-Nr.	1	2	3	4	5	6	7	8	9	10	11	12	13
Name	Start Bit	Select Bit	Control Bit	Flag Bit	8 Datenbits								Stop Bit

Abb. 4.28. Datentelegramm der ISO/OSI Schicht 1 bei INTERBUS

Summenrahmentelegramm beim Absenden im Master:

Name	LBW	Daten für Gerät n	Daten für Gerät n-1	...	Daten für Gerät 1	FCS
Länge	16 Bit	4-64 Bit	4-64 Bit	...	4-64 Bit	32 Bit

Summenrahmentelegramm beim Empfangen im Master (nach Durchlaufen des Rings):

Name	Daten von Gerät n	Daten von Gerät n-1	...	Daten von Gerät 1	LBW	FCS
Länge	4-64 Bit	4-64 Bit	...	4-64 Bit	16 Bit	32 Bit

Abb. 4.29. Summenrahmentelegramme der ISO/OSI Schicht 2 bei INTERBUS

Tabelle 4.6. Eigenschaften des INTERBUS

Topologie	aktiver Ring
Buslänge	max. 12,8 km (Fernbus)
	max. 10 m (Peripheriebus)
Übertragungsmedium	paarweise verdrillt, abgeschirmt;
	Lichtwellenleiter
Anzahl Nutzdaten	4–64 Bit individuell für jeden Teilnehmer
Anzahl E/A-Stationen	max. 256 mit insgesamt max. 4096 E/As
Protokoll	Summenrahmen Telegramm
Bitkodierung	NRZ-Kodierung
Übertragungsrate	500 kBit/sec
Übertragungssicherheit	CRC-Check (mit Hamming-Distanz 4), Loopback Word
Buszugriffsverfahren	Festes Zeitraster
Busverwaltung	Monomaster

In der Tabelle 4.6 sind die Eigenschaften des INTERBUS zusammengefasst.

4.4.6 ASI-Bus

Der ASI-Bus wurde speziell für binäre Sensoren und Aktoren mit wenig Teilnehmern und geringem Ankoppelaufwand entwickelt. Im Gegensatz zum PROFIBUS, CAN-Bus und INTERBUS soll er Slaves mit einigen wenigen binären Sensoren bis zu einem einzigen binären Sensor oder Aktor wirtschaftlich ankoppeln können. Er ist als reines Monomastersystem konzipiert.

Die Abkürzung ASI steht für Actuator-Sensor Interface. 1990 wurde von einem Konsortium aus über 10 Firmen mit der Entwicklung von ASI begonnen. Seit 1991 wird die Weiterentwicklung von der AS-International Association Nutzervereinigung vorangetrieben, in der sich mittlerweile weltweit über 150 Hersteller und Nutzer engagieren (Stand: 2001 [ASI 2001]).

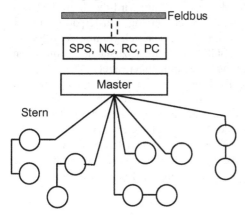

Abb. 4.30. Architektur eines ASI-Bus-Netzwerkes

Abb. 4.30 zeigt die Architektur eines ASI-Bus-Netzwerkes. Eine stern-, bus- oder baumförmige Verdrahtung vom Master zu den einzelnen Slaves ist möglich; dabei werden ungeschirmte Zweidrahtleitungen für Daten und Energie eingesetzt. Die Busverwaltung erfolgt zentral im Master. Der Master ist üblicherweise eine SPS, RC, NC oder ein PC.

Für die Kabelverbindungen wird ein spezielles verpolsicheres Kabel verwendet, in das die eigentlichen Feldgeräte, die sog. Anwendungsmodule ohne aufwändige Steckverbindungen einfach ‚eingeklipst' werden können. Der elektrische Kontakt wird dabei mit der Durchdringungstechnik (‚anpieksen/piercing') realisiert. Da auf dem ASI Kabel sowohl Daten als auch Energie übertragen werden, benötigen die meisten Anwendungsmodule i.Allg. nicht einmal eine zusätzliche Stromversorgung. Die Anwendungsmodule selbst sind auch sehr einfach realisiert, meist nicht einmal mit einem programmierbaren Mikrocontroller, sondern mit einem einfachen integrierten Schaltkreis.

Mastertelegramm:

Start-bit (1 Bit)	Steuer-bit (1 Bit)	Slaveadresse (5 Bit)					Befehl an Slave (5 Bit)					Parität (1 Bit)	Ende-Bit (1 Bit)

Slavetelegramm:

Start-bit (1 Bit)	Antwort an Master (4 Bit)			Parität (1 Bit)	Ende-Bit (1 Bit)

Abb. 4.31. Basistelegramme von Master und Slave beim ASI-Bus

Der Master sendet zyklisch an jeden Slave ein so genanntes Mastertelegramm (s. Abb. 4.31), das neben Synchronisier- und Steuerbits eine Fünf-Bit-Slaveadresse enthält, welche den Slave identifiziert. Als Datenteil werden fünf Bits übertragen, welche vier binäre Sollwerte für vier Aktoren darstellen (digitale Ausgänge). Das fünfte Bit wird nur für die Konfiguration verwendet, z.B. um die Slave-Adresse zu ändern. Das gesamte Mastertelegramm wird durch ein Paritätsbit abgesichert. Jeder adressierte Slave sendet nach der sog. Masterpause (min. 3 bis max. 10 Bit-Zeiten) als Antwort auf das Mastertelegramm sein Slavetelegramm (s. Abb. 4.31) zurück. Es enthält vier binäre Istzustände (Istbits) von digitalen Eingängen. Es wird keine Slaveadresse zurückübertragen.

Nach der sog. Slavepause (genau 1 Bit-Zeit) fährt der Master im Zyklus fort und spricht den nächsten Slave an. Je nach Anzahl der Slaves am Bus ergibt sich so eine feste, garantierte Zykluszeit nach der ein neues Prozessabbild im Master vorliegt. Bei 6 angeschlossenen Slaves beträgt die Zykluszeit z.B. 1 ms, im Maximalausbau mit 31 Slaves 5 ms. Dies entspricht im Maximalausbau einer Aktualisierungsfrequenz von lediglich 200 Hz. Dies ist für viele Anwendungen aber durchaus ausreichend. In Tabelle 4.7 sind die wichtigsten Eigenschaften des ASI-Bus zusammengefasst.

Tabelle 4.7. Zusammengefasste Eigenschaften des ASI-Bus (nach Spezifikation < V2.1)

Topologie	Linie, Baum, Stern
Buslänge	max. 100m (300m mit Repeater)
Übertragungsmedium	ungeschirmte 2-Drahtleitung für Daten und Energie
Anzahl Nutzdaten	5 Bit (Master → Slave)
pro Telegramm	4 Bit (Slave → Master)
Anzahl Stationen	max. 31
Anzahl Eingänge pro Station	max. 4 (=> insgesamt max. 124)
Anzahl Ausgänge pro Station	max. 4 (=> insgesamt max. 124)
Bitkodierung	Modifizierte Manchester-Codierung: Alternierende Puls Modulation (APM)
Übertragungsrate	150 kBit/sec
Übertragungssicherheit	Identifikation und Wiederholung gestörter Telegramme
Buszugriffsverfahren	Polling
Busverwaltung	Monomaster

Wie sich im industriellen Einsatz gezeigt hat, unterliegt der ASI-Bus einigen starken Einschränkungen. Beispielsweise kann nur eine relativ geringe Anzahl von Slaves (max. 31) angesprochen werden, die darüber hinaus auch nur maximal 4 Ein- und 4 Ausgänge besitzen können. Weiterhin können keine digitalen Werte (mit mehr als 4 Bit) übertragen werden. Dies verhindert bzw. erschwert den Anschluss einfachster D/A oder A/D Wandler.

Dies führte zu einer Erweiterung der ASI Spezifikation, um die genannten Einschränkungen zu umgehen. Diese AS-i V2.1 genannte Variante des ASI-Bus behält die oben beschriebenen Basistelegramme bei, interpretiert aber einzelne Bits der Nachricht auf andere Art und Weise. Dadurch wird z.B. eine Verdopplung der Anzahl möglicher Slaves auf 62 erreicht. Weiterhin können, verteilt auf mehrere Einzeltelegramme, nun auch 16 Bit lange digitale Werte übertragen werden. Da der Basismechanismus und die Übertragungsgeschwindigkeit aber beibehalten wurden, erhöht sich u.U. bei einer Verdopplung der Anzahl der Slaves die Zykluszeit auf das Doppelte. Die Aktualisierung der digitalen 16 Bit Werte erfolgt sogar nur mit der 7-fachen Zykluszeit. Weiterhin können auch nur noch 3 binäre digitale Ausgänge pro Slave betrieben werden, da ein Datenbit für die erweiterte Adressierung verwendet wird. In Tabelle 4.8 sind die wichtigsten Eigenschaften dieses erweiterten ASI-Bus zusammengefasst [ASI 2000].

Tabelle 4.8. Zusammengefasste Eigenschaften des erweiterten ASI-Bus nach AS-i V2.1

Topologie	Linie, Baum, Stern
Buslänge	max. 100m (300m mit Repeater)
Übertragungsmedium	ungeschirmte 2-Drahtleitung für Daten und Energie
Anzahl Nutzdaten	5 Bit (Master → Slave)
pro Telegramm	4 Bit (Slave → Master)
Anzahl Stationen	max. 62
Anzahl Eingänge pro Station	max. 4 (=> insgesamt max. 248)
Anzahl Ausgänge pro Station	max. 3 (=> insgesamt max. 186)
Bitkodierung	Modifizierte Manchester-Codierung: Alternierende Puls Modulation (APM)
Übertragungsrate	150 kBit/sec
Übertragungssicherheit	Identifikation und Wiederholung gestörter Telegramme
Buszugriffsverfahren	Polling
Busverwaltung	Monomaster

4.4.7   Sicherheitsbus

Sicherheit soll im Folgenden im Sinne von Betriebssicherheit und Gefahrlosigkeit verstanden werden. Mit Sicherheit wird der Schutz von Menschen und Maschinen/Objekten vor unabsichtlicher Verletzung bzw. Beschädigung bezeichnet. Im Englischen wird dies durch „Safety" ausgedrückt. Im Gegensatz dazu wird unter dem englischen „Security" die Sicherheit vor beabsichtigter Manipulation verstanden (z.B. durch Angriffe von böswilligen Hackern oder durch Befall mit Computerviren), die hier nicht behandelt werden soll.

4.4.7.1   Motivation

Da die von Feldbussen angesteuerten Systeme, wie beispielsweise flexible Fertigungssysteme, Hochdruckpressen oder Roboteranlagen, für Menschen eine Verletzungsgefahr darstellen, muss die Sicherheit von solchen Systemen gewährleistet werden. Hierfür werden normalerweise zusätzliche, das heißt für den eigentlichen Arbeitsprozess nicht notwendige, Maßnahmen ergriffen. Diese sog. sicherheitsgerichteten Maßnahmen werden normalerweise mit Hilfe von Sicherheitsschaltern (z.B. Not-Aus), Zugriffs- oder Zugangsüberwachungen (z.B. Lichtgitter oder Tritt-Schalter, Tritt-Matten) und einer zusätzlichen Sicherheitssteuerung realisiert. Diese Maßnahmen dienen dazu, eine potentiell gefährliche Situation zu erkennen um dann entsprechend darauf zu reagieren.

In einem einfachen Beispiel wird in Abb. 4.32 ein technischer Prozess über ein Feldbussystem von der Prozesssteuerung gesteuert. Um die Sicherheit für den Nutzer zu gewährleisten, wird der Gefahrenbereich durch ein Lichtgitter und einen Türschalter überwacht. Ein Not-Aus-Schalter schaltet sofort die Anlage ab, wenn er vom Nutzer betätigt wird. Die zugehörige Sicherheitssteuerung überwacht diese Einrichtungen. Sie erteilt der Prozesssteuerung nur dann eine Freigabe, wenn der Not-Aus nicht gedrückt ist, der Türschalter die Türe als geschlossen erkennt und sich auch keine Personen und Objekte in dem vom Lichtgitter erfassten Bereich aufhalten.

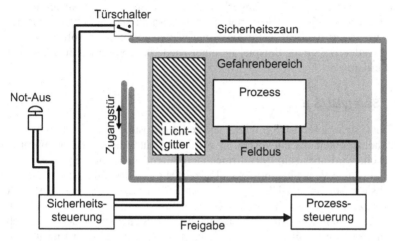

Abb. 4.32. Schematische Darstellung einfacher sicherheitsgerichteter Maßnahmen

In Abb. 4.32 werden die einzelnen sicherheitsgerichteten Geräte mit einer Einzelverdrahtung an die Sicherheitssteuerung angeschlossen. Dies hat die bereits zu Beginn des Abschnitts 4.4 beschriebenen Nachteile. Aufgrund der höheren Anforderungen an die Sicherheit der Verbindung zwischen sicherheitsgerichtetem Gerät und Sicherheitssteuerung können diese Verbindungen nicht ohne weiteres mit einem der oben beschriebenen Feldbussysteme realisiert werden. Feldbussysteme wie z.B. der in Abschn. 4.4.3 und 4.4.4 beschriebene CAN-Bus bieten zwar eine ausreichend hohe Übertragungssicherheit, aber die damit zu erkennende Verfälschung von Telegrammen ist nur eine von mehreren möglichen Übertragungsfehlern von Bussystemen. Weitere Übertragungsfehler sind [Popp 2002]:

- Wiederholung von Telegrammen
- Einfügung von Telegrammen
- Falsche Abfolge von Telegrammen
- Verzögerung von Telegrammen
- Verlust von Telegrammen

Insbesondere der Verlust von Telegrammen kann sehr vielfältige Ursachen haben wie z.B. Kabelbruch, Gerätedefekte, teilweiser Stromausfall oder ähnliches. Bei sicherheitsgerichteten Geräten kann z.B. der Verlust eines Telegramms gravierende Auswirkungen haben. Geht beispielsweise die Meldung ‚Not-Aus wurde gedrückt' bei der Übermittlung über ein Bussystem verloren, so wiegt sich der Bediener einer Maschine beim Betreten des Gefahrenbereiches in falscher Sicherheit, da die Maschine ‚an' und nicht wie erwartet ‚aus' ist.

Um die Vorteile einer busbasierten Übertragung auch für sicherheitsgerichtete Systeme nutzbar zu machen, werden daher sog. **Sicherheitsbusse** eingesetzt. Diese spezialisierten Feldbussysteme ermöglichen die sicherheitsrelevante Kommunikation mit Hilfe von zusätzlichen technischen Maßnahmen. Selbstverständlich müssen auch bei den eingesetzten Feldbusteilnehmern zusätzliche Maßnahmen ergriffen werden, um ,sichere Empfänger' bzw. ,sichere Sender' zu realisieren. Nur so kann ein prozessbedingtes inakzeptabel hohes Gesamtrisiko auf ein akzeptables Restrisiko verringert werden. Aufgrund seiner weiten Verbreitung soll im Weiteren der sog. SafetyBUS p als Beispiel für einen Sicherheitsbus etwas ausführlicher erläutert werden.

4.4.7.2 SafetyBUS p

Das Feldbussystem SafetyBUS p wurde speziell zur Lösung der oben beschriebenen Sicherheitsproblematik entworfen. Er wurde in Deutschland zunächst proprietär entwickelt, wird aber seit 1999 firmenübergreifend vom sog. ,SafeteyBUS p International Club e.V.' weiterentwickelt [Pilz 2004a, Pilz 2004b].

Grundabsicht bei SafetyBUS p war der einfache Ersatz einer zentralen E/A durch eine dezentrale E/A, d.h. das Ersetzen der Einzelverdrahtung zwischen den sicherheitsgerichteten Ein-/Ausgabegeräten und der Sicherheitssteuerung durch ein busbasiertes Kommunikationssystem. Aus Abb. 4.32 wird durch Einsatz von SafetyBUS p somit Abb. 4.33.

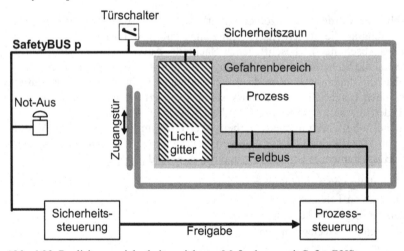

Abb. 4.33. Realisierung sicherheitsgerichteter Maßnahmen mit SafetyBUS p

SafetyBUS p setzt, wie CANopen, auf dem in Abschn. 4.4.3 eingeführten CAN-Bus in der Version 2.0a auf, also die Version mit einem Identifier mit 11 Bit. Die Verwendung dieses ereignisorientierten Bussystems lässt sich wie folgt begründen: Sicherheitssteuerungen müssen nicht wie ,Standardsteuerungen' primär zyklischen Datenverkehr mit möglichst kleinen Verzögerungen bewältigen, sondern sie müssen im Bedarfsfall, wenn z.B. eine Störung auftritt, mit möglichst geringer Verzögerung reagieren können. Weiterhin ist die Übertragungssicherheit gegen Telegrammverfälschungen beim CAN-Bus bereits recht hoch. Der CAN-Bus bietet Multimasterfähigkeit und erlaubt auch eine ausreichend schnelle Datenübertragung.

Um Sicherheitsanforderungen erfüllen zu können, werden beim SafetyBUS p mehrere unterschiedliche Maßnahmen ergriffen. Zum einen wird die Hardware der sog. ‚sicheren Teilnehmer' eines SafetyBUS p Systems zum Teil redundant ausgelegt. Zum anderen werden zusätzliche Sicherungsmechanismen im SafetyBUS p Protokoll über Software realisiert.

Auf der Hardware Seite wird aus Kostengründen über einen einkanaligen CAN-Bus kommuniziert, mit Anschluss der SafetyBUS p Teilnehmer über jeweils einen CAN-Transceiver. Dieser Transceiver wird nach Abb. 4.34 über 2 redundante Kanäle angesprochen. Die Kanäle 1 und 2 können mit einem spezialisierten, applikationsunabhängigen SafetyBUS p Chipsatz realisiert werden, dem sog. Bus Interface Part (BIP). Die eigentliche Gerätesteuerung ist mit 2 Mikrocontrollern MC1 und MC2, dem sog. Application Part (AP) ebenfalls redundant ausgelegt. Im BIP werden die über CAN gesendeten und empfangenen Telegramme mit Hilfe der im SafetyBUS p Protokoll enthaltenen Zusatzinformationen (s.u.) überwacht.

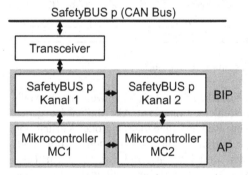

Abb. 4.34. Teilredundante Hardware bei ‚sicheren Teilnehmern' nach SafetyBUS p

Es gibt bei SafetyBUS p unterschiedliche Geräteklassen. Neben einem einzigen sog. ‚Management Device' (MD) können mehrere sog. ‚Logic Devices' (LD) und mehrere ‚I/O Devices' (I/OD) an einem SafetyBUS p Bus betrieben werden. Das MD konfiguriert und überwacht das SafetyBUS p System. Die LD führen das eigentliche Sicherheitsprogramm aus, realisieren also die Sicherheits-Logik, indem sie die von den I/OD gewonnenen Eingabedaten verarbeiten und entsprechende Ausgaben erzeugen. Die I/OD verwirklichen somit die Ankopplung der sicherheitsgerichteten Feldgeräte, wie z.B. Not-Aus Schalter oder Lichtgitter, an den SafetyBUS p. Diese Klasseneinteilung beschreibt eine konzeptionelle Trennung unterschiedlicher Sicherheitsaspekte. Auch wenn bei realen Geräten oftmals mehrere Geräteklassen in einem Gerät kombiniert werden (z.B. ein MD mit einem LD, oder ein LD mit einem I/OD), erleichtert diese Trennung die fehlerfreie Implementierung der einzelnen Aspekte.

Auf der Software bzw. Protokoll-Seite werden von SafetyBUS p neben dem CAN-Identifier auch Teile der CAN-Nutzdaten für SafetyBUS p Protokolldaten verwendet, um die Sicherheit der Übertragung zu erhöhen. In Abb. 4.35 ist die Einbettung von SafetyBUS p Protokolldaten in ein CAN Telegramm zu sehen. Im CAN-Identifier wird dem Telegramm neben der Senderadresse eine Telegramm-Klasse zugeordnet. Das erste Nutzdatenbyte enthält weitere Protokolldaten wie den Telegrammtyp sowie eine laufende Nummer. Die Adresse des Empfängers ist im 2. Datenbyte codiert. Darauf folgen bis zu 4 anwendungs- bzw. geräteabhängige Nutzdatenbytes. Die verbleibenden beiden Datenbytes werden für eine zusätzliche CRC Checksumme verwendet [Pilz 2002].

CAN-Bezeichnung	Start-bit	Identifier (11 Bits)		RTR (1 Bit)	Kontroll-feld (6 Bits)	...
SafetyBUS p Verwendung	(1 Bit)	Klasse (3 Bit)	Senderadresse (8 Bit)			...
						...

...		Datenbytes (0-8 Bytes)			CRC-Feld (16 Bit)	ACK-Feld (2 Bit)	Ende-feld (7 Bit)	Trenn-feld (3 Bit)
...	Kopf (1 Byte)	Empfänger (1 Byte)	Sichere Nutzdaten (max. 4. Byte)	CRC (2 Byte)				
...								

Abb. 4.35. Aufbau eines SafetyBUS p Telegramms (CAN-2.0a)

Die zusätzlichen, SafetyBUS p spezifischen Protokolldaten werden für Maßnahmen zum Schutz vor Übertragungsfehlern eingesetzt. Als Maßnahme gegen unbeabsichtigtes Wiederholen, Einfügen, Reihenfolgenänderung oder Verlust von Telegrammen wird beispielsweise die laufende Nummer aus dem ‚Kopf-Byte' verwendet. Das Übertragen von Sender- und Empfängeradresse in jedem Telegramm macht den Datenverkehr transparent und einfacher zu überwachen, außerdem können so unbeabsichtigt eingefügte Telegramme leichter erkannt werden.

Ein Erkennen von Verzögerung bzw. Verlust von Telegrammen wird dadurch erreicht dass jedes Telegramm innerhalb einer bestimmten Maximalzeit (Timeout) quittiert werden muss. Im Quittungstelegramm werden dabei die Nutzdaten invertiert als sog. ‚Echo' mit zurückgeschickt. Der ursprüngliche Sender kann so den korrekten Empfang verifizieren.

Zum Schutz vor Telegrammverfälschungen dient die zusätzliche CRC-Sequenz. Diese wird, anders als das CRC-Feld des CAN-Basis-Protokolls, mehrkanalig diversitär ausgewertet und verglichen. Das bedeutet, die beiden SafetyBUS p Kanäle im BIP aus Abb. 4.34 überprüfen beide unabhängig von einander die empfangene SafetyBUS p CRC-Sequenz. Nur wenn beide Kanäle einen korrekten Empfang ermitteln, wird das Telegramm als gültig akzeptiert. Die Überprüfung dieser zusätzlichen Protokollinformationen in zwei verschiedenen Hardware-Chips kann so auch vor Hardware-Fehlern im Sender bzw. Empfänger schützen.

Die grundsätzliche Aufgabe des Sicherheitssystems ist, die Gefährdung für Mensch und Maschine zu verhindern. Zum Erkennen potentiell gefährlicher Situationen werden die I/OD, die LD und das MD des SafetyBUS p Systems eingesetzt. Wenn nun in einem Teil dieses Systems, oder bei der Busübertragung zwischen Teilen dieses Systems, selbst wiederum Fehler auftreten, so könnten diese dazu führen, dass gefährliche Situationen nicht mehr erkannt werden können. Durch die oben beschriebenen Hardware- und Software-Maßnahmen können jedoch prinzipiell alle Arten von Übertragungsfehlern zuverlässig erkannt werden. Ein solchermaßen erkannter Fehler kann dann funktional gleich behandelt werden wie eine von einem I/OD gemeldete gefährliche Situation.

Es bleibt nun noch zu klären, wie das Sicherheitssystem beim Erkennen einer gefährlichen Situation oder eines Fehlers reagiert und wie es hierbei von Safety-BUS p unterstützt wird. Was in einem konkreten Anwendungsfall jeweils zu tun ist, hängt natürlich sehr stark von der Anwendung und von der erkannten Gefährdung ab. Ziel ist dabei, die Maschine/den Prozess in einen sicheren Zustand zu bringen. Wird nun eine potentiell gefährliche Situation erkannt, sei es direkt durch einen sicherheitsgerichteten Sensor in einem I/OD oder indirekt durch das Erkennen eines Übertragungsfehlers, so wechseln die beteiligten SafetyBUS p Teilnehmer in ihren programmierten sicheren Zustand. Im weitaus häufigsten Fall ist die Reaktion auf eine Gefahrensituation das (Teil-)Abschalten der Maschine/des Prozesses. Das bedeutet aber nicht unbedingt ein sofortiges Stromabschalten, sondern erfordert oftmals ein definiertes ‚Herunterfahren', z.B. durch Abbremsen von Motoren, Sperren von Material-Zuflüssen oder ähnlichem. Dies wird jeweils von den entsprechenden SafetyBUS p Teilnehmern veranlasst. Die Behebung des erkannten Problems wird dann im Allgemeinen aber nicht vom Sicherheitssystem erledigt, sondern erfolgt in übergeordneten Systemen, oder durch einen Eingriff des (nunmehr ungefährdeten) Benutzers.

Da eine derartige Abschaltung die Produktivität verringert, wird versucht ihre Auswirkungen so begrenzt wie möglich zu halten. Dies wird bei SafetyBUS p durch ein Gruppenkonzept erleichtert. Jeder der 64 bei SafetyBUS p möglichen sicheren Teilnehmer kann einer von 32 Gruppen zugeordnet werden. Im Gefährdungsfall werden dann nur die Mitglieder einer Gruppe automatisch in den sicheren Zustand versetzt. Über eine weitere ‚Ausbreitung' der erkannten Gefährdung entscheidet die Anwendungslogik in den LD bzw. im MD.

4.4.8   Industrial Ethernet mit Echtzeit

Ethernet garantiert im Allgemeinen keine Echtzeitdatenübertragung (s. Abschn. 4.3). In den letzten Jahren wurden unterschiedliche Konzepte auf Basis der Ethernet Technologie entwickelt mit dem Ziel, Ethernet als Feldbus echtzeittauglich zu machen. Angestrebt wird ein Bussystem, das die Funktionalitäten klassischer Feldbusse (Einhalten von Deadlines, kurze Zykluszeiten, garantierte Abtastzeiten, kleine Datenpakete) und die von Office-Ethernet (große Datenübertragungsrate, Dateitransfer, standardisierter Betrieb) vereint. Ein Einsatz von Ethernet auf der

Feldbusebene hätte vor allem im Zusammenhang mit TCP/UDP/IP folgende Vorteile:

- Internetbasierte Technik (Web-Server, HTTP, FTP usw.) kann eingesetzt werden
- hohe Datenübertragungsraten stehen zur Verfügung
- eine vertikale Integration kann umgesetzt werden
- Engineering-Kosten können durch Vereinheitlichung der in einer Fabrik eingesetzten Bussysteme eingespart werden.

Um Ethernet in Echtzeitanwendungen einsetzen zu können, muss für die **Latenzzeit** - die Zeit zwischen Beginn des Versands und Ende des Empfangs einer Nachricht - eine obere Grenze (Deadline) genannt werden können. In vielen Anwendungen muss auch der **Jitter**, die Varianz der Latenzzeit, streng beschränkt sein. Ein typisches Beispiel für hohe Anforderungen ist die Ansteuerung von Antrieben der Walzen in Papiermaschinen. Es werden Zykluszeiten von 0,1 ms bis 1 ms und ein Jitter kleiner 1 μs verlangt.

Der Indeterminismus des zeitlichen Verhaltens von Ethernet beruht auf dem Buszugriffsverfahren CSMA/CD (s. Abschn. 4.3) [Furrer 2000]. Versuchen mehrere Teilnehmer gleichzeitig zu senden, kommt es zu **Kollisionen** und zu Verzögerungen von Datenpaketen. Es werden verschiedene Ansätze verfolgt, um dieses Verhalten zu vermeiden.

Ein Ansatz ist die Minimierung von **Kollisionsdomänen** durch **Ethernet-Switches**, s. auch Abschn. 4.2.2. Abb. 4.36 zeigt eine Zellenkommunikationsstruktur basierend auf einem Ethernet-Switch: Die SPS kann mit ihren E/A-Einheiten kommunizieren während zeitgleich die Robotersteuerung (RC) mit ihren E/A-Einheiten und Antrieben kommuniziert. Die Teilnehmer, die jeweils an einen Switchport angeschlossen sind, bilden je eine eigene Kollisionsdomäne. Der Leitrechner kann prinzipiell auf alle Teilnehmer in der Zelle zugreifen. Während aber z.B. die SPS mit ihren E/A-Einheiten kommuniziert, sollte kein Frame in die entsprechende Kollisionsdomäne gesendet werden. Dies kann entweder durch priorisierte Paketweiterleitung im Switch oder durch die Anwendung gewährleistet werden.

Beim Einsatz von Standard-Switches muss beachtet werden, dass diese die Ethernet-Frames mit einer gewissen Verzögerung weitergeben. Die Latenzzeit ist nicht mehr durch Kollisionen indeterministisch, aber gegenüber der ungeswitchten Variante länger.

Ein weiterer Ansatz besteht in der Überlagerung bzw. des Ersatzes des CSMA/CD-Protokolls durch andere Zugriffsprotokolle. Im einfachen Fall ist es Geräten (Slaves) nur erlaubt zu senden, wenn sie von einem ausgezeichneten Gerät (Master) abgefragt werden. Diesem obliegt es dann, keine Kollisionen auf dem Bus aufkommen zu lassen.

Es ist möglich mit diesen beiden Methoden ein Übertragungssystem aus Standard-Ethernet-Komponenten mit zeitlich deterministischem Verhalten aufzubauen. Jedoch genügen die garantierten Zykluszeiten, Abtastzeiten und Deadlines nicht immer der Feldebene. Um diese zu garantieren, werden spezielle Bussysteme auf Basis von Ethernet entwickelt.

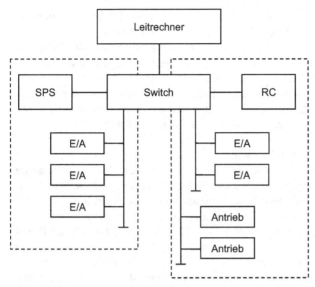

Abb. 4.36. Zellenkommunikationsstruktur mit Ethernet-Switch

Im Weiteren werden wichtige Systeme beschrieben. Sie zielen alle darauf ab, höchste Echtzeitanforderungen, wie sie zum Beispiel zur Regelung von Antrieben benötigt werden, zu erfüllen.

Die Gruppe IAONA (Industrial Automation Open Networking Alliance e.V.) hat sich zum Ziel gesetzt, den Einsatz von Ethernet auch im industriellen Bereich voranzutreiben. Im IAONA Handbuch Industrial Ethernet [Lüder 2004] wird die Problematik des Einsatzes von Ethernet im industriellen Feld behandelt und ein Überblick über verschiedene Lösungsansätze gegeben.

Ethernet wird häufig zusammen mit TCP/IP oder UDP/IP betrieben (s. 4.3). Mit einer entsprechenden Implementierung ist auch hier ein zeitlicher Determinismus zu erreichen. Jedoch sind die Verarbeitungszeiten für diese Protokollschicht oft um ein Vielfaches höher als die Übertragung eines Ethernet-Frames benötigt. Wünschenswert ist deshalb, wechselweise beide Betriebsmöglichkeiten zur Verfügung zu haben: kurze Zykluszeiten bei Umgehung von TCP/UDP/IP und Verwendung von TCP/UDP/IP, um mit Standarddiensten aus der Büro- und Internetwelt auf Geräte zugreifen zu können.

4.4.9   ETHERNET Powerlink

ETHERNET Powerlink wurde ursprünglich durch Bernecker+Rainer Industrie-Elektronik Ges.m.b.H. als Antriebsbus entwickelt. Die Verbreitung und die Standardisierung von ETHERNET Powerlink wird nun durch die ‚ETHERNET Powerlink Standardization Group (EPSG)' betrieben.

Powerlink realisiert ein Monomastersystem mit logischem Bus und den physikalischen Ethernettopologien: Linie, Baum, Stern. Powerlink bietet die Betriebsmodi Open- und Protected-Mode an. In beiden Modi wird Standard-Ethernet-Hardware eingesetzt. Der Protected-Mode sichert durch Verwendung spezifischer Protokollsoftware hohe Echtzeit zu. Bei acht Teilnehmern lassen sich Zykluszeiten bis 0,2 ms und Jitter unter 1 μs erreichen. Ein Betrieb mit Standard-Ethernet-Teilnehmern, welche Ethernet-Standard-Protokolle (z.B. TCP/UDP/IP) verwenden, ist jedoch in diesem Modus nicht möglich. Nur im Open-Mode, der weniger hohe Echtzeit zusichert, kann mit Standard-Ethernet-Teilnehmern (mit TCP/UDP/IP) kommuniziert werden. Im Weiteren wird der Protected-Mode erläutert.

In einem Powerlink Netzwerk wird der Mediumzugriff aller Teilnehmer (Controlled Nodes) durch einen ausgezeichneten Teilnehmer, den sog. Managing Node, gesteuert. Er gewährt in einem Zeitscheibenverfahren (Abb. 4.37) höchstens einem Teilnehmer Sendezugriff. Kollisionen können so nicht auftreten. Das Standard-CSMA/CD-Verfahren ist hierbei nicht abgeschaltet sondern überlagert.

Zunächst sendet der Managing Node mittels Broadcast **Start-of-Cyclic** (SoC) an alle Teilnehmer. Diese können so synchron die später zu übermittelnden Daten intern erfassen und zwischenspeichern. Dann werden alle Teilnehmer einzeln nacheinander mittels eines Unicast-gesendeten **PollRequest** (PReq) aufgefordert, ihre erfassten Daten zu senden. Nach Erhalt der Aufforderung sendet der Teilnehmer die Antwort **PollResponse** (PRes) im Broadcast-Modus. Somit können auch andere Teilnehmer die Daten lesen und auswerten. Z.B. könnten die Zustandsdaten einer Leitachse von anderen untergeordneten Achsantrieben ausgewertet werden. Sowohl **PollRequest** als auch **PollResponse** können Applikationsdaten enthalten. Nachdem der letzte Teilnehmer aufgefordert wurde und seine Antwort gesendet hat, versendet der Managing Node ein **End-of-Cyclic** (EoC) im Broadcast-Modus. Dieses Signal synchronisiert das Setzen neuer Betriebsparameter, z.B. das Schreiben der mit den **PollRequest** empfangenen und zwischengespeicherten Daten, bzw. das Starten eines Regelvorganges.

An diese synchrone Übermittlungsphase schließt sich eine asynchrone Übermittlungsphase an. Teilnehmer, die Daten asynchron versenden wollen, haben dies dem Managing Node bereits vorher durch ein entsprechendes Flag in **PollResponse** angezeigt. Dieser sendet nach Ende der synchronen Phase ein **AsyncInvite** an jene Teilnehmer, die Bedarf angemeldet haben und erlaubt diesen so in einem **AsyncSend** –Frame (Async, AsyncSend) Daten an einen beliebigen Adressaten zu senden. Auch Standard-TCP/UDP/IP-Pakete (Async) werden in dieser asynchronen Phase übertragen. Sie werden dazu in kleinere Pakete zerstückelt und beim Empfänger wieder zusammengesetzt.

Der **Managing Node** wartet dann bis die vorgegebene Zeitperiode seit Senden des letzten **Start-of-Cyclic** verstrichen ist und sendet das nächste **Start-of-Cyclic**.

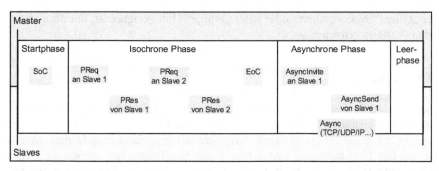

Abb. 4.37. Powerlink Zeitscheibenverfahren. Quelle: ETHERNET Powerlink Standardization Group [EPSG 2004]

Der sog. Multiplexed-Mode gestattet es, für jeden Teilnehmer getrennt einzustellen, ob er bei jedem Zyklus an der isochronen Kommunikation beteiligt ist oder nur bei jedem n-ten Zyklus. In den Zyklen, in denen er kein **PollRequest** gesendet bekommt, kann er aber trotzdem die **PollResponse**-Pakete der anderen Teilnehmer mithören und auswerten.

Die Powerlink-Telegramme (SoC, Preq, PRes, EoC, SoA, AsyncInvite, AsyncSend) (Abb. 4.38) werden als Dateninhalt eines Ethernet-Frames transportiert. Der Telegrammkopf besteht aus drei Teilen:

- Service Identifier (SID): Art der Botschaft (**Start-of-Cyclic, PollRequest** usw.)
- Destination Address (DA): Zielstation
- Source Address (SA): Absenderstation

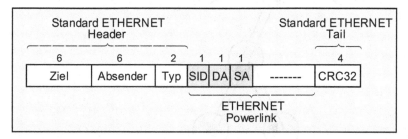

Abb. 4.38. Powerlink-Telegrammaufbau. Quelle: ETHERNET Powerlink Standardization Group [EPSG 2004]

Durch Polling als Mediumzuteilungsverfahren ist es nicht nötig durch Switches kleinere Kollisionsdomänen zu schaffen. Der Einsatz von Switches wird nicht empfohlen weil dadurch Latenzzeit und Jitter verschlechtert werden. Bis zu zehn Hubs können zwischen Managing Node und Gerät eingesetzt werden. Neben der Linientopologie sind so auch Baumtopologien möglich.

Powerlink kann mit Standard-Ethernet-Hardware-Komponenten betrieben werden. Die Latenzzeit und der Jitter hängt von diesen Komponenten ab, so dass nicht jede „billige" Netzwerkkarte oder jeder „billige" Hub geeignet ist, um die geforderten Werte zu erreichen.

4.4.10 EtherCAT

EtherCAT wurde von der Firma Beckhoff entwickelt. Anwender haben sich in der EtherCAT Technology Group (ETG) zusammengeschlossen.

EtherCAT realisiert ein Monomastersystem mit logischem Bus, Duplexleitungen und den physikalischen Topologien: Linie und Baum. Bei hundert Teilnehmern garantiert EtherCAT höchste Echtzeiteigenschaften mit Zykluszeiten bis zu 0,1 ms bei einem Jitter von kleiner 1 µs.

Die Kommunikation der Busteilnehmer (Master, Slaves) wird durch den Master gesteuert, indem dieser zyklisch ein Telegramm versendet, das nacheinander alle Teilnehmer durchläuft und am Ende wieder vom Master empfangen wird (s. Abb. 4.39). Die Teilnehmer eines EtherCAT-Subnetzes sind, wenn kein Abzweig vorliegt, physikalisch gesehen in einer Linie angeordnet.

Es besteht auch die Möglichkeit durch Abzweige im Rückkanal eine physikalische Baumtopologie aufzubauen. Das Telegramm läuft zunächst von einer Zweigstelle einen Abzweig entlang bis zum letzten Teilnehmer dieses Zweigs und wird von diesem an die Zweigstelle zurückgesendet. Dort werden sie dann in den anderen Abzweig geleitet. Logisch gesehen liegt also nach wie vor eine Ringtopologie vor (Abb. 4.39).

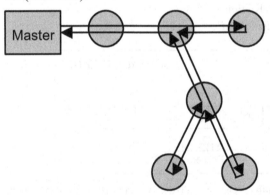

Abb. 4.39. EtherCAT-Topologie mit Abzweigen: physikalischer Baum, logischer Ring

Telegramme werden von einem Teilnehmer zum nächsten über die Hinleitung weitergeleitet (s. Abb. 4.40). Prinzipiell existieren zwei Typen von EtherCAT-Slaves. Der erste Typ ermöglicht keinen Abzweig und führt die Telegrammbearbeitung in der Hinleitung durch. Der zweite Typ erlaubt Abzweige und bearbeitet das Telegramm in der Rückleitung.

EtherCAT-Slaves benötigen eine spezielle Hardware, die sog. FMMU (fieldbus memory management unit). Diese empfängt und interpretiert das Telegramm. Falls der Teilnehmer adressiert ist, wird von der FMMU entsprechend den Ether-

CAT-Kommandos (Lesen, Schreiben) der dem Teilnehmer zugehörige Telegrammabschnitt in den Speicher des Teilnehmers kopiert oder vom Speicher des
Teilnehmers in den entsprechenden Telegrammabschnitt geschrieben. Beim Slavetyp 1 finden diese Operationen auf der Hinleitung (Hinkanal) statt, beim Slavetyp
2 auf der Rückleitung. Durch eine Implementierung der FMMU als ASIC ist die
Zeit für diese Vorgänge im Nanosekunden-Bereich. Abb. 4.40 zeigt schematisch
den Aufbau der zwei EtherCAT-Slaves: (a) Slave ohne Abzweig, (b) Slave mit
Abzweig. Falls bei den Slaves am Hauptstrang (Hin-/ Rückleitung mit Tx, Rx)
bzw. am Abzweig (Tx, Rx) kein Teilnehmer angekoppelt ist, werden die entsprechenden Tx- und Rx-Leitungen automatisch kurzgeschlossen. Damit kann beim
letzten Teilnehmer automatisch der Ring geschlossen werden.

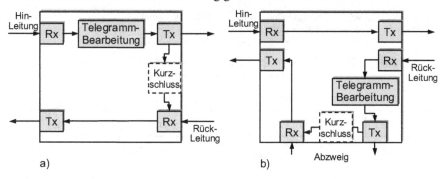

Abb. 4.40. EtherCAT-Slaves: ohne und mit Abzweig. Quelle: EtherCAT Technology
Group [EtherCAT 2004]

Das EtherCAT-Telegramm (Abb. 4.41) wird als Dateninhalt eines Ethernet-
Frames übertragen. Sämtlicher Datenaustausch aller Teilernehmer - Senden und
Empfangen von Daten - findet über dieses Telegramm statt. Das Telegramm kann
ein oder mehrere EtherCAT-Kommandos enthalten. Ein Kommando besteht aus
einem 10 Byte langen Header, n Bytes Daten und 2 Byte für den „Working Counter,, (WC). Dieser wird von jedem Slave nach der Bearbeitung der Kommandos
um 1 erhöht. Nach dem Telegrammdurchlauf durch den Ring kann der Master ü-
berprüfen, ob alle Teilnehmer das Telegramm bearbeitet haben. Entsprechend den
Kommandos führt die FMMU die Kommunikationsfunktion aus. Danach wird das
Telegramm zum nächsten Teilnehmer gesendet.

Bei der Adressierung der Busteilnehmer bzw. Speicherbereiche gibt es mehrere
Varianten. Das gewünschte Gerät kann über sog. **Fixed-Address-** oder **Auto-
Increment-Adressierung** ausgewählt werden. Beim **Fixed-Address-**Verfahren
werden den gewünschten Geräten **Stationsadressen** zugewiesen, die unabhängig
von der physikalischen Anordnung sind. Beim **Auto-Increment-**Verfahren werden die Geräte in einem Kommunikationsring in ihrer physikalischen Reihenfolge
durchnummeriert. In beiden Fällen werden gewünschte Speicherbereiche in Form
physikalischer Adressen auf dem jeweiligen Gerät angegeben. Der Adressraum
beträgt jeweils 64 KB. Neben einzelnen Geräten ist es auch möglich mehrere Geräte gleichzeitig zu adressieren. Bei der sog. **Multiplen-Adressierung,** die Broad-

cast und Multicast realisiert, tragen alle Geräte, die über den angegebenen physikalischen Speicherbereich verfügen, ihre Daten in das Telegramm ein, solange noch Platz frei ist.

Gegenüber der oben beschriebenen Art, Gerät und physikalischen Speicher auszuwählen, gibt es auch die Möglichkeit der **logischen Adressierung**. Hierbei wird auf dem Master vorab eine Abbildung eines gesamten 4 GB großen logischen Adressraums auf die jeweils physikalischen Adressräume der Slaves hinterlegt. In der Startphase wird den FMMUs der Slaves die für sie relevante Abbildung mitgeteilt. Empfängt im laufenden Betrieb eine FMMU ein Telegramm mit logischer Adressierung, prüft sie, ob die logischen Adressen auf dieses Gerät abbilden und setzt ggf. die logischen Adressen in physikalische Adressen um.

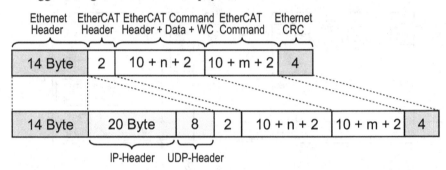

Abb. 4.41. EtherCAT-Telegrammaufbau. Quelle: EtherCAT Technology Group [EtherCAT 2004]

Querverkehr zwischen den Slaves wird realisiert, indem in einem Zyklus die gewünschten Daten durch den Master gelesen werden und im folgenden Zyklus auf die Slaves zurückgeschrieben werden. Es vergehen also zwei Zyklen, bis die Daten eines Slaves bei einem anderen Slave ankommen.

In einem Subnetz, in dem nur mit EtherCAT-Kommandos gearbeitet werden soll, werden Telegramme wie in Abb. 4.41 oben verwendet. Zusätzlich ist es auch möglich, IP- und UDP-Header einzutragen (Abb. 4.41 unten). Dies ermöglicht ein Routing in weitere angeschlossene Subnetze. Allerdings erhöht sich die Telegrammlaufzeit durch das Routing. TCP-Pakete können übertragen werden, indem sie zerstückelt und hinter die EtherCAT-Kommandos in ein Telegramm eingefügt werden. Entsprechend müssen sie beim Empfänger durch die EtherCAT-Software wieder zusammengesetzt werden.

4.4.11 PROFInet

PROFInet ist als Nachfolgersystem des PROFIBUS-Feldbus von Siemens konzipiert worden. Anwender sind national in der PROFIBUS Nutzerorganisation e.V. (PNO) und international in der PROFIBUS International (PI) organisiert. PROFInet verwendet spezielle Switches, die als ASIC realisiert werden, zunächst in Varianten mit zwei und vier Ports. Als physikalische Topologien sind somit Linien- und Baumstrukturen möglich (**Abb. 4.42**). Logisch gilt die Busstruktur.

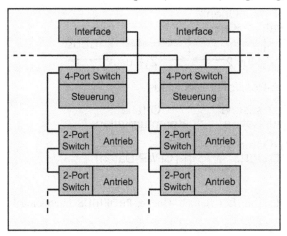

Abb. 4.42. Baumstruktur mit 2-Port und 4-Port PROFInet-Switches

Das Ethernet-basierte PROFInet bietet in Bezug auf die Echtzeiteigenschaften drei Betriebsmodi:

- zeitunkritische Übertragung von TCP/UDP/IP
- **Soft Real Time (SRT)** für zeitkritische Übertragung mit 5–10 ms Zykluszeit
- **Isochronous Real Time (IRT)** für Echtzeitübertragung mit Zykluszeiten von 1 ms (150 Teilnehmer) bis zu 0,25 ms (35 Teilnehmer) und einem Jitter von kleiner 1 μs.

SRT ist eine Softwarelösung und beruht auf einer speziellen effizienten Proto-kollstack-Implementierung, die alternativ zu TCP/UDP/IP verwendet wird. SRT-Frames werden statt IP-Frames eingebettet in Ethernet-Frames übertragen. Der Ethernet-Frame beinhaltet ein sog. VLAN-Tag, in welchem eine Priorität hinter-legt werden kann. Diese Priorität kann von Switches genutzt werden um SRT-Pakete vorrangig zu übertragen. Als Nutzdaten können höchsten 480 Byte pro Pa-ket übertragen werden. Wie bei UDP erfolgt keine Quittierung auf gesendete Pa-kete. Zu Beginn eines zyklischen Datenaustauschs wird jedoch eine Verbindung zwischen Sender und Empfänger aufgebaut. SRT stellt einen schnelleren Übertra-gungsdienst als TCP/UDP/IP dar, schließt aber Datenpaket-Kollisionen, die zu in-deterministischem Verhalten führen, an sich nicht aus. Dies muss über Switches verhindert werden.

IRT ist noch nicht am Markt verfügbar. IRT setzt auf Mechanismen von SRT auf, verwendet aber spezielle Switch-Hardware, um Zykluszeiten von 1 ms und Jitter kleiner 1 μs zu garantieren. Zudem wird die Zykluszeit unterteilt in einen IRT-Anteil und einen Nicht-Echtzeit-Anteil (Abb. 4.43). Das Verhältnis der An-teile wird in der Projektierungsphase festgelegt. Im Nicht-Echtzeit-Anteil kann z.B. Kommunikation via TCP/IP betrieben werden. Im IRT-Anteil werden nur IRT-Frames übertragen, andere Frames werden gepuffert.

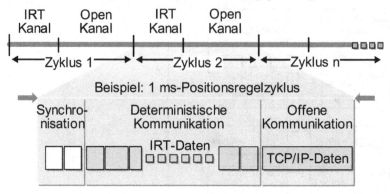

Abb. 4.43. PROFInet-Kanalaufteilung im IRT-Betrieb. Quelle: PROFIBUS International [PI 2004]

Die unverzögerte Übertragung von IRT-Paketen wird durch eine „Voraus-Weichenstellung" auf den Switches erreicht. Die Switches und andere PROFInet-Knoten sind zeitlich genau synchronisiert durch „hardwareseitige Unterstützung spezieller Synchronisationstelegramme". So kann zeitbestimmt im Voraus ein Pfad für ein IRT-Paket auf den Switches geschaltet werden. Die Schaltungsein-stellungen der einzelnen Knoten müssen vorab in der Projektierungsphase berech-net werden und in der Startphase auf die Geräte übertragen werden.

4.4.12 SERCOS III

SERCOS ist vorrangig für die Kommunikation mit Antrieben konzipiert. Ein Mas-ter, z.B. eine NC oder RC, tauscht mit dezentralen Antrieben (Slaves) Sollwerte und Istwerte aus.

Die erste SERCOS-Spezifikation wurde durch einen Gemeinschafts-Arbeitskreis des Vereins Deutscher Werkzeugmaschinenfabriken e.V. (VDW) er-arbeitet. Inzwischen existiert eine ‚Interessengemeinschaft SERCOS interface e.V. (IGS)', die nun eine Version SERCOS III vorantreibt, welche aber derzeit noch nicht am Markt verfügbar ist. Der Entwicklungsstand, auf den SERCOS III auf-setzt, wird in Kap. 9 beschrieben.

SERCOS III verwendet die Ring- und Linientopologie. Da Vollduplex-Ethernet verwendet wird, liegt physikalisch ein Doppelring bzw. ein Einzelring vor. Die Doppelringstruktur bringt gegenüber dem Einzelring Redundanz bei Leitungsaus-fällen. Wird ein Ring unterbrochen, bleibt die normale Kommunikationsfunktiona-lität weiterhin erhalten. Über Diagnosemechanismen wird der Fehler ermittelt und gemeldet. Bei Verwendung eines Einzelringes steht diese Redundanz nicht zur Verfügung. Sonst existiert aber dieselbe Funktionalität.

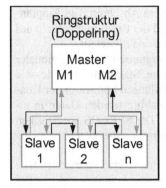
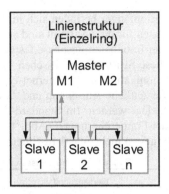

Abb. 4.44. Ring- und Linientopologie bei SERCOS III. Quelle: Interessengemeinschaft SERCOS interface e.V. [IGS 2004]

Der Datenaustausch über den Bus erfolgt synchron mit zyklischen Telegrammen (s. Abb. 4.45). Damit soll höchstes Echtzeitverhalten mit Zykluszeiten von einer 1 ms (254 Teilnehmer) bis zu 31,25 µs (8 Teilnehmer) und einem Jitter von kleiner 1 µs erreicht werden.

Ein Kommunikationszyklus besteht aus einer zyklischen und einer nicht zyklischen Kommunikation. Diese werden über zwei fest eingerichtete Kanäle bzw. Zeitrahmen, welche der Master steuert, abgewickelt. Jeder Kommunikationszyklus wird durch ein MST (Master-Synchronisationstelegramm) vom Master eingeleitet und synchronisiert. Es ist eine Broadcastnachricht an alle Teilnehmer, mit der diese ihre internen Uhren synchronisieren und gleichzeitig z.B. Istwerte abspeichern oder einen Regelvorgang starten. Damit wird ein minimaler Jitter zwischen den Aktivitäten in den Teilnehmern von kleiner 1µs erreicht.

Der zyklische Kommunikationsrahmen wird für den Datenaustausch mit den Antriebsregelungen verwendet. Nachdem die Slaves (Antriebe) das MST-Telegramm erhalten und ihre Istwerte bereitgestellt haben, senden sie diese in fest während der Initialisierungsphase definierten Zeitschlitzen als Amplifier Telegramme (AT) an den Master. So entsteht eine Aneinanderkettung von Teiltelegrammen zu einem Summenrahmentelegramm. Nachdem der letzte Slave seine Daten in das Summenrahmentelegramm eingefügt hat, sendet der Master im zweiten Teil der zyklischen Kommunikation über das MDT (Master Datentelegramm) Daten, z.B. Sollwerte, an die Slaves.

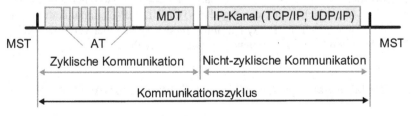

Abb. 4.45. SERCOS III-Kommunikationszyklus. Quelle: Interessengemeinschaft SERCOS interface e.V. [IGS 2004]

Die Daten für alle Empfänger befinden sich in diesem Abschnitt. Ein Empfänger erkennt, welche Daten für ihn bestimmt sind anhand der Position innerhalb des MDT. Diese wird in der Initialisierungsphase festgelegt und mitgeteilt.

Anschließend an diese SERCOS-spezifischen Telegramme folgt ein optionaler Zeitschlitz für Kommunikation über Ethernet-typische Standardprotokolle wie TCP, UDP und IP. Die zeitliche Aufteilung und Zykluslängen können in der Konfigurationsphase festgelegt werden. Im Standard-Zeitschlitz werden Daten in einem Standard-Ethernet-Frame übertragen (Abb. 4.46). Die SERCOS-spezifischen Daten werden in optimierten nicht-Standard-Ethernet-Frames übertragen.

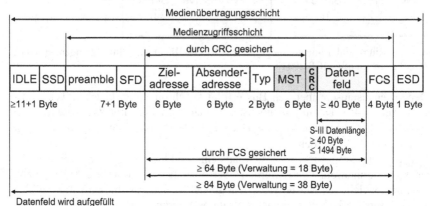

Abb. 4.46. SERCOS III-Telegramm. Quelle: Interessengemeinschaft SERCOS interface e.V. [IGS 2004]

IDLE: Leerphase
SSD: Start of Stream Delimiter (Datenstrom-Startzeichen)
Preamble: Präambel
SFD: Start of Frame Delimiter (Frame-Startzeichen)
MST: Master Synchronisation Telegram
FCS: Frame Check Sequence (Frame-Prüffeld)
ESD: End of Stream Delimiter (Datenstrom-Endzeichen)

SERCOS III basiert auf nicht-Standard-Ethernetcontrollern, die in Form von FPGAs oder einem „universellen, multiprotokollfähigen Kommunikationscontroller" implementiert werden. Diese Spezialhardware schaltet zwischen der zyklischen SERCOS-spezifischen und der Standard-TCP/UDP/IP-Kommunikation um (s. Abb. 4.45). Sie ist auch für die Synchronisation der Teilnehmer verantwortlich. Die Verwendung von Hubs und Switches ist nicht vorgesehen.

4.4.13 Vergleich der Eigenschaften von Echtzeit-Ethernetsystemen

Tabelle 4.9 zeigt einen Leistungsvergleich der vorgestellten Echtzeit-Übertragungssysteme auf Basis von Ethernet-Technologie. Ethernet Powerlink und EtherCAT sind z. Zt. (Stand März 05) am Markt verfügbar, während PROFIBUS mit IRT und SERCOS III lediglich angekündigt sind.

Alle Systeme bieten die Möglichkeit, Standard-Ethernet-Protokolle (TCP/UDP/IP) und die Standard-Ethernet-Frames der Ebene 2 im ISO/OSI-Modell zu übertragen. Damit kann z.b. auf einfache Weise über Web-Services auf die Teilnehmer der Feld-(Prozess)-Ebene wie z.b. digitale E/A, Antriebe, usw. direkt zugegriffen werden.

ETHERNET Powerlink bietet die größte Kompatibilität zu Standard-Ethernet. Es kann mit Standard-Ethernet-Komponenten aufgebaut werden. EtherCAT ist z.Z. das bzgl. Echtzeit leistungsfähigste Netzwerk. EtherCAT, PROFInet und SERCOS III verwenden spezielle Hardware und sind damit nicht mit Standard-Ethernetkomponenten aufbaubar. SERCOS III soll in Zukunft für schnellste Antriebs- und Stromregelungen mit kleinsten Zykluszeiten von 31,5 µs geeignet sein.

Tabelle 4.9. Leistungsdaten verschiedener Echtzeit-Ethernetsysteme nach Herstellerangaben

	ETHERNET Powerlink		EtherCAT	PROFInet mit IRT		SERCOS III	
Zykluszeit [ms]	1,0	0,2	0,1	1,0	0,25	1,0	0,03125
Teilnehmer	44	8	100	150	35	254	8
Nutzdaten [#Byte]	46	46	12	keine Angabe	keine Angabe	16	8
Anmerkung	Es ist Bandbreite für zyklische Kommunikation mit TCP/UDP/IP reserviert						
Jitter	< 1 µs		< 1 µs	< 1 µs		< 1 µs	
Standard-Ethernet-Hardware	Ja, Jitter und Latenzzeit fallen entsprechend den Komponenten aus.		Nein	Nein		Nein	
Buszugriff/ Synchronisierung	Polling jedes einzelnen Slaves durch Master		Summen-telegramm wird von Slave zu Slave gesendet	Switches sind zeitlich hochgenau synchronisiert. Paketpfad über Switches vorab eingestellt.		Zeitschlitze für Slaves synchronisiert durch ein Master-SYNC-Telegramm	
Topologien	Linie, Stern, Baum		Linie, Baum	Linie, Baum		Ring, Linie	

Literatur

ASI (2000) AS-Interface: Die einfache Lösung mit System. Actuator Sensor-International Association, http://www.as-interface.com/asi/asi-d.ppt

ASI (2001) Pressenotiz 10 Jahre AS-International; AS-International Association, D-63571 Gelnhausen, http://www.as-interface.net/downloads/public/10_jahre_as-i.pdf

BOSCH (1991) CAN-2.0 Spezifikation Teil A und Teil B. Robert Bosch GmbH; D-70049 Stuttgart, http://www.esd-electronics.com/german/PDF-file/CAN/Englisch/can2spec.pdf

CiA-CANopen (2004) CANopen. CAN in Automation (CiA), http://212.114.78.132/canopen/

ELKO (2004) Das Elektronik Kompendium, http://www.elektronik-kompendium.de/sites/net/

EPSG (2004) Internetauftritt der ETHERNET Powerlink Standardization Group (EPSG), http://www.ethernet-powerlink.org/

Ermer T, Meyer M (2004) Die Linuxfibel, http://www.linuxfibel.de/

ESD (1999) CAN - Ein serielles Bussystem nicht nur für Kraftfahrzeuge. ESD GmbH, Vahrenwalder Str. 205, D-30165 Hannover, http://www.esd-electronics.com/german/PDF-file/CAN/Deutsch/intro-d.pdf

EtherCAT (2004) Internetauftritt der EtherCAT Technology Group. http://www.ethercat.org/

Furrer F J (2000) Ethernet-TCP/IP für die Industrieautomation. 2. Auflage, Hüthig Verlag, Heidelberg

IGS (2004) Internetauftritt der Interessengemeinschaft SERCOS interface e.V. (IGS). http://www.sercos.de/

INTERBUS Club (2001) INTERBUS-Basics. INTERBUS Club Deutschland e.V., http://www.interbusclub.com/en/doku/pdf/interbus_basics_de.pdf

Langmann R (2002) IBS-Grundlagen; Telepractical Training using INTERBUS. FH Düsseldorf, http://pl.et.fh-duesseldorf.de/prak/prake/download/IBS_grundlagen.pdf

Lösch W (2004) Lokale Netze (LAN) auf der Basis von Ethernet und TCP/IP, http://www.heineshof.de/lan/lan-index.html

Lüder A (Editor) (2004) IAONA Handbuch - Industrial Ethernet. Industrial Automation Open Networking Alliance e.V., Magdeburg

PI (2004) Internetauftritt der PROFIBUS International (PI) Organisation. http://www.profibus.com/

Pilz (2002) SafetyBUS p Safe Bus System. http://www.safetybusinsight.com/Downloads/gtpss/Safe_Bus_Systems.pdf

Pilz (2004) Sichere Bussysteme. http://www.pilz.com/german/products/safety/bus/default.htm

Pilz (2004) Konzept SafetyBUS p. http://www.pilz.com/german/products/safety/bus/concept.htm

Popp M (2002) Der neue Schnelleinstieg für PROFIBUS DP. Beziehbar über: PROFIBUS Nutzerorganisation e.V. (Hrsg.)

Schwager J (2004) Informationsportal für Echtzeit-Ethernet in der Industrieautomation. Labor für Prozessdatenverarbeitung der Hochschule Reutlingen, http://www.real-time-ethernet.de/

Weidenfeller H, Benkner T (2002) Telekommunikationstechnik. J. Schlembach Fachverlag

Wikipedia (2005) Multiplexverfahren. Wikipedia – die freie Enzyklopädie, http://de.wikipedia.org/wiki/TDMA

Zacher S (2000) Automatisierungstechnik kompakt. Vieweg

Zeltwanger H (1997) Aktueller Stand der CANopen-Standardisierung. Bezeihbar über: CAN in Automation (CiA) international Users and Manufacturers Group e.V.

Kapitel 5   Echtzeitprogrammierung

Softwareentwicklung für Echtzeitsysteme unterscheidet sich in einigen wesentlichen Punkten von der „klassischen" Softwareentwicklung. Durch die Anforderungen an das Zeitverhalten ist die Anwendung spezieller Techniken erforderlich, viele Methoden der Softwareentwicklung von Nicht-Echtzeitsystemen können auf Grund der mangelnden zeitlichen Vorhersagbarkeit nicht genutzt werden. Im Folgenden werden die grundlegenden Prinzipien der Echtzeitprogrammierung vorgestellt. Zunächst werden die Problemstellung und generelle Anforderungen, die bereits in Kapitel 1 kurz eingeführt wurden, im Detail besprochen. Danach werden grundlegende Verfahren der Echtzeitprogrammierung eingeführt. Den Abschluss dieses Kapitels bilden Überlegungen zu verschiedenen Möglichkeiten der Ablaufsteuerung bei Echtzeitprogrammen.

5.1   Problemstellung und Anforderungen

Wir wollen zunächst die Problemstellung und die sich daraus ergebenden Anforderungen genauer betrachten. Wie bereits in Kapitel 1 dargelegt, kommt es bei Echtzeitsystemen neben der **logischen Korrektheit** auch auf die **zeitliche Korrektheit** der Ergebnisse an.

Nicht-Echtzeitsysteme: logische Korrektheit → Korrektheit
Echtzeitsysteme: logische + zeitliche Korrektheit → Korrektheit

logisch korrekt, zeitlich inkorrekt   logisch und zeitlich korrekt

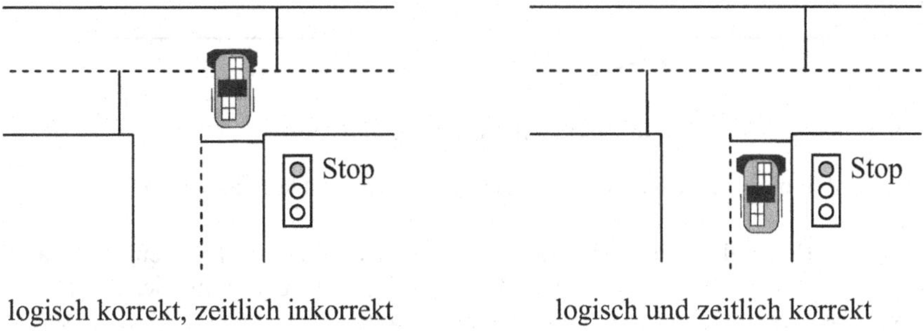

Abb. 5.1. Logische und zeitliche Korrektheit in Echtzeitsystemen

Dies sei in Abbildung 5.1 noch einmal verdeutlicht. Wenn die Software für ein automatisch gesteuertes Fahrzeug bei Erkennen einer roten Ampel berechnet, dass das Fahrzeug anhalten muss, so ist dieses Ergebnis logisch korrekt. Liefert die Software dieses Ergebnis jedoch erst, wenn das Fahrzeug bereits in die Kreuzung eingefahren ist, so kommt das Ergebnis zu spät. Die Bedingung der zeitlichen Korrektheit ist verletzt. Es ist leicht einzusehen, dass so das Ergebnis im Gesamten inkorrekt wird, die Ampel wird überfahren. Dies ist eine Aussage, die sich für alle Echtzeitsysteme verallgemeinern lässt: *Das Ergebnis von Echtzeit-Datenverarbeitung ist nur dann korrekt, wenn es logisch und zeitlich korrekt ist.*

Aus diesen sehr allgemeinen Anforderungen lässt sich nun eine Reihe von speziellen Anforderungen ableiten, welche die Grundlage für alle Echtzeitsysteme bilden.

5.1.1 Rechtzeitigkeit

Die **Rechtzeitigkeit** ist eine direkt aus den obigen Überlegungen ableitbare Anforderung an alle Echtzeitsysteme. Rechtzeitigkeit heißt, die Ausgabedaten müssen rechtzeitig berechnet werden und zur Verfügung stehen. Dies erfordert jedoch auch, dass die Eingabedaten rechtzeitig abgeholt werden müssen. Die einzuhaltenden Zeitbedingungen werden hierbei meist von einem technischen Prozess diktiert. Abbildung 5.2 skizziert dies.

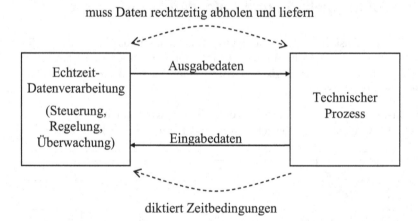

Abb. 5.2. Zusammenspiel von Echtzeit-Datenverarbeitung und technischem Prozess

Im obigen Beispiel ist der technische Prozess das autonome Fahrzeug. Es kann sich aber auch um automatisierte Fertigungsanlagen in der Industrie, um Haushaltsgeräte, Messgeräte, medizinische Einrichtungen etc. handeln. Die Zeitbedingungen zur Überwachung, Steuerung und Regelung dieser Prozesse können in verschiedenen Varianten vorliegen [Lauber, Göhner 1999]:

- Angabe eines **genauen Zeitpunktes** (Abb. 5.3a)
  Hierbei wird exakt der Zeitpunkt t definiert, an dem eine Aktion stattzufinden hat. Diese Aktion darf nicht früher und nicht später durchgeführt werden. Ein Beispiel hierfür wäre etwa ein exaktes Stoppen des bereits oben erwähnten autonomen Fahrzeugs an einem definierten Punkt, etwa zum Be- und Entladen. Stoppt das Fahrzeug zu früh, ist der Punkt noch nicht erreicht, stoppt es zu spät, so schießt es über das Ziel hinaus.
- Angabe eines **spätesten Zeitpunktes** (Abb. 5.3b)
  Es wird ein maximaler Zeitpunkt t_{max} angegeben, bis zu dem eine Aktion spätestens durchgeführt sein muss. Die Aktion kann aber auch früher beendet werden. Diesen Zeitpunk t_{max} nennt man auch eine *Zeitschranke* oder **Deadline**. Ein Beispiel hierfür wäre das Verlassen eines Kreuzungsbereiches durch das autonome Fahrzeug bei grüner Ampel. Spätestens wenn die Ampel wieder rot geworden ist, muss das Fahrzeug den Kreuzungsbereich verlassen haben.
- Angabe eines **frühesten Zeitpunktes** (Abb. 5.3c)
  Es wird ein minimaler Zeitpunkt t_{min} angegeben, vor dem eine bestimmte Aktion nicht durchgeführt werden darf. Eine spätere Durchführung ist gestattet. Ein Beispiel wäre das Entladen von Fracht eines autonomen Fahrzeugs an dem Endpunkt seiner Route. Eine automatische Entladestation darf die Entladung erst durchführen, sobald das Fahrzeug angekommen ist. Eine spätere Entladung ist ebenfalls möglich.
- Angabe eines **Zeitintervalls** (Abb. 5.3d)
  Eine Aktion muss innerhalb eines durch die beiden Zeitpunkte t_{min} und t_{max} gegebenen Intervalls durchgeführt werden. Das autonome Fahrzeug kann wieder als Beispiel dienen. Soll dieses Fahrzeug während der Vorbeifahrt an einer Station automatisch be- oder entladen werden, so kann dies nur geschehen, solange das Fahrzeug in Reichweite des Roboterarms der Station ist. Hierdurch definiert sich ein Zeitintervall, innerhalb dessen das Be- oder Entladen zu erfolgen hat.

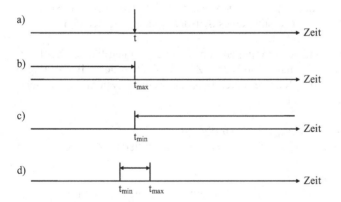

Abb. 5.3. Varianten zur Angabe einer Zeitbedingung

Zeitbedingungen können weiterhin **periodisch** oder **aperiodisch** sein. Bei periodischen Zeitbedingungen wiederholt sich eine Zeitbedingung in regelmäßigen Abständen. Abbildung 5.4a zeigt dies an Hand eines sich mit konstanter Periode wiederholenden genauen Zeitpunktes. Ein Beispiel wäre etwa das regelmäßige Auslesen von Sensoren im autonomen Fahrzeug. Aperiodische Zeitbedingungen treten in unregelmäßigen Abständen auf, wie dies in Abbildung 5.4b dargestellt ist. Auslöser solcher aperiodischen Zeitbedingungen sind meist eintretende Ereignisse, z.B. das Erreichen einer Kreuzung durch das autonome Fahrzeug. Periodische und aperiodische Zeitbedingungen können natürlich nicht nur für exakte Zeitpunkte, sondern auch für späteste und früheste Zeitpunkte sowie Zeitintervalle definiert werden.

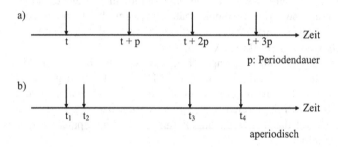

Abb. 5.4. Periodische und aperiodische Zeitbedingungen

Bei der Angabe von Zeitbedingungen kann weiterhin unterschieden werden zwischen:

- **Absoluten Zeitbedingungen.** Hier wird eine absolute Uhrzeit als Zeitbedingung definiert, z.B. das Freigabesignal für das Starten eines Prozesses muss um 12:00 erfolgen.
- **Relativen Zeitbedingungen.** Es wird eine Zeitbedingung relativ zu einer vorigen Zeitbedingung oder einem vorigen Ereignis definiert, z.B. ein Stellwert muss 0,5 Sekunden nach Messung eines Sensorwertes erzeugt werden.

Die genannten Formen und Ausprägungen von Zeitbedingungen können bei Echtzeitsystemen in jeder Kombination auftreten. Zum Einhalten dieser Bedingungen und damit zur Erfüllung der Rechtzeitigkeit muss ein Echtzeitsystem zwei wesentliche Eigenschaften aufweisen:

- **Hinreichende Verarbeitungsgeschwindigkeit**
  ist erforderlich, um die vom technischen Prozess diktierten Zeitbedingungen einhalten zu können.
- **Zeitliche Vorhersagbarkeit**
  ist erforderlich, um die Einhaltung dieser Zeitbedingungen in jedem Fall zu garantieren.

Eine hohe Verarbeitungsgeschwindigkeit ohne zeitliche Vorhersagbarkeit ist für ein Echtzeitsystem bedeutungslos. Nehmen wir als Beispiel ein cache-gestütztes Mikrorechnersystem (vgl. Kapitel 2.1.3). Die mittlere Verarbeitungsgeschwindigkeit eines solchen Systems ist hoch, da in den meisten Fällen Daten aus dem schnellen Cache geholt werden können und der langsamere Arbeitsspeicher nicht benötigt wird. Die zeitliche Vorhersagbarkeit einer einzelnen Operation ist jedoch schwierig, da nur unter sehr günstigen Bedingungen Treffer oder Fehlschläge bei Cache-Zugriffen vorhergesagt werden können. Im Fall eines Fehlschlags beim Cache-Zugriff ist die Verarbeitungszeit um mehr als eine Zehnerpotenz größer als bei einem Treffer. Dies bedeutet, dass trotz genügend hoher mittlerer Verarbeitungsgeschwindigkeit die Zeitbedingungen zwar meistens, aber nicht immer eingehalten werden. Im Fall eines Fehlschlags beim Cache-Zugriff können einzelne Zeitbedingungen verletzt werden. Dies ist schwer vorhersagbar, weil das Cache-Verhalten schwer vorhersagbar ist. Cache-gestützte Systeme sind daher in der Echtzeit-Verarbeitung problematisch.

Je nach Strenge und Qualität der einzuhaltenden Zeitbedingungen unterscheidet man:

- **Harte Echtzeitbedingungen**
  Hier müssen die Zeitbedingungen auf jeden Fall eingehalten werden, anderen Falls droht Schaden. Das rechtzeitige Anhalten des autonomen Fahrzeugs vor einer Ampel ist ein Beispiel für eine harte Echtzeitbedingung, da bei Überschreiten dieser Zeitbedingung das Fahrzeug in die Kreuzung einfährt und einen Unfall verursachen kann. Systeme, welche harte Echtzeitbedingungen einhalten müssen, heißen **harte Echtzeitsysteme** (*Hard Real-time Systems*)
- **Feste Echtzeitbedingungen**
  Bei festen Echtzeitbedingungen wird die durchgeführte Aktion nach Überschreiten der Zeitbedingung wertlos und kann abgebrochen werden. Es droht jedoch kein unmittelbarer Schaden. Feste Echtzeitbedingungen liegen oft in Form von „Verfallsdaten" von Informationen vor. Ein Beispiel ist die Überwachung der Position von Fahrzeugen oder Flugzeugen, bei der eine definierte Positionsgenauigkeit erforderlich ist. Ist eine Position gemessen, so besitzt diese Information nur eine zeitlich beschränkte Gültigkeit, da das Fahrzeug oder Flugzeug sich weiter bewegt. Nach einer bestimmten Zeit wird die geforderte Positionsgenauigkeit verletzt, die Positionsinformation wird wertlos. Es muss erneut gemessen werden, jegliche auf den alten Messwerten basierende Aktionen können abgebrochen werden. Systeme, welche feste Echtzeitbedingungen einhalten müssen, heißen **feste Echtzeitsysteme** (*Firm Real-time Systems*)
- **Weiche Echtzeitbedingungen**
  Hier sind die Zeitbedingungen als Richtlinien anzusehen, die durchaus in gewissem Rahmen überschritten werden dürfen. Man kann zwei unterschiedliche Formen der Überschreitung von weichen Zeitbedingungen unterscheiden: Zum einen kann eine weiche Zeitbedingung durchaus oft überschritten werden, wenn diese Überschreitung sich innerhalb eines gewissen Toleranzrahmens bewegt. Ein Beispiel wäre das periodische Auslesen eines Sensors für eine Temperaturanzeige. Hier ist eine Überschreitung der Zeitbedingung um 10% meist tolerierbar. Zum anderen kann eine weiche Zeitbedingung auch drastisch

überschritten werden, wenn dies selten geschieht. Ein Beispiel sind Multimediasysteme. Wenn bei der Bildübertragung ab und zu ein einzelnes Bild zu spät übertragen wird, führt dies lediglich zu einem leichten „Ruckeln" der Übertragung. Nur bei häufigem Auftreten wird dies problematisch. Systeme, welche weiche Echtzeitbedingungen einhalten müssen, heißen **weiche Echtzeitsysteme** (*Soft Real-time Systems*)

Die Bewertung der Überschreitung von Zeitbedingungen kann auch durch eine Wertfunktion (*Time Utility Function*) erfolgen. Diese Funktion gibt den Wert einer Aktion in Abhängigkeit der Zeit an. Ein positiver Wert bedeutet, das Ausführen der Aktion ist von Nutzen. Je höher der Wert, desto höher ist dieser Nutzen. Ein negativer Wert zeigt Schaden an. Der Wert 0 kennzeichnet, dass die Aktion wertlos geworden ist. Abbildung 5.5 zeigt Beispiele einer Wertfunktion für harte, feste und weiche Echtzeit. Bei weicher Echtzeit sinkt der Wert der Aktion nach Überschreiten der Zeitschranke langsam ab, bis der Wert 0 erreicht wird. Solange kann die Aktion fortgesetzt werden. Schaden tritt nicht ein. Bei fester Echtzeit sinkt der Wert mit Erreichen der Zeitschranke auf 0, die Aktion kann abgebrochen werden. Bei harter Echtzeit fällt der Wert bei Erreichen der Zeitschranke unter 0 und zeigt damit auftretenden Schaden an. Mit Wertfunktionen können Echtzeitsysteme feiner als durch die Unterteilung in harte/feste/weiche Echtzeit klassifiziert werden. Es sind auch Fälle denkbar, bei denen die Wertfunktion zunächst wie bei weicher Echtzeit nach Überschreitung der Zeitschranke langsam abfällt, hierbei aber auch Werte unter 0 erreicht und damit Schaden wie bei harter Echtzeit anzeigt. Des Weiteren kann diese Wertfunktion auch genutzt werden, um die Zuteilung der Rechnerressourcen an einzelne Aktionen zu steuern (*Scheduling*, siehe Kapitel 6.3.4). Je höher der Wert, desto mehr Ressourcen werden zugeteilt bzw. desto dringlicher wird die Aktion bewertet.

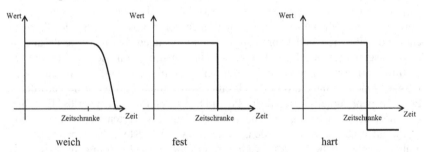

Abb. 5.5. Wertfunktionen zur Bewertung von Zeitbedingungen

5.1.2 Gleichzeitigkeit

Ein wesentliches Problem bei Echtzeitsystemen besteht darin, dass im Allgemeinen nicht nur ein Signal oder Ereignis zu beobachten ist, sondern mehrere Ereignisse gleichzeitig behandelt werden müssen. Daraus resultiert die neben der

Rechtzeitigkeit zweite generelle Anforderung an Echtzeitsysteme: die **Gleichzei-tigkeit**. Dies bedeutet, die Rechtzeitigkeit muss für mehrere Aktionen gleichzeitig gewährleistet sein. Abbildung 5.6 zeigt dies wieder am Beispiel eines autonomen Fahrzeugs. Es handelt sich um ein Fahrzeug aus einem industriellen fahrerlosen Transportsystem (FTS), im Englischen *Autonomous Guided Vehicle* (AGV) genannt. Die gleichzeitig durchzuführenden Aufgaben sind hier:

- Auslesen und Verarbeiten von Kameradaten zur Erkennung von Fahrspur und Umgebung,
- Auslesen und Verarbeiten von Laserscannerdaten zur 3-dimensionalen Abtastung der näheren Umgebung und Kollisionsvermeidung,
- Auslesen und Verarbeiten von Transpondern zur Erkennung von speziellen Orten wie z.b. Be- und Endladestationen,
- Steuerung und Regelung der Antriebsmotoren zur Einhaltung einer Fahrspur, und
- Funkkommunikation mit einer Leitstelle zur Disposition und Koordination mit anderen Fahrzeugen und Automatisierungseinrichtungen.

Alle diese Aufgaben unterliegen Zeitbedingungen, die gleichzeitig erfüllt werden müssen. Weitere Beispiele für Gleichzeitigkeit sind leicht zu finden: die Leitstelle des fahrerlosen Transportsystems muss mehrere Fahrzeuge gleichzeitig disponieren, eine industrielle Produktionsanlage muss mehrere Arbeitsplätze gleichzeitig überwachen und steuern, ein Heizsystem muss mehrere Heizkreise gleichzeitig regeln, etc. Man sieht leicht, dass die Gleichzeitigkeit ebenfalls eine Kernanforderung bei Echtzeitsystemen darstellt.

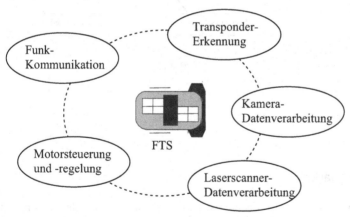

Abb. 5.6. Gleichzeitig durchzuführende Aufgaben bei einem fahrerlosen Transportsystem

Zur Erfüllung der Gleichzeitigkeit gibt es mehrere Möglichkeiten (Abb. 5.7):

- Vollständige Parallelverarbeitung in einem Mehrprozessorsystem
- Quasi-parallele Verarbeitung in einem Mehrprozessorsystem
- Quasi-parallele Verarbeitung in einem Einprozessorsystem

Im ersten Fall wird jede Aufgabe auf einem eigenen Prozessor, z.B. einem Mikrocontroller, abgearbeitet. Es findet eine echte Parallelverarbeitung statt, jeder Aufgabe steht die volle Verarbeitungsleistung des Prozessors zu. Dies ermöglicht eine unabhängige Betrachtung der Aufgaben, lediglich ihre Interaktionen müssen berücksichtigt werden.

Im zweiten Fall sind immer noch mehrere Prozessoren vorhanden, jedoch weniger Prozessoren als Aufgaben. Mehrere Aufgaben müssen sich daher die Verarbeitungsleistung eines Prozessors teilen. Diese Verteilung wird von einem **Echtzeitscheduler** (*Real-time Scheduler*) durchgeführt. Ein Echtzeitscheduler ist eine Hard- oder Softwarekomponente, welche den einzelnen Aufgaben die zur Verfügung stehenden Prozessoren derart zuteilt, dass möglichst alle Aufgaben ihre Zeitbedingungen einhalten. Hierbei können Aufgaben fest Prozessoren zugeteilt werden, aber auch zwischen Prozessoren wandern.

Der letzte Fall stellt aus Hardware-Sicht die einfachste Realisierung dar: Alle Aufgaben teilen sich einen Prozessor. Ein Echtzeitscheduler steuert die Zuteilung des Prozessors an diese Aufgaben. Diese Form des Echtzeitschedulings ist am einfachsten zu analysieren und zu beherrschen. Näheres zu diesem Thema findet sich in Abschnitt 6.3.4.

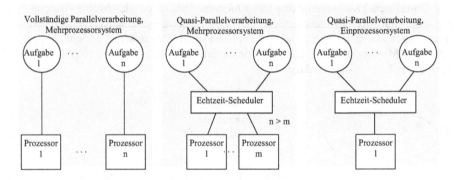

Abb. 5.7. Realisierungsformen der Gleichzeitigkeit

5.1.3 Verfügbarkeit

Echtzeitsysteme müssen unterbrechungsfrei betriebsbereit sein, da es sonst zu Verletzung von Zeitbedingungen kommen kann. Daraus ergibt sich die dritte elementare Anforderung an Echtzeitsysteme, die **Verfügbarkeit**. Echtzeitsysteme müssen über einen längeren Zeitraum hinweg verfügbar sein, einige sogar rund um die Uhr für 24 Stunden. Pausen in der Verfügbarkeit sind nicht zulässig, da in diesen Pausen nicht auf Ereignisse reagiert werden kann. Beispiele für Echtzeitsysteme, die rund um die Uhr verfügbar sein müssen sind etwa:

- Kraftwerksregelungen,
- Produktionsanlagen,
- Heizsysteme und Klimaanlagen,
- Kommunikationssysteme,
- Förderanlagen, etc.

Dies erfordert unter Anderem, dass es keine Unterbrechungen des Betriebs für Reorganisationsphasen geben kann. Problematisch ist hier z.b. die Speicherreorganisation bei einigen Datenbanksystemen oder die Speicherbereinigung (*Garbage Collection*) einiger Programmiersprachen wie Java. Die Speicherbereinigung macht Standard-Implementierungen von Java (wie z.b. das Java SDK [Sun 2004]) daher ungeeignet für den Einsatz in Echtzeitsystemen. Abbildung 5.8a verdeutlicht dies.

Abhilfe schafft entweder die Verwendung von **reorganisationsfreien Algorithmen**, etwa für die Index- und Speicherverwaltung von Datenbanksystemen. Eine andere Möglichkeit besteht darin, eine notwendige **Reorganisation in kleine Schritte** zu unterteilen, welche das System von einem konsistenten in den nächsten konsistenten Zustand überführen. Auf diese Weise fügt sich die Reorganisation in den Echtzeitbetrieb ein, Zeitbedingungen bleiben gewahrt (Abbildung 5.8b). Diese Technik wird für Echtzeit-Implementierungen von Java (z.b. PERC [New-Monics 2004] oder Jamaica [Aicas 2004]) genutzt.

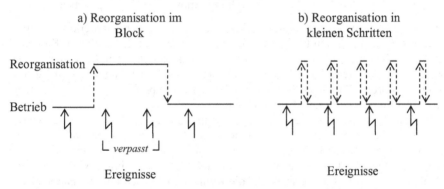

a) Reorganisation im Block   b) Reorganisation in kleinen Schritten

Abb. 5.8. Verfügbarkeit bei verschiedenen Reorganisationstechniken (z.B. zur Speicherbereinigung in Java)

5.2 Verfahren

Um die im vorigen Abschnitt besprochenen Anforderungen an das Zeitverhalten in Echtzeitsystemen zu realisieren, gibt es zwei grundlegende Programmierverfahren:

- Die **synchrone Programmierung** zur Konstruktion zeitgesteuerter Systeme.
- Die **asynchrone Programmierung** zur Konstruktion von ereignisgesteuerten Systemen.

Diese beiden Verfahren werden im Folgenden genauer besprochen und an einem Beispiel erläutert.

5.2.1   Synchrone Programmierung

Bei der synchronen Programmierung wird das zeitliche Verhalten **periodisch** auszuführender Aktionen **vor ihrer Ausführung** geplant. Es werden folgende Schritte durchgeführt:

- Die periodisch auszuführenden Aktionen werden in einem Zeitraster T synchronisiert. Daher trägt dieses Verfahren seinen Namen. Aktionen können nur auf Punkten des Zeitrasters, also zu ganzzahligen Vielfachen von T, gestartet werden.
- Dieses Zeitraster wird mit einem Zeitgeber gewonnen (vgl. Kapitel 2.2.3), der im Zeitabstand T Unterbrechungen erzeugt, um die für die durchzuführenden Aktionen verantwortlichen Teilprogramme zu starten. Hierdurch entsteht ein rein zeitgesteuertes System.
- Die Reihenfolge des Ablaufs der Teilprogramme wird fest vorgegeben.

Betrachten wir als Beispiel eine vereinfachte Version unseres fahrerlosen Transportsystems aus Abschnitt 5.1.2. Wir beschränken uns auf die Aufgaben Kameradatenverarbeitung und Motorsteuerung. Hiermit lässt sich ein individuelles autonomes Fahrzeug realisieren, welches einer Fahrspur folgen kann. Abbildung 5.9 zeigt die durchzuführenden Aufgaben. Diese sind alle periodisch, d.h. sie müssen in vordefinierten Zeitintervallen durchgeführt werden.

Da die Kameradatenverarbeitung für die Erkennung der Fahrspur verantwortlich ist und ohne erkannte Fahrspur eine Motorsteuerung nicht sinnvoll ist, muss die Kameradatenverarbeitung am häufigsten durchgeführt werden. Wir ordnen ihr daher die Periode $T_1 = T$ zu, d.h. die Kameradatenverarbeitung wird zu jedem Punkt des Zeitrasters aufgerufen, um die Kamera auszulesen und die Fahrspur zu erkennen. Im einfachsten Fall kann diese Fahrspur aus einem auf dem Boden aufgeklebten Reflexband bestehen, dem das Fahrzeug zu folgen hat. Es kann aber auch eine ausgedehnte Bildverarbeitung zur Erkennung der Position des Fahrzeugs in einem Raum Verwendung finden.

Die Motorsteuerung hat die Aufgabe, das Fahrzeug auf der erkannten Spur zu halten. Dies kann z.B. durch einen Differentialantrieb geschehen, bei dem das Fahrzeug durch unterschiedliche Drehzahlen der linken und rechten Räder gesteuert werden kann. Wir ordnen dieser Aufgabe in unserem Beispiel die Periode $T_2 = 2T$ zu, d.h. diese Aufgabe wird zu jedem zweiten Punkt des Zeitrasters durchgeführt.

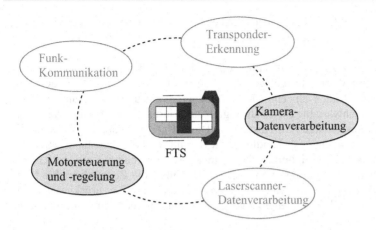

Abb. 5.9. Vereinfachtes FTS Beispiel mit zwei periodischen Aufgaben

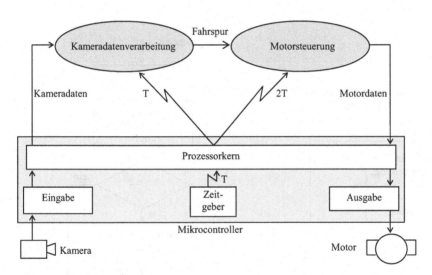

Abb. 5.10. Aufbau der FTS Steuerung mit einem Mikrocontroller

Abbildung 5.10 zeigt den groben Aufbau der Steuerung für das FTS unter Verwendung eines Mikrocontrollers. Ein Zeitgeber erzeugt in konstanten Zeitabständen der Dauer T Unterbrechungen beim Prozessorkern des Mikrocontrollers. Dieser ruft bei jeder Unterbrechung, also mit Periode T, das Teilprogramm für die Kameradatenverarbeitung auf, welches über die Eingabeschnittstellen die Kameradaten liest und eine Fahrspur ermittelt.

Nehmen wir in unserem Beispiel an, dass sich die Ermittlung der Fahrspur über zwei Perioden erstreckt, z.B. durch Vergleich zweier aufeinander folgender Bilder. Daher ruft der Prozessorkern des Mikrocontrollers zu jeder zweiten Unterbrechung, also mit Periode 2T, das Teilprogramm für die Motorsteuerung auf, welches basierend auf der Fahrspur neue Ansteuerwerte für die Motoren ermittelt und diese über die Ausgabeschnittstellen des Mikrocontrollers an die Motoren weiterleitet.

Abbildung 5.11 zeigt die Ablaufplanung, die typisch für die synchrone Programmierung im Voraus festgelegt ist und sich zur Laufzeit niemals ändert. Die Abbildung enthält auch ein einfaches Flussdiagramm zur Realisierung des Ablaufs. Eine Zeitzählvariable t wird zu Beginn auf 0 initialisiert. Danach erzeugt ein Zeitgeber Unterbrechungen im Abstand T. Diese Unterbrechungen aktivieren die dargestellte Unterbrechungsbehandlung. Zu Beginn wird die Zeitzählvariable t inkrementiert. Danach wird immer die Kameradatenverarbeitung aufgerufen, die somit die gewünschte Periode von T erreicht. Nimmt die Zeitzählvariable t den Wert 2 an, so wird auch die Motorsteuerung aufgerufen und t zurückgesetzt. Die Motorsteuerung wird so bei jedem zweiten Durchlauf aufgerufen und erreicht die Periode 2T.

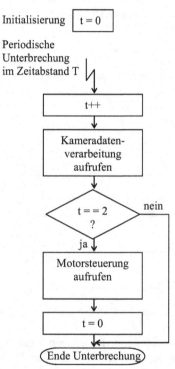

Ablaufplanung	
Aufgabe	Periode
Kameradaten-verarbeitung	T
Motor-steuerung	2T

Abb. 5.11. Ablaufplanung und deren Realisierung für die einfache FTS-Steuerung

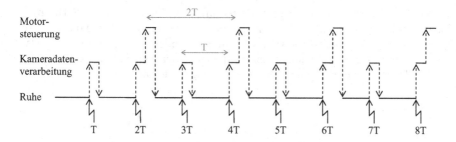

Abb. 5.12. Zeitlicher Ablauf der einfachen FTS-Steuerung

Abbildung 5.12 skizziert den zeitlichen Ablauf. Man sieht, dass in diesem einfachen Beispiel in der Tat die gewünschten Periodenzeiten exakt eingehalten werden. Dies gilt immer unter zwei Bedingungen:

1. Die **Summe der Ausführungszeiten** der einzelnen Aufgaben ist **kleiner T**.
2. Jede längere Periodenzeit ist ein ganzzahliges Vielfaches der nächst kürzeren Periodenzeit.

Anderenfalls kann es zu Abweichungen kommen. Abbildung 5.13 zeigt das gleiche Beispiel mit erhöhten Ausführungszeiten für Kameradatenverarbeitung und Motorsteuerung, sodass die Summe beider Zeiten größer als T wird. Es ist leicht zu sehen, dass durch die Ausführung beider Aktivitäten alle zwei Perioden eine Verzögerung entsteht, welche die Periodendauer der Kameradatenverarbeitung um die Zeitdauer t_a verlängert. Es ist ebenfalls leicht einzusehen, dass eine noch drastischere Verletzung dieser Bedingung den Ablauf völlig zerstören kann.

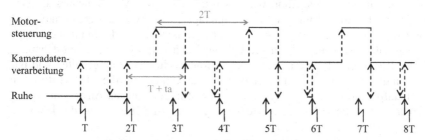

ta : Ausführungszeit Kameradatenverarbeitung + Ausführungszeit Motorsteuerung -T

Abb. 5.13. Periodenabweichung bei Summe der Ausführungszeiten größer T

Bedingung 2 benötigt eine Erläuterung. Zunächst soll an einem Beispiel verdeutlicht werden, was Bedingung 2 überhaupt bedeutet. Die drei Periodenzeiten 2T, 4T und 8T erfüllen die Bedingung, da 4T ein ganzzahliges Vielfaches von 2T und 8T ein ganzzahliges Vielfaches von 4T ist. Die Periodenzeiten 2T, 4T und 6T erfüllen hingegen die Bedingung nicht, da 6T kein ganzzahliges Vielfaches von 4T ist. Abbildung 5.14 zeigt, wie eine Verletzung von Bedingung 2 zu Abweichungen in der Periodendauer führen kann. Wir modifizieren hierzu unser FTS Beispiel, indem wir die Periodendauer der Kameradatenverarbeitung zu 2T und die der Motorsteuerung zu 3T festgesetzten. 3T ist kein ganzzahliges Vielfaches von 2T. Dadurch kommt es zu variierenden Kombinationen beider Aktivitäten, die hier zu einer Verlängerung der Periode der Motorsteuerung um t_k führt.

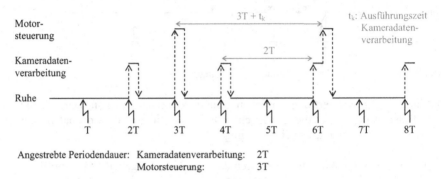

Angestrebte Periodendauer: Kameradatenverarbeitung: 2T
                            Motorsteuerung: 3T

Abb. 5.14. Periodenabweichung bei Verletzung von Bedingung 2

Für die maximale Abweichung in der Periodendauer einer Aufgabe bei Verletzung von Bedingung 2 kann eine obere Schranke angegeben werden. Diese ergibt sich aus der Summe der Ausführungszeiten aller Aufgaben, die in der Ablaufplanung vorher durchgeführt werden. Dies bedeutet, für die Kameradatenverarbeitung in unserem Beispiel gibt es keine Abweichung, da diese Aufgabe nach Auftreten der Zeitgeberunterbrechung als erstes ausgeführt wird. Die maximale Periodenzeitabweichung der Motorsteuerung ist die Ausführungszeit der Kameradatenverarbeitung, da diese vorher ausgeführt wird. Würden wir in der Ablaufplanung aus Abbildung 5.11 eine dritte Aufgabe anhängen, so würde deren maximale Periodenzeitabweichung bei Verletzung der Bedingung 2 aus der Summe der Ausführungszeiten der Kameradatenverarbeitung und der Motorsteuerung bestehen.

Wird Bedingung 1 (Summe aller Ausführungszeiten ≤ T) eingehalten und nur Bedingung 2 verletzt, dann ist die maximale Abweichung für die letzte Aufgabe in der Ablaufplanung immer kleiner als T. Dies ist in den meisten Anwendungen tolerierbar, sodass die recht harsche Bedingung 2 oft vernachlässigt werden kann.

Die Vorteile der synchronen Programmierung sind offensichtlich:

- Sie besitzt ein festes, vorhersagbares Zeitverhalten.
- Sie erlaubt eine einfache Analyse und einen einfachen Test des Systems.
- Sie ist hervorragend bei zyklischen Abläufen anwendbar.
- Bei richtiger Planung können Rechtzeitigkeit und Gleichzeitigkeit garantiert werden.
- Dadurch ist die synchrone Programmierung insbesondere für sicherheitsrelevante Aufgaben geeignet.

Daneben sind aber auch zwei wesentliche Nachteile zu nennen:

• Geringe Flexibilität gegenüber Änderungen der Aufgabestellung.
• Eine Reaktion auf aperiodische Ereignisse ist nicht vorgesehen.

Ändert sich die Struktur der Aufgabenstellung, so muss im Allgemeinen die gesamte Programmstruktur geändert werden. Aperiodische Ereignisse können nur periodisch überprüft werden. Dies verschlechtert die Reaktionszeit und verlängert die Gesamtzykluszeit.

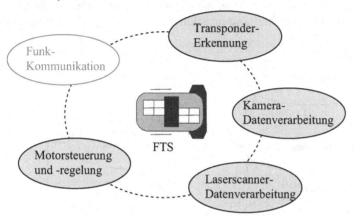

Abb. 5.15. Komplexeres FTS Beispiel mit vier Aufgaben

Die Handhabung aperiodischer Ereignisse durch periodische Überprüfung können wir an Hand unseres Beispiels verdeutlichen. Wir erweitern hierzu das Beispiel wie in Abbildung 5.15 dargestellt um die bisher ausgeklammerten Aufgaben Transpondererkennung und Laserscannerdatenverarbeitung. Beide Aufgaben müssen eigentlich aperiodische Ereignisse verarbeiten. Der Transponder liefert genau dann ein Signal, wenn das Fahrzeug in die Nähe eines ausgezeichneten Streckenpunktes, z.B. einer Verladestation, kommt. Der Laserscanner liefert ein Signal, wenn ein Objekt im Kollisionsbereich des Fahrzeugs erscheint. Um diese beiden Aufgaben mit Hilfe der synchronen Programmierung behandeln zu können, führen wir für sie eine Periode ein. Der Laserscanner solle alle 3T, der Transponder alle 4T überprüft werden. Abbildung 5.16 zeigt den Aufbau mit Hilfe eines Mikrocontrollers, Abbildung 5.17 den Ablaufplan sowie die Realisierung in einem synchronen Programm. Das Grundprinzip ist das gleiche wie bei dem einfachen Beispiel aus Abbildung 5.11. Ein Zeitgeber sorgt für periodisches Aufrufen der Unterbrechungsbehandlung. Hier werden nun mit Hilfe der drei Zählvariablen t_1, t_2 und t_3 die verschiedenen Periodendauern realisiert. Die Kameradatenverarbeitung wird jeden Durchlauf aufgerufen, die Motorsteuerung jeden zweiten Durchlauf, die Laserscannerdatenverarbeitung jeden dritten Durchlauf und die Transponderdatenverarbeitung jeden vierten Durchlauf. Abbildung 5.18 skizziert den zeitlichen Ablauf. Man sieht, dass die Periodenzeiten gut eingehalten werden.

Die Periodenzeiten für die Kameradatenverarbeitung und die Motorsteuerung werden immer eingehalten, da für die beiden Aufgaben die besprochene Bedingung 2 erfüllt ist. Die Periodenzeiten für die Laserscannerdatenverarbeitung und die Transponderdatenverarbeitung werden näherungsweise eingehalten, da hier Bedingung 2 verletzt ist und so die entsprechenden Aktivitäten in unterschiedlichen Kombinationen auftreten. Durch die periodische Abarbeitung der eigentlich aperiodischen Ereignisse des Laserscanners und Transponders entsteht eine Reaktionsverzögerung. Im schlimmsten Fall, und genau der ist bei Echtzeitsystemen wichtig, tritt das entsprechende Ereignis genau nach Aufruf des entsprechenden Teilprogramms auf und muss daher auf die nächste Periode warten. Beim Laserscanner beträgt die Reaktionszeit also im schlimmsten Fall 3T, beim Transponder 4T.

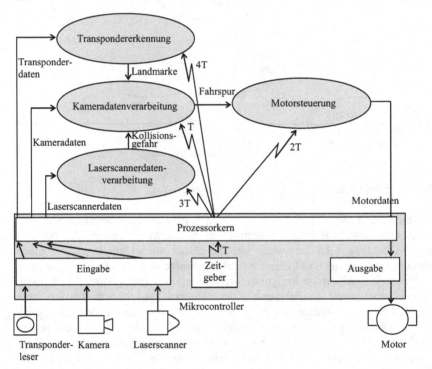

Abb. 5.16. Aufbau der komplexeren FTS Steuerung mit einem Mikrocontroller

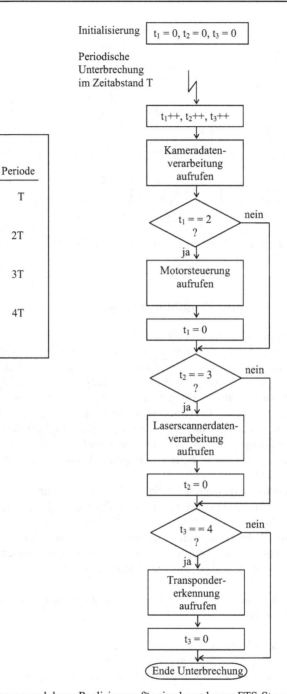

Abb. 5.17. Ablaufplanung und deren Realisierung für eine komplexere FTS-Steuerung

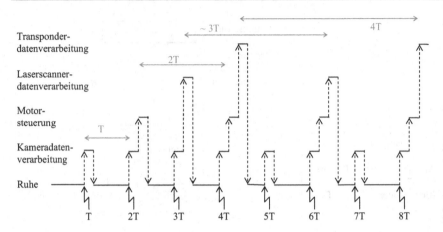

Abb. 5.18. Zeitlicher Ablauf der komplexeren FTS-Steuerung

5.2.2 Asynchrone Programmierung

Zur besseren Behandlung aperiodischer Ereignisse kann die asynchrone Programmierung eingesetzt werden. Hier wird der Ablauf der Aktionen nicht im Voraus, sondern während der Programmausführung geplant. Dies erfolgt durch ein **Organisationsprogramm**, meist in Form eines **Echtzeitbetriebssystems**. Dieses Organisationsprogramm hat folgende Aufgaben zu bewältigen:

- Es muss Ereignisse überwachen, welche eine Aktion durch das System erfordern. Wir sprechen daher bei Anwendung der asynchronen Programmierung von ereignisgesteuerten Systemen, während die synchrone Programmierung zeitgesteuerte Systeme erzeugt. Ereignisse können sowohl periodisch wie aperiodisch auftreten.

- Es muss Informationen über einzuhaltende Zeitbedingungen, z.B. Zeitschranken oder Prioritäten, für eingetretene Ereignisse bzw. zugehörige Aktionen entgegennehmen.

- Auf Grund dieser Informationen muss das Organisationsprogramm eine Ablaufreihenfolge von Teilprogrammen zur Bearbeitung der eingetretenen Ereignisse ermitteln, sodass alle Zeitbedingungen nach Möglichkeit eingehalten werden.

- Schließlich muss es diese Teilprogramme gemäß der ermittelten Ablaufreihenfolge aktivieren.

Man sieht, dass hierdurch eine deutlich flexiblere Struktur entsteht, die neben periodischen Ereignissen auch aperiodische, asynchron zu einem Zeitgebertakt auftretende Ereignisse behandeln kann. Daher rührt auch der Name „asynchrone Programmierung".

Die Erfüllung der genannten vier Teilaufgaben heißt **Echtzeitscheduling** (*Real-time Scheduling*). Hierfür existieren eine Reihe verschiedenster Strategien, die wir in Abschnitt 6.3.4 genauer betrachten werden. Um aber Vorgehensweisen und Eigenschaften der asynchronen Programmierung näher zu erläutern, werden wir hier im Vorgriff eine einfache Echtzeitscheduling-Strategie nutzen, die wir bereits bei der Unterbrechungsbehandlung in Kapitel 2.1.2 kennen gelernt haben. Diese Strategie heißt **Fixed Priority Preemptive Scheduling** und besitzt folgende Eigenschaften:

- Jedes Ereignis erhält eine feste Priorität (*Fixed Priority*)
- Die Reihenfolge der Ausführung richtet sich nach dieser Priorität, Ereignisse hoher Priorität werden vor Ereignissen niederer Priorität behandelt.
- Ereignisse höherer Priorität unterbrechen Ereignisse niederer Priorität (*Preemption*). Die Bearbeitung eines Ereignisses niederer Priorität wird erst wieder aufgenommen, wenn alle Ereignisse höherer Priorität abgearbeitet oder inaktiv geworden sind.

Wir wollen die asynchrone Programmierung mittels Fixed Priority Preemptive Scheduling an einem Beispiel betrachten. Hierzu soll wieder unser autonomes Fahrzeug dienen. Wir greifen das Beispiel aus Abbildung 5.15 auf, bei dem zwei periodische Ereignisse (Kameradaten, Motorsteuerung) und zwei aperiodische Ereignisse (Transponder, Laserscanner) auftreten. Abbildung 5.19 zeigt den Aufbau des Systems wieder mit Hilfe eines Mikrocontrollers. Man sieht, dass nun ein Organisationsprogramm, das Echtzeitbetriebssystem, hinzugekommen ist, welches die einzelnen Aktionen auslöst. Dies geschieht mittels Ereignissen. Periodische Ereignisse werden hierbei von einem Zeitgeber erzeugt, aperiodische Ereignisse von den entsprechenden Geräten (Laserscanner, Transponderleser) über die Eingabeschnittstellen. Zur Aktivierung der zugehörigen Teilprogramme bei Auftreten eines Ereignisses wird wie bei der synchronen Programmierung auch das Unterbrechungssystem (vgl. Kapitel 2.1.2) des Mikrocontrollers genutzt. Dies geschieht in den meisten Fällen jedoch nicht direkt, sondern unter Benutzung des Echtzeitbetriebssystems, welches die Unterbrechungen entgegennimmt und weiterleitet. Hierdurch ergibt sich eine flexiblere Struktur (für nähere Informationen hierzu siehe Kapitel 6.5.3 und die Erläuterungen zu Abbildung 2.10 in Kapitel 2.1.2).

Im Gegensatz zur synchronen Programmierung müssen wir hier die aperiodischen Ereignisse nicht mit einer künstlichen Periode versehen, sondern können sie direkt behandeln. Hierzu müssen wir lediglich jedem Ereignis, periodisch wie aperiodisch, eine Priorität zuordnen. Tabelle 5.1 zeigt eine solche Zuordnung für unser Beispiel. Die aperiodischen Ereignisse erhielten hierbei die höchsten Prioritäten, um eine schnelle Reaktion zu ermöglichen. Die Priorität der periodischen Ereignisse wurde gemäß ihrer Periodendauer zugewiesen, die kürzere Periodendauer erhielt die höhere Priorität. Dies entspricht einem Verfahren namens **Rate Monotonic Scheduling**, welches wir ebenfalls in Abschnitt 6.3.4 näher betrachten und erläutern werden. Hier sei es nur als eine Möglichkeit der Prioritätenzuordnung zu periodischen Aktivitäten genutzt.

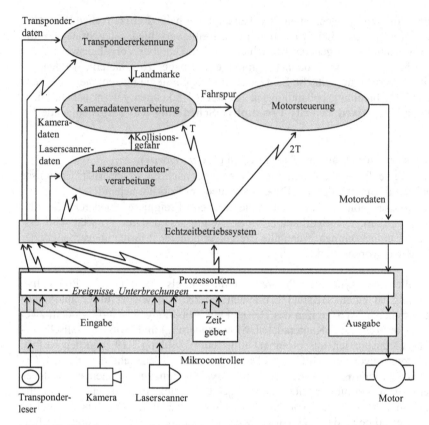

Abb. 5.19. FTS Steuerung mittels Mikrocontroller und asynchroner Programmierung

Tabelle 5.1. Prioritätenzuordnung für das FTS bei asynchroner Programmierung

Prioritätenzuordnung			
Aufgabe	Ereignis	Periode	Priorität
Laserscanner-datenverarbeitung	Kollisions-warnung	-	1 (höchste)
Transponder-erkennung	Landmarke erkannt	-	2
Kameradaten-verarbeitung	Zeitgeber	T	3
Motor-steuerung	Zeitgeber	2T	4 (niedrigste)

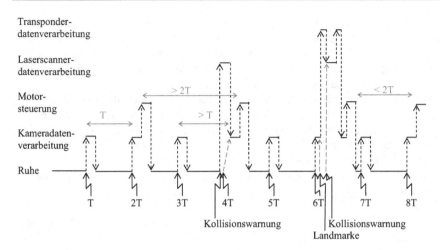

Abb. 5.20. Zeitlicher Ablauf der FTS-Steuerung bei asynchroner Programmierung

Abbildung 5.20 zeigt den zeitlichen Ablauf dieser FTS Steuerung. Solange keine aperiodischen Ereignisse auftreten ist dieser Ablauf ähnlich geordnet wie bei der synchronen Programmierung. Die Reihenfolge der Teilprogramme Kameradatenverarbeitung und Motorsteuerung ergibt sich nun allerdings nicht mehr durch das starre Ablaufdiagramm, sondern durch die Prioritäten. Die Kameradatenverarbeitung wird vor der Motorsteuerung durchgeführt, weil sie die höherer Priorität besitz. Hier zeigt sich bereits die größere Flexibilität der asynchronen Programmierung, da zur Änderung dieser Reihenfolge hier lediglich die Prioritäten geändert werden müssen, die einzelnen Programme bleiben unverändert. Bei der synchronen Programmierung hingegen muss die Ablaufsteuerung und damit das Programm verändert werden.

Interessant wird der Ablauf der asynchronen Programmierung bei Auftreten aperiodischer Ereignisse. Im obigen Beispiel tritt eine Kollisionswarnung kurz vor dem Zeitpunkt 4T auf. Man sieht, dass diese Kollisionswarnung nun sofort durch die Laserscannerdatenverarbeitung behandelt wird. Die Kameradatenverarbeitung und die Motorsteuerung werden bedingt durch ihre geringere Priorität nach hinten geschoben. Der Preis für die sofortige Behandlung der Kollisionswarnung ist also eine Verlängerung der Perioden für die Kameradatenverarbeitung und die Motorsteuerung.

Noch interessanter wird es zum Zeitpunkt 6T. Dort wird zunächst die Kameradatenverarbeitung aktiviert. Noch vor Beendigung dieser Aktivität wird nun jedoch eine Landmarke, z.B. an einer Verladestation, vom Transponderleser erkannt. Dies bewirkt eine Unterbrechung der Kameradatenverarbeitung (Preemption), die Transponderdatenverarbeitung wird auf Grund ihrer höheren Priorität sofort gestartet. Nun tritt als weiteres Ereignis eine erneute Kollisionswarnung auf. Diese unterbricht nun ihrerseits wegen der höheren Priorität die noch nicht beendete Transponderdatenverarbeitung und bewirkt eine sofortige Aktivierung der Laserscannerdatenverarbeitung. Nach Abschluss der Laserscannerdatenverarbeitung wird die unterbrochenen Transponderdatenverarbeitung fortgeführt, nach deren Abschluss die unterbrochene Kameradatenverarbeitung. Als letztes wird schließlich die Motorsteuerung aktiviert. Hierdurch ergeben sich weitere Schwankungen in den Zykluszeiten, die Zykluszeit für die Motorsteuerung wird hier sogar kleiner als die gewünschten 2T.

Man sieht, dass sich der Zeitablauf und das Aufeinanderfolgen der einzelnen Teilprogramme dynamisch einstellen. Die Zykluszeiten variieren daher stärker als bei der synchronen Programmierung. Die Rechtzeitigkeit für alle Aufgaben wird nur näherungsweise erfüllt. Es gilt: je höher die Priorität einer Aufgabe, desto besser werden ihre Zeitbedingungen eingehalten.

Zusammenfassend lässt sich die asynchrone Programmierung wie folgt charakterisieren:

*   Sie ermöglicht einen flexiblen Programmablauf und eine flexible Programmstruktur.
*   Es ist eine Reaktion sowohl auf periodische wie aperiodische Ereignisse möglich.
*   Die Rechtzeitigkeit kann jedoch nicht in jedem Fall im Voraus garantiert werden.
*   Je niederer die Priorität einer Aufgabe, desto größer werden die möglichen Zeitschwankungen.
*   Die Systemanalyse und der Systemtest sind daher schwieriger als bei der synchronen Programmierung.
*   Je nach verwendeter Echtzeitscheduling Strategie ist es aber möglich, bei Kenntnis bestimmter Systemparameter wie kleinste Periodendauern und größte Ausführungszeiten der einzelnen Aktivitäten durch Vorab-Analyse zu überprüfen, ob die Rechtzeitigkeit unter allen Bedingungen eingehalten werden kann. Man nennt dies auch *Feasibility Analysis*. Näheres hierzu findet sich ebenfalls in Abschnitt 6.3.4.

Durch die große Flexibilität wird die asynchrone Programmierung heute verstärkt verwendet, während die synchrone Programmierung hochkritischen Bereichen vorbehalten ist.

5.3   Ablaufsteuerung

Abschließend zu diesem Kapitel sollen noch einige Formen der Ablaufsteuerung vorgestellt werden, die mit der synchronen bzw. asynchronen Programmierung in Verbindung stehen.

5.3.1 Zyklische Ablaufsteuerung

Die zyklische Ablaufsteuerung ist die einfachste Form einer Ablaufsteuerung. Sie benutzt keinerlei Zeitgeber oder Unterbrechungen, sondern führt eine Anzahl Aktionen, ggf. auch mit Varianten, in einer fortlaufenden Schleife durch. Abbildung 5.21 zeigt das Grundprinzip. Durch den Verzicht auf einen Zeitgeber ist der Prozessor immer voll ausgelastet, da die Schleife ohne Unterbrechung durchgeführt wird. Der Prozessor erledigt also die einzelnen Aktivitäten mit maximaler Geschwindigkeit. Man kann dies daher als eine spezielle Form der synchronen Programmierung betrachten, bei der eine Anzahl von Aufgaben in fest vorgegebener Reihenfolge mit höchst möglichem Durchsatz abgewickelt werden müssen. Ein Beispiel wäre die Überwachung mehrere Sensoren mit kürzest möglicher Periodendauer.

Die Periodendauer ist bei der zyklischen Ablaufsteuerung einzig von den Ausführungszeiten der einzelnen Aktivitäten abhängig. Soll eine definierte Periodendauer erzielt werden, so kann am Anfang oder am Ende der Programmschleife eine Warteschleife eingesetzt werden, in Abbildung 5.21 z.B. nach Aktivität E. In dieser Warteschleife verbringt der Prozessor eine definierte Menge von Taktzyklen, bevor er die Schleife wieder verlässt. Die Dauer der Warteschleife ist somit vom Prozessortakt abhängig. Bei Prozessoren mit Caches ist zu berücksichtigen, dass der erste Durchlauf der Warteschleife deutlich langsamer sein kann als die folgenden, da ein Cache Miss beim ersten Durchlauf vorliegen kann. Ein weiterer Nachteil ist die Tatsache, dass der Prozessor immer aktiv ist. Es wird also auch in der Warteschleife ein hohes Maß an Energie verbraucht. Schließlich ist zu berücksichtigen, dass bei alternativen oder bedingten Aktivitäten die Periodendauer schwankt, je nachdem ob eine bestimmte Aktivität im aktuellen Schleifendurchlauf ausgeführt wird oder nicht.

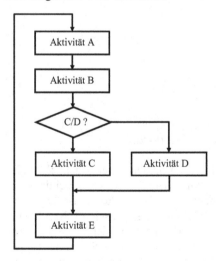

Abb. 5.21. Zyklische Ablaufsteuerung

5.3.2 Zeitgesteuerte Ablaufsteuerung

Das Problem unregelmäßiger Periodendauern kann durch eine zeitgesteuerte Ablaufsteuerung gelöst werden. Wie bei der zyklischen Ablaufsteuerung wird hier ebenfalls beständig eine Schleife durchlaufen (Abb. 5.22). Innerhalb der Schleife wird nun jedoch geprüft, ob es Zeit für eine bestimmte Aktivität ist. Dies kann z.B. durch Auslesen eines Zählers (vgl. Kapitel 2.2.4), der mit bekanntem Takt arbeitet, oder einer Uhr erfolgen. Ist die entsprechende Zeit erreicht, so wird die Aktivität ausgeführt. Diese Ablaufsteuerung ist damit für die synchrone Programmierung sehr gut geeignet. Schwankungen in der Periodendauer ergeben sich nur im Rahmen der unter Kapitel 5.2.1 beschriebenen Bedingungen (Verletzung von Bedingung 1 oder 2).

Wie bei der zyklischen Ablaufsteuerung ist auch hier von Nachteil, dass der Prozessor ständig in einer Schleife aktiv ist und damit auch in den scheinbaren Ruhephasen beträchtliche Energie verbraucht.

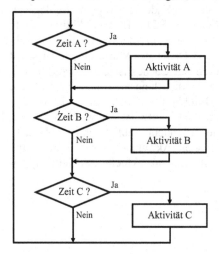

Abb. 5.22. Zeitgesteuerte Ablaufsteuerung

5.3.3 Unterbrechungsgesteuerte Ablaufsteuerung

Die unterbrechungsgesteuerte Ablaufsteuerung vermeidet diesen Nachteil. Während der Wartezeit befindet sich der Prozessor in einem Ruhezustand, bei dem der Energieverbrauch gegenüber dem Normalbetrieb deutlich reduziert ist. Der Prozessorkern befindet sich sozusagen im Schlafmodus, vgl. Abschnitt 2.2.11. Die meisten Mikrocontroller und viele Mikroprozessoren kennen solch einen Zustand. Sobald ein Ereignis eintritt, wird der Prozessorkern aus diesem Schlafmodus geweckt und nimmt seine normale Tätigkeit auf. Dieses Ereignis kann ein periodisches Zeitereignis (von einem Zeitgeber) oder ein aperiodisches Ereignis (von einem Eingabegerät oder Sensor) sein. Daher ist die unterbrechungsgesteuerte Ablaufsteuerung sowohl für die synchrone wie die asynchrone Programmierung geeignet. Wegen ihrer Energieeffizienz haben wir diese Form der Ablaufsteuerung für alle Beispiele im vorigen Abschnitt 5.2 gewählt. Abbildung 5.23 zeigt den grundlegenden Ablauf. Nach Auftreten der Unterbrechung wird eine vom Ereignis abhängige Menge von Aktivitäten ausgeführt. Bei gleichzeitig auszuführenden Aktivitäten kann die Reihenfolge entweder fest im Programm vorgegeben werden (siehe synchrone Programmierung) oder durch Prioritäten oder ähnliche Mittel, gegebenenfalls unter Zuhilfenahme eines Echtzeitbetriebssystems (Echtzeitscheduling, vgl. Abschnitt 6.3.4), zur Laufzeit bestimmt werden (siehe asynchrone Programmierung). Nach Abschluss der Aktivitäten begibt sich der Prozessor bis zur nächsten Unterbrechung wieder in den Ruhezustand.

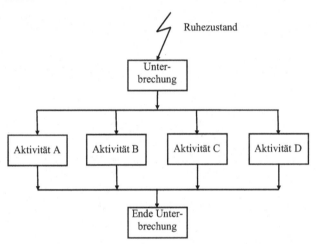

Abb. 5.23. Unterbrechungsgesteuerte Ablaufsteuerung

Literatur

Aicas (2004) Jamaica JVM. http://www.aicas.com/
Lauber R, Göhner P (1999) Prozessautomatisierung 1 & 2. Springer Verlag
NewMonics (2004) Perc real-time JVM.
     http://www.newmonics.com/perc/info.shtml
Sun (2004) J2SE SDK. http://java.sun.com/j2se/index.jsp

Kapitel 6   Echtzeitbetriebssysteme

Wie bereits im vorigen Abschnitt dargelegt, spielen Echtzeitbetriebsysteme eine wesentliche Rolle bei der Echtzeitprogrammierung. Wir wollen daher diese für Echtzeitsysteme so wichtige Komponente in diesem Kapitel näher untersuchen. Nach einer allgemeinen Aufgabenbeschreibung werden die Architektur von Echtzeitbetriebssystemen, die Taskverwaltung inklusive Echtzeitscheduling, die Speicherverwaltung und die Ein-/Ausgabeverwaltung behandelt. Den Abschluss bildet eine Klassifizierung verschiedener Echtzeitbetriebssystemtypen sowie Beispiele kommerzieller Echtzeitbetriebssysteme.

6.1   Aufgaben

Ein Echtzeitbetriebssystem (*Real-time Operating System*, RTOS) muss zunächst dieselben Aufgaben wie ein Standard-Betriebssystems erfüllen:

- **Taskverwaltung**
  Hierunter versteht man die Steuerung und Organisation der durchzuführenden Verarbeitungsprogramme, auch **Tasks** genannt. Die Aufgabe der Taskverwaltung besteht somit im Wesentlichen in der Zuteilung des Prozessors (oder der Prozessoren bei einem Mehrprozessorsystem) an die Tasks.
- **Betriebsmittelverwaltung**
  Tasks benötigen zu ihrer Ausführung Betriebsmittel. Deren Zuteilung ist Aufgabe der Betriebsmittelverwaltung. Diese beinhaltet im Wesentlichen:
  - die **Speicherverwaltung**, verantwortlich für die Zuteilung von Speicher, und
  - die **Ein-/Ausgabeverwaltung**, verantwortlich für die Zuteilung von Ein-/Ausgabegeräten an die Tasks.
- **Interprozesskommunikation**
  Die Kommunikation zwischen den Tasks, auch Interprozesskommunikation genannt, ist eine weitere wichtige Aufgabe, die ein Betriebsystem zu leisten hat.
- **Synchronisation**
  Eine spezielle Form der Kommunikation ist die Synchronisation. Hierunter versteht man die zeitliche Koordination der Tasks.

- **Schutzmaßnahmen**
  Der Schutz der Betriebsmittel vor unberechtigten Zugriffen durch Tasks ist eine weitere Aufgabe, die von einem Betriebssystem wahrgenommen werden muss.

Diese Aufgaben sind bei Echtzeitbetriebssystemen genau wie bei Standard-Betriebssystemen je nach Typ mehr oder minder ausgeprägt. So sind z.B. Schutzmaßnahmen bei vielen Echtzeitbetriebsystemen nur rudimentär oder gar nicht vorhanden, da diese Maßnahmen sich meist negativ auf die Verarbeitungsleistung auswirken. Darüber hinaus möchte man insbesondere im Bereich der eingebetteten Systeme möglichst schlanke Betriebssysteme haben, da der verfügbare Speicher begrenzt ist.

Neben den klassischen Betriebssystemaufgaben haben Echtzeitbetriebssysteme zwei wesentliche zusätzliche Aufgaben, die

- Wahrung der **Rechtzeitigkeit und Gleichzeitigkeit**, und die
- Wahrung der **Verfügbarkeit**.

Dies sind die Kernaufgaben eines Echtzeitbetriebssystems, auf welche die gesamte Betriebssystemarchitektur ausgelegt ist. Sie dominieren die anderen Aufgaben. Sind Kompromisse erforderlich, so fallen diese immer zu Gunsten der Echtzeiteigenschaften aus. Ein Beispiel ist die bereits erwähnte Vernachlässigung der Schutzmaßnahmen zu Gunsten der Echtzeiteigenschaften.

Wie bereits in den vorigen Abschnitten dargelegt, ist nicht nur Performanz, sondern auch zeitliche Vorhersagbarkeit gefordert. Reorganisationspausen, z.B. zur Speicherbereinigung in der Speicherverwaltung, sind bei einem Echtzeitbetriebssystem ebenfalls nicht zulässig, da ansonsten die Anforderung nach Verfügbarkeit verletzt würde. Hier müssen spezielle, pausenfreie Algorithmen Verwendung finden.

In den folgenden Abschnitten wollen wir zunächst den Aufbau von Echtzeitbetriebssystemen untersuchen und dann die wesentlichen Aufgaben wie Taskverwaltung, Betriebsmittelverwaltung, Kommunikation und Synchronisation im Licht der Echtzeiteigenschaften betrachten.

6.2   Schichtenmodelle

Frühe Betriebssysteme besaßen einen monolithischen Aufbau, d.h. alle Funktionalität wurde in einem einheitlichen, nicht weiter unterteilten Block realisiert. Dies führte zu einer Reihe von Nachteilen wie schlechter Wartbarkeit, schlechter Anpassbarkeit und hoher Fehleranfälligkeit. Heutige Betriebssysteme folgen daher hierarchischen Schichtenmodellen. Abbildung 6.1 zeigt das Grundprinzip eines Schichtenmodells oder einer Schichtenarchitektur für informationsverarbeitende Systeme. Basierend auf der Zielhardware, dem realen Prozessor, schichten sich durch Software gebildete **abstrakte Prozessoren**. Diese abstrakten Prozessoren, auch abstrakte Maschinen genannt, realisieren eine Funktionalität, welche auf der Funktionalität der darunter liegenden Schicht aufbaut, diese nutzt und erweitert. Beginnend mit der Maschine M_0, gebildet durch den realen Prozessor, folgen die abstrakten Maschinen $M_1 \ldots M_n$. An der Spitze des Schichtenmodells steht die Anwendung, welche auf der Maschine M_n aufgebaut ist.

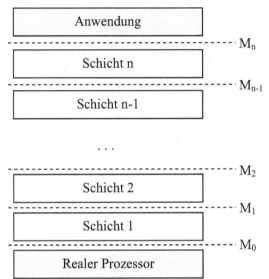

Abb. 6.1. Ein Schichtenmodell für informationsverarbeitende Systeme

Abbildung 6.2 wendet dies auf Betriebssysteme an. Die unterste Schicht der **Gerätetreiber** hat die Aufgabe, von der Hardware zu abstrahieren. Sie realisiert die hardwareabhängige Steuerung der einzelnen Geräte und liefert eine hardwareunabhängige Schnittstelle an die darüber liegende Schicht. Im Idealfall sind die Gerätetreiber daher die einzige hardwareabhängige Schicht im Betriebssystem. Bei Anpassung an andere Geräte muss lediglich diese Schicht verändert werden. Darüber sitzt die **Ein-/Ausgabesteuerung**, welche die logische, hardwareunabhängige Steuerung der Geräte übernimmt. Die **Ein-/Ausgabeverwaltung** wacht über die Zuteilung der Geräte an Tasks und leitet Geräteanfragen und -antworten weiter. Näheres über den Aufbau dieser Schichten findet sich in Abschnitt 6.5.

Wie man sieht, kann sich eine Schicht horizontal aus mehreren Komponenten zusammensetzen. In der gleichen Schicht wie die Ein-/Ausgabeverwaltung sitzt die **Speicherverwaltung,** welche für die Reservierung (*Allokation*) und Freigabe (*Deallokation*) von Speicher verantwortlich ist. Näheres hierzu findet sich in Abschnitt 6.4. Ein-/Ausgabeverwaltung und Speicherverwaltung münden zusammen in der **Betriebsmittelverwaltung**. Die **Taskverwaltung** ist wie bereits erwähnt für die Zuteilung des Prozessors an die einzelnen Tasks verantwortlich. Dies wird ausführlich in Abschnitt 6.3 besprochen. Über der Taskverwaltung befindet sich zum einen das **API** (*Application Program Interface*), welches die Schnittstelle zu

Anwenderprogrammen realisiert, sowie der **Kommando-Interpreter**, der textbasierte Befehle (z.B. *remove 'file'* zum Löschen einer Datei) entgegen nimmt.

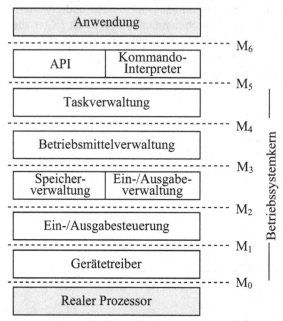

Abb. 6.2. Schichtenmodell eines Betriebssystems

Unter dem **Betriebssystemkern** versteht man üblicherweise denjenigen Teil des Betriebssystems, der die kritischen Aufgaben übernimmt und daher im so genannten *Kernelmode* des Prozessors ausgeführt wird. Dies ist eine spezielle Betriebsart des Prozessors, in der privilegierte Befehle, Speicherbereiche und Ein-/Ausgabebereiche freigegeben sind. Im normalen *Usermode* sind diese gesperrt, sodass eine Anwendung nicht wichtige Betriebssystemteile stören kann. Dies ist eine der bereits angesprochenen Schutzmaßnahmen im Betriebssystem. Bei dem obigen Schichtenmodell erstreckt sich der Betriebssystemkern über die Schichten 1 – 5. Da der Kern viele Schichten enthält, spricht man auch von einem **Makrokernbetriebssystem**.

Heutige Echtzeitbetriebssysteme orientieren sich stärker an den Aufgaben und müssen hochgradig konfigurierbar sein. Dies gilt insbesondere im Bereich der eingebetteten Systeme, da dort Ressourcen wie Speicher eher knapp sind. Daher ist es wünschenswert, nicht benötigte Teile aus dem Betriebssystem herauszunehmen. Ein Beispiel wäre das Scheduling. Es ist schön, wenn ein Echtzeitbetriebssystem mehrere Echtzeit-Schedulingverfahren anbietet. Bei begrenzten Ressourcen möchte man jedoch nur die oder dasjenige Schedulingverfahren im Betriebssystem behalten, welches wirklich zum Einsatz kommt. Dies führt zum Konzept des **Mikrokernbetriebssystems**. Hierbei gibt es einen sehr schlanken Betriebssystemkern, der nur die wirklich in allen Fällen und Konfigurationen benötigten Bestandteile enthält. Dies sind üblicherweise:

- die **Interprozesskommunikation**
- die **Synchronisation**
- die **elementaren Funktionen** zur **Taskverwaltung**, dies sind i.A.
  - das Einrichten einer Task,
  - das Beenden einer Task,
  - das Aktivieren einer Task, und
  - das Blockieren einer Task.

Aus diesen Elementarfunktionen lassen sich alle anderen Betriebssystemfunktionen zusammenbauen. Z.B. kann ein Schedulingverfahren wie das bereits angesprochene Fixed Priority Preemptive Scheduling, aber auch alle anderen in Abschnitt 6.3.4 noch zu besprechenden Echtzeitschedulingverfahren durch gezieltes Aktivieren und Blockieren von Tasks sowie durch Synchronisation realisieren.

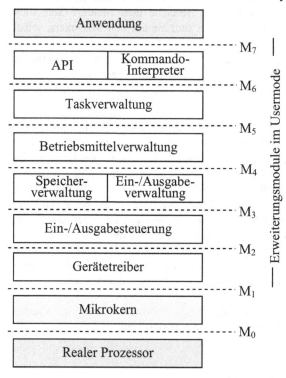

Abb. 6.3. Schichtenmodell eines Mikrokernbetriebssystems

Abbildung 6.3 zeigt das Schichtenmodell eines solchen Mikrokernbetriebssystems. Der größte Teil der Betriebssystemaufgaben wie Speicherverwaltung, Ein-/Ausgabeverwaltung, Taskverwaltung, etc. wird außerhalb des Kerns in Erweiterungsmodulen bearbeitet. Diese können nach Bedarf ausgetauscht oder weggelassen werden. Daraus ergeben sich folgende Vorteile der Mikrokernarchitektur:

- Sie ist besser auf eine Aufgabenstellung anpassbar als eine Makrokernarchitektur. Insbesondere die oftmals geringen Ressourcen bei eingebetteten Systemen können besser genutzt werden.
- Hieraus resultiert eine verbesserte Skalierbarkeit durch Hinzufügen oder Wegnehmen von Erweiterungsmodulen.
- Die Portierbarkeit auf verschiedenen Hardwareplattformen wird erleichtert, da das Baukastensystem besser realisiert ist als bei Makrokernbetriebssystemen.
- Die zeitliche Vorhersagbarkeit, eine der wichtigsten Eigenschaften bei Echtzeitsystemen, wird verbessert. Dies liegt daran, dass kritische Bereiche, in denen der Betriebssystemkern nicht von neuen Ereignissen oder Anforderungen unterbrochen werden darf, bei schlanken Mikrokernen deutlich kürzer gehalten werden können. Solche kritischen Bereiche entstehen z.B. durch gleichzeitig zu aktualisierende Daten während der Bearbeitung einer Betriebssystemfunktion. Bei Makrokernen können sich diese Bereiche über mehrere Schichten erstrecken, bei Mikrokernbetriebssystemen sind sie auf den Mikrokern selbst beschränkt.
- Im besten Fall können kritische Bereiche auf wenige Prozessorinstruktionen begrenzt werden, der Mikrokern ist nahezu immer unterbrechbar. Man spricht von einem **preemptiven Kern**. Hierdurch wird eine sehr schnelle Reaktion auf Ereignisse ermöglicht.

Natürlich ergeben sich durch das Mikrokernkonzept auch Nachteile. So ist der Schutz verringert, da weniger Teile des Betriebssystems im sicheren Kernelmode ablaufen. Durch das häufigere Umschalten zwischen Usermode und Kernelmode bei Mikrokernbetriebssystemen entsteht zudem ein zusätzlicher Performanz-Overhead. Abbildung 6.4 verdeutlicht dies am Beispiel eines vereinfachten Dateizugriffs. Beim Makrokernbetriebssystem (Abbildung 6.4a) findet bei Aufruf der Betriebssystemfunktion „Öffne Datei" ein einziger Wechsel zwischen Usermode und Kernelmode statt. Im Fall des Mikrokernbetriebssystems (Abbildung 6.4b) werden die einzelnen Teilfunktionen, jeweils angestoßen durch den Mikrokern im Kernelmode, durch die Module im Usermode durchgeführt. Es finden daher mehr Wechsel statt, die einen gewissen Overhead hinsichtlich der Verarbeitungsgeschwindigkeit verursachen.

Die Vorteile überwiegen jedoch, sodass heutige Echtzeitbetriebssysteme nahezu ausschließlich als Mikrokernbetriebssysteme realisiert sind.

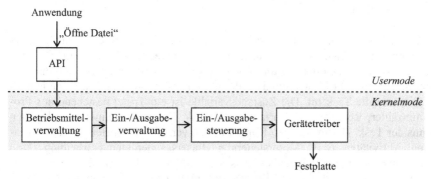

a: Makrokernbetriebssystem

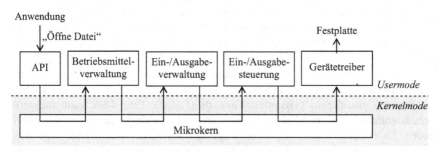

b: Mikrokernbetriebssystem

Abb. 6.4. Usermode- und Kernelmode-Wechsel bei Makro- und Mikrokernbetriebssystem

6.3   Taskverwaltung

Die Taskverwaltung ist eine Kernaufgabe von Betriebssystemen. Hier finden sich auch wesentliche Unterschiede zwischen Standard- und Echtzeitbetriebssystemen. Das ist durch die Forderung nach Rechtzeitigkeit und Gleichzeitigkeit bedingt, welche die Tasks bei einer Echtzeitanwendung einhalten müssen. Daher muss die Taskverwaltung in einem Echtzeitbetriebssystem andere Scheduling-Strategien als in einem Standardbetriebssystem anwenden. Um dies zu erläutern, müssen wir jedoch zunächst den Taskbegriff genauer spezifizieren.

6.3.1   Taskmodell

Eine **Task**, auch Rechenprozess genannt, ist ein auf einem Rechner ablaufendes Programm zusammen mit allen zugehörigen Variablen und Betriebsmitteln. Jede Task besitzt eine **Aktionsfunktion** und eine **Zustandsvariable**. Die Aktionsfunktion bildet sich aus den ausführbaren Programmanweisungen der Task, sie legt also fest, was die Task tut. Die Zustandsvariable ist ein Tripel bestehend aus Programmzähler, Register und Variablen der Task. Sie kennzeichnet den aktuellen Status der Task. Die im vorigen Kapitel in den verschiedenen Beispielen verwendeten Aktivitäten (z.B. Motorsteuerung, Laserscannerdatenverarbeitung, etc.) werden also bei einem Echtzeitbetriebssystem mittels Tasks realisiert.

Eine Task ist somit ein vom Betriebssystem gesteuerter Vorgang der Abarbeitung eines sequentiellen Programms. Hierbei können mehrere Tasks quasi-parallel vom Betriebssystem bearbeitet werden, der tatsächliche Wechsel zwischen den einzelnen Tasks wird vom Betriebssystem gesteuert. Ein Echtzeitbetriebssystem muss diese Bearbeitung derart durchführen, dass Rechtzeitigkeit und Gleichzeitigkeit gewahrt bleiben, d.h. (wenn möglich) alle Tasks ihre Zeitbedingungen einhalten.

Da die von einer Task zu bewältigenden Aufgaben oft sehr komplex sind, führen viele Betriebssysteme hier eine weitere Hierarchiestufe von parallel ausführbaren Objekten ein, die so genannten **Threads** (Fäden). Eine Task kann mehrere Threads enthalten, die parallel bzw. quasi-parallel innerhalb der Task ausgeführt werden. Es entsteht somit eine zweistufige Hierarchie der Parallelität: eine Anwendung wird in mehrere parallele Tasks zergliedert, jede Task besteht ihrerseits aus mehreren parallelen Threads. Abbildung 6.5 verdeutlicht dies.

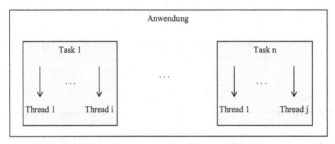

Abb. 6.5. Tasks und Threads

Es bleibt die Frage nach dem Nutzen dieser zweistufigen Untergliederung. Warum werden nicht alle Teilaufgaben mittels einer größeren Anzahl Tasks realisiert? Die Antwort lautete „Effizienz", eine insbesondere bei Echtzeitbetriebssystemen bedeutende Eigenschaft. Um dies näher zu erklären, müssen wir die Begriffe Task und Thread noch etwas genauer auseinander halten:

- Eine **Task** ist ein so genannter **schwergewichtiger Prozess**, der eigene Variablen und Betriebsmittel enthält und von den anderen Tasks durch das Betriebssystem abgeschirmt wird. Sie besitzt einen eigenen Adressraum und kann nur über die Kanäle der Interprozesskommunikation mit anderen Tasks kommunizieren.

• Ein **Thread** ist ein so genanter **leichtgewichtiger Prozess**, der innerhalb einer Task existiert. Er benutzt die Variablen und Betriebsmittel der Task. Alle Threads innerhalb einer Task teilen sich denselben Adressraum. Die Kommunikation kann über beliebige globale Variable innerhalb der Task erfolgen.

Hieraus ergeben sich eine Reihe unterschiedlicher Eigenschaften von Tasks und Threads. Eine Task bietet größtmöglichen Schutz, die Beeinflussung durch andere Tasks ist auf vordefinierte Kanäle beschränkt. Threads hingegen können sich innerhalb einer Task beliebig gegenseitig stören, da keine „schützenden Mauern" zwischen ihnen errichtet sind. Dies ermöglicht aber auf der anderen Seite höhere Effizienz. Die Kommunikation zwischen Threads ist direkter und schneller. Ein weiterer, wesentlicher Vorteil von Threads ist der schnelle Kontextwechsel. Um von einer Task auf eine andere umzuschalten, benötigt ein Betriebssystem in der Regel mehrere tausend Taktzyklen, da umfangreiche Zustandsinformationen (Variable, Betriebsmittel, Rechte, etc) der alten Task gesichert und die der neuen Task geladen werden müssen. Ein Wechsel zwischen zwei Threads kann in wenigen Taktzyklen erfolgen, da nur sehr wenig Zustandsinformation gesichert bzw. geladen werden muss. Dies lässt sich sogar noch weiter beschleunigen, wenn ein **mehrfädiger Prozessor** (vgl. Kapitel 2.1.3) verwendet wird, der die Umschaltung zwischen Threads per Hardware unterstützt.

Zur Wahrung der Echtzeiteigenschaften ist Effizienz meist wichtiger als Schutz. Deshalb werden in vielen Echtzeitanwendungen verstärkt Threads verwendet. Im Extrem kann eine Aufgabe durch eine einzige Task gelöst werden, die viele Threads zur Bewältigung der Teilaufgaben enthält. Viele speziell für eingebettete Systeme bestimmte Echtzeitbetriebssysteme verzichten sogar völlig auf Tasks und realisieren nur das Thread-Konzept. Hierdurch lassen sich Ressourcen, die im eingebetteten Bereich eher knapp bemessen sind, einsparen.

Aus Sicht der Betriebszustände, der Zeitparameter, des Schedulings und der Synchronisation unterscheiden sich Threads jedoch nicht von Tasks, sodass die in den folgenden Abschnitten beschriebenen Prinzipien sowohl auf Tasks wie auch auf Threads angewendet werden können.

6.3.2 Taskzustände

Beim zeitlichen Ablauf einer Task (oder eines Threads) können mehrere Zustände unterschieden werden:

• **Ruhend** (*dormant*)
  Die Task ist im System vorhanden, aber momentan nicht ablaufbereit, da Zeitbedingungen oder andere Voraussetzungen (noch) nicht erfüllt sind.

- **Ablaufwillig** (*runnable*)
  Die Task ist bereit, alle Zeitbedingungen oder andere Voraussetzungen zum Ablauf sind erfüllt, die Betriebsmittel sind zugeteilt, lediglich die Zuteilung des Prozessors durch die Taskverwaltung steht noch aus.

- **Laufend** (*running*)
  Die Task wird auf dem Prozessor ausgeführt. Bei einem Einprozessorsystem kann nur eine Task in diesem Zustand sein, bei einem Mehrprozessorsystem kann dieser Zustand von mehreren Tasks gleichzeitig angenommen werden.

- **Blockiert** (*suspended, blocked*)
  Die Task wartet auf das Eintreffen eines Ereignisses (z.B. einen Eingabewert, eine Interprozesskommunikation) oder das Freiwerden eines Betriebsmittels (Synchronisation).

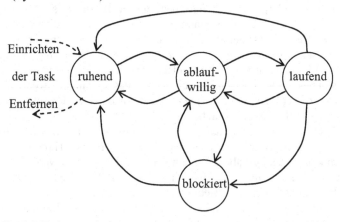

Abb. 6.6. Taskzustände

Diese Zustände sowie die möglichen Übergänge werden in Abbildung 6.6 gezeigt. Der Wechsel zwischen den Zuständen soll an einem bereits besprochenen Beispiel verdeutlicht werden. Abbildung 6.7 wiederholt den bereits in Kapitel 5.2.2, Abbildung 5.20, dargestellten zeitlichen Ablauf der FTS-Steuerung mit asynchroner Programmierung. In diesem Ablauf wollen wir die eingenommenen Zustände der Task zur Kameradatenverarbeitung betrachten. Abbildung 6.8 zeigt dies.

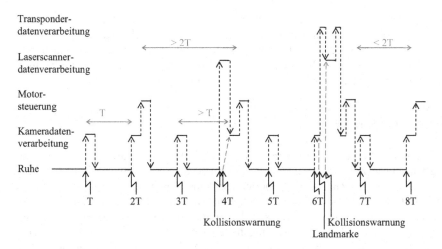

Abb. 6.7. Zeitlicher Ablauf der FTS-Steuerung (aus Abbildung 5.20)

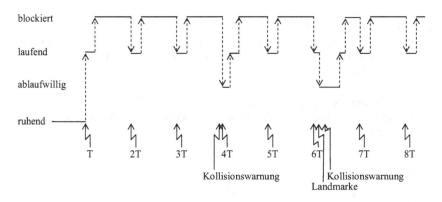

Abb. 6.8. Zustände der Task Kameradatenverarbeitung

Die Task ist zunächst ruhend und wird zum Zeitpunkt T ablaufwillig. Da sie zu diesem Zeitpunkt die einzige ablaufwillige Task ist, geht sie sofort in den Zustand „laufend" über, d.h. sie erhält den Prozessor zugeteilt. Nach Ausführung ihrer Tätigkeit geht die Task in den Zustand „blockiert", in dem sie auf das nächste Ereignis, die nächste Unterbrechung des Zeitgebers zum Zeitpunkt 2T, wartet. Ob hier der Zustand „blockiert" oder wieder der Zustand „ruhend" eingenommen wird, ist eine Interpretationsfrage. In einem rein zeitgesteuerten System wäre der Zustand „ruhend" eher zutreffend, da die Task nur zu bestimmten Zeiten ablaufwillig wird. In dem ereignisgesteuerten System der asynchronen Programmierung wartet die Task jedoch auf ein Zeitgeberereignis und ist daher eher dem Zustand „blockiert" zuzurechnen. Zum Zeitpunkt 4T wird die Task zunächst nur ablaufwillig, kann jedoch noch nicht in den Zustand „laufend" wechseln, da die Task der Laserscannerdatenverarbeitung noch den Prozessor besitzt. Sobald diese Task wieder blockiert, wird die Kameradatenverarbeitungs-Task „laufend". Die Abläufe zum Zeitpunkt 6T sind ebenfalls interessant. Hier geht die Task der Kameradatenverarbeitung zunächst in den Zustand „laufend" über, wird nach kurzer Zeit jedoch von den Tasks zur Transponderdatenverarbeitung und Laserscannerdatenverarbeitung verdrängt. Erst danach kann sie ihre Tätigkeit fortsetzen.

6.3.3 Zeitparameter

Das Zeitverhalten einer Task kann durch eine Reihe von Parametern beschrieben werden. Diese Zeitparameter helfen zum einen dem Echtzeitbetriebssystem, die Task einzuplanen. Zum anderen helfen sie dem Entwickler, sein Echtzeitsystem bezüglich des Zeitverhaltens zu modellieren. Durch Analyse von Zeitparametern kann er etwa die Prioritäten der Tasks bestimmen oder überprüfen, ob die Zeitbedingungen für die Tasks immer eingehalten werden. Darauf werden wir in den folgenden Kapiteln näher eingehen. In diesem Abschnitt wollen wir die wesentlichen Parameter definieren, die das Zeitverhalten einer Task bestimmen. Abbildung 6.9 skizziert diese Zeitparameter für eine Task i:

a_i: **Ankunftszeit** (*Arrival Time*)
Dies ist der Zeitpunkt, zu dem eine Task dem Betriebssystem bekannt gemacht wird. Die Taskverwaltung nimmt die Task in die Taskliste auf und setzt sie zunächst in den Zustand „ruhend".

r_i: **Anforderungszeit** (*Request Time*)
Zu diesem Zeitpunkt wird die Task ablaufwillig. Sie bewirbt sich bei der Taskverwaltung um den Prozessor.

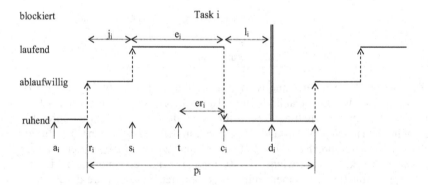

Abb. 6.9. Wesentliche Zeitparameter einer Echtzeittask

s_i: **Startzeit** (*Start Time*)
Zu diesem Zeitpunkt erhält die Task erstmalig nach Anforderung den Prozessor zugeteilt, die Ausführung beginnt.

c_i: **Beendigungszeit** (*Completion Time*)
Dieser Zeitpunkt markiert das Ende der Taskausführung, die Task hat ihre Aufgabe erledigt und kehrt in den Zustand „ruhend" zurück.

d_i: **Zeitschranke** (*Deadline*)
Dies ist einer der wichtigsten Zeitpunkte bei Echtzeitanwendungen. Die Zeitschranke bestimmt den Zeitpunkt, zu dem die Taskausführung spätestens beendet sein muss. Je nach Klasse der Echtzeitanwendung kann diese Zeitschranke hart, fest oder weich sein (vgl. Kapitel 5.1).

p_i: **Periode** (*Period*)
Diese Zeitdauer kennzeichnet die Wiederholungsrate bei periodischen Tasks. Sie ergibt sich aus der Zeitdifferenz zwischen zwei aufeinander folgenden Anforderungszeiten einer Task. Auch dies ist ein für Echtzeitsysteme sehr wichtiger Parameter.

e_i: **Ausführungszeit** (*Execution Time*)
Dieser Parameter gibt die Zeitdauer an, die eine Task zur Ausführung ihrer Aufgabe benötigt, wenn sie sich im Zustand „laufend" befindet. Zeiten, in denen die Task ablaufwillig ist, den Prozessor aber nicht besitzt, zählen hier nicht dazu. Es handelt sich also sozusagen um die reine Ausführungszeit ohne Wartephasen. Eine bedeutende Variante dieses Parameters ist die maximale Ausführungszeit (*Worst Case Execution Time*, vgl. auch Kapitel 2.1.4). Diese gibt eine obere Schranke der Ausführungszeit an, die unter keinen Umständen überschritten wird. Es ist leicht einzusehen, dass dies ein bedeutender Parameter für das Überprüfen der Einhaltung von Zeitbedingungen ist.

er_i: **Restausführungszeit** (*Remaining Execution Time*)
Dies ist die noch verbleibende Ausführungszeit von der aktuellen Zeit t bis zur Beendigungszeit

l_i: **Spielraum** (*Laxity*)
Hierunter versteht man die verbleibende Restzeit zwischen Beendigungszeit und Zeitschranke. Je näher die Beendigungszeit an der Zeitschranke liegt, desto geringer ist der Spielraum, der für die Einplanung dieser Task zur Verfügung steht. Wie aus Abbildung 6.9 leicht ersichtlich, berechnet sich der Spielraum einer Task i zu einem beliebigen Zeitpunkt t zu:

$$l_i = d_i - (t + er_i)$$

Diese Gleichung ist die Grundlage für Spielraum-basiertes Scheduling (siehe Abschnitt 6.3.4.4).

j_i: **Reaktionszeit** (*Reaction Time, Release Jitter*)
Dieser Zeitraum kennzeichnet die Verzögerung zwischen Anforderung und dem Start der Ausführung. Üblicherweise ist dies die Zeit, innerhalb der die Task auf ein eingetretenes Ereignis mit dem Beginn der Ereignisbehandlung reagiert. Da die Reaktionszeit durchaus schwanken kann, spricht man auch vom einem *Release Jitter*.

6.3.4 Echtzeitscheduling

Die Hauptaufgabe der Taskverwaltung besteht in der Zuteilung des Prozessors an die ablaufwilligen Tasks. Hierzu gibt es die verschiedensten Strategien. Diese Zuteilungsstrategien werden auch **Scheduling-Verfahren** genannt, die Zuteilung selbst erfolgt innerhalb der Taskverwaltung durch den **Scheduler**. Ein **Echtzeitscheduler** hat die Aufgabe, den Prozessor zwischen allen ablaufwilligen Tasks derart aufzuteilen, dass – sofern überhaupt möglich – alle Zeitbedingungen eingehalten werden. Diesen Vorgang nennt man **Echtzeitscheduling**. Die Menge der durch den Echtzeitscheduler verwalteten Tasks heißt auch das **Taskset**.

Um verschiedene Echtzeitscheduling-Verfahren bewerten zu können, sind einige grundlegende Fragen zu beantworten:

- Ist es für ein Taskset überhaupt möglich, alle Zeitbedingungen einzuhalten? Wenn ja, dann existiert zumindest ein so genannter **Schedule**, d.h. eine zeitliche Aufteilung des Prozessors an die Task, der die Aufgabe löst.
- Wenn dieser Schedule existiert, kann er in endlicher Zeit berechnet werden?
- Findet das verwendete Schedulingverfahren diesen Schedule, wenn er existiert und in endlicher Zeit berechnet werden kann?

Wie wir in späteren Beispielen sehen werden, ist es durchaus möglich, dass ein solcher Schedule existiert und auch in endlicher Zeit berechnet werden kann, das verwendete Schedulingverfahren ihn aber nicht findet. Ein solches Schedulingverfahren ist dann nicht optimal. Wir sprechen von einem **optimalen Schedulingverfahren**, wenn es immer dann, wenn ein Schedule existiert, diesen auch findet.

Um im Fall einer konkreten Anwendung im Voraus sagen zu können, ob sie unter allen Umständen ihre Zeitbedingungen einhalten wird, müssen wir das zugehörige Taskset unter Berücksichtigung des verwendeten Schedulingverfahrens analysieren. Diese Analyse, die meist mit mathematischen Methoden und Modellen durchgeführt wird, nennt man **Scheduling Analysis** oder **Feasibility Analysis**. Aus dieser Analyse heraus kann auch eine Bewertung des Schedulingverfahrens erfolgen, da diese Analyse zeigt, ob ein Schedule existiert und ob das Schedulingverfahren ihn findet.

Eine zentrale Größe für solche Analysen ist die so genannte **Prozessorauslastung** (*Processor Demand*). Allgemein kann die Prozessorauslastung H wie folgt definiert werden:

$$H = \frac{\text{Benötigte Prozessorzeit}}{\text{Verfügbare Prozessorzeit}}$$

Wir wollen dies an einem Beispiel verdeutlichen. Besitzt eine periodische Task eine Ausführungszeit von 100 msec und eine Periodendauer von 200 msec, so verursacht diese Task eine Prozessorauslastung von

$$H = \frac{100\,\text{msec}}{200\,\text{msec}} = 0,5 = 50\%$$

Kommt zu dieser ersten Task eine zweite periodische Task mit einer Ausführungszeit von 50 msec und einer Periodendauer von 100 msec hinzu, so steigt die Prozessorauslastung auf

$$H = \frac{100\,\text{msec}}{200\,\text{msec}} + \frac{50\,\text{msec}}{100\,\text{msec}} = 1,0 = 100\%$$

Allgemein lässt sich die Prozessorauslastung für ein Taskset aus n periodischen Tasks wie folgt berechnen

$$H = \sum_{i=1}^{n} \frac{e_i}{p_i} \qquad \text{mit } e_i : \text{Ausführungszeit}, \, p_i : \text{Periodendauer von Task i}$$

Es ist leicht einzusehen, dass bei einer Prozessorauslastung von mehr als 100% und nur einem verfügbaren Prozessor das Taskset nicht mehr ausführbar ist, d.h. kein Schedule existiert, der die Einhaltung aller Zeitbedingungen erfüllt. Bei einer Auslastung von 100% oder weniger sollte hingegen ein solcher Schedule existieren. Es ist jedoch noch nicht gesagt, ob das verwendetet Schedulingverfahren diesen auch findet. Dies hängt von der Qualität des Schedulingverfahrens ab. Wir haben daher mit der Prozessorauslastung ein Maß an der Hand, mit dem wir die im Folgenden beschriebenen Schedulingverfahren bewerten können.

Streng genommen gilt die obige Formel der Prozessorauslastung nur für periodische Tasks, bei denen die Zeitschranke immer auch gleich der Periode ist, d.h. die Aufgabe einer Task muss spätestens bis zu ihrer nächsten Aktivierung erledigt sein. Dies ist für viele Anwendungen eine vernünftige Einschränkung. Die Untersuchung der Prozessorauslastung kann aber auch auf komplexere Taskmodelle angewandt werden, man spricht dann von der **Processor Demand Analysis**. Diese Form der Analyse würde jedoch den Rahmen dieses Buches sprengen und ist für die nachfolgende Diskussion auch nicht erforderlich. Der interessierte Leser sei hier auf entsprechende Literatur verwiesen, z.B. [Stankovich et al 1998] oder [Brinkschulte 2003].

Echtzeitschedulingverfahren lassen sich in verschiedene Klassen aufteilen. Abbildung 6.10 zeigt die Klassifizierungsmerkmale.

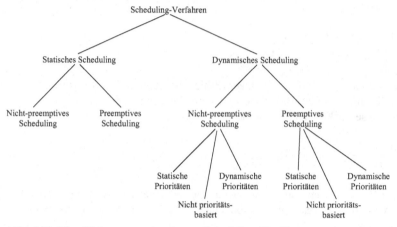

Abb. 6.10. Klassifizierungsmerkmale von Scheduling-Verfahren

Bei **statischem Scheduling** berechnet das Scheduling-Verfahren vor Ausführung der Tasks eine **Zuordnungstabelle** (*Dispatching Table*). In dieser Tabelle sind die Startzeiten der einzelnen Tasks vermerkt. Hierbei können umfangreiche und zeitaufwendige Analysen über Zeitschranken, Ausführungszeiten, Abhängigkeiten, Reihenfolgenbeziehungen und Ressourcen durchgeführt werden. Die Zuteilung erfolgt zur Laufzeit nach dieser Tabelle durch einen **Dispatcher**. Das statische Scheduling entspricht somit den Prinzipien der synchronen Programmierung. Es entsteht ein minimaler Overhead, da zur Laufzeit keine Entscheidungen mehr getroffen werden müssen. Man erhält aber auch alle Nachteile der synchronen Programmierung wie Starrheit und Beschränkung auf periodische Ereignisse.

Dynamisches Scheduling berechnet die Zuordnung der Tasks an den Prozessor zur Laufzeit. Auch hier werden je nach Verfahren unterschiedlich komplexe Analysen über Zeitschranken, Ausführungszeiten oder Spielräume durchgeführt. Dies führt jedoch zu erhöhtem Laufzeit-Overhead. Das dynamische Scheduling entspricht daher der asynchronen Programmierung. Der Overhead ist höher und die Vorhersagbarkeit geringer als bei statischem Scheduling, dafür erhält man einen flexibleren Ablauf und die Möglichkeit der Reaktion auf aperiodische Ereignisse.

Nicht zu verwechseln ist statisches und dynamisches Scheduling mit Scheduling mit **statischen** und **dynamischen Prioritäten**. Beide Techniken gehören zum dynamischen Scheduling und benutzen Prioritäten, um die Zuordnung von Tasks zum Prozessor zu bestimmen. Bei statischen Prioritäten werden die Prioritäten der einzelnen Tasks einmal zu Beginn der Ausführung festgelegt und während der Laufzeit nie verändert. Bei dynamischen Prioritäten können die Prioritäten zur Laufzeit an die Gegebenheiten angepasst werden. Daneben existieren Scheduling-Verfahren, die völlig auf **Prioritäten verzichten** und andere Techniken zur Prozessorzuteilung einsetzen, z.B. die Prozessorauslastung.

Ein weiteres Unterscheidungsmerkmal ist die Fähigkeit zur **Preemption**. Dies heißt übersetzt „Vorkaufsrecht". **Preemptives Scheduling** bedeutet, dass eine unwichtigere Task zur Laufzeit von einer wichtigeren Task verdrängt werden kann. Dadurch kommt die wichtigste ablaufwillige Task sofort zur Ausführung. Eine unwichtigere Task wird erst dann fortgesetzt, wenn alle wichtigeren Tasks abgearbeitet oder nicht mehr ablaufwillig sind. Bei **nicht-preemptiven Scheduling**, auch kooperatives Scheduling genannt, findet diese Verdrängung nicht statt. Eine laufende Task wird nicht von einer wichtigeren Task unterbrochen. Erst wenn die laufende Task nicht mehr ablaufwillig oder blockiert ist, kommt die wichtigste ablaufwillige Task zur Ausführung. Abbildung 6.11 skizziert diesen Unterschied. Man sieht, dass wir in unserem früheren Beispiel in Kapitel 5.2.2 preemptives Scheduling benutzt haben (vgl. das Verdrängen der Kameradatenverarbeitungs-Task durch die Transponder- bzw. Laserscannerverarbeitungs-Task in Abbildung 5.20 respektive Abbildung 6.7).

Preemptives Scheduling besitzt normalerweise Vorteile, da wichtigere Tasks schneller zur Ausführung kommen. Auch ist die mathematische Analyse der zeitlichen Abläufe etwas einfacher (vgl. hierzu z.B. [Stankovich et al. 1998]). Allerdings gibt es Vorgänge, die zu nicht-preemptiven Scheduling zwingen, da Abläufe unter Umständen nicht unterbrochen werden können. Ein Beispiel wäre etwa ein Festplattenzugriff. Wurde das Lesen eines Sektors der Festplatte begonnen, so muss dieser Zugriff beendet werden, bevor ein anderer Sektor gelesen werden kann.

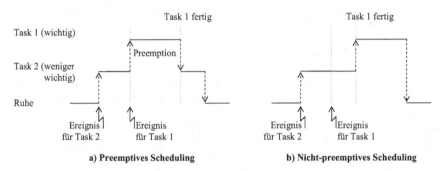

a) Preemptives Scheduling   b) Nicht-preemptives Scheduling

Abb. 6.11. Preemptives und nicht-preemptives Scheduling

Da Echtzeitbetriebssysteme im Allgemeinen dynamisches Scheduling benutzen, wollen wir uns im Folgenden auf diese Scheduling-Variante beschränken. Wir werden zunächst die gängigsten Verfahren wie *FIFO, Fixed-Priority, Time-Slice, Earliest Deadline First, Least Laxity First* und *Guaranteed Percentage* betrachten, klassifizieren und bewerten.

6.3.4.1 FIFO-Scheduling

Der Name FIFO-Scheduling leitet sich vom FIFO (*First In First Out*) Prinzip ab: wer zuerst kommt, erhält zuerst den Prozessor. Die Tasks werden einfach in der

Reihenfolge abgearbeitet, in der sie den Zustand „ablaufwillig" eingenommen haben. Diejenige Task, welche am längsten auf die Ausführung wartet, erhält den Prozessor zugeteilt. Eine laufende Task wird hierbei nicht unterbrochen.

Dieses Verfahren lässt sich also als nicht-preemptives, dynamisches Scheduling ohne Prioritäten klassifizieren. Vorteile liegen im Wesentlichen im einfachen Algorithmus, der eine geringe Rechenzeit des Schedulers bewirkt. Das Verfahren kann durch eine einfache Warteschlange realisiert werden.

Der Hauptnachteil liegt in der Tatsache, dass Zeitbedingungen für die einzelnen Tasks überhaupt nicht in das Scheduling eingehen. Das Verfahren ist also für Echtzeitanwendungen eher wenig geeignet, da die Rechtzeitigkeit nicht gewährleistet werden kann. Trotzdem findet sich das Verfahren in einigen Echtzeitbetriebssystemen.

Um die Probleme von FIFO-Scheduling für Echtzeitanwendungen zu zeigen, können wir die Prozessorauslastung für ein Beispiel betrachten. Gegeben seien zwei Tasks mit folgenden Parametern:

Task 1:	Periode	$p_1 = 150$ msec
	Ausführungszeit	$e_1 = 15$ msec
Task 2:	Periode	$p_2 = 10$ msec
	Ausführungszeit	$e_2 = 1$ msec

Die Zeitschranke für jede Task sei identisch zu ihrer Periode, d.h. eine Task muss ihre Berechnungen spätestens dann abgeschlossen haben, wenn sie zum nächsten Mal aktiviert wird. Die Prozessorauslastung H berechnet sich somit nach der Formel aus Abschnitt 6.3.4 zu

$$H = 15 \text{ msec} / 150 \text{ msec} + 1 \text{ msec} / 10 \text{ msec} = 0,2 = 20\%$$

Wie man sieht, ist die Prozessorauslastung gering, es sollte also ein Schedule existieren, der die geforderten Zeitschranken immer einhält. Dass FIFO-Scheduling dies nicht leistet, zeigt Abbildung 6.12. Das erste von Task 1 zu behandelnde Ereignis tritt zum Zeitpunk t = 2 msec auf. Der FIFO-Scheduler startet darauf Task 1. Zum Zeitpunkt t = 4 msec tritt nun das erste von Task 2 zu behandelnde Ereignis auf. Der Scheduler reiht dies gemäß dem FIFO Prinzip hinter Task 1 ein, d.h. Task 2 wird nach Abarbeitung von Task 2 zum Zeitpunkt t = 17 msec gestartet und beendet ihrer Tätigkeit nach der Ausführungszeit von 1 msec zum Zeitpunkt t = 18 msec. Die Periodendauer von Task 2 beträgt jedoch 10 msec, d.h. das zweite Ereignis für Task 2 tritt bereits zum Zeitpunkt t = 14 msec auf. Zu diesem Zeitpunkt sollte die Behandlung des ersten Ereignisses durch Task 2 bereits abgeschlossen sein. Wie oben dargelegt ist dies jedoch erst bei t = 18 msec der Fall. Die Zeitschranke wird also um 3 msec verpasst.

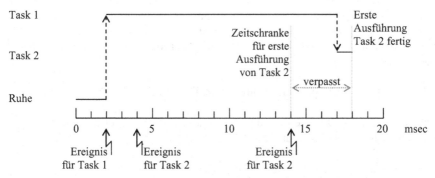

Abb. 6.12. Verpasste Zeitschranke beim FIFO-Scheduler

Dieses Beispiel zeigt deutlich, dass selbst bei einer so geringen Prozessorauslastung wie 20% der FIFO-Scheduler die Einhaltung der Zeitbedingungen nicht garantieren kann. Er ist sehr weit von einem optimalen Schedulingverfahren für Echtzeitanwendungen entfernt.

6.3.4.2 Fixed-Priority-Scheduling

Bei Fixed-Priority-Scheduling wird jeder Task eine feste Priorität zugeordnet. Die ablaufwillige Task höchster Priorität erhält den Prozessor zugeteilt. Es handelt sich also um dynamischen Scheduling mit statischen Prioritäten. Dieses Verfahren, das z.b. auch bei der Unterbrechungsverarbeitung in Mikroprozessoren eingesetzt wird (vgl. Kapitel 2.1), kann preemptiv oder nicht-preemptiv verwendet werden.

- *Fixed-Priority-Preemptive-Scheduling (FPP)*
  Kommt eine Task mit höherer Priorität als die gerade ausgeführte in den Zustand „ablaufwillig", so wird die laufende Task unterbrochen und die Task mit der höheren Priorität erhält den Prozessor sofort zugeteilt.

- *Fixed Priority-Non-Preemptive Scheduling (FPN)*
  Kommt eine Task mit höherer Priorität als die gerade ausgeführte in den Zustand „ablaufwillig", so erhält die Task mit der höheren Priorität den Prozessor erst dann zugeteilt, wenn die laufende Task nicht mehr ablaufwillig oder blockiert ist.

Dieses Verfahren ist ebenfalls sehr einfach. Es besitzt gegenüber FIFO-Scheduling den Vorteil, dass insbesondere die preemptive Variante unter bestimmten Umständen die Einhaltung von Zeitbedingungen garantieren kann. Hierbei ist die Zuordnung der Prioritäten zu den Tasks entscheidend. Dies ist eine Entscheidung, die der Entwickler einer Echtzeitanwendung bei Einsatz von Fixed-Priority-Scheduling zu treffen hat.

Betrachten wir rein periodische Anwendungen, so gibt es hierfür eine Regel, die **Rate-Monotonic-Scheduling** (RMS) genannt wird. Hierbei werden den periodisch auszuführenden Tasks Prioritäten umgekehrt proportional zu ihrer Periodendauer zugewiesen:

$$PR_i \sim 1 / p_i \qquad \text{mit } p_i : \text{Periodendauer der Task i, } PR_i: \text{Priorität der Task i}$$

Dies bedeutet, je kürzer die Periode einer Task ist, desto höher ist ihre Priorität. Gelten für alle Tasks die Voraussetzungen:

- es wird preemptives Scheduling verwendet,
- die Periodendauer p_i ist konstant,
- die Zeitschranke d_i ist gleich der Periodendauer p_i,
- die Ausführungszeit e_i ist konstant und bekannt, und
- die Tasks sind voneinander unabhängig, d.h. sie blockieren sich nicht gegenseitig z.B. durch Synchronisation,

so kann vorab recht einfach überprüft werden, ob alle Zeitschranken eingehalten werden. Wir werden dies am Ende des Abschnitts zeigen. Zunächst wollen wir das Verfahren an Hand von zwei Beispielen betrachten und bewerten. Greifen wir zunächst das einfache Beispiel mit 20% Prozessorauslastung aus dem vorigen Abschnitt auf, an dem FIFO-Scheduling gescheitert ist. Die Zuordnung der Prioritäten erfolgt gemäß dem Rate-Monotonic-Prinzip:

Task 1:   Periode $p_1 = 150$ msec => niedere Priorität
            Ausführungszeit $e_1 = 15$ msec
Task 2:   Periode $p_2 = 10$ msec => hohe Priorität
            Ausführungszeit $e_2 = 1$ msec

Task 2 erhält die höhere Priorität, da sie die kürzere Periodendauer besitzt. Abbildung 6.13 zeigt den Ablauf bei Verwendung von Fixed-Priority-Preemptive-Scheduling. Man sieht leicht, dass beide Tasks ihre Zeitbedingungen einhalten. Auf Grund der höheren Priorität unterbricht Task 2 die Task 1 zweimal zum Zeitpunkt t = 4 msec und t = 14 msec. Dadurch kann Task 2 die Zeitbedingung einhalten, jeweils vor ihrer nächsten Aktivierung fertig zu sein (Zeitschranke = Periode). Auch Task 1 hält die Zeitbedingung ein. Ihre gesamte benötigte Ausführungszeit wird zwar durch die zwei Unterbrechungen von 15 msec auf 17 msec verlängert, doch wird sie auch weit vor ihrer nächsten Aktivierung (t = 152 msec) fertig.

Dies gilt auch für alle folgenden Perioden. Für das einfache Beispiel ist dies plausibel, man kann aber ein allgemeines Prinzip daraus ableiten, die so genannte **Busy Period Analysis**:

Tritt bei periodischen Tasks keine Verletzung der Zeitschranken bis zu dem Zeitpunkt auf, an dem der Prozessor das erste Mal in den Ruhezustand übergeht (d.h. keine Task bearbeitet, in unserem Beispiel bei t = 19 msec), dann wird auch danach keine Verletzung der Zeitschranken mehr auftreten.

Dieses Prinzip kann mathematisch bewiesen werden [Liu, Layland 1973][Stankovich et al. 1998] und beschränkt wirksam die Zeit, über die man das Verhalten von Echtzeittasks beobachten muss, um das Einhalten aller Zeitschranken zu garantieren.

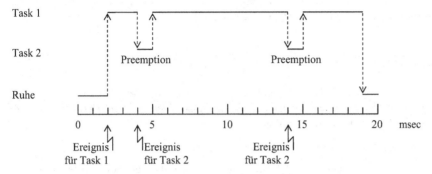

Abb. 6.13. Das Beispiel mit 20% Prozessorauslastung unter Fixed-Priority-Preemptive-Scheduling und Prioritätenverteilung gemäß dem Rate-Monotonic-Prinzip

Man kann ebenfalls leicht nachvollziehen, dass im obigen Beispiel auch dann noch alle Zeitschranken eingehalten werden, wenn die Ereignisse für Task 1 und 2 das erste mal gleichzeitig zum Zeitpunkt t = 0 auftreten würden. Abbildung 6.13 zeigt dies. Das gleichzeitige Auftreten von Ereignissen markiert immer den schlimmsten möglichen Fall bei Echtzeitsystemen, da er die höchste Prozessorauslastung verursacht.

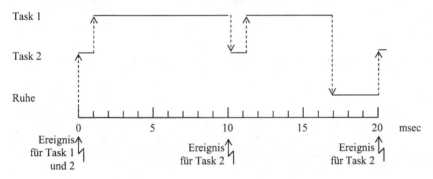

Abb. 6.14. Das Beispiel bei gleichzeitigem Auftreten der Ereignisse

Man sieht, dass Scheduling mit festen Prioritäten viel bessere Ergebnisse liefert als FIFO-Scheduling. Man sieht aber ebenfalls, dass sowohl die Preemption sowie die Zuteilung der Prioritäten gemäß dem Rate-Monotonic-Prinzip essentiell sind. Würde man keine Preemption zulassen oder die Prioritäten anders herum verteilen, so würde im obigen Beispiel Task 2 ihre Zeitschranken verletzen.

Es stellt sich als nächstes die Frage, ob Fixed-Priority-Preemptive-Scheduling bei Prioritätenzuteilung nach dem Rate-Monotonic-Prinzip ein optimales Schedulingverfahren ist, d.h. immer dann einen ausführbaren Schedule liefert, wenn ein solcher existiert. Diese Fragestellung wollen wir in zwei Schritten angehen:

Zunächst soll bewiesen werden, dass das Rate-Monotonic-Prinzip eine optimale Prioritätenzuteilung für feste Prioritäten darstellt.

Behauptung:

Rate-Monotonic-Scheduling liefert bei festen Prioritäten und Preemption für periodische Tasks, bei denen die Zeitschranke identisch zur Periode ist, eine optimale Prioritätenverteilung.

Diese Behauptung bedeutet: Ist eine Anwendung mit irgendeiner festen Prioritätenverteilung lösbar, so ist sie das auch unter Verwendung von Rate-Monotonic-Scheduling. Der Beweis hierfür wurde erstmals von [Liu Layland 1973] geführt und soll im Folgenden skizziert werden, da er ein sehr gutes Beispiel für die grundlegende Vorgehensweise bei der Analyse von Echtzeitsystemen ist.

Beweis:

Gegeben seien zwei Tasks T_1 und T_2 mit den Rechenzeiten e_1 und e_2 sowie den Perioden p_1 und p_2. Die Zeitschranken seien gleich den Perioden. Es gelte $p_2 > p_1$.

Für die Prioritätenverteilung existieren zwei Möglichkeiten:

Variante 1:

T_2 erhält die höhere Priorität (entgegen dem Rate-Monotonic-Prinzip). Abbildung 6.15 zeigt den Ablauf, wenn beide Tasks gleichzeitig in den Zustand „ablaufwillig" kommen. Man sieht, dass dieses Taskset genau dann ausführbar ist, wenn gilt:

$$e_1 + e_2 \leq p_1$$

Anderenfalls verpasst Task T_1 ihre Zeitschranke.

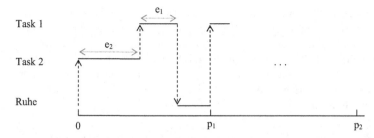

Abb. 6.15. Prioritätenverteilung nach Variante 1

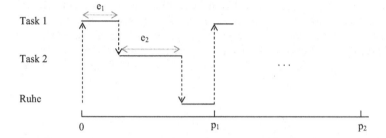

Abb. 6.16. Prioritätenverteilung nach Variante 2

Variante 2:

T_1 erhält die höhere Priorität (gemäß dem Rate-Monotonic-Prinzip). Abbildung 6.16 zeigt den Ablauf in diesem Fall, beide Tasks werden wieder zur gleichen Zeit ablaufwillig.

Nehmen wir nun an, das Taskset sei unter Variante 1 ausführbar ist, d.h. die Bedingung $e_1 + e_2 \leq p_1$ sei wahr. Dann ist es unter Variante 2 ebenfalls ausführbar, denn:

Aus $e_1 + e_2 \leq p_1$ folgt: Die erste Ausführung sowohl von Task 1 wie auch von Task 2 terminiert vor oder spätestens zum Zeitpunkt p_1

Daraus folgt: Task 1 hält ihre Zeitschranke

Aus $p_2 > p_1$ folgt: Task 2 terminiert vor dem Zeitpunkt p_2

Daraus folgt: Task 2 hält ihre Zeitschranke

Dies gilt auch für alle späteren Aufrufe, da beim ersten Aufruf durch gleichzeitiges ablaufwillig werden von Task 1 und Task 2 der schlimmste Fall bereits abgedeckt ist.

Daraus lässt sich schlussfolgern, dass wenn ein Taskset mit 2 Tasks unter einer Prioritätenverteilung entgegen dem Rate-Monotonic-Prinzip (Variante 1) ausführbar, so ist es immer auch mit dem Rate-Monotonic-Prinzip (Variante 2) ausführbar. Für 2 Tasks ist Rate-Monotonic-Scheduling also eine optimale Prioritätenzuteilung für feste Prioritäten. Die Beweisführung lässt sich leicht von zwei auf eine beliebige Anzahl Tasks erweitern (siehe [Liu Layland 1973]), wodurch unsere obige Behauptung bewiesen ist.

Nachdem wir gesehen haben, dass Rate-Monotonic-Scheduling eine optimale Prioritätenverteilung für feste Prioritäten liefert, wollen wir nun im zweiten Schritt überprüfen, ob feste Prioritäten im Allgemeinen ein optimales Schedulingverfahren sind, d.h. immer dann einen ausführbaren Schedule liefern, wenn ein solcher existiert. Hierzu ziehen wir wieder das Beispiel des fahrerlosen Transportsystems heran. Um die Betrachtung nicht zu komplex werden zu lassen, beschränken wir uns auf drei Tasks: die Motorsteuerung und die Kameradatenverarbeitung zur Spurfindung sowie die Transpondererkennung zur Landmarkenbearbeitung (Abbildung 6.17).

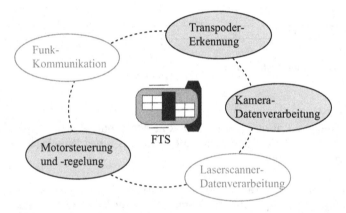

Abb. 6.17. FTS Beispiel mit drei Aufgaben

Wir präzisieren die Tasks der Aufgabenstellung wie folgt:

T_1:   Kameradatenverarbeitung, periodische Task, erkennt eine auf dem Boden aufgeklebte optische Fahrspur (Abbildung 6.18) und meldet Abweichungen an die Motorsteuerung.

Periode p_1 = Zeitschranke d_1 = 10 msec
Ausführungszeit e_1 = 1 msec

T_2:   Motorsteuerung, periodische Task, steuert und regelt die Fahrzeugmotoren derart, dass sich das Fahrzeug immer mittig über der aufgeklebten Spur bewegt.

Periode p_2 = Zeitschranke d_2 = 10 msec
Ausführungszeit e_2 = 5 msec

T_3:   Transpondererkennung, aperiodische Task, stoppt das Fahrzeug, sobald der Transponder eine Landmarke, z.B. eine Produktionsstation, erkannt hat (Abbildung 6.18). Die Positionsgenauigkeit eines solchen Stopps soll 1cm betragen. Legen wir eine Fahrgeschwindigkeit von 0,65 m/sec für das Fahrzeug zu Grunde, so ergibt sich hieraus durch Division die Zeitschranke für die Transpondererkennung.

Zeitschranke d_3 = 1 cm : 0,65 m/sec = 15,4 msec
Ausführungszeit e_3 = 5,5 msec

Diese Werte entstammen einem realen industriellen FTS, welches mit einem Mikrocontroller (Taktfrequenz 12 MHz) gesteuert wird.

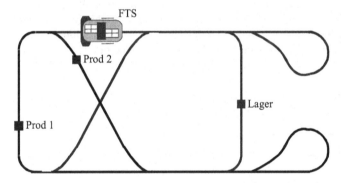

Abb. 6.18. FTS mit aufgeklebter Fahrspur und Landmarken

Zunächst soll die durch dieses Beispiel verursachte Prozessorauslastung ermittelt werden. Etwas Probleme macht hier die Tatsache, dass eine Task aperiodisch ist. Wir können jedoch den schlimmsten Fall der Prozessorauslastung dadurch ermitteln, dass wir Task T_3 mit ihrer Zeitschranke periodisieren, d.h. wir nehmen an, dass im schlimmsten Fall Transponderereignisse im Abstand von 15,4 msec auftreten. Damit ergibt sich die (künstliche) Periode p_3 zu eben diesen 15,4 msec. Die Periodisierung aperiodischer Ereignisse ist eine probate Methode, die maximale Prozessorauslastung zu ermitteln. In unserem Beispiel ergibt sich diese Auslastung zu:

H =   e1 / p1 + e2 / p2 + e3 / p3 =
1 msec / 10 msec + 5 msec / 10 msec + 5,5 msec / 15,4 msec = 95,71%

Die Prozessorauslastung ist hoch, liegt jedoch noch unter 100%. Es sollte deshalb ein ausführbarer Schedule existieren. Die Frage ist, ob bei Verwendung fester Prioritäten dieser auch gefunden wird. Da die Periodendauern p1 und p2 gleich sind und die Periodendauer von p3 größer ist, ergeben sich gemäß Rate-Monotonic-Scheduling zwei mögliche Prioritätenverteilungen:

T_1 (Kameradatenverarbeitung):   hohe Priorität
T_2 (Motorsteuerung):   mittlere Priorität.
T_3 (Transpondererkennung):   niedrige Priorität

oder:

T_1 (Kameradatenverarbeitung):   mittlere Priorität.
T_2 (Motorsteuerung):   hohe Priorität
T_3 (Transponderdatenerkennung):   niedrige Priorität

Die Abbildungen 6.19 und 6.20 zeigen den Ablauf für beide Prioritätenverteilungen. Um den schlimmsten Fall zu betrachten, werden alle drei Tasks zum Zeitpunkt 0 aktiv. Die Zeitschranken für die Tasks T_1 und T_2 fallen somit auf den Zeitpunkt 10 msec (erneute Aktivierung) und für T_3 auf den Zeitpunkt 15,4 msec (Positionsgenauigkeit). Wie zu erkennen ist, führen beide Verteilungen zu einer Verletzung der Zeitschranke für T_3. Andere Prioritätenverteilungen können ebenfalls nicht zum Ziel führen, da das Rate-Monotonic-Prinzip eine optimale Prioritätenverteilung liefert[1].

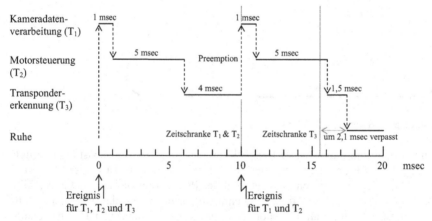

Abb. 6.19. Ablauf des FTS Beispiels mit Priorität $T_1 > T_2 > T_3$

---

[1] Der interessierte Leser möge diese anderen Prioritätenverteilungen durchaus einmal ausprobieren.

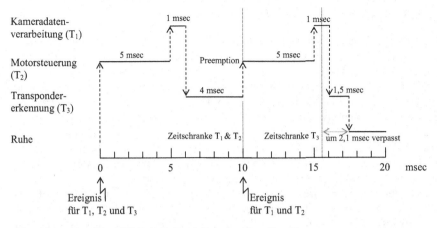

Abb. 6.20. Ablauf des FTS Beispiels mit Priorität $T_2 > T_1 > T_3$

Es ist also festzustellen, dass **feste Prioritäten mit Preemption kein optimales Schedulingverfahren** darstellen. Gleiches gilt auch für nicht-preemptives Scheduling mit festen Prioritäten. Durch seine Einfachheit ist es trotzdem sehr beliebt. Zudem besteht die Möglichkeit, eine Obergrenze der Prozessorauslastung mathematisch zu ermitteln, bis zu der immer ein ausführbarer Schedule für Rate-Monotonic-Scheduling mit Preemption gefunden wird. Diese Obergrenze wurde erstmals in [Liu Layland 1973] berechnet. Sie lautet:

$$H_{max} = n(2^{1/n} - 1), \quad n = \text{Anzahl der Tasks}$$

Diese Obergrenze kann dazu benutzt werden, die Ausführbarkeit eines Tasksets, zu prüfen und die Einhaltung aller Zeitschranken zu garantieren. Liegt die Prozessorauslastung für eine Echtzeitanwendung unter dieser Grenze, so findet Rate-Monotonic-Scheduling einen ausführbaren Schedule, alle Zeitbedingungen werden immer eingehalten. Liegt die Prozessorauslastung höher, ist es immer noch möglich, dass ein ausführbarer Schedule gefunden wird, dies kann jedoch nicht mehr garantiert werden.

In unserem Beispiel mit drei Tasks ergibt sich diese Obergrenze zu:

$$H_{max} = 3 \, (2^{1/3} - 1) = 0,78 = 78\%$$

Da die Auslastung im Beispiel mit 95,71% höher liegt, wird die Einhaltung der Zeitbedingungen für dieses Problem durch Rate-Monotonic-Scheduling nicht garantiert. Bei einer Auslastung kleiner oder gleich 78% wäre Rate-Monotonic-Scheduling hingegen anwendbar.

6.3.4.3   Earliest-Deadline-First-Scheduling

Bei *Earliest-Deadline-First-Scheduling* (EDF) erhält diejenige Task den Prozessor zugeteilt, die am nächsten an ihrer Zeitschranke (*Deadline*) ist. Es handelt sich also um dynamisches Scheduling mit dynamischen Prioritäten, da sich die Priorität einer Task aus der Nähe zu ihrer Zeitschranke berechnet und sich so während des Ablaufs im Verhältnis zu den anderen Tasks ändern kann. Dieses Verfahren kann sowohl preemptiv wie auch nicht-preemptiv verwendet werden. Bei preemptivem EDF-Scheduling erfolgt ein Taskwechsel, sobald eine Task mit früherer Zeitschranke ablaufwillig wird. Bei nicht-preemptivem EDF-Scheduling kommt die Task mit der kürzesten Zeitschranke erst dann zur Ausführung, wenn die gerade ablaufende Task nicht mehr ablaufwillig oder blockiert ist.

Bei der Taskverwaltung wird nahezu ausschließlich preemptives EDF-Scheduling angewendet, da es leichter zu analysieren ist und bessere Eigenschaften aufweist. Nicht-preemptives EDF-Scheduling kommt im Wesentlichen nur zum Einsatz, wenn nicht unterbrechbare Vorgänge, also z.B. Plattenzugriffe oder die Übertragung atomarer Datenpakete, verwaltet werden müssen. Wir beschränken uns daher im Folgenden auf preemptives EDF-Scheduling. Mehr über nicht-preemptives EDF-Scheduling findet sich z.B. in [Stankovich et al. 1998].

Um die Eigenschaften von EDF-Scheduling zu bewerten, wollen wir zunächst das FTS-Beispiel aus dem vorigen Abschnitt aufgreifen, an dem Scheduling mit festen Prioritäten gescheitert ist. Bei EDF-Scheduling müssen wir keine Prioritäten bestimmen, diese ergeben sich dynamisch aus den Zeitschranken. Abbildung 6.21 zeigt den Ablauf des FTS-Beispiels wieder unter der Annahme des schlimmsten Falls, d.h. alle Ereignisse treten gleichzeitig auf. Zum Zeitpunkt 0 kommen alle drei Tasks in den Zustand „ablaufwillig". Die Task T_3 hat mit 15,4 msec die längste Zeitschranke und wird daher hinten angestellt. Die Tasks T_1 und T_2 haben die gleich Zeitschranke von 10 msec, der Scheduler wird also den Prozessor an eine dieser beiden Tasks zuordnen, z.B. nach der Tasknummer oder zufällig. Durch die gleiche Zeitschranke spielt die Reihenfolge dieser beiden Tasks keine Rolle[2]. In unserem Beispiel wird zunächst Task T_1 ausgeführt. Nach 1 msec ist die Ausführung dieser Task beendet, sie ist nicht mehr rechenwillig. Daher erhält nun Task T_2 den Prozessor, da diese die frühere Zeitschranke als Task T_3 besitzt. Zum Zeitpunkt 6 msec ist auch diese Task fertig und T_3 erhält als einzige verbliebene ablaufwillige Task den Prozessor. Bis jetzt haben wir noch keinen Unterschied zum Scheduling mit festen Prioritäten aus Abbildung 6.19. Die Stärke der dynamischen Prioritäten bei EDF-Scheduling zeigt sich zum Zeitpunkt 10 msec. Dort werden erneut die Tasks T_1 und T_2 rechenwillig (Periode 10 msec). Anders als bei festen Prioritäten bleibt bei EDF die Task T_3 aktiv, da sie nun durch ihre näherer Zeitschranke von 15,4 msec gegenüber der neuen Zeitschranke von T_1 und T_2 zum Zeitpunkt 20 msec die höhere Priorität erhält. Erst danach werden die Tasks T_1 und T_2 abgearbeitet, die jedoch ebenfalls beide ihre neue Zeitschranke von 20 msec erfüllen. Schließlich geht der Prozessor bis zum nächsten Ereignis in den Ruhezustand über. Gemäß dem Prinzip der Busy Period Analysis (siehe vorigen

---

[2] Was der interessierte Leser wieder durch Ausprobieren überprüfen kann.

Abschnitt) wird daher auch in Zukunft keine Verletzung der Zeitschranken mehr erfolgen.

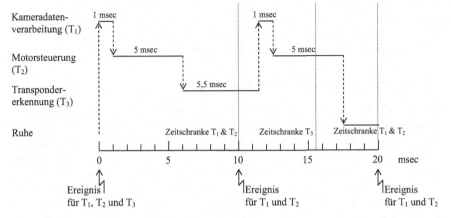

Abb. 6.21. Ablauf des FTS-Beispiels mit EDF-Scheduling

Man sieht, dass EDF-Scheduling das Problem löst und einen ausführbaren Schedule findet. Da die Prozessorauslastung mit 95,7 % sehr hoch ist, liegt die Vermutung nahe, dass EDF-Scheduling ein optimales Scheduling sein könnte. Dies ist in der Tat wahr. Wie in [Liu Layland 1973] gezeigt wird, ist **EDF-Scheduling** auf **Einprozessorsystemen** ein **optimales Scheduling** für das gilt:

$$H_{max} = 100\%$$

Dies heißt, solange die Prozessorauslastung bei einem Einprozessorsystem kleiner gleich 100% ist, findet EDF-Scheduling einen ausführbaren Schedule und die Einhaltung aller Zeitbedingungen ist garantiert. Für periodische Tasks, bei denen die Zeitschranke gleich der Periodendauer ist, kann dies sehr leicht berechnet werden:

$$\sum_{i=1}^{n} e_i / p_i \leq 1$$

Unterscheiden sich Zeitschranke und Periode, so sind komplexere Verfahren zur Bestimmung der Ausführbarkeit eines Tasksets erforderlich, z.B. die *Processor Demand Analysis*. Näheres hierzu sowie weiterführende Betrachtungen über EDF-Scheduling auf Mehrprozessorsystemen findet sich z.B. in [Stankovich et al. 1998].

Als Nachteil von EDF-Scheduling ist zum einen der höhere Rechenaufwand gegenüber Scheduling mit festen Prioritäten zu nennen, da die Prioritäten hier dynamisch berechnet werden. Weiterhin ist EDF-Scheduling zwar optimal bezüglich der Einhaltung von Zeitschranken, jedoch nicht optimal, wenn Datenraten eingehalten werden müssen. Dies lässt sich am obigen Beispiel zeigen. Die Task Transpondererkennung muss Datenraten einhalten, um die anfallenden Daten aus dem Transponder abzuholen. Nun startet jedoch die Task Transpondererkennung (T$_3$) erst 6 msec nach dem zugehörigen Ereignis zum Zeitpunkt 0. Ohne geeignete Hardwareunterstützung, z.B. einen Puffer oder ein Handshake, können in diesem Zeitraum vom Transponder gesendete Daten verloren gehen.

6.3.4.4   Least-Laxity-First-Scheduling

Ein weiteres Schedulingverfahren mit dynamischen Prioritäten ist *Least-Laxity-First-Scheduling* (LLF). Hierbei erhält diejenige Task den Prozessor zugeteilt, die den geringsten Spielraum (*Laxity*, vgl. Abschnitt 6.3.3) hat. Auch dieses Verfahren kann preemptiv oder nicht-preemptiv verwendet werden, wie bei EDF kommt jedoch im Bereich der Taskverwaltung nahezu ausschließlich die preemptive Variante zum Einsatz. Im Gegensatz zu EDF wird hier nicht nur die Zeitschranke, sondern auch die Ausführungszeit einer Task berücksichtigt. Hieraus wird der verbleibende Spielraum berechnet und die Task mit dem geringsten Spielraum kommt sofort (preemptiv) oder wenn die gerade laufende Task nicht mehr ablauf-willig bzw. blockiert ist (nicht-preemptiv) zur Ausführung.

Wie bei EDF ist auch die preemptive Variante von **LLF** ein **optimales Schedu-lingverfahren** auf **Einprozessorsystemen**, d.h.:

$$H_{max} = 100\%$$

Allerdings ist der Rechenaufwand höher. Bei EDF Scheduling muss eine Neube-wertung der Prioritäten immer nur dann erfolgen, wenn eine neue Task ins Spiel kommt, eine Task nicht mehr ablaufwillig bzw. blockiert ist oder sich eine Zeit-schranke ändern sollte. Anderenfalls sind die Zeitschranken konstant, eine neue Berechnung ist nicht erforderlich. Bei LLF Scheduling ist der Spielraum jedoch von der aktuellen Zeit abhängig. Er berechnet sich nach folgender Gleichung (Abschn. 6.3.3):

$$l_i = d_i - (t + er_i)$$

Dies bedeutet, nur für die gerade ablaufende Task a bleibt der Spielraum konstant, da die Restlaufzeit er$_a$ in gleichem Maße abnimmt wie die Zeit t zunimmt. Für alle anderen nicht ablaufenden Tasks i sinkt der Spielraum, da die Restlaufzeit er$_i$ kon-stant ist, während die Zeit t zunimmt. Daraus folgt, dass der Spielraum für alle Tasks ständig neu ermittelt werden muss.

Des Weiteren erzeugt LLF Scheduling eine drastisch höhere Anzahl von Taskwechseln. Dies lässt sich leicht am Beispiel von zwei Tasks zeigen. Zunächst wird die Task mit dem geringeren Spielraum ausgeführt, dieser Spielraum bleibt hierbei konstant. Der Spielraum der nicht ausgeführten Task sinkt. Nach einiger Zeit ist der Spielraum der nicht ausgeführten Task auf den Wert der ausgeführten Task abgesunken. Von nun an wird der Scheduler ständig zwischen den Tasks wechseln, da immer der Spielraum der nicht ausgeführten Task unter den der ausgeführten Task sinkt.

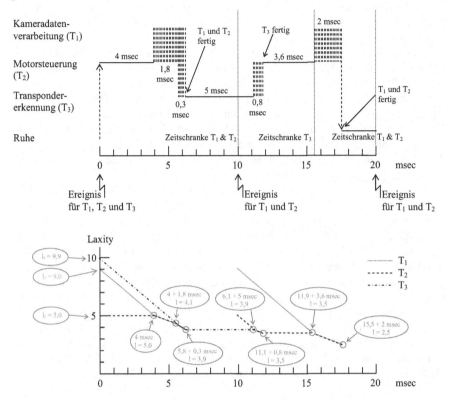

Abb. 6.22. Ablauf des FTS Beispiels mit LLF-Scheduling

Abbildung 6.22 zeigt das FTS-Beispiel unter LLF-Scheduling. Alle Ereignisse treten wieder gleichzeitig auf. Da LLF-Scheduling optimal ist, wird auch hier ein ausführbarer Schedule gefunden. Um die Entscheidungen des Schedulers besser verstehen zu können, ist im unteren Teil der Abbildung jeweils der aktuelle Spielraum für die drei Tasks aufgetragen. Zu Beginn hat die Motorsteuerung den geringsten Spielraum und kommt daher zur Ausführung. Zum Zeitpunkt 4 msec ist der Spielraum der Kameradatenverarbeitung auf den gleichen Wert abgesunken, beide Tasks werden in schnellem Wechsel ausgeführt. Ab dem Zeitpunkt 5,8 msec ist auch der Spielraum der Transpondererkennung auf den Wert der anderen Tasks gesunken, nun wechseln sich alle drei Tasks ab. Zum Zeitpunkt 6,1 msec haben schließlich die Tasks zur Kameradatenverarbeitung und Motorsteuerung ihre Arbeit erledigt, nur die Transpondererkennung läuft weiter. Zum Zeitpunkt 10 msec werden die Motorsteuerung und die Kameradatenverarbeitung das zweite mal aktiviert, ab 11,1 msec ist der Spielraum der Motorsteuerung auf den der Transpondererkennung abgesunken, beide Tasks werden im schnellen Wechsel ausgeführt.

Zum Zeitpunkt 11,9 msec beendet die Task zur Transpondererkennung ihre Tätigkeit, die Motorsteuerungs-Task läuft alleine weiter. Zum Zeitpunkt 15,5 msec erreicht der Spielraum der Kameradatenverarbeitung den der Motorsteuerung, beide Tasks wechseln sich ab. Zum Zeitpunkt 17,5 msec ist die Arbeit erledigt, der Prozessor geht in den Ruhezustand über.

Man sieht, dass sowohl EDF wie auch LLF den ersten Schedulingzyklus zur gleichen Zeit nach 17,5 msec beenden. Hierbei ist jedoch die Zeit vernachlässigt, die das Echtzeitbetriebssystem für einen Taskwechsel benötigt, um den alten Taskstatus zu retten und den neuen Taskstatus zu laden. Bei EDF ist diese Vernachlässigung durch die eher geringe Anzahl von Taskwechseln meist zulässig. LLF erzeugt hingegen so viele Taskwechsel, dass diese Zeit zu berücksichtigen ist. LLF funktioniert daher am besten auf mehrfädigen Prozessoren (vgl. Abschn. 2.1), bei denen der Taskwechsel nahezu verlustfrei durchgeführt werden, siehe hierzu z.B. [Kreuzinger et al. 2003].

Es stellt sich natürlich nun die Frage, warum LLF überhaupt benutzt werden sollte, wo doch EDF bereits optimal ist und deutlich weniger Aufwand erzeugt. Zum einen zeigt LLF ein besseres Verhalten, wenn das System überlastet ist, d.h. nicht alle Zeitschranken eingehalten werden können. Dort ist die gleichmäßigere Verteilung der Tasks von Vorteil. Auch auf mehrfädigen Prozessoren bringt die gleichmäßigerer Taskverteilung von LLF Vorteile, da mehr Tasks über einen längeren Zeitraum gleichzeitig aktiv sind und der mehrfädige Prozessor dadurch Latenzen besser überbrücken kann [Kreuzinger et al. 2003]. Schließlich bringt LFF auf Mehrprozessorsystemen ebenfalls Vorteile.

Bezüglich der Einhaltung von Datenraten bietet LLF keine Vorteile gegenüber EDF. Auch hier wird im Beispiel die Task zur Transpondererkennung erst 5,8 msec nach Auftreten des Ereignisses aktiv, so dass ohne zusätzliche Hardwaremaßnahmen wie Pufferung oder Handshake Daten verloren gehen können.

6.3.4.5   Time-Slice-Scheduling

Time-Slice-Scheduling (Zeitscheibenverfahren) ordnet jeder Task eine feste Zeitscheibe (*Time Slice*) zu. Die Reihenfolge der Taskausführung entspricht hierbei der Reihenfolge der ablaufwilligen Tasks in der Taskverwaltungsliste des Betriebssystems. Die Dauer der Zeitscheibe für eine Task kann individuell festgelegt werden. Abbildung 6.23 skizziert diesen Vorgang.

Abb. 6.23. Time-Slice-Scheduling

Time-Slice-Scheduling ist daher immer preemptives dynamisches Scheduling. Es benutzt keine Prioritäten, jedoch kann durch individuelle Wahl der Zeitscheibendauer für eine Task deren Bedeutung sowie Zeitanforderungen berücksichtigt werden. Wenn die Zeitscheiben feinkörnig genug gewählt werden können und die Dauer der Zeitscheiben proportional zur Prozessorauslastung durch die einzelnen Tasks festgelegt wird, so nähert sich das Verfahren der Optimalität. Abbildung 6.24 zeigt das FTS-Beispiel unter Time-Slice-Scheduling. Die Prozessorauslastung durch die drei Tasks errechnet sich zu:

T_1: $H_1 = e_1 / p_1 = 1$ msec / 10 msec = 10%
T_2: $H_2 = e_2 / p_2 = 5$ msec / 10 msec = 50%
T_3: $H_3 = e_3 / p_3 = 5,5$ msec / 15,4 msec = 36% (35,714%)

Die Zeitscheiben wurden auf der Proportionalitätsbasis 1% $\equiv$ 0,05 msec wie folgt gewählt:

T_1:   Zeitscheibe 0,5 msec (~ 10%)
T_2:   Zeitscheibe 2,5 msec (~ 50%)
T_3:   Zeitscheibe 1,8 msec (~ 36%)

Man sieht, dass alle Zeitschranken eingehalten werden. Die Tasks wechseln sich gemäß ihren Zeitscheiben ab. Interessant ist der Zeitpunkt 9,6 msec, an dem die zweite Zeitscheibe für die Task T_3 endet. Da zu diesem Zeitpunkt die Tasks T_1 und T_2 aber nicht mehr ablaufwillig sind (das erste Ereignis für diese Tasks wurde abgearbeitet, das zweite Ereignis ist noch nicht eingetroffen), erhält die Task T_3 sofort die nächste Zeitscheibe zugeteilt.

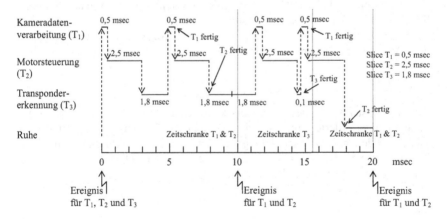

Abb. 6.24. Ablauf des FTS-Beispiels mit Time-Slice-Scheduling

Vorteile dieses Schedulingverfahrens sind die einfache Realisierung und das Vermeiden des Aushungerns von Tasks. Jede Task erhält nach einem festen Schema Rechenzeit zugeordnet. Sind die Zeitscheiben jedoch nicht feinkörnig genug, so entsteht Verschnitt. Ein weiterer Nachteil ist die Abhängigkeit der Periodendauer von der Anzahl der rechenwilligen Tasks. Je mehr Tasks rechenwillig sind, desto länger dauert es, bis eine bestimmte Task erneut aktiv wird. Darüber hinaus kann die Reaktionszeit einer Task auf ein Ereignis recht lang werden, wenn ihre Zeitscheibe bei Eintreffen des Ereignisses gerade abgelaufen ist. Eine entsprechende Aktivität ist dann erst zur nächsten Zeitscheibe dieser Task möglich. Daher kann auch hier das Einhalten von Datenraten ohne zusätzliche Puffer- oder Synchronisationshardware problematisch werden.

6.3.4.6   Guaranteed Percentage Scheduling

Guaranteed Percentage Scheduling (GP) ordnet jeder Task einen festen Prozentsatz der verfügbaren Prozessorleistung innerhalb einer Periode zu. So kann z.B. eine Task A 30% der Prozessorleistung erhalten, Task B 20% und Task C 40%. Es bleiben dann noch 10% ungenutzt und stehen für weitere Tasks zur Verfügung. Der reale Prozessor wird dadurch sozusagen in eine Reihe virtueller Prozessoren unterteilt, die quasi unabhängig voneinander arbeiten. GP ist somit ein weiteres preemptives dynamisches Schedulingverfahren, welches ohne Prioritäten arbeitet. Es bietet eine Reihe von Vorteilen:

- Im Gegensatz zu Time-Slice-Scheduling ist die Periodendauer bei GP unabhängig von der Anzahl der Tasks.
- Die einzelnen Tasks sind zeitlich voneinander isoliert, d.h. sie stören sich gegenseitig nicht bei der Ausführung. Egal wie sich Task A und B im obigen Beispiel verhalten, Task C erhält 40% der Prozessorleistung für ihre Aktivitäten.
- Wie EDF und LLF ist GP auf Einprozessorsystemen ein optimales Schedulingverfahren, eine Prozessorauslastung von 100% ist erreichbar, wenn den einzelnen Tasks ein Prozentsatz gemäß ihrer Prozessorauslastung zugeteilt wird. Wir werden dies im nachfolgenden Beispiel demonstrieren.

$$H_{max} = 100\%$$

Eine Überlastsituation des Prozessors kann leicht erkannt werden, sobald die gesamte angeforderte Prozessorleistung über 100% steigt. Für periodische Tasks, bei denen die Zeitschranke gleich der Periode ist, kann die Ausführbarkeit bzw. die Einhaltung aller Zeitschranken wie bei EDF oder LLF einfach durch folgende Gleichung überprüft werden:

$$\sum_{i=1}^{n} e_i / p_i \leq 1$$

Sind Zeitschranke und Periode ungleich, so existieren komplexere, weiterführende Verfahren, sie hierzu [Brinkschulte 2003].

- Da die einzelnen Tasks gleichmäßig entsprechend ihres angeforderten Prozentsatzes auf den Prozessor verteilt werden, können bei GP im Gegensatz zu EDF oder LLF Datenraten auf einfachste Weise eingehalten werden. Auch dies werden wir im nachfolgenden Beispiel demonstrieren.

Diese gleichmäßiger Verteilung impliziert jedoch auch einen inhärenten Nachteil des Verfahrens: sie ist nur durch eine hohe Anzahl von Taskwechseln zu erreichen. Nur dann kann der angeforderte Prozentsatz auch wirklich in einer kurzen Zeitperiode garantiert werden. Das Verfahren ist daher insbesondere für mehrfädige Prozessoren geeignet, auf einfädigen Prozessoren erzeugen die vielen Taskwechsel ähnlich wie bei LLF zu viel Overhead. Als Beispiel sei hier der mehrfädige Komodo Mikrocontroller [Brinkschulte at al. 1999/1] genannt, der GP Scheduling für Threads in Hardware realisiert und hierbei die Einhaltung des angeforderten Prozentsatzes für alle Threads innerhalb einer Periode von 100 Taktzyklen garantiert. Abbildung 6.25 zeigt dieses Prinzip. Innerhalb eines 100-Taktzyklen-Intervalls erhält jeder Thread für genau so viele Taktzyklen den Prozessor zugeteilt, wie er Prozente angefordert hat. Mehr Informationen zu GP Scheduling findet sich z.B. in [Kreuzinger et al. 2003] oder [Brinkschulte, Ungerer 2002].

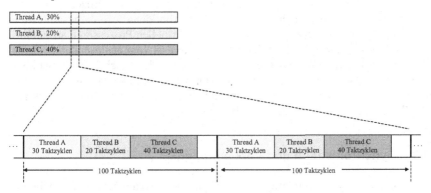

Abb. 6.25. Guaranteed Percentage Scheduling auf dem Komodo Mikrocontroller

Betrachten wir GP Scheduling am Beispiel des fahrerlosen Transportsystems. Die Zuteilung der Prozentsätze an die einzelnen Tasks erfolgt wie bereits erwähnt gemäß ihrer Prozessorauslastung:

T_1: $H_1 = e_1 / p_1 = 1$ msec $/ 10$ msec $= 10\%$
T_2: $H_2 = e_2 / p_2 = 5$ msec $/ 10$ msec $= 50\%$
T_3: $H_3 = e_3 / p_3 = 5,5$ msec $/ 15,4$ msec $= 36\%$ (35,714 %)

Hierdurch ergibt sich für jede Task eine Ausführungszeit, die ihrer Periode und damit ihrer Zeitschranke entspricht:

T_1: Ausführungszeit: 1 msec $/ 10\% = 10$ msec
T_2: Ausführungszeit: 5 msec $/ 50\% = 10$ msec
T_3: Ausführungszeit: 5,5 msec $/ 36\% = 15,3$ msec

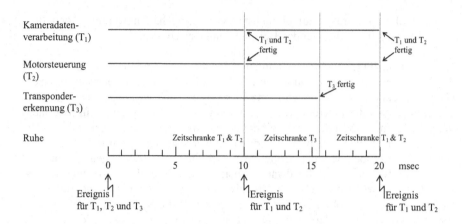

Abb. 6.26. Ablauf des FTS-Beispiels mit Guaranteed Percentage Scheduling

Die Abweichung für Task 3 ergibt sich durch die Rundung ihres Prozentsatzes von 35,714 % auf 36%. Der Scheduling-Ablauf ist in Abbildung 6.26 dargestellt. Man sieht, dass die Tasks quasi gleichzeitig auf ihren virtuellen Prozessoren ausgeführt werden und alle Zeitschranken einhalten. Jede Task ist vom auslösenden Ereignis bis zur Zeitschranke aktiv. Dies ermöglicht insbesondere auch das problemlose Einhalten von Datenraten ohne zusätzliche Hardware, da es anders als bei den anderen vorgestellten Schedulingverfahren keine Zeiten gibt, in denen eine Task ablaufwillig ist, den Prozessor aber nicht besitzt.

6.3.5 Synchronisation und Verklemmungen

Das Problem der **Synchronisation** von Tasks entsteht, wenn diese Tasks nicht unabhängig voneinander sind. Abhängigkeiten ergeben sich, wenn gemeinsame Betriebsmittel genutzt werden, auf die der Zugriff koordiniert werden muss. Gemeinsame Betriebsmittel können z.B. sein:

* **Daten.** Mehrere Tasks greifen lesend und schreibend auf gemeinsame Variable oder Tabellen zu. Bei unkoordiniertem Zugriff könnte eine Task inkonsistente Werte lesen, z.B. wenn eine andere Task erst einen Teil einer Tabelle aktualisiert hat.

* **Geräte.** Mehrere Tasks benutzen gemeinsame Geräte wie etwa Sensoren oder Aktoren. Auch hier ist eine Koordination erforderlich, um z.B. keine widersprüchlichen Kommandos von zwei Tasks an einen Schrittmotor zu senden.

- **Programme**. Mehrere Tasks teilen sich gemeinsame Programme, z.B. Gerätetreiber. Hier ist dafür Sorge zu tragen, dass konkurrierende Aufrufe dieser Programme so abgewickelt werden, dass keine inkonsistenten Programmzustände
  entstehen.

Abbildung 6.27 zeigt ein Beispiel, bei dem zwei Tasks um Daten, genauer um eine
Tabelle, konkurrieren. Task 1 bestimmt über mehrere Temperatursensoren eine
Temperaturverteilung in einem Raum und legt diese Werte in einer Tabelle ab.
Task 2 liest diese Tabelle und druckt die Temperaturverteilung aus. Ohne Synchronisation kann dies zu fehlerhaften Ergebnissen führen, wenn z.B. Task 1 die
gemeinsame Tabelle noch nicht vollständig aktualisiert hat, während Task 2 darauf zugreift. Dann erhält Task 2 teilweise neue und alte Temperaturwerte.

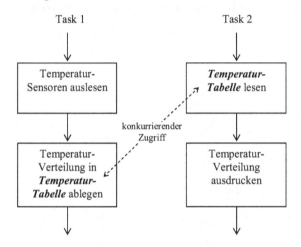

Abb. 6.27. Gemeinsam genutztes Betriebsmittel „Temperatur-Tabelle"

Es gibt zwei grundlegende Varianten der Synchronisation:

- Die **Sperrsynchronisation**, auch wechselseitiger Ausschluss, *Mutual Exclude*
  oder kurz *Mutex* genannt, stellt sicher, dass zu einem Zeitpunkt immer nur eine
  Task auf ein gemeinsames Betriebsmittel zugreift. Abbildung 6.28 zeigt das
  Beispiel der Temperaturmessung unter Verwendung der Sperrsynchronisation.
  Zum Schutz der gemeinsamen Temperatur-Tabelle wird ein Mutex definiert,
  der ausschließt, dass beide Tasks gleichzeitig auf dieses Betriebsmittel zugreifen. Vor dem Zugriff versucht jede Task, den Mutex zu belegen. Ist der Mutex
  bereits durch die andere Task belegt, so wird die neu zugreifende Task verzögert, bis die andere Task den Mutex wieder freigibt. Dies geschieht, nachdem
  sie die Tabelle nicht mehr benötigt.

- Die **Reihenfolgensynchronisation**, auch Kooperation genannt, regelt die Reihenfolge der Taskzugriffe auf gemeinsame Betriebsmittel. Anders als bei der Sperrsynchronisation, die nur ausschließt, dass ein gemeinsamer Zugriff stattfindet, aber nichts über die Reihenfolge der Zugriffe aussagt, wird bei der Reihenfolgensynchronisation genau diese Reihenfolge der Zugriffe exakt definiert. Abbildung 6.29 zeigt das Beispiel der Temperaturmessung mit Reihenfolgensynchronisation. Geeignete Maßnahmen (die wir im Folgenden kennen lernen werden) sorgen dafür, dass zunächst Task 1 die Temperaturen ausliest und in die gemeinsame Tabelle einträgt und danach Task 2 auf diese Tabelle zugreift und die Temperaturen auf dem Drucker ausgibt.

Bereiche, in denen Tasks synchronisiert werden müssen, heißen kritische Bereiche. Man kann den kritischen Bereich z.B. in Abbildung 6.28 sehr gut erkennen.

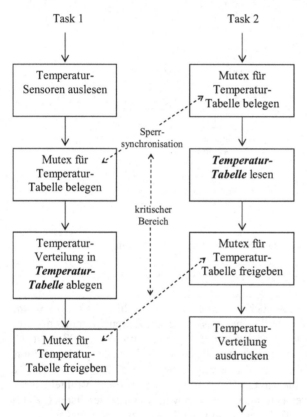

Abb. 6.28. Sperrsynchronisation des Betriebsmittels „Temperatur-Tabelle"

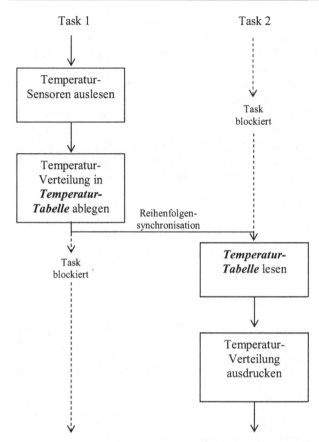

Abb. 6.29. Reihenfolgensynchronisation des Betriebsmittels „Temperatur-Tabelle"

Es stellt sich nun die Frage, mit welchen Mitteln die Sperrsynchronisation oder die Reihenfolgensynchronisation zu realisieren ist. Hier existiert eine Reihe von Mechanismen. Einer der grundlegendsten ist der **Semaphore** [Dijkstra 1965]. Wie in Abbildung 6.30 dargestellt besteht ein Semaphore aus einer Zählvariablen sowie zwei nicht unterbrechbaren Operationen „Passieren" (P) und „Verlassen" (V). Ruft eine Task die Operation „Passieren" eines Semaphors auf, so wird die zugehörige Zählvariable erniedrigt. Erreicht die Zählvariable einen Wert kleiner 0, so wird die aufrufende Task blockiert. Bei der Initialisierung des Semaphors gibt somit der positive Wert der Zählvariablen die Anzahl der Tasks an, die den Semaphore passieren dürfen und somit in den durch den Semaphore geschützten kritischen Bereich eintreten dürfen. Bei Aufruf der Operation Verlassen wird die Zählvariable wieder erhöht. Ist der Wert der Zählvariablen nach dem Erhöhen noch kleiner als 1, so wartet mindestens eine Task auf das Passieren. Aus der Liste dieser blockierten Tasks wird eine Task freigegeben und bereit gemacht. Sie kann nun passieren. Ein negativer Zählerwert gibt somit die Anzahl der Tasks an, denen der Eintritt bisher verwehrt wurde.

Es ist von entscheidender Bedeutung, dass die Operationen „Passieren" und „Verlassen" atomar sind, d.h. nicht von der jeweils anderen Operation unterbrochen werden können. Nur so ist eine konsistente Handhabung der Zählvariablen sichergestellt.

Ein wesentlicher Unterschied von Semaphoren in Standardbetriebssystemen und Echtzeitbetriebssystemen besteht darin, welche der blockierten Task bei Verlassen eines Semaphors bereit gemacht wird. Bei Standardbetriebssystemen ist dies eine beliebige Task aus der Liste der blockierten Tasks, die Auswahl hängt allein von der Implementierung des Betriebssystems ab. Bei Echtzeitbetriebssystemen wird die blockierte Task mit der höchsten Priorität (oder der engsten Zeitschranke bzw. dem engsten Spielraum) zur Ausführung gebracht.

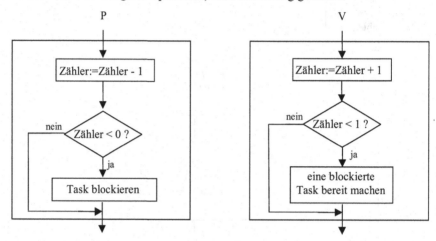

Abb. 6.30. Die Operationen „Passieren" und „Verlassen" eines Semaphors

Ein Semaphore kann zur Realisierung beider Synchronisationsarten benutzt werden:

- Zur Sperrsynchronisation (Mutex) wird die Zählvariable des Semaphors mit 1 initialisiert. Dies bewirkt, dass immer nur eine Task passieren kann und somit Zugriff auf das geschützte Betriebsmittel erhält. Abbildung 6.31 zeigt das Prinzip. Task 1 passiert den Semaphore, die Zählervariable wird hierdurch auf 0 reduziert. Bei dem Versuch ebenfalls zu passieren wird daher Task 2 blockiert, bis Task 1 den Semaphore wieder verlässt und die Zählervariable zu 1 wird. Die geschützten Betriebsmittel können so immer nur von einer Task belegt werden.

- Eine Reihenfolgensynchronisation kann durch wechselseitige Belegung mehrerer Semaphore erreicht werden. Abbildung 6.32 zeigt ein Beispiel, in dem die Ablaufreihenfolge zweier Tasks durch zwei Semaphore geregelt wird. Zu Beginn einer Aktivität versuchen beide Tasks, ihren Semaphore (Task 1 → S_1, Task 2 → S_2) zu passieren. Am Ende der Aktivität verlässt jede Task den Semaphore der jeweils anderen Task (Task 1 → S_2, Task 2 → S_1). Semaphore S_1

wird nun z.B. zu 0 und Semaphore S_2 zu 1 initialisiert. Hierdurch kann Task 2 ihre Aktivität durchführen, während Task 1 blockiert wird. Nach Abschluss der Aktivität verlässt Task 2 den Semaphore S_1 und versucht erneut S_2 zu passieren. Dies blockiert Task 2 und gibt Task 1 frei, welche nun ihrer Aktivität nachgehen kann. Nach dieser Aktivität verlässt Task 1 den Semaphore S_2 und versucht S_1 erneut zu passieren. Dadurch wird wieder Task 2 aktiv und Task 1 blockiert. Auf diese Weise werden die Aktivitäten von Task 1 und Task 2 immer wechselseitig ausgeführt.

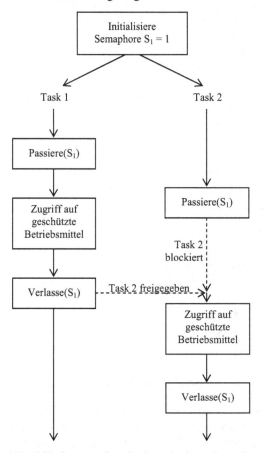

Abb. 6.31. Sperrsynchronisation mit einem Semaphore

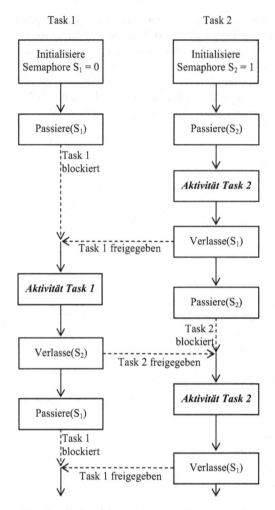

Abb. 6.32. Reihenfolgensynchronisation mit zwei Semaphoren

Aus diesen Abbildungen ist ein weiterer Unterschied zwischen Sperr- und Reihenfolgensynchronisation zu erkennen: Bei Sperrsynchronisation gibt immer diejenige Task, welche eine Sperre gesetzt hat, diese Sperre auch wieder frei. Bei der Reihenfolgensynchronisation kann die Freigabe auch durch eine andere Task erfolgen.

Abbildung 6.33 zeigt ein weiteres Beispiel der Synchronisation mit Hilfe von Semaphoren. Unter Verwendung zweier Semaphore lässt sich sehr einfach ein Erzeuger/Verbraucher-Schema realisieren. Ein Semaphore „Leerungen" gibt die Anzahl der gerade freien Plätze an, auf denen der Erzeuger seine erzeugten Objekte unterbringen kann. Ein Semphore „Füllungen" gibt die Anzahl der erzeugten Objekte an, die dem Verbraucher zur Verfügung stehen. Zu Beginn wird Füllungen

zu 0 initialisiert (noch keine erzeugten Objekte) und Leerungen erhält als Startwert n die Anzahl der freien Plätze, die für zu erzeugende Objekte zur Verfügung
stehen. Die Task Erzeuger versucht jeweils vor Erzeugung eines neuen Objekts
den Semaphore Leerungen zu passieren. Gelingt dies, sind noch freie Plätze für zu
erzeugende Objekte vorhanden, diese Anzahl wird um eins reduziert. Sind keine
freien Plätze mehr vorhanden (Leerungen erreicht der Zählerwert 0), so blockiert
die Erzeuger-Task. Die Task Verbraucher versucht jeweils vor Verbrauch eines
Objekts den Semaphore Füllungen zu passieren. Gelingt dies, so sind Objekte zum
Verbrauchen vorhanden, diese Anzahl wird um eins reduziert. Sind keine zu
verbrauchenden Objekte mehr vorhanden (Füllungen erreicht den Zählerwert 0),
so blockiert die Verbraucher-Task.

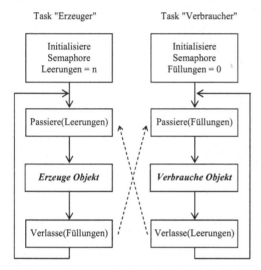

Abb. 6.33. Erzeuger-/Verbraucher-Synchronisation mit zwei Semaphoren

Bei der Synchronisation von Tasks kann es zu **Verklemmungen** kommen, d.h. die
Fortführung einer oder mehrerer Tasks wird auf Dauer blockiert. Ein einfaches
Beispiel für eine Verklemmung im Verkehrsbereich ist eine Kreuzung mit Rechts-
vor-links-Vorfahrtregelung und vier gleichzeitig ankommenden Fahrzeugen. Nach
der Vorfahrtregel muss nun jedes Fahrzeug auf ein anderes warten, keines der
Fahrzeuge kann fahren. Nur ein Bruch der Vorfahrtsregel kann die Verklemmung
lösen.

In der Taskverwaltung kann man zwei Typen von Verklemmungen unterscheiden:

- *Deadlocks*
- *Livelocks*

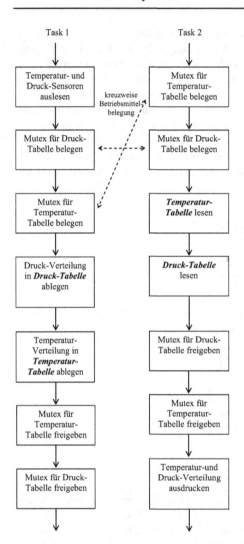

Abb. 6.34. Ein Deadlock durch kreuzweise Betriebsmittelbelegung

Bei einem **Deadlock** (Blockierung, *Deadly Embrace*) warten mehrere Tasks auf die Freigabe von Betriebsmitteln, die sie sich gegenseitig blockieren. Dies führt zu einem Stillstand der Tasks, da sie auf Ereignisse warten, die nicht mehr eintreten können. Das vorige Beispiel der Kreuzung beschreibt einen solchen Deadlock. Ein weiteres Beispiel für die Möglichkeit zu einem Deadlock ist in Abbildung 6.34 dargestellt. Es handelt sich hierbei um eine Erweiterung des Beispiels aus Abbildung 6.28. Zusätzlich zur Temperaturverteilung wird nun auch noch eine Druckverteilung gemessen und in einer Druck-Tabelle abgelegt. Temperatur- und Druck-Tabelle sind jeweils durch einen eigenen Mutex geschützt. Im Beispiel sieht man, dass die Mutexe kreuzweise belegt werden, d.h. Task 1 belegt zuerst den Mutex für die Druck-Tabelle und dann den Mutex für die Temperatur-Tabelle, während Task 2 dies umgekehrt macht. Hierin liegt die Gefahr eines Deadlocks. Wenn beide Tasks nahezu parallel arbeiten und Task 1 den Mutex der Druck-Tabelle belegt, während Task 2 den Mutex der Temperatur-Tabelle einnimmt, so tritt der Deadlock auf. Task 1 wartet nun auf die Freigabe des Mutex für die Temperatur-Tabelle, Task 2 auf die Freigabe des Mutex der Druck-Tabelle. Diese Freigabe erfolgt jedoch nie, da beide Tasks blockiert sind.

Dieser Deadlock kann leicht dadurch vermieden werden, dass beide Tasks ihre Mutexe in gleicher Reihenfolge belegen. Dies ist eine allgemeingültige Regel:

Müssen mehrere Betriebsmittel gleichzeitig geschützt werden, so müssen alle Tasks dies in der gleichen Reihenfolge tun, um Deadlocks zu vermeiden.

Die Freiheit von Deadlocks ist eine wichtige Synchronisationseigenschaft. Sie muss vorab durch Abhängigkeitsanalysen und Einhaltung von Regeln wie der obigen gewährleistet werden.

Eine weitere, allerdings weniger elegante Methode ist die Beseitigung bereits aufgetretener Deadlocks, in dem nach einer voreinstellbaren Wartezeit, einem so genannten *Timeout*, eine Task zurücktritt und alle von ihr belegten Betriebsmittel freigibt. Diese Technik ist in einigen Echtzeitbetriebssystemen realisiert.

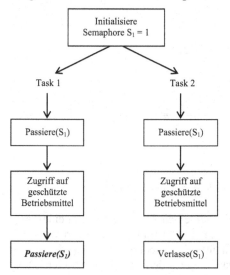

Abb. 6.35. Ein Deadlock durch einen Programmierfehler

Deadlocks können auch durch fehlerhafte Verwendung von Semaphoren entstehen. Abbildung 6.35 zeigt ein Beispiel mit einem Programmierfehler. Die Task 1 ruft beim Verlassen des kritischen Bereichs fälschlicherweise die Operation Passieren anstelle von Verlassen auf. Die Task wird daher in ihrem eigenen kritischen Bereich blockiert, der Semaphore nie mehr freigegeben. Abhilfe schafft hier die Verwendung höherer Synchronisationsmechanismen, z.B. **Monitore**. Hierbei werden die Betriebsmittel durch Zugriffsfunktionen geschützt, die zusammen mit den geschützten Betriebsmitteln einen Monitor bilden. Die Betriebsmittel können nur über diese Zugriffsfunktionen erreicht werden. Sobald eine Task eine Zugriffsfunktion aufruft, sind der Monitor und damit alle Zugriffsfunktionen belegt, andere Tasks werden nun beim Aufruf einer Zugriffsfunktion des Monitors blockiert. Sobald die Zugriffsfunktion abgearbeitet ist, wird der Monitor frei für den nächsten Zugriff. So ist gewährleistet, dass immer nur eine Zugriffsfunktion gleichzeitig ausgeführt wird. Dieses Konzept ist heute z.B. in der Programmiersprache Java realisiert und wurde erstmals von [Hoare 1973] vorgestellt.

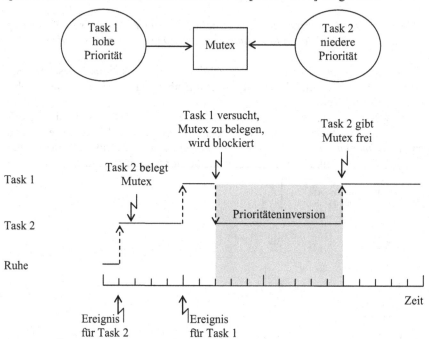

Abb. 6.36. Eine durch Synchronisation verursachte Prioritäteninversion

Livelocks (*Starvation,* Aushungern) bezeichnen einen Zustand, bei dem eine Task durch Konspiration anderer Tasks ständig an der Ausführung gehindert wird. So kann z.B. bei Verwendung fester Prioritäten eine niederpriore Task durch die ständige Aktivität höher priorisierter Tasks niemals den Prozessor erhalten. Dies kann jedoch auch bei hochprioren Tasks geschehen, sofern eine **Prioritäteninversion** (*Priority Inversion*) auftritt. Eine Prioritäteninversion liegt vor, wenn auf Grund bestimmter Umstände eine hochpriore Task auf eine niederpriore Task warten muss. Dies kann z.B. bei der Synchronisation auftreten. Abbildung 6.36 gibt ein Beispiel. Eine hochpriore und eine niederpriore Task synchronisieren sich über einen Mutex. Zuerst wird die niederpriore Task (Task 2) durch ein auftretendes Ereignis ablaufwillig und erhält den Prozessor, da die hochpriore Task (Task 1) noch nicht ablaufwillig ist. Die niederpriore Task belegt nun den Mutex. Kurz darauf wird durch ein weiteres Ereignis die hochpriore Task ablaufwillig und verdrängt die niederpriore Task. Bei dem Versuch, ebenfalls den Mutex zu belegen, wird die hochpriore Task jedoch blockiert, da die niederpriore Task den Mutex noch besitzt. Nun muss die hochpriore Task warten, bis die niederpriore Task den Mutex wieder freigibt, es kommt zur Prioritäteninversion.

Durch geringfügige Erweiterung dieses Beispiels können wir einen durch Konspiration und Prioritäteninversion verursachten Livelock erzeugen. Abbildung 6.37 zeigt dies. Neben der hochprioren Task (Task 1) und der niederprioren Task (Task 2), die sich wiederum einen Mutex teilen, kommt eine dritte Task mittlerer Priorität (Task 3) hinzu, die diesen Mutex nicht benutzt. Wie im vorigen Beispiel startet zunächst die niederpriore Task und belegt den Mutex. Dann wird die hochpriore Task aktiv, versucht den Mutex zu belegen und wird blockiert, die Prioritäteninversion tritt ein und die niederpriore Task erhält wieder den Prozessor. Nun wird die Task mittlerer Priorität aktiv und verdrängt die niederpriore Task, um eine langfristige Tätigkeit durchzuführen (ohne den Mutex zu benutzen). Nun beginnt der Livelock: die niederpriore Task kann nicht ausgeführt werden, weil die Task mittlerer Priorität aktiv ist. Die hochpriore Task kann nicht ausgeführt werden, weil sie auf den Mutex wartet. Dieser kann jedoch nicht freigegeben werden, wenn die niederpriore Task verdrängt ist. Solange die Task mittlerer Priorität läuft, ist die hochpriore Task verklemmt.

Genau diese Situation ist bei dem autonomen Fahrzeug Sojourner, das die Nasa 1997 auf den Mars entsandt hatte, aufgetreten. Nur das Vorhandensein eines Watchdogs (vgl. Kapitel 2.2.5), der bei Auftreten der Verklemmung ein Rücksetzen des Bordcomputers auslöste, hat die Mission vor dem Scheitern bewahrt.

Das Problem der Livelocks durch Prioritäteninversion kann durch die Technik der **Prioritätenvererbung** (*Priority Inheritance*) gelöst werden. Das Prinzip ist einfach: sobald eine höherpriore Task durch eine niederpriore Task blockiert wird, erhält die niederpriore Task für die Dauer der Blockierung die Priorität der blockierten höherprioren Task vererbt. Abbildung 6.38 demonstriert dies an unserem Beispiel. Die eigentlich niederpriore Task 2 erhält durch Prioritätenvererbung die Priorität der blockierten Task 1 und wird daher nicht mehr von der mittelprioren Task 3 verdrängt, der Livelock wird vermieden Nach Freigabe des Mutex erhält Task 2 ihre ursprüngliche, niedere Priorität zurück. Für weitergehende Informationen über die Technik der Prioritätenvererbung sei der Leser z.B. auf [Stankovich et al. 1998] verwiesen.

Die meisten Echtzeitbetriebssysteme bieten die Möglichkeit, Semaphore oder Mutexe mit Prioritätenvererbung zu betreiben. Dies ist ein weiterer wichtiger Unterschied zu Standardbetriebssystemen. Auch im Fall des Marsfahrzeugs hat dies geholfen. Nachdem der Fehler identifiziert wurde, hat man das Steuerprogramm unter Verwendung von Mutexen mit Prioritätenvererbung neu übersetzt (die Option der Prioritätenvererbung war in der ursprünglichen Programmversion ausgeschaltet) und über Funk in das Marsfahrzeug geladen.

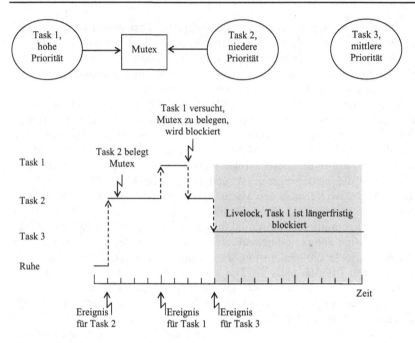

Abb. 6.37. Ein Livelock bei Prioritäteninversion

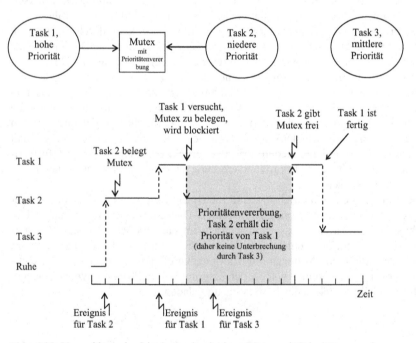

Abb. 6.38. Vermeidung des Livelocks durch einen Mutex mit Prioritätenvererbung

6.3.6 Task-Kommunikation

Synchronisation und Kommunikation von Tasks gehören eng zusammen. Man kann die Synchronisation auch als informationslose Kommunikation betrachten. Auf der anderen Seite kann die Kommunikation zur Synchronisation benutzt werden. Ein Beispiel hierfür wäre etwa das Warten auf einen Auftrag. Mit dem Auftrag wird Information übermittelt, durch den Zeitpunkt der Auftragsvergabe ist eine Synchronisation möglich.

Es gibt zwei grundlegende Varianten der Task-Kommunikation:

- **Gemeinsamer Speicher**
  Der Datenaustausch erfolgt über einen gemeinsamen Speicher. Die Synchronisation, d.h. wann darf wer lesend oder schreibend auf diese Daten zugreifen, geschieht über Semaphore.

- **Nachrichten**
  Der Datenaustausch und die Synchronisation erfolgen über das Verschicken von Nachrichten.

Im Allgemeinen gilt: die Kommunikation über gemeinsamen Speicher ist schneller als die Kommunikation über Nachrichten. Daher wird diese Variante bevorzugt in Echtzeitbetriebssystemen verwendet. In räumlich verteilten Systemen ist dies jedoch nicht möglich, da physikalisch kein gemeinsamer Speicher existiert. Hier muss die Kommunikation über Nachrichten erfolgen.

Ein besonderes Merkmal der Kommunikation in Echtzeitsystemen ist **prioritätsbasierte Kommunikation**. Hierbei besteht die Möglichkeit, Nachrichten oder über gemeinsamen Speicher übertragene Informationen mit Prioritäten (oder Zeitschranken bzw. Spielräumen) zu versehen. So können hochpriorisierte Informationen solche mit niederer Priorität überholen. Dies vermeidet die bereits im vorigen Abschnitt beschriebene Prioritäteninversion bei der Kommunikation. Anderenfalls müsste z.B. eine hochpriore Task warten, bis die Nachricht einer niederprioren Task über denselben Kommunikationskanal übermittelt ist. Prioritäts-basierte Kommunikation ist daher wichtig, um bei der Kooperation von Tasks die Prioritätenkette lückenlos aufrecht zu erhalten, wie in Abbildung 6.39 dargestellt. Man spricht hier von der Wahrung der **End-zu-End-Prioritäten**.

Abb. 6.39. Wahrung der End-zu-End-Prioritäten durch prioritäts-basierte Kommunikation

Ein weiteres Merkmal bei der Kommunikation ist die zeitliche Koordination. Hier kann man unterscheiden zwischen:

- **Synchroner Kommunikation**
  Es existiert mindestens ein Zeitpunkt, an dem Sender und Empfänger gleich-zeitig an einer definierten Stelle stehen, d.h. ein Teilnehmer wird in der Regel blockiert (z.B. durch Aufruf einer Funktion wie *Warte_auf_Nachricht*).

- **Asynchroner Kommunikation**
  Hier müssen die Tasks nicht warten, der Datenaustausch wird vom Kommuni-kationssystem gepuffert. Die Tasks können jederzeit nachsehen, ob neue Daten für sie vorhanden sind (z.B. durch Aufruf einer nicht-blockierenden Funktion *Prüfe_ob_Nachricht_vorhanden*).

Abbildung 6.40 zeigt je ein Beispiel für synchrone und asynchrone Kommunikati-on. Asynchrone Kommunikation ist für Echtzeitanwendungen von großer Bedeu-tung, da das Blockieren von Tasks vermieden wird.

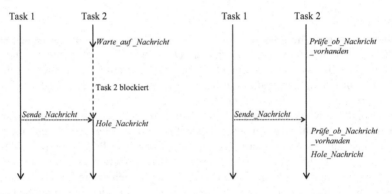

a: synchrone Kommunikation   b: asynchrone Kommunikation

Abb. 6.40. Synchrone und asynchrone Kommunikation

Im Folgenden wollen wir als kleines Beispiel für eine nachrichten-basierte Kom-munikation ein **Botschaftensystem** betrachten. Zum Versenden und Empfangen von Botschaften führen wir zwei Funktionen ein:

Senden(Empfänger, Kanal, Priorität, Botschaft)
Empfangen(Sender, Kanal, Priorität, Botschaft)

Sender und Empfänger kennzeichnen jeweils Ausgangspunkt und Ziel des Bot-schaftenaustauschs, Kanal gibt den verwendeten **Kommunikationskanal** an, Prio-rität kennzeichnet die Wichtigkeit der zu übertragenden Information und Botschaft enthält die zu übermittelnden Daten. Ein Kommunikationskanal kann hierbei **uni-** oder **bidirektional** sein, d.h. einen Datentransfer in nur eine oder in beide Richtungen zulassen. Darüber hinaus kann ein solcher Kanal **stationär** oder **temporär** sein, d.h. immer bestehen oder extra für jede Kommunikation aufgebaut und danach wieder abgebaut werden. In Echtzeitanwendungen werden vorzugsweise stationäre Kanäle benutzt, da hierdurch weniger Dynamik entsteht und das Zeitverhalten besser vorhersagbar ist. Ein solcher Kanal kann bereits vor der Ausführung der eigentlichen Echtzeitaufgabe aufgebaut werden, hierfür wird dann während der Echtzeitbearbeitung keine Zeit mehr benötigt.

Um auch asynchrone Kommunikation zu ermöglichen, soll der Kommunikationskanal in der Lage sein, Botschaften zu puffern. Hierfür gibt es zwei Konzepte:

- **Briefkasten**: dies ist eine individuelle Botschaftenwarteschlange zwischen Sender und Empfänger.
- **Port**: dies ist eine spezielle Form des Briefkastens, bei der mehrere Sender Daten mit einem Empfänger austauschen können.

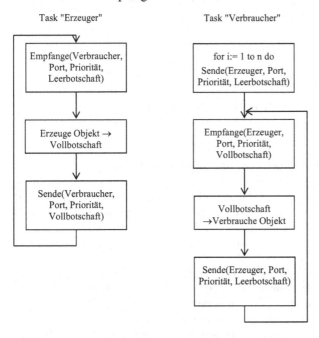

Abb. 6.41. Erzeuger/Verbraucher Schema mittels Botschaftenaustausch

Abbildung 6.41 zeigt die Realisierung des einfachen Erzeuger/Verbraucher Schemas mit Hilfe dieses Botschaftensystems. Der Verbraucher besitzt n freie Plätze zur Aufnahme von Objekten. Entsprechend schickt er im ersten Schritt n Leerbotschaften an den Erzeuger. Der Erzeuger produziert für jede empfangene Leerbotschaft ein Objekt und schickt dies in Form einer Vollbotschaft an den Verbraucher. Der Verbraucher entnimmt dieses Objekt der Vollbotschaft, verbraucht es und schickt eine neue Leerbotschaft an den Erzeuger, um kenntlich zu machen, dass er ein neues Objekt verbrauchen kann.

Bei verteilten Anwendungen können mittels dieser Botschaftskommunikation auch **entfernte Prozeduraufrufe** (*Remote Procedure Calls*) realisiert werden, Abbildung 6.42 zeigt das Prinzip. Hierbei wird auf dem Ausgangsrechner ein Stellvertreter (*Stub*) eingerichtet, der den Prozeduraufruf entgegen nimmt (1) und in einen Botschaftentransfer umwandelt (2). Auf der jeweils anderen Seite, dem Zielrechner, nimmt ein zweiter Stellvertreter (*Skeleton*) diese Botschaft entgegen und wandelt sie wieder in einen Prozeduraufruf (3). Das Resultat des Prozeduraufrufes wird in umgekehrter Richtung (4, 5, 6) zurückgegeben. Weitergehendes über dieses Konzept und verteilte Echtzeitanwendungen findet sich in Kapitel 7.

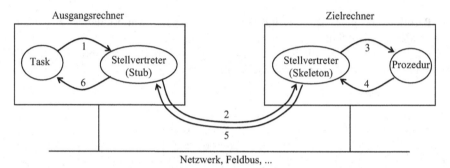

Abb. 6.42. Entfernter Prozeduraufruf mittels Botschaftenaustausch

6.3.7   Implementierungsaspekte der Taskverwaltung

Die Implementierung der Taskverwaltung eines Echtzeitbetriebssystems hängt stark davon ab, ob Tasks als Threads, schwergewichtige Prozesse oder beides realisiert sind. Die Realisierung als Threads macht den geringsten Aufwand bei geringstem Overhead und ist daher meist in Echtzeitbetriebssystemen für leistungsschwache Systeme, z.B. Mikrocontroller, zu finden. Schwergewichtige Prozesse oder die Kombination von Threads und schwergewichtigen Prozessen erzeugen einen höheren Aufwand, da mehr Information gehandhabt werden muss.

In jedem Fall werden die Tasks innerhalb des Betriebssystems in einer **Taskliste** verwaltet. Diese Liste enthält für jede Task einen so genannten **Taskkontrollblock**. Dieser enthält alle Informationen über den aktuellen Zustand der Task, den **Taskkontext**. Der Taskkontext der gerade ablaufenden Task muss beim **Taskwechsel** gerettet, der Taskkontext der neuen ablaufenden Task wiederhergestellt werden.

Für Threads ist der Taskkontext erheblich kleiner als für schwergewichtige Prozesse. Er umfasst in der Regel nur den aktuellen Programmzähler, Steuer- und Statusregister, den Stapelzeiger sowie den Registerblock (vgl. Kapitel 2.1.1). Dies ist die minimal notwendige Information, um den Programmablauf später an gleicher Stelle wieder aufnehmen zu können. Der Taskwechsel-Overhead bei Realisierung von Tasks durch Threads ist somit gering. Bei Verwendung eines mehrfädigen Prozessors (vgl. Kapitel 2.1.3) werden sogar wesentliche Teile direkt von der Hardware übernommen, z.b. durch das Vorhandensein von mehreren Registersätzen und das automatische Umschalten zwischen diesen Sätzen. Hierdurch kann der Taskwechsel-Overhead noch einmal drastisch reduziert werden, bis hin zu verlustfreiem Taskwechsel, z.B. in [Brinkschulte et al. 1999/1].

Bei Verwendung schwergewichtiger Prozesse ist der Taskkontext wesentlich umfangreicher. Neben dem Prozessorzustand müssen auch Speicher-, Datei- und Ein-/Ausgabezustände gesichert bzw. wiederhergestellt werden. Für einen Taskwechsel ist somit nicht allein die Taskverwaltung verantwortlich, auch Speicherverwaltung und Ein-/Ausgabeverwaltung werden benötigt. Tabelle 6.1 gibt einen Überblick der zum Taskkontext von schwergewichtigen Prozessen gehörenden Bestandteile in den jeweiligen Bereichen. Man sieht leicht, dass schwergewichtige Prozesse die größere Sicherheit bieten, da alle Sicherheits- und Verwaltungsaspekte eines modernen Betriebssystems beim Taskwechsel berücksichtigt werden. Auf der anderen Seite ist der Taskwechsel-Overhead naturgemäß deutlich höher.

Tabelle 6.1. Taskkontext bei schwergewichtigen Prozessen

Taskverwaltung	Speicherverwaltung	Ein-/Ausgabeverwaltung
Programmzähler	Startadresse, Größe	Erteilte Ein-/Ausgabeaufträge
Statusregister	und Zustand von:	Zugriffsrechte auf Geräte
Steuerregister	Taskcode	Angeforderte Geräte
Stapelzeiger	Taskdaten	Belegte Geräte
Registerblock	Taskstapel	Zeiger auf Gerätepuffer
Taskidentifikation	dynamisch belegtem	Zustand belegter Geräte
Taskpriorität	Taskspeicher	Zeiger auf offene Dateien
Taskparameter	(Taskhalde)	Zugriffsrechte auf Dateien
Elterntask		Zeiger auf Dateipuffer
Kindertasks		Zustand offener Dateien

6.4   Speicherverwaltung

Die Aufgabe der Speicherverwaltung eines Betriebssystems besteht im Wesentlichen darin, die Speicherhierarchie, bestehend aus Cache, Hauptspeicher und Peripheriespeicher, zu verwalten. Hierunter fällt die Zuteilung von Speicher an die Tasks, die Koordinierung der Zugriffe auf gemeinsame Speicherbereiche und die Abgrenzung der Speicherbereiche einzelner Tasks gegeneinander sowie die Verschiebbarkeit der Tasks im Hauptspeicher. Auch in der Speicherverwaltung finden sich Unterschiede zwischen Standard- und Echtzeitbetriebssystemen, die wir im Folgenden herausarbeiten wollen.

6.4.1 Modelle

Die Speicherverwaltung teilt den verfügbaren Speicher mittels einer **Speicherabbildungsfunktion** M zu:

M: logische Adresse → physikalische Adresse

Die **logische Adresse** bezeichnet hierbei die Speicheradresse innerhalb einer Task, d.h. diejenigen Adressen, mit denen die Befehle der Task operieren, um auf Speicher zuzugreifen. Die **physikalische Adresse** ist die wirkliche Arbeitsspeicheradresse, auf welche die Zugriffe erfolgen. Diese mathematische Form der Speicherzuteilung ist eng mit prozessor- und betriebssystemspezifischen Punkten verknüpft, aus denen sich verschiedene Modelle der Speicherverwaltung ableiten lassen:

*   **Speicherzuteilung:**

    –   **Statische Speicherzuteilung**
        Die Zuteilung von Speicher an eine Task erfolgt, bevor die Task in den Zustand ablaufwillig versetzt wird. Die Speicherzuteilung wird zur Laufzeit nicht verändert.

    –   **Dynamische Speicherzuteilung**
        Die Zuteilung von Speicher an eine Task erfolgt zur Laufzeit und kann sich jederzeit ändern.

    –   **Nichtverdrängende Speicherzuteilung**
        Zugeteilter Speicher darf einer Task zur Laufzeit nicht wieder entzogen werden.

    –   **Verdrängende Speicherzuteilung**
        Zugeteilter Speicher darf einer Task zur Laufzeit wieder entzogen werden, der Speicherinhalt wird auf den Peripheriespeicher ausgelagert.

*   **Adressbildung und Adressierung:**

    –   **Reelle Adressierung**
        Ein kleiner logischer Adressraum wird auf einen größeren oder gleich großen physikalischen Adressraum abgebildet. Das bedeutet, der gesamte logische Adressraum für alle Tasks kann auf den vorhandenen physikalischen Speicher abgebildet werden.

– **Virtuelle Adressierung**
  Ein größerer logischer Adressraum wird auf einen kleineren physikalischen Adressraum abgebildet. Dies heißt, es müssen Verdrängungen stattfinden, um den Speicherbedarf aller Tasks zu befriedigen.

– **Lineare Adressbildung**
  Die Speicherabbildungsfunktion M bildet einen Block sequentieller Speicheradressen geschlossen wieder auf solch einen Block ab. Benachbarte logische Adressen innerhalb eines solchen Blocks bleiben auch im physikalischen Adressraum benachbart.

– **Streuende Adressbildung**
  Die Speicherabbildungsfunktion M kann einen Block sequentieller Speicheradressen in eine beliebige Reihenfolge überführen, logisch benachbarte Adressen müssen im physikalischen Adressraum nicht mehr benachbart sein.

Insbesondere die Unterscheidung zwischen linearer und streuender Adressbildung ist ein Hauptklassifizierungsmerkmal, welches die Eigenschaften einer Speicherverwaltung bestimmt. Wir wollen daher im Folgenden zunächst Verfahren zur linearen Adressbildung betrachten und den Einfluss der anderen genannten Merkmale hierauf untersuchen, besonders hinsichtlich der Echtzeiteigenschaften. Danach werden wir das Gleiche für Verfahren zur streuenden Adressbildung tun.

6.4.2   Lineare Adressbildung

Bei linearer Adressbildung wird der Speicher in so genannte **Segmente** unterteilt. Segmente haben eine variable, den Anforderungen angepasste Größe. Die Segmentstruktur wird direkt vom logischen auf den physikalischen Adressraum übertragen, d.h. benachbarte Adressen innerhalb eines Segments bleiben auch im physikalischen Adressraum benachbart.

Der einfachste Fall liegt vor, wenn wir die lineare Adressbildung durch Segmente mit statischer Speicherzuteilung, keiner Verdrängung und reeller Adressierung kombinieren. Abbildung 6.43 zeigt dies. Der Speicher ist in Segmente unterteilt, jedes Segment ist fest und statisch einer Task zugeordnet, die Größe eines Segments entspricht der Größe der zugeordneten Task. Da reelle Adressierung vorliegt, ist der physikalische Speicher groß genug, alle Segmente aufzunehmen, es findet keine Verdrängung statt. Dieses Verfahren bietet eine Reihe von Vorteilen:

• Die Tasks sind nicht an physikalische Speicheradressen gebunden, da alle logischen Adressen sich nur auf das Segment beziehen, d.h. in der Regel relativ zum Segmentanfang sind. Das Segment selbst kann im physikalischen Adressraum beliebig verschoben werden. Damit wird eine der Hauptaufgaben der Speicherverwaltung erfüllt.

- Der Schutz der Tasks gegeneinander wird ebenso realisiert, da ein direkter Zugriff über Segmentgrenzen hinweg nicht möglich ist, die Tasks können nur über die Task-Kommunikationsmechanismen des Betriebssystems interagieren. Gemeinsame Speicherbereiche können über gemeinsame Segmente realisiert werden.
- Durch die statische Zuordnung ohne Verdrängung ist das Zeitverhalten sehr gut vorhersagbar. Zur Laufzeit existiert keinerlei Dynamik, Speicher wird vor dem Start der Task zugeteilt und zur Laufzeit nicht verändert. Es fallen dadurch keine zusätzlichen Zeiten für Speicherreorganisationen an, die für einen Speicherzugriff benötigte Zeit ist konstant. Dieses Verfahren ist daher für Echtzeitanwendungen hervorragend geeignet.

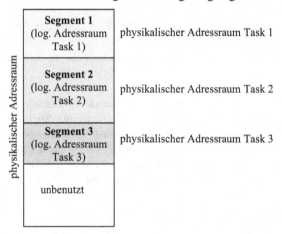

Abb. 6.43. Lineare Adressbildung durch Segmente, statische Zuteilung, reelle Adressierung, keine Verdrängung

Allerdings ist auch eine Reihe von Nachteilen damit verbunden:

- Das Speicherschema ist starr, zur Laufzeit sind keine Änderungen möglich.
- Es ist insbesondere ungeeignet, wenn Tasks mit stark variablem Speicherbedarf vorhanden sind. In diesem Fall muss für jede Task der maximale Speicher vorab reserviert werden.
- Das Verfahren ist ebenfalls ungeeignet, wenn die Anzahl der Tasks stark variiert. Hier muss vorab Speicher für jede Task reserviert werden, die je aktiv werden kann. Tasks, die niemals gleichzeitig aktiv werden, können sich keinen Speicher teilen. Der Hauptspeicher wird dadurch löchrig. Man spricht auch von **externer Fragmentierung** des Hauptspeichers (zum Begriff der internen Fragmentierung siehe Abschnitt 6.4.3).

Erste Abhilfe schafft eine dynamische Zuteilung der Segmente, wie dies in Abbildung 6.44 dargestellt ist. Die Zuteilung von Speicher an Tasks erfolgt erst, wenn eine Task ablaufwillig wird. Hierdurch wird der Speicher besser ausgenutzt, wenn eine variable Anzahl von Tasks zu verwalten ist. Tasks können sich physikalischen Speicher teilen, dies ist in unserem Beispiel für Task 2 und Task 4 der Fall. Allerdings steigt der Zuteilungsaufwand, es dauert länger, bis eine Task zur Ausführung bereit ist. Solange jedoch keine Verdrängung oder eine Änderung der Segmentgröße zur Laufzeit stattfindet, ist die Zugriffszeit nach der Zuordnung konstant. Das Verfahren ist also ebenfalls für Echtzeitanwendungen geeignet.

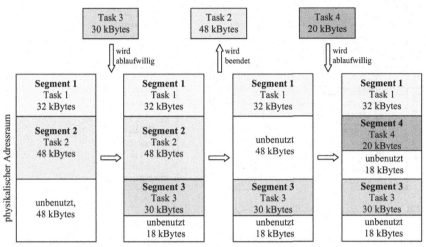

Abb. 6.44. Lineare Adressbildung durch Segmente, dynamische Zuteilung, reelle Adressierung, keine Verdrängung

Das Problem löchrigen Speichers bleibt bei dieser Lösung jedoch bestehen. Obwohl im obigen Beispiel nach Ankunft von Task 4 insgesamt noch 36 kBytes Speicher frei sind, kann trotzdem keine weitere Task aufgenommen werden, die größer als 18 kBytes ist, da der freie Speicher in zwei 18 kBytes große Blöcke zerfällt.

Eine **Speicherbereinigung** (*Garbage Collection*) löst dieses Problem. Abbildung 6.45 zeigt, wie der Speicher nach Ankunft von Task 5 zunächst durch Kompaktifizierung bereinigt wird. Die belegten Blöcke werden zusammen geschoben, sodass ein größerer freier Block entsteht, der die ankommende Task aufnehmen kann. Der Nachteil dieses Verfahrens besteht darin, dass die Speicherbereinigung zur Laufzeit ausgeführt werden muss und dort Rechenzeit kostet. Einfache Speicherbereinigungsverfahren, die das ganze System anhalten und den Speicher verschieben, sind für Echtzeitbetriebssysteme nicht anwendbar (keine Reorganisationspausen in Echtzeitsystemen, siehe Abschnitt 5.1.3). Echtzeitbetriebssysteme verzichten deshalb oft auf Speicherbereinigung.

Eine Ausnahme bilden echtzeitfähige Implementierungen der Programmiersprache Java, da die automatische Speicherbereinigung fester Bestandteil dieser Sprache ist. Dort kommen echtzeitfähige Speicherbereinigungsverfahren zum Einsatz, welche die Speicherbereinigung in kleine Schritte unterteilen. Jeder dieser Schritte hinterlässt ein konsistentes Abbild des Speichers. Somit kann die Speicherbereinigung inkrementell durchgeführt werden, die Echtzeittasks werden nur unwesentlich behindert. Mehr über echtzeitfähige Speicherbereinigung in Java findet sich beispielsweise in [Fuhrmann et al. 2004].

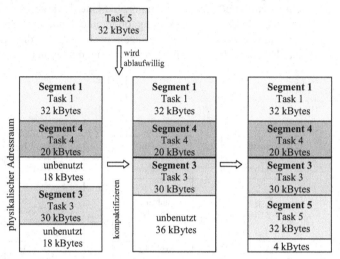

Abb. 6.45. Lineare Adressbildung mit Kompaktifizierung

Das Problem dynamischer Task-Größen lässt sich bei Verwendung von Segmenten zur linearen Adressbildung im Allgemeinen ebenfalls nur durch für Echtzeitanwendungen unangenehme Speicherbereinigung lösen, da in den meisten Fällen die nachfolgenden Segmente verschoben werden müssen, um Platz für die Erweiterung eines einer Task zugeordneten Segmentes zu schaffen. Soll im obigen Beispiel das Segment für Task 1 von 32 kBytes auf 36 kBytes vergrößert werden, so müssen die Segmente 3, 4 und 5 verschoben werden, um Platz zu schaffen. Wie wir im nächsten Abschnitt sehen werden, ist streuende Adressbildung hier von Vorteil.

Zunächst wollen wir jedoch noch die verdrängende Variante der linearen Adressbildung betrachten. Dies wird notwendig, wenn virtuelle Adressierung Verwendung findet, d.h. der logische Adressraum größer als der physikalische ist. Der wirklich zur Verfügung stehende Speicher muss zwischen den konkurrierenden Tasks aufgeteilt werden, nicht ablaufende Tasks werden ggf. verdrängt.

Abbildung 6.46 zeigt eine Situation, bei der 4 Tasks um physikalischen Speicher konkurrieren, der nur zwei dieser Tasks gleichzeitig aufnehmen kann. Dementsprechend sind immer zwei Tasks verdrängt, d.h. auf den Peripheriespeicher (die Festplatte) ausgelagert. In der Momentaufnahme der Abbildung 6.46 sind dies die Tasks 2 und 3. Grundsätzlich kann jede Task verdrängt werden, die nicht gerade den Prozessor besitzt.

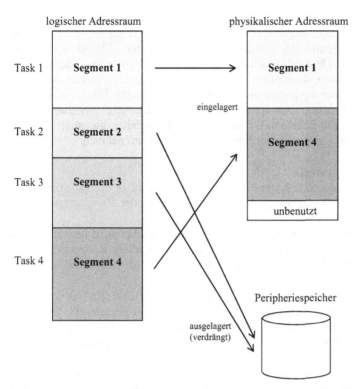

logischer Adressraum   physikalischer Adressraum

Task 1   **Segment 1** ————————→ **Segment 1**

eingelagert

Task 2   **Segment 2**   **Segment 4**

Task 3   **Segment 3**

unbenutzt

Task 4   **Segment 4**

Peripheriespeicher

ausgelagert
(verdrängt)

Abb. 6.46. Lineare Adressbildung mit virtueller Adressierung und Verdrängung

Durch die Verdrängung treten drei grundlegende Fragestellungen in den Vordergrund:

- **Die Verdrängungsstrategie**
  Für die Wahl der zu verdrängenden Segmente (Tasks) muss eine Strategie gefunden werden. Gängige Standardstrategien sind z.B.
  - FIFO (*First In First Out*): das sich am längsten im physikalischen Hauptspeicher befindende Segment wird verdrängt. Diese Strategie ist einfach zu realisieren, zieht jedoch die Benutzungsstatistik der Segmente nicht in Betracht.
  - LRU (*Least Recently Used*): das am längsten nicht mehr benutzte Segment wird verdrängt. Dies ist eine wirkungsvolle Strategie, jedoch aufwendiger zu realisieren als FIFO.
  - LFU (*Least Frequently Used*): das am seltensten benutzte Segment wird verdrängt, auch dies ist eine wirkungsvolle Strategie.
  - LRD (*Least Reference Density*): diese Strategie stellt eine Mischung aus LRU und LFU dar. Aus letzter Benutzung und Anzahl der Benutzungen wird eine Zugriffsdichte (*Reference Density*) berechnet. Das Segment mit der geringsten Dichte wird verdrängt.

Für Echtzeitanwendungen ist die Verdrängung immer problematisch, da sich für verdrängte Tasks durch die Wiedereinlagerung vor der weiteren Ausführung drastisch erhöhte Ausführungszeiten ergeben. Die schlimmste mögliche Ausführungszeit (*Worst-Case-Execution Time*) steigt für Tasks, die ausgelagert werden können, dramatisch an. Daher bieten Echtzeitbetriebssysteme mit virtueller Adressierung immer die Möglichkeit, bestimmte Tasks vor der Verdrängung zu schützen, man spricht auch von Verriegelung oder *Task Locks*. Nur so können für Echtzeittasks kurze Ausführungszeiten garantiert werden, die anderen Tasks müssen hingegen Wartezeiten in Kauf nehmen.

- **Die Zuteilungsstrategie**
  Eine weitere zu lösende Frage ist, wohin ein Segment in den physikalischen Hauptspeicher eingelagert wird. Dies ist Aufgabe der Zuteilungsstrategie. Standardstrategien sind:
  - *First Fit*: Die erste passende Lücke im Hauptspeicher wird verwendet, um ein Segment einzulagern. Betrachtet man die mittlere Rechenzeit, so ist dies die schnellste Strategie, da die Suche nach dem Auffinden der ersten passenden Lücke beendet werden kann.
  - *Best Fit*: Die kleinste passende Lücke im Hauptspeicher (d.h. die am besten passende Lücke) wird verwendet, um ein Segment einzulagern. Dies verringert das Problem von löchrigem Hauptspeicher, da der Verschnitt minimiert wird. Die mittlere benötigte Rechenzeit ist aber höher als bei First Fit, da immer der ganze Hauptspeicher durchsucht werden muss.
  - *Worst Fit*: Die größte passende Lücke im Hauptspeicher (d.h. die am schlechtesten passende Lücke) wird verwendet, um ein Segment einzulagern. Der hierdurch entstehende Verschnitt wird maximiert. Je nach Anwendung kann Worst-Fit sogar bessere Ergebnisse hinsichtlich der Löchrigkeit des Hauptspeichers liefern als Best Fit, da in dem entstehenden großen Verschnitt oft weitere Segmente eingelagert werden können, während dies bei dem kleinen Verschnitt von Best Fit eher selten der Fall ist. Die Rechenzeiten von Best Fit und Worst Fit sind identisch, in beiden Fällen muss der ganze Hauptspeicher durchsucht werden.

Für Echtzeitanwendungen zählt jedoch nicht die mittlere, sondern die höchst mögliche Rechenzeit. In dieser sind alle drei Verfahren gleich, da auch bei First Fit im schlimmsten Fall der ganze Speicher durchsucht werden muss, um eine passende Lücke zu finden. Die Varianz der Rechenzeit ist bei Best Fit und Worst Fit geringer, es wird immer nahezu die gleiche (höhere) Rechenzeit benötigt. Wie wir im nächsten Abschnitt sehen werden, weist auch hier die streuende Adressbildung Vorteile auf.

- **Die Nachschubstrategie**
  Die dritte zu lösende Frage betrifft den Zeitpunkt, wann ein Segment in den Hauptspeicher eingelagert wird. Hier gibt es im Wesentlichen zwei Standard-strategien:
  - Verlangend (*Demand Fetch*): Ein Segment wird genau dann eingelagert, wenn es benötigt wird, also z.B. die zugehörige Task in den Zustand „laufend" kommt.
  - Vorausschauend (*Anticipatory Fetch*): Es werden Kenntnisse über das Task-Verhalten benutzt, um Segmente spekulativ vorab einzulagern.
  Das vorausschauende Einlagern ermöglicht in vielen Fällen eine schnellere mittlere Zugriffszeit auf die Segmente, das Zeitverhalten ist jedoch auf Grund des spekulativen Charakters des Verfahrens schwer vorhersagbar. Es ist deshalb für Echtzeitanwendungen weniger geeignet.

Es ist zu beachten, dass bei Verwendung einer verdrängenden Speicherverwaltung auch das Zustandsmodell der Tasks (vgl. Abbildung 6.6) erweitert werden muss. Mindestens der Taskzustand „ablaufwillig" muss in zwei Teilzustände aufgeteilt werden, um den Fall einer Verdrängung zu reflektieren. Für die restlichen Zustände ist dies nicht unbedingt erforderlich, da in diesem Modell nur aus dem Zustand „ablaufwillig" ein direkter Übergang in den Zustand „laufend" möglich ist, der die Einlagerung zwingend erfordert. Aus diesem Grund genügt es, im Zustand „ablaufwillig" zu unterscheiden, ob eine Task vor ihrer Ausführung noch eingelagert werden muss oder nicht. Abbildung 6.47 zeigt das erweiterte Taskmodell. Dies stellt jedoch nur eine Möglichkeit dar, in anderen Taskmodellen können auch weitere Zustände aufgespalten sein.

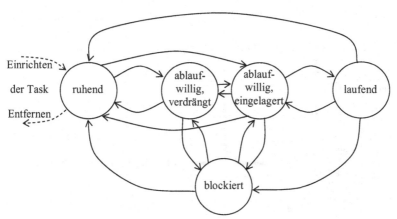

Abb. 6.47. Taskzustände bei verdrängender Speicherverwaltung

In den bisherigen Betrachtungen wurde immer einer Task genau ein Segment zugeordnet. Es ist jedoch auch möglich, eine Task nach logischen Kriterien auf mehrere Segmente zu verteilen. Eine mögliche Aufteilung wäre zum Beispiel:

Task 1 Programm	$\rightarrow$ Segment 1
Task 1 Daten	$\rightarrow$ Segment 2
Task 1 Stapel	$\rightarrow$ Segment 3
Task 1 Halde	$\rightarrow$ Segment 4

Hierdurch erreicht man eine feinere Granularität bei der Speicheraufteilung. Auch sind Verbesserungen bei Tasks dynamischer Größe erreichbar, da die Dynamik meist auf das Halden-Segment beschränkt werden kann, während die anderen Segmente der Task unverändert bleiben. Schließlich besteht auch die Möglichkeit, den Programmteil einer Task auf mehr als ein Segment zu verteilen, z.B. die normalerweise ausgeführten Programmteile in ein Segment und die Fehlerbehandlung in ein anderes. So muss nicht immer die ganze Task zur Laufzeit eingelagert sein, die Fehlerbehandlung könnte ausgelagert bleiben, bis sie benötigt wird. Diese Aufteilung ist für Echtzeitanwendungen interessant, da in einigen Anwendungen Zeitbedingungen nur eine Rolle spielen, solange kein Fehler auftritt. Beispiele hierfür sind Anwendungen, bei denen im Fall eines Fehlers eine Meldung erzeugt und die Anwendung beendet wird. So können die echtzeitrelevanten Teile der Task im Hauptspeicher verriegelt und vor Verdrängung geschützt werden, während nicht echtzeitrelevante Teile wie etwa die Fehlerbehandlung ausgelagert sind.

Die Aufteilung einer Task auf mehrere Segmente kann wahlweise automatisch durch einen Compiler oder manuell durch den Programmierer geschehen.

Abschließend wollen wir einen kurzen Blick auf die Realisierung einer Speicherverwaltung mit linearer Adressbildung durch Segmente werfen. Abbildung 6.48 skizziert den grundlegenden Mechanismus, welcher die Verwaltung der Segmente ermöglicht.

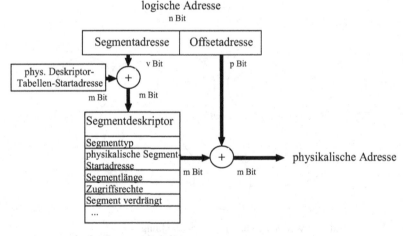

Abb. 6.48. Realisierung der linearen Adressbildung mit Segmenten

Die logische Adresse[3] wird in zwei Komponenten unterteilt, die **Segmentadresse** und die **Offsetadresse**. Die Segmentadresse identifiziert das Segment. Hierzu verweist sie auf einen **Segmentdeskriptor** im physikalischen Hauptspeicher. Üblicherweise werden alle Segmentdeskriptoren innerhalb einer **Deskriptortabelle** verwahrt. Die Adresse eines bestimmten Segmentdeskriptors kann daher durch simple Addition der Segmentadresse mit der Startadresse der Deskriptortabelle gewonnen werden. Der Segmentdeskriptor enthält die benötigten Informationen über das Segment, also z.B. den Segmenttyp (Programm, Daten, Stapel, Halde), die Länge des Segments, die Zugriffsrechte, den Verdrängungsstatus und die Startadresse des Segments im physikalischen Hauptspeicher, wenn das Segment nicht verdrängt ist. Die Offsetadresse innerhalb der logischen Adresse gibt die Distanz zum Segmentanfang wieder. Eine physikalische Adresse wird nun dadurch gewonnen, diese Offsetadresse zur Startadresse des Segments aus dem Segmentdeskriptor zu addieren.

Viele der heutigen Prozessoren, z.B. die Intel Pentium Familie, unterstützen diese Form der Speicherverwaltung per Hardware durch eine **Speicherverwaltungseinheit** (*Memory Management Unit, MMU* [Brinkschulte, Ungerer 2002]) und entsprechende Register, Datentypen und Befehle. Die Speicherverwaltung kann somit sehr effizient durchgeführt werden.

Die Vorteile der linearen Adressbildung liegen im Wesentlichen in der linearen Adressstruktur innerhalb der Segmente sowie in der Eigenschaft, dass Segmente logische Teile der Tasks (also z.B. Programm, Daten, ...) widerspiegeln. Durch die daraus resultierende Größe der Segmente sind Ein- und Auslagerungen eher selten, da sich viele Aktivitäten innerhalb eines Segments abspielen. Allerdings ist die zu transportierende Datenmenge im Fall einer Ein- und Auslagerung umfangreich. Weitere Nachteile finden sich im Echtzeitbereich. Dynamische Änderungen der Taskgröße sind nur über eine Speicherbereinigung möglich. Die Strategien zur Zuordnung eines Segments zu einer passenden Lücke im Hauptspeicher sind aufwendig. Eine Alternative ist daher die streuende Adressbildung.

6.4.3 Streuende Adressbildung

Bei streuender Adressbildung wird der Speicher in so genannte **Seiten** unterteilt. Im Unterschied zu Segmenten sind Seiten wesentlich kürzer und haben eine konstante Größe, in der Regel wenige kBytes (2 kBytes ist z.B. eine typische Seitengröße). Eine Task wird daher auf viele Seiten verteilt, wie dies in Abbildung 6.49 dargestellt ist. Anders als bei Segmenten können Seiten auch nicht an beliebige Stellen des Hauptspeichers geladen werden, sondern immer nur in entsprechende **Kacheln**, welche die gleiche Größe wie die Seiten haben (Abbildung 6.50). Dies vereinfacht die Adresserzeugung, da eine Seite immer nur auf einem ganzzahligen Vielfachen der Seitengröße beginnen kann. Die Zuordnung von Seiten zu Kacheln erfolgt in der Regel ohne Beachtung der sequentiellen Reihenfolge der Seiten innerhalb der Task, daher der Name „streuende Adressbildung".

---

[3] Bei virtueller Adressierung oft auch virtuelle Adresse genannt.

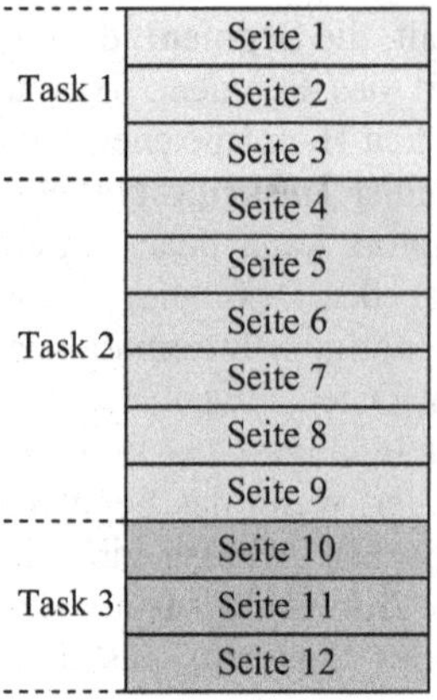

Task 1	Seite 1
	Seite 2
	Seite 3
Task 2	Seite 4
	Seite 5
	Seite 6
	Seite 7
	Seite 8
Task 3	Seite 9
	Seite 10
	Seite 11
	Seite 12

Abb. 6.49. Streuende Adressbildung: Aufteilung der Tasks auf Seiten

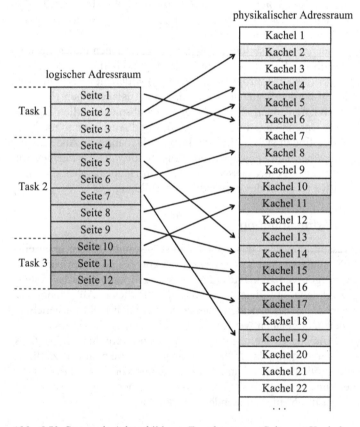

Abb. 6.50. Streuende Adressbildung: Zuordnung von Seiten zu Kacheln

Streuende Adressbildung wird in der Regel immer in Verbindung mit dynamischer Speicherzuteilung verwendet. Sie kann sowohl mit reeller wie auch virtueller Adressierung eingesetzt werden. Bei virtueller Adressierung ist natürlich auch hier Verdrängung erforderlich.

In vielen Aspekten weist die streuende Adressbildung die gleichen Eigenschaften wie die lineare Adressbildung auf. Wir wollen uns daher im Folgenden auf die Unterschiede konzentrieren. So bietet die streuende Adressbildung eine Reihe von Vorteilen, insbesondere im Hinblick auf Echtzeitanwendungen:

- Durch die konstante, kleine Seitengröße und die Streuung der Seiten im Hauptspeicher ist keine Speicherbereinigung erforderlich. Kommt eine neue Task ins System, so werden den zugehörigen Seiten einfach die nächsten freien Kacheln zugewiesen. Es entstehen keine Löcher im Speicher, externe Fragmentierung tritt nicht auf.
- Das Zuweisen von freien Kacheln an Seiten ist deutlich einfacher als das Zuweisen von Speicher an Segmente. Durch die einheitliche Größe kann die nächste freie Kachel verwendet werden, es ist keine Zuteilungsstrategie wie bei den Segmenten der linearen Adressbildung (First Fit, Best Fit, Worst Fit) erforderlich. Freie Kacheln können in einer simplen Freiliste verwaltet werden, die den Zeitbedarf für das Auffinden einer solchen Kachel extrem kurz und konstant hält. Dies ist ideal für Echtzeitanwendungen.
- Bei virtueller Adressierung mit Verdrängung sind daher nur die Verdrängungsstrategie und die Nachschubstrategie erforderlich. Hier können die gleichen Techniken wie bei linearer Adressbildung verwendet werden. Die Zuteilungsstrategie entfällt.
- Die dynamische Änderung der Taskgröße ist ebenfalls einfacher und zeitlich besser vorhersagbar. Reichen die verwendeten Seiten nicht mehr aus, so kann eine Task jederzeit zusätzliche Seiten erhalten, die den nächsten freien Kacheln zugewiesen werden.
- Die Granularität der Speicherzuteilung an Tasks ist feiner. Von einer Task müssen nur die häufig benutzen Seiten eingelagert sein. Selten benutzte Seiten können verdrängt werden. Bei Segmentierung muss immer das ganze Segment ein- oder ausgelagert werden. Dies bietet auch einen Vorteil beim Schutz von Echtzeittasks vor der Auslagerung. Es können hier gezielt einzelne Seiten verriegelt werden, während bei der Segmentierung immer das ganze Segment verriegelt werden muss.

Im Hinblick auf dynamische Eigenschaften wie variable Taskgröße, Taskanzahl oder Verdrängung besitzt die streuende Adressbildung mit Seiten daher bessere Echtzeiteigenschaften als die lineare Adressbildung mit Segmenten. Für eher statische Anwendungen besteht kein wesentlicher Unterschied. Allerdings besitzt die Seitenverwaltung auch Nachteile:

- Die letzte Seite einer Task (oder eines Taskbereichs wie Programm, Daten, etc.) ist in der Regel nur teilweise gefüllt, da die Größe der Task normalerweise kein ganzzahliges Vielfaches der Seitengröße ist. Dies nennt man **interne Fragmentierung**. Man vermeidet also bei der streuenden Adressbildung die externe Fragmentierung, muss jedoch hierfür interne Fragmentierung in Kauf nehmen.

- Durch die feinere Granularität sind bei Verdrängung Datentransfers zwischen Haupt- und Peripheriespeicher häufiger als bei großen Segmenten, dafür ist allerdings die zu übertragende Datenmenge geringer.
- Durch die kleinere Seitengröße steigt der Verwaltungsaufwand, wie wir im Folgenden sehen werden.

Abbildung 6.51 zeigt den grundlegenden Mechanismus zur Realisierung von streuender Adressbildung mit Seiten. Das ganze ähnelt auf den ersten Blick sehr der Realisierung der linearen Adressbildung mit Segmenten. Auch hier wird die logische Adresse in zwei Teile unterteilt, die Seitenadresse und die Offsetadresse. Durch die im Vergleich zu Segmenten viel geringere Seitengröße ist die Offsetadresse bei Seiten schmäler als bei Segmenten, dafür ist die Seitenadresse entsprechend größer. Die Verwaltung der Seiten erfolgt in einer **Seitentabelle** im Hauptspeicher. Durch Addition der Seitenadresse mit der Startadresse dieser Tabelle kann der zur Seite gehörende Eintrag in der Seitentabelle aufgesucht werden. Dieser enthält die Kachelnummer, aus welcher sich durch Konkatenation mit der Offsetadresse die physikalische Adresse ergibt. Konkatenation heißt hier, die (m-p) Bits der Kachelnummer bilden den oberen Teil der m Bit breiten physikalischen Adresse, die p Bits der Offsetadresse den unteren Teil. Diese einfache Verknüpfung ist möglich, da eine Seite nicht an einer beliebigen Stelle des Arbeitsspeichers, sondern nur in einer Kachel gespeichert werden kann und die Startadresse einer Seite damit immer ein ganzzahliges Vielfaches der Seitengröße ist.

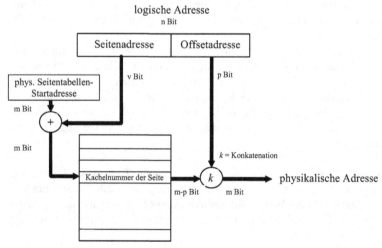

Abb. 6.51. Realisierung der streuenden Adressbildung mit Seiten

Durch die geringe Größe von Seiten im Vergleich zu Segmenten sind bei streuender Adressbildung deutlich mehr Seiten als Segmente bei linearer Adressbildung zu verwalten. Dies führt zu einer umfangreichen Seitentabelle. Bei einer Seitengröße von z.b. 2 kBytes beträgt die Breite der Offsetadresse 11 Bit. Umfasst die logische Adresse 32 Bit, so ergibt sich die Seitenadresse zu $32 - 11 = 21$ Bit, was zu einer Seitentabelle von 2^{21} Einträgen führt. Dies ist in einem Stück nur schwer zu bewältigen. Daher wird die Seitentabelle oft hierarchisch untergliedert. Dies erreicht man, indem die Seitenadresse weiter unterteilt wird, z.b. in eine Seitenverzeichnisadresse und eine Seitenadresse. Hierdurch entsteht, wie in Abbildung 6.52 gezeigt, eine zweistufige hierarchische Organisation der Seitentabelle. Die Seitenverzeichnisadresse verweist auf ein **Seitentabellenverzeichnis**, welches die Kachelnummern aller Seitentabellen enthält. Hierdurch kann die entsprechende Seitentabelle lokalisiert werden. Unter Verwendung der Seitenadresse kann dann die Kachelnummer der Seite bestimmt werden, das Konkatenieren der Offsetadresse ergibt schließlich die physikalische Adresse.

Auch mehr als zweistufige Lösungen sind denkbar, allerdings verschlechtert sich mit jeder Hierarchiestufe das Zeitverhalten, da mehr Speicherzugriffe zur Berechnung einer physikalischen Adresse erforderlich werden (ein Zugriff pro Stufe). Seitentabellen und Seitentabellenverzeichnisse werden daher in Standardbetriebssystemen gerne im Cache gehalten. Dies bringt jedoch für Echtzeitsysteme nur dann eine Verbesserung, wenn diese Tabellen im Cache verriegelt werden können.

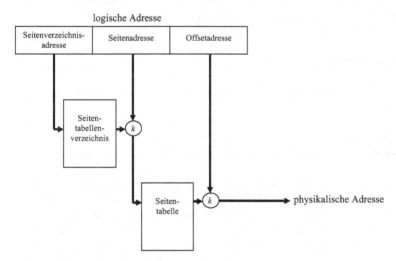

Abb. 6.52. Hierarchischer Aufbau der Seitentabellen

Die streuende Adressbildung mit Seiten wird ebenfalls von vielen Prozessoren in Hardware unterstützt. Einige Prozessoren, wie die Intel Pentium-Familie, erlauben es sogar, in ihrer Speicherverwaltungseinheit lineare und streuende Adressbildung zu kombinieren. Hierbei wird eine Task zunächst in Segmente unterteilt, die ihrerseits in Seiten untergliedert werden. Abbildung 6.53 zeigt den Aufbau der logischen Adresse. So lassen sich die Vorteile beider Verfahren kombinieren.

logische Adresse

Segmentadresse	Seitenadresse	Offsetadresse

Abb. 6.53. Kombination von linearer und streuender Adressbildung

6.5   Ein-/Ausgabeverwaltung

Die Ein-/Ausgabeverwaltung ist neben der Taskverwaltung und der Speicherverwaltung die dritte wichtige Komponente eines Betriebssystems. Sie spielt insbesondere bei Echtzeitbetriebssystemen eine bedeutende Rolle, da bei vielen Echtzeitanwendungen, z.B. im Bereich eingebetteter Systeme, eine große Anzahl unterschiedlichster Ein-/Ausgabeaufgaben in vorgegebener Zeit zu bewältigen sind. Neben den Standard-Ein-/Ausgabegeräten wie Tastatur, Bildschirm oder Maus sind hier die verschiedensten Sensoren und Aktoren zu bedienen. Dies erfordert eine besonders leistungsfähige Ein-/Ausgabeverwaltung.

6.5.1   Grundlagen

Die Aufgaben der Ein-/Ausgabeverwaltung lassen sich in zwei Gruppen unterteilen:

- Das **Zuteilen und Freigeben** von Geräten bezüglich der Tasks
- Das **Benutzen** von zugeteilten und freigegebenen Geräten durch die Tasks

Die angeschlossenen Geräte unterscheiden sich hierbei stark in Geschwindigkeit und Datenformat. Das Betriebssystem muss daher den Tasks die Schwierigkeiten der Kommunikation abnehmen und eine einfache, einheitliche und transparente Schnittstelle zur Verfügung stellen. Dies lässt sich am einfachsten durch eine **mehrschichtige Architektur** der Ein-/Ausgabeverwaltung realisieren, wie dies in Abbildung 6.54 dargestellt ist. Im Wesentlichen sind zwei Schichten zu unterscheiden:

- **Gerätetreiber**
  Die Schicht der Gerätetreiber ist eine hardwareabhängige Schicht, d.h. ihre Realisierung hängt von den angeschlossenen Geräten ab. Sie berücksichtigt alle gerätespezifischen Eigenschaften und übernimmt die direkte Kommunikati-

on mit den Geräten. Hierzu erzeugt sie die notwendigen Steuersignale und wertet die Statussignale aus. Auch die Behandlung der von Geräten ausgelösten Unterbrechungen findet hier statt. Die Gerätetreiber überwachen alle Übertragungen und führen einfache Sicherungsmaßnahmen sowie ggf. eine Fehlerbehandlung durch, z.B. die Datensicherung durch Prüfbits oder die Wiederholung einer fehlgeschlagenen Übertragung.

- **Ein-/Ausgabesteuerung**
  Die Schicht der Ein-/Ausgabesteuerung sitzt über der Schicht der Gerätetreiber. Sie ist hardwareunabhängig, d.h. Realisierung und Funktion ist nicht mehr vom Typ der angeschlossenen Geräte bestimmt. Sie übernimmt die Datenverwaltung und den Datentransport, formatiert die Daten ggf. um, speichert die Daten wenn nötig zwischen und nimmt die Fertig- sowie Fehlermeldungen der Gerätetreiber entgegen. Dies bedeutet, nur die Gerätetreiber müssen beim Austausch eines Peripheriegerätes angepasst werden, die Ein-/Ausgabesteuerung ist hiervon nicht betroffen. Die Ein-/Ausgabesteuerung abstrahiert vielmehr von den konkreten Geräten.

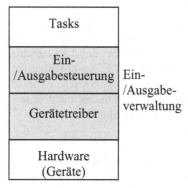

Abb. 6.54. Architektur der Ein-/Ausgabeverwaltung

Ein Beispiel für diese Abstraktion ist die Ansteuerung einer Festplatte durch die Ein-/Ausgabeverwaltung. Jede Festplatte kann einen individuellen Gerätetreiber besitzen, der ihre spezifischen Eigenschaften berücksichtigt. Die Adressierung von Daten erfolgt auf dieser Ebene durch Angabe von Kopf, Zylinder und Sektor. Diese Parameter hängen stark von der verwendeten Festplatte ab, da sich die Anzahl von Köpfen, Zylindern und Sektoren sowie die Sektorgröße in verschiedenen Festplatten unterscheiden. Auf der Ebene der Ein-/Ausgabesteuerung wird hingegen jede Festplatte gleich behandelt. Die Adressierung von Daten erfolgt durch Angabe eine Blocknummer. Alle Festplatten werden hierzu in eine fortlaufende Folge von Blöcken einheitlicher Größe unterteilt. Hierdurch wird von den festplattenspezifischen Parametern Kopf-, Zylinder- und Sektoranzahl sowie Sektorgröße abstrahiert.

Die Funktionen der Ein-/Ausgabesteuerungsschicht lassen sich weiter verfeinern. Im Folgenden werden die wichtigsten Teilfunktionen kurz vorgestellt:

- **Symbolische Namensgebung**
Zur Abstraktion müssen die Geräte durch symbolische, geräteunabhängige Adressen ansprechbar sein. Dies können z.B. die oben genannten Blocknummern bei Festplatten oder Kanalnummern bei anderen Ein-/Ausgabegeräten sein. Die symbolischen Adressen werden in physikalische Adressen abgebildet und an die Gerätetreiber weitergeleitet.

- **Annahme von Ein-/Ausgabeanforderungen**
Eintreffende Ein-/Ausgabeaufträge werden in Warteschlangen abgelegt. Bei Echtzeitbetriebssystemen sind diese Warteschlangen im Unterschied zu Standardbetriebssystemen meist priorisiert. Hierdurch können Ein-/Ausgabeaufträge hoher Priorität solche niederer Priorität überholen, die End-zu-End-Prioritäten (vgl. Abschnitt 6.3.6) bleiben auch bei Ein- und Ausgaben gewahrt.

- **Vergabe und Zuteilung von Geräten**
Die Zuteilung von Geräten zu Tasks kann dynamisch oder statisch erfolgen. Bei statischer Zuordnung wird ein Gerät fest von einer Task belegt. Bei dynamischer Zuordnung erfolgt diese Belegung nach Bedarf. Bei der Zuteilung sowie bei der Reihenfolge der Ein-/Ausgabeaufträge in den Warteschlangen kommen die gleichen Echtzeit-Schedulingstrategien wie bei der Taskverwaltung zum Einsatz, also z.B. feste Prioritäten, EDF oder LLF. Zu beachten ist, dass bei der Ein-/Ausgabesteuerung oft die nicht-preemptiven Varianten dieser Strategien verwendet werden, da viele Ein-/Ausgabeoperationen nicht unterbrechbar sind, z.B. das Lesen eines Blockes von der Festplatte.

- **Synchronisation**
Auf Rückmeldungen von Ein-/Ausgabeaufträgen wartende Tasks müssen ggf. blockiert und bei Eintreffen der Rückmeldung wieder aktiviert werden, wenn synchrone Kommunikation mit Geräten benötigt wird. Hier muss die Ein-/Ausgabesteuerung eng mit der Taskverwaltung zusammen arbeiten.

- **Schutz der Geräte**
Zum einen müssen Geräte vor unberechtigten Zugriffen geschützt werden. So können z.B. bestimmte Geräte nur für bestimmte Tasks freigegeben sein. Dies kann durch Führen von Zugriffs- und Berechtigungslisten realisiert werden. Auf Grund des Effizienzverlustes sind diese Maßnahmen in Echtzeitbetriebssystemen jedoch eher selten vorzufinden. Des Weiteren kann ein Schutz vor Verklemmungen bei konkurrierendem Zugriff auf Geräte realisiert werden. Wenn solche Verklemmungen nicht bereits durch geeignete Techniken bei der Tasksynchronisation (siehe Abschnitt 6.3.5) ausgeschlossen werden, kann die Ein-/Ausgabesteuerung nach vorgegebenen Wartezeiten (*Timeouts*) die Verklemmung durch Rücktritt und Rücksetzen von Ein-/Ausgabeaufträgen auflösen.

- **Kommunikation mit den Gerätetreibern**
  Alle ausführbaren Geräteanforderungen werden von der Ein-/Ausgabesteuerung an die Gerätetreiber weitergeleitet. Entsprechende Rückmeldungen in Form von Fertig-, Status- oder Fehlermeldungen werden als Antwort in Empfang genommen.

- **Pufferung**
  Durch unterschiedliche Geschwindigkeit von Taskverarbeitung und Ein-/Ausgabegeräten ist meist eine Zwischenspeicherung in einem Pufferspeicher nötig. Sind Daten im Pufferspeicher vorhanden, muss je nach Datenrichtung (Eingabe oder Ausgabe) die Task oder das Gerät benachrichtigt werden.

- **Einheitliches Datenformat**
  Die Ein-/Ausgabesteuerung kann auch vom physikalischen Datenformat der Geräte abstrahieren. Dies kann z.B. durch Verwendung eines *Streaming-Konzepts* geschehen, bei dem die Ein- und Ausgabe von Daten an die unterschiedlichsten Geräte als fortlaufender Strom von Informationen aufgefasst und vereinheitlicht wird.

Die Grenze zwischen der Ein-/Ausgabesteuerung und den Gerätetreibern ist fließend und systemabhängig. Aus Effizienzgründen wird gerade bei Echtzeitbetriebssystemen oft mehr Funktionalität in die Gerätetreiber verlagert, was allerdings den Aufwand bei Austausch oder Anschluss neuer Geräte erhöht.

6.5.2 Synchronisationsmechanismen

Die Kommunikation zwischen Peripheriegeräten und Prozessor findet über **Schnittstellenbausteine** (*Interface Units*) statt. Diese Bausteine legen auch die Grundlagen zur Synchronisation zwischen Prozessor (Tasks) und Geräten. Die Synchronisation ist auf Grund der oft drastischen Geschwindigkeitsunterschiede zwischen Prozessor und Geräten erforderlich.

Abbildung 6.55 zeigt die Synchronisationskomponenten bei einfachen Schnittstellenbausteinen. Ein **Datenregister** dient zur Aufnahme der zu übertragenden Daten. Das **Steuerregister** ist für die Konfiguration des Bausteins verantwortlich. Hier wird die aktuelle Betriebsart festgelegt, z.B. die Übertragungsgeschwindigkeit bei seriellen Schnittstellen. Das **Statusregister** zeigt den aktuellen Zustand der Schnittstelle an. Hierüber kann z.B. abgefragt werden, ob Daten gesendet werden dürfen oder empfangene Daten bereit stehen. Wie in der Abbildung angedeutet, können diese Register auch mehrfach vorhanden sein.

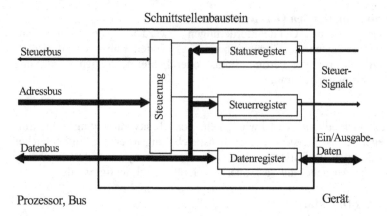

Abb. 6.55. Synchronisationskomponenten in Schnittstellenbausteinen

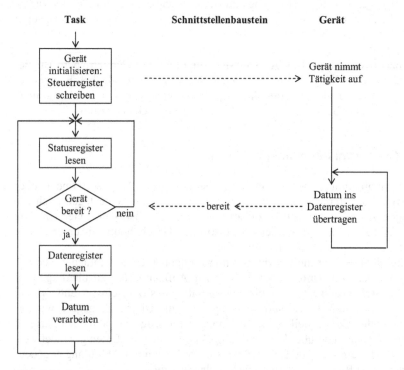

Abb. 6.56. Synchronisation durch Polling

Auf zyklische Abfrage dieses Statusregisters basiert die einfachste Synchronisationstechnik, das **Polling**. Abbildung 6.56 zeigt das Prinzip am Beispiel des Lesens aus einem Gerät. Alle folgenden Ausführungen gelten natürlich genauso für das Schreiben auf Geräte. Nach Initialisierung durch Setzen des Steuerregisters wartet die Task in einer Schleife auf die Bereitschaft des Geräts. Diese wird meist durch Setzen oder Löschen eines bestimmten Bits im Statusregister angezeigt. Die Bereitschaft wird vom Schnittstellenbaustein signalisiert, sobald Daten vorhanden sind. Dann kann die Task diese Daten aus dem Datenregister auslesen und entsprechend der Anwendung verarbeiten. Dieser Vorgang wiederholt sich für die nächsten Daten.

Der wesentliche Vorteil dieser Synchronisierungsart ist ihre Einfachheit. Des Weiteren erreicht man eine sehr hohe Übertragungsleistung, wenn nur ein Gerät bedient wird. Nachteilig ist der Verbrauch an Prozessorzeit in einer Warteschleife. Diese Zeit geht den anderen Tasks im System verloren. Daneben verlangsamt sich die Reaktionszeit, wenn innerhalb einer Task mehrere Geräte gleichzeitig gepollt werden. Dies ist in Abbildung 6.57 dargestellt. Man kann die Programmstruktur vereinfachen, wenn jedem Gerät eine eigene Task zugeordnet wird. Die Reaktionszeit verbessert sich dadurch jedoch nicht, da die anderen Tasks in der Warteschleife ebenfalls Prozessorzeit verbrauchen. Dies ist für Echtzeitanwendungen ungünstig.

Eine Verbesserung ist durch das so genannte **beschäftigte Warten** (*Busy Waiting*) zu erzielen. Das Prinzip ist das gleiche wie bei Polling, jedoch führt die Task in der Warteschleife eine sinnvolle Aktivität durch (Abbildung 6.58). Hierdurch werden unbeschäftigte Wartezeiten wie beim Polling vermieden. Allerdings verlangsamt diese Technik die Reaktionszeit auf Ereignisse des Gerätes. Zudem kann während eines Durchlaufs der Warteschleife immer nur eine kurze Aktivität durchgeführt werden, da ansonsten Ereignisse des Gerätes übersehen werden könnten. Lange andauernde Aktivitäten müssen daher in kleine Teilschritte aufgespaltet werden.

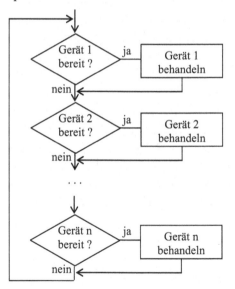

Abb. 6.57. Polling von mehreren Geräten innerhalb einer Task

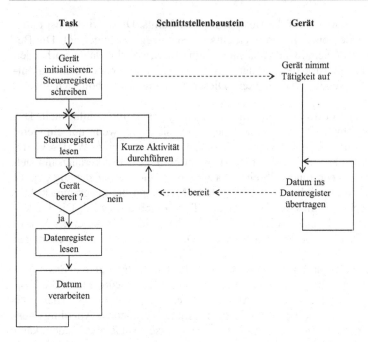

Abb. 6.58. Synchronisation durch Busy Waiting

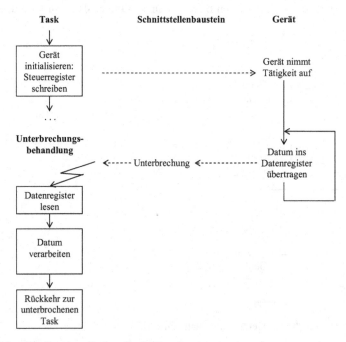

Abb. 6.59. Synchronisation durch Unterbrechung

Eine dritte Möglichkeit ist die **Synchronisation durch Unterbrechungen**. Der Schnittstellenbaustein löst bei Bereitschaft des peripheren Gerätes eine Unterbrechung beim Prozessor aus. Dieser startet ein Unterbrechungsbehandlungsprogramm (vgl. Abschnitt 2.1.2), welches die Daten vom Gerät entgegennimmt oder an das Gerät liefert (Abbildung 6.59). Dies hat den großen Vorteil, dass Rechenzeit nur dann verbraucht wird, wenn auch wirklich Daten übergeben werden. Somit werden die anderen Tasks nicht mehr als nötig belastet. Des Weiteren ist durch Vektorisierung der Unterbrechungen (vgl. ebenfalls Abschnitt 2.1.2) eine einfache Bedienung mehrerer Geräte möglich. Jedes Gerät bzw. der zugeordnete Schnittstellenbaustein erhält einen anderen Interruptvektor zugeordnet, sodass für jedes Gerät ein eigenes Unterbrechungsbehandlungsprogramm gestartet werden kann. Diese Technik der Synchronisation ist daher für Echtzeitanwendungen hervorragend geeignet. Auf der anderen Seite existiert auch ein Nachteil: das Aktivieren des Unterbrechungsbehandlungsprogramms verursacht einen gewissen zeitlichen Overhead, da der aktuelle Prozessorzustand zuvor gerettet werden muss, um die alte Tätigkeit wieder aufnehmen zu können. Daher kann bei Synchronisation mit Unterbrechungen für ein einzelnes Gerät keine so hohe Datenrate wie bei Polling erzielt werden. Abhilfe schafft hier z.B. eine blockweise Übertragung, bei der nur bei Eintreffen des ersten Zeichens eines Blocks eine Unterbrechung ausgelöst wird und der Rest des Datenblocks per Polling übermittelt wird.

Müssen schließlich große Datenmengen in kürzester Zeit von oder zu Geräten übertragen werden, so empfiehlt sich die Verwendung von DMA-Transfers (vgl. Abschnitt 2.2.10). Hierdurch wird der Prozessor völlig von der Aufgabe des Datentransports befreit und dieser Transport mit der maximal möglichen Geschwindigkeit durchgeführt.

Die bisher betrachteten Fälle sind davon ausgegangen, dass die Task (bzw. der Prozessor) schneller als das bediente Gerät ist, d.h. die Task auf das Gerät warten muss. Es kann jedoch auch der umgekehrte Fall eintreten: Ein Gerät liefert Daten schneller als die Task sie entgegennehmen kann. In diesem Fall hilft ein **Handshake**, bestehend aus der schon behandelten Bereitmeldung des Geräts sowie einer zusätzlichen Bestätigung durch die Task, das Datum erhalten zu haben. Abbildung 6.60 zeigt dies für Polling und Abbildung 6.61 dasselbe für Synchronisation mit Unterbrechungen. In beiden Fällen wartet das Gerät nach der Bereitmeldung auf die Bestätigung der Task, bevor der nächste Datenzyklus beginnt.

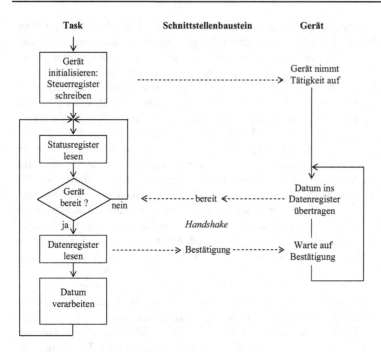

Abb. 6.60. Synchronisation durch Polling mit Handshake

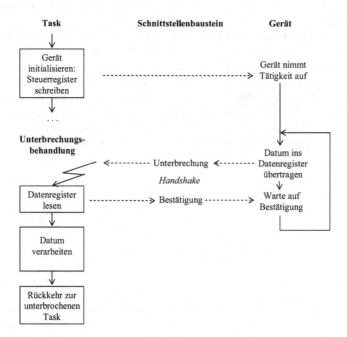

Abb. 6.61. Synchronisation durch Unterbrechung mit Handshake

6.5.3   Unterbrechungsbehandlung

Die Unterbrechungsbehandlung in Echtzeitbetriebssystemen wirft eine interessante Fragestellung auf. Auf gängigen Prozessoren bewirkt eine Unterbrechung hardware-seitig den automatischen Aufruf eines Unterbrechungsbehandlungsprogramms. Das Echtzeitbetriebssystem hat dann zwei Möglichkeiten:

1. **Unterbrechung der taskorientierten Verarbeitung**
   Bei Auftreten der Unterbrechung wird die gerade bearbeitete Task unterbrochen. Das Unterbrechungsbehandlungsprogramm wird vom Prozessor gestartet und erfüllt die zu erledigende Aufgabe. Danach wird die unterbrochene Task fortgesetzt.
   Diese Vorgehensweise hat den Vorteil einer sehr schnellen Reaktion auf Ereignisse, da die Unterbrechungsbehandlung direkt per Hardware vom Prozessor initiiert wird. Auf der anderen Seite besteht der Nachteil, dass das reguläre Taskscheduling (z.B. EDF, LLF, ...) durchbrochen wird. Die Ereignisbehandlung steht außerhalb, da sie nicht vom Echtzeitscheduler, sondern vom Prozessor direkt aktiviert wird. Hierbei benutzt der Prozessor üblicherweise feste Prioritäten mit Preemption (vgl. Abschnitt 2.1.2). Unabhängig von der vom Echtzeitscheduler verwendeten Schedulingstrategie werden Ereignisse also mittels FPP Scheduling behandelt, welches keine 100% Prozessorauslastung garantieren kann (siehe Abschnitt 6.3.4.2).

2. **Integration der Unterbrechung in die taskorientierte Verarbeitung**
   Das vom Prozessor durch eine Unterbrechung aufgerufene Unterbrechungsbehandlungsprogramm dient einzig dem Starten einer Task, welche dann die eigentliche Unterbrechungsbehandlung vornimmt. Dies hat den wesentlichen Vorteil, dass die Unterbrechungsbehandlung völlig in das Taskkonzept integriert ist. Es existieren keine zwei Scheduler mehr nebeneinander. Eine Unterbrechung wird mit der gleichen Schedulingstrategie wie alle anderen Tasks behandelt. So kann eine Unterbrechung z.B. auch eine niederere Priorität als die gerade laufende Task besitzen, sodass diese nicht unterbrochen wird, sondern die Unterbrechungsbehandlung erst danach begonnen wird. Bei Lösung 1 ist dies nicht möglich. Dort wird die Taskverarbeitung immer zur Unterbrechungsbehandlung unterbrochen.
   Die Integration der Unterbrechung in die taskorientierte Verarbeitung besitzt jedoch auch einen Nachteil: die Reaktionszeit auf Ereignisse ist verlangsamt, da die Unterbrechungsbehandlung nicht mehr direkt per Hardware, sondern über den Taskscheduler aktiviert wird.

Abbildung 6.62 zeigt beide Techniken am Beispiel von drei Tasks sowie einer Unterbrechungsbehandlung. In Variante (a) wird die Taskverarbeitung unterbrochen, das vom Prozessor aktivierte Unterbrechungsbehandlungsprogramm übernimmt die Kontrolle und handhabt die Unterbrechung. In Variante (b) aktiviert das Unterbrechungsbehandlungsprogramm hingegen die Task 4, welche die eigentliche Handhabung der Unterbrechung durchführt. Man sieht den etwas verzögerten Beginn der Unterbrechungsbehandlung, aber auch die Integration in die Taskverarbeitung. Es finden auch während der Unterbrechungsbehandlung Wechsel zu den Tasks 1 bis 3 statt, wenn die aktuellen Prioritäten oder Zeitschranken dies erfordern.

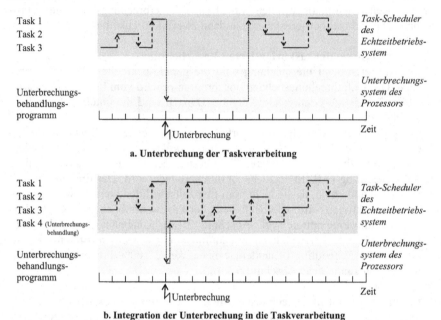

a. Unterbrechung der Taskverarbeitung

b. Integration der Unterbrechung in die Taskverarbeitung

Abb. 6.62. Unterbrechungsbehandlung in Echtzeitbetriebssystemen

In Echtzeitbetriebssystemen für leistungsfähigere Rechensysteme findet man deshalb vorzugsweise die Integration der Unterbrechungsbehandlung. Bei Echtzeitbetriebssystemen für leistungsschwache Mikrocontroller erlaubt die geringe Rechenleistung jedoch oft nur die direkte Aktivierung der Unterbrechungsbehandlung per Hardware und damit die Unterbrechung der Taskverarbeitung.

6.6   Klassifizierung von Echtzeitbetriebssystemen

Zur Klassifizierung von Echtzeitbetriebssystemen gibt es eine Reihe von Möglichkeiten. Der folgende Ansatz ist an [Lauber, Göhner 1999] angelehnt und stellt eine praktikable Vorgehensweise dar. Zunächst lassen sich fünf Grundtypen von Echtzeitbetriebssystemen unterscheiden:

- **Minimales Echtzeitbetriebssystem** (MEBS)
  Diese Betriebssystemklasse ist für einfache Mikrocontroller mit sehr beschränkten Speicherressourcen gedacht. Das Betriebssystem ist eigentlich nur

eine Bibliothek, die zum Anwenderprogramm hinzu gebunden wird. Es besitzt nur einfache Ein-/Ausgabemechanismen und keine Speicherverwaltung. Daher wird nur physikalische Adressierung mit einem einzigen Adressraum unterstützt. Eine elementare Taskverwaltung erlaubt den Betrieb und die Synchronisation leichtgewichtiger Prozesse (Threads).

- **Controller System** (CS)
  Gegenüber dem minimalen Echtzeitbetriebssystem erweitert das Controller System die Ein-/Ausgabeverwaltung um ein Dateisystem. Des Weiteren ist die Fehlerbehandlung umfangreicher.

- **Dediziertes System** (DS)
  Diese Klasse ist eine Erweiterung des Controller Systems um eine Speicherverwaltung. Es existieren mehrere, gegeneinander geschützte Adressräume sowie die Möglichkeit zur virtuellen Adressierung.

- **Betriebssystemaufsatz** (BA)
  Hierbei handelt sich um einen Echtzeitaufsatz auf ein Standardbetriebssystem. Dadurch können zumindest Teilaufgaben in Echtzeit erledigt werden, während die Funktionalität des Standardbetriebssystems für die Nichtechtzeitaufgaben sowie in Teilen auch für die Echtzeitaufgaben zur Verfügung steht.

- **Allgemeines Echtzeitbetriebssystem** (EBS)
  Diese Klasse von Echtzeitbetriebssystemen bietet die gleiche Funktionalität wie Standardbetriebssysteme, die Funktionen sind jedoch auf den Echtzeiteinsatz ausgelegt. Echtzeit- wie Nichtechtzeitaufgaben steht die volle Funktionalität zur Verfügung.

Die genannten Klassen geben einen ersten Anhaltspunkt zur Auswahl eines Echtzeitbetriebssystems für eine bestimme Anwendung. Hierfür sind aber noch weitere Aspekte von Bedeutung die wir im folgenden Abschnitt betrachten wollen.

6.6.1   Auswahlkriterien

Erstes Auswahlkriterium ist natürlich die oben beschriebene Klassifizierung, da sie den Umfang und die Funktionalität des Echtzeitbetriebssystems festlegt. Darüber hinaus ergeben sich folgende weitere Kriterien:

- **Entwicklungs- und Zielumgebung**
  Hier ist eine Reihe von Fragestellungen zu beantworten, welche die Auswahl entscheidend beeinflussen:
  - Ist die gewünschte Programmiersprache für das auszuwählende Echtzeitbetriebssystem verfügbar?
  - Findet die Entwicklung auf dem Zielsystem statt oder liegt eine Crossentwicklungsumgebung vor? Bei einer Crossentwicklungsumgebung erfolgt

die Softwareentwicklung auf einem anderen System als dem Zielsystem. Dies ist in der Regel bei Mikrocontrollern der Fall, da das Zielsystem dort nicht leistungsfähig genug für die Entwicklungsumgebung ist. Ein Vorteil der Crossentwicklung ist im Allgemeinen die bessere Entwicklungsumgebung.

– Um Nachteile im Fall der Crossentwicklung zu vermeiden, ist sicherzustellen, dass ein reibungsloser Kommunikationsablauf zwischen Entwicklungssystem und Zielsystem möglich ist, der Zuverlässigkeit bietet und die Ladezeiten auf das Zielsystem kurz hält.

– Weiterhin muss bei Crossentwicklung überprüft werden, in wieweit die Debug-Möglichkeiten auf dem Zielsystem eingeschränkt sind. Wichtig ist hier z.B. die Frage, ob ein Quellcode-Debugging möglich ist, d.h. auf der Ebene der verwendeten Hochsprache (C, C++, Java, ...) durchgeführt werden kann. Ebenso muss auf die Verfälschung des Zeitverhaltens beim Debugging geachtet werden. Durch die Kommunikation zwischen Ziel- und Entwicklungssystem ist eine Crossentwicklungsumgebung hier besonders anfällig.

– Schließlich ist es nicht unbedeutend, ob das Echtzeitbetriebssystem und die Entwicklungsumgebung vom selben Hersteller stammen. Dies erhöht die Wahrscheinlichkeit für ein reibungsloses Zusammenspiel der Komponenten.

• **Modularität und Kerngröße**
Dieses Kriterium beeinflusst die Konfigurierbarkeit und den Speicherbedarf. Wichtige Fragen sind:
– Kann das Betriebssystem flexibel auf die Anwendung konfiguriert werden?
– Ist es auf die wirklich benötigten Komponenten beschränkbar?
– Wie groß ist die hierdurch erzielbare Platzersparnis? Dies ist bei Systemen mit geringen Speicherressourcen, z.B. im eingebetteten Bereich, entscheidend.
Die Größe der Betriebssystemkerns gibt hierauf einen ersten, allerdings nur groben Anhaltspunkt. Im Allgemeinen sind Mikrokern-basierte Systeme aber besser konfigurierbar und können sich flexibler auf geringe Speicherressourcen einstellen.

• **Anpassbarkeit**
Eng verbunden mit der Modularität und Kerngröße ist der Aspekt der Anpassbarkeit an verschiedene Zielumgebungen. Zu beantwortende Fragen sind hier:
– Ist das Echtzeitbetriebssystem an eine Nichtstandard-Rechnerarchitektur, also z.B. an einen Mikrocontroller mit spezieller CPU und dedizierter Peripherie anpassbar?
– Wie aufwendig ist diese Anpassung?
– Sind das Betriebssystem und die dafür entwickelten Anwenderprogramme ROM-fähig, d.h. können sie auf Speicherabbilder mit Festwertspeicher für Programme und Schreib-/Lesespeicher für Daten abgebildet werden? Ge-

genüber Systemen mit reinem Schreib-/Lesespeicher (und den Programmen auf Festplatte) müssen Daten- und Programmbereiche streng getrennt sein und es darf keinen sich selbst-modifizierenden Code geben. Anderenfalls würde Zusatzaufwand und Zusatzspeicher erforderlich, da die Programmteile erst durch eine Startroutine vom Festwertspeicher in einen gleich großen Schreib-/Lesespeicher kopiert werden müssten, bevor sie zur Ausführung kommen.

– Können Feldbussysteme oder andere Netzwerke angebunden werden? In wieweit wird dies vom Betriebssystem unterstützt? Welche Feldbus- und Netzwerkprotokolle sind verfügbar?

- **Allgemeine Eigenschaften**
  Eine Reihe weiterer allgemeiner Eigenschaften können die Auswahl eines Echtzeitbetriebssystems ebenfalls beeinflussen. Zu nennen sind:
  – Wie sieht die Bedienoberfläche des Betriebssystems aus? Ist eine graphische Benutzeroberfläche wie in einem modernen Standardbetriebssystem vorhanden? Ist die Bedienoberfläche kommandoorientiert und auf reine Texteingabe beschränkt, oder ist, z.B. bei minimalen Echtzeitbetriebssystemen, die nur aus Bibliotheken bestehen, gar keine Bedienoberfläche vorgesehen?
  – Welche Bibliotheken gehören zum Betriebssystem? Gibt es mathematische Bibliotheken, graphische Bibliotheken, Bibliotheken zur Textverarbeitung, etc.?
  – Wird die Entwicklung graphischer Benutzeroberflächen für Echtzeitanwendungen unterstützt? Hierzu können neben den Graphikfähigkeiten des Betriebssystems selbst auch eine integrierte Umgebung zur Entwicklung von graphischen Benutzeroberflächen (*Graphical User Interfaces*, GUI) sowie z.B. spezielle Bibliotheken für Prozessbilder gehören.
  – Welche weiteren Werkzeuge, z.B. zur Versionsverwaltung, Datenhaltung oder zur Programmentwicklung im Team werden angeboten?

- **Leistungsdaten**
  Die Leistungsdaten eines Echtzeitbetriebssystems sind ein letztes, bedeutendes Kriterium für die Auswahl. Wichtige Leistungsparameter sind:
  – Wie groß ist die maximale Taskanzahl? Diese kann je nach Anwendung stark variieren. Eine kleine Automatisierungsaufgabe ist mit ca. 10 Tasks zu bewältigen. Komplexe Aufgaben können aber durchaus 100 – 200 Tasks erfordern. Kann eine solche Anzahl von Tasks vom Betriebssystem gehandhabt werden?
  – Welche der betrachteten Scheduling-Strategien stehen zur Verfügung. Ist damit die geplante Echtzeitanwendung realisierbar, d.h. kann ein ausführbarer Schedule gefunden werden?
  – Wie hoch ist die Anzahl unterschiedlicher Prioritätsebenen bei prioritätsbasiertem Scheduling? Ein Echtzeitbetriebssystem sollte zwischen 64 und

256 Ebenen anbieten, um z.B. bei Rate Monotonic Scheduling für jede unterschiedliche Periodendauer eine eigene Ebene zu ermöglichen.

– Wie hoch sind die Taskwechselzeiten? Diese hängen natürlich vom Prozessor ab, aber auch von der Taskimplementierung im Betriebssystem. Leichtgewichtige Tasks erlauben schnellere Wechsel als schwergewichtige Tasks.

– Welche Latenzzeiten treten bei der Behandlung von Unterbrechungen auf?

– Werden Unterbrechungen direkt von Unterbrechungsbehandlungsprogrammen oder indirekt mittels Tasks bearbeitet?

– Für welche Klasse von Echtzeitproblemen ist das Betriebssystem konzipiert? Können harte bzw. feste Echtzeitanforderungen erfüllt werden oder ist das Betriebssystem für weiche Echtzeitanwendungen gedacht?

6.6.2   Überblick industrieller Echtzeitbetriebssysteme

Tabelle 6.2 gibt einen Überblick über einige industrielle Echtzeitbetriebssysteme. Dies ist bei weitem keine vollständige Aufstellung, vielmehr handelt es sich um eine Auswahl bedeutender Vertreter aus dem großen Markt. Die Tabelle enthält die wichtigsten Kenngrößen der Betriebssysteme, z.B. den Typ (vgl. Abschnitt 6.6), den Prozessor des Zielsystems (also z.B. Intel IA32, PowerPC, Motorola 680XX, ARM, MIPS, etc.), verfügbare Sprachen (Assembler nicht extra aufgelistet, ist bei allen Betriebssystemen verfügbar) sowie Dateisystem, graphische Benutzeroberfläche, anschließbare Netzwerke bzw. Feldbusse (vgl. Kapitel 4) und Scheduling-Strategien (vgl. Abschnitt 6.3.4).

Die dargestellten Kenngrößen sind eine Momentaufnahme und können sich in künftigen Versionen der Betriebssysteme natürlich verändern. Sie sollen hier lediglich einen Eindruck der generellen Eigenschaften hinterlassen.

Tabelle 6.2. Eine Auswahl industrieller Echtzeitbetriebssysteme

Produkt	QNX	POSIX.4	RT-Linux	VxWorks	OS-9	CMX	Windows CE
Hersteller	QNX Software Systems Ltd.	Posix	GPL (GNU Public License)	Wind River	Microware	CMX Systems	Microsoft
Typ	DS, EBS	Standard für EBS, BA	BA	EBS	EBS	MEBS	EBS
Zielsystem	IA32	IA32, IA64, PowerPC	IA32, PowerPC, ARM	IA32, PowerPC, 680XX, div. Mikrocontroller	IA32, PowerPC, 680XX	Diverse Mikrocontroller	IA32, Power-PC, MIPS, ARM
Sprachen	C, C++	C, C++, Java, Ada	C, C++, Java	C, C++, Java	C, C++, Java	C	C, C++, Java
Dateisystem	Unix, Windows	Unix	Unix, Windows	Unix, Windows	Windows	-	Windows
GUI	X-Win	X-Win	X-Win	X-Win	X-Win	-	Windows
Netzwerk	TCP/IP	TCP/IP, UDP	TCP/IP, UDP	TCP/IP	TCP/IP	-	TCP/IP
Feldbus	-	-	-	CAN, ProfiBus	CAN, ProfiBus, Interbus S	-	-
Scheduling	FPP, FPN, Timeslice, FIFO	FPP, FPN, Timeslice, Benutzerdefiniert	FPP, FPN, Timeslice	FPP, FPN, Timeslice	FPP, FPN, Timeslice	FPP, FPN, Timeslice	FPP, FPN

6.7   Beispiele

Einige der in Tabelle 6.2 dargestellten Betriebssysteme wollen wir im Folgenden als Beispiele näher betrachten und besondere Aspekte beleuchten.

6.7.1   QNX

QNX von QNX Software Systems Ltd. [QNX 2004] ist ein allgemeines Echtzeitbetriebssystem. Durch einen schlanken Mikrokern von ca. 8 kBytes sind flexible Konfigurationen möglich, die den Einsatz auch als dediziertes System im Bereich eingebetteter Systeme erlauben. Der Mikrokern realisiert nur eine Basisfunktionalität, alle weitergehenden Dienste sind als Tasks, so genannte Systemtasks, implementiert. Diese werden wie Anwendertasks behandelt. Systemtasks verwalten die vorhandenen Ressourcen (Prozessor, Dateisystem, Geräte, ...) und machen diese den Anwendertasks über Dienste zugänglich.

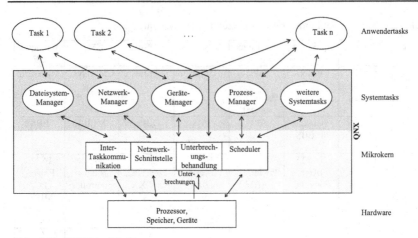

Abb. 6.63. QNX-Architektur

Abbildung 6.63 zeigt die grundlegende QNX-Architektur. Der Mikrokern übernimmt die folgenden Aufgaben:

- **Intertaskkommunikation**
  Hierfür sind im Wesentlichen drei Mechanismen vorgesehen:
  - **Messages** sind synchrone Nachrichten, die sendende Task wird bis zum Erhalt der Antwort blockiert.
  - **Proxies** sind asynchrone Nachrichten, die sendende Task wird nicht blockiert. Proxies werden bis zu ihrer Abholung in einer Warteschlange abgelegt.
  - **Signale** dienen ebenfalls der asynchronen Kommunikation. Eine Task, die einer anderen Task ein Signal sendet, wird ebenfalls nicht blockiert. Das Signal bleibt solange anhängig, bis die Empfängertask es abholt. Im Unterschied zu Proxies bestehen für Signale jedoch keine Warteschlangen, es existiert nur ein einziger Speicherplatz pro Signal.

- **Netzwerkschnittstelle**
  Die Netzwerkschnittstelle im Mikrokern bietet elementare Funktionen, um Nachrichten an andere Rechenknoten im Netzwerk zu verschicken und zu empfangen. Sie realisiert die unterste Ebene der Netzwerkkommunikation.

- **Unterbrechungsbehandlung**
  Diese Komponente des Mikrokerns nimmt alle Unterbrechungsanforderungen des Prozessors (Hardware- und Softwareinterrupts) entgegen und leitet sie an die entsprechenden Systemtasks (z.B. den Gerätemanager) oder Anwendertasks weiter.

- **Scheduler**
  Der Scheduler realisiert die grundlegenden Schedulingverfahren zur Prozessorzuteilung. Dies sind FIFO-, FPP-, FPN- und Timeslice-Scheduling. Er startet weiterhin beim Systemstart die Systemtasks.

In einer typischen QNX-Konfiguration sind in der Regel folgende Systemtasks vorhanden:

- **Prozess-Manager**
  Der Prozess-Manager setzt auf den Scheduler im Mikrokern auf und ist für das Erzeugen und Löschen von Tasks zuständig. Weiterhin regelt er die Zuordnung von Ressourcen zu Tasks.

- **Geräte-Manager**
  Diese Systemtask bildet die Schnittstelle zwischen Tasks und externen Geräten. Hierüber werden Geräte initialisiert, reserviert und angesprochen.

- **Dateisystem-Manager**
  Dieser Manager übernimmt die Festplattenverwaltung. Er realisiert ein Unix-ähnliches Dateisystem mit Verzeichnissen, Dateien, Pipes und Fifos. Letztere erlauben einen komfortablen Datenaustausch zwischen den Tasks.

- **Netzwerk-Manager**
  Diese Systemtask setzt auf der einfachen Netzwerkschnittstelle des Mikrokerns auf und sorgt für die Transparenz von Dateien sowie Speicher bei einem über Netzwerk verbundenen Mehrrechnersystem.

Je nach Konfiguration können weitere Systemtasks hinzukommen oder wegfallen. In einem System ohne Festplatte kann so z.B. der Dateisystem-Manager entfallen, in einem rein lokalen System ist kein Netzwerk-Manager erforderlich.

Abbildung 6.64 zeigt die Zustände der Tasks im QNX-Scheduler. Das Zustandsmodell entspricht mit einigen kleinen Abweichungen dem allgemeinen Modell aus Abschnitt 6.3.2. Es können folgende generelle Zustände unterschieden werden:

- laufend (*running*):   die Task hat den Prozessor erhalten und wird ausgeführt.
- ablaufwillig *(ready)*: die Task ist bereit und wartet auf die Prozessorzuteilung.
- blockiert (*blocked*): die Task ist durch eine Intertaskkommunikation vorübergehend blockiert
- angehalten (*held*):   die Task wurde durch ein Stop-Signal angehalten, das von einer anderen Task geschickt wurde. Ein Fortsetzungssignal macht die Task wieder ablaufwillig.
- tot (*dead*):   die Task wurde beendet, konnte dies jedoch ihrem Erzeuger noch nicht mitteilen. Die Task besitzt noch einen Zustand, aber keinen Speicher mehr. Sobald die Task die Beendigung ihrem Erzeuger mitteilen kann, wird sie aus dem System entfernt.

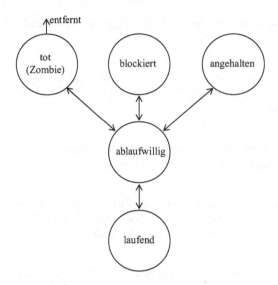

Abb. 6.64. Taskzustände in QNX

Der Zustand „blockiert" lässt sich weiter unterteilen, je nachdem wodurch die Blockierung ausgelöst wurde:

- senden blockiert (*send blocked*)
  Dieser Zustand wird angenommen, wenn eine Task eine Nachricht an eine andere Task verschickt hat, diese Nachricht aber noch nicht empfangen wurde.

- antworten blockiert (*reply blocked*)
  Dieser Zustand wird angenommen, wenn eine Task eine Nachricht an eine andere Task verschickt hat, diese Nachricht auch empfangen, jedoch noch nicht beantwortet wurde.

- empfangen blockiert (*receive blocked*)
  Dieser Zustand wird angenommen, wenn eine Task auf den Empfang einer Nachricht wartet.

- warten blockiert (*wait blocked*)
  Dieser Zustand wird angenommen, wenn eine Task auf das Entfernen eines Prozesses wartet.

- Semaphore blockiert (*semaphore blocked*)
  Dieser Zustand wird angenommen, wenn eine Task auf den Eintritt in einen Semaphore wartet.

Abbildung 6.65 zeigt das Zusammenspiel der Zustände „senden blockiert", „antworten blockiert" und „empfangen blockiert" am Beispiel zweier Tasks. Zunächst ruft die Empfänger-Task die Funktion „Empfangen()" auf. Da noch keine Nachricht vorliegt, wird diese Task in den Zustand „empfangen blockiert" versetzt. Hierdurch erhält die Sender-Task, die ebenfalls ablaufwillig ist, den Prozessor zugeteilt. Nach einiger Zeit schickt sie durch Aufruf der Funktion „Senden()" eine Nachricht an die Empfänger-Task. Diese wird dadurch „ablaufend", während die Sender-Task in den Zustand „senden blockiert" übergeht. Nach kurzer Zeit bestätigt die Empfänger-Task den Erhalt der Nachricht durch eine Quittung. Die Sender-Task wechselt dadurch in den Zustand „antworten blockiert". Nach einer weiteren Zeit beantwortet die Empfänger-Task die Nachricht durch Aufruf der Funktion „Antworten()". Hierdurch wird die Sender-Task wieder ablaufwillig und erhält in unserem Beispiel sofort den Prozessor zugeteilt, während die Empfänger-Task ebenfalls ablaufwillig bleibt, jedoch auf den Prozessor warten muss.

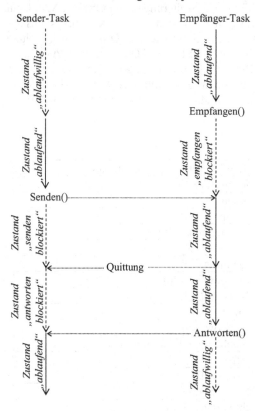

Abb. 6.65. Zusammenspiel der Zustände beim Senden und Empfangen von Nachrichten

6.7.2   POSIX.4

POSIX (*Portable Operating System Interface*) [IEEE 1992] ist ein Standard für eine Betriebssystemschnittstelle zu Anwenderprogrammen. Es handelt sich um ein Dokument des IEEE (*Institute of Electrical and Electronics Engineering*), welches von den Standardisierungsgremien der ANSI (*American National Standards Insti-*

tute) und ISO (*International Organization for Standardization*) als Standard festgelegt wurde. Das Ziel dieser Standardisierung ist die Portabilität von Anwendungen auf Quellcode-Ebene. Binärcode-Kompatibilität ist nicht vorgesehen. POSIX
baut hierbei auf dem Betriebssystem UNIX auf und ist in der UNIX-Welt sehr
verbreitet. Es ist aber anzumerken, das POSIX nicht gleich UNIX ist.

Der POSIX-Standard ist in eine größere Zahl von Gruppen unterteilt, die sich
mit verschiedenen Bereichen von Betriebssystemfunktionen befassen. Tabelle 6.3
gibt einen Überblick. POSIX.1 definiert hierbei z.b. die Grundfunktionalität eines
Betriebssystems, aufbauend auf UNIX. Für Echtzeitanwendungen gibt es den
Standard POSIX.4. Dieser definiert Echtzeiterweiterungen zu POSIX.1. Man kann
POSIX.4 daher als Echtzeiterweiterung eines konventionellen Betriebssystems an-
sehen. Wie aus Tabelle 6.3 zu entnehmen, gibt es neben POSIX.4 noch weitere
echtzeit-bezogene POSIX-Standards, z.B. POSIX.13, POSIX.20 und POSIX.21.
Wir wollen uns im Rahmen dieses Buches jedoch auf den grundlegenden Standard
POSIX.4 beschränken, da er die wesentlichen Definitionen enthält. Der interes-
sierte Leser sei für ein weitergehendes Studium auf die entsprechenden POSIX-
Dokumente verwiesen.

Tabelle 6.3. POSIX-Standards

POSIX.1	Grundlegende Betriebssystemschnittstelle
POSIX.2	Kommando-Interpreter
POSIX.3	Test-Methoden
POSIX.4	Echtzeiterweiterungen
POSIX.5	ADA Anbindung an POSIX.1
POSIX.6	Sicherheitserweiterungen
POSIX.7	Systemverwaltung
POSIX.8	Transparenter Dateizugriff
POSIX.9	FORTRAN-77 Anbindung an POSIX.1
POSIX.10	Supercomputer Profile
POSIX.11	Transaktionsverwaltung
POSIX.12	Protokollunabhängige Kommunikation
POSIX.13	Echtzeitprofile
POSIX.14	Multiprozessorprofile
POSIX.15	Supercomputererweiterungen
POSIX.16	Sprachunabhängiges POSIX.1
POSIX.17	Verzeichnis- und Namensdienste
POSIX.18	Grundlegendes POSIX Systemprofil
POSIX.19	FORTRAN-90 Anbindung an POSIX.1
POSIX.20	ADA Anbindung an POSIX.4
POSIX.21	Verteilte Echtzeiterweiterungen

Abbildung 6.66 zeigt die Bestandteile von POSIX.4. Es ist zu erkennen, dass sich
POSIX.4 in zwei Untergruppen aufteilt, POSIX.4a und POSIX.4b.

POSIX.4a ist zwingend für POSIX.4 und führt **Threads** in den POSIX-Standard ein. Diese sind in POSIX.1 nicht enthalten, der nur schwergewichtige Prozesse kennt. Hierdurch können die Vorteile von Threads (vgl. Abschnitt 6.3.1) für Echtzeitanwendungen genutzt werden.

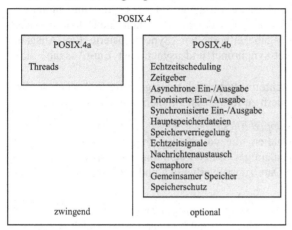

Abb. 6.66. Bestandteile von POSIX.4

POSIX.4b ist optional und definiert eine Vielzahl weiterer Echtzeitkomponenten, die wir im Folgenden kurz betrachten wollen:

• **Echtzeitscheduling**
  Die Echtzeitscheduling-Strategien FPN, FPP sowie Timeslice werden zur Verfügung gestellt. Weiterhin ist die Möglichkeit vorgesehen, benutzerdefinierte Scheduling-Strategien hinzuzufügen. Alle Scheduling-Strategien können sowohl für Threads wie auch für schwergewichtige Prozesse benutzt werden.

• **Zeitgeber** (*Timer*)
  Neue Funktionen erlauben den feingranularen Umgang mit Zeitgebern. Die Auflösung wird gegenüber den Standardzeitgebern erhöht. So ist eine Zeitauflösung in Nanosekunden vorgesehen, wenn die Hardware dies unterstützt. Es können mindestens 32 Zeitgeber dynamisch erzeugt werden. POSIX.1 sieht hier nur 3 Zeitgeber vor. Es besteht zudem die Möglichkeit, relative und absolute Zeitgeber zu definieren.

• **Asynchrone und priorisierte Ein-/Ausgabe**
  Es werden nichtblockierende Ein- und Ausgabefunktionen definiert, die eine asynchrone Ein-/Ausgabe ermöglichen. Weiterhin können diese Ein- und Ausgaben mit Prioritäten versehen werden, die ihre Position in der Ein-/Ausgabewarteschlange bestimmen.

- **Synchronisierte Ein-/Ausgabe**
  Bei Standard-Ein-/Ausgabefunktionen ist nicht garantiert, dass alle Daten immer sofort geschrieben werden. Vielmehr können Daten in Zwischenpuffern abgelegt werden. Dies geschieht z.B. sehr häufig bei Festplattenzugriffen.
  - Die synchronisierte Ein-/Ausgabe vermeidet solches Puffern und garantiert, dass alle Daten sofort geschrieben werden. Dies erhöht die Datenkonsistenz und verbessert das Ausgabezeitverhalten. Synchronisierte Ein-/Ausgabe kann in Verbindung mit synchroner und asynchroner Ein-/Ausgabe aktiviert werden.
  - Bei zeitgesteuerter Synchronisation erfolgt das garantierte Ausgeben aller Daten nicht immer, sondern zu festgelegten Synchronisationszeitpunkten.

- **Hauptspeicherdateien** (*Mapped Files*)
  Hierunter versteht man Dateien, die vollständig im Hauptspeicher gehalten werden. Es kann ein vollständiges Dateisystem im Hauptspeicher angelegt werden. Dies beschleunigt Dateizugriffe erheblich und verbessert ihre zeitliche Vorhersagbarkeit.

- **Speicherverriegelung** (*Task Locking, Memory Locking*)
  Diese Funktion, die bereits in Abschnitt 6.4.2 allgemein behandelt wurde, ermöglicht es, Tasks vor der Verdrängung aus dem Hauptspeicher durch die virtuelle Speicherverwaltung zu schützen. Hierbei können auch Teile einer Task geschützt werden (*Memory Range Locking*). Die zu bewahrenden Bereiche werden durch Angabe ihrer Grenzadressen definiert. Hiermit können z.B. Datenbereiche oder Funktionen einer Task vor Auslagerung geschützt werden.

- **Echtzeitsignale**
  Diese Signale dienen der Echtzeitkommunikation zwischen Tasks. Zusätzlich zu den gewöhnlichen, aus UNIX bekannten einfachen Signalen, die Ereignisse an Tasks melden, kommen bei Echtzeitsignalen folgende Eigenschaften hinzu:
  - Es werden mindestens 8 zusätzliche Signale definiert.
  - Ankommende Signale werden in Warteschlangen verwaltet.
  - Jedes Signal erhält zusätzliche Begleitinformation wie z.B. die Signalquelle und benutzerdefinierbare Daten.
  - Die Signale sind priorisiert, d.h. bei gleichzeitigem Auftreten mehrerer Signale für eine Task werden Signale niederer Nummer vor solchen höherer Nummer ausgeliefert.
  - Eine neue Funktion ermöglicht es, die Nummer eines ankommenden Signals abzufragen, ohne das zugehörige Signalbehandlungsprogramm aufzurufen. Dies erlaubt eine asynchrone und schnelle Behandlung von Signalen.

- **Nachrichtenaustausch** (*Message Passing*)
  Es werden effiziente Nachrichtenwarteschlangen zur Kommunikation zwischen Tasks definiert. Diese Warteschlangen werden durch Namen identifiziert und sind auf hohen Datendurchsatz optimiert.

- **Semaphore und gemeinsamer Speicher** (*Shared Memory*)
  Zur Synchronisation und zum schnellen Datenaustausch zwischen Tasks sind Semaphore und geteilter Speicher vorgesehen. Funktionen erlauben das Erzeugen, Einbinden, Schützen und Vernichten solchen Speichers. Der Aufbau des gemeinsamen Speichers ist auf schnellen Zugriff optimiert.

- **Speicherschutz** (*Memory Protection*)
  Dies erlaubt den expliziten Schutz von Speicherbereichen vor lesenden, schreibenden oder ausführenden Zugriffen. So können z.B. die bereits angesprochenen gemeinsamen Speicherbereiche zwischen Tasks gezielt geschützt werden. Dieser Schutz geht über den automatischen Schutz des Betriebssystems hinaus, der die Speicherbereiche zwischen den Task vollständig trennt.

6.7.3   RTLinux

Das Betriebssystem Linux erfreut sich immer größerer Beliebtheit. Für Echtzeitanwendungen ist es jedoch in seiner ursprünglichen Form nicht geeignet. Um Linux echtzeitfähig zu machen, können 3 Strategien unterschieden werden:

- **Kern-Koexistenz:**
  Der Linux-Kern wird in einer Task gekapselt und läuft so als Task niedrigster Priorität eines Echtzeitbetriebssystemkerns. Der Echtzeitbetriebssystemkern bearbeitet sämtliche Unterbrechungen und Echtzeittasks. Die Nicht-Echtzeittasks arbeiten unter Kontrolle des Linux-Kerns. Er beeinflusst so das Zeitverhalten der Echtzeittasks nicht, da er eine niederere Priorität besitzt. Erst wenn alle Echtzeitaufgaben erledigt sind, erhält der Linux-Kern Rechenzeit. Diese Technik kann auch für andere Nicht-Echtzeitbetriebssysteme wie z.B. Windows angewendet werden. Sie bietet den Vorteil, dass die Echtzeittasks volle Unterstützung durch den Echtzeitbetriebssystemkern erhalten, während die Nicht-Echtzeittasks ohne Modifikationen auf dem Standardbetriebssystemkern arbeiten können. Nachteilig ist jedoch, dass der Echtzeitbetriebssystemkern im Vergleich zum Linux-Kern oft nur über eine stark eingeschränkte Funktionalität verfügt. Außerdem wird durch das Vorhandensein zweier Betriebssystemkerne zusätzlicher Speicher benötigt. Die Portabilität der gesamten Anwendung wird hierdurch ebenfalls eingeschränkt. Zusammenfassend kann man sagen, dass sich die Technik der Kern-Koexistenz besonders für Anwendungen mit klarer Trennung zwischen Echtzeit- und Nicht-Echtzeitteil eignet.

- **Kern-Modifikation**
  Hierbei wird der Standard-Linuxkern verändert. Diese Änderungen bestehen im Wesentlichen darin, den Kern durch Einfügung so genannte Preemption-Points unterbrechbar zu machen und so das Zeitverhalten zu verbessern. Des Weiteren werden Echtzeitschedulingstrategien hinzugefügt. Hierdurch verfügen Echtzeit- wie Nicht-Echtzeittasks über die gleiche Funktionalität des Kerns. Allerdings lassen sich nicht alle Echtzeit-Probleme von Linux mit vertretbarem Aufwand auf diese Weise lösen. So geschieht z.B. bei Linux das

Warten von Tasks auf Ressourcen nicht nach Prioritäten geordnet. Je mehr Modifikationen durchgeführt werden, desto aufwendiger wird die Pflege des Kerns. Die Entwickler des modifizierten Kerns haben darüber hinaus keinen Einfluss auf zukünftige Änderungen im Linux-Kern.

- **Ersatz des Kerns**
  Der ursprüngliche Kern wird durch einen neuen Echtzeitkern ersetzt, der die gleiche Schnittstelle zu den Anwendungen anbietet. Hierdurch ist die Portabilität der Anwendungen gewährleistet. Alle Echtzeitprobleme von Linux können auf diese Weise von Grund auf gelöst werden. Es ist keine Trennung von Echtzeit- und Nicht-Echtzeittasks erforderlich. Standard-Linux-Anwendungen sind sofort ablauffähig. Nachteil dieser Technik ist jedoch, dass sie den höchsten Entwicklungsaufwand verursacht.

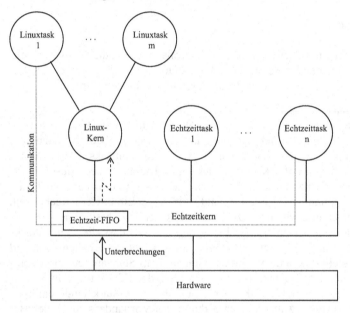

Abb. 6.67. Architektur von RTLinux

Im Folgenden wollen wir als Beispiel RTLinux betrachten, das unter GNU Public License (GPL) frei verfügbar ist [FSMLabs 2004]. RTLinux basiert auf der Kern-Koexistenz. Es handelt sich somit um einen Betriebssystemaufsatz. Abbildung 6.67 zeigt dies. Der Linux-Kern läuft als Task niedrigster Priorität auf dem Echtzeitkern. Der Echtzeitkern selbst ist nicht unterbrechbar, er enthält daher nur die nötigsten, sehr kurze Routinen. Er fängt alle Unterbrechungen ab und behandelt diese. Die von Linux erwartete Unterbrechungs-Hardware wird vom Echtzeitkern simuliert. Wenn der Linux-Kern Unterbrechungen sperrt, so gelangen diese trotzdem zum Echtzeitkern, da Linux keinen Einfluss mehr auf die wirkliche Unterbrechungs-Hardware besitzt. Bei gesperrten Unterbrechungen unterbindet der Echtzeitkern die Weitergabe an den Linux-Kern. Auf diese Weise muss die

Unterbrechungsbehandlung im Linux-Kern nicht verändert werden, und sie kann das Echtzeitverhalten des Echtzeitkerns durch Unterbrechungssperren nicht beeinflussen.

Alle Echtzeittasks laufen auf der Ebene des Echtzeitkerns. Sie haben direkten Zugriff auf die Hardware, verfügen jedoch nur über die eingeschränkte Funktionalität des Kerns. Des weiteren sind für sie alle Schutzmechanismen des Linux-Kerns natürlich außer Kraft gesetzt, sodass ein Programmierfehler in einer Echtzeittask das gesamte System zum Absturz bringen kann.

Eine Anwendung teilt sich wie in Abbildung 6.68 dargestellt in Echtzeittasks und Nicht-Echtzeittasks auf. Die Echtzeittasks können periodisch oder ereignisgesteuert ausgeführt werden und sollten sich auf kurze Routinen mit harten Echtzeitanforderungen beschränken. Die Kommunikation zwischen Echtzeittasks und Nicht-Echtzeittasks erfolgt über Echtzeit-FIFOs, die vom Echtzeitkern als Kommunikationsmittel angeboten werden.

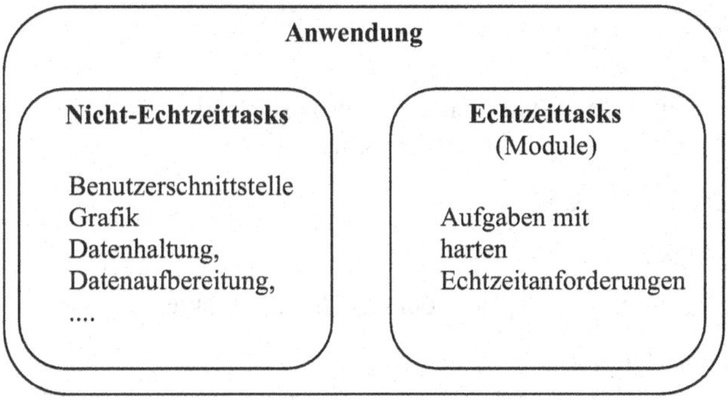

Abb. 6.68. Aufteilung der Anwendung in Nicht-Echtzeit und Echtzeittasks

Echtzeittasks werden bei RTLinux als Kern-Module realisiert, die durch Aufruf der der Standard-Linux-Funktion `insmod "Modulname"` hinzugefügt werden. Ein solches Modul ist ein schwergewichtiger Prozess, der zunächst einen Thread enthält. Zur Laufzeit können dann weitere Threads angelegt werden. Ein Modul besitzt eine Reihe von Standardroutinen:

`init_module`
> Diese Routine wird beim Laden des Moduls aufgerufen und muss dann die Initialisierung durchführen. Danach kann sie weitere Threads erzeugen, welche die eigentlichen Echtzeitaufgaben des Moduls bearbeiten.

`cleanup_module`
> Diese Routine wird vor dem Entfernen eines Moduls aufgerufen und muss entsprechende Aufräumarbeiten durchführen, z.B. angelegte Threads wieder entfernen.

`<thread_routinen>`
> Ein Modul kann eine beliebige Anzahl benutzerdefinierter Routinen enthalten, die von `init_module` als Thread gestartet werden und die eigentlichen Echtzeitaufgaben des Moduls erfüllen.

Zur Verwaltung der Threads sind POSIX.4a kompatible Funktionen vorhanden:

- Erzeugen eines Echtzeit-Threads:

```
int pthread_create(pthread_t *thread, pthread_attr_t *attr,
                   void *(*start_routine)(void *), void *arg);
```

Erzeugt einen Thread `thread` mit den Attributen `attr` (z.B. Stack-Größe) und startet ihn durch Aufruf der Funktion `start_routine(arg)`. Diese Funktion realisiert die Thread-Aufgaben.

- Beenden eines Echtzeit-Threads:

```
int pthread_delete_np(pthread_t thread);
```

Vernichtet den Thread `thread`.

- Echtzeit-Thread periodisch definieren:

```
int pthread_make_periodic_np(pthread_t thread, hrtime_t starttime,
                             hrtime_t period);
```

Der Thread `thread` wird zum Zeitpunkt `starttime` gestartet und in durch `period` (in Nanosekunden) gegebenen Intervallen aufgerufen.

- Suspendieren eines Echtzeit-Threads:

```
int pthread_suspend_np(pthread_t thread);
```

Der Thread wird angehalten. Dies entspricht dem Zustand „blockiert".

- Aufwecken eines Echtzeit-Threads:

```
int pthread_wakeup_np(pthread_t thread);
```

Der Thread kann fortgesetzt werden. Dies entspricht Zustandsübergang von „blockiert" nach „ablaufwillig".

- Periodischen Echtzeit-Thread bis zur nächsten Periode suspendieren:

```
int pthread_wait_np(void);
```

Der Thread gibt die Kontrolle bis zum nächsten periodischen Aufruf ab.

Das folgende Programmstück 6.1 zeigt ein Beispiel für ein einfaches Modul in der Programmiersprache C. Beim Laden des Moduls wird durch `init_module` der Thread `start_routine` erzeugt. Dieser setzt seine eigenen Scheduling-Parameter und sorgt für einen periodischen Aufruf alle 0,5 Sekunden. Dann wird in einer Schleife, die von nun an alle 0,5 Sekunden einmal durchlaufen wird, die eigentliche Echtzeitaufgabe durchgeführt. Bei Entfernen des Moduls sorgt `cleanup_module` für das Löschen des erzeugten Threads.

```
pthread_t thread;       /* Datenstruktur für Threads */

int init_module(void)  /* wird beim Laden des RT-Moduls
                           aufgerufen */
{
  /* Erzeugen eines Threads mit Funktion start_routine */
  return pthread_create (&thread, NULL, start_routine, 0);
}

void cleanup_module(void)   /* wird beim Entfernen des RT-Moduls
                               aufgerufen */
{
  pthread_delete_np (thread); /* Entfernen (Löschen) des Threads */
}

void *start_routine(void *arg)  /* Implementierung der
                                   Thread-Funktion */
{
  struct sched_param p;   /* Datenstruktur für Thread-Eigenschaften
                             */
  p.sched_priority = 1;   /* Thread-Priorität in Datenstruktur ein
                             tragen */
  /* Funktion zum Setzen der Thread-Parameter aufrufen */
  /* SCHED_RR: Round Robin Scheduling (auch möglich: SCHED_FIFO) */
  pthread_setschedparam(pthread_self(), SCHED_RR, &p);

  /* Periodischer Aufruf des Threads: Periode ist 0,5 sec,
     starte sofort */
  pthread_make_periodic_np(pthread_self(), gethrtime(),
                           500000000);

while (1) {
  pthread_wait_np();  /* bis zur nächsten Periode warten */

  /* Echtzeitaufgabe durchführen */
  . . .
  }
  return 0;
}
```

Programmstück 6.1. Ein Echtzeit-Modul für RTLinux

6.7.4   VxWorks

VxWorks der Firma Wind River [2004] ist ein allgemeines Echtzeitbetriebssystem. Es wurde von Beginn an für den Einsatz im Echtzeitbereich konzipiert. Es unterstützt allerdings in seiner Grundform keine virtuelle Speicherverwaltung, hierfür existiert ein Zusatzprodukt namens VxVMI.

VxWorks benutzt schwergewichtige Prozesse als Tasks. Allerdings ist der bei einem Taskwechsel zu speichernde bzw. ladende Kontext klein gehalten, um effiziente Taskwechsel zu ermöglichen. Der in einem Taskkontrollblock (TCB) abgelegte Kontext umfasst:

- den Programmzähler der Task,
- den Inhalt der Prozessorregister und Gleitkommaregister,
- den Stapel der dynamischen Variablen,
- die zugeordneten Ein-/Ausgabegeräte,
- die Signal-Handler und
- diverse Debug-Informationen.

Abbildung 6.69 zeigt das Zustandsmodell der Tasks. Es unterscheidet sich nur unwesentlich von unserem allgemeinen Modell aus Abschnitt 6.3.2 und definiert folgende Zustandsklassen:

- laufend (*running*):   die Task wird ausgeführt.
- ablaufwillig (*ready*):   die Task ist bereit zur Ausführung.
- blockiert (*pending*):   die Task wartet auf die Freigabe eines Betriebsmittels und ist blockiert.
- verzögert (*delayed*):   die Task ist für eine bestimmte Zeitdauer angehalten.
- suspendiert (*suspend*):   die Task wurde suspendiert. Dies ist nur zu Debug-Zwecken gedacht.

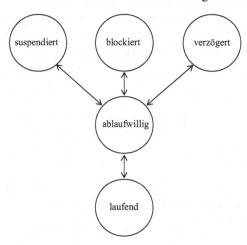

Abb. 6.69. Taskzustände in VxWorks

Standardmäßig benutzt VxWorks FPP Scheduling. Jede Task bekommt bei ihrer Erzeugung eine Priorität zugewiesen. Diese Priorität kann während der Laufzeit durch Aufruf einer entsprechenden Funktion (`taskPrioritySet`) verändert werden. Dadurch kann eine Anwendung auf Änderungen in der realen Welt reagieren. VxWorks kennt 256 Prioritätsstufen, wobei die Stufe 0 der höchsten und Stufe 255 der niedrigsten Priorität entspricht.

Der VxWorks-Task-Scheduler kann explizit durch zwei weitere Funktionen (`taskLock` und `taskUnlock`) ein- und ausgeschaltet werden. Das Ausschalten verhindert, dass die laufende Task von einer höher priorisierten Task verdrängt wird. So kann nicht preemptiven Scheduling (FPN) realisiert werden. Allerdings kann eine Task immer noch durch Hardware-Unterbrechungen unterbrochen werden. Das Ausschalten des Schedulers nennt man auch *Preemption Locking*. Es kann neben rein nicht-preemptiven Scheduling auch zum Schutz kritischer Taskabschnitte eingesetzt werden, wobei die Dauer dieser Locks kurz sein sollte. Daneben unterstützt VxWorks auch Timeslice-Scheduling.

Zur Kommunikation zwischen Tasks stellt VxWorks folgende Mechanismen zur Verfügung:

- Gemeinsamer Speicher,
- Signale,
- Semaphore, die sowohl binär als Mutex wie auch zählend verwendet werden können,
- Nachrichtenaustausch durch Pipes,
- Sockets für die Kommunikation mit anderen Rechnern über Netzwerk, und
- nichtlokale Prozeduraufrufe (*Remote Procedure Calls*) auf anderen Rechnern über Netzwerk.

Abschließend soll hier die Fähigkeit von VxWorks kurz vorgestellt werden, Programmroutinen oder Bibliotheken von mehreren Tasks gleichzeitig zu verwenden. Es befindet sich dann nur eine einzige Kopie des Programmcodes im Speicher, die *Shared Code* genannt wird. Diese Technik erhöht die Wartbarkeit und Effizienz des Betriebssystems und der Anwendungen. Abbildung 6.70 zeigt das Prinzip von Shared Code.

Shared Code muss die Eigenschaft erfüllen, von mehreren Tasks gleichzeitig aufgerufen werden zu können, ohne dass diese konkurrierenden Aufrufe sich gegenseitig stören. Ein Programmstück, welches diese Eigenschaft erfüllt, nennt man *reentrant* (wiedereintrittsfähig). Um dies zu realisieren, sind gewisse Regeln zu beachten. Ein Programmstück wird reentrant, wenn es:

- keine globalen und statischen Variablen benutzt oder diese zumindest durch einen Semaphore schützt,
- dynamische Variablen auf dem Stapel der aufrufenden Task ablegt (Abbildung 6.71), und
- so genannte Task-Variablen zum Speichern von task-spezifischen Informationen benutzt.

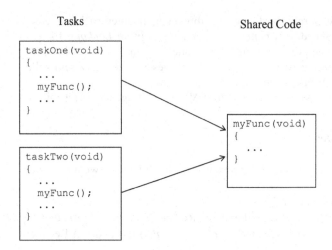

Abb. 6.70. Shared Code

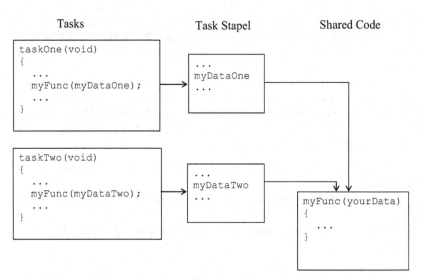

Abb. 6.71. Shared Code und dynamische Variablen auf dem Stapel

Eine Task-Variable ist eine vom Betriebssystem für jede Task angelegte Variable, die im Taskkontrollblock Block (TCB) abgespeichert wird und damit ausschließlich und individuell dieser Task zugeordnet ist. Jede Task hat ihre eigene Task-Variable. Diese umfasst 4 Bytes und kann somit zur Aufnahme eines Zeigers dienen, der einen individuell zur Task gehörenden Speicherbereich markiert. Beim Taskwechsel wird die Task-Variable im Taskkontrollblock der verdrängten Task gesichert und auf den im Taskkontrollblock der verdrängenden Task vorhandenen Wert gesetzt. Benutzen nun mehrere Tasks Shared Code und dieser Shared Code greift auf die Task-Variable zu, so besitzt diese Variable einen unterschiedlichen Wert, je nach dem welche Task gerade den Shared Code ausführt. Abbildung 6.72 zeigt dies.

Durch die genannten Techniken können mehrere Tasks gleichzeitig Shared Code benutzen, ohne sich gegenseitig zu stören oder Daten der jeweils anderen Tasks zu überschreiben. Es bleibt zu bemerken, dass Shared Code nicht nur von VxWorks, sondern auch von anderen Echtzeitbetriebssystemen wie z.B. RTLinux unterstützt wird.

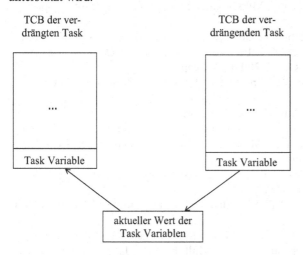

Abb. 6.72. Austausch der Task-Variablen beim Taskwechsel

Literatur

Brinkschulte U, Krakowski C, Kreuzinger J, Ungerer T (1999/1) A Multithreaded Java Microcontroller for Thread-oriented Real-time Event-Handling. PACT '99, Newport Beach, Ca., Oktober, 34–39

Brinkschulte U, Ungerer T (2002) Mikrocontroller und Mikroprozessoren, Springer Verlag

Brinkschulte U (2003) Scalable Online Feasibility Tests for Admission Control in a Java Real-time System. 9th IEEE Workshop on Object Oriented Real-time Dependable Systems WORDS 2003F, Anacapri, Italy

Dijkstra E (1965) Solution of a Problem in Concurrent Programming Control, *CACM,* Vol. 8(9).

FSMLabs (2004) RTLinux. http//:www.rtlinux.org

Fuhrmann S, Pfeffer M, Kreuzinger J,. Ungerer T, Brinkschulte U (2004) Real-time Garbage Collection for a Multithreaded Java Microcontroller. Real-Time Systems Journal, 26, Kluwer.

Hoare CAR (1973) Monitors: An Operating System Structuring Concept. Communications of the ACM 17 (10)

IEEE Standards Project (1992) POSIX Standards. The Institute of Electrical and Electronics Engineers.

Kreuzinger J, Brinkschulte U, Pfeffer M, Uhrig S, Ungerer T (2003) Real-time Event-handling and Scheduling on a Multithreaded Java Microcontroller. Microprocessors and Microsystems Journal, 27(1), Elsevier.

Lauber R, Göhner P (1999) Prozessautomatisierung 1 & 2. Springer Verlag

Liu CL, Layland JW (1973) Scheduling Algorithms for Multiprogramming in a Hard-Real-Time Environment, Journal of the Association for Computing Machinery 20(1)

QNX Software Systems (2004) QNX Real-Time Operating Systeme. http://www.qnx.com

Stankovic J, Spuri M, Ramamritham K, Buttazzo G (1998) Deadline Scheduling for Real-time Systems, Kluwer Academic Publishers

Wind River (2004) VxWorks. http://windriver.com.

Kapitel 7   Echtzeitmiddleware

Zum Aufbau komplexer Echtzeitsysteme werden heute zunehmend räumlich verteilte Rechensysteme benutzt. Dies erhöht die Leistungsfähigkeit, die Ausfallsicherheit und die Flexibilität. Die Entwicklung verteilter Systeme kann durch den Einsatz so genannter **Middleware** erheblich erleichtert werden. Im Folgenden werden wir kurz die Grundkonzepte von Middleware für verteilte Systeme erläutern und an Beispielen demonstrieren. Des Weiteren werden die besonderen Anforderungen betrachtet, die Echtzeitsysteme an Middleware stellen.

7.1   Grundkonzepte

Middleware ist ein weit gefasster Begriff. Allgemein kann jede Softwareschicht über der Betriebssystemebene, welche die Entwicklung von Anwendungen unterstützt, als Middleware bezeichnet werden.

Wir wollen im Rahmen dieses Buches den Begriff jedoch enger fassen und in einem Kontext benutzen, in dem er am häufigsten verwendet wird: „Middleware ist eine Softwareschicht über der Betriebssystemebene, welche die Entwicklung verteilter Systeme unterstützt".

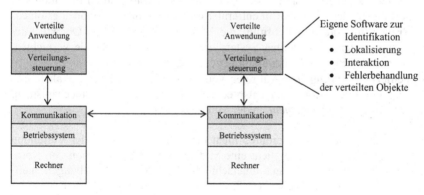

Abb. 7.1. Eine verteilte Anwendung ohne Middleware

Abbildung 7.1 zeigt den Aufbau eines verteilten Systems ohne die Verwendung von Middleware. Zwei oder mehrere Rechner sind über ein Kommunikationssystem, z.B. Ethernet oder einen Feldbus, miteinander verbunden. Um für dieses System eine verteilte Anwendung zu erstellen, muss der Entwickler diese Anwendung teilen und eigene Software erstellen, um die Zusammenarbeit zwischen der geteilten Anwendung auf den einzelnen Rechenknoten zu koordinieren. Diese Verteilungssteuerung umfasst die Identifikation der Objekte im verteilten System, die Lokalisierung dieser Objekte auf den jeweiligen Rechenknoten, die Interaktion zwischen den verteilten Objekten sowie eine Fehlerbehandlung bei auftretenden Störungen.

Die Idee der Middleware besteht nun darin, hierfür eine universelle, standardisierte Softwareschicht bereitzustellen, wie dies in Abbildung 7.2 gezeigt ist. Die Middleware arbeitet als Vermittler zwischen verteilten, heterogenen Rechenknoten. Sie verbirgt die physikalische Verteilung sowie spezifische Eigenschaften von Hardware, Betriebssystem und Kommunikationssystem vor der Anwendung. Hierdurch kann eine Anwendung unabhängig von der Struktur des verteilten Systems aufgebaut werden, die Middleware übernimmt im Wesentlichen folgende Aufgaben:

- **Identifikation**: verteilte Objekte oder Komponenten müssen systemweit eindeutig identifizierbar sein. Die Middleware trägt dafür Sorge, dass jedes Objekt bzw. jede Komponente im gesamten verteilten System über eine eindeutige Kennung verfügt, die sie von allen anderen Objekten bzw. Komponenten unterscheidet. Dies kann ein eindeutiger Name oder eine eindeutige Referenz sein.

- **Lokalisierung**: Mit Hilfe der eindeutigen Identität ist die Middleware in der Lage, den Ort eines jeden Objekts oder einer jeden Komponente im verteilten System aufzufinden.

- **Interaktion**: Sind Objekte oder Komponenten lokalisiert, so bietet die Middleware Mechanismen zur Interaktion dieser Objekte oder Komponenten an. Dies kann z.B. durch Übertragen von Nachrichten, durch Erteilung von Aufträgen oder durch Aufruf entfernter Prozeduren bzw. Methoden erfolgen.

- **Erzeugung und Vernichtung**: die Middleware kann neue Objekte oder Komponenten im verteilten System erzeugen bzw. bestehende vernichten. Hierdurch wird eine Dynamik im verteilten System erreicht.

- **Fehlerbehandlung**: bei Auftreten von Fehlern, z.B. bei der Lokalisierung oder der Interaktion, sind entsprechende Fehlerbehandlungsmechanismen, z.B. *Exceptionmanagement*, in der Middleware vorgesehen.

Die Anwendung muss sich hierdurch nicht mehr um die Aspekte der Verteilung kümmern. Des Weiteren ermöglicht eine Middleware die Kooperation von Komponenten oder Objekten, die aus unterschiedlichen Rechner-Umgebungen stammen und ggf. in unterschiedlichen Programmiersprachen geschrieben wurden. Dies nennt man *Interoperabilität*.

Middleware vereinfacht daher die Entwicklung verteilter Systeme, macht sie leichter wartbar und testbar, verbessert die Portierbarkeit und die Flexibilität. Darüber hinaus bietet sie Möglichkeiten, die Verteilung von Aufgaben zur Laufzeit zu verändern und so dass System an aktuelle Gegebenheiten anzupassen. Hierunter sind z.B. eine Neuverteilung und Ausbalancierung der Rechenlast (*Load Balancing*) oder das Ausgleichen von ausgefallenen Rechenknoten zu verstehen.

Aufgrund dieser Vorteile existieren eine Reihe verschiedener Middleware-Architekturen wie z.B. CORBA, .NET, DCOM, RMI oder JMS.

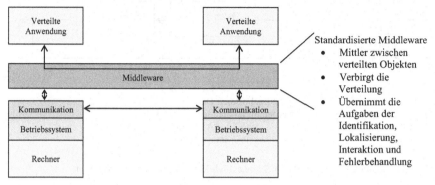

Abb. 7.2. Eine verteilte Anwendung mit Middleware

Als Nachteil bringt Middleware zusätzlichen Overhead in das System. Hier ist zum einen Speicheroverhead zu nennen, da eine allgemeine Middleware in der Regel mehr Speicher benötigt als eine auf die Anwendung zugeschnittene Lösung zur Verteilung. Zum anderen führt die Middleware einen gewissen Overhead bei der Verarbeitungsleistung sowie der Kommunikationsbandbreite ein, da zusätzliche Verwaltungsoperationen durchzuführen und Protokollinformationen zu transportieren sind. Für leistungsfähige Systeme wie PCs kann dieser Overhead problemlos vernachlässigt werden. Er spielt jedoch für kleine eingebettete Systeme eine wichtige Rolle, weshalb hierfür spezielle, verlustarme Middleware-Architekturen erforderlich sind.

7.2   Middleware für Echtzeitsysteme

Echtzeitanwendungen stellen ebenfalls besondere Anforderungen an die Middleware. Setzt man eine Standard-Middleware wie beispielsweise CORBA auf ein Echtzeitbetriebssystem auf, so ist das entstehende Gesamtsystem nicht echtzeitfähig. Abbildung 7.3 zeigt den Grund hierfür. In diesem Szenario kommunizieren zwei Tasks unterschiedlicher Priorität über die Middleware mit Tasks auf einem anderen Rechner. Zunächst sendet die Task niederer Priorität Daten. Danach sendet die Task hoher Priorität. Da eine Standard-Middleware keine Kenntnis über die Prioritäten der Tasks des Echtzeitbetriebssystems besitzt, können die Daten der hochprioren Task in der Middleware die Daten der niederprioren Task nicht überholen. Die hochpriore Task muss also warten, bis die Daten der niederprioren Task übermittelt wurden. Es entsteht eine Prioritäteninversion.

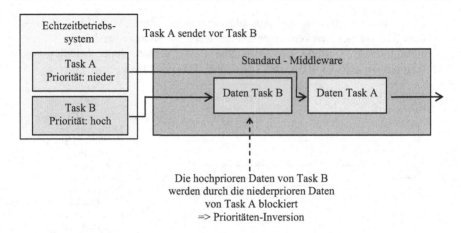

Abb. 7.3. Prioritäteninversion durch Standard-Middleware in Echtzeitsystemen

Ursache hierfür ist, dass durch die Standard-Middleware die End-zu-End-Prioritäten (vgl. Abschnitt 6.3.6) nicht gewahrt werden. Allgemein sind an eine Middleware für Echtzeitsysteme eine Reihe von Anforderungen zu stellen, die wichtigsten hiervon sind:

- **Wahrung der End-zu-End-Prioritäten**: die Prioritätenkette darf von der Middleware nicht unterbrochen werden, sonst drohen wie gesehen Prioritäten-inversionen.
- **Definition von Zeitbedingungen bzw. Zeitschranken**: die Middleware muss die Möglichkeit bieten, Zeitanforderungen zu spezifizieren und zu handhaben.
- **Echtzeitfähige Funktionsaufrufe**: die Ausführungszeit für Funktionsaufrufe der Middleware muss gebunden sein, d.h. die *Worst-Case-Execution-Time* muss bekannt sein.
- **Echtzeitfähige Ereignisbehandlung**: die Middleware muss in der Lage sein, auf Ereignisse in definierter Zeit zu reagieren und entsprechende verteilte Objekte oder Komponenten zu aktivieren.
- **Unterstützung des Echtzeitschedulings**: kommen Daten mit entsprechender Priorität oder Zeitschranken von einem entfernten Rechenknoten an, so müssen die Echtzeitscheduling-Parameter der diese ankommenden Daten bearbeitenden Task angepasst werden.

Wir wollen im Folgenden den Aufbau und die Funktionsweise von Echtzeitmidd-leware anhand von zwei Beispielen betrachten.

7.3   RT-CORBA

RT-CORBA (Real-time CORBA) ist die echtzeitfähige Variante der Standard-Middleware CORBA [OMG 2004/1]. Bevor wir auf die speziellen Eigenschaften von RT-CORBA eingehen, wollen wir uns daher zunächst einen Überblick über Konzepte und Funktionsweisen von CORBA verschaffen.

CORBA steht für *Common Object Request Broker Architecture* und ist ein Standard für eine objektorientierte Middleware-Architektur. Sie wurde von der *Object Management Group* (OMG) [OMG 2004/2] entwickelt und wird von dieser Gruppe auch weiter gepflegt. Ziel der OMG ist die Entwicklung von Standards zur Kooperation verschiedenster heterogener Anwendungen über Rechnernetze, um verteilte, offene Systeme zu schaffen.

Es ist also festzustellen, dass CORBA keine Middleware an sich sondern ein Standard für eine Middleware ist. CORBA-verträgliche (*CORBA-compliant*) Middlewaresysteme müssen diesen Standard erfüllen. Über die Realisierung des Standards werden keine Aussagen gemacht, dies bleibt den jeweiligen Systementwicklern überlassen. Im Folgenden sollen einige wichtige Begriffe erklärt werden:

- **OMA**: *Object Management Architecture.* Dies ist die Architektur eines verteilten objektorientierten Systems auf der Basis von CORBA.

- **ORB**: *Object Request Broker.* Dies ist der Kern der OMA. Aufgabe des ORB ist es, die Anforderungen von verteilten Objekten weiterzuleiten und zu koordinieren.

Abbildung 7.4 zeigt den Zusammenhang. Die OMA besteht aus verteilten Objekten, die über den ORB kooperieren. Der ORB bildet also die Kern-Middlewarefunktionalität, welche die Kommunikation zwischen den auf mehreren Rechnern verteilten Objekten organisiert und so deren Interaktion ermöglicht. Der CORBA-Standard definiert die Schnittstelle zwischen ORB und Objekten. Die Objekte selbst lassen sich in drei Klassen unterteilen:

- *Object Services* liefern Basisdienste, die bestimmte Ausgaben wie z.B. Ereignisbehandlung, eindeutige Namensgebung in der verteilten Umgebung etc. erfüllen und diese den anderen Objekten zur Verfügung stellen.

- *Common Facilities* liefern allgemeine Dienste für bestimmte Anwendungsbereiche, z.B. Netzwerkmanagement, Benutzeroberflächen, etc. Common Facilities können auch domänenspezifische Dienste liefern, z.B. für Finanzanwendungen, Gesundheitswesen, etc.

- *Application Objects* sind die Objekte, welche die eigentliche verteilte Anwendung realisieren.

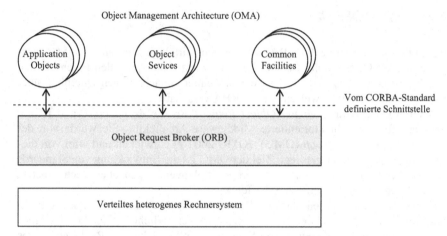

Abb. 7.4. Aufbau eines verteilten Systems auf der Basis von CORBA

Das CORBA-Objektmodell ist dem von C++ sehr ähnlich. Objekte sind Entitäten mit gekapseltem Zustand und einer oder mehrere Operationen auf diesen Zustand. Diese Operationen heißen Methoden. Da es sich bei CORBA um einen Standard und nicht um ein System handelt, werden im Rahmen von CORBA lediglich die Schnittstellen zu CORBA-Objekten definiert, nicht jedoch deren Implementierung. Diese Schnittstellendefinitionen können von Klienten innerhalb des verteilten Systems angefordert werden. Um größtmögliche Plattformunabhängigkeit zu erreichen, erfolgt die Schnittstellendefinition in einer eigenständigen Objekt-Definitionssprache namens **IDL** (*Interface Definition Language*).

IDL ist unabhängig von einer konkreten Programmiersprache. In IDL definierte Objekte werden vielmehr durch entsprechende Übersetzer auf Objekte von objektorientierten Programmiersprachen (z.B. C++, Java), aber auch auf nichtobjektorientierte Sprachen (z.B. C) abgebildet. Eine Objektdefinition in IDL umfasst die Methoden eines Objekts, die Eingabe- und Ergebnisparameter der Methodenaufrufe, mögliche Ausnahmesituationen, die bei der Durchführung einer Methode auftreten können, sowie die Ausführungssemantik der Methoden. Hierunter ist zu verstehen, ob ein Methodenaufruf synchron mit Rückgabe eines Ergebnisses und Blockieren des Aufrufers oder asynchron ohne Ergebnis und ohne Blockieren des Aufrufers erfolgt.

Die Identifikation eines Objektes geschieht durch eine **Objektreferenz**. Eine Objektreferenz ist eindeutig, jedoch nicht eineindeutig. Dies bedeutet, eine Objektreferenz identifiziert immer das gleiche Objekt, es kann jedoch auch mehrere verschiedene Objektreferenzen (von anderen Klienten) auf dasselbe Objekt geben.

Abbildung 7.5 gibt ein Beispiel über die Referenzierung und das Zusammenspiel heterogener Objekte im verteilten System. Auf Rechner A, einem PC mit dem Betriebssystem Windows, existieren zwei Objekte, die in der Programmiersprache C++ implementiert sind. Auf Rechner B, einer Workstation mit dem Betriebssystem Unix, existiert ein drittes Objekt, welches in Java realisiert ist. Die Schnittstellen aller Objekte sind zusätzlich in IDL definiert. Aus diesen Definitionen erzeugt ein IDL-Übersetzer (*IDL-Compiler*) Abbildungsschichten. Diese Abbildungsschichten lassen das Java-Objekt den C++-Objekten ebenfalls als C++-Objekt erscheinen. Umgekehrt erscheinen die C++-Objekte dem Java-Objekt ebenfalls als Java-Objekte.

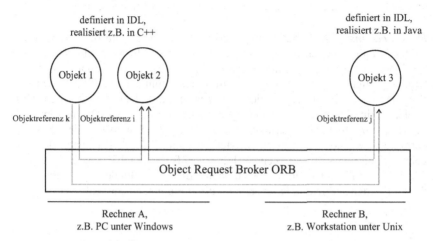

Abb. 7.5. Referenzierung und Zusammenspiel heterogener Objekte in CORBA

Der Aufruf kann daher in gewohnter Java- bzw. C++-Syntax über die Objektreferenz erfolgen, z.B.:

- Zugriff von Objekt 3 auf Objekt 2, Methode abc: `j.abc(...)`
- Zugriff von Objekt 1 auf Objekt 3, Methode xyz: `k.xyz(...)`

Auf diese Weise wird die physikalische Verteilung auf mehrere Rechner, die Architektur der Rechner selbst sowie die verwendete Programmiersprache weitestgehend vor der Anwendung verborgen. Dies ermöglicht die effiziente Entwicklung verteilter, heterogener und portabler Anwendungen.

Um den verteilten Aufruf sowie unterschiedliche Programmiersprachen zu verbergen, werden wie bereits erwähnt Abbildungsschichten verwendet, die vom IDL-Übersetzer erzeugt werden. Diese Abbildungsschichten beinhalten zwei Komponenten:

- ***IDL-Stubs*** übernehmen die Abbildung auf Aufruferseite. Sie enthalten alle per IDL definierten Objekte als kurze Stummel (Stubs) in der entsprechenden Wirtssprache. Ein Aufruf eines entfernten Objekts resultiert also im Aufruf des zugehörigen Stubs. Dieser bildet diesen Aufruf auf Funktionen des ORB-Kerns ab. Hierzu werden die Objektreferenz, der Methodenname sowie Namen und Werte der Parameter in Datenströme umgesetzt, dieser Vorgang heißt auch *Marshalling*. Dann können diese Datenströme mittels des ORB-Kerns übertragen werden. Abbildung 7.6 zeigt diesen Vorgang am obigen Beispiel. Der Methodenaufruf von C++-Objekt 1 an das Java-Objekt 3 über die Objektreferenz k landet zunächst beim zugehörigen C++-Stub von Objekt 3. Dort werden die Referenz (k), der Methodenname (xyz), sowie Name und Wert der Parameter (param) in einen Datenstrom gewandelt und zwischengespeichert. Der ORB-Kern lokalisiert nun das durch die Objektreferenz k gegebene Java-Objekt 3 und sendet den Datenstrom an den ORB-Kern des entsprechenden Rechners.

- *IDL-Skeletons* nehmen auf Empfängerseite den Datenstrom des ORB-Kerns entgegen und erzeugen hieraus den Aufruf des eigentlichen Zielobjekts. Diesen Vorgang nennt man *Unmarshalling*. In unserem Beispiel wird das Java-Objekt 3 aufgerufen. Ist der Objektaufruf durchgeführt, wird auf umgekehrtem Weg das Ergebnis zurückgeschickt. Dies ist in Abbildung 7.7 zu sehen. Das Skeleton nimmt das Ergebnis entgegen, wandelt es in einen Datenstrom und sendet es über den ORB-Kern zurück. Dort wird der Datenstrom dem Stub übermittelt, welcher den entfernten Methodenaufruf durch Rückgabe des Ergebnisses an den Aufrufer beendet. Für das aufrufende Objekt ist es so weder ersichtlich, dass ein entfernter Methodenaufruf stattgefunden hat, noch dass das aufgerufene Objekt in einer anderen Programmiersprache realisiert ist.

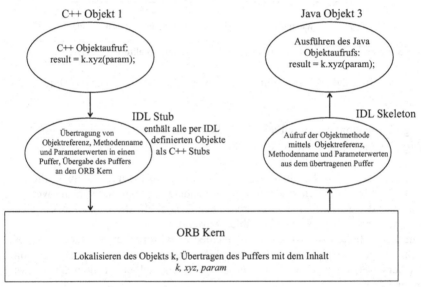

Abb. 7.6. Aufruf eines entfernten Objekts über IDL-Stub, ORB-Kern und IDL-Skeleton

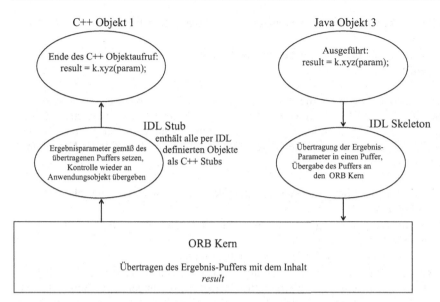

Abb. 7.7. Rückgabe des Ergebnisses über IDL-Stub, ORB-Kern und IDL-Skeleton

Der Aufruf über einen IDL-Stub ist nur für Objekte möglich, die zur Übersetzungszeit bereits bekannt sind, da ein Stub vom IDL-Übersetzer angelegt wird. Um auch dynamische Objekte ansprechen zu können, die erst zur Laufzeit erzeugt werden, stellt der CORBA-Standard eine zusätzliche Schnittstelle zur Verfügung, das *Dynamic Invocation Interface* (DII). Diese Schnittstelle ersetzt den Stub und erlaubt einen dynamischen Aufruf von Objektmethoden. Namen von Methoden, Parametern sowie deren Datentypen können z.B. aus einer Datenbank, dem *Interface Repository*, entnommen werden.

Ein Problem von CORBA besteht in der Tatsache, dass Objekte zunächst keinen eigenen Kontrollfluss besitzen. Objekte sind vielmehr Bestandteile von Tasks, welche den Kontrollfluss innehaben. Daher muss dafür gesorgt werden, dass die zu einem entfernten Objekt gehörende Task auch aktiv ist, wenn dieses Objekt aufgerufen wird. In CORBA ist dies Aufgabe des *Object Adapters*. Dieser sorgt dafür, dass die entsprechende Task gestartet wird, wenn ein Objekt das erste Mal aufgerufen wird. Je nach Implementierung können CORBA-Objekte in schwergewichtigen Prozessen oder in Threads enthalten sein bzw. zu solchen zusammengefasst werden.

Betrachten wir nach dieser Einführung nun die Echtzeiteigenschaften von CORBA. In der bisher beschriebenen Form ist CORBA nicht echtzeitfähig, auch wenn es auf ein Echtzeitbetriebssystem aufgesetzt wird. Dies hat folgende Gründe:

• In der IDL existieren keine Möglichkeiten, Zeitbedingungen oder Prioritäten für Methodenaufrufe anzugeben.

- Die Reihenfolge der Methodenaufrufe über den ORB ist in CORBA nicht definiert.
- Es sind keine prioritätsgesteuerten Warteschlangen für Methodenaufrufe vorgesehen.

Aus diesen Gründen ist die bereits in Abschnitt 7.2 besprochene Wahrung der End-zu-End-Prioritäten bei CORBA nicht gewährleistet, Prioritäteninversionen sind unvermeidlich. Abhilfe schafft der RT-CORBA-Standard, der diese Probleme beseitigt. Hierzu wird eine Reihe von Erweiterungen in der CORBA-Umgebung definiert:

- Es ist ein spezieller Datentyp zur Spezifikation von absoluter und relativer Zeit vorgesehen.
- Für die Durchführung lokaler und entfernter Methodenaufrufe können Zeitschranken angegeben werden.
- Alle CORBA-Dienste besitzen prioritätsgesteuerte Warteschlangen.
- Rechner- und betriebssystemabhängige Prioritätsabstufungen werden von RT-CORBA auf ein einheitliches Prioritätenschema abgebildet. Somit haben CORBA-Prioritäten auf allen Rechnern im verteilten System die gleiche Bedeutung.
- Ein echtzeitfähiger Ereignisdienst erlaubt die Behandlung verteilter, zeitkritischer Ereignisse. Alle Ereignisse besitzen einen globalen Zeitstempel, der auf allen Rechnern im verteilten System gültig und einheitlich ist.
- Eine echtzeitfähige Ausnahmebehandlung ermöglicht die Fehlerbehandlung in Echtzeitanwendungen.
- Objekte werden vorzugsweise innerhalb von Threads ausgeführt. Um das zeitraubende Erzeugen neuer Threads zur Laufzeit zu vermeiden, werden so genannte *Thread-Pools* angelegt, die bereits lauffähige Threads unterschiedlicher Prioritätsstufen enthalten.

Darüber hinaus stellt RT-CORBA auch Anforderungen an die darunter liegenden Schichten:

- Synchronisierte Uhren: jeder Rechner des verteilten Systems muss dieselbe Uhrzeit besitzen, ansonsten können zeitgesteuerte Aktionen nicht ordnungsgemäß durchgeführt werden. Die Auflösung dieser Uhrzeit sollte möglichst feingranular sein.
- Echtzeitfähige Kommunikation: das Versenden von Nachrichten muss innerhalb vorgegebener Zeiten erfolgen. Hierzu muss zum einen die Möglichkeit bestehen, Übertragungsbandbreite für Aufgaben zu reservieren. Zum anderen müssen Nachrichten mit Prioritäten übertragen werden, sodass hochpriore Nachrichten vor niederprioren Nachrichten transportiert werden.
- Echtzeitscheduling: das Betriebssystem muss mindestens ein Echtzeit-Schedulingverfahren unterstützen. In der ersten Version von RT-CORBA war

dies FPP-Scheduling, mittlerweile sind jedoch auch Verfahren mit dynamischen Prioritäten (vgl. Abschnitt 6.3.4) möglich.

- Blockaden-Vermeidung: das Betriebssystem muss Mechanismen zur Blockaden-Vermeidung besitzen, z.b. die Technik der Prioritätenvererbung zur Vermeidung von Prioritäteninversionen (vgl. Abschnitt 6.3.5).

Betrachtet man den Ressourcenbedarf von vollständigen CORBA- bzw. RT-
CORBA-Implementierungen, so sind diese für eingebettete Systeme wenig geeignet. So liegt der Speicherbedarf deutlich über 1 MByte (vgl. z.b. TAO [DOC
2004], eine frei verfügbare RT-CORBA Implementierung). Um den Einsatz von
CORBA auch auf eingebetteten Systeme mit geringen Ressourcen, z.B. Mikrocontrollern, zu ermöglichen, wurde ein Standard für **Minimum-CORBA** [OMG
2002] entwickelt. Hierbei wurde die Funktionalität von CORBA auf das minimal
notwendige Maß reduziert, die für den Betrieb eingebetteter Systeme nicht unbedingt erforderliche Bestandteile entfernt. So lässt sich der Speicherbedarf in einen
Bereich von 100 kBytes – 1 MByte reduzieren, vgl. z.b. e*ORB [PrismTech
2004] oder orbExpress RT [OIS 2004].

7.4   OSA+

OSA+ (<u>O</u>pen <u>S</u>ystem <u>A</u>rchitecture – <u>P</u>latform for <u>U</u>niversal <u>S</u>ervices) ist eine
Middleware, die im Rahmen eines Forschungsprojektes an der Universität Karls-
ruhe entwickelt wurde [Picioroaga et al. 2004/1]. Wesentliches Ziel war es hierbei,
eine möglichst schlanke Middleware-Architektur zu erreichen, die für eingebettete
Echtzeitsysteme mit geringen Ressourcen geeignet ist. Der Ressourcenbedarf sollte noch deutlich unter dem von Minimum-CORBA liegen. Hierdurch werden die
Vorteile einer Middleware auch für verteilte eingebettete Echtzeitsysteme mit leistungsschwachen Mikrocontrollern verfügbar. Solche Systeme gewinnen durch
mobile, energiebeschränkte, platzbeschränkte, kostenbeschränkte und ubiquitäre
Anwendungen zunehmend an Bedeutung. Um auf der anderen Seite auch leistungsfähigere Systeme effizient nutzen zu können, sollte die Middleware-
Architektur über eine erweiterbare Funktionalität verfügen.

Aus diesen Zielen heraus ist OSA+ entstanden, eine Middleware mit folgenden
wesentlichen Eigenschaften:

- **Skalierbarkeit**
  OSA+ ist sowohl auf leistungsschwachen Systemen wie auch auf leistungsstarken Systemen verwendbar. Die auf leistungsstarken Systemen zusätzlich
  verfügbaren Ressourcen können zur Erweiterung der Funktionalität von OSA+
  genutzt werden.

- **Effizienz**
  Neben dem von einer Middleware verursachten zusätzlichen Speicherbedarf ist
  auch die zusätzlich benötigte Rechenzeit ein wichtiger Faktor, der bei leis-

tungsschwachen Systemen minimiert werden muss. OSA+ wurde daher auf möglichst hohe Effizienz hin entwickelt.

- **Echtzeitfähigkeit**
  OSA+ ist uneingeschränkt echtzeitfähig, sofern die unterlagerte Umgebung (Betriebssystem, Kommunikationssystem) dies ermöglicht. Prioritäten, Zeitschranken, Echtzeitscheduling-Mechanismen usw. werden vollständig unterstützt.

Im Folgenden soll die Architektur von OSA+ näher betrachtet werden, insbesondere im Hinblick auf die Realisierung dieser Eigenschaften.

Ein wesentlicher Unterschied zwischen OSA+ und CORBA besteht darin, dass OSA+ nicht objektorientiert, sondern **dienstorientiert** ist. Die kleinste atomare Einheit von OSA+ ist ein Dienst. Abbildung 7.8 zeigt die Grundstruktur. Über die OSA+ Middleware-Plattform können Dienste im verteilten System miteinander interagieren. Die Kommunikation zwischen Diensten erfolgt über *Jobs*. Ein Job besteht aus einem *Auftrag* und einem *Ergebnis*. Hierbei kann sowohl synchrone wie asynchrone Kommunikation verwendet werden. Die folgenden sechs grundlegenden Funktionen stehen zur Verfügung:

SendOrder	versendet den Auftrag eines Jobs an einen anderen Dienst.
AwaitOrder	erwartet einen Auftrag von einem anderen Dienst. Diese Funktion blockiert den aufrufenden Dienst, bis ein neuer Auftrag eintrifft. Sie dient somit der synchronen Kommunikation.
ExistOrder	prüft, ob ein neuer Auftrag vorhanden ist. Wenn ja, kann dieser Auftrag mit AwaitOrder abgeholt werden. ExistOrder blockiert den aufrufenden Dienst nicht und dient somit der asynchronen Kommunikation.
ReturnResult	übermittelt das Ergebnis eines Auftrags zurück an den Auftraggeber.
AwaitResult	erwartet ein Ergebnis vom Auftragnehmer. Diese Funktion blockiert den aufrufenden Dienst bis ein Ergebnis eintrifft, dient also der synchronen Kommunikation.
ExistResult	prüft, ob ein Ergebnis vorhanden ist, das dann mit AwaitResult abgeholt werden kann. ExistResult dient der asynchronen Kommunikation.

Für die Dienste ist die Verteilung auf verschiedene Rechner unsichtbar, d.h. wenn Dienst 1 einen Auftrag an Dienst m erteilt, so muss er nicht wissen, ob dieser Dienst möglicherweise auf einem anderen Rechner abläuft. Hierdurch werden die wesentlichen Ziele einer Middleware wie Verbergung von Verteilung und Heterogenität sowie Erhöhung der Portabilität erreicht.

OSA 455

Genau genommen erfüllt ein Job bei OSA+ mehrere Zwecke. Er dient zur:

- **Kommunikation** durch Austausch von Auftrag und Ergebnis,
- **Synchronisation** durch eine geeignete Reihenfolge der Auftragsvergabe,
- **Parallelverarbeitung** durch die Möglichkeit der gleichzeitigen Auftragsvergabe an Dienste, die ggf. auf verschiedenen Rechnern ablaufen, und der
- **Echtzeitverarbeitung** durch Angabe von Prioritäten oder Zeitbedingungen innerhalb eines Auftrags. Das Scheduling für einen Dienst wird von der Priorität oder den Zeitbedingungen des Jobs beeinflusst, den er gerade bearbeitet.

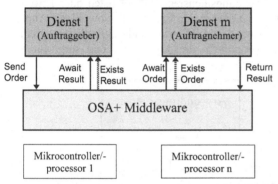

Abb. 7.8. Dienstorientierte Struktur der OSA+ Middleware

Gegenüber einem objektorientierten Ansatz wie CORBA bietet der dienstorientierte Ansatz von OSA+ Vorteile:

- Dienste besitzen eine höhere Abstraktionsebene als Objekte. Dadurch wird die Kooperation in heterogener Umgebung erleichtert.
- Dienste realisieren eine gröbere Granularität als Objekte. Im Normalfall enthält ein Dienst mehrere Objekte. Die Anzahl der von der Middleware zu verwaltenden Einheiten ist bei Diensten daher kleiner als bei Objekten. Hierdurch wird die Verwaltung vereinfacht, der daraus resultierende Overhead in Speicher und Rechenzeit verringert.
- Dienste besitzen anders als Objekte einen eigenen Kontrollfluss. Die Notwendigkeit von CORBA, Objekte zu Tasks zusammenzufassen und Threadpools anzulegen, entfällt. Dienste können direkt als Threads oder schwergewichtige Prozesse realisiert werden. Daher ist auch in OSA+ kein Objektadapter erforderlich.

Ein weiteres wesentliches Merkmal der OSA+ Middleware ist die Verwendung einer vollständigen **Mikrokern-Architektur**. Dieses von Echtzeitbetriebssystemen bekannte Konzept (vgl. Abschnitt 6.2) wurde auf die Middlewareebene übertragen. Abbildung 7.9 zeigt den Aufbau. Der **OSA+ Mikrokern** realisiert eine minimale Basisfunktionalität. Er besitzt nur die absolut notwendigsten Elemente und enthält keine Bestandteile, die von Umgebungskomponenten wie Betriebs-

oder Kommunikationssystem abhängen. Dienste dienen als Bausteine, den Mikrokern an eine Umgebung anzupassen und dessen Funktionalität zu erweitern. **Basisdienste** stellen hierbei die Verbindung zur Umgebung her und passen den Mikrokern an das Kommunikationssystem, das Betriebssystem und
Hardwarekomponenten wie Zeitgeber oder Unterbrechungsbehandlung an. **Erweiterungsdienste** haben die Aufgabe, die Funktionalität des Mikrokerns um neue
Aspekte zu erweitern.

Die Kombination von dienstorientierter Architektur und Mikrokern-Architektur
zeigt erhebliche Vorzüge. So stellt sie einen einheitlichen Ansatz dar, es werden
keine Unterschiede zwischen Anwendungsdiensten, Basisdiensten oder Erweite-
rungsdiensten gemacht. Der Dienst ist die einzige Einheit, die sowohl zur Anpassung der Middleware, zur Erweiterung der Middleware und der Realisierung einer
Anwendung benutzt wird. Dies vereinfacht die Architektur und sorgt für ein
Höchstmaß an Skalierbarkeit.

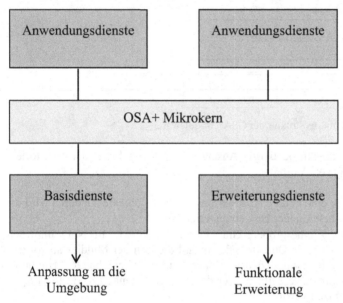

Abb. 7.9. OSA+ Mikrokern-Architektur

Der Mikrokern selbst realisiert eine lokale Dienstverwaltung, eine sequentielle
Dienststeuerung, die Schnittstelle zu den Diensten sowie eine lokale Kommunikation mittels Jobs. Dadurch ist er zum einen bereits ohne Basis- und Erweiterungsdienste ablauffähig und bietet die Kernfunktionalität für lokale, sequentielle Systeme. Zum anderen benötigt er hierzu keine Bestandteile, die vom Betriebs- oder
Kommunikationssystem abhängen. Er kann deshalb unabhängig davon realisiert
werden, was die Portabilität stark erhöht.

Die Basisdienste übernehmen die Anpassung an die Umgebungskomponenten.
Hierzu sind folgende Basisdienste vorhanden:

OSA 457

- **Taskdienst**: dieser Dienst stellt die Verbindung zwischen Mikrokern und der Taskverwaltung des unterlagerten Betriebssystems her. Er bildet Aufgaben wie die Verarbeitung paralleler Tasks, das Task-Scheduling, die Synchronisation, etc., auf das jeweilige Betriebssystem ab. Auf kleinen Mikrocontrollern ist auch ein Betrieb ganz ohne Betriebssystem denkbar, bei dem der Taskdienst diese Aufgaben selbst realisiert.

- **Speicherdienst**: dieser Dienst bildet die Verbindung zwischen Mikrokern und Speicherverwaltung des Betriebssystems. Er erlaubt dem Mikrokern das dynamische Allokieren und Freigeben von Speicher. Auch hier könnte bei Verzicht auf ein Betriebssystem der Speicherdienst diese Aufgabe auch eigenständig realisieren.

- **Ereignisdienst**: dieser Dienst ermöglicht eine zeitgesteuerte Job-Auslieferung und die Kopplung der Job-Auslieferung an externe und interne Ereignisse.

- **Kommunikationsdienst**: dieser Dienst stellt die Verbindung zum Kommunikationssystem her und erlaubt so die Auslieferung von Jobs an verteilte Dienste.

- **Adressdienst**: zur Auffindung von Diensten im verteilten System ist dieser Dienst verantwortlich. Der Mikrokern kann durch Anfragen an den Adressdienst den Ort eines nicht lokalen Dienstes erfragen.

Die Erweiterungsdienste fügen Funktionalität hinzu, die der Mikrokern alleine nicht besitzt. Als Beispiele sind zu nennen:

- **Verschlüsselungsdienst**: ermöglicht die Verschlüsselung von Jobs zur abhörsicheren Kommunikation zwischen verteilten Diensten.

- **Protokolldienst**: dient der Protokollierung interner Vorgänge in der Middleware sowie zwischen den Diensten und damit zur Aufspürung von Fehlern.

- **Rekonfigurationsdienst**: ermöglicht eine dynamische Rekonfiguration von Diensten zur Laufzeit in Echtzeit. Hierbei können Dienste ausgetauscht oder verschoben werden, ohne das System anzuhalten oder Zeitbedingungen zu verletzen. Näheres hierzu findet sich in [Schneider 2004].

Durch Kombination des Mikrokerns mit verschiedenen Diensten lässt sich die Middleware flexibel skalieren und konfigurieren. Beispiele für solche Konfigurationen sind:

- Mikrokern
  Der Mikrokern alleine ermöglicht das Arbeiten mit lokalen, sequentiellen Diensten. Die Anzahl der Dienste und die Größe der Jobs sind beschränkt.

- Mikrokern + Speicherdienst
  Durch Hinzufügen des Speicherdienstes kann die Anzahl der Dienste sowie die Größe der Jobs dynamisch erhöht werden.

- Mikrokern + Taskdienst
  Diese Kombination erlaubt das Arbeiten mit lokalen sequentiellen und parallelen Diensten. Die Anzahl der Dienste und die Größe der Jobs sind wieder beschränkt.

- Mikrokern + Taskdienst + Speicherdienst
  Hiermit können lokale sequentielle und parallele Dienste in dynamischer Anzahl und Jobgröße bearbeitet werden.

- Mikrokern + Prozessdienst + Kommunikationsdienst
  Dies ermöglicht lokale und verteilte sequentielle wie parallele Dienste. Der Speicher ist wieder beschränkt.

- Mikrokern + Ereignisdienst
  Hiermit können lokale zeit- und ereignisgesteuerte Dienste und Jobs gehandhabt werden.

- etc.

Es ist eine Vielzahl von Kombinationen möglich, welche eine flexible Anpassung an verfügbare Ressourcen und Aufgabenstellung erlauben.

Möglichst hohe Effizienz war eine weitere Anforderung an OSA+. Das Mikrokern-Konzept erlaubt wie gesehen eine schlanke Architektur und Skalierbarkeit. Aus Abschnitt 6.2 wissen wir jedoch, dass zumindest bei Betriebssystemen Mikrokern-Architekturen einen Overhead bei der Verarbeitungsgeschwindigkeit verursachen, der durch häufiges Umschalten zwischen Benutzer- und Kernelmodus entsteht (vgl. Abbildung 6.4).

Bei der Mikrokern-Architektur von OSA+ besteht zunächst ein ähnliches Problem, das am Beispiel der Vergabe von Jobs an entfernte Rechner erläutert werden soll. Hierzu ist der Aufbau des Kommunikationsdienstes noch etwas genauer zu betrachten. Um unterschiedliche Kommunikationssysteme wie z.B. Ethernet, Feldbusse, etc. in einem Rechenknoten behandeln zu können, zerfällt der Kommunikationsdienst in Teildienste, wie dies in Abbildung 7.10 dargestellt ist. Der HLC (*High Level Communication Service*) ist für das Routen von Jobs zwischen OSA+ Rechenknoten zuständig. So kann z.B. ein Rechenknoten zwei verschiedene Netzwerktypen (etwa Ethernet und Feldbus) miteinander verbinden. In diesem Fall sind nicht alle hier ankommenden Jobs für diesen Rechenknoten bestimmt. Vielmehr müssen einige Jobs einfach weitergeleitet werden. Diese Aufgabe übernimmt der HLC. Neben dem HLC können nun mehrere LLCs (*Low Level Communication Service*) vorhanden sein, welche die Verbindung zu einem bestimmten Netzwerktyp herstellen.

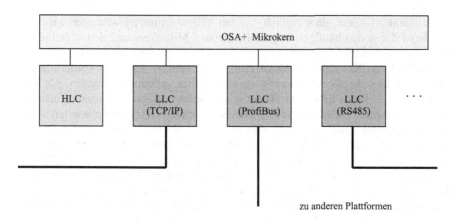

OSA 459

Abb. 7.10. Aufspaltung des Kommunikationsdienstes für verschiedene Netzwerktypen

Abbildung 7.11 zeigt die Vergabe eines nichtlokalen Jobs in OSA+. Wie zu sehen ist, wird der zum Job gehörende Auftrag zunächst an den Mikrokern geleitet. Dieser erteilt einen entsprechenden Auftrag an den HLC zum Transport des Anwenderauftrags. Der HLC seinerseits erteilt wiederum dem Mikrokern den Auftrag, den zum Transport benötigten LLC zu kontaktieren. Hieraus generiert der Mikrokern einen Auftrag an den LLC, der dann den eigentlichen Transport durchführt. Das Ergebnis erreicht auf dem umgekehrten Weg schließlich den Auftraggeber.

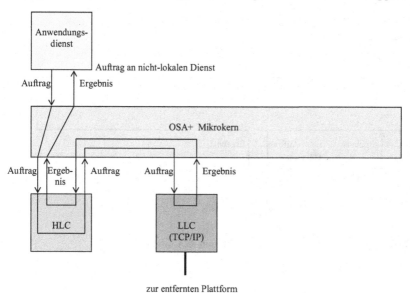

Abb. 7.11. Zusammenspiel von Mikrokern, HLC und LLC bei entfernter Auftragsvergabe

Es ist leicht zu sehen, dass ähnlich wie bei Mikrokernbetriebssystemen hier ein Overhead durch den häufigen Wechsel zwischen Mikrokern und den verschiedenen Diensten entsteht. Um dem entgegenzuwirken und die Effizienz zu erhöhen, führt OSA+ das Konzept der **Abkürzungen** ein. Hierzu kann ein vordefinierter Auftrag namens „Liefere Abkürzung" an einen Dienst übermittelt werden. Als Resultat dieses Auftrags liefert der Dienst einen direkten Zugang zu seinen Funktionen in Form einer Einsprungtabelle. Die Bearbeitung dieses vordefinierten Auftrags ist optional. Dienste können diesen Auftrag ablehnen. Dann ist der Dienst nur über Jobs ansprechbar. Wird der Auftrag jedoch akzeptiert, so kann der Mikrokern einen direkteren und effizienteren Zugang zu dem Dienst erhalten. OSA+ verwendet diese Technik zur effizienten Nutzung der Basisdienste. Für Anwenderdienste ist dies ebenfalls möglich, wird jedoch nicht empfohlen, da die enge Kopplung die Flexibilität einschränkt und auch nur für lokale Dienste möglich ist.

Abbildung 7.12 zeigt das Einrichten der Abkürzung an Hand des obigen Beispiels. Bei Initialisierung von HLC und LLC fordert der Mikrokern die Abkürzungen durch den speziellen Auftrag an. Werden diese geliefert, so kann der Mikrokern entfernte Jobs effizient und ohne den durch die Mikrokern-Architektur verursachten Overhead erledigen. Wie in Abbildung 7.13 dargestellt kann der Mikrokern dann einen direkten Aufruf der Dienste vornehmen, der sich bezüglich des Zeitverhaltens nicht von dem Aufruf einer mikrokern-internen Funktion unterscheidet.

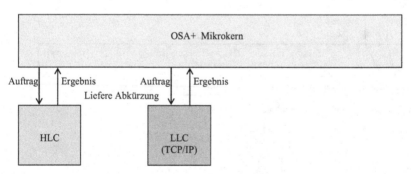

Abb. 7.12. Anforderung von Abkürzungen für den HLC und LLC

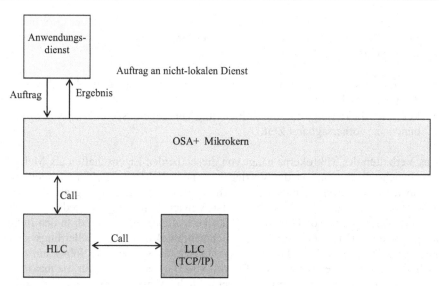

Abb. 7.13. Effiziente Benutzung von HLC und LLC durch Verwendung der Abkürzungen

Letztes wichtiges Merkmal von OSA+ ist die Echtzeitfähigkeit. Diese wird vom Mikrokern zum einen durch die strikte Trennung von Initialisierungs- und Betriebsfunktionen unterstützt. Initialisierungsfunktionen dienen der Allokation von Ressourcen, was ggf. nicht in Echtzeit möglich ist. Eine typische Initialisierungsfunktion ist beispielsweise der Aufbau einer Verbindung zwischen zwei Diensten. Hierzu muss zunächst der Zieldienst lokalisiert werden, danach eine Kommunikationsverbindung hergestellt und schließlich Speicher für die Verbindung allokiert werden. Dies kann ein langwieriger, zeitlich schwer abzuschätzender Vorgang sein. Betriebsfunktionen in OSA+ weisen hingegen streng gebundenes Zeitverhalten auf. Ein Beispiel hierfür ist das Erteilen eines Auftrags über eine Verbindung. Durch diese Trennung ist es möglich, alle zeitlich nicht gebundenen Operationen in der Initialisierungsphase durchzuführen und während des Betriebs nur zeitlich gebundene Operationen zu benutzen und damit ein definiertes Zeitverhalten zu erhalten. Zum zweiten sind alle Warteschlangen des Mikrokerns priorisiert. Dies bedeutet, die End-zu-End-Prioritäten bei der Job-Vergabe bleiben gewahrt.

Auch die Dienste tragen zur Echtzeitfähigkeit bei. So erfragt der Mikrokern die Echtzeiteigenschaften der vorhandenen Dienste mittels einer *Quality of Service* (QoS) Funktion. Alle Basis- und Erweiterungsdienste müssen diese Information anbieten. Benutzerdienste können diese Information zur Verfügung stellen. Der Mikrokern kann auf Grund der erhaltenen QoS-Informationen die Echtzeiteigenschaften des Gesamtsystems ermitteln. Ist zum Beispiel ein echtzeitfähiger Taskdienst vorhanden (unterlagertes Echtzeitbetriebssystem), der Kommunikationsdienst ist jedoch nicht echtzeitfähig (z.B. durch Ethernet), so können nur lokale Jobs in Echtzeit bearbeitet werden, entfernte Jobs jedoch nicht.

Die Anpassung der internen Abläufe im Mikrokern ist an Hand der QoS Informationen möglich. Betrachten wir als Beispiel hierfür den Speicherdienst. Er meldet zwei wichtige QoS-Informationen:

- Verriegelung, d.h. belegter Speicher kann vor der Auslagerung bewahrt werden (vgl. Abschnitt 6.4.2)
- Echtzeit-Allokierung, d.h. die Allokierung von neuem Speicher erfolgt in gebundener, vorhersagbarer Zeit.

Das Verhalten des Mikrokerns hängt von diesen beiden Eigenschaften ab. Meldet der Speicherdienst, dass weder Verriegelung noch Echtzeit-Allokierung möglich ist, so lehnt der Mikrokern jegliche Form von Echtzeitverarbeitung ab, da kein Zeitverhalten garantiert werden kann. Ist Verriegelung möglich, jedoch keine Echtzeit-Allokierung, so allokiert der Mikrokern allen Speicher vorab in den Initialisierungsfunktionen. Hierdurch wird Echtzeitfähigkeit erlaubt. Allerdings sind alle Speichergrößen während des Betriebs statisch, die Größe eines Jobs kann z.b. nicht dynamisch angepasst werden. Es wird von Beginn Speicher für die maximal mögliche Jobgröße reserviert. Ist schließlich Verriegelung und Echtzeit-Allokierung möglich, so allokiert der Mikrokern den Speicher dynamisch, der Speicher für Jobs wird den jeweils gerade erforderlichen Umständen angepasst.

Der Ereignisdienst spielt für das Echtzeitverhalten ebenfalls eine wichtige Rolle. Er ist verantwortlich für alle zeitgesteuerten Aktionen (*Time Triggered Actions*), z.B. das Ausliefern eines Jobs zu einem bestimmten Zeitpunkt oder nach einer bestimmten Zeit. Auch das periodische Ausliefern von Jobs wird vom Ereignisdienst kontrolliert. Darüber hinaus kann er das Einhalten von Zeitbedingungen überwachen (*Time Monitoring*). So kann er z.B. einen Fehler melden, wenn die Zeitschranke für die Bearbeitung eines Jobs überschritten wurde. Dies erleichtert die Fehleranalyse, wenn eine Echtzeitanwendung versagt.

Im Folgenden seien noch einige Kenngrößen von OSA+ hinsichtlich Speicherbedarf und Rechenzeitoverhead genannt. Tabelle 7.1 zeigt den Speicherabdruck für den Mikrokern und verschiedene Dienste für die C++ Version (Microsoft Visual C++ 6.00) und die Java Version (Sun Java Compiler 1.4.1) von OSA+. Beide Versionen bleiben deutlich unter 100 kBytes.

Tabelle 7.1. OSA+ Speicherabdruck

OSA+ Komponente	C++ Version	Java Version
Mikrokern	40 kBytes	28 kBytes
Initialisierungsdienst	1 kByte	1 kByte
Taskdienst	12 kBytes	5 kBytes
Kommunikationsdienst HLC	13 kBytes	9 kBytes
Kommunikationsdienst LLC für TCP/IP	10 kBytes	7 kBytes
Speicherdienst	1 kByte	-

Abbildung 7.14 zeigt den Rechenzeitoverhead von OSA+ für die Java-Version auf zwei verschiedenen Plattformen, einem PC mit Echtzeitbetriebssystem (TimeSys RTLinux 4.1 [TimeSys 2004]) und echtzeitfähiger Java Virtual Machine (RTSJ [RTSJ 2004]) sowie einem Java Mikrocontroller (Komodo, [Brinkschulte et al. 1999/1]). Hierbei wurde die Interaktion zweier Dienste mittels OSA+ mit einer nativen Java-Lösung unter Verwendung von Java Message Queues verglichen. Der von OSA+ verursachte Overhead ist in Prozent gegenüber der von den Diensten ausgeführten Tätigkeit (Nutzlast, *Payload*) aufgeführt. Führen die Dienste keine Tätigkeit aus, d.h. es zählt einzig die Kommunikation zwischen den Diensten zur Übermittlung eines Jobs, so liegt der von OSA+ erzeugte Overhead bei 90% (PC) bzw. 170% (Komodo). Benötigt die von den Diensten auf Grund des Jobs ausgeführte Tätigkeit jedoch über 400 Taktzyklen, so sinkt der Overhead unter 10%. Bei einer realen Anwendung ist der Overhead also eher gering.

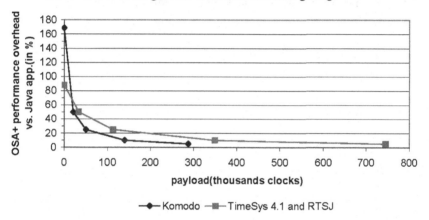

Abb. 7.14. Rechenzeitoverhead von OSA+

Abbildung 7.15 zeigt schließlich das Echtzeitverhalten von OSA+ auf einer echtzeitfähigen Plattform, dem Komodo Java Mikrocontroller. Es wurde hierbei die minimale, maximale und durchschnittliche Ausführungszeit für die Vergabe eines Auftrages gemessen, das Experiment wurde hierfür 1000-mal wiederholt. Bei abgeschaltetem Garbage Collector (GC) im Mikrocontroller (bestes Echtzeitverhalten) sind maximale und minimale Ausführungszeit sowohl für Fixed-Priority-Preemptive-Scheduling (FPP) wie auch für Guaranteed-Percentage-Scheduling (GP) nahezu identisch, die Standardabweichung (stdev) ist gering. Der Garbage Collector des Mikrocontrollers verursacht durch Synchronisationseffekte eine gewisse Abweichung. Es zeigt sich also, dass OSA+ die Echtzeiteigenschaften des unterlagerten Systems nutzt und direkt an die Anwendung weitergibt. Die beobachteten Varianzen im Zeitverhalten werden durch das unterlagerte System (Garbage Collector im Mikrocontroller) verursacht. Ausführliche Ergebnisse über OSA+ sind in [Picioroaga 2004/2] zu finden.

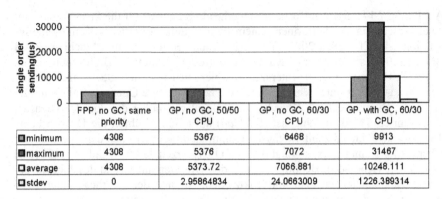

	FPP, no GC, same priority	GP, no GC, 50/50 CPU	GP, no GC, 60/30 CPU	GP, with GC, 60/30 CPU
▣minimum	4308	5367	6468	9913
▣maximum	4308	5376	7072	31467
▢average	4308	5373.72	7066.881	10248.111
▢stdev	0	2.95864834	24.0663009	1226.389314

Abb. 7.15. Echtzeitverhalten von OSA+ auf dem Komodo Mikrocontroller

Literatur

Brinkschulte U, Krakowski C, Kreuzinger J, Ungerer T (1999/1) A Multithreaded Java Microcontroller for Thread-oriented Real-time Event-Handling. PACT '99, Newport Beach, Ca., Oktober, 34–39

DOC (2004) TAO, http://deuce.doc.wustl.edu/.

OIS (2004) ORBExpress, http://www.ois.com/.

OMG (2002) Minimum CORBA Specification, Version 1.0, August.

OMG (2004/1) Common object request broker architecture: Core specification 3.0.3. Technical report, Object Management Group, March.

OMG (2004/2) Object Management Group, http://www.omg.org/.

Picioroaga F, Bechina A, Brinkschulte U, Schneider E (2004/1) OSA+ Real-Time Middleware. Results and Perspectives. International Symposium on Object-Oriented Real-Time Distributed Computing (ISORC 2004), Wien, Austria, May.

Picioroaga F (2004/2) Scalable and Efficient Middleware for Real-Time Embedded Systems. A Uniform Open Service Oriented, Microkernel Base Architecture, PhD Thesis, University of Strasbourg, France

PrismTech (2004) e*ORB, http://www.prismtechnologies.com/.

RTSJ (2004) The Real-time Specifications for Java, https://rtsj.dev.java.net/

Schneider E (2004) A Middleware Approach for Dynamic Real-Time Software Reconfiguration on Distributed Embedded Systems, PhD Thesis, University of Strasbourg, France

TimeSys (2004) TimeSys RTLinux 4.1, http://www.timesys.com.

Kapitel 8   Echtzeitsystem
Speicherprogrammierbare Steuerung

8.1   Einführung

Speicherprogrammierbare Steuerungen (**SPS**) wurden Ende der 1960er, Anfang der 1970er Jahre mit dem Ziel entwickelt, festverdrahtete Ablauf- und Logikschaltungen zu ersetzen. Diese wurden bisher mit Relaisschaltungen und Logikfamilien verbindungsprogrammiert aufgebaut. Als Kern der SPS wurden ursprünglich Spezialrechner mit einer Wortlänge von einem Bit für die logische Verknüpfung von binären Signalen und Bits verwendet. Wichtige Operationen waren z.B. UND, ODER, NICHT, SETZEN, RÜCKSETZEN und die ZUWEISUNG. Dazu kamen noch Zähler und Zeitglieder. Ein geringer Befehlsvorrat reichte für klassische SPS-Aufgaben aus. Heute sind Speicherprogrammierbare Steuerungen universelle Automatisierungssysteme für komplexe Automatisierungsaufgaben. Sie werden in vielen Bereichen zum Steuern von Abläufen in technischen Prozessen und zum Steuern von Fertigungsanlagen und Maschinen eingesetzt.

8.2   Grundprinzip der SPS

Abb. 8.1 zeigt das Grundprinzip der SPS. Zyklisch werden in einem konstanten, einstellbaren Takt, der sich nach der Programmlänge richtet, die Sensorsignale als **Prozessabbild** in den **Eingangsspeicher** eingelesen. Anschließend wird das Automatisierungsprogramm aufgerufen und Anweisung für Anweisung abgearbeitet. Die Eingangssignale werden mit internen Zuständen und Ausgängen zu Ausgangssignalen verknüpft. Es ist auch eine Programmierung mit Unterprogrammen und Interrupts möglich.

Wenn alle Anweisungen abgearbeitet sind, werden alle Ausgänge in den **Ausgabespeicher** geschrieben. Das Systemprogramm der SPS setzt automatisch alle Ausgänge entsprechend dem Speicherabbild und startet dann automatisch den **Zyklus** wieder neu mit dem Lesen der Eingänge. Durch diese Arbeitsweise ergibt sich auf ein Prozessereignis eine maximale Reaktionszeit von zwei Zykluszeiten, wie in Abb. 8.2 zu sehen ist. Es wird angenommen, dass ein Prozessereignis, auf das die SPS mit einem Ausgabesignal reagieren muss, genau nach dem Einlesen des Prozessabbildes in den Eingabespeicher eintrifft.

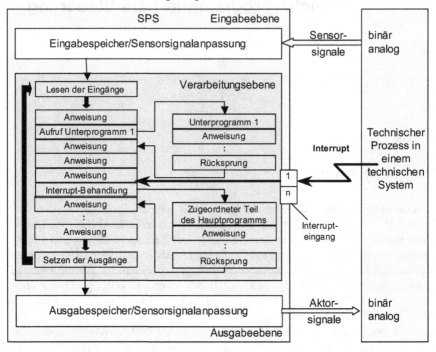

Abb. 8.1. Grundprinzip der SPS

Dann wird dieses Signal erst im nächsten Zyklus, wenn wiederum das Prozessabbild in den Eingabespeicher geladen wird, erfasst und im folgenden Programmabarbeitungszyklus verarbeitet und anschließend dann das entsprechende Ausgangssignal gesetzt. Dieses Prozessereignis kann z.B. eine Fehlermeldung sein, auf die reagiert werden muss.

Moderne SPSen verfügen zusätzlich über mehrere **Interrupteingänge**. Damit kann die SPS auf besonders zeitkritische Ereignisse in kürzerer Zeit (z.B. 0,2ms) reagieren. Wird der Interrupteingang auf den logischen Zustand 1 gesetzt, wird der SPS-Zyklus unterbrochen und der dem Interrupteingang zugeordnete Baustein bzw. Teil des Hauptprogramms abgearbeitet. Danach arbeitet die SPS im Zyklus weiter.

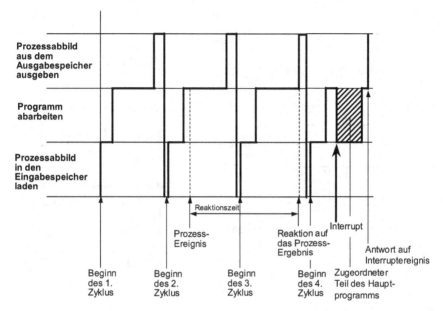

Abb. 8.2. Ablauf des zyklischen Programmbetriebes bei einer SPS

8.3   Hardware und Softwarearchitekturen der SPS

Abb. 8.3 zeigt die **Hardwarearchitekturen** der klassischen SPS. Bei Anwendungen mit wenig Ein-/Ausgaben (E/A) und bei Automatisierungslösungen, bei denen die anzuschließenden Sensoren und Aktoren nicht räumlich ausgedehnt sind, werden Ein-/Ausgabekarten zentral im Aufbaurahmen der SPS angeordnet und deren Ein- und Ausgänge sternförmig zu den Sensoren und Aktoren verdrahtet (s. Abb. 8.3a). Bei Anwendungen mit einer räumlichen Verteilung der Sensoren und Aktoren werden Feldbusse für das Einlesen der Sensorsignale und das Ausgeben der Aktorsignale verwendet (vgl. Kap. 4). Die Ein-/Ausgabekarten sind räumlich verteilt im Prozess angeordnet und über den Feldbus mit der SPS verbunden (s. Abb. 8.3b).

Die analogen und digitalen Eingangssignale auf der Eingabeseite werden z.B. von Schaltern, Tastern, Lichtschranken und weiteren Sensoren geliefert. Auf der Ausgabeseite werden die analogen und digitalen Signale zum Steuern von Ventilen, Lampen, Motoren, Anzeigen etc. ausgegeben. In der Regel verwendet die klassische SPS intern ein Bussystem, an das die einzelnen Baugruppen der SPS gekoppelt sind, z.B. Mikrorechner, Anwenderprogrammspeicher, Rechnerschnittstelle, Eingänge, Ausgänge (s. Abb. 8.3).

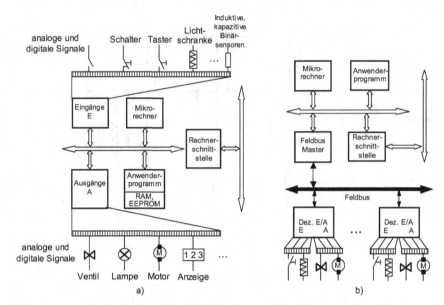

Abb. 8.3. SPS Hardwarearchitektur

Zentrale Verarbeitungskomponente ist der Rechner. Während früher häufig ein spezieller Bitprozessor, der mit einem Wortprozessor gekoppelt war, verwendet wurde, werden heute vorwiegend Mikrocontroller für die Wort- und Bitverarbeitenden Operationen eingesetzt. Das SPS-Programm wird im Anwenderprogrammspeicher gespeichert. Bis vor wenigen Jahren war dieser mit EPROMs realisiert. Heute werden anstelle der EPROMs als Programmspeicher gepufferte RAMs oder Flash-Speicher eingesetzt, die den Vorteil haben, dass sie beliebig oft beschreibbar sind und bei Spannungsausfall die Information behalten. Damit entfällt auch das manuelle Tauschen der EPROMs z.B. bei Programmänderungen. Das geänderte Programm kann automatisch in den RAM geladen werden.

Die SPS erfasst die analogen und digitalen Prozesssignale über spezielle Eingangsbaugruppen, welche den externen Spannungspegel an einen internen rechnergerechten Spannungspegel anpassen. Zur Steuerung der Aktoren werden über Ausgabebaugruppen die Ausgangssignale entsprechend verstärkt und auf den externen Spannungspegel umgesetzt (s. Kap. 3). Über entsprechende Rechnerschnittstellen, zunehmend auf Ethernet basierend (s. Kap. 4), kommuniziert die SPS mit einer übergeordneten Leitsteuerung, die wiederum eine SPS sein kann.

Die klassische SPS ist modular aufgebaut und sehr gut für den robusten Betrieb vor Ort geeignet (s. Abb. 8.4). In einem Baugruppenträger stecken einzelne Baugruppen, welche die Funktionen der SPS realisieren. Beispielsweise sind in Abb. 8.4a) von links nach rechts eine Stromversorgungsbaugruppe, eine Rechnerbaugruppe, ein Kommunikationsprozessor, eine Positionierbaugruppe und dann digitale und analoge Ein-/Ausgabebaugruppen angeordnet, über welche die Sensoren und Aktoren sternförmig angeschlossen sind.

Abb. 8.4b) zeigt eine kleine SPS für kleine Automatisierungsaufgaben. Sie beinhaltet in einem Gerät eine begrenzte Anzahl von Ein-/Ausgängen, ein in das Gerät integriertes Bedien- und Programmiersystem mit entsprechenden Tasten und einem kleinen Display zur Eingabe und Korrektur des SPS-Programms. Auf dem Gerät sind bereits Anschlüsse für die Ein- und Ausgänge zum Anschluss der Sensoren und Aktoren angebracht. Damit lassen sich sehr kostengünstig kleine Automatisierungsaufgaben lösen.

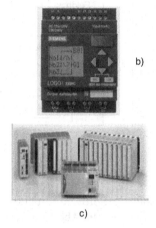

b)

a)   c)

Abb. 8.4. a) Klassische SPS; b) Kleine SPS und c) Sicherheits-SPS

Abb. 8.4 c) zeigt weiterhin eine Sicherheits-SPS. Sie ist mit diversitärer Technik aufgebaut. Zwei Prozessoren überwachen sich gegenseitig und erfüllen den vorgeschriebenen Sicherheitsstandard, z.B. zum Schutz eines Nutzers.

Die Hardware und die Software dieser SPSen werden herstellerspezifisch entwickelt und produziert. Im Gegensatz dazu verwendet die so genannte **Soft-SPS** die Standard-PC-Hardware als Basis. Über ein PC-Programm wird die klassische SPS-Funktionalität, z.B. die zyklische Arbeitsweise, realisiert. Hier werden am Markt mehrere alternative Systeme angeboten (s. Abb. 8.5).

Das PC-Grundsystem besteht aus Prozessor, Speicher, Grafikkarte und den PC-üblichen Massenspeichersystemen. Der PC koppelt z.B. über eine Ethernetkarte an das Intranet bzw. das Internet an. Über eine Feldbuskarte liest und schreibt die Soft-SPS im PC die digitalen und auch analogen Ein-/Ausgänge.

Die wichtigste Soft-SPS-Variante stellt der **Industrie-PC** mit PC-Programm dar (s. Abb. 8.5 a) und b)). Die Soft-SPS ist hier häufig mit einem Echtzeitbetriebssystem gekoppelt. Der Anwender kann für die Soft-SPS-Task ein Automatisierungsprogramm erstellen. Weiter hat der Anwender die Möglichkeit, über das Echtzeitbetriebssystem zusätzliche Software z.B. eine Task Visualisierung selbst zu entwickeln und zu integrieren.

Eine weitere Variante stellt die Soft-SPS als eine zyklische Task dar, die z.B. in eine Roboter- oder Werkzeugmaschinensteuerung integriert wird (s. Abb. 8.5 c).

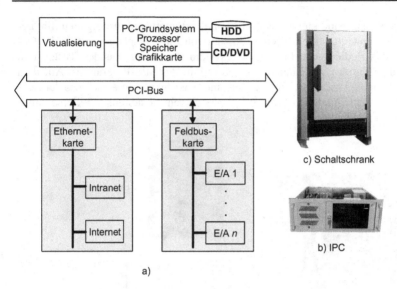

a)

c) Schaltschrank

b) IPC

Abb. 8.5. PC-basierte SPS

Im Folgenden soll die Software-Struktur einer Soft-SPS betrachtet werden. Hier gibt es zwei Ansätze. In Abb. 8.6 befindet sich auf unterster Ebene die Hardware, welche einen Timer und einen Interrupt-Controller beinhaltet. Der Timer erzeugt zyklisch Interrupts, mit denen die **zyklischen SPS-Tasks** angestoßen werden. Ein alternativer Task-Start ist auch über asynchrone Interrupts, z.B. über Software-Interrupts möglich. Auf der Hardwareebene setzt das Laufzeitsystem bzw. der Kern eines Echtzeitbetriebssystems auf. Dieses stellt ein **API** (Application Programming Interface) für die Verwaltung und Steuerung der übergeordneten SPS-Tasks zur Verfügung. Jede SPS-Task wird automatisch so aufgebaut, dass sie zyklisch arbeitet (d.h. Eingänge lesen, Automatisierungsprogramm abarbeiten, Ausgänge setzen).

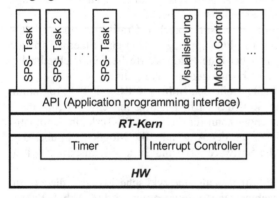

Abb. 8.6. Softwarestruktur einer Soft-SPS

Damit ist es möglich, mehrere parallel laufende SPS-Tasks zu realisieren. Des weiteren hat der Anwender die Möglichkeit, zusätzliche Tasks zu integrieren z.B. zur **Bewegungssteuerung (Motion Control)** und zur **Visualisierung**. Für deren Verwaltung und Ablaufsteuerung kann er die Funktionen des APIs benutzen. Auf diese Weise lässt sich eine komplette Automatisierungsaufgabe mit Ablaufsteuerung, Bewegungssteuerung, Visualisierung und mit Kommunikation durchführen.

Eine weitere Software-Struktur einer Soft-SPS ist in Abb. 8.7 zu sehen. Hier wird eine Soft-SPS mit einem Standard-Betriebssystem kombiniert. Eine spezielle Hardware ruft über einen Timer zyklisch, z.B. alle 2 ms den Mikroechtzeitkern mit Scheduler (s. Abb. 8.7) einer Soft-SPS auf.

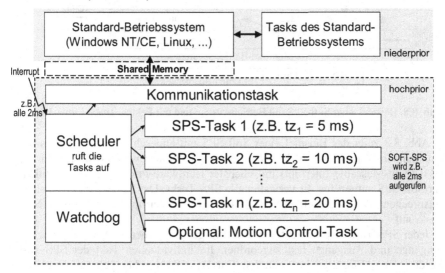

Abb. 8.7. Softwarestruktur einer Soft-SPS in Kombination mit einem Standard-Betriebssystem (nach Firma 3S)

Der Scheduler teilt nach einer vorgegebenen Priorität den einzelnen Tasks, die neben SPS-Tasks auch z.B. **Motion-Tasks** oder eine **Kommunikations-Task** umfassen können, den Prozessor zu. Jede SPS-Task arbeitet zyklisch (s. o.). Es lassen sich verschiedene SPS-Programme mit unterschiedlichen Zykluszeiten realisieren. Über eine Kommunikations-Task wird mit externen Geräten kommuniziert. Die SPS-Tasks schreiben und lesen Übergabedaten in und aus dem „Shared-memory". Auf diese Übergabedaten können auch die Tasks des Standardbetriebssystems zugreifen. Durch die Kopplung mit dem Standardbetriebssystem kann neben der klassischen SPS-Software auch Standard-Software auf dem Automatisierungssystem betrieben werden, z.B. zur Visualisierung und Anzeige oder zur Kommunikation mit einem übergeordneten Leitrechner.

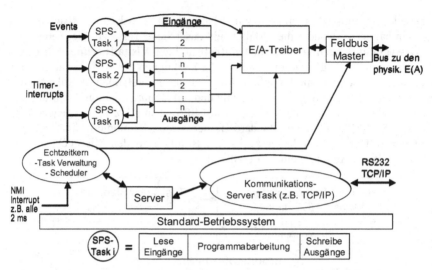

Abb. 8.8. Beispiel einer Soft-SPS mit Betriebssystem und mit Feldbus (nach Firma 3S)

Abb. 8.8 zeigt das Beispiel einer Soft-SPS mit angeschlossenem Feldbus und mit Standardbetriebssystem. Von der Hardware (Timer) wird zyklisch über den NMI (Non-Mascable Interrupt) mit höchster Hardware-Priorität der Echtzeitkern der Soft-SPS aufgerufen. Er verwaltet alle SPS-Tasks. Der Scheduler ruft zyklisch entsprechend den eingestellten SPS-Takten (Timer-Interrupts) die einzelnen SPS-Tasks auf.

Jeder SPS-Task sind im zentralen Ein-/Ausgangsspeicher (s. Abb. 8.8) einzelne Eingänge und Ausgänge fest zugeordnet. Im individuellen Takt der SPS-Task werden deren Eingänge im zentralen Ein-/Ausgabespeicher gelesen, bearbeitet und entsprechend die Ausgänge gesetzt. Dieses Ein-/Ausgangs-Abbild aller SPS-Tasks wird wiederum zyklisch vom Ein-/Ausgabetreiber über den Feldbus in die entsprechenden dezentralen Ausgänge geschrieben und entsprechend werden die Eingänge von der **dezentralen Peripherie** gelesen und im Ein-/Ausgangsspeicher abgebildet, auf den dann wiederum die einzelnen SPS-Tasks zugreifen. Der Ein-/Ausgabetreiber ist im Echtzeittasksystem die Task mit der höchsten Priorität. Danach kommen die Prioritäten der einzelnen SPS-Tasks.

Abb. 8.9 zeigt die zentrale Verdrahtung von einer SPS zu den Sensoren und Aktoren einer Maschine gegenüber der dezentralen Verdrahtung bei Einsatz von Feldbussystemen. Man erkennt bei der direkten, zentralen Verdrahtung den hohen Aufwand an Leitungen, die alle sternförmig von der SPS auf die entsprechenden Sensoren und Aktoren der Maschine verdrahtet werden. Demgegenüber führt beim Feldbus z.B. eine zweiadrige Leitung von der SPS zu einzelnen Verteilerinseln an der Maschine. Dort wird dann wiederum direkt und zentral zu den einzelnen Sensoren und Aktoren verdrahtet. Man sieht die Reduktion des Verkabelungsaufwandes. Weiter ergibt sich durch den Einsatz von Feldbussystemen eine kürzere Montage- und Inbetriebnahmezeit, eine einfachere Fehlersuche und –behebung und auch eine einfachere Projektierung.

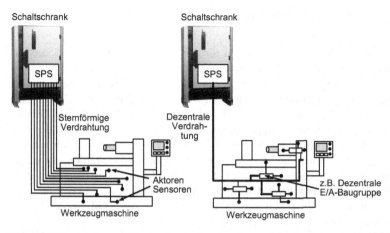

Abb. 8.9. Vergleich sternförmige Verdrahtung – Dezentrale Verdrahtung mit Feldbus

Abb. 8.10 zeigt das Prinzip der **hierarchischen dezentralen Automatisierung** mit SPSen. Eine Leit-SPS steuert und koordiniert den übergeordneten Ablauf, z.B. den Materialtransport zwischen den Teilanlagen. Sie koordiniert und überwacht die unterlagerten Stations-SPSen, welche für die Steuerung einer Teilanlage zuständig sind. Über Industrial Ethernet (s. Abschn. 4.4.8) ist die Leit-SPS mit den Stations-SPSen vernetzt. Die Stationssteuerungs-SPSen sind über einen Feldbus mit den dezentral angeordneten Ein- und Ausgängen verbunden. Sie erfassen direkt am Prozess über Sensoren die Ist-Zustände und steuern direkt am Prozess über Ausgabekarten die entsprechenden Aktoren.

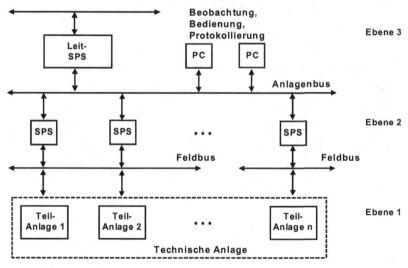

Abb. 8.10. Dezentrale Automatisierungsstruktur mit SPSen

8.4   SPS-Programmierung

Die verschiedenen Programmiersprachen für Speicherprogrammierbare Steuerungen sind in der **IEC-Norm 1131-3** bzw. der DIN-EN 61131-3 [DIN EN 61131 (2003)] „Speicherprogrammierbare Steuerungen - Teil 3: Programmiersprachen (IEC 61131-3:2003)"; Deutsche Fassung EN 61131-3:2003 festgehalten. Die IEC 1131 beinhaltet die Anforderungen an eine SPS bzw. deren Spezifikation. Sie besteht aus 8 Teilen. Unter anderem beschreibt Teil 1 allgemeine Bestimmungen und typische Funktionsmerkmale die SPS-spezifisch sind. Teil 2 befasst sich mit der Betriebsmittelanforderung und Prüfung. Teil 3 behandelt Programmiersprachen und soll im folgenden genauer vorgestellt werden. Die weiteren Teile befassen sich mit Anwenderrichtlinien für den Einsatz der SPS und der Projektierung (Teil 4), der Kommunikation heterogener SPSen (Teil 5) und auch mit Fuzzy Control Programmierung (Teil 7).

In DIN EN 61131-3 sind die SPS-Programmiersprachen **Funktionsplan** (FUP), **Kontaktplan** (KOP), **Anweisungsliste** (AWL) und **Strukturierter Text** beschrieben.

Darüber hinaus bieten viele Programmierumgebungen die Integration von höheren Programmiersprachen wie z.B. Pascal oder C an. Die IEC 1131 Norm ist keine zwingende Vorschrift, wie SPS-Programme auszusehen haben. Sie gibt lediglich eine Empfehlung. Es gibt daher neben herstellerspezifischen Systemen (wie z.B. Siemens STEP 7) auch Hersteller, die sich bei der Programmierung der SPS zwar an die IEC-Norm halten, jedoch die Programmiersprachen um eigene Elemente erweitern. Dies erschwert eine firmenübergreifende Kompatibilität der SPS-Programme.

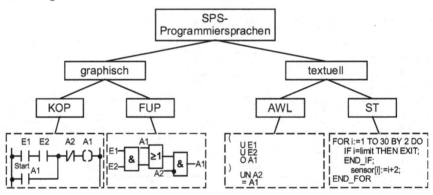

Abb. 8.11. SPS Programmiersprachen

Abb. 8.11 zeigt die SPS-Programmiermethoden. Sie lassen sich in grafische und textuelle Programmierung unterteilen. Zur grafischen Programmierung gehört der Kontaktplan (KOP) und der Funktionsplan (FUP). Die textuelle Programmierung kann entweder über eine Anweisungsliste (AWL) oder über einen Strukturierten Text erfolgen.

Die verschiedenen Programmiermethoden sollen anhand eines Beispiels vorgestellt werden: Das Fräsen einer Nut in eine Platte soll mit Hilfe einer Fräsmaschine automatisiert werden. Abb. 1.5 aus Kap. 1 zeigt den hierzu notwendigen Ablauf. Der Fräskopf befinde sich in der Ausgangsstellung. Nach Betätigung einer Start-Taste soll er im Eilgang bis zum Reduzierpunkt in negative Z-Richtung gefahren werden. Anschließend soll er mit Vorschubgeschwindigkeit ebenfalls in negativer Z-Richtung bis zur Nut-Tiefe in das Material eindringen. Wenn die Nut-Tiefe erreicht ist, soll der Fräskopf mit Vorschubgeschwindigkeit in X-Richtung fräsen. Sobald das Nut-Ende erreicht ist, soll er schnell (im Eilgang) in Z-Richtung aus dem Material bis zur Hilfsstellung positioniert werden und danach mit Eilgang in negativer X-Richtung wieder in die Ausgangsstellung zurückkehren. Die Zustände Ausgangsstellung, Reduzierpunkt, Nut-Tiefe, Nut-Ende und Hilfsstellung sind durch Taster am Maschinengestell festgelegt. Sie werden durch je einen Nocken, die am beweglichen Fräskopf befestigt sind, (a) für die Z-Bewegung und (b) für die X-Bewegung betätigt. Die Automatisierung dieser Aufgabe soll mit einer Steuerung durch eine SPS realisiert werden. Im Folgenden wird das dafür notwendige SPS-Programm in den verschiedenen SPS-Programmiersprachen nach DIN 61131-3 dargestellt.

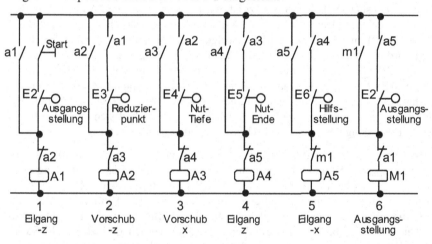

Abb. 8.12. Stromablaufplan zur Aufgabe aus Abb. 1.5

Zunächst soll diese Aufgabe für das grundsätzliche Verständnis mit fester Verdrahtung als **Stromablaufplan** erklärt werden (s. Abb. 8.12). Ein Ausgang bzw. ein Merker wird gesetzt, wenn Strom fließt, d.h. wenn alle Schalter in einem Zweig des Stromlaufplans geschlossen sind. Weiter gilt: Ein **Schließer** schließt (= leitet), wenn die Bedingung erfüllt ist (z.B. a1 = 1). Ein **Öffner** öffnet, wenn die Bedingung erfüllt ist und schließt, wenn die Bedingung nicht erfüllt ist (z.B. a2 = 0). Das Setzen des jeweiligen Ausgangs bewirkt die entsprechenden Maschinenfunktionen (Eilgang, Vorschub). Wie von links nach rechts in Abb. 8.12 zu erkennen ist, wird der Ausgang A1 („Eilgang -Z") gesetzt, wenn das Startsignal wie auch das Signal für die Ausgangsstellung anliegen (die Maschine ist in der Ausgangsstellung und ein Nutzer drückt den Starttaster). Danach bleibt A1 über die **Haltefunktion** a1 gesetzt bis der Öffner a2 den Ausgang A1 zurücksetzt, sobald A2 („Vorschub –Z") gesetzt ist. A1 bedeutet, dass der Fräskopf mit Eilgang nach unten (negative Z-Richtung) gefahren wird. Schritt 1 der Aufgabe ist somit erledigt. Nun muss sichergestellt werden, dass der Eilgang des Fräskopfs am Reduzierpunkt auf Vorschub zum Fräsen umgeschaltet wird (d.h. A1 muss zurückgesetzt werden). Dies geschieht durch Setzen von A2. A2, d.h. das Signal für den Vorschub in negativer Z-Richtung, wird gesetzt, sobald E3 (Reduzierpunkt erreicht) und A1 anliegt. Danach wird A1 zurückgesetzt und A2 hält sich über a2 (Haltefunktion).

An diesem Teil des Stromablaufplans ist zu sehen, dass eine SPS harten Echtzeitanforderungen genügen muss. Falls nämlich der Eilgang zu spät nach der Erfassung des Signals „Reduzierpunkt erreicht", gestoppt wird, fährt der Fräskopf über den Reduzierpunkt hinaus, zerstört das Werkstück und beschädigt die Maschine. Aus diesem Grund muss maximal wenige Millisekunden nach Anliegen des „Reduzierpunkt Erreicht"-Signals der Eilgang gestoppt und auf Vorschub umgeschaltet werden.

Ist die Nut-Tiefe erreicht (E4) und liegt A2 an, so wird A3 (Vorschub in X-Richtung) gesetzt. Sobald A3 gesetzt ist, wird A2 zurückgesetzt. A3 hält sich über die Haltefunktion. Der Vorschub in X-Richtung wird zurückgesetzt, sobald E5 („Nut-Ende") anliegt. Dann wird A4 (Eilgang in Z-Richtung) gesetzt. Der Fräskopf wird aus der Nut bewegt. Analog wird A5 (Eilgang in negative X-Richtung) gesetzt, falls die Hilfsstellung erreicht ist (E6) und A4 vorliegt. Der Eilgang in negative X-Richtung zur Ausgangsstellung wird gestoppt, sobald Merker 1, der den Zustand „Ausgangsstellung" darstellt, gesetzt wird. Dies geschieht mit Betätigung des Tasters mit „Ausgangsstellung erreicht" und a5. M1 hält sich mit m1. Mit erneuter Betätigung des Starts wird A1 gesetzt und M1 rückgesetzt.

In Abb. 8.13 ist die Ablaufsteuerung der Fräsmaschine über die grafische Programmiersprache Kontaktplan programmiert. Im linken Teil ist eine Lösung ohne Flip-Flop, im rechten Teil eine Lösung mit **RS-Flip-Flop** zu sehen. Die Flip-Flops dienen zur Realisierung der Haltefunktion. In Abb. 8.13 a) gilt Folgendes: Ein **Arbeitskontakt** entspricht einem Schließer, ein **Ruhekontakt** entspricht einem Öffner. Die in Abb. 8.13 dargestellten Ausgänge werden gesetzt, sobald Strom fließt. Es gibt aber auch Ausgänge, welche dieses Verhalten invertieren, d.h. welche gesetzt werden, wenn kein Strom fließt. Damit lassen sich die in Abb. 8.12 beschriebenen Bedingungen leicht in Abb. 8.13 (a) und (b) wieder finden.

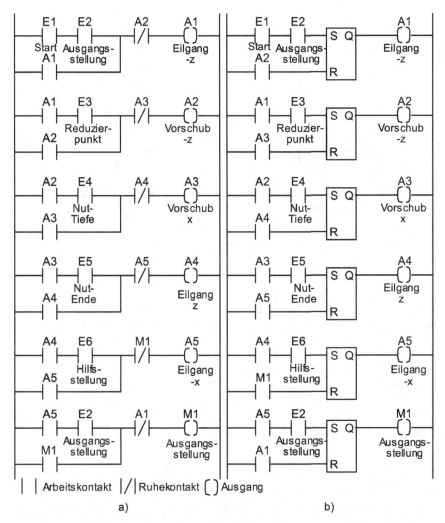

| | Arbeitskontakt |/| Ruhekontakt ( ) Ausgang

a)   b)

Abb. 8.13. Kontaktplan (KOP) zu Abb. 1.5: a) ohne Flip-Flops b) mit RS-Flip-Flops

Lediglich die Haltefunktion wird in Abb. 8.13 b) durch den Einsatz der RS-Flip-Flops anders gelöst. Die Abbruchbedingung, wird in Abb. 8.13 a) durch einen Ruhekontakt (**UND NICHT**) des Folgezustandes erreicht. In Abb. 8.13 b) wird abgebrochen, indem der Folgezustand das RS-Flip-Flop zurücksetzt.

Generell gilt sowohl beim Stromablaufplan wie auch beim Kontaktplan, dass eine Serienschaltung einer logischen **UND-Verknüpfung** entspricht und eine Parallelschaltung einer logischen **ODER-Verknüpfung**.

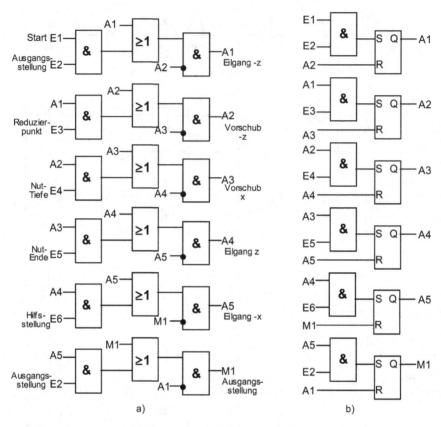

Abb. 8.14. Grafisches SPS-Programm Funktionsplan (FUP) zu Abb. 8.13

Abb. 8.14 a) zeigt den zu Abb. 8.13 a) entsprechenden Funktionsplan als grafisches SPS-Programm. Im Funktionsplan kommen UND und ODER-Bausteine zum Einsatz. Abb. 8.14 b) entspricht Abb. 8.13 b). Die aus Abb. 8.13 b) bekannten Änderungen durch die Verwendung von RS-Flip-Flops lassen sich entsprechend auch in Abb. 8.14 b) wieder finden. Eine Negation wird im Funktionsplan durch einen dicken Punkt vor dem entsprechenden Eingang in einen Baustein symbolisiert.

Eine weitere SPS-Programmiermethode ist die Anweisungsliste (AWL). Sie ist der Assembler-Programmierung ähnlich. Die Ein- und Ausgänge werden textuell am Anfang einer Anweisungsliste definiert. Hierfür muss man die Menge aller für eine Aufgabe benötigten Sensorsignale und Ausgänge bestimmen. Für die Konvertierung von Abb. 8.14 a) in eine Anweisungsliste ergeben sich somit als (Sensoren) Eingänge: E1 (Start), E2 (Ausgangsstellung), E3 (Reduzierpunkt), E4 (Nut-Tiefe erreicht), E5 (Nut-Ende erreicht) und E6 (Hilfsstellung erreicht). Als Ausgänge werden festgelegt: A1 (Eilgang negative Z-Richtung), A2 (Vorschub negative Z-Richtung), A3 (Vorschub X-Richtung), A4 (Eilgang Z-Richtung), A5 (Eilgang negative X-Richtung) und M1 (Merker für Ausgangsstellung). Nun lässt sich

das SPS-Programm mit den Bedingungen wie folgt als Anweisungsliste formulie-
ren:

```
(                                    (
   U  E1    START                       U  A3    Vorschub x
   U  E2    Ausgangsstellung            U  E5    Nut-Ende
   O  A1    Haltefunktion               O  A4    Haltefunktion
)                                    )
UN A2       Vorschub -z              UN A5       Eilgang -x
ST A1       Eilgang -z               ST A4       Eilgang z

(                                    (
   U  A1    Eilgang -z                  U  A4    Eilgang z
   U  E3    Reduzierpunkt               U  E6    Hilfsstellung
   O  A2    Haltefunktion               O  A5    Haltefunktion
)                                    )
UN A3       Vorschub x               UN M1       Merker 1
ST A2       Vorschub -z              ST A5       Eilgang -x

(                                    (
   U  A2    Vorschub -z                 U  A5    Eilgang -x
   U  E4    Nut-Tiefe                   U  E2    Ausgangsstellung
   O  A3    Haltefunktion               O  M1    Haltefunktion
)                                    )
UN A4       Eilgang z                UN A1       Eilgang -z
ST A3       Vorschub x               ST M1       Merker "Bereit"
```

U: UND, O: ODER, N: NICHT, ST: STORE

Programm 8.1. Anweisungsliste zu Abb. 1.5

Anstatt der Anweisung ST (Store) werden auch die Anweisungen S (für Setze)
und R (für Rücksetze) für das Setzen und Rücksetzen sowohl von Ausgängen als
auch von Merkern benutzt.

Eine weitere textuelle SPS-Programmiersprache ist der Strukturierte Text (ST).
Dieser ist in seinem Aufbau der Programmiersprache PASCAL sehr ähnlich. Andere herkömmliche Programmiersprachen wie z.B. PASCAL oder C lassen sich
aber nicht für die SPS-Programmierung verwenden, da deren Compiler ohne Modifikationen keine **SPS-Programmorganisationseinheiten (POE)**, welche im
folgenden Abschnitt erklärt werden, ausgeben können [Neumann et al. (1995)].

ST wurde entwickelt, um POEs ausgeben zu können und trotzdem einen leichten Umstieg von den herkömmlichen Programmiersprachen auf eine SPS-
Programmiersprache zu ermöglichen. Wesentlicher Vorteil von ST gegenüber der
AWL ist, dass man pro Zeile komplexere Ausdrücke schreiben kann. In der AWL
hingegen darf pro Zeile nur eine Operation stehen. Klammerausdrücke werden in
ST textlich durch END-Konstrukte wie z.B. IF .... END_IF ausgedrückt. Wesentliche Steueranweisungen im Strukturierten Text sind in Anlehnung an die oben
beschriebenen, herkömmlichen Programmiersprachen: IF-THEN-ELSE, CASE-
Anweisugen, REPEAT UNTIL, WHILE DO und FOR TO.

```
Eilgang_negZ := (( Start & Ausgangstellung ) OR Eil-
gang_negZ )&NOT Vorschub_negZ;

Vorschub_negZ := (( Eilgang_negZ & Reduzierpunkt ) OR
Vorschub_negZ ) &NOT Vorschub_X;

Vorschub_X := (( Vorschub_negZ & Nut_Tiefe ) OR Vor-
schub_X ) &NOT Eilgang_Z;

Eilgang_Z := (( Vorschub_X & Nut_Ende ) OR Eilgang_Z
) &NOT Eilgang_negX;

Eilgang_negX := (( Eilgang_Z & Hilfs_Stellung ) OR
Eilgang_negX ) &NOT Fertig;

Fertig := (( Eilgang_negX & Ausgangstellung ) OR Fer-
tig ) &NOT Eilgang_negZ;
```

Programm 8.2. Strukturierter Text zu Abb. 1.5

Da alle Programmierarten auf der der Aufgabe zugrunde liegenden logischen Beschreibung des Sachverhalts beruhen, lassen sich Funktionsplan, Kontaktplan, Anweisungsliste und Strukturierter Text auch ineinander überführen.

In der Norm DIN EN 61131 wird ein SPS-Programm in **Konfigurationen** und **Ressourcen** eingeteilt.

Das gesamte System besteht aus einer oder mehreren Konfigurationen. Diese beinhalten für die jeweilige Konfiguration gültige, globale Variablen, Adressbereiche und Zugriffspfade (access path). Einen konfigurationsübergreifenden Adressbereich gibt es nicht. Aus diesem Grund ist eine Kommunikation nur explizit über entsprechende Module möglich. Eine Konfiguration ist von außen über die durch die Zugriffspfade definierte Schnittstelle zugreifbar.

Neben den Konfigurationen existieren Ressourcen. Sie umfassen funktional zusammengehörige Teilsysteme. Die DIN EN 61131-3 bietet Programmorganisationseinheiten (POE) zur Strukturierung von SPS-Programmen an. POEs können als **Funktionen (FUNCTION)**, **Funktionsbausteine (FUNCTION_BLOCK)** oder **Programme (PROGRAM)** auftreten. Abb. 8.15 zeigt diese Möglichkeiten.

Abb. 8.15. Repräsentationsformen einer Programmorganisationseinheit (POE) nach DIN EN 61131-3

Strukturell sind alle drei Erscheinungsformen einer POE sehr ähnlich. Sie bestehen aus einer Bausteintypsdeklaration und verschiedenen Bezeichnungen. Im Falle einer Funktion oder eines Funktionsblocks sind dies der Standardname und ein abgeleiteter Name. Letzterer stellt den Identifier, d.h. einen eindeutigen Be-

zeichner dar. Den Bezeichnern folgen die Deklarationen, in welchen vor allem lokale und externe Variablendeklarationen vorgenommen werden. Je nach POE sind
globale bzw. lokale Variablen erlaubt. So dürfen nur Programme und Funktionsblöcke globale Variablen enthalten. Im anschließenden function_body bzw. func-
tion_block_body befinden sich die Befehle, durch welche der Baustein realisiert
ist. Diese Befehle liegen in einer SPS-Programmiersprache vor. Eine Anmerkung
in der DIN legt nahe, dass Kontaktpläne und Funktionsbausteindiagramme grafisch darzustellen sind.

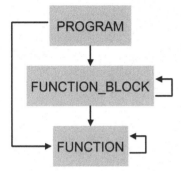

Abb. 8.16. Erlaubte POE-Aufrufe nach DIN EN 61131-3

Wie in Abschn. 8.4 angedeutet wurde, ist es möglich, ein SPS-Programm z.B.
in AWL in einen Kontaktplan zu überführen. Dies wird von einigen SPS-
Entwicklungsumgebungen angeboten. Außerdem können alle SPS-
Programmiersprachen gemischt werden. D.h. eine POE, welche in AWL geschrieben ist, kann z.B. eine POE, welche in KOP realisiert ist aufrufen. Auch innerhalb
einer POE können unterschiedliche SPS-Programmiersprachen verwendet werden.
Bezüglich der gegenseitigen Aufrufbarkeit von PROGRAMM,
FUNKTIONSBLOCK und FUNKTION gibt es allerdings Restriktionen. Abb.
8.16 zeigt die erlaubten POE-Aufrufe.

Man muss für die Lösung einer Aufgabe keine konsistent programmierte Ge-
samtlösung präsentieren. Verschiedene SPS-Programmierarten können gemischt
verwendet werden, wobei jede Teilaufgabe in sich konsistent sein muss. Dies zeigt
Abb. 8.17 am Beispiel der Programmierung mit **„Sequential Function Charts"**
(Ablaufprogrammierung). Diese Programmierart eignet sich zur Programmierung von komplexen Abläufen, die wiederum in Unterabläufe unterteilt werden.
Sie ist von Petri-Netzen abgeleitet (siehe Abschnitt 1.2). Entsprechend ergibt sich
eine Ablaufprogrammierung mit **Übersichts- und Detaildarstellungsebene**. In
der Übersichtsebene wird eine Gesamtaufgabe in mehrere Teilaufgaben bzw.
Schritte (Steps) untergliedert. Die **Transitionen** legen fest, wann ein Übergang
von Schritt X nach Schritt Y erlaubt ist. Das eben betrachtete Beispiel Nut-Fräsen
taucht in der Übersichtsebene als Schritt 3 (S3) auf und kann in der Detaildarstellungsebene z.B. durch eine Anweisungsliste realisiert sein. Als Transition lässt
sich die Freigabebedingung für das Montieren, wie im oberen Teil der Detaildarstellungsebene zu sehen ist, als Funktionsplan ausführen. Hier werden Bedingun-

gen abgeprüft, ob z.B. das Werkstück vorliegt bzw. vorherige Arbeitsschritte bereits vollständig abgearbeitet wurden.

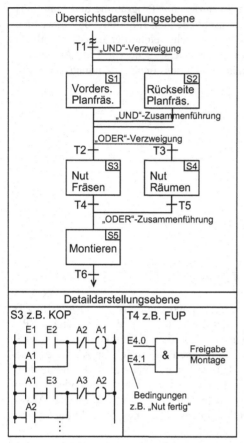

Abb. 8.17. Ablaufprogrammierung mit Übersichts- und Detaildarstellung

Aktuelle SPS-Programmierumgebungen bieten zudem **objektorientierte SPS-Programmierung** an [3S (2005)]. Hierzu werden auf Basis des Strukturierten Textes in Funktionsblöcke Methoden eingeführt. Variablen einer Methode sind ausschließlich lokal zugreifbar. Des weiteren ist das Prinzip der **Vererbung** durch das Schlüsselwort „EXTENDS" gewährleistet. Beispielsweise bedeutet „FUNCTION_BLOCK B EXTENDS A", dass der Funktionsblock B die Daten und Methoden des Funktionsblocks A erbt (beinhaltet). Darüber hinaus kann B zusätzlich über eigene Methoden verfügen. Ein Funktionsblock kann auch **Interfaces (Schnittstellenfunktionen** für das Austauschen von Daten) implementieren, welche aus mehreren Methoden bestehen. Beispielsweise wird „INTERFACE I1" definiert. Über den Funktionsblock B wird dann auf Basis vom Funktionsblock A die Schnittstelle I1 realisiert: „FUNCTION_BLOCK B EXTENDS A IMPLEMENTS I1". Über „POINTER TO" können Zeiger auf Methoden oder Variablen definiert werden. Abbildung Abb. 8.18 zeigt die Codesys SPS-Programmierumgebung mit POE-Übersicht und objektorientiertem Programmierbeispiel. Als weitere Elemente stehen Methodenaufrufe, globale Gültigkeitsoperatoren, Bibliotheks-Adressräume, Aufzählungen, temporäre Variablen, Unions, Strukturen und Felder zur Verfügung. Hiermit lassen sich **wiederverwendbare Softwaremodule** und **Softwarekomponenten** erzeugen. Die Softwarekomponenten für die Steuerung der Varianten der Maschinen, Antriebe und Feldbusse können durch spezifische Ableitungen („EXTENDS") der Basisklasse erzeugt werden. Somit können obige Varianten durch **standardisierte Objektklassen** einheitlich gesteuert und betrieben werden.

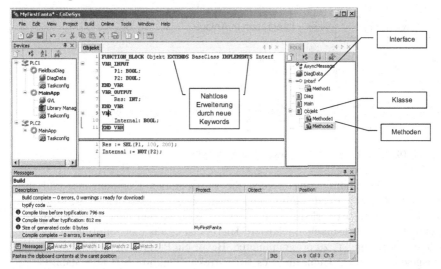

Abb. 8.18. Objektorientierte SPS-Programmierung am Beispiel der Codesys SPS-Programmierumgebung (nach Firma 3S)

In Abb. 8.19 sind die verschiedenen **Phasen der Softwareentwicklung** einer SPS zu sehen. Ähnlich wie bei den allgemeinen Phasen zur Softwareentwicklung steht am Anfang die Spezifikation der zu lösenden Aufgabe. In diesem Fall handelt es sich um eine Steuerungsaufgabe. Zuerst wird ein **Lastenheft** erstellt, welches alle Anforderungen an die Steuerungsaufgabe enthalten soll. Als Antwort auf das Lastenheft wird ein **Pflichtenheft** erstellt, welches die Aufgabe exakt so spezifiziert, wie sie realisiert werden soll. Hier werden die Aufgaben der SPS spezifiziert, Funktionsbeschreibungen entwickelt und die benötigte Steuerungshardware ermittelt. Damit sind alle Freiheitsgrade gegenüber dem Nutzer festgelegt. Im anschließenden Programmentwurf wird die **Softwarearchitektur** mit Komponenten und **klar definierten Schnittstellen** festgelegt.

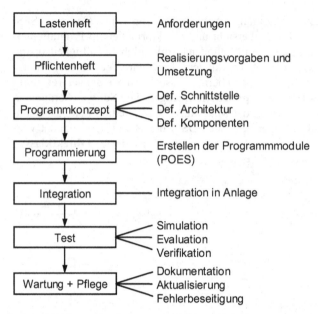

Abb. 8.19. Phasen der Softwareentwicklung einer SPS

Bei der Programmierung werden die spezifizierten Komponenten und Programmmodule mit Inhalt gefüllt. Die hierfür zu entwickelnden SPS-Programme werden als Anweisungsliste, Funktionsplan, Kontaktplan oder auch durch Verwendung von Hochsprachen realisiert. Hierbei ist es aus Laufzeitgründen wichtig, möglichst „kompakt" zu programmieren. Bevor ein Programm an den Kunden herausgegeben werden kann, muss es auf korrekte Funktionalität und Stabilität getestet werden. Hierfür werden manuelle Programmanalysen, Debugging oder auch Simulationen durchgeführt. Abschließend wird das Programm zusammen mit einer umfassenden Benutzerdokumentation an den Kunden übergeben. Im Rahmen der Wartung und Pflege, z.B. bei einer Anlageänderung (Ablaufänderung), wird das Programm erweitert bzw. Korrekturen durchgeführt.

Literatur

3S (2005) The Codesys Programming Language Version 1.0, 3S – Smart Software Solutions
DIN EN 61131 (2003) Speicherprogrammierbare Steuerungen
    Neumann P, Grötsch E, Lubkoll C, Simon R (1995) SPS-Standard: IEC 1131 Programmierung in verteilten Automatisierungssystemen, Oldenbourg

Kapitel 9   Echtzeitsystem Werkzeugmaschinen-
steuerung

9.1   Einführung

In Kapitel 9 soll die **NC-Steuerung** einer **Werkzeugmaschine** als Echtzeitsystem
behandelt werden. Die NC-Maschine ist der Grundbaustein einer flexiblen Produktionsanlage. Der Begriff **„numerische Steuerung"** bzw. **NC** (Numerical
Control) besagt, dass die Steuerung einer NC-Maschine durch die NC mittels Zah-
len erfolgt. Die geometrischen und technischen Anweisungen zur Herstellung eines Werkstücks werden als Zahlenfolge verschlüsselt und gespeichert. Damit ist
für die Fertigung kleiner und mittlerer Serien eine flexible Anpassung an wech-
selnde Aufgaben möglich.

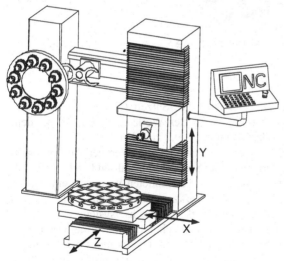

Abb. 9.1. Dreiachsige Fräsmaschine

Abb. 9.1 zeigt den Aufbau einer Werkzeugmaschine am Beispiel einer dreiachsigen Fräsmaschine mit Werkzeugwechsler.

Prinzipiell realisiert die NC eine Programmsteuerung, bei der Art und Reihenfolge bestimmter Fertigungsschritte für ein Werkstück in einem Programm festgelegt sind. Heutige NCs führen sehr komplexe Rechen-, Logik- und Verwaltungsfunktionen durch. Die Hardware ist mit Mikrorechnern und PCs aufgebaut. Die Funktionen sind durch Software realisiert.

Die Hauptfunktion einer NC besteht in der Steuerung der Relativbewegung zwischen Werkzeug und Werkstück. Hierbei spielen vor allem Bearbeitungsgenauigkeit und Bearbeitungsgeschwindigkeit mit dem geeigneten Werkzeug eine wesentliche Rolle. Weiter bestimmen neben dem Preis Funktionen wie einfache und komfortable Programmierung und hohe Verfügbarkeit die Wettbewerbsfähigkeit einer Maschine. Eingabe einer NC-Maschine ist das **NC-Programm**, welches beschreibt, wie die Maschine das Werkstück fertigen muss. Das Ergebnis ist das fertige Werkstück. Das NC-Programm wird entweder vor Ort an der Maschine oder in der Arbeitsvorbereitung im Büro erstellt.

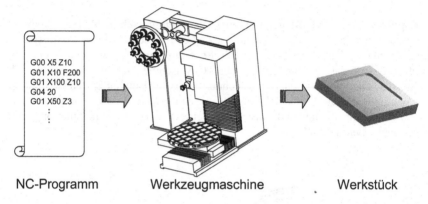

NC-Programm   Werkzeugmaschine   Werkstück

Abb. 9.2. Prinzip einer NC-Werkzeugmaschine

Das NC-Programm besteht aus einzelnen NC-Sätzen (NC-Befehlen). Diese NC-Sätze stellen Anweisungen zur Steuerung der Werkzeugmaschine mit dem Ziel der Herstellung eines Teiles dar, wie in Abb. 9.2 zu sehen ist.

Sie enthalten Geometriedaten für die Werkstück- und Werkzeugbewegungen. Mittels Technologiedaten werden z.B. die Spindeldrehzahl und der Vorschub (Bahngeschwindigkeit des Werkzeugs) für den verwendeten Werkstoff eingestellt. Schaltbefehle dienen zur Steuerung von Werkzeugmaschinenbaugruppen wie Werkzeugwechsler, Kühlmittelsystem oder Werkstückwechselsystem.

Zur Steuerung der Werkzeugmaschine entsprechend dem formulierten NC-Programm ist ein hochgradiges Echtzeitsystem nötig. Dieses muss die geometrischen und technischen Anweisungen des NC-Programms interpretieren und über die Steuerung und **Regelung** der Maschinenachsen das Werkzeug relativ zum Bauteil so bewegen, dass sich durch Bearbeitung die gewünschte Bauteilgestalt ergibt.

Das Echtzeitsystem muss hierzu eine Vielzahl von parallelen Tasks zeitrichtig ausführen; z.B. müssen kontinuierlich im voraus **NC-Sätze** interpretiert werden,

während parallel in einem festen Interpolationstakt (z.B. 5 ms) neue Bahnstützpunkte berechnet werden und als Führungsgröße an die Lageregelung übergeben
werden. Ein Lageregelalgorithmus führt zyklisch z.B. im 1ms-Takt die Lageregelung durch. Weiter überwacht eine Task einzelne Maschinenbaugruppen, bzw.
dass sich die einzelnen Achsen nicht über vordefinierte Grenzen hinaus bewegen.

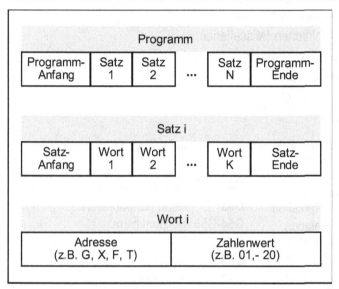

Abb. 9.3. Aufbau eines NC-Programms

Der Aufbau eines NC-Programms wurde bereits in den 60-iger Jahren genormt
(DIN 66025). Ein NC-Programm nach DIN 66025 besteht aus einzelnen Sätzen,
ein Satz aus mehreren Worten und ein Wort aus Adresse und Zahlenwert (s. Abb.
9.3). Die Anweisung G 01 X 126.4 Y 0.5 F 170 S 1200 T 14 M 06 bedeutet für
den NC-Maschineninterpreter der NC-Steuerung: Fahre linear in der X/Y-Ebene
auf die Position mit den Koordinaten X 126,4 mm, Y 0,5 mm, mit dem Vorschub
(Bahngeschwindigkeit) 170 mm/min, der Spindeldrehzahl 1200 und dem Werkzeug T 14, das noch in die Spindel eingewechselt werden muss.

A,B,C	Drehachsen
D	Werkzeugkorrekturspeicher
F	Vorschub (**F**eed)
G	Wegbedingungen (**G**eometry)
I,J,K	Interpolationsparameter
M	Zusatzfunktionen (**M**iscellaneous)
N	Satznummer (**N**umber)
S	Spindel (**S**pindle)
T	Werkzeug (**T**ool)
X,Y,Z	Achsen

Abb. 9.4. Adressbuchstaben bei der DIN 66025-Programmierung

G00	Eilgang (PTP)	**G41-G42**	Werkzeugkorr.
G01	Geradeinterpolation	**G53**	keine Nullpunktvers.
G02	Kreisinterpolation (Uhrzeigersinn)	**G54-G55**	Nullpunktvers.
		G70	Zoll
G03	Kreisinterpolation (Gegenuhrzeigersinn)	**G71**	metrisch
G04	Verweilzeit	**G80**	Aufhebung Arbeitszyk.
G17-G19	Ebenenauswahl	**G80-G89**	Arbeitszyklen
G33	Gewindeschneiden	**G90**	Absolutmaßeingabe
G40	Aufhebung Werkzeugkorrektur	**G91**	Kettenmaßeingabe
		G94	Vorschub in mm/min
		G95	Vorschub in mm/U

Abb. 9.5. G-Worte nach DIN 66025

Abb. 9.4 und Abb. 9.5 zeigen beispielhaft die Bedeutung der in der DIN 66025 festgelegten Adressbuchstaben und G-Worte. In Abb. 9.6 ist ein Programmierbeispiel für das Fräsen einer Tasche aufgelistet.

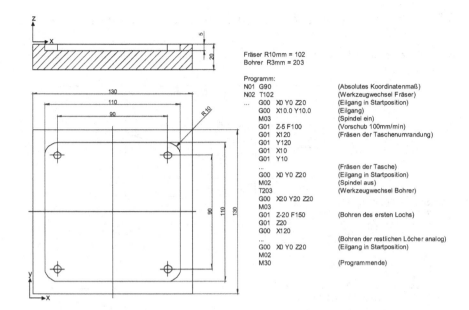

Fräser R10mm = 102
Bohrer R3mm = 203

Programm:
N01 G90   (Absolutes Koordinatenmaß)
N02 T102   (Werkzeugwechsel Fräser)
...   G00 X0 Y0 Z20   (Eilgang in Startposition)
       G00 X10.0 Y10.0   (Eilgang)
       M03   (Spindel ein)
       G01 Z-5 F100   (Vorschub 100mm/min)
       G01 X120   (Fräsen der Taschenumrandung)
       G01 Y120
       G01 X10
       G01 Y10
       ...   (Fräsen der Tasche)
       G00 X0 Y0 Z20   (Eilgang in Startposition)
       M02   (Spindel aus)
       T203   (Werkzeugwechsel Bohrer)
       G00 X20 Y20 Z20
       M03
       G01 Z-20 F150   (Bohren des ersten Lochs)
       G01 Z20
       G00 X120
       ...   (Bohren der restlichen Löcher analog)
       G00 X0 Y0 Z20   (Eilgang in Startposition)
       M02
       M30   (Programmende)

Abb. 9.6. Programmierung nach DIN 66025

Mit dem Beispielprogramm in Abb. 9.6 soll die Fräsmaschine das links abge-
bildete Werkstück mit 2 Werkzeugen bearbeiten. Hierzu müssen diese mit den
NC-Befehlen T102 und T203 in die Spindel eingewechselt werden. Das Koordinatensystem, auf welches die Werkstückbemaßung bezogen ist, ist unten links in
Abb. 9.6 abgebildet. Zu Beginn des Programms wird absolutes Koordinatenmaß
angewählt. Anschließend wird ein Fräser mit einem Radius von 10mm eingewechselt.

Mit Eilgang (G00) wird dieser über die linke untere Ecke der Tasche positioniert. Die Spindel wird eingeschaltet und der Fräser wird linear (G01) 5mm in das
Material mit 100mm/min Vorschub gefahren. Die folgenden Linearbewegungen
führen den Fräser in mehreren Zyklen entlang des Außenrandes der Tasche und
tragen das innere Material ab bis die Tasche fertig gefräst ist. Dann wird die Spindel in die Ausgangsposition gefahren und anschließend ausgeschaltet.

Um vier Löcher zu bohren, wird nun mit T203 ein Bohrer eingewechselt. Dieser wird mit Eilgang auf die erste Lochposition gebracht (links unten). Die Spindel
wird wieder eingeschaltet und der Bohrer linear mit einem Vorschub von
150mm/min 20mm tief in das Material geführt. Anschließend wird der Bohrer
wieder aus dem Material gefahren und mit Eilgang an die nächste Bohrlochpositi-
on bewegt. Das Bohren der weiteren Löcher geschieht analog. Sind alle Löcher
gebohrt, wird die Spindel mit Eilgang in ihre Ausgangsposition verfahren und abgeschaltet. M30 bezeichnet das Programmende.

9.2   Struktur und Informationsfluss innerhalb einer NC

Abb. 9.7 zeigt im Wesentlichen die Struktur und den Informationsfluss innerhalb einer NC.

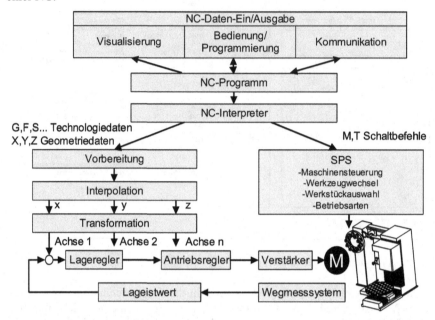

Abb. 9.7. Aufbau und Struktur einer NC

Über den Funktionsblock NC-Daten-E/A wird die NC-Maschine bedient und programmiert. Ein NC-Programm kann vor Ort an der Maschine über eine graphische Benutzeroberfläche oder mit einem Text-Editor erstellt werden. Es wird normalerweise gemäß dem Standard DIN 66025 im Speicher abgelegt.

Während der Bearbeitung werden auf Anforderung oder kontinuierlich Zustandsdaten, z.B. Ist- und Sollwerte bzw. Fehlermeldungen und Prozessabbildungen, visualisiert. Zur Programmausführung liest der NC-Interpreter vorlaufend Satz für Satz das NC-Programm, interpretiert die Sätze (erkennt ihre Bedeutung) und verteilt sie zur weiteren Verarbeitung auf die nachfolgenden Funktionsblöcke.

Geometriedaten und Daten für die Bewegungssteuerung der Maschinenachsen werden dem Block **Bewegungssteuerung** übergeben. Dies sind z.B. Interpolationsart G, Positionsvorgaben X, Y, Z, Bahngeschwindigkeit F, usw.

Alle Daten, welche einzelne Maschinenfunktionen ansteuern, wie Betriebsarten, Werkzeugwechsel, Spindeldrehzahlen, Werkstückwechsel, Kühlmittelsteuerung, usw. werden dem Funktionsblock SPS übergeben.

Der Funktionsblock „Bewegungssteuerung" ist in vier Unterblöcke unterteilt. **Vorbereitung**, **Interpolation**, **Transformation** und **Lageregelung**. Die Vorbereitung hat die Aufgabe, mindestens einen interpretierten Satz im voraus zum gerade laufenden Satz so aufzubereiten, dass bei Satzende der Interpolator sofort auf

Basis des aufbereiteten Satzes lückenlos zum Vorgängersatz neue Bewegungs-
stützpunkte berechnen kann. Die prinzipielle Aufgabe des Interpolators ist es, entlang der angegebenen Bewegungskurve (Gerade, Kreis, Spline) im Interpolationstakt, z.B. alle 5 ms, Zwischenstützpunkte zu erzeugen.

Dabei ist ein ruckbegrenztes **Fahrprofil** zu berücksichtigen, so dass alle Achsen sanft anfahren, ohne einen Stoß in die Mechanik zu leiten. Darüber hinaus
müssen die einzelnen Achsen zeitrichtig so abgebremst werden, dass sie exakt an
der gewünschten Position zum Stillstand kommen.

Falls die Werkzeugmaschine mit rotatorischen Achsen aufgebaut ist, muss der
Funktionsblock „Transformation" die kartesisch definierten Soll-Zwischenpunkte
des Interpolators auf Sollwerte bzw. Führungsgrößen für die einzelnen Achsen
umrechnen.

Über ein Regelungssystem bestehend aus Lageregler, nachgeschaltetem
Geschwindigkeits- und Stromregler werden die einzelnen Vorschubachsen der
Werkzeugmaschine so geführt, dass die vorgegebene Relativbewegung zwischen
Werkzeug und Werkstück größtmöglich eingehalten wird. Ein Verstärker stellt
dabei die notwendigen Spannungen und Ströme für die elektrischen Motoren, wel-
che die Achsen bewegen, bereit. Wegmesssysteme erfassen die Lagen der
Vorschubachsen und stellen Lage-Istwerte und durch Differentiation Geschwin-
digkeits-Istwerte für die Lageregelung und die Geschwindigkeitsregelung bereit.

Der Funktionsblock **SPS** führt vorwiegend logische Verknüpfungen durch,
steuert und überwacht die einzelnen Maschinenfunktionen wie Werkzeugwechsel,
Werkstückwechsel, Endlagenbegrenzungen, Betriebsarten usw.

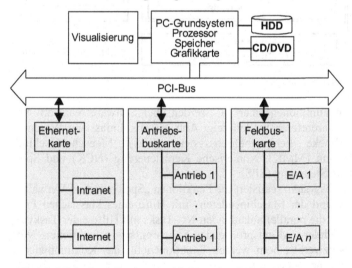

Abb. 9.8. PC-basierte Hardwarearchitektur einer NC-Steuerung

Für den Hardware-Aufbau einer NC-Steuerung geht der Trend in Richtung PC-
basierter NC-Steuerung (s. Abb. 9.8). Das PC-Grundsystem mit Prozessor, Speicher und Grafik realisiert die wesentlichen Funktionen einer NC. Über den PCI-

Bus des PCs sind einzelne, dezentrale Komponenten des NC-Werkzeug-maschinensystems angebunden. Eine Ethernet-Karte verbindet ein internes Firmennetz (Intranet) bzw. das externe Internet mit der NC. Eine Antriebsbuskarte koppelt über einen seriellen Antriebsbus die Regelungseinheiten für die Achsantriebe. Eine Feldbuskarte verbindet über einen seriellen Feldbus digitale und analoge Ein- und Ausgänge, z.B. zum Ansteuern von Magnetventilen und zum Abfragen von Schaltzuständen einzelner Maschinenbaugruppen.

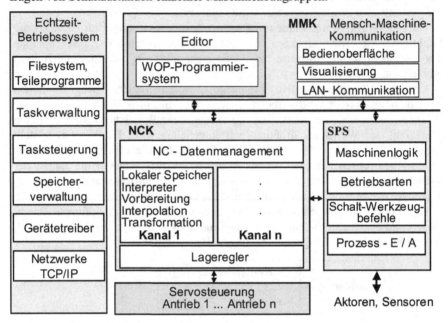

Abb. 9.9. Softwarereferenzmodell einer NC

Die wesentlichen Funktionen einer NC werden über Software realisiert. Ein entsprechendes Softwarereferenzmodell zeigt Abb. 9.9. Es umfasst im Wesentlichen die vier Blöcke Echtzeitbetriebssystem (EBS), Mensch-Maschine-Kommunikationssystem (MMK), Numerische Kernsteuerung (NCK) und Speicherprogrammierbare Steuerung (SPS).

Das Echtzeitbetriebssystem realisiert die Funktionen „Speichern und Verwalten der NC-Programme und der Maschinendaten" mit Hilfe eines klassischen Filesystems. Es verwaltet die parallel ablaufenden NC-Tasks mit Hilfe einer Taskverwaltung, einem Scheduler und entsprechenden Synchronisationsfunktionen. Mittels Geräte- und Netzwerktreibern werden Funktionen für das Kommunizieren über Intranet und Internet als auch für den Datenaustausch über Feldbusse bereitgestellt.

Der Funktionsblock Mensch-Maschine-Kommunikation realisiert die Schnittstelle zwischen NC-Maschine und dem Nutzer. Über einen Editor oder über ein Werkstattorientiertes Programmiersystem (WOP) kann der Nutzer das NC-Programm erstellen und verwalten.

Für das Bedienen und das Programmieren werden heute häufig Fenster- und I-con-basierte graphische Bedienoberflächen verwendet. Visualisierungsfunktionen stellen z.B. mit graphischen Hilfsmitteln das zu programmierende Teil, einschließlich der Maschine, dar und ermöglichen z.B. über NC-Simulation eine animierte virtuelle Darstellung der Teilefertigung. Über die Mensch-Maschine-Kommunikation können NC-Programme über Netzwerke in die Steuerung geladen werden bzw. zu einem übergeordneten Rechner transferiert werden.

Der Funktionsblock NCK realisiert die geometrische Datenverarbeitung und die Bewegungssteuerung einer Werkzeugmaschine. Komplexere NCs können mehrere vollkommen unabhängig und parallel arbeitende Werkzeugmaschinen bzw. Maschinengruppen steuern. Die Steuerung einer unabhängigen Werkzeugmaschine erfolgt über einen **Kanal**. Eine komplexere NC umfasst z.B. vier bis zehn Kanäle. Im NCK wird für alle Kanäle das NC-Datenmanagement, d.h. das Verwalten der NC-Programme, Maschinendaten und Betriebsdaten für alle Kanäle (Werkzeugmaschinen) zentral durchgeführt. Jeder Kanal besitzt eigene Komponenten für die abzuarbeitenden NC-Programme, wie **NC-Programmspeicher**, Interpreter, Vorbereitung, Interpolation, Transformation und evtl. einen eigenen Lageregler. Der Lageregler kann allerdings auch als zentrale Komponente realisiert sein (s. Abb. 9.9), da er in der Regel für alle Achsen die gleiche Struktur aufweist. In der Regel werden vom NCK, der noch den Lageregler beinhaltet, zum Steuern der Vorschubachsen, Geschwindigkeitssollwerte an die unterlagerte **Servosteuerung** über einen seriellen Antriebsbus ausgegeben. Teilweise ist auch der Lageregler in die Servosteuerung integriert. Dann werden vom NCK Lagesollwerte an die nachgeschaltete Achsregelung übergeben.

Der Funktionsblock SPS realisiert die Schalt- und Maschinenfunktionen wie Betriebsarten, Werkzeug- und Werkstückwechsel, Verkettungssteuerung, Kühlmittelsteuerung, usw. Darüber hinaus führt die SPS umfangreiche Überwachungs- und Sicherheitsfunktionen durch. Es erfolgt eine umfangreiche logische Verknüpfung und Verarbeitung von Ein-Bit-Signalen. Hierzu erfasst die SPS über einen seriellen Feldbus zyklisch von Sensoren im Prozess und an den einzelnen Maschinenbaugruppen die einzelnen Zustände (häufig Ein-Bit-Zustände). Entsprechend dem vorher festgelegten SPS-Programm verknüpft sie diese zu Ausgabesignalen, die wiederum über den Feldbus an die Aktoren ausgegeben werden.

Abb. 9.10 zeigt den Informationsfluss in einer komplexen NC-Steuerung mit n Kanälen, die in der Lage ist, n Werkzeugmaschinen zu steuern. Man erkennt, dass jeder Kanal mit eigenen NC-Funktionen zur Interpretation und Bewegungssteuerung ausgerüstet ist. Die übergeordnete Synchronisierung einzelner Werkzeugmaschineneinheiten erfolgt dabei über die zentrale SPS, welche die Zustände aller Werkzeugmaschineneinheiten zyklisch erfasst und überwacht. Außerdem führt die SPS für alle Werkzeugmaschineneinheiten die entsprechenden Schaltfunktionen und Maschinenfunktionen durch. Alle Werkzeugmaschineneinheiten werden über eine gemeinsame **Maschinensteuertafel** und ein gemeinsames MMK-System bedient und programmiert.

NC - Progr.1
NC - Progr.2
....
NC - Progr.n
Maschinen - steuertafel
NC - Interpreter 1
NC - Interpreter 2
NC - Interpreter n
M, T - Befehle
- Maschinen - steuerung
- Werkzeug - verwaltung
- Magazin - verwaltung
- Betriebs - arten
Vorber.1
Vorber.2
Vorber.n
IPO 1
IPO 2
IPO n
Trans. 1
Trans. 2
Trans. n
Lageregler 1
Lageregler 2
Lageregler n
Kanal 1
Kanal 2
Kanal n
SPS

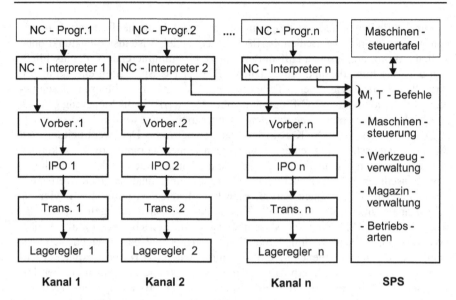

Abb. 9.10. Informationsfluss in einer komplexen NC-Steuerung mit n Kanälen

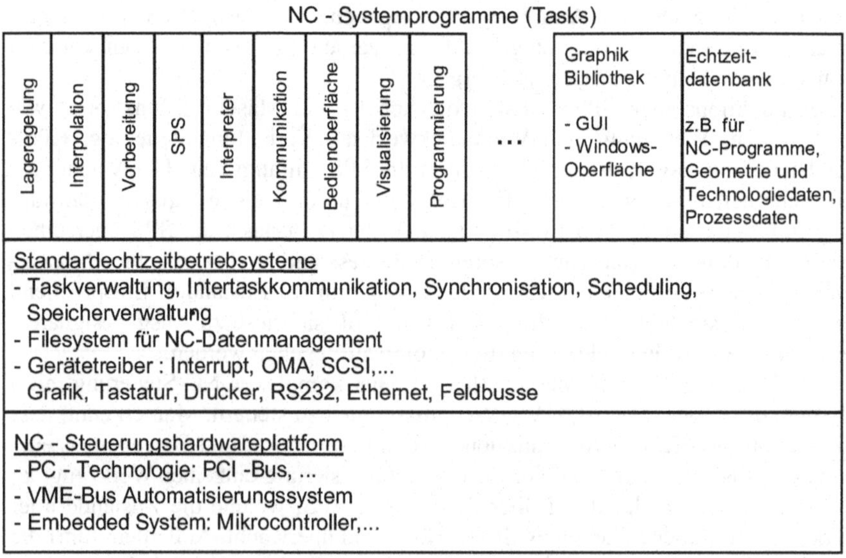

NC - Systemprogramme (Tasks)
Lageregelung
Interpolation
Vorbereitung
SPS
Interpreter
Kommunikation
Bedienoberfläche
Visualisierung
Programmierung
...
Graphik Bibliothek
- GUI
- Windows-Oberfläche
Echtzeit-datenbank
z.B. für NC-Programme, Geometrie und Technologiedaten, Prozessdaten
Standardechtzeitbetriebsysteme
- Taskverwaltung, Intertaskkommunikation, Synchronisation, Scheduling, Speicherverwaltung
- Filesystem für NC-Datenmanagement
- Gerätetreiber : Interrupt, OMA, SCSI,...
Grafik, Tastatur, Drucker, RS232, Ethernet, Feldbusse
NC - Steuerungshardwareplattform
- PC - Technologie: PCI -Bus, ...
- VME-Bus Automatisierungssystem
- Embedded System: Mikrocontroller,...

Abb. 9.11. Ebenenstruktur der Hard- und Software einer NC

Abb. 9.11 zeigt eine Dreiebenenstruktur der Hard- und Software einer NC. Auf der untersten Ebene ist die **NC-Steuerungshardwareplattform**. Spezialmaschinen mit wenigen Achsen können mit individuell vom Steuerungs- oder Maschinenhersteller entwickelten, eingebetteten Hardwaresystemen, z.B. auf Basis von

Mikrocontrollern und Signalprozessoren gesteuert werden. Für größere modulare NC-Steuerungssysteme, z.B. mit mehreren Kanälen, bietet das VME-Bus-Automatisierungssystem mit NC-Prozessoren, Mehrprozessorbus, Feldbuskarten und Prozessperipheriekarten sehr gute Aufbaumöglichkeiten. Aufgrund der geringeren Kosten, der einfachen Nachführbarkeit der Kartensysteme an die neueste Prozessorleistung, der Verfügbarkeit eines riesigen Software- und Peripheriekartenmarktes und der Kompatibilität mit der Bürowelt werden heute immer mehr PC-basierte NC-Steuerungen bevorzugt.

Oberhalb der Hardwareebene befindet sich ein Echtzeitbetriebssystem mit File-System für das NC-Datenmanagement und Echtzeitbetriebssystemfunktionen wie Taskverwaltung, Intertaskkommunikation, Synchronisation und Scheduling. Geeignete Gerätetreiber, z.B. für Ethernet und Feldbusse, ermöglichen eine Kommunikation zur übergeordneten Leitsteuerung genauso wie zum untergeordneten Prozess.

In der dritten Ebene sind die NC-Systemprogramme als **Tasks** realisiert und bilden den Funktionsumfang einer NC-Steuerung. Hier können einzelne NC-Systemprogramme wie Graphikbibliothek oder eine Echtzeitdatenbank von externen Lieferanten zugekauft werden.

In Abb. 9.11 sind in der dritten Ebene die NC-Tasks entsprechend ihrer Priorität von links nach rechts aufgelistet. Der zyklischen Lageregelungstask wird die höchste Priorität gegeben. Hier muss gewährleistet sein, dass sie die Maschinenachsen in einem genau einzuhaltenden Zyklus von z.B. 1 ms in der Lage regeln kann. Alle Achsen müssen höchst genau und synchron der vom Interpolator für jede Achse vorgegebenen Führungsgröße folgen können. Der zyklischen Task „Interpolation" wird die zweithöchste Priorität gegeben. Der Interpolator muss gewährleisten, dass kontinuierlich Zwischenpunkte auf der Bahn generiert werden und dass das Werkzeug exakt entlang der vorgegebenen Bahn mit der vorgegebenen Geschwindigkeit geführt wird. Der Interpolator muss im voraus Stützpunkte auf der Bahn berechnen und zeitrichtig, z.B. alle 5 ms, Sollwerte für die Lageregelung erzeugen. Falls der Interpolator nicht nachkommen würde, könnte die Maschine mit falscher Geschwindigkeit fahren oder stehen bleiben und das Werkstück falsch bearbeiten.

Die dritthöchste Priorität wird der asynchronen Task „Vorbereitung" zugeteilt, da sie dafür sorgen muss, dass der Interpolator z.B. bei Satzende unverzüglich mit einem neu vorbereiteten Satz versorgt wird. Vierte Priorität bekommt die NC-Task SPS. Sie muss die einzelnen Maschinenachsen z.B. auf Endlagenüberschreitung überwachen und einzelne Maschinenfunktionen (s. oben) steuern. Eine typische **Zykluszeit** ist z.B. 10 ms. Die fünfte Priorität erhält die asynchrone Task „Interpreter". Sie hat die Aufgabe, im voraus die Sätze zu interpretieren und sie entweder der Task „Vorbereitung" bei einem Geometriebefehl oder der Task „SPS" bei einem Maschinenbefehl zu übergeben. Eine weitere Task mit niedrigerer Priorität ist die Task „Kommunikation", welche z.B. im Hintergrund ablaufen kann. Dies gilt genauso für die Tasks „Bedienoberfläche", „Visualisierung" und „Programmierung". Hier wird lediglich Echtzeitverhalten gegenüber dem Nutzer mit Reaktionszeiten (weiche Deadlines) zwischen 100 ms bis zu 1 s gefordert.

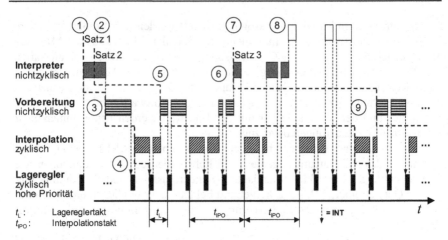

Abb. 9.12. NC-Tasks und Prioritäten

Abb. 9.12 zeigt ein beispielhaftes Zeitdiagramm für das Ablaufen der bewegungsorientierten NC-Tasks Lageregelung, Interpolation, Vorbereitung und Interpreter. Beim Anlaufen der NC-Tasks, z.B. beim Einschalten der NC, startet zuerst die Lageregelungstask. Sie regelt solange die Lage, die beim Einschalten erfasst wurde, bis sie von der Interpolation neue Sollwerte übergeben bekommt. Die Lageregelungstask unterbricht im Lageregelungstakt die niederprioreren Tasks. Zur besseren Lesbarkeit ist dies am Anfang durch Punkte dargestellt. Anschließend bereitet der Interpreter zunächst mehrere Sätze (hier 2) vor (s. Abb. 9.12, Marke 1 und Marke 2). Bei Marke 3 beginnt die Vorbereitung, den ersten Satz, welchen sie vom Interpreter bekommen hat für die Interpolation zu bearbeiten. Da die NC-Maschine aber gerade erst gestartet wurde, regelt der Lageregler die Position, die beim Einschalten erfasst wurde (Marke 4).

Sobald die zyklische Task Lageregelung beendet ist, startet die zyklische Task Interpolation (nach Marke 4). Sie interpoliert den von der Vorbereitung erhaltenen Satz 1. Dabei wird sie im Takt t_L vom höherprioren Lageregler unterbrochen, der mit den vom Interpolator berechneten Sollwerten die Feininterpolation durchführt. Erst wenn der Interpolator die Berechnung des ersten Sollwerts abgeschlossen hat (Marke 5) kann die Task Vorbereitung weiterarbeiten und den zweiten Satz vorbereiten. Sie wird jedoch wieder vom Lageregler und später auch vom Interpolator unterbrochen, der einen weiteren Sollwert berechnet.

Ab Marke 6 wird die Task Vorbereitung fortgesetzt und bereitet weiter den zweiten Satz vor. Bei der Interpolationstask ist bei Marke 6 zu erkennen, dass diese keine konstante Laufzeit im Interpolationstakt haben muss. Die Laufzeit kann also – natürlich in den Taktgrenzen – variabel sein. Wenn die Vorbereitung des zweiten Satzes abgeschlossen ist, kommt der Interpreter wieder zum Zug (Marke 7). Hier beginnt der Interpreter, welcher von den zyklischen Tasks unterbrochen wird, den dritten Satz für die Vorbereitung zu interpretieren. Bei Marke 8 ist der Interpreter mit seiner Aktion fertig. Bei Vorlauf von einem Satz kann die Vorbereitung erst mit Satz 3 beginnen, sobald die Interpolation mit Satz 1 fertig ist. Somit ergeben sich Leerlaufzeiten des Prozessors (s. weiße Kästchen ab Marke 8), soweit nicht weitere niederpriore Tasks warten. Bei Marke 9 endet der erste Satz für die Interpolationstask, die jetzt mit der Bearbeitung des zweiten Satzes beginnt.

9.3   Bewegungsführung

Charakteristisch für NC-Steuerungen ist die Steuerung der Relativbewegung zwischen Werkzeug und Werkstück bei Einhaltung eines vorgegebenen Geschwindigkeitsprofils. Diese Bewegungssteuerung wird durch die NC-Task Interpolator verwirklicht. Auf ihr Funktions- und Echtzeitverhalten soll im folgenden eingegangen werden.

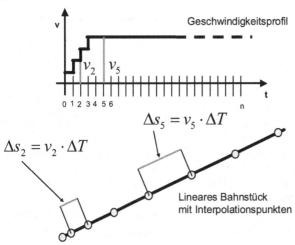

Abb. 9.13. Digitales Geschwindigkeitsprofil

Abb. 9.13 zeigt das Prinzip eines digitalen **Geschwindigkeitsprofils**. Dabei ist die Maßeinheit der Zeitachse der Interpolationstakt ΔT. Die Geschwindigkeit zum Zeitpunkt nach dem n-ten Takt ist

$$v_n = \Delta s_n / \Delta T \qquad (9.1)$$

mit

v_n :   Geschwindigkeit zum Zeitpunkt $n \cdot \Delta T$

Δs_n :   Wegstück entlang der Bahn während dem Takt n

ΔT :   Interpolationstakt

Aus Gleichung (9.1) folgt:

$$\Delta s_n = v_n \Delta T \qquad (9.2)$$

Um die Mechanik der zu begrenzenden Maschinenachsen zu schonen, soll der Ruck, das ist die Ableitung der Beschleunigung nach der Zeit, begrenzt (d.h. konstant) sein.

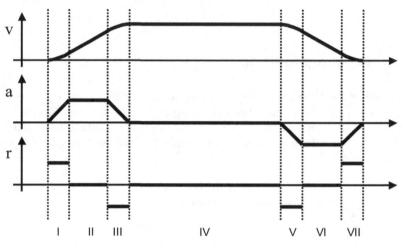

Abb. 9.14. Ruckbegrenztes Geschwindigkeitsprofil

Abb. 9.14 zeigt ein ruckbegrenztes Geschwindigkeitsprofil. Durch Integration des Ruckes r über der Zeit entsteht die Beschleunigung a, welche durch die **Ruckbegrenzung** eine stetige Funktion darstellt. Die nochmalige Integration von $a(t)$ ergibt das Geschwindigkeitsprofil $v(t)$. Die Integration von $v(t)$ ergibt dann die Wegfunktion $s(t)$. Das entsprechend digitalisierte Geschwindigkeitsprofil lässt sich gemäß Abb. 9.15 berechnen.

Der Ruck r ist als Maschinendatum für eine Achse als r_i vorgegeben. Damit lassen sich rekursiv in jedem Interpolationstakt ΔT folgende Größen für den Takt n berechnen:

Beschleunigung: $a_n = a_{n-1} + \Delta a_n$, $\Delta a_n = r \cdot \Delta T$

Geschwindigkeit: $v_n = v_{n-1} + \Delta v_n$, $\Delta v_n = a_n \cdot \Delta T$ (9.3)

Strecke: $s_n = s_{n-1} + \Delta s_n$, $\Delta s_n = v_n \cdot \Delta T$

Eine Bewegungssteuerung muss sicherstellen, dass erlaubte Beschleunigungen und Geschwindigkeiten nicht überschritten werden, bzw. dass exakt zum richtigen Zeitpunkt gebremst wird, so dass die einzelne Achse, bzw. die gesamte Maschine, in der richtigen Position zum Stehen kommt.

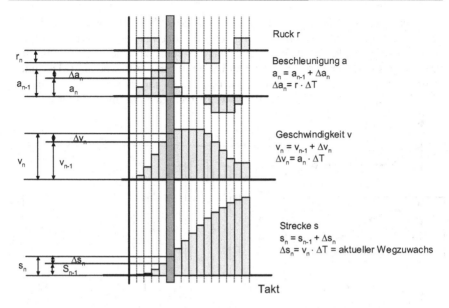

Abb. 9.15. Digitalisiertes Geschwindigkeitsprofil

Ein Algorithmus, der diese Bewegungssteuerung ermöglicht, ist in Abb. 9.16 dargestellt.

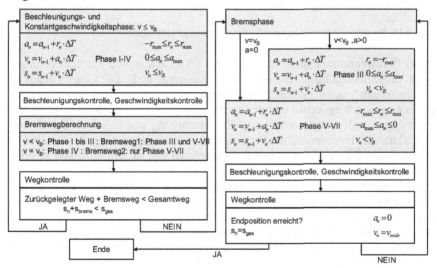

Abb. 9.16. Algorithmus zur Bewegungssteuerung mit Beschleunigen und Bremsen

Er wird zyklisch pro Interpolationstakt in der Task Interpolator durchlaufen. Somit werden in jedem Interpolationstakt die in Abb. 9.16 dargestellten Berechnungen durchgeführt.

In den Phasen I – IV wird, nachdem a_n, v_n, und s_n, berechnet wurden, kontrolliert, ob die maximale Beschleunigung oder die maximale Geschwindigkeit erreicht wurde. Weiter wird in jedem Interpolationstakt eine Berechnung des Bremsweges durchgeführt, der entstehen würde, wenn die Bewegung (Maschine) sofort schnellstmöglich auf die Geschwindigkeit 0 abgestoppt werden müsste. Abb. 9.17 zeigt ein Beispiel dieser Bremswegberechnung pro Interpolationstakt.

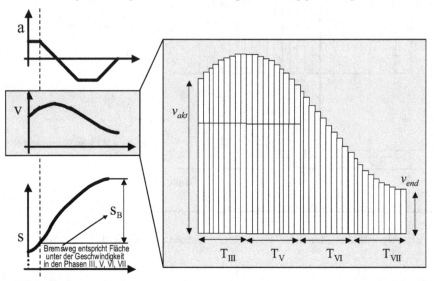

Abb. 9.17. Bremswegberechnung pro Interpolationstakt (IPO-Takt)

Am Bremseinsatzzeitpunkt (am Ende des IPO-Taktes) wird mit dem vorgegebenen Beschleunigungsprofil die Beschleunigung und die Geschwindigkeit schnellstmöglich auf 0 geführt. Durch Integration (s. Abb. 9.15) ergibt sich der daraus folgende Wegverlauf und der entsprechend notwendige Bremsweg, um eine Bewegung mit einer momentanen Beschleunigung und Geschwindigkeit von einer aktuellen Position mit einem vorgegebenen ruckbegrenzten Geschwindigkeitsprofil auf die Geschwindigkeit 0 abzubremsen und so zum Stillstand zu bringen.

Zur Erreichung einer hohen Genauigkeit muss die Lagereglertask exakt im Lagereglertakt aufgerufen werden. Ebenso muss die Interpolationstask dem Lageregler im voraus (IPO-Takt) den nächsten Sollwert bereitstellen Falls nicht „lückenlos" neue Sollwerte vorliegen, kommt es zu falschen Geschwindigkeiten (Ausbremsen) der Maschine. Dies erfordert ein hohes Echtzeitverhalten für diese zeitkritischen Tasks.

Neben der Bewegungssteuerung mit Geschwindigkeitsprofil muss die Interpolationstask die Trajektorie erzeugen, entlang welcher das Werkzeug geführt werden muss. In Abb. 9.18 ist das Prinzip der Positionsinterpolation für drei kartesische Achsen im Raum (X, Y, Z) für **Linearbewegungen** dargestellt.

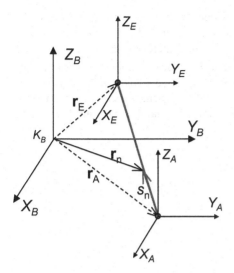

Abb. 9.18. Prinzip der Positionsinterpolation für Linearbewegungen

Bezugskoordinatensystem ist ein raumfestes Koordinatensystem K_B, das fest mit der Maschine verbunden ist. Die Vorschubachsen der Werkzeugmaschine (hier in Richtung der kartesischen Achsen x, y, z) sollen das Werkzeug exakt entlang einer Trajektorie im Raum führen. Startpunkt der Bewegung ist der Punkt A mit den Koordinaten x_A, y_A, z_A. Endpunkt der Bewegung ist der Punkt E mit x_E, y_E, z_A.

$\mathbf{r}_A$, $\mathbf{r}_E$ sind die Vektoren zu den Punkten A und E. Als Länge s_L der Geraden zwischen den Punkten A und E ergibt sich:

$$s_L = \left| \mathbf{r}_E - \mathbf{r}_A \right| = \sqrt{(x_E - x_A)^2 + (y_E - y_A)^2 + (z_E - z_A)^2} \qquad (9.4)$$

Die aktuelle Länge des Weges entlang der Geraden nach dem n-ten Interpolationstakt ist gemäß dem Geschwindigkeitsprofil (s. Abb. 9.13):

$$s_n = s_{n-1} + \Delta s_n, \quad \Delta s_n = v_n \cdot \Delta T \qquad (9.5)$$

mit Δs_n: Wegzuwachs im Takt n, v_n: Geschwindigkeit im Takt n, ΔT: Interpolationstakt.

Der Vektor $\mathbf{r}_n$ beschreibt, bezogen auf K_B, den n-ten Bahnpunkt im Takt n:

$$\mathbf{r}_n = \mathbf{r}_A + \frac{s_n}{s_L}(\mathbf{r}_E - \mathbf{r}_A) \qquad (9.6)$$

mit $(\mathbf{r}_E - \mathbf{r}_A)/s_L$: Einheitsvektor entlang der Bahnrichtung.

Damit die Interpolationstask sofort nach dem Ende eines NC-Satzes den Nach-folgesatz ohne Zeitverzug anschließen kann, berechnet die Task Interpolations-vorbereitung im voraus die Größen s_L, $\mathbf{r}_A$, $\mathbf{r}_E$ und auch $(\mathbf{r}_E - \mathbf{r}_A)/s_L$.

Auch hier ist hohes Echtzeitverhalten der Task Interpolationsvorbereitung ge-fordert. Sie muss vorlaufend zu einem NC-Satz obige Größen mit der Deadline „Ende der Interpolation des Vorgängersatzes" berechnen. Sonst könnten Bahnge-schwindigkeitseinbrüche bis zum Stillstand und Fehlbearbeitungen am Werkstück entstehen.

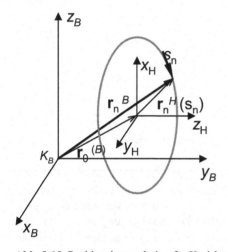

Abb. 9.19. Positionsinterpolation für Kreisbewegungen

Abb. 9.19 zeigt beispielhaft die Positionsinterpolation für **Kreisbewegungen**. Hier wird ein zweites Koordinatensystem K_H verwendet, dass den Mittelpunkt und die Ebene des Kreises festlegt. Dieses wird durch eine Transformation F_H^B beschrieben, welche die Beziehung zwischen dem raumfesten Koordinatensystem K_B und K_H definiert. Damit berechnet der Interpolator bezogen auf K_B nach

$$r_n^B = F_H^B \cdot r_n^H \tag{9.7}$$

im Interpolationstakt neue Bahnstützpunkte.

Im Koordinatensystem K_H ist der n-te Punkt auf der Kreisbahn mit dem Radi-us R definiert als:

$$r_n^H(s_n) = \begin{pmatrix} x_n^H \\ y_n^H \\ z_n^H \end{pmatrix} = R \begin{pmatrix} \cos(\theta_n) \\ \sin(\theta_n) \\ 0 \end{pmatrix} = R \begin{pmatrix} \cos(s_n / R) \\ \sin(s_n / R) \\ 0 \end{pmatrix} \tag{9.8}$$

mit $0 \leq s_n \leq s_L$, s_n nach (9.5).

Auch hier werden einige Parameter schon in der Interpolationsvorbereitung berechnet. Mit dem Anfangspunkt (x_A^H, y_A^H) und dem Endpunkt (x_A^H, y_A^H) der Kreisbahn in K_H ergibt sich:

Radius des Kreises: $\qquad\qquad R = \sqrt{x_A^{H^2} + y_A^{H^2}}$

Kreisumfang: $\qquad\qquad\quad s_L = 2\pi R$

Anfangs- und Endwinkel: $\qquad \theta_A = \arctan\left(\dfrac{y_A^H}{x_A^H}\right), \; \theta_E = \arctan\left(\dfrac{y_A^H}{x_A^H}\right)$

9.4   Kaskadenregelung für eine Maschinenachse

Eine weitere wichtige Komponente der Bewegungssteuerung einer Werkzeugmaschine ist das Regelsystem mit den zyklischen Tasks **Lageregler**, **Drehzahlregler** und **Stromregler**, welche hintereinandergeschaltet in einer Kaskade angeordnet sind (s. Abb. 1.70).

Abb. 9.20 zeigt das Prinzip der Kaskadenregelung für einen Gleichstrommotor, der eine Maschinenachse antreibt.

Lage, Drehzahl und Stromregler werden durch zyklische Tasks mit höchster Echtzeit verwirklicht. Der Lageregler wird häufig als P-Regler, der Drehzahl- und Stromregler als PI-Regler realisiert. Teilweise wird die Geschwindigkeits-, Beschleunigungs- und Momentenvorsteuerung eingesetzt. Typische Zykluszeiten liegen beim Lage-, Drehzahl- und Stromregler bei 2 ms; 0,3 ms; 0,05 ms. Die Reglertasks müssen zyklisch über ihre Reglertakte mit höchsten Anforderungen an ihre Aufrufkonstanz (geringer Jitter) aufgerufen werden. Der Ablauf einer Reglertask ist dann:

1. Lesen des aktuellen Sollwertes W_k, z.B. beim Lageregler: Lesen des Sollwertes, der vom achsspezifischen Feininterpolator erzeugt wurde.
2. Lesen des aktuellen Istwertes X_k, der vom Lagemesssystem geliefert wird.
3. Bilden der aktuellen Regelabweichung $E_k = W_k - X_k$
4. Durchlaufen des Regelalgorithmus. Der PID-Regelalgorithmus ergibt sich nach Gleichung (1.168).
5. Übergabe der Ausgangsgröße U_k an den nachfolgenden Regler, z.B. vom Lageregler an den Drehzahlregler, bzw. vom Drehzahlregler an den Stromregler.

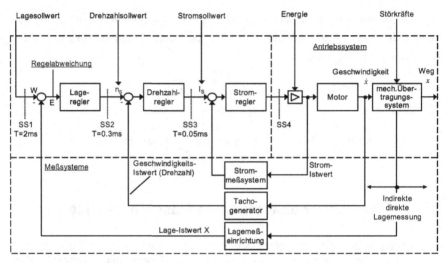

Abb. 9.20. Prinzip der Kaskadenregelung für eine Maschinenachse mit Gleichstrommotor

Die in 1. − 5. beschriebenen Aufgaben müssen mit höchster Zeitkonstanz synchron für alle Achsen der Werkzeugmaschinen durchgeführt werden, so dass zum selben Zeitpunkt der Sollwert und der Istwert für alle Achsen (z.B. für die X, Y, Z- Achse einer dreiachsigen Maschine) berechnet bzw. erfasst werden. Als Beispiel wird der Jitter betrachtet. Der Jitter ist der Zeitunterschied der Sollwertberechnungen, Istwerterfassungen und Regleraufrufen zwischen den einzelnen Achsen:

$$T_J = g / v_b \qquad (9.9)$$

mit

T_J :   Jitter [in μs]

g :   Auflösung der Achse (bestmögliche Genauigkeit einer Achse) [in μm]

v_b :   Maschinengeschwindigkeit [in m/min]

Bei einer maximalen Bahngeschwindigkeit von 60 m/min und einer geforderten Maschinengenauigkeit von 1 μm ergibt sich somit als maximal möglicher Jitter 1 μs. Dies fordert eine maximal erlaubte Synchronitätsabweichung bei allen Maschinenachsen von 1 μs für das synchrone Berechnen der Sollwerte, das Erfassen der Istwerte bzw. der Regleraufrufe.

In der Regel ist die NC (NCK) über einen seriellen Antriebsbus (s. Abb. 9.8) mit der nachfolgenden Servosteuerung, welche die Motoren regelt, gekoppelt. Je nach Lokalisation der Tasks für Lageregler, Drehzahlregler, Stromregler, entweder in der NC (NCK) oder in der Servosteuerung (vergl. Abb. 9.9) ergeben sich die in Abb. 9.20 gekennzeichneten vier möglichen Schnittstellen (SS1 bis SS4).

Entsprechend den Abtastraten und Reglertakten (vergl. Abb. 9.20) steigt die erforderliche Bandbreite von SS1 bis SS4 deutlich an.

Charakteristisch für jeden Antriebsbus sind Übertragungsfunktionen, welche die oben geforderten hohen Echtzeitbedingungen für die Synchronität ermöglichen.

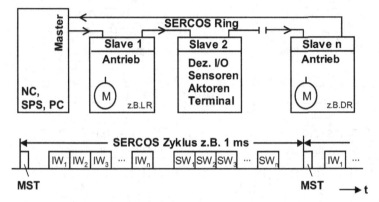

Abb. 9.21. Struktur des Antriebsbus SERCOS

Abb. 9.21 zeigt als Beispiel für einen Antriebsbus die Struktur des standardisierten Antriebssystems **SERCOS** II (s. Abschn. 4.4.12). Es ist als geschlossener Ring mit Kupferdrähten oder Lichtwellenleitern aufgebaut.

Die NC ist der Master und steuert über den Ring die angeschlossenen Slaves an, die aus einem oder mehreren Antrieben mit den entsprechenden Reglern bestehen. Das Busprotokoll arbeitet zyklisch. Als Start eines Bus-Zyklus und als Abschluss der Datenübertragung von Istwerten und Sollwerten eines Zyklus wird das so genannte „**Mastersynchrontelegramm**" von der NC (NCK) an alle Slaves parallel als Broadcastnachricht übertragen.

Mit dem Empfangen des Mastersynchrontelegramms laufen in jedem Slave folgende Operationen ab.

1. Erfassen und Zwischenspeichern der Istwerte.
2. Synchronisieren der lokalen Uhr.
3. Starten der lokalen Regler mit den vom Master gelieferten Sollwerten aus dem vorherigen Zyklus.
4. Einfügen der bei 1. erfassten Istwerte (X_k) in den vom Bustelegramm bereitgestellten Zeitrahmen (s. Abb. 9.21 und Abb. 9.22).
5. Übernehmen der neuen Sollwerte (W_k) vom Master aus dem dafür zugewiesenen Zeitrahmen (s. Abb. 9.21 und Abb. 9.22).
6. Warten auf ein neues Mastersynchrontelegramm (MST).

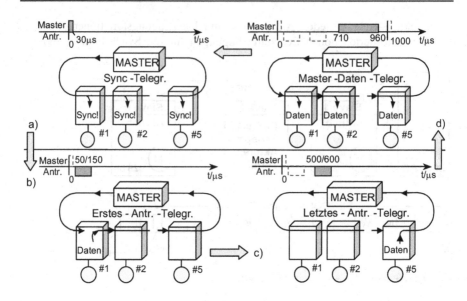

Abb. 9.22. Ablauf der SERCOS-Telegramme

Abb. 9.22 zeigt einen SERCOS-Zyklus mit a) Mastersynchrontelegramm an alle Slaves, b) erster Slave sendet seine Slave-Daten, z.B. Istwerte, c) letzter Slave sendet seine Slavedaten, d) der Master sendet im Mastertelegramm Daten (in der Regel Sollwerte) an die Slaves.

Für jeden Slave ist im Masterdatentelegramm ein festgelegtes Datenfeld für die Daten vom Master zum Slave (Zeitrahmen) vorgesehen.

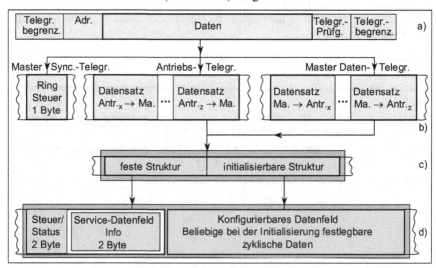

Abb. 9.23. Aufbau eines SERCOS-Telegramms

Abb. 9.23 zeigt den allgemeinen Telegrammaufbau eines SERCOS-Telegramms. Der Anfang und das Ende eines jeden Telegramms ist durch einen Telegrammbegrenzer markiert. Eine Adresse kennzeichnet das Telegramm als **Master-Sync-Telegramm, Master-Daten-Telegramm** oder **Antriebstelegramm**. Danach werden die eigentlichen Daten übertragen.

Das Master-Sync-Telegramm wird als ein Steuerbyte übertragen, welches alle Slaves empfangen. Beim Antriebstelegramm setzt jeder Slave seine Istwerte in den dafür vorgesehen Zeitrahmen zur Übertragung an den Master. Beim Master-Daten-Telegramm werden an genau definierten Stellen die Sollwerte vom Master an die Slaves übertragen.

Neben den im Aufbau genau festgelegten Master-Sync-, Antriebs- und Master-Daten-Telegrammen können bei der Initialisierung des Busses beliebige Datenfelder konfiguriert werden, z.B. um Servicedaten zu übertragen.

Zur Verwirklichung der SERCOS-Schnittstelle wurde ein hochintegrierter Schaltkreis entwickelt, welcher an interne Mikroprozessorbusse, den PCI-Bus und den VME-Bus angeschlossen werden kann.

Kapitel 10 Echtzeitsystem Robotersteuerung

10.1 Einführung

Kapitel 10 behandelt die **Steuerung (RC)** eines **Roboters** als Echtzeitsystem. Grob kann man Roboter für Produktionsaufgaben und Roboter für Serviceaufgaben unterscheiden.

Ein Roboter für die Produktion ist nach **ISO 8373** definiert als **automatisch gesteuerter, frei programmierbarer Mehrzweck-Manipulator**, der in **drei oder mehr Achsen** programmierbar ist, und zur Verwendung in der Automatisierungstechnik entweder an einem festen Ort oder beweglich angeordnet sein kann.

Während Roboter in der Produktion eine große wirtschaftliche Bedeutung haben und in großer Stückzahl in der Industrie eingesetzt werden, stehen Serviceroboter und auch Medizinroboter noch am Anfang ihrer Markteinführung und verkörpern zukünftige Produktchancen in Wachstumsmärkten. Neue Visionen in der Grundlagenforschung sind humanoide Roboter und Mikro-/Nanoroboter. Humanoide Roboter sollen dem Menschen im häuslichen Bereich zur Seite stehen. Mikro-/Nanoroboter sollen es ermöglichen, kleinste Mikro-/Nanoteilchen zu handhaben und zu manipulieren.

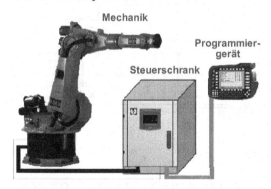

Abb. 10.1. Wesentliche Komponenten eines Roboters (Quelle: KUKA)

Abb. 10.1 zeigt wesentliche Komponenten eines Roboters. Er besteht aus einem Manipulator als mechanischem System mit Antrieben (Motoren) und den roboterinternen Messsystemen, z.B. den Wegmesssystemen für die Achsen. Der Steuerschrank beinhaltet die Robotersteuerung (RC: Robot Control), die Antriebssteuerung, Sicherheitsschaltkreise, Schnittstellen zum Manipulator, zu externen Geräten sowie zum **Programmierhandgerät**. Die Robotersteuerung ist eine Programmsteuerung mit der Aufgabe, die Bewegungen des Roboters sowie die Aktionen von externen Geräten zu steuern.

Als Trend hat sich analog zur PC-basierten SPS und NC als Hardwarearchitektur eine **PC-basierte RC** durchgesetzt. Ethernet-basierte Echtzeitnetzwerke zeichnen sich als Schnittstellen zum Programmierhandgerät, den Antrieben, den digitalen Ein-/Ausgängen und zu Sensoren mit entsprechenden Protokollen als die bevorzugten Standardschnittstellen ab (s. Abschn. 4.4).

Im Weiteren wird das Echtzeitsystem „Roboter:-steuerung" für Produktionsroboter behandelt. Viele Eigenschaften lassen sich auf andere Robotertypen übertragen.

10.2   Informationsfluss und Bewegungssteuerung einer RC

Einleitend zeigt Abb. 10.2 eine Übersicht über die Gesamtfunktionen und den Informationsfluss einer Robotersteuerung.

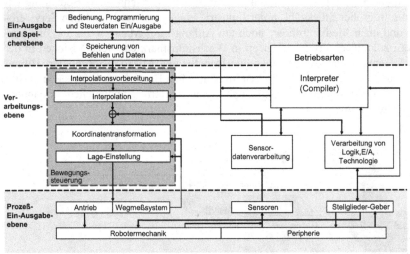

Abb. 10.2. Informationsfluss und Funktionen einer RC

Die RC lässt sich prinzipiell in eine **Ein-/Ausgabe- und Speicherebene** gegenüber dem Nutzer, eine **Verarbeitungsebene** und eine **Prozess-Ein-Ausgabeebene** gliedern. In der Ein-/Ausgabe- und Speicherebene erfolgt das Bedienen und das Programmieren des Roboters.

In der Verarbeitungsebene wird das gespeicherte Roboterprogramm beim Betrieb des Roboters ausgeführt. In der Betriebsart „Automatik" interpretiert ein Interpreter Befehl für Befehl das angewählte Programm. Es lassen sich drei große Verarbeitungsblöcke unterscheiden: Der Block „**Bewegungssteuerung**" verarbeitet die Fahrbefehle und erzeugt Führungsgrößen für die Steuerung der Antriebe. Der Block „**Sensordatenverarbeitung**" nimmt Signale von Sensoren auf und verarbeitet sie zu Korrekturwerten, z.B. für die Bahnkorrektur, oder bestimmt den Greifpunkt eines vom Sensor erfassten Teiles. Ein weiterer Block ist zuständig für die Verarbeitung und Ausführung von Logikbefehlen und **Logikfunktionen** sowie für das Erfassen, Überwachen und Ausgeben digitaler Signale von Gebern und Stellgliedern. Insbesondere zur Steuerung, Synchronisation und Überwachung von externen Geräten, z.B. für Greifen, Transportieren, Verketten und Speichern, wird eine logische Informationsverarbeitung durchgeführt.

In der Prozess-Ein-/Ausgabeebene sind die Aktoren und Sensoren angesiedelt, z.B. die Antriebe des Roboters, welche die vorgegebenen Achslagen einstellen und die Wegmesssysteme, welche die Istwerte für die Regler bzw. für die übergeordnete Informationsverarbeitung erfassen.

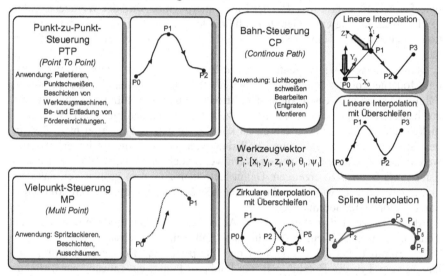

Abb. 10.3. Steuerungsarten einer RC

Abb. 10.3 zeigt eine Übersicht von Steuerungsarten, die heute für die Bewegung eines Roboters eingesetzt werden. Man unterscheidet **Punkt zu Punkt-, Vielpunkt-** und **Bahnsteuerung**.

Bei der Punkt-zu-Punkt-Steuerung werden die einzelnen Roboterachsen mit der für jede Achse angegebenen Geschwindigkeit positioniert, ohne funktionalen Zusammenhang zwischen den Achsen. Bei der Kombination von mehreren rotatorischen Roboterachsen kann sich eine sehr ungleichförmige Gesamtbewegung des Werkzeugs am Roboterflansch ergeben. Sie setzt sich aus der Überlagerung der einzelnen Achsbewegungen zusammen.

Bei der Vielpunkt-Steuerung wird der Roboter vom Nutzer manuell verfahren. Dabei werden kontinuierlich, z.B. in einem Takt von 50 ms, die Werte der Wegmesssysteme und damit viele Punkte abgespeichert. Im Automatikbetrieb werden die im Roboterkoordinatensystem abgespeicherten Punkte als Achs-Sollwerte an die Antriebe ausgegeben. Damit ergibt sich am Werkzeug eine Gesamtbahn, die der aufgenommenen Bahn entspricht. Von Nachteil ist das Abspeichern der vielen notwendigen Punkte und die Veränderung der Bahn, falls sie mit anderer Geschwindigkeit als der aufgenommenen abgefahren werden muss. Außerdem können nen bei diesem Verfahren externe Sensoren die Bahn nicht korrigieren.

Die Bahnsteuerung vermeidet diese Nachteile. Hier sind die abzufahrenden Bahnen im **kartesischen Arbeitsraum** durch einen mathematischen Funktionszusammenhang definiert. Es ist eine Funktion gegeben, welche den **Tool-Center-Point (TCP)** am Roboter in Abhängigkeit vom Parameter „Zeit" beschreibt. Dieser TCP ist durch einen Vektor mit sechs Komponenten definiert und stellt die Lage des Werkzeugs dar (s. Abb. 10.4: $x_i, y_i, z_i, \varphi_i, \theta_i, \psi_i$)

Bei der Bahnsteuerung unterscheidet man **lineare, zirkulare** und **Spline-Interpolation**. Die entsprechenden Interpolationsarten werden über spezielle Roboterfahrbefehle aufgerufen. Bei der Linearinterpolation wird der Werkzeugvektor (TCP) linear entlang einer Geraden geführt. Bei der Zirkular- und Splineinterpolation entsprechend auf einem Kreis bzw. auf einer Bahn, die durch Splines definiert ist.

Stand der Technik sind heute Punkt-zu-Punkt-, Linear- und Zirkularinterpolation. Moderne Robotersteuerungen haben heute bereits Splineinterpolation, höhere Fahrprofile und eine **Look-ahead-Funktion**, die mehrere Roboterbefehle im voraus bearbeiten kann, um so z.B. bei kurzen Punktabständen mit hoher Geschwindigkeit über Punkte hinweg fahren zu können. In Zukunft erwartet man, dass in den Steuerungen eine Funktion „**kollisionsfreie Bahnplanung**" integriert wird, welche es ermöglicht, mit Hilfe eines Umweltmodells automatisch Punkte für kollisionsfreie Bahnen zu erzeugen. Damit hätte man zu einem großen Teil das Programmieren der Bewegungsbahnen eines Roboters, das heute vom Menschen durchgeführt wird, automatisiert.

Abb. 10.4 zeigt den funktionellen Ablauf der Bewegungssteuerung, d.h. die Teilschritte für das Erzeugen der Führungsgrößen für die Achsantriebe.

Im Automatikbetrieb interpretiert der Interpreter das Roboterprogramm. Abhängig vom Typ des Befehls, z.B. ein Punkt-zu-Punkt, ein Linear-, ein Zirkular- oder ein Splinebefehl, wird der dazugehörige Datenblock an die Funktion „Vorbereitung" übergeben und die entsprechenden Verarbeitungsroutinen aufgerufen. Die Vorbereitung berechnet alle Daten bezogen auf das Basiskoordinatensystem des Roboters, welche bereits vor dem aktuellen Abfahren der Bahn berechenbar sind. Beispielsweise werden die Bewegungspunkte auf das Basiskoordinatensystem des Roboters transformiert. Weiter wird die Bahnlänge, der Radius für die Kreisinterpolation oder der abzufahrende Kreiswinkel berechnet. Mit der Look-ahead-Funktion werden Bremseinsatzzeitpunkte so berechnet, dass der Roboter bei kurzen Punktabständen über diese Punkte mit hoher Geschwindigkeit hinwegfahren kann, aber dennoch am Endpunkt der Bahn exakt zum Stehen kommt.

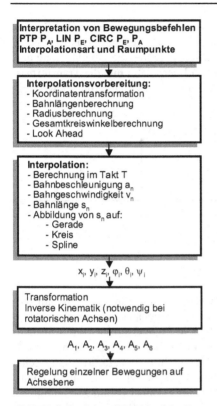

Abb. 10.4. Funktioneller Ablauf der Bewegungssteuerung

Die Interpolation hat die Aufgabe, mit den in der Vorbereitung erzeugten Daten das Werkzeug bzw. mathematisch den sechsdimensionalen **Werkzeug-Vektor** (TCP) im Interpolationstakt mit der gegebenen Bahnbeschleunigung und der gegebenen Bahngeschwindigkeit entlang der Bahn zu interpolieren. Hierzu berechnet der Interpolator entsprechend der angewählten Interpolationsfunktion im **Interpolationstakt** die aktuelle Bahnlänge und die aktuelle Orientierungseinstellung und bildet diese auf die abzufahrende geometrische Funktion ab.

Der Interpolator erzeugt im Interpolationstakt sechsdimensionale, kartesisch definierte **Lage-Sollwerte** für die Positionierung und Orientierung des Werkzeugs. Durch die im konstanten Interpolationstakt abgefahrenen **Bahnlängenabschnitte** ergibt sich eine genau einstellbare Geschwindigkeit.

Zur Erzeugung von Führungsgrößen für die einzelnen Achsantriebe, z.B. für sechs Achsen eines Universalroboters, müssen diese kartesischen Werte in Achswerte transformiert werden. Diese Koordinatentransformation bezeichnet man als „**inverse Transformation**" oder „**inverse Kinematik**". Sie hat die Aufgabe, den **sechsdimensionalen Lagevektor**, welcher die Position und Orientierung des Werkzeugs kartesisch beschreibt, in z.B. sechs Winkelvorgaben für die Achsen bei einem Roboter mit Rotationsachsen umzurechnen.

Diese Einstellwerte für die Achsen werden dann auf das Regelsystem für die mechanischen Achsen mit Antrieben als Lage-Sollwerte gegeben. Das Regelsystem hat die Aufgabe, diese Lagen genau einzustellen. Durch die Überlagerung der einzelnen Achsbewegungen ergibt sich, über den Interpolator und die Transformation gesteuert, die gewünschte kartesische Positions- und Orientierungsbewegung des Werkzeugs.

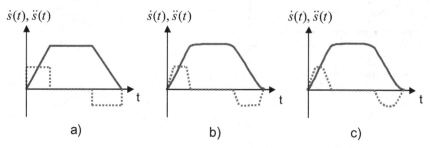

Abb. 10.5. Zeitliche Führung der Werkzeugbewegung

Nach der generellen Übersicht über die Bewegungssteuerung soll jetzt auf die zeitliche Führung der Bewegung des Werkzeugs eingegangen werden (s. Abb. 10.5). Die Bewegungsführung hat die Aufgabe, die Roboterachsen vom Stillstand heraus bis zur gewünschten Bahngeschwindigkeit zu beschleunigen, dann gemäß dem Programm mit konstanter Geschwindigkeit zu fahren und zum richtigen Zeitpunkt so zu bremsen, dass der Roboter exakt am Bahnende zum Stillstand kommt. Dies wird mit so genannten „**Fahrprofilen**" erreicht. Dabei ist ein zeitoptimales, möglichst weiches und überschwingfreies Einfahren in die Roboterposition gefordert.

Prinzipiell lassen sich verschiedene Fahrprofile unterscheiden:

a) Beim „**Profil** mit **Konstantbeschleunigung**" ist eine konstante Beschleunigung und ein konstantes Abbremsen gegeben. Dabei kann Beschleunigen und Abbremsen unterschiedlich sein. Die Ableitung der Beschleunigung ist beim Profil mit Konstantbeschleunigung 0. Da die Beschleunigung eine nicht stetige Funktion darstellt, entsteht bei der Ableitung an den Sprungstellen der sog. „**Dirac-Stoß**", d.h. ein Sprung ins Unendliche und wieder zurück. Dieser Sachverhalt führt zu Stößen in der Mechanik und bei mechanisch weichen Systemen zu unerwünschten Schwingungen.

b) Beim „**Profil** mit **konstantem Ruck**" gilt: die Ableitung der Beschleunigung ist eine Konstante und nicht 0 wie im Fall a). „Ruck" ist als Ableitung der Beschleunigung definiert. Bei diesem Fahrprofil entstehen damit keine Dirac-Stöße und keine unerwünschten Schwingungen.

c) Beim „**Profil** mit **Sinus-Quadrat-Verlauf**" gilt: die Ableitung ist wiederum eine Sinus-Funktion und damit eine stetige Funktion. Auch hier sind die Nachteile von a) nicht gegeben. Auch bei weiteren Ableitungen ergibt sich stets eine stetige Funktion, so dass dieses Profil Schwingungen aufgrund von „Dirac-Stößen" am besten vermeiden kann.

Das Fahrprofil „mit Konstantbeschleunigung" ist einfach berechenbar und wird auch heute noch häufig eingesetzt.

Das Fahrprofil „mit Sinus-Quadrat-Verlauf" erfüllt theoretisch die Anforderungen nach Schwingungsvermeidung am besten, erfordert allerdings auch den größten Berechnungsaufwand.

Demgegenüber ist das Fahrprofil „mit konstantem Ruck" einfacher zu berechnen. Außerdem haben Versuche gezeigt, dass konstanter Ruck bei Roboterachsantrieben zur Schwingungsvermeidung ausreicht, da sich durch das Sinus-Quadrat-Fahrprofil keine wesentliche Verbesserung mehr ergibt.

Deswegen wird das Profil mit konstantem Ruck in der RC eingesetzt. Die Algorithmen ergeben sich entsprechend dem in Abschn. 9.3 dargestellten Fahrprofil. Sie müssen allerdings auf die sechs Achsen eines Universalroboters erweitert werden.

10.3   Softwarearchitektur und Echtzeitverhalten der RC

Moderne Robotersteuerungen für universelle Produktionsroboter umfassen heute mehr als 1000 Entwickler-Mannjahre an Echtzeit-Software. Deswegen sind langlebige Softwarearchitekturen mit wiederverwendbaren Bausteinen gefordert.

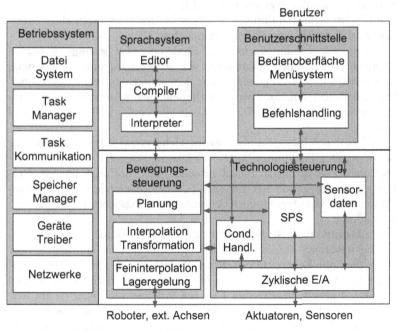

Abb. 10.6. Softwarereferenzmodell für eine RC

Eine Standardisierung oder Wiederverwendbarkeit von SW-Funktionen ist nur möglich über Referenzmodelle, welche die Funktionen und die Schnittstellen zwischen diesen beschreiben. Ein solches Referenzmodell ist in Abb. 10.6 dargestellt. Es lässt sich in die Blöcke Echtzeitbetriebssystem (EBS), **Sprachsystem, Benutzerschnittstelle, Bewegungssteuerung** und **Technologiesteuerung** gliedern. Das Echtzeitbetriebssystem stellt wie bei der NC (s. Kap. 9) die Funktionen „Speichern" und „Verwalten" der RC-Programme und RC-Maschinendaten mit Hilfe eines klassischen Filesystems zur Verfügung. Das EBS verwaltet und steuert die parallel ablaufenden RC-Tasks mit Hilfe einer Task-Verwaltung, einem Scheduler und entsprechenden Synchronisationsfunktionen. Mittels Geräte- und Netzwerktreibern werden Kommunikationsfunktionen für das Intranet oder das Internet als auch für den Datenaustausch über Feldbusse bereitgestellt.

Das Sprachsystem besteht aus **Editor, Compiler** und **Interpreter**. Mit einem Text-Editor kann ein RC-Programm in einer Pascal-ähnlichen Sprache, die um Fahrbefehle und Synchronisationsbefehle erweitert wurde, editiert werden. Ein Compiler übersetzt das Programm in einen schnell interpretierbaren Code, der vom Interpreter online in Echtzeit mit kurzen **Satzwechselzeiten** von wenigen ms interpretierbar sein muss. Die Benutzerschnittstelle realisiert Oberflächen für Bedienen und Programmieren mit Menüsystem und Befehlshandling. Die Bewegungssteuerung verwirklicht die in Abschn. 9.2 behandelten Funktionen.

Die Technologiesteuerung steuert Prozesse wie Punkt-, Schutzgasschweißen, Logikfunktionen, Sensordatenverarbeitung und E/A.

Prinzipiell lassen sich die informationsverarbeitenden Funktionen einer Robotersteuerung bzgl. Echtzeit in zwei Gruppen einteilen:

Eine Gruppe mit ständig wachsenden Funktionen hat **geringe Echtzeit-Anforderungen (100 ms bis Sekunden)**, wie Roboterprogrammarchivierung, Benutzerschnittstellen, SPS-Programmierung, Kommunikation zum Leitrechner, Ferndiagnose, Robotersimulation, Bedienungsanleitungen in verschiedenen Sprachen, Inbetriebnahmehilfen, Auto-Tuning, Tools für Tests und Fehlersuche und Lernprogramme.

Für diese Funktionen bietet ein **Standardbetriebssystem (SBS)** eine optimale Plattform. Die meisten Funktionen lassen sich kostengünstig am weltweiten Software-Markt ohne Entwicklungsaufwand beziehen, z.B. Software für SPS-Programmierung, Kommunikation z.B. Ethernet-TCP/IP, Robotersimulation. Für andere Funktionen wie Benutzerschnittstellen und Hilfen existieren leistungsfähige Entwicklungstools.

Die **zweite Gruppe** umfasst die eigentlichen Roboterfunktionen wie Interpreter, Bewegungssteuerung, Technologiesteuerung, Sensor-Datenverarbeitung oder Feldbusse für die **hohe Echtzeitfähigkeit** mit **Deadlines von 1 ms bis 10** ms gefordert sind. Für Antriebsregelungen muss die Gleichzeitigkeit der Regelung einzelner Achsen mit einem Jitter kleiner 1 µs gewährleistet sein. Hier ist ein leistungsfähiges **Echtzeitbetriebssystem (EBS)** mit preemptivem Multitasking und kleiner Taskwechselzeit erforderlich. Sehr wichtig sind auch geeignete Entwicklungswerkzeuge wie Source-Code-Debugger und Testwerkzeuge für Taskmonitoring. Sie verkürzen die Entwicklungszeit erheblich. Analysen haben gezeigt, dass Betriebssysteme wie VX-Works oder RTLinux diese Anforderungen erfüllen.

Eine **erste SW-Architektur** hat die typische **Drei-Ebenen-Struktur** (s. Abb. 10.7). Über der Hardwareebene realisiert als zweite Ebene ein Echtzeitbetriebssystem das Filesystem für RC-Anwenderprogramme und Datenverwaltung und die klassischen Echtzeitfunktionen wie Task-Verwaltung, Intertaskkommunikation, Synchronisation, Scheduling, Gerätetreiber, Netzwerke, usw. Ein API (Application Programming Interface) stellt Funktionen für die Taskdefinition, -verwaltung und –steuerung bereit.

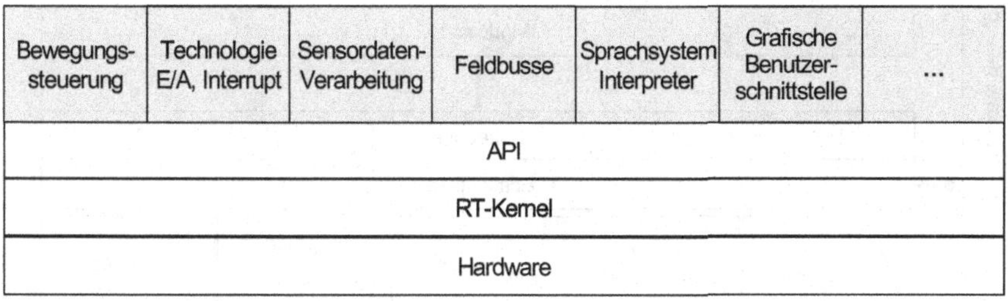

Bewegungs-steuerung	Technologie E/A, Interrupt	Sensordaten-Verarbeitung	Feldbusse	Sprachsystem Interpreter	Grafische Benutzer-schnittstelle	...
API						
RT-Kernel						
Hardware						

Abb. 10.7. Robotersoftwarearchitektur mit einem Echtzeit-Betriebssystem

Eine **zweite modulare SW-Architektur** mit wiederverwendbaren SW-Komponenten berücksichtigt die zwei Taskgruppen mit unterschiedlichem Echtzeitverhalten über **zwei hardwaremäßig gekoppelte Betriebssysteme** (s. Abb. 10.8).

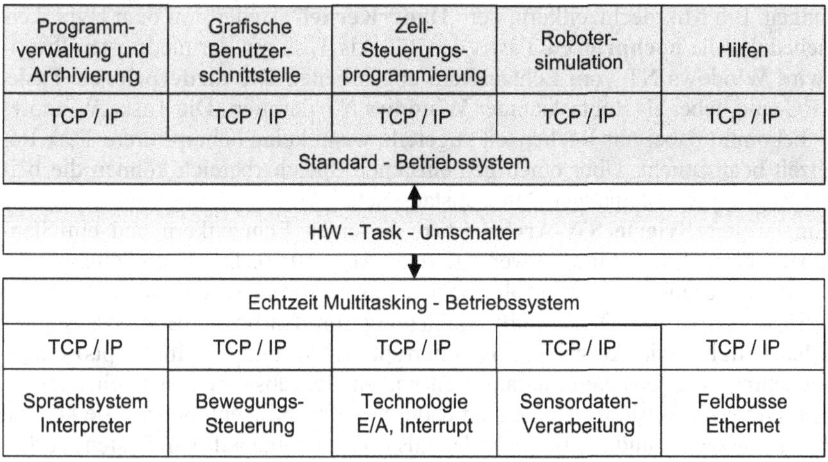

Programm-verwaltung und Archivierung	Grafische Benutzer-schnittstelle	Zell-Steuerungs-programmierung	Roboter-simulation	Hilfen
TCP / IP	TCP / IP	TCP / IP	TCP / IP	TCP / IP
Standard - Betriebssystem				
↑ HW - Task - Umschalter ↓				
Echtzeit Multitasking - Betriebssystem				
TCP / IP	TCP / IP	TCP / IP	TCP / IP	TCP / IP
Sprachsystem Interpreter	Bewegungs-Steuerung	Technologie E/A, Interrupt	Sensordaten-Verarbeitung	Feldbusse Ethernet

Abb. 10.8. Roboter-Softwarearchitektur mit Hardware-Umschaltung zwischen zwei Betriebssystemen

Beispielsweise wird das SBS Windows NT zur Steuerung der nicht echtzeitfähigen Tasks verwendet und VX-Works oder RTLinux zur Steuerung der echtzeitfähigen Tasks. Die Kommunikation zwischen den einzelnen Tasks erfolgt mit einem standardisierten Protokoll TCP/UDP/IP, das im SBS und im EBS vorhanden ist.

Ein **Hardware-Interrupt** unterbricht zyklisch Windows und ruft das Echtzeitbetriebssystem auf. Dies gibt die Kontrolle an Windows zurück, wenn alle Echtzeitaufgaben durchgeführt sind.

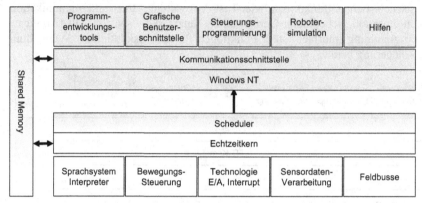

Abb. 10.9. Roboter-Softwarearchitektur mit Echtzeitbetriebssystem und Standardbetriebssystem als niederpriore Task

Eine **dritte SW-Architektur** (s. Abb. 10.9) koppelt **softwaregesteuert** die Tasks mit hohen Echtzeitanforderungen mit den Tasks mit geringeren Echtzeitforderungen. Ein Mikroechtzeitkern, der „**HyperKernel**", steuert mit dem Hyperkernelscheduler die **hochprioren Tasks** der RC. Als Task mit der niedrigsten Priorität wird Windows NT vom Echtzeitkern abgearbeitet. Die **niederprioren Tasks** der RC sind dabei als Subtasks unter **Windows NT** definiert. Die Task „Windows NT" bekommt dabei nur Rechenzeit zugeteilt, wenn keine höherprioriere Task Rechenzeit beansprucht. Über einen gemeinsamen Speicherbereich können die beiden Taskgruppen miteinander Daten austauschen.

Eine weitere, **vierte SW-Architektur**, die einen Echtzeitkern und ein Standardbetriebssystem parallel verwendet, zeigt Abb. 10.10. Die Umschaltung zwischen den Betriebssystemen erfolgt über einen **weiteren Minikern** (ISR - Interrupt Service Routine). Dieser läuft unabhängig von den beiden Betriebssystemen und hat lediglich die Aufgaben, alle Interrupts (HW- und SW-Interrupts) entgegenzunehmen und basierend darauf, den beiden Betriebssystemen Rechenzeit zu geben. Die zwei Betriebssysteme sind dadurch vollständig entkoppelt. Sie können betrieben, gewartet und gepflegt werden, als ob sie alleine auf dem System vorliegen würden.

Eine Interaktion zwischen den Betriebssystemen ist damit allerdings nur noch über Interrupts und über (rechnerinterne) Netzkommunikation möglich. Die Umschaltung zwischen den Kernen über die ISR ist im Automaten in Abb. 10.11 skizziert.

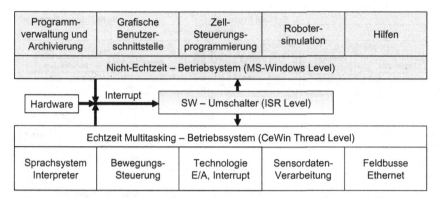

Abb. 10.10. Roboter-Softwarearchitektur mit Softwareumschaltung zwischen zwei Betriebssystemen

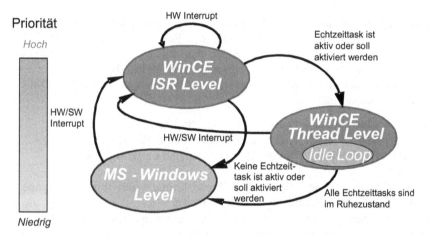

Abb. 10.11. Softwareumschaltung zwischen zwei Betriebssystemen (Quelle: KUKA)

Im Folgenden soll beispielhaft eine **Roboter-Softwarearchitektur** mit **RTLinux** als Echtzeitkern (s. Abschn. 6.7.3) näher behandelt werden. In Abb. 10.12 sind die verschiedenen Ebenen und Tasks dieser Architektur dargestellt. Über der Hardwareebene ist der RTLinux-Kern mit dem RT-Scheduler angeordnet. Auf der darüberliegenden Softwareebene ist die Anwendersoftware (RC-Software) in **Echtzeittasks** und **Nicht-Echtzeittasks** unterteilt. RTLinux verwaltet die hochprioren Echtzeit-RC-Tasks und die klassische Linux-Task (Unix/Linux-Kernel) und teilt diesen nach ihrer Priorität den Prozessor zu. Die niederpriorste Task ist dabei das klassische Unix/Linux. Über diese Linux-Task können dann weitere niederpriore RC-Tasks integriert und verwaltet werden, z.B. Editor, Compiler, Bedienoberfläche. Der „RTLinux-Kern" empfängt und behandelt alle Hardware-Interrupts und teilt diese entsprechend der Priorität auf die RTLinux-Echtzeittasks und deren Threads sowie auf die Linux-Task und deren Threads auf.

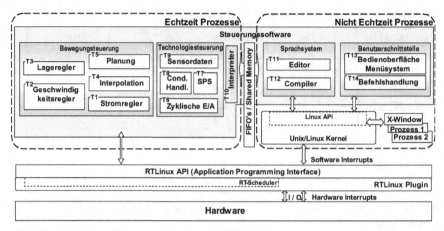

Abb. 10.12. Roboter-Softwarearchitektur mit RTLinux

Um eine klar definierte Schnittstelle und eine Kapselung der einzelnen Funktionen zu erreichen, wird zur Verwendung der Echtzeitmethoden der POSIX-Standard im API des RTLinux verwendet. Der RTLinux-Kern bietet POSIX-Funktionsaufrufe zur Verwaltung von eigenen Echtzeit-Threads an. Im Folgenden sind die zum Verständnis des hier behandelten Beispiels notwendigen POSIX-Funktionsaufrufe aufgelistet:

- pthread_create(pthread_t *pthread, pthread_attr_t *attr, void *(*start_routine)(void*), void *arg) – Erzeugen eines RT-Threads
- pthread_cancel(pthread_t *pthread) – Anhalten und Entfernen eines RT-Threads
- pthread_make_periodic_np(pthread_t pthread, hrtime_t start_time, hrtime_t period) – Periodisches Definieren eines RT-Threads
- pthread_suspend_np(pthread_t pthread) – Suspendieren eines RT-Threads
- pthread_wakeup_np(pthread_t pthread) – Aufwecken eines RT-Threads
- pthread_wait_np(void) – Suspendieren eines RT-Threads bis zur nächsten Periode

Wie für ein Betriebssystem üblich, bietet RTLinux Mittel zur Synchronisation von eigenen Threads, wie z.B. Semaphore. Entsprechende Operatoren zur Benutzung und Verwaltung solcher Semaphore sind unter anderem:

- sem_init(sem_t *sem, int pshared, unsigned int value) – Initialisieren einer Semaphore
- sem_destroy(sem_t *sem) – Löschen einer Semaphore
- sem_wait(sem_t *sem) – Zugreifen auf eine Semaphore
- sem_post(sem_t *sem) – Freigeben einer Semaphore
- sem_trywait(sem_t *sem) – Zugreifen auf eine Semaphore ohne dass der zugreifende Thread blockiert wird

Die Kommunikation zwischen Echtzeit- und Nicht-Echtzeit-Tasks erfolgt über das in RTLinux definierte Konzept der RT-FIFOs oder über gemeinsam adressierbare Speicher (Shared Memory). In dem hier behandelten Beispiel werden ausschließlich FIFOs verwendet. Die entsprechenden FIFO-Operationen sind:

- rtf_create(unsigned int rtfifo, int size) – Anlegen eines RT-FIFOs
- rtf_destroy(unsigned int rtfifo) – Zurücksetzen eines RT-FIFOs
- rtf_create_handler(unsigned int rtfifo, int (*handler)) – Definieren einer Interrupt-Händler-Funktion für die Daten im FIFO
- rtf_get(unsigned int rtfifo, char *buf, int count) – Daten in RT-FIFO schreiben
- rtf_put(unsigned int rtfifo, char *buf, int count) – Daten aus dem RT-FIFO lesen

Im Folgenden wird beispielhaft eine mögliche Softwarestruktur des Teilbereichs „Bewegungssteuerung einer RC" mit Interpreter, auf Basis des RTLinux-Kerns, erläutert. Es ist eine RTLinux-Task mit vier Threads „Interpreter", „Vorbereitung", „Interpolator" und „Lageregler" definiert (s. Abb. 10.13).

Da für jeden vom Interpolator berechneten Bahnzwischenpunkt im Interpolationstakt (z.B. 10 ms) auch eine Transformation zur Berechnung der Achswerte erfolgen muss, wird der Funktionsblock Transformation in die Task Interpolator integriert.

Ein Feininterpolator erzeugt im Lagereglertakt (z.B. 2 ms), der um ein Vielfaches kleiner ist als der Interpolationstakt, Sollwerte für die einzelnen Achsen. Diese werden im Lagereglertakt mit dem Istwert zusammen im Regelalgorithmus weiterverarbeitet. Deswegen bietet es sich an, den Lageregler und den Feininterpolator in einem Thread „Lageregler" zusammenzufassen.

In Abb. 10.13 ruft der RT-Scheduler von RTLinux gemäß den vereinbarten Perioden (Interpolations-, Lagereglertakt) die zyklischen Threads Interpolator und Lageregler auf. Entsprechend den definierten Prioritäten und den gegebenen Datenabhängigkeiten werden interruptgesteuert die asynchronen Tasks Vorbereitung und Interpreter aufgerufen.

Zur Übergabe der Daten zwischen den einzelnen Threads sind FIFOs (FIFO Vorber, FIFO Interpol, FIFO Lage) eingerichtet.

Der gleichzeitige Zugriff auf die FIFOs durch Schreiben vom übergeordneten Thread und Lesen vom untergeordneten Thread wird durch Semaphore verhindert. Diese sind je einem FIFO zugeordnet und steuern die FIFO-Lese- oder Schreiboperationen.

Bei der Abarbeitung des Roboterprogramms interpretiert der Interpreter die Befehle (hier Bewegungsbefehle), erzeugt eine dicht gepackte Datenstruktur und schreibt diese in den FIFO Vorber.

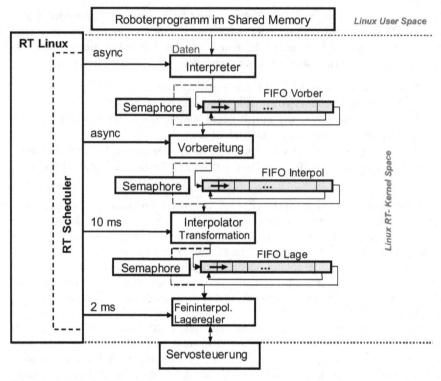

Abb. 10.13. Beispiel Echtzeitsystem: Bewegungssteuerung RC

Der Zugriff auf diesen FIFO ist in Abb. 10.14 durch ein Petrinetz dargestellt. Die Marke in der Stelle, welche die Semaphore symbolisiert, bewirkt, dass immer nur der Interpreter oder die Vorbereitung Zugriff auf den FIFO haben. Will der Interpreter beispielsweise in den FIFO schreiben, so muss diese Marke zum Schließen der Semaphore entfernt werden. Die Stelle, welche die Semaphore symbolisiert, ist damit leer. Dadurch kann die Vorbereitung nicht ihrerseits die Marke entnehmen und die Semaphore schließen. Die Vorbereitung hat somit keinen Zugriff auf den FIFO (Bedingung Petrinetz: Alle Stellen einer Transition müssen mindestens eine Marke enthalten, um zu schalten).

Der Thread Vorbereitung liest aus dem FIFO Vorber den interpretierten Befehl und berechnet alle notwendigen Daten für die Interpolation, welche im Voraus berechnet werden können. Dann schreibt er diese Daten in den FIFO Interpol. Sobald der FIFO Vorber leer oder der FIFO Interpol voll ist, kann der Thread Vorbereitung nicht weiterarbeiten und wird in den Ruhezustand versetzt. Ebenso wird der Interpreter in den Ruhezustand versetzt, falls der FIFO Vorber voll ist. Der Zustand „FIFO Vorber leer" ist ein Zustand, der im Betrieb nicht auftreten sollte. Er bedeutet, dass der Interpreter nicht schnell genug neue Befehle interpretieren kann.

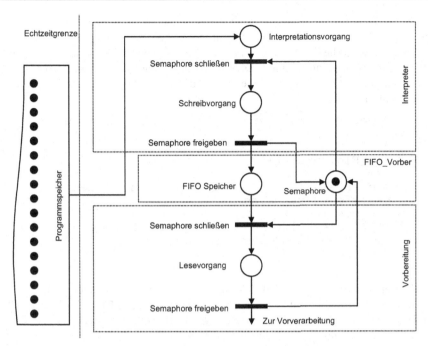

Abb. 10.14. Darstellung des Zugriffs auf den FIFO Vorber durch die Threads Interpreter und Vorbereitung

Der Interpolator schreibt zyklisch die berechneten Zwischenwerte in den FIFO Lage. Falls ein Datensatz fertig interpoliert ist, wird der nächste aus dem FIFO Interpol gelesen. Die von der Task Interpolator berechneten Sollwerte werden vom Lageregler aus dem FIFO Lage gelesen. Der Lagerregler berechnet im Lageregler- takt fünf Zwischenwerte für die Lagesollwerte und regelt damit die Lage.

Im nun folgenden Beispiel soll das oben genannte Szenario in der Program- miersprache C unter dem Echtzeitbetriebssystem RTLinux umgesetzt werden.

Als zentrale Struktur, über die jeweils zwei Threads miteinander kommunizie- ren, wird hier zunächst ein FIFO definiert. Diese neue Struktur syncFIFO enthält den FIFO (fifo) zur Pufferung der Daten, eine Semaphore (s) zum Schutz des FI- FOs und einen Zeiger (t) auf den Thread, der für das Auffüllen des FIFOs zustän- dig ist. Außerdem werden zwei Funktionen definiert, um in den syncFIFO zu schreiben und daraus zu lesen.

```
typedef SYNC_FIFO
{
    sem_t       s;          /* Semaphore */
    FIFO*       fifo;       /* FIFO-Speicher */
    pthread_t*  t;          /* Auffüllender Thread*/
} syncFIFO;
```

Mit der Funktion „syncFIFO_lesen" wird ein Datum aus dem FIFO geholt und anschließend überprüft, ob der FIFO damit weniger als halbvoll ist. Sollte dies der Fall sein, so wird die Task, die für das Auffüllen dieses FIFOs verantwortlich ist mit pthread_wakeup_np aktiviert. Dies stellt sicher, dass der FIFO nie leer wird. Der Zustand „FIFO leer" würde zu einem „Ausbremsen" des Threads führen, der aus diesem FIFO liest.

```
int syncFIFO_lesen( syncFIFO* p, void* data, size_t
size)
{
    int ElementeInFIFO = 0;
    sem_wait( p->s);
    ElementeInFIFO = FIFO_lesen_und_entfernen(
    p->fifo, data, size);
    sem_post( p->s);
    if( ElementeInFIFO < FIFO_GROESSE / 2 )
        pthread_wakeup_np( p->t);
    return 0;
}
```

Mit der Funktion „syncFIFO_schreiben" wird ein Datum in den FIFO geschrieben und anschließend geprüft, ob der FIFO damit voll ist. In diesem Fall wird der Thread, der für das Auffüllen dieses FIFOs verantwortlich ist, mit „pthread_suspend_np" in den Ruhezustand versetzt.

```
int syncFIFO_schreiben( syncFIFO* p, void* Data, si-
ze_t size)
{
    int bVoll = 0;
    sem_wait( p->s);
    bVoll = FIFO_schreiben( p->fifo, data, size);
    sem_post( p->s);
    if( bVoll != 0 )
        pthread_suspend_np( p->t);
    return 0;
}
```

Nachdem der syncFIFO definiert ist, können nun entsprechende Zeiger festgelegt werden. Da Interpreter und Vorbereitung ihre Ergebnisse später in einen solchen FIFO schreiben sollen, werden hiervon zwei benötigt. Die Kommunikation zwischen Interpolator und Lageregler verläuft wesentlich einfacher, so dass hierfür nur ein einfacher FIFO ohne zusätzliche Funktionalität vorgesehen ist. Allerdings muss man für diesen FIFO eine eigene Semaphore (sem_lr) definieren, da diese ja nicht wie bei dem syncFIFO bereits in eine Struktur integriert ist.

```
syncFIFO    sFIFO_Vorber;
syncFIFO    sFIFO_Interpol;
FIFO*       FIFO_Lage;
sem_t       sem_lr;
```

Um in der folgenden Initialisierung bereits die Threads benennen zu können, werden diese sowie die dazugehörenden Kontrollblöcke deklariert.

```
void    Interpreter ( void*);
void    Vorbereitung( void*);
void    Lageregler  ( void*);
void    Interpolator( void*);

pthread_t  threads [4];
```

Die Funktion „init_module" legt zunächst zwei spezifische Datenstrukturen (attr, sched_param) als Behälter für Daten zur Parametrierung unserer Threads an. Mit „sem_init" erfolgt die Initialisierung der Semaphore. Anschließend werden Zeiger auf die FIFOs sowie die FIFOs selbst angelegt. Damit ist alles vorbereitet, um die vier Threads zu starten. Dazu wird der jeweilige Thread zunächst parametriert und ihm eine Priorität zugewiesen. Ist dies erfolgt, so kann unter der Verwendung der Datenstruktur „sched_param" das Laufzeitverhalten weiter parametriert werden. Hier wurden dazu die Standardparameter verwendet. Mit „pthread_create" wird der Thread schließlich erzeugt und gestartet. Dabei ist vor allem der dritte Parameter interessant, der angibt, mit welcher Funktion der Thread startet.

```
int init_module(void)
{
    pthread_attr_t attr;
    struct sched_param sched_param;

    sem_init( &sFIFO_Vorber.s, 0, 1);
    sem_init( &sFIFO_Interpol.s, 0, 1);
    sem_init( &sem_lr, 0, 1);

    sFIFO_Vorber.t   = &pthread[3];
    sFIFO_Interpol.t = &pthread[2];

    FIFO_Anlegen ( sFIFO_Vorber.fifo);
    FIFO_Anlegen ( sFIFO_Interpol.fifo);
    FIFO_Anlegen ( FIFO_Lage);

    /*Initialisieren des Thread "Lageregler" */
    pthread_attr_init ( &attr);
    sched_param.sched_priority = 4;
    pthread_attr_setschedparam ( &attr,
    &sched_param);
    pthread_create (&threads[0], &attr, Lageregler,
    (void *)0);

    /*Initialisierung des Threads "Interpolator" */
    pthread_attr_init ( &attr);
    sched_param.sched_priority = 5;
    pthread_attr_setschedparam ( &attr,
    &sched_param);
    pthread_create ( &threads[1], &attr, Interpola
    tor, (void *)0);

    /*Initialisierung des async. Threads "Vorberei
    tung" */
    pthread_attr_init ( &attr);
    sched_param.sched_priority = 6;
    pthread_attr_setschedparam ( &attr,
    &sched_param);
    pthread_create ( &threads[2], &attr, Vorberei
    tung, (void *)0);

    /* Initialisierung des async. Threads "Inter
    preter" */
    pthread_attr_init ( &attr);
    sched_param.sched_priority = 7;
    pthread_attr_setschedparam ( &attr,
    &sched_param);
    pthread_create ( &threads[2], &attr, Interpreter,
    (void *)0);

    return 0;
}
```

Der Vollständigkeit wegen sind hier auch Funktionen für das Beenden und Aufräumen der Threads angegeben.

Die Funktion „cleanup_module" entfernt die entsprechenden Datenstrukturen aus dem Speicher. An dieser Stelle soll darauf hingewiesen werden, dass gerade bei dieser Aktion gerne der Fehler gemacht wird, nicht vollständig aufzuräumen, so dass beispielsweise FIFOs im Speicher verbleiben und später zu Fehlern führen.

```
void cleanup_module(void)
{
    pthread_cancel ( threads[0] );
    pthread_join ( threads[0], NULL);
    pthread_cancel ( threads[1] );
    pthread_join ( threads[1], NULL);
    pthread_cancel ( threads[2] );
    pthread_join ( threads[2], NULL);
    pthread_cancel ( threads[3] );
    pthread_join ( threads[3], NULL);

    FIFO_Loeschen ( sFIFO_Vorber.fifo);
    FIFO_Loeschen ( sFIFO_Interpret.fifo);
    FIFO_Loeschen ( FIFO_Lage);

    sem_destroy ( &FIFO_Vorber.s);
    sem_destroy ( &FIFO_Interpol.s);
    sem_destroy ( &sem_lr);
}
```

Im Folgenden soll auf die einzelnen Funktionen eingegangen werden, die innerhalb der vier Threads abgearbeitet werden.

Nach einer Initialisierung läuft die Interpreterfunktion in eine Endlosschleife, in der laufend Befehle aus dem Programmspeicher gelesen, interpretiert und in den FIFO_Vorber geschrieben werden. Wie oben beschrieben, wird der Thread über den Schreibbefehl in den Ruhezustand versetzt, wenn der FIFO voll sein sollte. Aus diesem Zustand wird der Thread wieder aufgeweckt, wenn bei einem Lesezugriff auf den FIFO_Vorber festgestellt wird, dass der FIFO weniger als zur Hälfte gefüllt ist.

```
void Interpreter(void)
{
    struct befehl_zeile Befehl;
    ...
    while(1)
        {
            ...
            LesenNaechsteBefehlZeile( &Befehl);
            Interpretiere_Befehl ( &Befehl);
            FIFO_schreiben( &FIFO_Vorber,
                &Befehl, sizeof(befehl_zeile));
            ...
        }
}
```

Die Vorbereitungsfunktion ist der Interpreterfunktion recht ähnlich. Auch sie läuft nach einer Initialisierung in einer Endlosschleife. Allerdings werden hier die Befehle aus dem FIFO_Vorber gelesen und nach der Vorbereitung in den

FIFO_Interpol geschrieben. Analog wird dieser Thread über die FIFOs in den Ruhezustand versetzt und auch wieder daraus erweckt.

```
void Vorbereitung (void *t)
{
    struct befehl_zeile Befehl;
    struct ipobefehl Bewegungsbefehl;
    ...
    while (1)
        {
            ...
            FIFO_lesen( &FIFO_Vorber, &Befehl,
                    sizeof(befehl_zeile));
            Interpolator_Vorbereitung( &Befehl,
                    &Bewegungsbefehl, ...);
            FIFO_schreiben(&FIFO_Interpol,
            &Bewegungsbefehl,sizeof(ipobefehl));
            ...
        }
}
```

Die Interpolatorfunktion ist etwas komplizierter aufgebaut, da es sich bei ihr um eine Funktion innerhalb eines zyklischen Thread handelt. Zunächst durchläuft die Funktion ebenfalls eine Initialisierung. Hierbei werden mit der Funktion „pthread_make_periodic_np" die für einen zyklischen Thread notwendigen drei Parameter festgelegt. Der erste Parameter gibt über einen Zeiger an, auf welchen Thread sich die Parametrierung bezieht. Damit ist es beispielsweise möglich, einen Thread aus einem anderen heraus umzuparametrieren. Dies ist hier nicht notwendig. Deshalb wird ein Zeiger auf den eigenen Thread als Parameter eingesetzt. Der zweite Parameter gibt an, wann der Thread zum ersten Mal gestartet werden soll. Da dies in unserem Beispiel ohne Verzögerung erfolgen soll, ist hier die aktuelle Zeit eingesetzt. Der letzte Parameter gibt die Zykluszeit in Nanosekunden (ns) an.

Die Endlosschleife, in die der Thread läuft, beginnt mit dem Befehl „pthread_wait_np". Dieser Befehl gibt an, an welcher Stelle der Thread nach einem begonnenen Zyklus wartet. Der Interpolator-Thread hat beispielsweise eine Zykluszeit von 10 ms. Das bedeutet, dass der Thread maximal 10 ms Zeit hat, um von einem „pthread_wait_np" Befehl zum nächsten zu gelangen, ohne eine Echtzeitbedingung zu verletzen. Im Umkehrschluss wird der Thread, wenn er beispielsweise bereits nach 2 ms den nächsten „pthread_wait_np" Befehl erreicht hat, die verbleibenden 8 ms in den Ruhezustand versetzt.

Da die Interpolatorfunktion nur einmal im Programmdurchlauf „pthread_wait_np" aufruft, wird alle 10 ms ein Schleifendurchlauf abgearbeitet. Dabei wird zunächst überprüft, ob ein neuer Befehl aus dem FIFO_Interpol geholt werden muss, oder ob noch ein Befehl in der Abarbeitung ist. Gegebenenfalls muss ein neuer Befehl gelesen werden. Nach der Interpolation und der Transformation wird das Ergebnis der Funktion Transformation in den FIFO_Lage geschrieben. Danach springt der Thread wie beschrieben wieder an den Beginn der

Schleife und wartet die verbliebene Zeit von 10 ms, bevor er die Schleife erneut durchläuft.

```
void Interpolator (void *t)
{
    struct ipobefehl Bewegungsbefehl;
    ...
    pthread_make_periodic_np(pthread_self(), gethr-
time(), 10000000);
    ...
    while (1)
        {
            pthread_wait_np();
            if ( BEFEHL_ENDE( Bewegungsbefehl)
                              == ERREICHT )
        {
            FIFO_lesen( &FIFO_Interpol,
    &Bewegungsbefehl, sizeof(ipobefehl));
        }
            Interpolator_Berechnung(
                      Bewegungsbefehl, ...);
            Transformation(...);
            /* zugreifen auf eine Semaphore */
            sem_wait( &sem_lr);
            FIFO_schreiben( &FIFO_Lage , ...);
            /* freigeben einer Semaphore */
            sem_post( &sem_lr);
        }
}
```

Da der Lageregler ebenfalls ein zyklischer Thread ist, verfügt auch dieser über die Funktionsaufrufe „pthread_make_periodic_np" und „pthread_wait_np". Innerhalb der Endlosschleife wird über einen Zähler (counter) bestimmt, wann der nächste Wert vom FIFO_Lage zu lesen ist. Dies erfolgt innerhalb der if-Abfrage bei jedem fünften Schleifendurchlauf. Da der FIFO_Lage seine Semaphore nicht selbst verwaltet, muss auf diese über sem_wait(&sem_lr) und sem_post(&sem_lr) entsprechend zugegriffen werden.

Am Ende der Schleife werden die Feininterpolation und die Lageregelung durchgeführt.

```
void Lageregler(void *t)
{
    ...
    pthread_make_periodic_np ( pthread_self(), gethr-
time(), 2000000);
    ...
    int counter = 4;
    while (1)
        {
            pthread_wait_np();
            counter++;
            if(counter >= 5)
            {
                sem_wait(&sem_lr); /* zugreifen auf
                                     eine Semaphore */
                FIFO_lesen_und_entfernen( FIFO_Lage,
                                         ...);
                sem_post(&sem_lr); /* freigeben einer
                                     Semaphore */
                counter = 0;
            }

            Interpoliere_Fein(next_pos_ipo,
                             next_pos_fein, ...);
            Hole_Istwert (IST_POS);
            LagereglerAlgorithmus (next_pos_fein,
                                  IST_POS, ...);
            Servosteuerung(...);
        }
}
```

10.4   Sensorgestützte Roboter

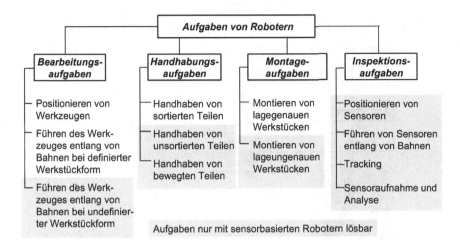

Abb. 10.15. Aufgabenstellung von Robotern in der Industrie

In Abb. 10.15 sind allgemein die Aufgaben für Roboter in der Industrie zusammengefasst. Ein großer Teil ist nur mit **sensorgestützten Robotern** automatisierbar, z.B. wenn die Teile in der Lage ungenau sind bzw., wenn die mit dem Roboter abzufahrenden Bahnen nicht exakt definiert sind. Inspektionsaufgaben sind nur mit Sensoren durchführbar.

Prinzipiell lassen sich zur Lösung dieser Aufgaben zwei unterschiedliche Sensordatenverarbeitungskonzepte mit entsprechenden Sensoreingriffspunkten im Informationsfluss der Robotersteuerung unterscheiden:

1. **Sensorbasierte Bahnverfolgung/-korrektur: Tracking**
2. **Sensorbasierte Positions-/ Bahnvorgabe**

Bei der in Abb. 10.16 dargestellten Aufgabe muss der Sensor zyklisch im Interpolationstakt der Robotersteuerung den Istverlauf der Bahn (Ist-Bahnpunkte) erfassen und der Robotersteuerung liefern. Alternativ kann er kontinuierlich die Abweichung zwischen interpolierten Soll-Bahnpunkten und den entsprechenden Ist-Bahnpunkten berechnen. Diese Differenzwerte werden zu den interpolierten Bahnpunkten, welche auf das kartesische, raumfeste Roboterbasiskoordinatensystem bezogen sind, in der Robotersteuerung hinzuaddiert. Damit wird über die nachgeschaltete Transformation und Regelung der Roboterachsen kontinuierlich die Abweichung der Ist-Bahn durch den Roboter berücksichtigt, so dass der Roboter die Ist-Bahn abfährt (s. Abb. 10.16).

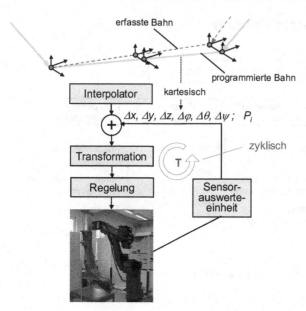

Abb. 10.16. Sensoraufgabe 1: Sensorbasierte Bahnverfolgung: Tracking

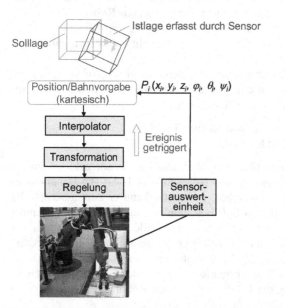

Abb. 10.17. Sensoraufgabe 2: Sensorgesteuerte Positions-/ oder Bahnvorgabe

Bei der in Abb. 10.17 dargestellten Aufgabe erfasst der Sensor z.B. die Lage eines Teils und berechnet einen entsprechenden Greifpunkt bzw. eine auf dem Teil

abzufahrende Bahn. Danach übergibt der Sensor einen oder mehrere anzufahren-
den Punkte oder eine abzufahrende Bahn an den Roboter.

Bei der Sensoraufgabe 1 (s. Abb. 10.16) wird eine Bahn über einen Regelkreis
mit dem Interpolationstakt als Regelungstakt verfolgt. Dies muss mit hoher Echtzeit, z.B. im fünf bis zehn Millisekundentakt erfolgen. Bei der Sensoraufgabe 2 (s.
Abb. 10.17) erfolgt ereignisgetriggert nach jeder Sensoraufnahme eine entsprechende Aktion durch den Roboter, z.B. Punkt-Anfahren und Greifen oder Bahn-
Abfahren und Greifen, normalerweise im Sekundenbereich, mit wesentlich gerin-
gerer Echtzeit als bei Aufgabe 1.

10.4.1 Sensorstandardschnittstelle

Mit dem Ziel, die Einsatzgebiete für Roboter durch den Einsatz von Sensoren zu
erweitern, wird im Folgenden ein Konzept vorgestellt, das „Plug and Work" im
Verbund Roboter-Sensor verwirklicht (s. Abb. 10.18).

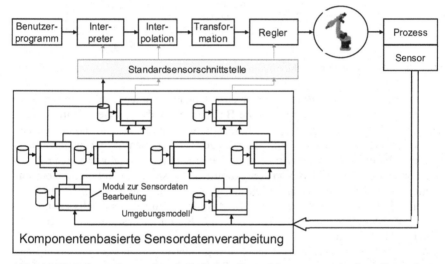

Abb. 10.18. Roboter-Sensor-Standardschnittstelle und komponentenbasierte Sensordatenverarbeitung

Eine universelle Roboter-Sensor-Schnittstelle auf Basis des Industriestandards
„Industrial Ethernet" soll eine einfache Kopplung zwischen Robotersteuerung und
Sensor ermöglichen. Die Kommunikation soll mit standardisierten Roboter- und
standardisierten Bildverarbeitungskommandos erfolgen. Damit lässt sich sowohl
ein Roboter als auch ein Sensor auf einfache Weise in eine sensorbasierte Roboterapplikation integrieren. Ein weiterer wichtiger Schritt zur Vereinfachung einer
sensorbasierten Roboterapplikation ist eine einfache Konfigurierung der Sensordatenverarbeitungssoftware. Aufbauend auf einer einfachen Aufgabenbeschreibung
sollen die erforderlichen Komponenten für die Sensordatenverarbeitung und für
die Schnittstellen ausgewählt und konfiguriert werden. Diese Komponenten müs-

sen mit einheitlichen Schnittstellen klar definiert sein. Die Sensordatenverarbeitungssoftware kann sowohl auf der Robotersteuerung als auch auf dem Sensorrechner ablaufen.

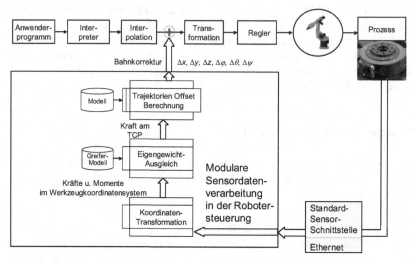

Abb. 10.19. Bahnkorrektur mit Kraftmomentensensor

Abb. 10.19 zeigt ein Beispiel einer aus Standardmodulen konfigurierten Sensordatenverarbeitungssoftware für eine Bahnkorrektur durch einen Kraftmomentensensor. Über die Standardsensorschnittstelle werden die im Kraftmomentensensor gemessenen Kräfte und Momente bezogen auf das Sensorkoordinatensystem an die Robotersteuerung übertragen. Dort transformiert ein Modul zunächst die Daten beispielsweise in das Werkzeugkoordinatensystem des Roboters. Über ein Greifermodell kann ein Eigengewichtsausgleich erfolgen und die direkt am TCP angreifende Kraft bestimmt werden. Mit Hilfe eines Impedanzmodells kann dann die den Kräften und Momenten entsprechende Korrektur bestimmt und der Sollbahn überlagert werden.

Abb. 10.20 zeigt das Beispiel einer aus Standardmodulen konfigurierten Sensordatenverarbeitungssoftware für einen Bildverarbeitungssensor. Die Kamera überträgt das Graustufenbild, das über ein Filter vorverarbeitet wird. Über eine Kantenextraktion werden die Kanten im Bild bestimmt. Mit Hilfe eines Kamera- und eines Objektmodells erfolgt die Lokalisierung des Objekts im Raum. Mit der Transformation zwischen Objektkoordinaten- und Roboterkoordinatensystem und den Kinematikdaten des Greifers kann ein Greifpunkt bestimmt und an die Steuerung übergeben werden.

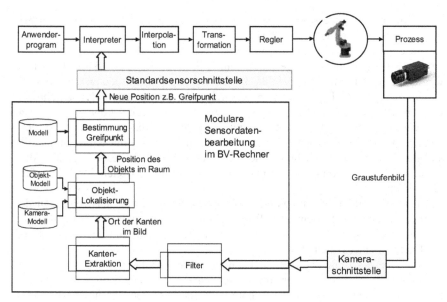

Abb. 10.20. Modulare Sensordatenverarbeitung bei Bildverarbeitungssensoren

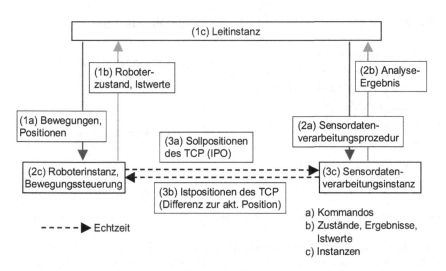

Abb. 10.21. Allgemeines Schnittstellenkonzept für sensorbasierte Roboter

Im Rahmen des Verbundprojektes ARIKT (Adaptive Roboterinspektion komplexer Teile) haben die Sensorhersteller ISRA und VITRONIC sowie die Roboterhersteller AMATEC/KUKA und REIS zusammen mit dem Institut für Prozessrechentechnik, Automation und Robotik (IPR) der Universität Karlsruhe eine universelle Robotersensorschnittstelle entwickelt.

Es wurde eine Leitinstanz, eine Roboterinstanz und eine Sensordatenverarbeitungsinstanz definiert (s. Abb. 10.21).

Die Leitinstanz kann sowohl auf einem Leitrechner, dem Sensorrechner oder auf der Robotersteuerung angesiedelt sein. Über eine Roboterbefehlsschnittstelle werden von der Leitinstanz Befehle, Positionen und Trajektorien an das Robotersystem übertragen. Damit können anzufahrende Positionen und abzufahrende Bahnen dem Roboter extern vorgegeben werden; außerdem können Positionen festgelegt werden, an denen der Roboter das Erreichen dieser Positionen zurückmeldet. Der Roboter sendet Antworten im Zusammenhang mit Kommandos, die auf der Roboter-Befehlsschnittstelle gesendet wurden. Insbesondere sind dies Synchronisationsmeldungen, wenn bestimmte Bahnpunkte erreicht bzw. durchfahren werden.

Über eine Bildverarbeitungs-Befehlsschnittstelle wird beispielsweise von der Leitinstanz das BV-System initialisiert, parametrisiert sowie die Bildaufnahme und -analyse angestoßen. Das BV-System meldet den Zustand des Systems und das Ergebnis einer Bildanalyse zurück.

Über eine zyklische Schnittstelle kann eine Positionsübermittlung der Robotersollpunkte an das Sensorsystem mit hoher Echtzeit, z.B. alle 5 bis 1 ms erfolgen. Das Sensorsystem sendet an den Roboter zyklisch in diesen kurzen Zeitabständen die Ist-Position, bzw. die Korrektur der Sollpositionen.

Bewegungen:

- Point-to-Point (PTP)   <Point to Point>
- Continuous Path (Linear, Circle) < Linear >
- Tool-Center-Point (TCP)   <TCP>
- Werkzeug-Orientierung
- Absolute und relative Koordinaten
- Attribute: Geschwindigkeit,

  Beschleunigung, Genauigkeit

  (Überschleifen)

Synchronisation:

- Auf Nachrichten warten
- Nachrichten senden

Zustandsmeldungen:

- Zyklische Positionsmeldungen
- Systemeigenschaften: IPO-Takt

Abb. 10.22. Standardisierte Roboter-Kommandos in XML (eXtensible Markup Language)

Die Roboterschnittstelle erlaubt die Definition von Bewegungen, Positionen und Roboterprogrammen, z.B. PTP- und CP-Bewegungen (s. Abb. 10.22) Roboterpositionen (TCPs) können in absoluten oder relativen Koordinaten, mit und ohne Orientierung, angegeben werden. Attribute einer Bahn wie Geschwindigkeit, Beschleunigung und Genauigkeit (Überschleifen) können definiert werden.

Über die Synchronisationsschnittstelle meldet der Roboter das Erreichen von Positionen bzw. den Vollzug von Programmen oder Programmabschnitten.

Über Zustandsmeldungen kann der Roboter einmalig oder zyklisch bestimmte Zustände nach außen bekanntgeben. So kann beispielsweise der IPO-Takt abgefragt oder Position und Orientierung des TCP zyklisch an ein BV-System gesendet werden.

Standard Kommandos:

- Initialisierung der Bildverarbeitung `<Init>`
- Setzen globaler Systemparameter `<SetVariable>` `ScansPerSeco`
- Auswahl von Bildverarbeitungsprozeduren `<LoadObject>` `Fillet`
- Start/Stop der Bildaufnahme `<TriggerStart/>` `<TriggerStop/>`
- Analyse-Ergebnis: `<Result>Part_OK |NOK|Not_Inspected</Res`

Anwendungsspezifische Elemente:

- Namen verfügbarer Bildverarbeitungsprozeduren `FilletSeam`
- Namen globaler Systemparameter `ScansPerSecond,...`
- Analyse-Ergebnis-Details `undercut,slope,...`

Abb. 10.23. Standardisierte BV-Kommandos in XML (eXtensible Markup Language)

Während für die Roboteransteuerung alle wichtigen Kommandos standardisierbar sind, lassen sich auf der Sensorseite, aufgrund der Vielfältigkeit der Applikationen, nicht im Voraus alle Befehle festlegen. Bis jetzt wurde eine erste Klasse von für alle BV-Systeme gültigen Standardkommandos festgelegt, z.B. Initialisieren, Parametrisieren, Bildaufnahme anstoßen, Analyseergebnis übermitteln (s. Abb. 10.23).

Für spezifische BV-Applikationen können anwendungsspezifische Elemente in XML definiert und ständig erweitert werden. Dies umfasst Namen für BV-Prozeduren, Namen von (System-) Variablen und Strukturen, um Analyseergebnisse im Detail zu beschreiben.

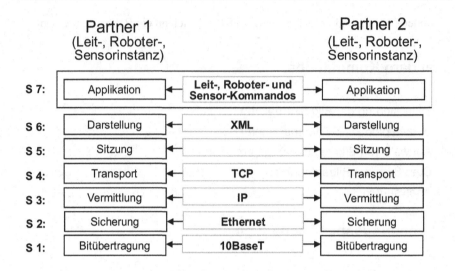

Abb. 10.24. Standardisiertes Kommunikations-Profil für sensorbasierte Roboter

Abb. 10.24 zeigt den Aufbau des standardisierten Kommunikationsprofils für sensorbasierte Roboter. Für die „unteren" Schichten der Kommunikation wird der bewährte Standard „Industrial Ethernet" mit TCP/IP eingesetzt. Im Projekt ARIKT wurden die Roboter- und Sensorkommandos auf der Ebene 7 gemäß der ISO/OSI Schichtenarchitektur wie in Abb. 10.22 und Abb. 10.23 definiert. Die Darstellungen in XML ordnen sich im ISO/OSI-Modell auf der Ebene 6 an.

Der Einsatz von XML (eXtensible Markup Language) zur Darstellung von Informationen bietet sich an, da XML ein breit eingesetzter Standard ist, und es verfügbare Werkzeuge z.B. für die Syntaxprüfung gibt. Verständlichkeit, Wartbarkeit und existierende Standardparser schaffen Vorteile gegenüber einem binären Datenformat. Allerdings ist das Datenvolumen bei gleicher Informationsdichte gegenüber binären Formaten größer.

Nach wie vor ist es nicht einfach, bei der Etablierung einer Standardschnittstelle auf Anwendungsebene einheitliche Befehle einzuführen, die von den meisten Herstellern akzeptiert werden. Nicht nur die Schreibweise (Syntax), sondern auch die Bedeutung und Wirkung (Semantik) von Befehlen, müssen von verschiedenen Herstellern einheitlich umgesetzt werden.

Indexverzeichnis

Ablaufsteuerung 7
   unterbrechungsgesteuerte 340
   zeitgesteuerte 340
   zyklische 339
Abstrakte Maschine 345
Abtast- und Halteglied 237
Abtaster 98, 99
Abtastperiode . 90, 91, 118, 119, 120
Abtasttheorem 91
   Nyquist-Shannon 229, 230
Abtastung 89, 91, 93
Adressbildung
   lineare 397
   streuende 397, 405
Adressbus 134
Adressdienst 457
Adresse
   logische 396
   Offset- 405
   physikalische 396
   Segment- 405
Adressierung
   reelle 396
   virtuelle 397
Adressregister 136
Adresswerk 136
Agent 186
Aggregation 16
AGV 323
Akquisitionslatenz 189
Aktoren 3, 272
Algorithmus 501
Allgemeines Echtzeitbetriebssystem
  421
Alternierende Puls Modulation ..295
ALU 133, 136
   Registerblock 136

Amplitudengang 59
Analog/Digital-Wandler 166
   n-Bit Wandlung 166
Analogübertragung 272
Analyse **33**
Anforderungszeit 354
Ankunftszeit 354
Anpassbarkeit 422
Anregelzeit 37, 111
Anticipatory Fetch 403
Antriebe 511, 513, 514
Antriebsbus 494
Anweisungsliste 476, 480, 481, 482,
   483, 486
Anwendungsmodul 294
Aperturezeit 237
API 345, 472
APM ....*siehe* Alternierende Puls
   Modulation
Application Objects 447
Application Program Interface ..345
Arbeitskontakt 478
Arbiter 186, 193
Arbitrierung 280, 281, 282, 283
   überlappende 180
Architektur 133
   Harvard 134, 169, 171
   Mikrokern- 347
   Von-Neumann 133
ARP 269
Arrival Time 354
ASI-Bus 293
AST-Konzept 144
Asynchrone
   Ein-/Ausgabe 431
   Kommunikation 392
   Programmierung 326, 334

Asynchroner Systembus 176

Auflösung . 233, 235, 236, 241, 242, 243

Ausführungszeit 355
    maximale 355

Ausgaberegister 201, 202

Ausgabespeicher 467, 474

Ausgangswiderstand 221

Aushungern 388

Ausregelzeit 37, 62, 64, 69, 111, 124

Auswahlkriterien
    Echtzeitbetriebssysteme 421

Auto-Increment-Adressierung ... 307

Automat 26, 31
    Ausgabe **26**
    Eingabe **26**
    endlich **28**
    nichtdeterministisch 31
    Zustand **26**

Automatikbetrieb 514

Automatisierung 2, 3, 4, 5
    Automatisierungseinrichtung 2, 3, 14
    Automatisierungstechnik 2

Automatisierungsgerät 255, 272

Automatisierungs-Hierarchie 209

Automatisierungssystem
    dezentrales 208
    hierarchisches 209
    zentrales 207

Automatisierungstechnik 511

Autonome Fahrzeuge 204

Autonomous Guided Vehicle 323

AWL 476, 480, 481, 483

BA 421

Backplane-Systeme 177

Bahnsteuerung 514

Basis 217, 218, 219

Basisdienste 456

Basisstrom 218, 219, 247

Baumtopologie . 260, **261**, 267, 294, 303, 305, 306, 309

BCET 152

Beendigungszeit 355

Befehlsregister 134

Benutzerschnittstelle 518

Beobachter 86

Beschäftigtes Warten 415

Beschleunigung 500, 516, 538

Beschleunigungsprofil 502

Bessel 230

Best Fit 402

bestätigter Dienst 285

Best-Case Execution Time 152

Betriebsmittelverwaltung 343

Betriebssicherheit 296

Betriebssystem
    hierarchisches 344
    Makrokern- 346
    Mikrokern- 346
    monolithisches 344

Betriebssystemaufsatz 421, 434

Bewegungsführung 499, 516

Bewegungssteuerung 495, 500, 501, 505, 512, 513, 514, 518, 523

Bildbereich ... 34, 37, 38, 39, 40, 46, 47, 49, 93, 97, 99

Bildfunktion 38

Bildverarbeitung 535, 538, 539

Bitkodierung 266, 283, 293, 295, 296

Bitprozessor 470

Blockierung 386

Blockschaltbild 15, 97
    Umformungsregeln 40

Blockschaltbildalgebra 37

Blocktransfer 183

Bluetooth 206

Bode-Diagramm 44, 59, 68, 69, 116

Botschaftensystem 392

Bremsweg 502

Bridge 261, **262**, 263, 267

Briefkasten 393

Broadcast 286

Broadcastnachricht 507

Bursttransfer 183, 186

Bus 134
    Arbiter 179, 183
    dezentraler 180
    externer 179
    zentraler 180

Arbitration 179, 183
asynchroner 176
Bridge 174, 184, 186
Brücke 174
entkoppelter 174
Erweiterungs- 169
Grant 179
Identifikations- 181
lokaler 174
Master 182
Monitor 183
Parallel- 172
prozessorabhängiger 173
prozessorunabhängiger 174
Request 179
Slave 182
synchroner 175
Timer 193
Zuteilung 179
Buslänge ... 277, 278, 282, 283, 290,
293, 295, 296
Busprotokoll 507
Bussegment 277
Bustopologie **261**, 267, 279, 294,
309
Busy Period Analysis 362, 370
Busy Waiting 415
Bus-Zyklus 507
Butterworth 230
Cache 146, 158
First-Level 146
Hit 146
Miss 146
Secondary-Level 146
Third-Level 146
CAN-Bus **278**
Data Frame 279
Error Frame 279
Overload Frame 279
Remote Frame 279
CANKingdom 284
CANopen 284
Chip-Multiprozessoren 152
CiA 284
Client-Server 278
Common Facilities 447

CompactPCI-Bus 190
Completion Time 355
Controller System 421
CORBA 447
CPU 131
CRC .. 269, 271, 278, 280, 281, 283,
292, 293, 300
Crossentwicklung 421
CS 421
CSMA/CA 263, **264**, 280, 283
CSMA/CD 263, **264**, 267, 269, 302,
304
Cut-Through-Methode 262
Daisy Chain 140, 180, 191
Dämpfungsfaktor 232
Datenbus 134
Datenerfassungssysteme 243
Datenraten 371, 374, 376, 378
Datenregister 413
Datenübertragung 251, 253
Datenwandler 232, 233
Deadline 143, 302, 319, 355, 518
Deadlock 385, 386
Deadly Embrace 386
Dediziertes System 421
default mapping (CANopen) 287
Dekomposition 16
Demand Fetch 403
Deskriptortabelle 405
deterministische Übertragung ... 264,
292
deterministisches Verhalten **302**
DeviceNet 284
Dezentraler Bus-Arbiter 180
Dezentrales
Automatisierungssystem 208
D-Flipflops 241
Diagnose 10
Differenzengleichung ... **92**, 97, 102,
106, 108
Differenzialgleichung 34, 50
Eigenwerte **35**
homogen 35
linear 35
Lösung 35
nichtlinear **35**

Ordnung **35**
Riccatti 72
Differenzielle Übertragung 252
Differenzverstärker 220
Digital/Analog-Wandler 166
DII 451
DIN-EN 61131 476
Dirac-Stoß 516
Direct Memory Access 168
Direkte Busanbindung 203
Dispatcher 358
Dispatching Table 358
diversitäre Auswertung 300
DMA 168, 417
DMA-Controller 179
dominante Null 280
Doppelring 310
DP (PROFIBUS) 274
Drahtlose Verbindung 205
Drehstrommmotor 52, 53
Drehzahlmessung 161
Drehzahlregler 505, 506
Drift 221
DS 421
Durchdringungstechnik 294
Durchtrittsfrequenz 57, **68**
Dynamic Invocation Interface ...451
Dynamische Prioritäten 358
Dynamisches Scheduling 358
Earliest-Deadline-First-Scheduling
.... 143, 370
EBS 421
Echo 300
Echtzeit 518, 535, 538
  -anforderungen **303**
  -eigenschaften 309
  -fähigkeit 273, 313
Echtzeit-Anforderungen 518
Echtzeitbedingungen 530
  feste 321
  harte 321
  weiche 321
Echtzeitbetrieb **1**
Echtzeitbetriebssystem 334, 341,
  343, 494, 497, 518, 525
  allgemeines 421

Auswahlkriterien 421
  industrielle 424
  Klassifizierung 420
  minimales 420
Echtzeitfähigkeit 518
Echtzeitkanäle 164
Echtzeitkern 521
Echtzeit-Middleware 445
Echtzeit-Scheduler 324, 356
Echtzeit-Scheduling .. 324, 335, 341,
  356
Echtzeit-Schedulingverfahren ...356
Echtzeitsignale 432
Echtzeitsystem 1, 487, 488, 511
Echtzeitverhalten 499, 502, 504, 517
EDF 143, 370
EEPROM 159
Ein-/Ausgabe
  asynchrone 431
  priorisierte 431
  synchronisierte 432
Ein-/Ausgabekanäle
  parallele 163
  serielle 163
    asynchrone 164
    synchrone 164
Ein-/Ausgabesteuerung 345, 411
Ein-/Ausgabeverwaltung .. 343, 345,
  410
Ein-Bit-Prädiktor 149
Einfache Schnittstellen 200
Eingabeelement 3
Eingaberegister 201, 202
Eingangsspeicher 467
Eingangswiderstand ...221, 223, 224
Einheitssprung 62
Einstellzeit 234, 237
Einzelring 310
Emitter 217, 218, 219
End-of-Cyclic 304
End-zu-End-Prioritäten 391, 446
Energieverbrauch 339, 340
Entfernte Prozeduraufrufe 394
Entkoppelter Bus 174
Entwicklungsumgebung 421
EPIC 151

EPROM 159
EPSG 303
Ereignis
    aperiodisch 334
    periodisch 334
Ereignisdienst 457
ereignisgesteuerte Übertragung 264,
    273, 283
Ereignisgesteuertes System 326, 334
ereignisorientierte Übertragung .298
Ergebnisregister 237
Erweiterungsbus 169
Erweiterungsdienste 456
Erzeuger/Verbraucher Schema .384,
    393
EtherCAT 306, 313
Ethernet 267, 301, 494
    Frame 267, 268, 269, 309, 312,
    313
    Slot 267
    Übertragung 267
ETHERNET Powerlink 303
Europakarte 198
Exception 137
Execution Time 355
    Analysis 154
    Best-Case 152
    Worst-Case 152, 158, 355
Externer Bus-Arbiter 179
Faden 350
Fahrerloses Transportsystem 323
Fahrprofil 493, 516
Faltungsintegral 36
Faltungssumme 98
Fast Ethernet 271
FCS .. *siehe* Frame-Check-Sequence
Feasibility Analysis 338
Feasibility-Analysis 356
Fehlerwahrscheinlichkeit 272
Feininterpolator 523
Feldbus 205, 272, 273, 469, 474,
    475, 494, 495, 518
    Anforderungen 273
    charakteristische Merkmale ...273
Feldgerät 294
Feste Echtzeitsysteme 321

Feste Priorität 361
Festwertspeicher 158
FIFO 202, 359, 401, 523
FIFO-Scheduling 359
Firm Real-time Systems 321
First Fit 402
First In First Out 401
First-Level-Cache 146
Fixed-Address-Adressierung 307
Fixed-Priority-Non-Preemptive-
    Scheduling 361
Fixed-Priority-Preemptive-
    Scheduling 139, 143, 335, 361,
    463
Fixed-Priority-Scheduling 361
FlashRAM 159
Flipflop 159
FMMU 306
FMS (PROFIBUS) 274
Forwarding 148
FPN 361
FPP 361, 463
Fragmentierung
    externe 398
    interne 408
Frame-Check-Sequence 269, 292,
    312
Freigabe 297
Frequenzgang **43**, 59
    messen 58
Frequenzkennlinienverfahren 67
FTS 323
Führungsgröße 11, 65
Führungsgrößenbeeinflussung 80
Führungsübertragungsfunktion ...67,
    111, 112, 120
Führungsverhalten 60, 68
full duplex 291, 310
Funk 205
Funktion 482
Funktionsblock 482
Funktionscode (CANopen) 286
Funktionsplan ...476, 480, 482, 483,
    486
FUP 476, 480
Garbage Collection 399, 463

Gateway 261, **263**
GC 463
Gefahrenbereich 296
Gefahrlosigkeit 296
Gehäuseanschluss 158
  Mehrfachbelegungen 158
Gemeinsamer Speicher 196, 391, 433
Genauigkeit 62, 233, 234, 235, 242, 243, 502, 538
Geräteklasse 274
Gerätemodell 284
Geräteprofil 274, 286, 287
Gerätetreiber 345, 410
Geschwindigkeit 499, 500, 502, 513, 514, 515, 516, 538
Geschwindigkeitsprofil 499, 500, 502, 503
Gewichtsfunktion 36, 40, 98
Glasfaserkabel ..258, 267, 271, 278, 283
Gleichstrommotor 47, 49, 52, 53, 84, 110, 112, 115, 118
  Stromsteuerung 50
Gleichtaktverstärkung 221
Gleichzeitigkeit **1**, 323, 344
GP 376, 463
Greifpunkt 534
Grenzfrequenz 230
GSM 206
Guaranteed Percentage Scheduling
  ....376, 463
Halteglied 90, 98, 99, 118
Hamming-Distanz 278, 281, 283, 293
Hand-Held-Device 206
Handshake 251, 417
Handshake-Signale 176, 191
Hard Real-time Systems 321
Hardware Interrupt 137
Hardwareebene 521
Hardwareschnittstelle 215
Harte Echtzeitsysteme 321
Harvard-Architektur .134, 146, 169, 171
Header 258, 262, 268, 308

Hierarchisches
  Automatisierungssystem 209
HLC 458
Horizontale Mikroprogrammierung
 172
Host-ID ......*siehe* Rechner Kennung
Host-Identifier .... *siehe* Rechner Kennung
Hub 261, 262, 267, 305, 306
HyperKernel 520
Hyperthreading 151
I/O Devices (SafetyBUS p) 299
IAONA **303**
Identifier 279, 284, 286, 300, 305
Identifikation 9
Identifikationsbus 181
IDL 448
  Skeletons 450
  Stubs 449
  Übersetzer 449
IEC 1131 476
Impuls
  -antwort 40, 99, 111
  -folge 93, 94
indeterministisches Verhalten ...**302**
Industrial Ethernet 535, 540
IndustrialPCI-Bus 190
Industrielle Echtzeitbetriebssysteme
 424
Industrie-PC 190, 471
Infrarot 205
Initiator 186
Integrationsverfahren 236, 240, 241, 242
Intelligente Schnittstellen 202
INTERBUS 290
Interface Controller 199
Interface Definition Language ...448
Interface Repository 451
Interface Unit 413
Interoperabilität 273, 444
Interpolation 492, 498, 514
Interpolationstakt 499, 501, 503, 504, 515, 523, 533, 535
Interpolationstask 502, 504
Interpolationsvorbereitung 492, 497,

498, 504, 505

Interpolator .14, 497, 499, 501, 504, 515, 516, 523

Interpreter ...14, 497, 498, 513, 514, 518, 523

Interprozesskommunikation 343, 347

Interrupt 137, 167, 520, 521
    Acknowledge 140
    Acknowledge-Daisy-Chain-
      Treiber 193, 196
    Eingänge 168
    Hardware 137
    Maskierbarkeit 138
    Service Routine 137, 167
    Service Thread 144
    Software 137
    Vektor 138
    Vektorisierung 138
    Vektortabelle 138

Interrupteingang 468

Interrupter 193

Interrupt-Handler 193

inverse Kinematik 515

inverse Transformation 515

IO-Ports 163

IP 269, 271

IP-Frame 270

IPO-Takt 538

IRT ....siehe Isochronous Real Time

ISO/OSI-Modell 257, 261, 263, 267, 269, 272, 540
    Schicht 1 **258**, 261, 269, 272, 273, 279, 292
    Schicht 2 **258**, 269, 272, 273, 274, 279, 292, 313
    Schicht 3 ....**259**, 263, 269, 284
    Schicht 4 ....**259**, 284
    Schicht 5 ....**259**, 284
    Schicht 6 ....**259**, 284
    Schicht 7 ....**259**, 272, 284

isochrone Kommunikation 305

Isochronous Real Time 309

Isolated IO 199

Isolierte Ein-/Ausgabe 199

Istwert 505, 507, 523

Istwerterfassung 5

Jitter ..165, 257, 273, **302**, 304, 505, 506, 518

Kabelbruch 297

Kachel 405

Kanal 495

Kaskadenregelung 84, 505

Kennkreisfrequenz 232

Kernelmode 346

Kern-Ersetzung 434

Kerngröße 422

Kern-Koexistenz 433

Kern-Modifikation 433

Klassifizierung
    Echtzeitbetriebssysteme 420

Kollektor 217, 218, 219

Kollektorstrom 218

Kollision 267, **302**

Kollisionsdomäne **302**

kollisionsfreie Bahnplanung 514

Kombinations-Prädiktor 150

Kommando-Interpreter 346

Kommunikation
    asynchrone 392
    prioritätsbasierte 391
    synchrone 392

Kommunikationsdienst 457

Kommunikationskanal 392
    temporär oder stationär 393
    uni- oder bidirektional 392

Komodo-Mikrocontroller ..144, 377

Kompaktifizierung 399

Kompensationsglieder 70

Kompensationsreglerentwurf 75

Kompensationsverfahren ...236, 239

Komperator 237

Komplexe Schnittstellen 201

Konfiguration 482

Kontaktplan 476, 478, 479, 482, 483, 486

Kontrollregister 201

Kooperation 380

Kooperatives Scheduling 359

Koordinatensystem ...503, 504, 514, 536

KOP 476, 479, 483

Korrektheit
  logische 317
  zeitliche 317
Korrelations-Prädiktor 149
Kraftmomentensensor 536
Kreisbewegung 504
Lageregelung 492, 497, 498
Lageregler . 502, 505, 506, 523, 525
Lagereglertakt 502, 523
Lagereglertask 502
Laplace-Intregral 38
Laplace-Rücktransformation 99, 100
Laplace-Transformation . 38, 93, 94,
  98, 99, 228
  Eigenschaften 39
Laplace-Transformierte 227, 228
Laserscanner 204
Latenzzeit 283, 302
Laxity 355
LBW .... siehe Loop-Back-Word
Least Frequently Used 401
Least Recently Used 401
Least Reference Density 401
Least-Laxity-First-Scheduling ... 372
Leichtgewichtiger Prozess 351
Leistungsanpassung 245, 247
Leistungsverstärkung 217, 218
Leiternetzwerkprinzip 235
Leitinstanz 538
LFU 401
Lichtschranke 205
Linearbewegung 502
Lineare Adressbildung 397
Linientopologie 261, 267, 303, 305,
  309, 310, 311
Linux 433
Livelock 385, 388
LLC 458
LLF 372
LMT (CANopen) 285
Location Monitor 193, 198
Logic Devices (SafetyBUS p) ... 299
Logische Adresse 396
logische Adressierung 308
logische Topologie 261, 303, 309
Lokaler Bus 174

Lokalität 146
Look-ahead-Funktion 514
Loop-Back-Word 292
LRD 401
LRU 401
LSB 233, 234, 237, 239, 251
LWL .... siehe Glasfaserkabel
MAC 171, 262, 268, 269
Makrokernbetriebssystem 346
Management Device (SafetyBUS p)
  299
Managing Node 304
Manchester-Codierung 295, 296
Manchester-Kodierung **266**, 268,
  274, 278
Markierungsfunktion 18
Marshalling 449
Maschinensteuertafel 495
Master 178, 182, 193, **259**, 275, 278,
  290, 294, 302, 306, 310, 507
Mastersynchrontelegramm 507
Matlab 109, 115, 118, 119
MEBS 420
Mediakonverter 267
Mehrfädiger Prozessor 144, 351
Mehrfädigkeit 151
Memory Management Unit 405
Memory Mapped IO 199
Memory-Locking 432
Mensch-Maschine-Kommunikation
  494
Messglied **12**
Messsystem 511
Messübertragungsfunktion 67
Middleware 443
Mikroarchitektur 133
Mikrocomputer 132
  system 132
Mikrocontroller . 132, 155, 207, 470
  familie 132, 155
  Komodo 377
Mikroechtzeitkern 520
Mikrokern 455
Mikrokernarchitektur 347
Mikrokernbetriebssystem 346
Mikroprogramm 134

Mikroprogrammierung
.horizontale 172
Mikroprozessor 131
    EPIC 151
    mehrfädiger 144, 351
    simultan mehrfädiger 152
    skalarer 148
    superskalarer 150
    system 131
    VLIW 151
Mikrorechner 132
    system 132
Minimales Echtzeitbetriebssystem
   420
Minimum-CORBA 453
MMU 405
Mobile Geräte 204
Mobile Roboter 204
Modularität 422
Monitor 387
Monolithisches Betriebssystem .344
Monomaster 275, 290, 293, 294,
    295, 296, 303, 306
Monotonität 234
Motherboard-Systeme 177
MSB 233
Multimaster 264, 265, 275, 276
Multiple-Adressierung 307
Multiplex-Betrieb 169, 177
Multiplexed-Mode 305
Multiplexer 244, 245
Multiply and Accumulate 171
Multitasking 518
Multithreading 151
    Simultaneous 152
Mutex 379, 386, 389
Mutual Exclude 379
Nachrichten 391
Nachrichtenkopf 258
Nachschubstrategie 403
    verlangend 403
    vorausschauend 403
Nachstellzeit 73
NC **487**, 492, 496, 506, 507
NCK 494, 495
NC-Programm 488, 489

NC-Satz 488, 492, 504
NC-Steuerung ...**487**, 493, 495, 497,
    499
NC-Task 497, 498, 499
Network-ID ....siehe Netzwerk-
    Kennung
Network-Identifier .siehe Netzwerk-
    Kennung
Netzwerkkarte 267
Netzwerk-Kennung 269
Nichtlinearität 234
Nicht-preemptives Scheduling ..359
NMI 474
NMT (CANopen) 285
    Beispiel 287
Nonvolatile RAM 159
Normierung 226
NRZ-Kodierung 266, 274, 278, 280,
    283, 293
Nutzdaten 281
Nutzdatenlänge .278, 283, 291, 293,
    295, 296
Object Adapter 451
Object Management Architecture
   447
Object Request Broker 447
Object Services 447
Objektreferenz 448
Objektverzeichnis 284
Öffner 477, 478
Offsetadresse 405
Offsetfehler 234
OMA 447
OMG 447
OP 220, 221, 222, 223, 228, 230,
    235, 236
Open-Mode 304
Optimalitätsprinzip 73
Optimierung 70
ORB 447
Organisationsprogramm 334
Ortskurve 43, 44
OSA+ 453
    Dienste 454
    Jobs 454
    Mikrokern 455

PA (PROFIBUS) 274
Parallelbus 172
Parallelität
  räumliche 150
  zeitliche 150
Parallelverarbeitung
  Quasi- 323
  vollständige 323
Parallelverfahren 236
Parameteridentifikation 88
Parametrierung 287
PC 493
PCI-Bus 183, 494, 509
  Compact 190
  Datenübertragungsraten 186
  Industrial 190
PDO (CANopen) 285
  Beispiel 288, 289
Peer-to-Peer 278, 286
Period 355
Periode 355
Periodenmessung 161
Peripherie-Einheit 156
Petrinetz 524
Petri-Netz **16**, 31
  Ausgangsstelle 17
  Deadlock 23
  Eingangsstelle 17
  konfliktbehaftet 21
  Lebendigkeit 22
  Marke 18
  Markierung 18
  parallel 21
  Schaltregel 19
  sequentiell 21
  Sicherheit 23
Phasengang 59
Physikalische Adresse 396
PID-Regler . 73, 75, 77, 78, 79, 100,
  101, 102, 103, 114, 115, 116, 117,
  123, 124, 222, 228, 229
  Betragsoptimum 76
  Einstellregeln 76, 79
  T-Summen 78
Pipeline
  Blase 148

Hemmnisse 148
Pipelining 148, 169, 171
POE 481, 482, 483
Poll Request 304
Poll Response 304
Polling 261, 263, 264, 278, 283,
  295, 296, 313, 414
Port 270, 393
POSIX 429, 522
Posted Writes 175
Power-Monitor 193
Prädiktor
  Ein-Bit- 149
  Kombinations- 150
  Korrelations- 149
  Zwei-Bit- 149
predefined connection
  set (CANopen) 286
Preemption 183, 359
Preemptiver Kern 348
Preemptives Scheduling 359
Priorisierte Ein-/Ausgabe 431
Priorisierung 262, 264, 280, 283,
  302, 309
Priorität 139, 183, 361, 392, 497,
  521
Prioritäten
  dynamische 358
  End-zu-End- 391, 446
  feste 361
  statische 358
Prioritäteninversion ... 183, 388, 445
Prioritätensteuerung
  dezentrale 140
  zentrale 141
Prioritätenvererbung 389
Prioritätsbasierte Kommunikation
  391
Priority Inheritance 389
Priority Inversion 388
Processor Demand 357
Processor Demand Analysis 357,
  371
PROFIBUS **274**
PROFInet 308, 313
Programmausführung

spekulative 149
Programmierung
  asynchrone 326, 334
  synchrone 326
    Nachteile 331
    Vorteile 330
Programmzähler 136
PROM 159
Protected-Mode 304
Protokolldienst 457
Prozeduraufrufe
  entfernte 394
Prozess 4
  leichtgewichtiger 351
  schwergewichtiger 350, 394
Prozessabbild 467, 468
Prozessmodell 9, 30
Prozessorabhängiger Bus 173
Prozessorauslastung 357
  Obergrenze 369
Prozessorkern 131, 156
Prozessorunabhängiger Bus 174
Prozesssignale 470
Prozesssteuerung 2, 8
Publisher-Subscriber 278
Pulsweitenmodulation 161
Punkt-zu-Punkt-Steuerung 513
Punkt-zu-Punkt-Verbindung 260,
  261, 267, 290, 291
QNX 425
QoS 461
Quality of Service 461
Quantisierungsfehler 234
Quellcode-Debugging 422
Quittierung 282, 300
Rate-Monotonic-Scheduling 335,
  362
Räumliche Parallelität 150
RC 512
Reaction Time 356
Reaktionszeit 356, 467
Real-time Operating System 343
Real-Time Ports 164
Real-time Scheduler 324
Real-time Scheduling 335
Rechner-Kennung 270

Rechtzeitigkeit 1, 318, 344
Redundanz 299
Reelle Adressierung 396
Reentrant 439
Regelabweichung 12, 16, 60, 66, 73,
  101, 111, 121
  bleibende 57, 66
Regelalgorithmus 505
Regeldifferenz 73
  bleibende 37
Regelkreis 60
Regelstrecke ...5, 33, 84, 86, 98, 99,
  100, 102, 109, 110, 111, 117, 118,
  124
  Identifikation 54
  Modell 58
Regelsystem 516
Regelung 11, 14, 80, 488
  mehrschleifige 83
  optimale 70
  zeitoptimale 72
Regelungstakt 535
Regler 12, 33, 89
  adaptiver 86
  Entwurf 33, 60, 69, 84
  globaler 83
Reglerentwurf 59
Reglertakt 506
Reihenfolgensynchronisation 380
Rekonfigurationsdienst 457
Relaistreiber 245, 246, 247
Release Jitter 356
Remaining Execution Time 355
Remote Procedure Call 394
Reorganisation in kleinen Schritten
 325
Reorganisationsfreie Algorithmen
 325
Repeater 261, 267, 278, 296
Request Time 354
Requester 193
Ressourcen 482
Restausführungszeit 355
Restrisiko 298
rezessive Eins 280
Ringtopologie **260**, 290, 306

RMS 362
Roboter 511, 513, 533
 -achse 513
 -programm 512, 514, 523, 538
 -steuerung 511, 512, 517
Robustheit 273
ROM 159
ROM-Fähigkeit 422
Router 261, 263, 267
Routing 308
RS-232 .... 249, 250, 251, 252, 253
RS-422 .... 251, 252, 253
RS-485 .... 251, 253, 254, 274, 290
RS-Flip-Flop 478
RT-CORBA 447
RT-FIFO 523
RTLinux 518, 521, 523, 525
RTOS 343
RT-Scheduler 521, 523
Ruck 500, 516
ruckbegrenzt 500
Ruckbegrenzung 500
Rückkopplung 12
Ruhebetrieb 168
Ruhekontakt 478
Ruhezustand 340
RZ-Kodierung 266
SAE-J1939 284
Safety 296
SafetyBUS p 298
Schalenmodell 156
Schedule 356
Scheduler 356, 518
Scheduling 322, 324
 dynamisches 358
 Earliest-Deadline-First- 370
 FIFO- 359
 Fixed-Priority- 361, 463
  Non-Preemptive- 361
  Preemptive- 361
 Guaranteed-Percentage- 376, 463
 kooperatives 359
 Least-Laxity-First- 372
 nicht-preemptives 359
 optimales 371, 372, 376
 preemptives 359

Rate-Monotonic- 362
 statisches 358
 Time-Slice- 374
Scheduling-Analysis 356
Scheduling-Strategien 349
Scheduling-Verfahren 356
 optimales 356
Schichtenmodell 344
Schieberegister 291
Schlafmodus 340
Schließer 477, 478
Schnittstellen 198, 535
 bausteine 199, 413
 einfache 200
 intelligente 202
 komplexe 201
Schreiblesespeicher 158
Schritte 483
Schrittmotorsteuerung 161
Schutzmaßnahmen 344
Schwergewichtiger Prozess 350
Scratch Memory 158
SDO (CANopen) 285
Secondary-Level-Cache 146
Segment 147, 397
Segmentadresse 405
Segmentdeskriptor 405
Segmentfehler 147
Seite 147, 405
Seitenfehler 147
Seitentabelle 408
Seitentabellenverzeichnis 409
Semaphore . 381, 389, 522, 523, 524
Sensor 215, 533, 534, 535
Sensordatenverarbeitung 513
Sensoren 272
sensorgestützter Roboter 533
Sensorstandardschnittstelle 535
Sequential Funtcion Charts 483
SERCOS 310, 313, 507, 508
SERCOS-Telegramm 509
Serielle Schnittstelle 249
Servosteuerung 495, 506
Shared Code 439
Shared Medium 278
Shared Memory 433, 523

sicherer Teilnehmer 299
sicherer Zustand 301
Sicherheit 296
Sicherheitsbus 298
sicherheitsgerichtete Maßnahme 296
Sicherheitssteuerung 296
Signalanpassung 215, 217
Signale
    Echtzeit- 432
Signalprozessor 132, 169
Simultan mehrfädiger Prozessor 152
Simultaneous Multithreading 152
Singlemaster 275
Sinus-Quadrat-Verlauf 516
Skalarer Prozessor 148
Skalenfaktorfehler 234
Slave . 178, 182, 193, **259**, 260, 275,
    278, 290, 293, 302, 306, 310, 507
Soft Real Time 309
Soft Real-time Systems 322
Soft-SPS 471, 473, 474
Software 494
Software Interrupt 137
Softwarearchitektur 517
Softwareebene 521
Softwareentwicklung 485, 486
Sollwert 502, 505, 507, 514, 515,
    523
Spannungsverstärkung 218
Speicher 158
    dynamischer 159
    Ein-Ausgabe 199
    Festwert- 158
    gemeinsamer 196, 391, 433
    Schreiblese- 158
    statischer 159
    Zwei-Tor- 197, 203
Speicherabbildungsfunktion 396
Speicherbereinigung 399
Speicherdienst 457
Speichereinheit 156
Speicherhierarchien 146
Speicherprogrammierbare
    Steuerungen .... Siehe SPS
Speicherverriegelung 432
Speicherverwaltung ...343, 345, 395

virtuelle 147
Speicherverwaltungseinheit 158,
    405
Speicherzuteilung 396
    dynamische 396
    nichtverdrängend 396
    statische 396
    verdrängend 396
Spekulative Programmausführung
   149
Sperrsynchronisation 379
Spielraum 355
Splineinterpolation 514
Sprungantwort 34, 36, 37, 42, 55,
    56, 58, 62, 63, 64, 77, 78, 99, 110,
    111, 119
    Anstiegszeit 57
    Schnelligkeit 62
Sprungvorhersage 149
SPS ... 467, 468, 469, 470, 471, 472,
    473, 474, 475, 476, 477, 478, 480,
    481, 482, 483, 485, 486, 493, 494,
    495, 497, 518
SPS-Programme 473, 476
SPS-Programmiersprachen 476
SPS-
    Programmorganisationseinheiten
   481
SPS-Tasks 472, 473, 474
SRT .... siehe Soft Real Time
Stabilität ...33, 43, 60, 62, 103, 104,
    124
    absolute 61
    asymptotische 61
    E/A 60
Stabilitätskriterien 61
    Hurwitz-Kriterium 61
Stack 135
Stackpointer 135
Standardtransfer 186
Standby-Modus 168
Stapelspeicher 135
Stapelzeiger 135
Start Time 355
Start-of-Cyclic 304
Startzeit 355

Starvation 183, 388
Stationsanzahl ... 277, 283, 295, 296
Statische Prioritäten 358
Statisches Scheduling 358
Statusregister 136, 201, 413
Stellglied **12**, 215
Sterntopologie **260**, 294, 303
Sternverteiler .... *siehe* Hub
Steuerbus 134
Steuereinheit 134
    festverdrahtete 134
    hybride 134
    mikroprogrammierte 134
Steuerglied 11
Steuerlogik 237
Steuermatrix 46
Steuern **2**
Steuerregister 135, 201, 413
Steuerung . **11**, 14, 80, 488, 499, 511
    optimale 71
Steuerungsnormalform 46
Steuerungssystem
    dezentrales 273
Store-and-Forward-Methode 262
Störgrößenaufschaltung 81
Störübertragungsfunktion 67
Strecke 500
Streuende Adressbildung ... 397, 405
Stromablaufplan 477, 479
Stromregler 505, 506
Stromspar-Modus 157
Stromverstärkungsfaktor 218
Strukturierter Text 476, 482
Stuff-Bits 280
Subnetz 262, 308
Summenrahmen **265**, 290, 291, 292,
    293, 311
Superskalarer Prozessor 150
Superskalartechnik 150
Switch 261, **262**, 263, 267, 302, 303,
    308, 309
SYNC (CANopen) 285
Synchrone Kommunikation 392
Synchrone Programmierung 326
Synchroner Systembus 175
Synchronisation 343, 347, 378, 413,

522, 538
    Reihenfolgen- 380
    Sperr- 379
Synchronisierte Ein-/Ausgabe ... 432
Synchronmotor 52
Synthese **33**
System-Clock-Treiber 193
Systemmatrix 46
Systemstruktur
    dezentral 216
    zentral 216
Takt 467, 474, 499, 500, 513
Taktgenerator 237
Target 186
Targetlatenz 189
Task .. 343, 349, 350, 497, 498, 501,
    505, 518
    Aktionsfunktion 350
    Zeitparameter 354
    Zustandsvariable 350
Taskdienst 457
Task-Kommunikation 391
Taskkontext 394
Taskkontrollblock 394
Taskliste 394
Task-Lock 402
Task-Locking 432
Taskset 356
Task-Variable 439
Taskverwaltung . 343, 345, 347, 349
Taskwechsel 394
    Overhead 394
Taskzustand 351, 403
TCP ..256, 257, 262, 269, 270, 271,
    302, 303, 304, 308, 309, 310, 312,
    313, 514, 540
TDMA 263, **265**
Technologiesteuerung 518
Teilsystem 15, 16
Telegramm 509
Telegrammlänge 277
Third-Level-Cache 146
Thread 151, 350, 394, 431, 521,
    522, 523
Three Way Handshake 270
Tiefpassfilter 229

Time Utility Function 322
Time-out 300
Timer 472, 473, 474
Time-Slice-Scheduling 374
Token-Passing ..263, **264**, 275, 277, 278
Tool-Center-Point 514
Topologie .260, 261, 274, 278, 279, 283, 290, 293, 295, 296, 306
Tracking 533
Trailer 258, 268, 269
Trajektorie 502, 503, 538
Transaktion 186
Transceiver 283, 299
Transformation .492, 515, 516, 523, 530
Transistor ..217, 218, 219, 220, 246, 247
Transition 16, 19, 22
Transitionen 483
TTL 245, 246, 248
Twisted-Pair 258, 261, 267, 271
Überlappende Arbitrierung 180, 194
Überschwinghöhe 37
Überschwingweite 37, 62, 69
Übertragungsfehler 297
- Schutz vor 300
Übertragungsfunktion 34, **38**, 39, 40, 42, 43, 47, 49, 50, 59, 63, 65, 68, 73, 75, 80, 82, 84, 93, 97, 98, 99, 102, 103, 109, 112, 117, 123, 227, 228, 229, 230, 232, 234, 236
Lag-Glied 69
Lead-Glied 70
normierte 55
Nullstelle 39, 59
Pol 39, 59, 61
Pol-Nullstellenform 45
Übertragungsglied 15, 34
elementar 42
Übertragungsmedium 258, 261, 267, 271, 278, 283, 293, 295, 296
Übertragungsrate 267, 271, 277, 278, 279, 282, 283, 293, 295, 296
Übertragungssicherheit 282
Überwachen 3

UDP ...269, 271, 303, 308, 309, 312
UMTS 206
unbestätigter Dienst 285
Unmarshalling 450
Unterbrechung 137, 167, 417
Unterbrechungsbehandlung 419
Unterbrechungseingänge 168
Unterbrechungsprogramm 137
Unterbrechungswerk 137
USB 206
Usermode 346
V24 249
Vektorbasis-Register 139
Vektor-Interrupt 138
Verarbeitungsgeschwindigkeit ..320
Verdrahtung 474, 475, 477
Verdrängungsstrategie 401
Verfügbarkeit 324, 344
Verkabelungsaufwand 260, 272, 273
Verklemmung 378, 385
Verletzungsgefahr 296
Verriegelung 402
VersaBus 190
Verschlüsselungsdienst 457
Versorgungsspannung 220, 250
Verstärker 217, 220, 230
Verstärkerschaltung ..222, 223, 224, 226
Verstärkung 221, 223
Vielpunkt-Steuerung 513
Virtuelle Adressierung 397
virtuelle Erde 224, 226, 227
Virtuelle Speicherverwaltung 147
virtueller Kurzschluss 223, 224, 225
VLIW 151, 171
VME
Bus-Manager 192
Datentransfer-Arbitrierungs-Bus
....191
Datentransfer-Bus 191
Prioritäts-Interrupt-Bus 191
Utility Bus 191
VME-Bus 190, 497, 509
Von-Neumann
Architektur 133
Flaschenhals 145

Prinzip 133
Rechner 133
Vorab-Analyse 338
Vorbereitung 514, 523, 524
Vorhersagbarkeit
    zeitliche 320
Vorkaufsrecht 359
Vorsteuerung 80
VxVMI 437
VxWorks 437
VX-Works 518
Wachhund 162
Wägeverfahren .. 236, 237, 238, 239
Wandler
    A/D 215, 233, 234, 236, 237, 244,
        245
    D/A 215, 217, 235, 236, 237, 238,
        239
    Differenzierer 222, 227
    Integrierer 222, 226, 227
    Subtrahierer 222, 225
Wandlerverfahren 220
Warten
    beschäftigtes 415
Warteschleife 339
Wartezyklen 175, 182
Watchdog 162
WCET 152
WCETA 154
Wegmesssystem 513, 514
Weiche Echtzeitsysteme 322
Werkzeug .... 514, 515, 536, *Siehe*
Werkzeugmaschine ... **487**, 503, 505
Wertfunktion 322
WLAN 205, 206
Worst Fit 402
Worst-Case-Execution-Time 152,
    158, 355
Worst-Case-Execution-Time-
    Analysis 154
Wortprozessor 470
Wurzelortskurve 117, 118, 125
XML 539, 540
Zähler 161
Zeitbedingungen

absolute 320
aperiodische 320
periodische 320
relative 320
Zeitbereich 34, 36, 37, 38, 40, 47,
    56, 92, 98, 99, 105
zeitdiskrete Ersatzregelstrecke ...98,
    118, 119
Zeitgeber 161
Zeitgesteuertes System 326, 334
Zeitintervall 319
Zeitkonstante 227
Zeitliche Parallelität 150
Zeitmultiplexverfahren 265
Zeitparameter 354
Zeitpunkt, frühester 319
Zeitpunkt, genauer 319
Zeitpunkt, spätester 319
Zeitscheibenverfahren 304, 374
Zeitschranke 143, 319, 355
Zentraleinheit 131
Zentraler Bus-Arbiter 180
Zentrales Automatisierungssystem
    207
Zielumgebung 421
Z-Transformation 93, 94, 95, 97, 99,
    100, 102
Zuordnungstabelle 358
Zustandsgleichung 45
Zustandsgröße 4, 84
Zustandsmodell 45
Zustandsraum 45, 47
Zustandsraumdarstellung 71, 72
Zustandsregler 84
Zustandsübergangsfunktion 28
Zustandsvektor 46
Zuteilungslatenz 188
Zuteilungsstrategie 402
Zwei-Bit-Prädiktor 149
Zwei-Tor-Speicher 197, 203
zyklische Übertragung 273, 275,
    290, 294, 306, 309, 311, 313
zyklischer Thread 530, 531
Zyklus 467, 468
Zykluszeit 304, 497, 505, 530